法式料理聖經 II

經典的延續
帶領我們走入全新的菜譜與技藝

Mastering the Art of French Cooking
Volume Two

茱莉雅·柴爾德（Julia Child）、

西蒙娜·貝克（Simone Beck） 著

林潔盈 譯

西多妮・柯林（Sidonie Coryn）繪圖
插圖根據保羅・柴爾德（Paul Child）的攝影
所繪，他也另提供 36 張繪圖於本書中。

致　　阿爾弗雷德‧克諾夫
（Alfred Knopf）

他欣賞好文章、字體、排版與紙張的能力，就
如同他對新鮮鵝肝、法式藍鱒魚與梅索皮雅斯
白酒的鑑賞品味。簡言之，他是這類書籍最理
想的出版人，而對於那些掌握法式烹飪藝術的
人來說，他也是最理想的晚宴賓客。

❧ 前言 ❧

　　掌握法式料理藝術的精髓，是一個持續不斷的過程，而這也是這部《法式料理聖經 II》成書的原因。這本書是這麼來的：我們合力撰寫的第一本書《法式料理聖經》時，作品於 1950 年代早期即開始醞釀，天真的我們不只研擬了這本書的提議，也向一位非常懂得生活情趣的出版商提了這個想法，而這位先生後來投資了兩百五十美元，讓我們得以寫下以法式料理全貌為題的單冊作品。接著在努力了六年以後，我們很清楚地發現，我們這種詳盡的處理方式撰稿，會需要寫好幾本書才能交代清楚，因此，就先將以法式醬料與法式禽肉菜餚為題的八百頁手稿寄給我們的出版方編輯。但當時這個最初的嘗試，很快就被無法出版為由遭拒，儘管它涵蓋了每一種可以想像得到的醬汁和禽肉菜餚細節，也包括非常冷門深奧的部分，例如在拿到一隻沒有血的鴨子該怎麼做出法式榨鴨——不過我們在此也並不打算洩密，只能說這個問題的解決方法只要趕緊跑一趟屠宰場。第一次被退稿的經驗，讓我們感受到現實的殘忍，儘管震撼不已，卻也讓我們開始以更理性、更實際的角度來看待自己的作品。同時期，我們在巴黎開設了三位快樂美食家的烹飪學校（L'Ecole des Trois Gourmandes），它原本位在大學街上某間公寓屋頂的廚房，後來搬遷到露伊瑟，也就是我們團隊的第三名成員的舒適公寓裡。露伊瑟現已和亨利・德那勒須（Henri de Nalèche）結了婚，住在索洛涅這個鄰近布爾日的美麗鄉間，並沒有參與第二輯的工作。然而，我們三人確實是因為露伊瑟的靈感啟發，才有了第一本書和烹飪學校的合作關係。

　　烹飪學校讓我們快速進入了法式料理的所有領域，因為在教授法式烹飪的時候，不可能不把眾人聽聞過的經典菜餚放入課程裡，例如洛林

鄉村鹹派、法式洋蔥湯、勃艮第紅酒燉牛肉、紅酒燉雞、法式家常鰈魚排、巧克力慕斯、橙味舒芙蕾等大多數人非常熟悉的名菜。因此，第一冊《法式料理聖經》很自然地集結了我們在廚藝學校的教授內容在書中，同時也納入專業法式家常料理的基本技巧——如何替高湯白醬製作油糊、如何打發蛋白並拌入舒芙蕾以做出膨脹度最高的成果、如何將肉煎到上色、如何煎出不失水的蘑菇、如何替番茄去皮去籽、如何煮豆子、如何削蘆筍，以及如何捲出歐姆蛋。事實上，第一冊可以說是法式料理的長篇簡介，只要能掌握第一冊的內容，就已經學到了大部分的基本方法與食譜。

這本第二冊雖是第一冊的延續，不過與其企圖一網打盡，我們選擇了七大主題，並在很早就捨棄了撰寫詳盡論著的想法，只針對每一個主題中最有用或最有趣的部分去深究探討。舉例來說，我們想加入一些比較特別的蔬菜湯，這確實也占了第一章很大一部分；我們覺得應該要納入一道精美細緻的龍蝦湯，而這也衍生出有關切割龍蝦的部分，進而導入螃蟹這個在大部分食譜中並沒有被充分探討的食材（蟹膏幾乎從來沒有被提到過，不過它其實和龍蝦膏一樣珍貴）。另外，由於我們非常喜歡馬賽魚湯（收錄於第一冊），法式料理中也還有其他燉魚菜餚，可作為極其美妙的一道主食，因此我們收錄了一道用傳統燉鍋烹煮的燉菜、馬特洛特燉魚，以及蒜香蛋黃海鮮湯。因此本書的湯品章節可以說是在廣度上加以放大。

至於肉類、禽肉與蔬菜，我們也按照第一冊使用的主題與變化系統，繼續更進一步地深入探討，白酒燉雞就是個很好的例子。在烹煮這道菜的時候，將一般的煎炸用雞切塊，放入白酒裡和芳香蔬菜一起熬煮，做出一道美味清爽的菜餚。你可以簡簡單單地用它來搭配白飯和綠色蔬菜一起端上桌，也可以將這道菜從樸實的平民廚房帶到城堡裡，化為高雅的肉凍或白雪肉凍，或是將熬煮雞肉用的汁液化作質地滑順的高湯白醬，以此做出非常適合用在自助晚餐的莫奈爾醬焗烤雞。如果加入蛋黃和鮮奶油，這道雞肉菜餚馬上化作比利時奶油燉雞，要是搭配大蒜

蛋黃醬則成了蒜香蛋黃雞肉濃湯，若是運用稍微不同的蔬菜，採用同樣的方式來烹調，則成了馬賽燉雞。因此，你會以一個基本技巧為起點，開始以正確的方式運用自己的烹飪語彙，如果你是廚房新手，這可以說是一種認知的練習。你會開始把用於燉雞的醬汁，和你替另一則食譜的扇貝調製的高湯白醬，以及你為奶油蟹肉濃湯準備的高湯白醬基底聯想在一起；這些醬汁的味道並不同，比例也各有差異，對湯品而言尤其如此，不過製備的基本方法是相同的。等到你再次以其他名義遇到同樣的醬汁，就會認出它來。同樣地，如果你原本並不認識它，而終能克服恐懼，在爐火上攪拌蛋黃，製作出漂亮的英式蛋奶醬，那麼你在替蒜香蛋黃濃湯加熱蛋黃製作醬汁的時候，就能夠冷靜地操作——反之亦然；你知道自己該期待什麼，以前應就已有過同樣的經驗，而實際上也開始覺得自己有點廚師的樣子了。至於對廚房能手來說，我們希望書中的這些想法能夠讓你跨出腳步，繼續在其他領域鑽研。

　　燉牛肉、小牛肉排、牛排、燉小牛肉等也都遵循著同樣的路線，我們的目標在於說明，你可以將合理價位的肉用在日常飲食，也可以用來招待賓客。另一方面，昂貴的腰裡脊肉也有著一系列不同的轉變方式。腰裡脊肉可以整塊拿去燒烤、覆上一層蘑菇泥與酒一起烘烤，也可以切片鑲餡後燒烤。最後，在威靈頓牛排的最原始版本中，腰裡脊肉在切片鑲餡後，會被包覆在特別的派皮裡烘烤。另一道昂貴的烤小牛肉也有許多不同的版本變化，烤全雞也是如此，其中最後一則食譜是以去骨雞胸和派皮烤雞的方式呈現。

　　我們希望你們會和我們一樣地喜歡蔬菜的章節，因為我們確實從中獲得不少樂趣。雖然其中納入少許經典食譜，如安娜馬鈴薯煎餅與女爵馬鈴薯，但大部分食譜都是我們花了好幾年研究，覺得已經成熟到可以公開的原創食譜。蔬菜章節從青花菜開始，我們以所謂「法式做法」自由發揮，雖然青花菜在法國並不普遍，但我們喜愛青花菜的色澤、味道，與終年皆可取得的優點。我們也喜歡茄子，這不僅是因為這種蔬菜本身很漂亮，也因為它的順應性和通用性；我們用各種方式來烹調之，

如炙烤、加入香芹醬翻炒、做成泥、做成舒芙蕾等，以熱菜、冷盤、鑲餡等方式端上桌，甚至希望有更多篇幅可以介紹更多菜色。一道精美的南瓜濃湯盅引介出一組不同以往的櫛瓜菜餚，從炒櫛瓜到櫛瓜絲的原創菜餚都包括在內。菠菜、恭菜與蕪菁都有其代表菜餚，此外還有好幾個版本的煎炒馬鈴薯。該章節還有鑲洋蔥、鑲甘藍、鑲櫛瓜與以冷盤方式上菜的鑲朝鮮薊心。蔬菜章節的大部分菜餚都再次以主題和變化版本的方式來呈現，其目的在於讓讀者能產生創意聯想。

麵包與糕點麵團和加工肉品的章節，則是兩個全新的類別。若是講到「法式餐飲」，千萬不能少了道地的法式麵包，好用來將盤子裡的醬汁吃乾抹淨，開胃菜也不能少了精緻的陶罐派或法式肉醬，跨年晚餐或火雞餡料也不能少了白香腸。我們也需要外觀對稱、紋理烤得漂漂亮亮的三明治麵包來製作開胃菜，也需要布里歐許麵包和可頌麵包當作早餐。這些東西在法國都是日常必需品，在過去曾被美國人當成奢侈品，事實上，即使現在在美食店裡購買，價格仍然昂貴。

在編輯以她溫和卻也令人信服的方式提出建議，認為我們確實應該向讀者提供一則法國麵包的食譜之前，我們原來完全沒打算納入這個題目。經過兩年，與約莫 129 公斤麵粉的實作以後，我們試遍了能找到的每一則家庭烘焙的法國麵包食譜，參考了兩本法國烘焙的專業書籍，學到了許多有關酵母和麵團的相關知識，然而做出來的最佳成品仍然是某種鄉村酸麵包，與真正的法國麵包相去甚遠。後來，我們認識了巴黎法國磨坊學院（Ecole Française de Meunerie）的卡維爾教授（Professor Calvel），他的光芒霎時就打破了當下的陰霾。幸運的是，那兩年嘗試錯誤的經驗仍然是相當寶貴的，因為在卡維爾教授加入以後，我們馬上就能進入狀況，也能知道他在講什麼，儘管他製作麵包的每一個步驟都和我們之前聽聞、閱讀或看到的完全不同。卡維爾的麵團又軟又黏；他讓麵團慢慢發酵兩次，成為原本體積的三倍——麵團必須熟成才能發展出自然的風味與適當的質地。將麵團塑形成長條狀或圓形，是個迷人又充滿邏輯性的步驟；在發好的麵團表面劃上幾刀再放入烤箱，則是另一

個特殊步驟。

　　你可以想像，對我們來說，那是非常讓人興奮的一天。當時的我們，知道自己終於能成功做出法國麵包，我們不僅清楚看到也親手感知到自己到底錯在哪裡。趁著對卡維爾教授的授課內容尚且印象深刻，我們會趕緊回家，再次動手。然而，我們還是得用美國中筋漂白麵粉代替筋性較低的法國未漂白麵粉，找出適當的配方。此外，也針對家庭用烤箱找出一些簡單的方法，來模擬專業烤箱，讓麵包能在炙熱的表面烘烤，還得有效製造出蒸氣。即使沒有炙熱表面和蒸氣，這兩樣專業烤箱的條件，也還是能做得出像樣的法國麵包，只是無法達到相當的膨脹度或做出該有的表面硬皮。保羅·柴爾德和他一如以往的巧思，提出利用在烤架上鋪紅磚放入烤箱內加熱的方式，解決了炙熱表面的問題；他在烤箱底部放了一盤清水，然後把一塊燒熱的紅磚放入水中，藉此製造出大量蒸氣。

　　後來我們發現到，麵粉根本不是問題；雖然我們的大師討厭漂白麵粉，我們幸運地發現市面上一般中筋漂白麵粉的效果相當好。因此，很高興地向諸位讀者報告，你們可以使用美國市面上易於取得的材料和器具，在自家廚房做出美味的法國麵包。

　　糕餅麵糰、基本甜塔皮和酥皮，也常見於法國的烹飪與飲食傳統。雖然現成的派皮預拌粉與冷凍麵糰或派皮，可以在緊急狀況時派上用場，身為一名廚師，你理應具備製作派皮麵糰的能力。事實上，我們認為，在你能夠替法式鹹派或塔做出第一個麵糰並成功做出派皮的時候，才會開始覺得自己正從烹飪幼幼班步入更進階的程度。因此，如果你對手工麵糰有疑慮或問題，可以試試第 126 頁的食譜，電動攪拌機或食物調理機能夠幫助你迅速做出漂亮的麵糰。如果你對於利用傳統塔圈、鋁箔紙和豆子的做法有所疑慮，可以試試第 129–130 頁的顛倒蛋糕模法，絕對能讓你輕鬆做出派皮。再者，食譜中的雞蛋配方，還能做出美味酥脆、柔嫩且奶油味十足的派皮。

　　一旦你對派皮麵糰的製作開始上手，我們建議你挑戰更困難也更具

吸引力的酥皮。這是一種會膨脹的法式麵團，由許許多多互相交疊的麵粉糊和奶油構成；放入烤箱烘烤時，酥皮的高度會膨脹成原來的好幾倍，可以做成酥盒和餡餅殼，例如第 170 頁起司塔之類的開胃菜、第573-577 頁的餅乾，以及第 546 頁以後的甜餡塔和甜點。以正確方法製作的酥皮，不只鬆脆柔軟，口感也極佳。在法國，新鮮烘焙的酥皮很容易在甜品店裡買到，所以法國人很少在家自製酥皮，不過身為廚師，如能學會如何製作酥皮，將對你的烹飪生涯帶來非常大的好處。我們花了很多年的時間研究酥皮，想要確保本書的酥皮食譜能夠用美國麵粉做出和法國麵粉一樣的效果——美國中筋麵粉的問題在於它的麵筋含量較法國麵粉高，會對整個製作過程造成影響。我們研究出混用未漂白低筋麵粉與中筋麵粉的比例，試了即混麵粉（一種適合用來製作醬汁的易溶麵粉），最後拍板定案的是一種混合了一般中筋麵粉和低筋麵粉的比例。即使這個配方需要比較長的時間來製作，但它能做出柔軟且膨脹度高的麵團，我們覺得它的效果甚至比法國配方更讓人印象深刻。第 137 頁的簡易酥皮圖解食譜很容易操作，我們建議你第一次可以製作第 170 頁的起司酥皮派或第 552 頁的果醬酥皮塔，這兩種不僅都很容易製作，也能輕易做出漂亮的效果，讓你能有一個好的開始。

　　早年生活在農場的先人，確實會準備第五章提及的加工肉品，自行製作香腸和醃豬肉，不過現在絕大多數法國人都已經不太這麼做了，因為他們可以在市面上買到各式各樣的香腸、醃肉、醃鵝肉、麵包香腸、香芹火腿凍、新鮮肝醬、陶罐派與其他各類美妙的法國美食製品。這些食品之所以特別美味，是因為它們都是當地新鮮製作的成品，想要享受同樣樂趣的我們，就必須自己動手製作。對愛好烹飪的人來說，製作這些加工肉品就像做麵包和糕點一樣，是非常讓人有成就感的事。如果你從來沒有自己動過手，會對自製肉餅能帶來何種成就感而感到驚訝；它只用新鮮豬絞肉混合食鹽和香料，卻有著美妙絕倫的風味。自第 350 頁以後的法式大香腸和香芹火腿凍都會讓你聯想到法國。當你想要做一道道地的卡酥來砂鍋時，你可以烹煮真正的油封鵝，並一次用瓦罐醃製許

多餐的份量。你也不需要再擔心讓人傷腦筋的聖誕節禮物或作客時的伴手禮了——只要帶著自製的酥皮豬肉派即可。

最後一章包含了我們多年來持續在這些白老鼠（我們的學生和家人）身上試驗的甜點和蛋糕。冷凍甜點能夠提早完成，也能替餐宴畫下讓人驚豔的句點，在製作時不需要用到冰淇淋機；這些冷凍甜點的複雜性各異，從可以迅速製作的水果雪酪，到外觀高雅、以蛋白霜裝飾的巧克力慕斯，與焰燒處理的法式火焰雪山。我們同時也提供許多原創水果甜點、卡士達與浸了利口酒的法式蛋糕、許多利用酥皮做成了美麗甜點以及許多花式小蛋糕。章末的八則蛋糕食譜，包括一款口感細膩的法式蜂蜜蛋糕、一款核桃蛋糕、一款法文叫做「Le Succès」、「Le Progrès」或「La Dacquoise」的蛋白霜堅果夾心蛋糕，以及兩款巧克力蛋糕。至於到底本書最棒的巧克力甜點是非洲夏洛特，或光榮巧克力蛋糕，還是上冊的沙巴女王巧克力杏仁蛋糕仍保有頭銜，則取決於個人。

在所有食譜中，尤其是甜點蛋糕食譜，只要是能利用現代機械輔助的地方，我們都充分運用了這些工具。上冊反映出 1950 年代的法國與歷史悠久的法式烹飪傳統，下冊就如法國本身，已經步入現代。我們必須承認，上冊在相當程度上奉行著維多利亞時期汗水與勞力的美德——唯有穿過荊棘之路才能獲致榮耀、患難才得美善等的概念。然而，我們作為老師，也希望人們能透過我們去學習。如果我們因為堅守著某些自以為是的無謂堅持而讓事情增加困難度，例如蛋白一定要放在銅盆裡手打，或是糕餅一定要用手混合的原則，要是為了堅持手感而造成所有麻煩衍生，我們早就失去了大部分的讀者群。因此，我們自行研發出第644 頁以機器打蛋白的方法、第 578-607 頁以機器製作蛋糕的方法，以及運用機器和手工製作糕餅與麵團的步驟。由於機械的輔助降低了烹飪的困難度，而且手工製作費時耗力的食譜——如法式魚糕、慕斯與蛋白霜——可以用機器迅速完成，我們建議你在能力範圍內添購最好的機器，並按照第 644-646 頁的圖解說明來操作。

截至目前為止，我們並沒有針對插圖著墨太多，不過對我們來說，

插圖可以說是這本第二冊最精采的部分。我們感到非常驕傲，因為它們是我們的行動攝影師保羅‧柴爾德和插畫家西多妮‧柯林共同合作的卓越成果。由於他們的努力不懈與專業技術，我們得以一步一步記錄下操作過程，這些是在過去並沒有得到充分表現的部分；我們現在非常有信心，認為這種結合視覺圖說與文字敘述的表現方式，絕對能夠將看起來極其複雜的程序步驟講清楚。光是法國麵包食譜就有 34 幅插圖，從一開始的步驟開始說明：混合麵團、揉麵、麵團發酵後的模樣、如何幫麵團排氣，以及將麵團做成各種形狀的各式複雜技巧。牛裡脊肉的插圖則描述非常詳盡，讓你在購買一整塊牛裡脊肉的時候可以自行修整。只要面前擺著圖解說明，你就可以自行修整出清雞胸、修整並綑綁羊脊肉，或是切龍蝦。酥皮與可頌的製作方式也有完整的步驟圖解，就如布里歐許麵包與酥盒。你可以學到製作顛倒派皮的方法，與一葉一葉鑲甘藍菜的做法，如果你從來沒有做過或看過酥皮豬肉派的做法，參照本書圖解絕對能成功，因為書內有 12 幅插圖說明每一個最重要的步驟。

　　沒有他們致力於插圖的搭配，就不可能涵蓋到這樣的內容。保羅‧柴爾德通常在短時間內就能準備就緒，在白天或晚上的任何時間，都能替任何食譜步驟拍攝出精心、細膩且完美的照片。偶爾在現場，素描效果比照片好的時候，他也貢獻自己的繪畫技能，描繪出切割龍蝦蟹類與分割羊裡脊肉的狀況，或是畫出小牛胸部的骨骼構造，而且他也很樂意畫下讓人感到棘手、單憑文字只會造成混淆的茄子菜餚擺盤。當然，繪製插畫的主要是西多妮‧柯林——她替這本書繪製的 458 幅插畫，著實是非常了不起的成就。從葡萄柚刀與蛋糕模，到皇冠杏仁派與達克瓦茲蛋糕，從電動攪拌機與壓蒜器到錯綜複雜的鑲雞肉餡餅，她以優越的技術與風格畫出了柴爾德照片的精髓，去除不必要的地方，恰如其分地將重點放在關鍵處。

　　文字與圖片必須要經過謹慎的頁面編排，才能傳達出所欲傳達的資訊。身為作者的我們，在此藉此感謝相關工作人員在編排與排版上的心力。現在，你的眼前出現了許多可供遵循的步驟插圖，如切割麵團與形

塑可頌麵包，或是灌香腸等，完整操作方法的其中一個特定步驟在你面前昭然若揭，你也不需要用黏糊糊的手指經常翻動頁面。這樣的配置比上冊來得緊密；雖然字級相同，不過插圖與文字有了更緊密的結合，讓讀者能更容易地吸收文字與圖像。而且一旦你掌握了一種技巧，只要瞄一眼插圖，就能獲得充分的提示。我們認為，這本書的圖像大大增進了對於烹飪的理解，而出版商願意耗費時間、篇幅與成本，用這種聰明優雅的方式表現食譜，也讓我們感到非常高興。

走筆至此，我們沒有什麼要補充的地方了。文中的建議如「在開始烹飪前務必詳讀食譜」、「確保烤箱溫度計能準確測量」與其他告誡，都已在上冊（編按：即《法式料理聖經》，全書以上冊稱之）前言中提到過。因此，我們在這裡只能重申，希望你能隨時備好工具，最重要的是享受其中。

祝福大家胃口大開！

西蒙娜・貝克、茉莉雅・柴爾德
於法國巴黎與美國劍橋，1971 年 6 月

再版前言

第二冊新版只有少數地方有更動。我們加入了用食物調理機製作麵團的方法，在可頌麵包的材料裡增加了奶油的用量，在酥皮餅乾的製作時多用了一點糖，並按照現今的計量方式更動了羊腿的重量。除了上述以外，經典法式料理一如以往地繼續。

西蒙娜・貝克與茉莉雅・柴爾德
於 Bramafam 及 Santa Barbara，1983 年 2 月

❦ 謝詞 ❧

自我們開始集結上冊《法式料理聖經》的食譜，一直到這本第二冊開花結果的這段期間，我們的朋友、學生、家人與夫婿都持續不斷地扮演著慷慨且勇敢的白老鼠；我們對此非常感激。這裡也要再次感謝美國農業部與美國漁業局，尤其是波士頓分局，所提供的協助。我們也非常感謝美國生鮮家禽及肉品部提供的各種技術與幫助，也對透過公告與信件往來、向我們提供新知的希利格聯合新鮮水果蔬菜協會，深表感謝。格拉迪斯·克里斯托弗森一直是我們忠實開朗的打稿員，幫助我們把潦草斑駁的工作複本乾乾淨淨地打在稿紙上；我們要感謝他的每一根手指。仍然扮演著養母、奶媽、嚮導與導師的艾薇絲·迪沃托也肩負起我們這邊的文本編輯工作；我們對她的讚賞與感激之情，只能用跟她一樣重的新鮮松露來表達。保羅·柴爾德是位不知疲倦、隨時都準備好要上場的攝影師，也是代打插畫家，而且在我們文思枯竭時總是能適度地轉化我們的文字——我們只能繼續愛著他，繼續好好地用美食獎勵他。我們也有一位無人可比的編輯茱蒂絲·瓊斯，我們在此向她致上最誠摯熱切的感謝；她對這本書的構想，最終化成你們手中的這本作品。

目次

插圖

由西多妮‧柯林插圖；保羅‧柴爾德技術製圖。

附表

換算公式：美制、英制與公制

換算	被乘數	乘數
盎司到公克	盎司	28.35
公克到盎司	公克	0.035
公升到美制夸脫	公升	0.95
公升到英制夸脫	公升	0.88
美制夸脫到公升	夸脫	1.057
英制夸脫到公升	夸脫	1.14
英寸到公分	英寸	2.54
公分到英寸	公分	0.39

杯與分升的換算：1 分升等於 6⅔ 大匙

杯	分升	杯	分升
1/4	0.56	1¼	2.83
1/3	0.75	1⅓	3.0
1/2	1.13	1½	3.4
2/3	1.5	1⅔	3.75
3/4	1.68	1¾	4.0
1	2.27	2	4.5

公克與盎司的換算

公克	盎司	公克	盎司	公克	盎司
25	0.87	75	2.63	100	3.5
30	1.0	80	2.8	125	4.4
50	1.75	85	3.0	150	5.25

（編注：附上一本《法式料理聖經》換算表，全書以此表換算為公制。）

* 若在食譜標題前面看到這個符號，表示後面還有變化版。

(*) 若在食譜內文看到這個符號，表示可以提早做到這個步驟，稍後再把整道菜做完。

第一章
來自花園的湯品

取自大海的濃湯與雜燴

世界上很少有人不喜歡喝湯,其中自製湯品尤其受到歡迎。冷天裡的熱湯,熱天裡的冷湯,以及廚房裡熬煮湯品時飄出的香味,都可以說是最根本且無疑是源自古老時期的快樂與慰藉,能夠帶來一種特殊的滿足感。

雖然在講到法國和湯品的時候,很多人會馬上聯想到法式洋蔥湯,隨意的蔬菜組合迄今仍然是較典型的做法——這也是出現在法國家庭與小型家庭式餐廳的料理。上冊的韭蔥馬鈴薯湯與其變化版就是最典型的一道湯品,不過其他蔬菜組合也不少,包括菠菜、小黃瓜、青椒、西洋芹、豌豆與豌豆莢,甚至茄子,都可以搭配出有趣且特別的組合,而且做法簡單又美味。在這些湯品中,有許多道的做法是用清水而非肉湯或雞湯熬煮蔬菜,因為清水不會抹煞掉某些蔬菜本身較細緻的天然滋味,例如蘆筍。我們會從這類湯品開始,再進入一系列較為奢侈的濃湯與以蝦貝類製作的湯品,最後以三種暖心的燉魚湯作結,這些魚湯每一道都可以當成主餐來看待。

關於將材料搗爛打碎

大部分湯品在烹煮到某種程度的時候,都會需要把材料搗爛打碎,我們認為最適合的器具就是附錄第 640 頁的進口可更換式圓盤蔬菜研磨器。這種工具的效率極高,甚至可以處理一些較堅韌的食材,例如蘆筍莖;它也能有效分離出你可能得過篩才能處理的絲狀纖維。在使用蔬菜

研磨器的時候，應將它架在一只大碗上，把煮好的湯從單柄鍋倒入研磨器裡，先將液體和固體分離；將液體倒回單柄鍋內。把固體研磨成泥，研磨時不時加入少許液體，讓材料更容易磨碎；將附著在研磨器底部的菜泥刮到碗裡，然後把磨好的菜泥加到單柄鍋裡。（有些電動攪拌機也會附上非常好用的研磨配件。）

　　如果你偏好電動果汁機或食物調理機，則將液體倒入大碗裡；舀起一杯左右的固體，和一杯液體一起放入機器的容器裡。以每一兩秒鐘開關一次的方式攪打，避免將材料打成嬰兒食品的滑順度，因為你通常會希望做出來的湯能夠保有一定的質地。接下來，如果你使用纖維比較多的蔬菜，例如蘆筍莖或豌豆莢，則將所有的湯過篩，篩子的孔徑只要能過濾纖維即可。多做幾次實驗，並以分析的角度品嘗，你就會慢慢開始了解自己需要做些什麼。

湯的增稠劑

　　打成泥的湯需要一種黏合劑或增稠劑，讓液體能夠變得更濃稠，打成泥的材料能保持懸浮而不會沉到碗底。最簡單的增稠劑是某種類型的澱粉，例如磨碎的馬鈴薯、打成泥的米飯、麵粉或木薯澱粉。其他道濃湯則以奶油麵糊為增稠劑。生蛋黃是另一種更精緻的增稠劑，將生蛋黃打散加入湯裡一起加熱時，可以讓湯稍微變稠。上面這些增稠劑或多或少都是可以互換使用的，至於要使用哪一種，完全看你想要達到什麼樣的效果和風味。

添味劑

　　奶油、鮮奶油與蛋黃，無論是單獨使用或組合起來使用，都可以在上菜前拌入許多不同的湯品中。它們能夠賦予湯品平滑的口感與細膩的滋味。你可以按個人喜好省略這個步驟，或是只使用少量。

如果你偏好使用較少的乳脂，酸奶油通常可以用來代替鮮奶油。法式酸奶油是完美的湯品添味劑：將 2 份鮮奶油和 1 份酸奶油混合均勻，置於室溫環境中增稠（5–6 小時），然後冷藏保存（至多 10 天）。

剩菜、罐頭湯與即興創作

家中若是由你掌廚，可以提早規劃要烹煮的蔬菜，如此一來就可以留下足夠的剩菜，好用來做湯；這種做法可以讓你省下很多時間，也會讓你覺得自己很聰明。我們會需要額外的米飯、義式麵食、鮮奶油馬鈴薯或馬鈴薯泥等作為增稠劑，而洋蔥和蘑菇則可以替湯增添額外的風味。舉例來說，吃剩的花椰菜可以搭配西洋菜做成第 15 頁的美味湯品；菠菜是第 9 頁佛羅倫斯濃湯的主要材料；白豆或茄子則可以用來烹煮第 25 頁的維多琳濃湯。平時在烹飪時，可以將任何多餘的醬汁或肉汁保留下來；它們通常可以替菜餚帶來你想要達到的額外深度與個性。舉例來說，幾大湯匙的燉燒雞醬汁，非常適合加入第 17 頁的西洋芹濃湯；你在烹煮第 12 頁蘑菇濃湯的時候，也可以用荷蘭醬代替奶油；有些烤肉剩下來的肉汁，能提升任何款洋蔥湯的風味。最後，你可以把吃剩的湯留下來；在烹煮新湯的時候把之前保留的剩湯加入，或是將剩湯加入罐頭湯裡，替罐頭湯帶來一抹家庭自製的風味。

使用綠色蔬菜烹煮的蔬菜湯

綠蘆筍濃湯（POTAGE, CRÈME D'ASPERGES VERTES）
〔 新鮮綠蘆筍鮮奶油濃湯 〕

蘆筍盛產期間物美價廉，你可以利用一部分蘆筍做成下面這道能夠將其滋味完整保留下來的美味濃湯。

7-8 杯，4-6 人份

1. 洋蔥調味

2/3-3/4 杯洋蔥絲

4 大匙奶油

一只容量 3 公升的有蓋不鏽鋼厚底單柄鍋

趁處理蘆筍的時候，用奶油慢慢翻炒洋蔥 8-10 分鐘，將洋蔥炒軟但不要上色。炒好的洋蔥靜置備用。

2. 處理蘆筍

約907公克新鮮綠蘆筍（24-28 根 20 公分長 2 公分粗的蘆筍）

將每根蘆筍從底部切掉約 0.6 公分。從蘆筍開始變綠的部分削皮，並把鱗芽去掉。將處理好的蘆筍放入溫水中洗淨。從距離頂端 7.5 公分處將蘆筍切成兩段，並將前段置於一旁，再將後段切成長度約 2 公分的小段。

3. 汆燙蘆筍

6 杯清水

2 小匙食鹽

一只容量 3 公升的單柄鍋

一只沙拉籃或蔬菜籃，或是兩支溝槽鍋匙

清水加鹽，加熱至大滾後下蘆筍段，保持小滾開蓋熬煮 5 分鐘。取出蘆筍段並瀝乾，保留燙蘆筍的水，將蘆筍段拌入煮好的洋蔥；蓋上鍋蓋，小火慢煮 5 分鐘。同個時候，讓鍋內的水重新沸騰，然後將保留備用的蘆筍前段放進去，保持小滾開蓋熬煮 6-8 分鐘，或是煮到變軟。煮好後立即取出瀝乾，置於一旁備用，並且將燙蘆筍的水留下來製作湯底。

4. 湯底

4 大匙麵粉

燙蘆筍的水

1 杯左右的牛奶，若有必要

蘆筍段和洋蔥一起熬煮 5 分鐘以後，打開鍋蓋，拌入麵粉混合均勻，繼續以小火翻炒 1 分鐘。鍋子離火，拌入 1/2 杯燙蘆筍的熱水；慢慢把剩餘的熱水加進去，舀水時小心避開鍋底的沙子。鍋蓋半掩熬煮約 25 分鐘，或是煮到蘆筍段變得非常軟。若湯太稠，可以加入牛奶稀釋。

5. 完成烹煮

燙好的蘆筍前段

食物研磨器，使用中孔徑圓盤（或是電動果汁機與篩子）

一只容量 3 公升的大碗

1/2–2/3 杯鮮奶油

2–3 個蛋黃

一支鋼絲打蛋器

食鹽與白胡椒，用量按個人喜好

將燙好的蘆筍前段排好，把前端切成 0.6 公分切片，保留起來作為裝飾用。將剩餘的部分和湯底直接研磨到大碗裡（若使用果汁機，則用篩子過濾，移除粗纖維）。將磨好的泥倒入單柄鍋內，用鋼絲打蛋器打入蛋黃，然後一點一點把 2 杯熱湯打進去。倒入剩餘熱湯，並放上蘆筍切片。

(*) 可以提早進行到這個步驟結束；開蓋靜置放涼，便可蓋起來冷藏保存。

2–4 大匙奶油

上菜前，以中火加熱，用木匙慢慢攪拌，木匙應觸及整個鍋底，直到湯幾乎達到微滾。鍋子離火，修正調味，並以每次 1/2 大匙的速度慢慢拌入添味用的奶油。馬上端上桌。

蘆筍冷湯

省略最後的添味奶油，在加鹽時下手重一點。在湯冷卻的過程中攪拌數次，待完全冷卻後便可蓋起來冷藏。你可以按個人喜好在上菜前拌入更多鮮奶油。

使用冷凍蘆筍

冷凍蘆筍永遠無法達到新鮮蘆筍魔術般的效果，不過你還是可以用冷凍蘆筍做出很棒的湯。按照基本食譜操作，並按下列說明修正步驟。

1. 在這個步驟將洋蔥絲的用量增加到 2¼ 杯，或是將洋蔥和韭蔥放在一起使用。

---

2. 一包 283 公克重的冷凍蘆筍段
一包 283 公克重的冷凍蘆筍尖

用蘆筍段代替食譜裡的蘆筍莖，蘆筍尖代替蘆筍前段。

---

3. 2 杯雞高湯
自行選用：一大撮味精

用 2 杯雞高湯代替這個步驟的 2 杯清水，並加入少量味精。將蘆筍段放入沸騰液體中烹煮 1–2 分鐘，讓蘆筍段解凍，然後將蘆筍段加入洋蔥裡。將蘆筍尖煮到變軟。

4. 與 5. 按照基本食譜

新鮮的歐洲白蘆筍

歐洲蘆筍要不整枝都是白色，就是在尖端部分帶有一抹紫紅色或綠色，完全按品種而定。由於白蘆筍的皮通常比較苦一點，而且比綠蘆筍堅韌許多，所以必須削皮。將每根蘆筍削掉約 0.2 公分厚的皮，一直削到靠近尖端柔軟的部分。蘆筍段燙過以後，品嘗燙蘆筍的水；如果有苦

味，則把水倒掉，重新燒一鍋水來燙蘆筍前段。雖然蘆筍濃湯做出來通常是乳白色，你可以加入 1 杯燙過的萵蒿菜或菠菜葉一起打成泥，把湯變成綠色。

豌豆濃湯（SOUPE BELLE POTAGÉRE）
〔豌豆莢湯〕

你可以用豌豆莢和豌豆做出很棒的綠豌豆湯。下次剝豌豆莢而且有非常新鮮的豌豆莢時，可以把最嫩綠最好的豌豆保留起來，用塑膠袋包好，放入冰箱冷藏，隔天用來煮道湯。至於裝飾，可以用 1 杯剝好的豌豆，不過用冷凍豌豆其實就可以了。

7-8 杯，4-6 人份

1. 洋蔥調味

1 杯切片的韭蔥與洋蔥絲，或是只使用洋蔥

3 大匙奶油

一只容量 3 公升的有蓋不鏽鋼厚底單柄鍋

洋蔥放入奶油裡，以小火翻炒 8-10 分鐘，炒到洋蔥變軟但尚未上色。炒好後靜置一旁備用。

2. 豌豆莢湯底

454 公克豆莢清脆的新鮮綠豌豆莢

將豌豆莢的梗和尖端拉下來丟掉，把豌豆剝下來放在一旁備用──大概可以剝出 1 杯。豌豆莢洗淨後切成約 2.5 公分小段，約為 4 杯的量。將切好的豌豆莢拌入韭蔥洋蔥混合物裡，蓋上鍋蓋，小火烹煮 10 分鐘。

3 大匙麵粉

4 杯熱水

1½ 小匙食鹽

1 個大馬鈴薯，去皮後切片（約
1 杯）

將麵粉拌入豌豆莢裡，拌炒 1 分鐘。鍋子離火，慢慢倒入 1 杯熱水，然後再把剩餘的熱水和食鹽與馬鈴薯切片一起拌進去。鍋蓋半掩，熬煮約 20 分鐘或煮到蔬菜變軟。

3. 豌豆

1 杯新鮮豌豆（或一包 283 公克的冷凍豌豆）

一只容量 6–8 杯的有蓋厚底單柄鍋

若使用新鮮豌豆，準備 1½ 杯清水；若為冷凍豌豆，則準備 1/2 杯清水

1 根青蔥或 1 個紅蔥，切片

6–8 片波士頓萵苣的外層菜葉，切碎

1 大匙奶油

1/4 小匙食鹽

使用新鮮豌豆：將豌豆放入有蓋單柄鍋內，和清水、青蔥、萵苣與其他材料一起熬煮 10–15 分鐘，或是煮到豌豆變軟，若在豌豆煮好以前鍋內液體已經完全蒸發，可以再加入 2–3 大匙清水；煮好後打開鍋蓋，放在一旁備用。

使用冷凍豌豆：以同樣的方式烹煮，不過將水量減到 1/2 杯，只要煮到豌豆變軟即可。

4. 完成烹煮

架在大碗上的食物研磨器（或是電動果汁機與篩子）

1 杯左右的牛奶，若有必要

食鹽、白胡椒與糖，用量按個人喜好

1/4 杯以上的鮮奶油或酸奶油

先後將豌豆和湯底磨成泥。如果使用果汁機，則在打好以後將湯底過篩，把豌豆莢的纖維過濾掉。將打好的豌豆和湯底放回單柄鍋內，加熱到微滾，若是湯太濃稠，則以牛奶稀釋。仔細品嘗以調整調味料用量，並按個人喜好加入幾撮糖，幫助提味。最後拌入鮮奶油。

(*) 開蓋置於一旁放涼，再蓋起來放入冰箱中冷藏。

| 1–4 大匙軟化的奶油 | 上菜前重新加熱到微滾。再次檢查調味料用量後鍋子便可離火，並以每次 1/2 大匙的量分次拌入奶油。馬上端上桌。 |

豌豆冷湯

省略最後的添味奶油，在加鹽時下手重一點。在湯冷卻的過程中攪拌數次，待完全冷卻後便可蓋起來冷藏。你可以按個人喜好在上菜前拌入更多鮮奶油。

■ 佛羅倫斯濃湯（POTAGE À LA FLORENTINE）
〔菠菜濃湯〕

這款將菠菜和米飯一起熬煮後，再加入鮮奶油與蛋黃添味的精緻湯品，無論用新鮮或冷凍的菠菜來製作，幾乎都一樣好吃。由於這款湯品冷熱皆宜，你也可以用同樣的做法來烹煮綠香草濃湯，如後續的變化版所示。

7–8 杯，4–6 人份

1. 湯底

| 1/2 杯洋蔥絲
2 大匙奶油
一只有蓋不鏽鋼厚底單柄鍋或琺瑯鍋 | 洋蔥放入奶油裡，以小火翻炒 8–10 分鐘，炒到洋蔥變軟但尚未上色。 |

680-907 公克新鮮菠菜（或是
一包 283 公克重的冷凍菠菜）

使用新鮮菠菜時，先修剪菜葉並徹底洗淨，
再大致切碎。使用冷凍菠菜時，則放入一大
碗冷水中解凍，再取出瀝乾並擠乾。將菠菜
和洋蔥拌勻；蓋上鍋蓋以小火烹煮 5 分鐘，
期間不時攪拌，避免菠菜燒焦。

---

5 杯液體（自製雞高湯或是罐裝
雞高湯兌清水）

1/3 杯生白米

一撮肉豆蔻

食鹽與胡椒，用量按個人喜好

食物研磨器或電動果汁機

雞高湯或牛奶，若有必要

將汁液加到菠菜裡，加熱至沸騰後拌入生
米。以肉豆蔻、食鹽和胡椒調味。鍋蓋半
掩，熬煮 20 分鐘或是煮到米變軟。打成泥，
再次加熱至微滾，若太濃稠可以用更多汁液
稀釋，鍋子便可離火。

2. 完成濃湯

一只容量 2 公升的大碗

一支鋼絲打蛋器

1/2 杯鮮奶油

2 個蛋黃

鮮奶油和蛋黃放入大碗內，用鋼絲打蛋器攪
打均勻；接下來，慢慢將 2 杯熱湯打進去，
然後再把混合物倒回單柄鍋內。

(*) 可以提早進行到這個步驟結束。開蓋放
涼，再蓋起來放進冰箱冷藏。

食鹽、胡椒與檸檬汁

2-4 大匙軟化奶油

上菜前，以中火加熱，用木匙慢慢攪拌，注
意讓木匙攪拌範圍觸及整個鍋底，直到湯幾
乎達到微滾。鍋子離火，仔細修正調味，可
按個人喜好加入檸檬汁；每次 1 小匙，慢慢
拌入添味的奶油。馬上端上桌。

菠菜冷湯

　　省略最後的添味奶油，在加鹽時下手重一點。在湯冷卻的過程中攪拌數次，待完全冷卻後便可蓋起來冷藏。你可以按個人喜好在上菜前拌入更多鮮奶油，或是在盛盤後舀上 1 大匙酸奶油。

變化版

綠香草濃湯（Potage aux Herbes Panachées）

　　對於能夠在家種植香草的綠手指，可以參考下面的方式來運用手上的茵陳蒿、細葉香芹、味道刺鼻的義大利扁葉香芹、紅蔥、青蔥與細香蔥。至於跟我們一樣幻想自己擁有香草花園的讀者，可以在超市購買韭蔥或洋蔥、西洋菜、香芹與乾燥的茵陳蒿。

1. 湯底

約 1½ 杯洋蔥調味料（切碎的紅蔥、青蔥、洋蔥與／或韭蔥）

3 大匙奶油

家有種植香草的人

1 杯壓緊的扁葉香芹，包括嫩莖；一把細葉香芹；一束茵陳蒿；細香蔥

超市採購的人

1½ 杯壓緊的綜合香草，有包括嫩莖的扁葉香芹與西洋菜，以及 1/2 小匙乾燥的茵陳蒿

1 大匙麵粉

3 杯熱水

1/3 杯生白米

1 小匙食鹽

按照前則菠菜濃湯的食譜，用奶油將洋蔥調味料炒軟。綠香草略切後拌入洋蔥調味料裡，烹煮 1-2 分鐘或煮到香草萎掉。接下來，加入麵粉翻炒 1 分鐘。鍋子離火，倒入熱水攪拌後再次加熱至沸騰。下米並加入食鹽。熬煮 25 分鐘後打成泥。

2. 完成濃湯

2–3 杯牛奶

更多食鹽與茵陳蒿，若有必要

白胡椒，用量按個人喜好

一只小單柄鍋

1 杯壓緊的新鮮綠香草（使用香草種類同步驟 1）

1 大匙奶油

1/2 杯鮮奶油

2 個蛋黃

2–4 大匙軟化奶油

將湯底加熱至微滾；以牛奶稀釋到適當的濃稠度。仔細調味。另取一只單柄鍋，以中火翻炒切碎的綠香草與奶油幾分鐘，炒到香草萎掉為止。鍋子離火，稍微放涼後拌入鮮奶油；用鋼絲打蛋器打入蛋黃，然慢慢加入 2 杯熱湯底，再把混合物倒回單柄鍋內。上菜前，以中火加熱至幾乎微滾，再次調整調味料用量，鍋子便可離火並拌入奶油。

綠香草冷湯

參考前面菠菜濃湯的說明。

蔬菜濃湯（VEGETABLE VELOUTÉS）

▪ 巴黎蘑菇濃湯（POTAGE AUX CHAMPIGNONS, ÎLE DE FRANCE）
（版本二）

　　幾乎所有人都愛喝蘑菇濃湯，甚至那些聲稱自己討厭蘑菇的人也是如此。和上冊第 46 頁做法繁複的蘑菇濃湯相較之下，這個版本非常簡單。在這則食譜中，我們將已經打成泥的生蘑菇加入洋蔥湯底裡熬煮，如果手上只有蘑菇菌柄，而不是食譜中指定的 2–4 杯新鮮蘑菇，還是能夠做出美味的濃湯。

6-7 杯，4-6 人份

1. 濃湯湯底

1/2 杯洋蔥末

4 大匙奶油

一只容量 2.5-3 公升的有蓋不鏽鋼厚底單柄鍋或琺瑯鍋

一支木匙

3 大匙麵粉

2 杯熱水

一支鋼絲打蛋器

4 杯牛奶

2 小匙食鹽

一撮白胡椒

一大撮茵陳蒿

以奶油翻炒洋蔥，在小火上烹煮 8-10 分鐘，直到洋蔥變軟但尚未上色。加入麵粉並繼續翻炒 1 分鐘。鍋子離火，用鋼絲打蛋器打入 1/2 杯熱水，然後慢慢把剩餘的熱水拌進去，再打入牛奶、調味料與茵陳蒿。放回爐上一邊加熱至微滾，一邊用鋼絲打蛋器攪拌；趁處理蘑菇的時候用小火熬煮幾分鐘。

2. 蘑菇

2-4 杯（140-340 公克）新鮮的完整蘑菇或是只使用菌柄

裝上大孔徑圓盤的食物研磨器、電動果汁機或一把大刀

修整並清洗蘑菇。若使用裝了大孔徑圓盤的食物研磨器，則大致將蘑菇切過，然後放入食物研磨器裡，直接磨碎加入湯底中。若使用果汁機，則要大致切過，然後每次將 1/2 杯蘑菇與等量湯底放入果汁機內，快速開關，避免將蘑菇打成太細緻的蘑菇泥。你也可以用刀子將蘑菇切成 0.3 公分小丁，然後把蘑菇丁加入湯底中。

3. 完成濃湯

更多牛奶或自製雞高湯，若有
必要

1/3–1/2 杯以上的鮮奶油

食鹽、白胡椒與幾滴檸檬汁

鍋蓋半掩，熬煮濃湯 25 分鐘。若看起來太濃
稠，可以加入更多液體，最後再加入鮮奶
油。仔細修正調味，若有必要可加入幾滴檸
檬汁。

(*) 可以先進行到這個步驟結束。開蓋放涼，
再蓋起來放入冰箱冷藏。

2–4 大匙軟化奶油

2–3 大匙新鮮茵陳蒿末與／或
香芹末

上菜前，把湯加熱至微滾。鍋子離火，以每
次 1/2 大匙的量分批拌入奶油，然後加入香
草。馬上端上桌。

較花俏的裝飾

按個人喜好省略所有或部分鮮奶油與添味用奶油。將熱湯舀入碗
中，在每碗湯裡舀 1 大匙酸奶油放上去，再撒上香草末，或是搭配先前
先用清水、奶油與檸檬汁熬煮過的切片菌傘或雕花菌傘（上冊第 605
頁）。

蘑菇冷湯

省略最後的添味奶油，在加鹽時下手重一點。在湯冷卻的過程中攪
拌數次，待完全冷卻後便可蓋起來冷藏。你可以按個人喜好在上菜前拌
入更多鮮奶油。

變化版

下面幾則食譜的份量都是 6–7 杯濃湯，約為 4–6 人份。每一道湯都
跟蘑菇湯一樣冷熱皆宜。

迪侯噴泉濃湯（Porage de la Fontaine Dureau）

〔花椰菜西洋菜濃湯〕

這款濃湯既美味又特別，而且看起來很漂亮。

1. 濃湯湯底

1 杯韭蔥片或洋蔥絲

4 大匙奶油

3 大匙麵粉

6 杯液體（熱水或熱水兌牛奶）

2 小匙食鹽

一撮白胡椒

按照蘑菇濃湯的基本食譜，用奶油將洋蔥炒軟，然後拌入麵粉翻炒 1 分鐘，再倒入液體打勻，最後在處理蔬菜的時候，以小火熬煮湯底。

2. 處理蔬菜——完成濃湯

1 株直徑 15–18 公分的花椰菜（重量 567–680 公克）

一鍋沸騰的鹽水

一把西洋菜（壓緊約 2 杯）

1/3–1/2 杯以上鮮奶油

2–4 大匙軟化奶油

將花椰菜拆成小朵穎花，並把粗莖的皮削掉；保留嫩葉。將拆好的穎花和莖（不包括菜葉）放入沸水中，並迅速加熱至重新沸騰；開蓋煮 2 分鐘。取出瀝乾，加入湯底熬煮 15 分鐘。同時，將萎掉的西洋菜菜葉和莖摘掉，再將西洋菜清洗乾淨，大略切段。花椰菜熬煮 15 分鐘後，將西洋菜和原本保留的花椰菜菜葉放入鍋中。繼續熬煮 10 分鐘，然後打成泥。加入鮮奶油並修正調味。等到上菜前再重新加熱，以保留西洋菜的顏色，然後鍋子便可離火，並拌入添味用奶油。

洋蔥飯濃湯（Potage Crème aux Oignons, Soubise）

　　這款湯品適合洋蔥愛好者，相較於一般的洋蔥湯，也是很討喜的變化。烹煮時加入少許咖哩和酒，替這款湯帶來特別的風味，加入白米，讓洋蔥湯搖身一變成為洋蔥飯濃湯。

1. 洋蔥濃湯湯底

3–4 杯洋蔥絲
4 大匙奶油
1 小匙咖哩粉
2 大匙麵粉
2 杯熱水
2 杯雞高湯或罐頭雞高湯
1/2 杯不甜的白酒或 1/3 杯不甜的法國白苦艾酒
1/3 杯生白米
1 片月桂葉
食鹽與白胡椒，用量按個人喜好

按照蘑菇濃湯的基本食譜，以奶油將洋蔥炒到變軟但尚未上色。加入咖哩粉，繼續烹煮 1 分鐘，然後加入麵粉翻炒 2 分鐘，小心不要上色。鍋子離火，加入熱水，然後倒入雞高湯與酒拌勻。加熱至微滾，然後撒上白米；加入月桂葉，並按個人喜好調味。熬煮 30 分鐘。打成泥。

2. 完成濃湯

2–3 杯牛奶
1/3–1/2 杯以上鮮奶油
2–4 大匙軟化奶油
2–3 大匙新鮮細葉香芹末或扁葉香芹末

濃湯加熱至微滾。以牛奶稀釋成理想的濃稠度，然後拌入鮮奶油並仔細修正調味。上菜前重新加熱；鍋子離火後拌入奶油，最後拌入香草。

馬鈴薯湯底的濃湯

塞萊斯汀濃湯（POTAGE CÉLESTINE）
〔加入馬鈴薯、韭蔥與米飯的西洋芹濃湯〕

　　這是一道融入西洋芹風味的韭蔥馬鈴薯濃湯，冷熱皆宜。

約 8 杯，6 人份

1. 韭蔥與西洋芹

2 根韭蔥的蔥白，切片；或是 1¼ 杯洋蔥絲

3 杯切片的西洋芹

1/4 小匙食鹽

3 大匙奶油

一只容量 3 公升的有蓋不鏽鋼厚底單柄鍋或琺瑯鍋

4 杯自製雞高湯，或是罐頭雞高湯兌水

1/3 杯生白米

將蔬菜、食鹽與奶油放入單柄鍋內，蓋上鍋蓋烹煮至蔬菜變軟但尚未上色——約需要 10 分鐘。加入湯汁，加熱至沸騰後拌入白米，開蓋熬煮 25 分鐘。

2. 馬鈴薯

3 或 4 個中型粉質馬鈴薯，去皮後切丁（約 3 杯）

2 杯清水

1/2 小匙食鹽

另一只容量 3 公升的厚底單柄鍋

裝了中孔徑圓盤的食物研磨器、馬鈴薯搗碎器或電動果汁機

2 杯牛奶，放入小鍋內加熱

一支鋼絲打蛋器與一支木匙

同時，將馬鈴薯放入鹽水中烹煮。待馬鈴薯煮透以後取出，液體過濾後加入韭蔥和西洋芹裡。若使用食物研磨器或馬鈴薯搗碎器，則將馬鈴薯搗成泥後放回鍋中，並打入牛奶，做成滑順的白色馬鈴薯泥。若使用果汁機，則先把馬鈴薯和 1 杯牛奶一起打成泥，倒入單柄鍋內，再打入剩餘的牛奶。

3. 完成濃湯——香草奶油與麵包丁裝飾

1/8 小匙糖（提味用）
食鹽與白胡椒

將韭蔥西洋芹混合物與液體一起打成泥，然後加入馬鈴薯泥。用鋼絲打蛋器拌勻，並加熱至微滾；打入砂糖，並按個人喜好調味。

(*) 開蓋靜置一旁，至上菜前再接著進行下列步驟。

一只溫過的大湯盅，或是一只大湯碗和幾只湯杯

4–6 大匙軟化奶油

3 大匙新鮮細葉香芹末或茵陳蒿末；或是新鮮扁葉香芹末加上 1/4 小匙弄碎的乾燥茵陳蒿

1/2–3/4 杯麵包丁（參考冷湯之後的說明）

湯加熱至微滾。將奶油和香草放在湯盅裡混合均勻（或是先在大湯碗裡混合，然後分別放入湯杯裡）。將熱湯倒入香草奶油裡攪拌均勻，撒上麵包丁後馬上端上桌。

西洋芹冷湯

　　省略添味奶油與麵包丁；在加鹽時下手重一點。將香草末和 1/4 杯鮮奶油或酸奶油混合均勻，拌入湯裡再放涼。你可以按個人喜好在上菜前拌入更多鮮奶油，並以新鮮香草末或扁葉香芹末裝飾。

麵包丁
〔用奶油煎炒過的小塊麵包〕

老的自製白麵包

一個烤盤

澄清奶油（奶油熔化後撈除浮沫，再把鍋底的牛奶固形物倒掉）

平底煎鍋，最好是不沾鍋

烤箱預熱到攝氏 163 度。去掉麵包皮，若使用未切片的麵包，則將麵包切成厚度 0.6 公分的切片。接下來，先將麵包切成寬度 0.6 公分的長條，再把長條橫切成邊長 0.6 公分的小丁。將麵包丁鋪在烤盤上，放入烤箱中層烘乾 10–15 分鐘，烤到表面變乾但尚未上

色；這個動作可以避免麵包在煎炒時吸收太多奶油。在鍋子裡放入高度 0.3 公分的澄清奶油，以中火加熱至沸騰；加入能平鋪成單層的麵包丁。煎炒、搖晃並拋翻，待麵包丁表面變成金棕色，若有必要，可增加澄清奶油的用量，以避免麵包丁燒焦。將煎好的麵包丁置於紙巾上放涼。

(*) 可以提早進行到這個步驟結束。做好以後也可以冷凍保存，只要放入攝氏 190 度的烤箱裡烘烤幾分鐘，就能讓麵包丁解凍變脆。

以研磨小麥為增稠劑的濃湯

粗粒小麥粉、小麥糊也可以用來代替麵粉、米或馬鈴薯，當成濃湯的增稠劑。這種變化相當討喜，而且也可以替湯品帶來細緻的風味與質地。

▪ 小黃瓜濃湯（POTAGE AUX CONCOMBRES）

我們唯一能說的，就是這款濃湯真的非常美味；放涼後尤其好吃，不過趁熱吃也很棒。

6-7 杯，4-6 人份

1. 小黃瓜

680 公克小黃瓜（3 條約 20 公分長的小黃瓜）

小黃瓜去皮，切出 18-24 片如紙張一般的薄片，放入大碗中備用。將剩餘的小黃瓜切成 1.2 公分小塊：切出來應該約 4½ 杯。

2. 濃湯

1/2 杯紅蔥末，或是混用紅蔥、青蔥與／或洋蔥

3 大匙奶油

一只有蓋不鏽鋼厚底單柄鍋或琺瑯鍋

6 杯液體：自製雞高湯或罐裝雞高湯兌水

1½ 小匙葡萄酒醋

3/4 小匙乾燥蒔蘿或茵陳蒿

4 大匙早餐麥片用的快煮研磨小麥（小麥糊）

裝上中孔徑圓盤的食物研磨器，或是電動果汁機

若有必要可增加液體用量

以奶油翻炒紅蔥、青蔥或洋蔥幾分鐘，炒到變軟但尚未上色。加入小黃瓜塊、雞湯、酒醋與香草。加熱至沸騰後拌入研磨小麥，鍋蓋半掩，熬煮 20-25 分鐘。磨成泥，然後把湯放回鍋中。若有必要可用更多液體稀釋；仔細用食鹽和胡椒調味。

(*) 可以提早進行到這個步驟結束。

食鹽與白胡椒

幾只湯碗

1 杯酸奶油

1-2 大匙新鮮蒔蘿末、茵陳蒿末或扁葉香芹末

上菜前加熱至微滾，並打入 1/2 杯酸奶油。把湯盛入湯碗，並在每碗湯裡舀上一坨酸奶油，在奶油上放幾片小黃瓜，並撒上香草用作裝飾。

小黃瓜冷湯

拌入 1/2 杯酸奶油，然後在加鹽時下手重一點。開蓋放涼，期間偶爾攪拌，待完全冷卻後蓋起來放入冰箱冷藏。上菜時將湯舀入冰鎮過的湯碗內，並在每碗湯裡放入 1 大匙酸奶油；把小黃瓜切片放在酸奶油上，並以香草裝飾。

變化版

櫛瓜濃湯（Potage aux Courgettes）

在前則食譜中，你可以用櫛瓜代替小黃瓜，不過使用櫛瓜時不用削皮。將櫛瓜頭尾兩端去掉，用蔬菜刷刷乾淨，再按照小黃瓜濃湯的做法操作。不過櫛瓜濃湯的裝飾物，應以香草代替櫛瓜切片。

綠蕪菁濃湯（POTAGE UNTEL）

這款湯有著美妙特殊的滋味，除非有人告知，否則一般人很難破解其材料組合。儘管如此，蕪菁與綠色蔬菜在這道菜的運用確實也是不言自明。除非鄰近地區有人種植，並恰逢冬季與早春時節的蕪菁產季，否則在採購時，你可能很難找到帶葉子的蕪菁。不過用菠菜葉一樣可以達到很好的效果。

1. 蕪菁

680 公克新鮮白蕪菁，去皮後切成四瓣（約 5 杯）

3 大匙奶油

1 小匙食鹽

1 小匙糖

1½ 杯清水

一只容量 3 公升的有蓋不鏽鋼厚底單柄鍋或琺瑯鍋

將蕪菁和調味料、奶油與清水一起放入有蓋鍋內，小火加熱至沸騰後計時 15–20 分，或是煮到刀子可以輕易插入蕪菁的程度。打開鍋蓋，將爐火調大，繼續煮到鍋內液體完全蒸發；讓蕪菁在剩餘的奶油裡翻拌 2 分鐘。

2. 綠色蔬菜

4 杯壓緊的新鮮蕪菁葉與新鮮菠菜，或是 1 包重量 283 公克的新鮮菠菜，或是將 1/2 包冷凍菠菜放入冷水中解凍後擠乾

2 大匙奶油

一只直徑 25 公分的不鏽鋼或琺瑯平底鍋

同時，將新鮮蕪菁葉與新鮮菠菜裡萎掉的葉子摘掉，以清水徹底洗淨後瀝乾。奶油放入平底鍋中，以中大火加熱至出現浮沫。加入蕪菁葉與菠菜，以兩支木匙翻拌均勻；撒上

兩支木匙

1/2 小匙食鹽

1/4 小匙糖

食鹽與糖，繼續翻拌 2-3 分鐘，煮到葉子脫水且變得相當軟。

3. 濃湯

裝上中孔徑圓盤的食物研磨器，或是電動果汁機

4 杯液體：自製雞高湯或罐裝雞高湯兌水

3 大匙早餐麥片用的快煮研磨小麥（小麥糊）

1-2 杯牛奶

食鹽與胡椒

1-2 大匙檸檬汁

將兩種蔬菜放在一起磨成泥，放回平底鍋內，和高湯一起加熱至微滾。撒上研磨小麥，熬煮 5-6 分鐘，將研磨小麥煮軟。以牛奶稀釋到理想的濃稠度；仔細以食鹽、胡椒和檸檬汁調味。

(*) 可以提早進行到這個步驟結束。

2-4 大匙軟化奶油

上菜前，再次加熱至微滾；鍋子離火，以每次 1 小匙的量分批慢慢拌入奶油。

冷湯的其他添味方式

　　你也可以用酸奶油代替奶油來替濃湯添味，就如前一則小黃瓜濃湯所示，或是像第 9 頁菠菜湯，用鮮奶油和蛋黃。無論如何，你都可以參考小黃瓜濃湯或菠菜濃湯的做法，將湯放涼後當成冷湯端上桌。

三款鄉村濃湯

馬加利鄉村濃湯（POTAGE MAGALI）

〔地中海式番茄米飯濃湯〕

　　這款香氣十足的湯品是非常典型的地中海菜餚，材料用了洋蔥、番

茄、大蒜、番紅花與本地產的香草，菜名則來自普羅旺斯地區許多齣輕歌劇的女主人翁。這款湯品在番茄盛產期間最美味，若在非產季期間使用溫室番茄，可以用少許番茄糊來增進濃湯風味。

7–8 杯，4–6 人份

1. 湯底

3/4 杯切薄片的韭蔥與洋蔥絲，或是只使用洋蔥絲

3 大匙橄欖油

一只容量 3 公升的有蓋不鏽鋼厚底單柄鍋或琺瑯鍋

680 公克新鮮成熟的紅番茄

4 瓣大蒜，切末或拍碎

4–5 杯液體：自製雞高湯或罐裝雞高湯兌水

1/4 杯生白米

下列香草，用乾淨紗布綁好：6 枝扁葉香芹、1 片月桂葉、1/4 小匙百里香、4 粒茴香籽，若能取得亦可加入 6 大片新鮮甜羅勒葉

一大撮番紅花絲

食鹽與胡椒

韭蔥與洋蔥放入橄欖油裡，以小火翻炒至變軟但尚未上色。同時，將番茄去皮，對切後去籽，保留果汁。番茄肉略切後拌入煮好的韭蔥與洋蔥裡。加入大蒜，以中火翻炒 3 分鐘，再加入番茄汁與液體，加熱至沸騰後撒上白米。加入香草與番紅花；按個人喜好用食鹽和胡椒調味。鍋蓋半掩，熬煮 30 分鐘。

2. 完成濃湯

若有必要：一撮糖

1 小匙以上的番茄糊

食鹽與胡椒

仔細品嘗以調整調味料用量，加幾撮糖提味並和酸味形成對比，少量番茄糊能幫助上色與提升風味。移除香草束。

(*) 可以提早進行到這個步驟結束。

2 大匙以上的新鮮甜羅勒末、細葉香芹末或扁葉香芹末

這款湯品冷熱皆宜，上菜前撒上新鮮香草。

加泰隆尼亞甜椒濃湯（SOUPE CATALANE AUX POIVRONS）

〔加泰隆尼亞甜椒韭蔥湯〕

這款同樣充滿地中海風情的湯品運用了和前則馬加利濃湯一樣的原則，大部分材料也相同。這款湯品的個性來自於甜椒而非番茄，以及少許火腿肉或鹽醃豬肉，還有當地典型的以蛋黃和橄欖油作為增稠劑的做法。

7–8 杯，4–6 人份

1. 湯底

70–85 公克稍微煙燻過的醃火腿或鹽醃瘦豬肉，切成 0.6 公分小丁（2/3 杯）

2 大匙橄欖油

一只容量 3 公升的有蓋不鏽鋼厚底單柄鍋或琺瑯鍋

2 杯洋蔥丁

2 杯韭蔥薄片（或更多洋蔥）

1½ 杯甜椒丁，紅甜椒或青椒皆可

4 瓣大蒜，切末或拍碎

1 大匙麵粉

1 公升熱水

3–4 杯自製牛肉高湯或罐裝雞高湯

1/4 杯義式麵食（米型或胡椒粒型，或是把義式麵線折斷）或是生白米

一大撮番紅花絲

1/4 小匙香薄荷

食鹽與胡椒

火腿肉或鹽醃豬肉放入橄欖油裡，用中火翻炒到表面開始上色，然後拌入洋蔥與韭蔥。慢慢烹煮幾分鐘，直到蔬菜變得相當軟但尚未上色；拌入甜椒與大蒜，繼續翻炒 3–4 分鐘，小心不要上色。最後，撒上麵粉翻炒 1 分鐘，鍋子便可離火。慢慢拌入熱水，然後拌入高湯或清湯，並加熱至微滾；撈除浮沫 1–2 分鐘，然後拌入麵或生米。加入番紅花與香薄荷，按個人喜好調味，鍋蓋半掩，熬煮 20 分鐘。仔細修正調味。

(*) 可以提早進行到這個步驟結束；開蓋放涼。上菜前再次加熱至微滾。你也可以提早製作蛋黃與橄欖油作成的添味劑，放入有蓋玻璃瓶中保存。

2. 完成濃湯

2 個蛋黃

一支鋼絲打蛋器

一只大湯盅或大攪拌盆

1/4 杯橄欖油

一支勺子

將蛋黃放在湯盅或攪拌盆裡，攪打至變稠變黏；一邊攪打一邊慢慢滴入橄欖油，就如製作蛋黃醬的動作。接下來，一邊攪拌醬汁，一邊滴入 2 杯熱湯，然後慢慢把剩餘熱湯拌進去。做好後馬上端上桌。

■ 維多琳濃湯（SOUPE À LA VICTORINE）
〔以茄子和番茄裝飾的白豆濃湯〕

　　這款可以當成正餐的湯品，能夠在寒冷的冬天填飽一家人的肚子，在裡面加入豬肉或香腸和豆子一起烹煮時尤其如此。用作裝飾的茄子和番茄，能替原本傳統的豆泥增添一股活潑且別有特色的風情。

約 8 杯，4-6 人份

1. 浸泡豆子

1 公升清水

一只容量 3 公升的有蓋單柄鍋

1/3 杯乾白豆，例如大北豆或小白豆

清水加熱到大滾，放入白豆以後等待水重新沸騰；開蓋烹煮 2 分鐘整。鍋子離火，蓋上鍋蓋，讓豆子在水裡浸泡 1 小時整。浸豆子的同時，你可以準備煮湯用的其他材料。

2. 湯底──熬煮時間需 1½ 小時

2 杯韭蔥切片與洋蔥絲，或是只使用洋蔥絲

3 大匙橄欖油或奶油

一只直徑 20 公分的琺瑯平底鍋、不鏽鋼平底鍋或不沾平底鍋

用橄欖油或奶油將韭蔥與洋蔥炒到變軟變透明；稍微將爐火調大，繼續翻炒幾分鐘，讓蔬菜稍微上色。豆子在熱水裡浸泡 1 小時以後，就可以將炒好的蔬菜加入鍋中，並放入

2 片月桂葉

1/2 小匙百里香

1/2 小匙鼠尾草

自行選用：227 公克五花肉、新
鮮豬肩肉、義大利香腸或波蘭
香腸

1½ 小匙食鹽

1/8 小匙胡椒粒

食物研磨器或電動果汁機

剩餘的湯底材料（若使用香腸而非豬肉，應
在烹煮的最後 30-40 分鐘再下鍋）。鍋蓋半
掩，加熱至微滾，慢慢熬煮約 1.5 小時，或
是煮到豆子變軟。將豬肉或香腸取出放在一
旁，把湯打成泥後放回鍋中。

(*) 可以提早準備至這個步驟結束；開蓋靜置
放涼。

3. 茄子與番茄裝飾

1 個質地扎實、表面光滑、重量
約 454 公克的茄子（長度約 20
公分最寬處約 9 公分）

一只容量 2 公升的上釉或不鏽
鋼攪拌盆

1½ 小匙食鹽

454 公克質地扎實且成熟的新鮮
紅番茄（3 個中型番茄），去皮
去籽並榨汁

2-3 大匙橄欖油

直徑 20 公分的平底鍋

4 瓣大蒜瓣，切末或拍碎

一只平底鍋鍋蓋

茄子去皮後切成 1.2 公分小丁。放入攪拌盆
中，與食鹽翻拌均勻後至少靜置 20 分鐘。同
個時候，將番茄處理好，把果肉切成 1.2 公
分小塊；過濾並保留番茄汁。茄子醃過 20 分
鐘以後瀝乾並用紙巾拍乾。平底鍋內放入橄
欖油，茄子下鍋翻炒至表面稍微上色。加入
番茄果肉與大蒜翻拌，再加番茄汁，然後蓋
上鍋蓋。小火熬煮 10-15 分鐘，將茄子煮到
變軟但還能保持形狀的程度。煮好後放在一
旁備用。

(*) 可提早進行到這個步驟結束；開蓋放涼。

4. 完成濃湯

2-3 杯雞高湯或罐裝清湯

3 大匙新鮮綠香草末：甜羅勒、
扁葉香芹、細香蔥（或是只使
用扁葉香芹並按個人喜好加入
乾燥甜羅勒或奧勒岡）

上菜前 15 分鐘，將湯底加熱至微滾，並以雞
高湯或清湯稀釋到適當的濃稠度。將豬肉或
香腸切成約 1 公分厚度，和茄子與番茄一起
加入湯裡。熬煮 3-4 分鐘，讓味道融合。仔
細修正調味，拌入香草，便可端上桌。

變化版

結球茴香與番茄裝飾

　　將切片的新鮮結球茴香煮到軟，然後和番茄丁與香草一起熬煮一下，可以用來代替前則食譜的茄子。按照前則食譜的做法浸泡豆子並熬煮湯底；以下面的方式準備裝飾用蔬菜。

2 杯切成薄片的新鮮結球茴香

2 大匙橄欖油或奶油

1/4 杯紅蔥末或青蔥末

2 瓣大蒜瓣，切末或拍碎

454 公克番茄，去皮去籽榨汁後切丁

食鹽與胡椒

　　將橄欖油或奶油和茴香放入有蓋平底鍋內，小火烹煮 8–10 分鐘，或是煮到茴香變軟但尚未上色。加入紅蔥或青蔥、大蒜與番茄；和茴香翻拌均勻，蓋上鍋蓋繼續熬煮幾分鐘，煮到番茄完全出水。打開鍋蓋，稍微調高火力，繼續烹煮幾分鐘，讓水分蒸發。按個人喜好調味。處理好後靜置備用，待要使用時再按到基本食譜步驟 4 處理。

南瓜盅濃湯（LE POTIRON TOUT ROND）
〔放在南瓜裡烘烤的南瓜湯〕

　　這種有趣的擺盤方式，可以做成湯，也可以做成蔬菜；食譜可參考蔬菜章節南瓜部分第 433 頁。

法式海鮮濃湯（BISQUES）

　　法式海鮮濃湯是一種豐富、質地濃稠且重口味的蝦貝濃湯。無疑地，這是一種享用結構複雜的小型甲殼動物如螯蝦和螃蟹等的好方法，食用方式也優雅，而且也是烹煮龍蝦胸部與腳很好的方式。

　　烹煮這道湯品的時候，你可以選一群喜好烹飪的朋友，因為法式海鮮濃湯並不難做——只是需要的時間比較長。要做出道地的風味，應將

生的蝦貝切好，連殼一起翻炒，再和酒與芳香材料一起熬煮。接下來，把肉取出；有些肉保留下來做裝飾用，剩餘則做成泥。最後，要把殼裡殘存的味道和顏色榨取出來時，應將殼和奶油一起打成泥，然後再加入湯裡做成美妙滋味。

　　首先，我先說明怎麼分解龍蝦和螃蟹，然後提供法式龍蝦濃湯與其他變化版的食譜。

龍蝦

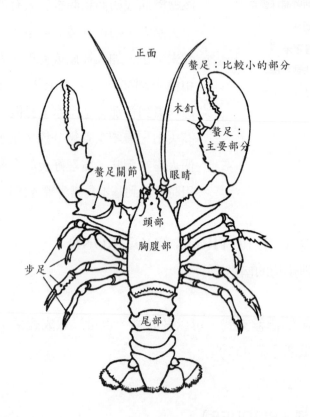

正面

螯足：比較小的部分

木釘

螯足：主要部分

螯足關節

眼睛

頭部

胸腹部

步足

尾部

購買龍蝦

　　活龍蝦看來應很有活動力；螯足應該伸展，背部彎曲，而且在你抓起來的時候，尾部應該激烈地朝著胸部下方拍打。要讓龍蝦出現這樣的動作，你必須要用大拇指和食指從螯足關節後方的胸部把龍蝦抓起來。

你可以將活龍蝦放在戳洞的厚紙袋裡，放入攝氏 3 度的冰箱冷藏 1–2
天，不過無論如何，活龍蝦帶回家以後都應該儘快烹煮。

　　從商店購買水煮龍蝦時，應仔細檢查尾部。尾部應該朝胸部下方蜷
曲，而且在拉直放開時會彈回去。若是軟趴趴的，表示龍蝦在烹煮前已
經快死掉了。此外，在購買水煮龍蝦時，也應該要注意到龍蝦的氣味聞
起來應該是清甜的。水煮後放涼包裝的龍蝦，可以在攝氏 3 度的冰箱裡
保存 2–3 天。你甚至可以將水煮的帶殼龍蝦密封包裝後放入冷凍庫，至
多可保存幾個禮拜。

　　要分辨龍蝦的性別，應觀察
下側最後一對游泳足，也就是胸部
和尾巴交界處。如果這對游泳足柔
軟多毛，這隻龍蝦為雌性；如果堅
硬、尖銳且無毛，則為雄性。

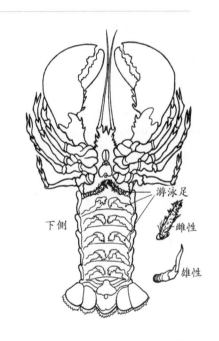

處理龍蝦

　　法式料理的許多龍蝦菜餚，包括美式龍蝦與龍蝦濃湯，都會涉及翻
炒切塊生龍蝦的步驟。這也就表示你必須購買活龍蝦，要不是購買時請
人幫你切好並馬上烹煮，就是自己切。認真的廚師真的必須自己面對這
個課題。專業人士在切龍蝦的時候，從來不會遲疑，也不需要什麼準備
動作，不過你的狀況可能不是這樣。如果你覺得切龍蝦很難，我們建議

你將龍蝦兩兩以頭下腳上的方向，放入沸水中汆燙 1 分鐘左右，讓龍蝦變軟，然後馬上把龍蝦拿出來。因為龍蝦的神經系統與循環系統的中心位於頭部，頭部先浸入沸騰液體的動作，不但能馬上殺死龍蝦，也能省去肌肉痙攣的問題。許多人對烹煮龍蝦有錯誤的觀念，認為先將龍蝦放入冷水裡再把水煮沸，可以讓龍蝦少受點罪；不過這其實不是什麼人道的處理方式，因為這種做法其實是慢慢把龍蝦淹死！

如何切割生龍蝦

準備一把尖銳的龍蝦剪或廚房剪刀、一把大刀、一塊有溝槽可以搜集湯汁的砧板或是將一塊板子放在盤子上、一只用來收集湯汁的碗，以及另一只用來放置龍蝦膏的碗。接下來的動作是按照下列方法將龍蝦縱切為二。先把龍蝦擺好，正面朝上，用剪刀沿著中線從尾巴底部往前把殼剪開，剪到靠近眼睛的位置，不過先不要從頭部中央眼睛處切開。龍蝦翻面，再次用剪刀從尾部往前把殼剪到距離頭部頂端 1.2 公分處。接下來，用刀子沿著剪刀在下側切開的痕跡，從距離頭部頂端 1.2 公分處將龍蝦縱切開來，也就是乾乾淨淨地把龍蝦身體分成兩半，只有頭部相連。最後，用手從螯足關節和胸部連接處把龍蝦抓起來，把頭部還連著的殼掰開，讓左右兩半完全分離。

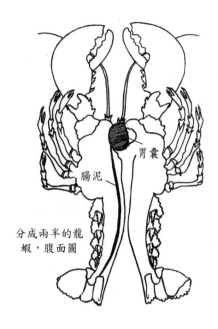

胃囊

腸泥

分成兩半的龍蝦，腹面圖

在龍蝦頭部的一側，有一個長度約2.5 公分、直徑約 2 公分的胃囊。你可以用手指找到胃囊，把它扭下來丟掉（如果在切龍蝦時把胃囊弄破了也沒關係，只要把兩半的胃囊都去掉即可）。將腸泥拉出來丟掉，腸泥是一條細長有彈性的管狀物，可以是透明的或帶黑色的，從胃囊一直往下延伸到尾部。龍蝦胸部帶綠色甚至黑色的柔軟物質，是所謂的龍蝦膏；把龍蝦膏挖出來放入一只小碗中。如果手上的龍蝦是雌龍蝦，通常也可以找到一些橘紅色的卵；將卵取出放入龍蝦膏裡。

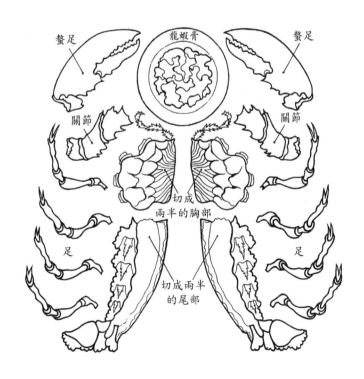

螯足

龍蝦膏

螯足

關節

關節

切成兩半的胸部

足

足

切成兩半的尾部

　　取一把刀或剪刀，將切好的半隻龍蝦的尾部和胸部分開。把龍蝦的足和螯足關節與胸部分開，也把螯足從關節末端切下來。用刀子拍打螯足，將螯足敲裂一兩處。把液體集結到一只碗中，和龍蝦膏一起保存。現在，切好的龍蝦就可以下鍋翻炒了。

如何把肉從煮熟的龍蝦取出

　　按照前述切生龍蝦的方法拆解水煮過的龍蝦。將胃囊和腸泥拿出來丟掉。將胸部的龍蝦膏挖出來放入一只碗中。把尾部的肉取出以後，再處理螯足、螯足關節、胸部與足部的肉。用剪刀從螯足關節與胸部連接處剪開，並把每一隻螯足和關節分開。將關節兩側的殼剪開，把殼去掉，取出龍蝦肉。

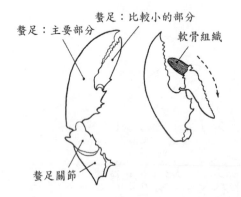

螯足：比較小的部分
螯足：主要部分
軟骨組織
螯足關節

　　取螯足肉的第一步，是緩慢且堅決地將螯足比較小的可動指朝著螯足底部往後彎；這個動作會將螯足主要部分的軟骨組織從肉裡拉出來。用專用叉或剪刀尖端從掰下來的部分把肉挖出來。

　　再次用剪刀在螯足主要部分的殼上剪出一個口，用手指將整塊肉摘下來。

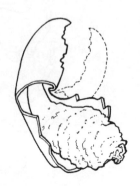

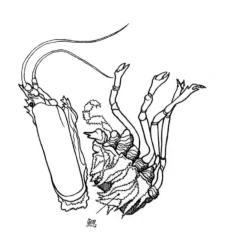

鰓

　　將胸部的殼去掉。你可以注意到，在靠近足關節的地方，有海綿狀且毛茸茸的條狀物附著，這些是龍蝦的鰓。將鰓拉下來丟掉，並將任何凝結附著在龍蝦殼內側的白色物質加入龍蝦膏裡。

胸部下側

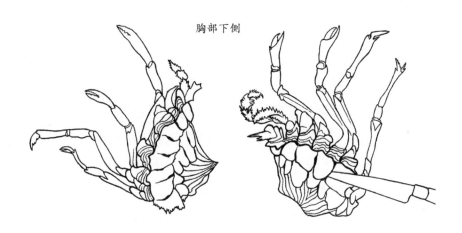

　　從足與胸部連接處把足剪下來或扭下來。把位於胸部內側的肉挖出來，挖的時候應將刀尖深入軟骨組織間的空隙。這是個慢工出細活的步驟，不過挖出來的少量龍蝦肉，卻是最甜也最嫩的。

切開
切開
殼
肉

　　要取出龍蝦腳的肉，應先從每個關節把腳鋸開。將腳放在砧板上，用長針（杵或掃帚柄）在上面滾過，把肉擠出來。肉的量不多，不過味道甜美質地柔嫩，值得花時間處理。

螃蟹

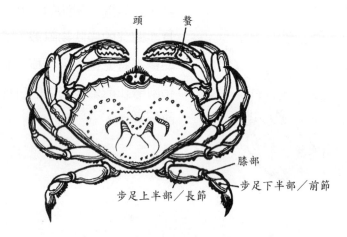

石蟹、岩蟹、沙蟹、藍蟹與種類和尺寸類似的螃蟹，尤其適合用來製做法式海鮮濃湯，因為這些螃蟹單吃或多或少有點麻煩。如果剛好在海邊，你可以自己抓螃蟹，或是請捕龍蝦的漁夫不要順手把連帶撈上來的螃蟹丟掉，把螃蟹留給你。無論你以何種方式取得，螃蟹一定要是活的。在你準備好要清理並切割的時候，將螃蟹倒過來放入一只大碗中，或是把水槽塞起來，在裡面注入溫度很高的熱水。經過 1–2 分鐘，泡泡不再出現，螃蟹應該已經被燙軟，可以進行接下來的操作了。清理切割螃蟹的目標，在於將主要部分也就是每隻螃蟹的胸部、步足與螯等和叫做背甲的硬殼分開，並且取出蟹膏，也就是位於胸腔和背甲內的乳膏狀物質。

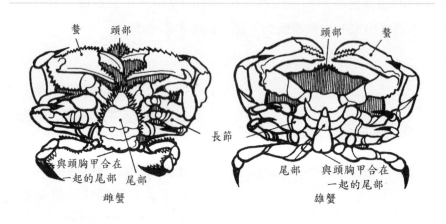

將螃蟹翻過來。你可以注意到，雌蟹的尾部比雄蟹寬大，而且雌蟹尾部邊緣通常有毛。

將尖尖的尾部朝胸甲的反方向翻，然後從尾部緊鄰身體處抓起來，慢慢以扭轉的動作從水平方向將尾部從螃蟹身上扭下。腸泥應該也會同時被拉出來。

將尖尖的尾部朝胸甲的反方向翻

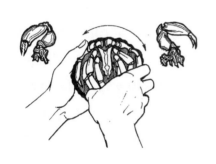

從螯關節與身體連接處，把螯卸下來。要把步足和胸部拆下來，可用左手緊緊握住背甲，右手將所有步足往螃蟹的身體抓好。來回搖晃，步足與胸部會慢慢和背甲分開，然後就可以拉開。胸部與背甲內側聞起來應該是新鮮且讓人胃口大開的；你的嗅覺就是最好的判斷方式。

在胸部兩側與背甲嵌合處，都有羽毛般的海綿狀長條物，這些是螃蟹的鰓；把鰓拉下來丟掉。用手指和湯匙柄把滑膩的蟹膏刮下來，然後放在一只架在碗上的篩子裡。

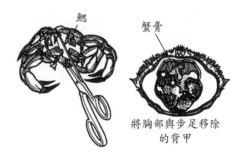

將胸部與步足移除的背甲

在活冷水下用蔬菜刷把胸腹下側和步足周圍的殼刷乾淨；同時也把螯關節的部分刷乾淨。最後，將胸部縱切成兩半，如圖所示（用刀子或剪刀將殼上任何長苔的部分修掉）。

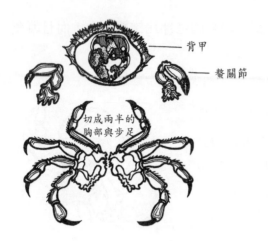

背甲

螯關節

切成兩半的
胸部與步足

現在，被切成兩半的胸部
與步足部分和螯關節部分都已
經處理完畢，可以用來烹煮。
螃蟹的另一個可食用部位則是
位於背甲內的蟹膏。

蟹膏

背甲內側乳狀物可以帶綠色、棕色，甚至橘色，它被稱為蟹膏。蟹
膏和外殼內的液體是螃蟹最美味的部分。* 將蒐集到的液體倒在盛裝了胸
部蟹膏的篩子裡；用手指將殼內的軟物質取出放入篩子裡。等到所有螃
蟹都處理好已後，將蒐集到的液體倒入另一只容器中保存。用木匙將蟹
膏壓過篩，並將殘留在篩子底部的蟹膏刮下來放入碗中；保存蟹膏，待
步驟 7 和蟹肉裝飾一起熬煮時使用（壓成泥以後，生蟹膏會變成相當深
的綠色，煮熟後變成暗紅色）。

　　* 一隻螃蟹完整下水烹煮時，蟹膏會變成綠色和橘色，液體通常會變白色。

如何取出熟螃蟹的肉

準備一塊砧板和木槌或某種能夠把殼敲裂的木製器具，以及一把用
來取蟹肉的葡萄柚刀。若用小螃蟹製做法式海鮮濃湯，則不用太透徹地
把肉全挖出來，不然會浪費太多時間；只要處理能容易取出的部分即
可，無論如何，蟹殼殘骸都會經過再次熬煮，把殘餘的味道萃取出來。
開始時，把蟹腳從胸部上扭下來，然後逆著膝關節活動的方向把每隻腳
折斷，把長節的軟骨組織拉出來。在烹煮法式海鮮濃湯時，將下面的蟹
腳切成 0.6 公分小段，留起來製作蝦貝奶油；不然就是把它丟掉。要把長

節、螯和關節等部位的肉取出，則輕巧但果決地用木匙將蟹殼敲碎，小心不要把碎殼混到肉裡去。接下來，用葡萄柚刀的尖端取出能夠挖出來的肉。要把蟹肉從胸部取出時，從蟹腳留下來的洞儘量把肉挖出來，然後再從另一邊挖，小心不要把殼或軟骨碎片混進去。6–8 隻背甲最寬處介於 7.6–10.2 公分的螃蟹，約可以挖出 1 滿杯的蟹肉。

▪ 美式龍蝦濃湯（BISQUE DE HOMARD À L'AMÉRICAINE）

　　考慮到龍蝦的價格以及法式海鮮濃湯的做法，我們認為在這裡使用一整隻龍蝦是很浪費的一件事。因此，我們建議只使用胸部和足來製做法式海鮮濃湯，將尾部、螯足與蟹膏另外做成美味的主菜，例如上冊第 260 頁的美式龍蝦。事實上，你可以從一開始就一起處理胸部和足，因為兩者的處理方式差不多。你可以在某天晚上以龍蝦為主菜，隔一兩天端上法式海鮮濃湯。無論如何，要怎麼做都取決於你，我們有從 3–4 隻龍蝦拆下來的胸部和腳來烹煮下面這則菜餚就夠了。就如這類菜餚，你可以在某種程度上增加或減少材料的用量，也不會影響到菜餚風味的平衡，而且其餘材料即使多放或少放了些，也不需要因此感到困擾。

有關烹飪技巧與器具

　　若是在過去，你會需要一只容量 8 公升的大理石研缽、一支大木杵、一個直徑 30 公分的圓筒篩、一支龜殼刮刀，以及許多廚房小幫手或日本相撲選手的力氣，才能做出一道還可以的法式海鮮濃湯。時至今日，電動果汁機讓人免去了各式各樣的要求，不過仍然需要許多道熬煮、過濾與研磨的工序，以及許多的碗、篩與湯匙。把湯煮好以前，不要清洗任何工具，因為你會不斷地用到這些工具，而且你也不希望用水洗掉任何帶有美妙滋味的材料。

約 2 公升，6-8 人份

1. 預備動作

1 杯綜合調味蔬菜（等量的洋蔥末、胡蘿蔔丁與西洋芹丁）

1½ 大匙奶油

一只容量 3 公升的有蓋不鏽鋼單柄鍋或琺瑯鍋

1½ 杯切碎的新鮮番茄肉（3-4 個中型番茄去皮去籽後榨汁）

3 或 4 隻重量 567-680 公克重的龍蝦，取帶殼的胸部與足

奶油和蔬菜放入單柄鍋內，以小火翻炒 6-8 分鐘，或是炒到蔬菜變軟但尚未上色。同時，將番茄處理好。把龍蝦胸部縱切成兩半（切割龍蝦的方法，可參考第 31 頁圖解說明）。

2. 炒龍蝦

2 大匙以上橄欖油或烹飪用油

一只直徑 25-30 公分的不沾燉鍋或琺瑯燉鍋（或煎鍋或油炸用身鍋）

烹飪用的夾子

在燉鍋放入高度約 0.15 公分的油脂；以中大火加熱至高溫但尚未冒煙的程度。加入龍蝦的胸部和足，切面向下。不要一次放太多：若無法平鋪成一層則分兩次翻炒。頻繁翻拌至殼變成深紅色（總共 4-5 分鐘）。這個步驟必須特別注意顏色，因為殼是讓龍蝦湯上色的主要材料。

3. 熬煮龍蝦並取出龍蝦肉

食鹽與胡椒

1/3 杯干邑白蘭地

1½ 杯不甜的白酒或 1 杯不甜的白苦艾酒

2 大匙新鮮茵陳蒿或 1 大匙乾燥茵陳蒿

1 片月桂葉

步驟 1 的綜合調味蔬菜與番茄

龍蝦炒好以後，稍微調降爐火，在鍋內加入食鹽與胡椒，再倒入干邑白蘭地。劇烈搖晃或傾斜鍋身，利用熱源點燃鍋內的酒，亦可以使用火柴。等到火焰消逝，倒入白葡萄酒或苦艾酒，拌入茵陳蒿，並加入月桂葉和其他材料。蓋上鍋蓋，小火熬煮 20 分鐘。

1 瓣大蒜，拍碎

1 大撮乾辣椒粉

燉鍋鍋蓋

(*) 提早準備：可以提早進行到這個步驟結束；開蓋放涼後再蓋起來放入冰箱冷藏（或冷凍）。

---

2 只中型碗

裝了中孔徑圓盤的食物研磨器，或是一只篩子和一支木匙

電動果汁機

（繼續進行下一步以前，你可以從下一步驟的米飯開始，如此一來這個步驟做完的時候飯也煮好了。）將龍蝦從醬汁中取出，按照第 32–33 頁圖解說明將龍蝦肉從殼裡挖出來。你應該可以挖出 1 杯的量；將龍蝦肉放在其中一只碗內。將醬汁用食物研磨器研磨或放入篩子裡過篩，放入另一只碗內，再刮入果汁機的專用容器裡；置於一旁待步驟 5 使用。將龍蝦殼切成 1.2 公分小塊，放入碗中保留，待步驟 6 使用。

4. 熬煮米飯

3 杯魚高湯或罐裝蛤汁

2 杯牛肉高湯或罐裝牛肉清湯

步驟 1 用來烹煮綜合調味蔬菜的單柄鍋

1/4 杯生白米

將魚高湯或蛤汁與牛肉高湯或清湯放入單柄鍋中加熱至沸騰；撒上白米。攪拌一次，然後熬煮 20 分鐘。靜置一旁，待步驟 5 使用。

5. 研磨米飯與龍蝦肉

單柄鍋內的白米飯

一只細目篩，架在容量 2.5–3 公升的大碗上

一支橡皮刮刀

裝有泥狀龍蝦醬汁的果汁機專用容器

一半的龍蝦肉

將米飯放入篩子裡瀝乾，將米湯留在碗裡保存。將米飯和一半量的龍蝦肉放入果汁機內打成泥，若是混合物太濃稠，可以加入少許米湯，讓混合物更容易攪打。將打好的混合物刮入煮米飯用的單柄鍋內。

6. 最後添味用的龍蝦奶油

6 大匙奶油
煮龍蝦的燉鍋
切好的龍蝦殼
電動果汁機
步驟 5 的篩子
一支木匙
一支橡皮刮刀
盛裝奶油用的小碗

將奶油放入燉鍋內，加熱至起泡，然後拌入龍蝦殼翻炒 2–3 分鐘，期間不停翻拌，讓龍蝦殼均勻受熱。馬上將龍蝦殼刮入果汁機內攪打均勻，攪打時斷斷續續地啟動果汁機，必要時可以用湯匙將龍蝦殼往下刮。將所有奶油放入篩子裡，用橡皮刮刀刮過篩，放入一只碗內。置於一旁待於步驟 7 與步驟 8 使用。

步驟 5 保留的米湯
步驟 5 用來裝盛米飯龍蝦泥的單柄鍋

為了將果汁機專用容器、龍蝦殼和篩子裡的殘餘味道萃取出來，將米湯倒入方才翻炒龍蝦殼的燉鍋裡。加熱至微滾，將液體倒入果汁機容器裡搖一搖，然後把液體倒回燉鍋裡。把篩子上的殘餘龍蝦殼刮到燉鍋裡，並將篩子放在炙熱的米湯中搖晃，把所有殘渣洗下來。熬煮 3–4 分鐘；液體過篩後放入單柄鍋內，和米飯龍蝦泥混合均勻。

7. 龍蝦裝飾

2 大匙步驟 6 的龍蝦奶油
一只小平底鍋
步驟 3 剩下來的龍蝦肉
食鹽與胡椒
2 大匙干邑白蘭地或不甜的白苦艾酒

將奶油放入平底鍋內加熱到起泡；拌入龍蝦肉，並撒上食鹽與胡椒。以中火翻炒 2 分鐘，不時拋翻。倒入干邑白蘭地或苦艾酒，繼續烹煮到液體蒸發。將龍蝦加入步驟 6 裝盛剩餘濃湯混合物的單柄鍋內，此時龍蝦濃湯已接近完成。

(*) 提早準備：可以提早進行到這個步驟結束；
開蓋放涼後再蓋起來放入冰箱冷藏或冷凍。

8. 最後調味與上菜

若有必要：更多魚高湯、蛤汁
或清湯

食鹽、胡椒、辣椒粉與茵陳蒿

1/2-1 杯鮮奶油

步驟 6 的龍蝦奶油

2-3 大匙新鮮細葉香芹末、茵
陳蒿末或扁葉香芹末

麵包丁（奶油炒過的麵包丁，第
18 頁）；或是第 98 頁硬麵包
片；或是第 67 頁自製法國麵包

上菜前，將濃湯加熱至微滾。湯的質地應該
相當濃稠，不過如果需要稀釋，可以加入少
許高湯或清湯。仔細修正調味。盛盤前拌入
鮮奶油，鍋子離火，再以每次 1 大匙的量分
次拌入龍蝦奶油。將濃湯倒入事先溫過的湯
盅或湯杯裡，並以新鮮香草裝飾。麵包丁、
硬麵包片或麵包應另外端上桌。

變化版

由於其他法式海鮮濃湯的做法幾乎和龍蝦濃湯一模一樣，只要是基
本食譜中出現的「龍蝦」字眼，都可以用蝦子、螃蟹或螯蝦代替。由於
每種海鮮濃湯的做法仍然略有差異，以下分別加以說明。

法式蝦子濃湯（Bisque de Crevettes）

烹煮這款濃湯時必須使用帶殼蝦，因為蝦殼能替濃湯帶來獨特的顏
色與風味。因此，你必須要使用聞起來最新鮮、品質最高的蝦子，無論
是活蝦或去頭的冷凍生蝦皆可，這一點非常重要。如果是帶頭帶殼的完
整蝦子，只要在翻炒前洗淨瀝乾即可；若使用冷凍蝦，則放入冷水解凍
到可以將每隻蝦子分開的程度，再放入鍋中翻炒。由於蝦子只需要熬煮 5
分鐘，在烹煮時應先處理步驟 3 的番茄和其他材料，熬煮 10 分鐘以後再
讓蝦子下鍋；熬煮完畢以後，讓蝦子在醬汁裡放涼 10 分鐘，再取出瀝乾
並去殼。利用蝦殼和幾隻完整的熟蝦來製作步驟 6 的蝦貝奶油，如果蝦
子很大，可以將蝦子縱切成兩半，保留下來用做步驟 7 的裝飾。烹煮 2

公升的濃湯會需要 567–680 公克的生蝦。

法式蟹肉濃湯（Bisque de Crabes）

　　蟹肉濃湯甚至比龍蝦濃湯更費工夫，不過它的滋味美妙豐富且有深度，如果你選對了客人，你不但可以從他們的享受中獲得滿足感，同時也讓自己回味這款湯品的風味。按照第 34–36 頁說明清洗並切割螃蟹，然後按照第 37 頁基本食譜的做法，用螃蟹代替龍蝦，並按照下列說明稍微修正烹飪方式。由於螃蟹切塊的體積比龍蝦胸部來得占空間，在步驟 2 中，你會需要兩只大燉鍋來進行翻炒的動作，不過進行到步驟 3 的時候，則可以把所有螃蟹放在一起熬煮。在步驟 3，你手上的液體應不足以淹過所有螃蟹切塊，因此在熬煮的 20 分鐘期間，必須要翻拌幾次；不要忘了把從螃蟹背甲搜集來的液體和蟹膏加進去，和其他材料一起熬煮。請注意，只有切好的蟹腳前節才會被用來製作步驟 6 的螃蟹奶油，不過你也可以在步驟 6 進行到最後時，把從胸部、螯足與蟹腳長節取得的殘渣也加進去烹煮 10 分鐘，將螃蟹的風味完全萃取出來。2 公升的蟹肉濃湯需要 6–8 隻背甲最寬處介於 7.6–10.2 公分的活螃蟹。

法式螯蝦濃湯（Bisque d'Ècrevisses）

　　螯蝦又稱淡水龍蝦或小龍蝦，是外觀與龍蝦非常相似的小型甲殼類動物，體長一般介於 10.2–12.7 公分。無論在歐洲、南大西洋、太平洋與美國中西部地區，螯蝦都被視為珍饈。烹煮時應注意到幾個和第 37 頁基本食譜的細微差異，並用「螯蝦」代替基本食譜中出現的「龍蝦」。要處理活螯蝦時，先將螯蝦以頭朝下的方式放入一鍋溫度非常高的熱水中，放在裡面浸泡 2–3 分鐘，或是浸到再也沒有氣泡浮上來。瀝乾以後，將位於尾巴基部的尾扇中葉往外拉，把腸泥一併拉出（這個拉掉腸泥的動作在法式料理食譜中稱為「châtter」）。按照基本食譜，將螯蝦整隻放入鍋中翻炒熬煮，不過在步驟 3，螯蝦只需要烹煮 10 分鐘。剝殼時，只把尾部的肉取出，並將所有尾部的肉保留到步驟 7 用做裝飾；胸部與蝦殼殘渣會做成步驟 6 的螯蝦奶油。如果你想要做得更像高級料

理，則另外多準備一打螯蝦，用從尾部取下的生螯蝦肉做成簡單的海鮮慕斯，然後將胸部與足（不包括螯和觸鬚）和覆蓋其上的蝦殼分開，將慕斯填入蝦殼裡。將填好的蝦殼放入高湯或清湯裡中溫水煮 5 分鐘，待上菜時再把蝦殼慕斯放在濃湯裡。要烹煮 2 公升濃湯，應準備 24-30 隻活螯蝦，若要製作慕斯則多準備 12 隻左右。

兩款扇貝濃湯與加入螃蟹或龍蝦的變化版

　　無論是冷凍或新鮮的扇貝，都是很容易取得的材料，因此它在湯品專章裡也應該占有一席之地。雖然法國人其實很少以這種方式運用扇貝，扇貝其實非常適合用在馬賽魚湯或蒜香蛋黃海鮮湯，做成濃湯也非常美味。

馬賽扇貝湯（LES SAINT-JACQUES EN BOUILLABAISSE）

　　這款讓人陶醉的地中海風味菜餚用了韭蔥、洋蔥、大蒜、番茄、香草與扇貝，搭配新鮮法國麵包，它可以是一道主菜，若加上水果和起司，就成了一頓完整的餐食。

4 人份主菜，6 人份湯

1. 湯底

1½ 杯切成薄片的韭蔥與洋蔥，或是只使用洋蔥

1/4 杯橄欖油

一只容量 3 公升的有蓋不鏽鋼厚底單柄鍋或琺瑯鍋

2 瓣大蒜瓣，切末或拍碎

1¼-1½ 杯切碎的番茄肉（4 個中型番茄，去皮去籽榨汁）

橄欖油、韭蔥和青蔥下鍋，蓋上鍋蓋，以小火烹煮 5-6 分鐘，將蔥煮到變軟但尚未上色。加入大蒜與番茄，稍微將爐火調大，繼續烹煮 3-4 分鐘。加入剩餘材料，加熱至沸騰，再以鍋蓋半掩的方式熬煮 30 分鐘。仔細品嘗以修正調味，按需求加入食鹽與胡椒。

4 杯液體：白酒魚高湯，或是等
量蛤汁、清水與白葡萄酒或白
苦艾酒的混合液

處理番茄時蒐集到的湯汁

2 大撮番紅花絲

以乾淨紗布綁好的下列材料：6
枝香芹、1 片月桂葉、1/4 小匙
百里香、1/2 小匙甜羅勒、4 粒
茴香籽、1 塊 5 公分的乾燥橙
皮或 1/4 小匙罐裝乾燥橙皮

食鹽與胡椒

2. 處理扇貝

454 公克（2 杯）扇貝或海灣扇
貝，冷凍或新鮮皆可

一只大碗與篩子

扇貝放入冷水中浸泡，若是新鮮扇貝可浸泡
2-3 分鐘，若使用冷凍扇貝則浸泡至完全解
凍。取出扇貝並瀝乾，仔細檢查是否有殘
沙；若有必要可再次清洗。若使用海灣扇
貝，則保持完整。若使用扇貝，則切成約 2
公分大塊。

3. 完成烹煮

湯底

2-3 大匙大略切碎的新鮮扁葉
香芹

法國麵包

自行選用：一碗現磨的帕瑪森
起司

將湯底加熱至大滾，加入扇貝，待再次沸騰
後繼續開蓋小滾 3 分鐘。再次檢查調味。把
湯舀入溫熱的湯盅、湯杯或湯盤內，並以香
芹裝飾。上菜時分別將麵包和自行選用的起
司也一起端上桌。

(*) 湯可以在上菜前幾個小時煮好。開蓋放
涼，然後蓋起來放入冰箱冷藏。上菜前，將
湯加熱至完全沸騰並讓湯滾 2-3 秒。請記
住，加熱到大滾是必要的，如此一來才能讓
橄欖油和鍋內液體完全混合。

其他變化

若要做出更營養的湯，你可以在結束熬煮前 10 分鐘，將 2 杯切丁的蠟質馬鈴薯或一把義式麵食加入湯底中。你也可以用蛋黃和油脂作為增稠劑，就如第 26 頁的甜椒濃湯，或是按上冊第 60 頁馬賽魚湯的做法，加入辣味蒜香甜椒醬。亦可參考第 60 頁蒜香蛋黃海鮮湯與添味用的大蒜蛋黃醬。

▪ 扇貝濃湯（VELOUTÉ DE SAINT-JACQUES）

〔熱食或冷食〕

這道美味的濃湯是布列塔尼貽貝湯的親戚，可熱食亦可當成冷湯。

6–7 杯，4–6 人份

1. 芳香蔬菜高湯

4 杯液體：2 杯不甜的白葡萄酒或 1½ 杯不甜的白苦艾酒加清水

1 杯洋蔥絲

1/4 杯胡蘿蔔薄片

下列材料各 1/4 小匙：茴香籽、百里香與咖哩粉

4 粒胡椒

1 瓣大蒜，拍碎

1½ 片月桂葉

6 枝扁葉香芹

1/2 小匙食鹽

一只有蓋厚底不鏽鋼單柄鍋或琺瑯鍋

一只篩子，架在大碗上

將芳香蔬菜高湯的材料放入單柄鍋內，鍋蓋半掩熬煮 20 分鐘。過濾湯汁，將固體材料的水分壓出來，再將過濾好的高湯放回鍋中。

2. 烹煮扇貝

454 公克（2 杯）扇貝，新鮮或
冷凍皆可

扇貝放入冷水中浸泡，若是新鮮扇貝可浸泡
2-3 分鐘，若使用冷凍扇貝則浸泡至完全解
凍。取出扇貝並瀝乾，仔細檢查是否有殘
沙；若有必要可再次清洗。將扇貝切成 0.6
公分小丁。將芳香蔬菜高湯加熱至沸騰，然
後加入扇貝，繼續加熱到將近沸騰的程度，
開蓋熬煮 3 分鐘。將液體過濾到大碗中，扇
貝留在篩子裡。將單柄鍋洗淨並擦乾。

3. 濃湯湯底

3 大匙奶油

4 大匙麵粉

一支木匙或木鏟

芳香蔬菜高湯

一支鋼絲打蛋器

1½-2 杯牛奶

1/2-3/4 杯鮮奶油

2 個蛋黃

扇貝

食鹽與白胡椒

奶油放入單柄鍋內加熱至熔化，拌入麵粉，
小火翻炒 2 分鐘，小心不要上色。鍋子離
火，稍微放涼以後將所有芳香蔬菜高湯倒進
鍋中，並以鋼絲打蛋器用力攪打至完全混合
均勻。放回爐上，讓混合物沸騰 2-3 分鐘，
攪拌時木匙應觸及整個鍋底。必要時以牛奶
稀釋；湯不能太濃稠，因為接下來加入的蛋
黃還會讓湯變得更稠。鍋子離火。在碗內倒
入 1/2 杯鮮奶油，用鋼絲打蛋器打入蛋黃，
然後一邊攪拌，一邊慢慢加入約 2 杯熱湯。
將混合物倒回鍋中並拌入扇貝。要仔細修正
調味。

(*) 可以提早幾個小時先進行到這個步驟結
束。用橡皮刮刀將鍋子邊緣清乾淨，並在濃
湯表面覆上 1 大匙鮮奶油，避免表面形成薄
膜。放涼以後蓋起來放入冰箱冷藏。

4. 完成烹煮並上菜

3-4 大匙軟化奶油

2-3 大匙新鮮扁葉香芹末、細葉香芹末或細香蔥末

上菜前，以中火加熱濃湯並持續用木匙攪拌，直到濃湯幾乎沸騰。鍋子離火，開始以每次 1 大匙的量拌入奶油。盛入溫熱的湯盅或湯杯裡，並以香草末裝飾。

當成冷湯上菜

省略最後添味奶油的步驟，並在加鹽時下手重一點。用橡皮刮刀把鍋子邊緣清乾淨，並在表面覆上 1 大匙鮮奶油。放涼以後蓋起來放入冰箱冷藏。按個人喜好在上菜前拌入更多鮮奶油。

變化版

蝦貝濃湯（Velouté de Crustacés）

〔用罐裝蟹肉、煮熟或冷凍的螃蟹或龍蝦肉烹煮〕

雖然最棒的蝦貝濃湯就像法式海鮮濃湯一樣，得用新鮮的帶殼生蝦貝製作，不過因為所有的味道都會融入湯裡，即使使用熟的蝦貝肉搭配魚高湯或蛤汁，一樣可以做出絕佳的成果。若是臨時起意想做點特別的菜餚，這是非常有用的食譜。這款湯品會用到的技巧和前面的扇貝濃湯幾乎相同，不過並沒有用到芳香蔬菜高湯。（備註：這則食譜尤其適合使用剛煮熟的蟹肉或龍蝦肉，亦可使用冷凍蟹肉或罐裝蟹肉。罐裝龍蝦肉不適合用在這款濃湯。）

約 6 杯，4 人份

1. 處理蝦貝肉並加以調味

198-226 公克（壓緊約 1 杯）
罐裝蟹肉，或是煮熟或冷凍的
蟹肉或龍蝦肉

一只大篩子與碗

2 大匙奶油

一只直徑 20 公分的琺瑯或不鏽
鋼平底鍋

1 大匙紅蔥末或青蔥末

1/8 小匙茵陳蒿

食鹽與胡椒

3/4 杯不甜的白葡萄酒，或是
1/2 杯不甜的法國白苦艾酒

罐裝或冷凍蝦貝肉在包裝時通常會用保存劑，在使用前應該要洗乾淨。因此，這類蝦貝肉在使用前應該用冷水浸泡幾分鐘（或是泡到完全解凍），然後仔細挑掉所有肌腱的部分，在使用蟹肉時尤其如此。處理好後完全瀝乾。奶油放入平底鍋內加熱至熔化，拌入紅蔥或青蔥，最後加入蝦貝肉。以茵陳蒿、食鹽和胡椒調味，並用中火翻炒 2-3 分鐘，讓奶油和調味料的味道能夠滲入肉裡。加入葡萄酒或苦艾酒，迅速煮開並將液體收到剩下一半的量，鍋子便可離火，放在一旁備用。

2. 濃湯湯底

1/2 杯洋蔥細末

4 大匙奶油

一只容量 2.5-3 公升的有蓋厚
底不鏽鋼鍋或琺瑯鍋

3 大匙麵粉

3 杯魚高湯或蛤汁，放入小單柄
鍋內加熱至微滾

2-3 杯牛奶

食鹽與胡椒，用量按個人喜好

蝦貝肉

1/2-3/4 杯鮮奶油

2 個蛋黃

洋蔥和奶油下鍋，小火慢炒至洋蔥變軟但尚未上色。拌入麵粉，繼續烹煮 2 分鐘。鍋子離火，慢慢打入滾燙的液體。鍋蓋半掩，熬煮 20 分鐘，必要時可用牛奶稀釋。加入蝦貝肉，熬煮 2-3 分鐘讓味道融合，若有必要可再次用牛奶稀釋。修正調味。將 1/2 杯鮮奶油倒入之前煮蝦貝肉的鍋子裡，打入蛋黃，然後慢慢加入約 2 杯熱湯，再把混合物倒回湯裡。

(*) 可以按照前則食譜的說明，提早進行到這個步驟結束。

3. 完成濃湯與上菜

───────────────

按照前則食譜的說明操作。

法式燉魚與海鮮巧達湯

　　馬賽魚湯並不是唯一的法式海鮮巧達湯。同樣在地中海沿岸，還有味道豐富厚重而且用了大量大蒜的蒜香蛋黃海鮮湯，而在法國另一側的海岸，則有用貽貝、比目魚、鮮奶油和雞蛋做成的笛耶波海鮮鍋。法國內陸地區也有自己的巧達湯，法文名稱為「matelote」、「meurette」和「pauchouse」，都是用淡水魚做成的菜餚。這些都是有著大塊魚肉的暖心菜，而且當成簡便中餐或晚餐的主菜，都很有飽足感。

使用的魚種

　　烹煮這類菜餚時，使用的魚肉應該有著相當扎實的質地，烹煮時才能維持形狀。無論使用的是新鮮或冷凍食材，聞起來都必須帶有大海微風或原始森林的清新。當然，你無法用來自紐澤西州或奧勒岡州海岸的海水魚複製出用淡水魚煮出來的勃艮第巧達湯，不過我們認為，用哪種魚其實不是那麼重要：重要的是其他材料以及能夠賦予菜餚其特殊個性的烹飪手法。下面是可以用在這款湯品的海水魚和淡水魚。

海水魚

　　鱈魚

　　糯鰻

　　單鰭鱈（在法國比較少見）

　　鮟鱇魚

　　黑線鱈

　　大比目魚

闊鱗方頭魚、狼魚、鯰魚（在法國比較少見）

綠青鱈、綠鱈、青鱈

海鱸

牙鱈、銀無鬚鱈（歐洲無鬚鱈是銀無鬚鱈在歐洲的親戚；牙鱈與無鬚鱈無關但是是個很好的選擇）

如果你是漁夫，可以選用各種岩魚（美國杜父魚是地中海地區鮋魚的親戚）

淡水魚

河鱸

鯉魚

鯰魚

鰻魚

梭子魚

鱒魚

類似鯽魚的小型魚類（丁鱥、鮊魚等經常出現在法式料理食譜中）

扇貝

儘管在法國很少人會把扇貝用來煮湯或巧達湯，扇貝確實很適合單獨或搭配其他魚肉一起用在下面的幾則食譜。

烹煮前處理魚肉的方法

用來烹煮燉魚和巧達湯的小型魚（長度 15–20 公分）在清洗去鱗以後不需切塊。較大的魚在清洗去鱗以後，會被切成厚度 2–2.5 公分的切片。大型魚通常切成厚實的魚排，然後再切成長 10 公分、寬 7.5 公分的大塊，魚骨和魚皮通常不會去掉，不過你可以按個人喜好來處理。把魚處理好以後，可以將魚肉包起來放入冰箱冷藏，待烹煮前再取出使用。碎魚肉、魚頭、魚皮等可以拿來煮魚高湯（上冊第 133 頁）。

勃艮第風味燉魚（MATELOTE、MEURETTE、PAUCHOUSE）

〔用酒、洋蔥、培根與蘑菇煮成的燉魚〕

　　你可以將這道菜稱為漁夫的紅酒燉雞，它是讓魚肉和酒、洋蔥、豬肉塊與蘑菇一起熬煮，把酒煮成醬汁。即使是那些沒有特別愛吃魚的人，通常也會愛上這道菜，此外，儘管它應該是以淡水魚或單獨用鰻魚烹煮成的菜餚，我們還是成功用海水魚如大比目魚、黑線鱈或扇貝等材料做成了這道菜。它就和其他法國地方料理一樣，關於烹飪方式有著數不清的爭議，如「matelote」（馬特洛特燉魚）到底要用紅酒還是白酒、是否只有「pauchouse」會用白酒熬煮、是否只有「meurette」會用到培根等，其中也包括某些版本用上水波蛋與松露裝飾的討論。我們完全沒打算深入這些討論，只在此說明，無論使用魚高湯或蛤汁作為基底，對醬汁而言都是必要的，不然做出來的勃艮第燉魚就會缺乏應有的滋味與個性。

　　如果要將這道菜當成主菜，你可以搭配水煮馬鈴薯作為邊菜，亦可附上大量法國麵包。佐餐酒可以選用風味強烈且不甜的白酒或紅酒，最好來自勃艮第產區，以和用來燉魚的酒搭配。生菜沙拉或是醋醃冷盤蔬菜也可以在燉魚之後端上，最後以起司和水果或甜點作結。

4-6 人份

1. 醬汁基底

113 公克（1/2 杯）新鮮豬五花肉或梅花肉，或是一塊鹽醃豬肉或培根

一只容量 4-5 公升的耐熱燉鍋或單柄鍋

1 大匙豬油或食用油

2 杯洋蔥絲；或是 1/2 杯洋蔥絲與 24-30 個燜燒洋蔥，燜燒洋蔥在快煮好時添加

2 大匙麵粉

將豬肉切成 2.5 公分長、0.6 公分厚的小塊。如果使用鹽醃豬肉或培根，則放入 2 公升清水中熬煮 10 分鐘，然後取出洗淨再以紙巾拍乾。將豬肉塊放入豬油或食用油中，以中小火翻炒 4-5 分鐘，烹煮期間頻繁翻拌，讓豬肉稍微上色。接下來，拌入洋蔥絲，蓋上鍋蓋，小火慢煮 5 分鐘，直到洋蔥變軟。將爐

火轉大，讓洋蔥稍微上色。撒上麵粉，以中大火翻炒麵粉 2 分鐘，讓麵粉上色，鍋子便可離火。

---

2 杯紅酒如隆河丘紅酒或山地紅酒；或是不甜的白酒如隆河丘白酒或白皮諾；或是 1½ 杯不甜的法國白苦艾酒

2 杯魚高湯或蛤汁

1 大撮胡椒

1 片進口月桂葉

2 粒多香果

1/2 小匙百里香

1 瓣大蒜，拍碎

食鹽（若使用蛤汁則省略）

慢慢拌入液體，讓液體和麵粉均勻混合。加入香草與大蒜，然後加熱至微滾。按個人喜好加入少許食鹽。熬煮 30 分鐘。液體應該稍微變稠；有必要可以用少許酒或高湯稀釋。仔細修正調味。

(*) 提早準備：可以提早煮好；放涼以後蓋起來放入冰箱冷藏。

2. 自行選用的額外材料——在最後烹煮步驟前先準備好

454 公克新鮮蘑菇，切成四瓣並以奶油翻炒

8-12 塊麵包片（用澄清奶油煎去邊自製白麵包做成的三角形麵包片）

蘑菇在炒好以後靜置一旁，用盤子蓋上；上菜前，將蘑菇放入醬汁裡熬煮。上菜前，將麵包片放入烤箱重新加熱幾分鐘。

3. 完成燉魚並上菜

0.9-1.1 公斤魚肉，參考第 49-50 頁清單，選用一種或數種並按說明先處理好；或是只使用扇貝

若有必要可增加高湯或蛤汁用量

預計上菜前 20 分鐘，將醬底加熱至沸騰，然後加入魚肉。若有必要可加入更多液體，讓液體恰好淹過魚肉。迅速加熱至沸騰並繼續小滾 8-10 分鐘（若是使用扇貝則只要 3-4 分鐘），將魚肉煮熟；煮熟時魚肉應該輕易就能與魚骨分離，或是很容易剝落——小心不要煮過頭。

一只溫熱的大餐盤

自行選用的燜燒洋蔥與炒蘑菇

扁葉香芹枝或新鮮扁葉香芹末

自行選用的麵包片

將魚肉放在溫熱的餐盤上擺好，然後蓋起來保溫。將醬汁表面油脂撈掉，若有必要亦迅速將醬汁收稠，讓味道更濃縮或質地更濃稠。加入自行選用的燜燒洋蔥與／或蘑菇，熬煮一下讓味道融合。仔細修正調味。將醬汁和蔬菜舀在魚肉上，以扁葉香芹和自行選用的麵包片裝飾，馬上端上桌。

(*) 提早準備：若無法馬上上菜，則在醬汁做好並加入自行選用的蔬菜以後，將魚肉放回鍋中。鍋子離火，待上菜前加熱至微滾，加熱期間用醬汁澆淋魚肉，直到完全熱透。

海鮮鍋——笛耶波海鮮鍋——諾曼第海鮮濃湯（MARMITE AUX FRUITS DE MER--MARMITE DIEPPOISE—CHAUDRÉE NORMANDE）
〔諾曼第式燉海鮮，以鰈魚、蝦貝類和白酒醬做成〕

當你在諾曼第海岸的笛耶波或巴黎的普呂尼耶餐廳（Prunier）點笛耶波海鮮鍋時，端到你面前的菜餚，會是蒸煮烹調的綜合海鮮拼盤，包括歐洲鰈、大菱鮃、烏魚、貽貝、蝦子、扇貝、挪威海螯蝦等，並搭配大量滋味豐富且酒香十足的象牙白色美味醬汁。這道菜會花上你不少錢，因為笛耶波海鮮鍋絕對可以說是一道奢華的菜餚。這是一道我們無法完全在美國複製的菜餚，因為歐洲鰈、大菱鮃、烏魚和挪威海螯蝦等都不產於美國，不過其他的鰈魚、大比目魚、龍蝦，以及蝦子、扇貝和貽貝等，都可以在美國找到。因此，下面的食譜其實是按照原始食譜做出來的海外版本。雖然我們建議將海鮮鍋當成餐宴的主角，你也可以將它當成第一道主菜。你可以先端上法式肉醬或香腸軟麵包，其次端上蘆筍或醋醃朝鮮薊，再端上海鮮鍋。若以蘋果做成甜點，例如第 524 頁的

舒芙蕾或第 549 頁的蘋果塔，就可以說是完全遵照了諾曼第地區的傳統。單獨搭配海鮮鍋的佐餐酒，可以是風味細緻的白勃艮第、葛拉夫或格烏茲塔明那。

論魚

雖然你可以選用任何列在第 49–50 頁的魚，在第一次盛盤的時候，若能替每人份準備相當於 1 塊鰈魚排、2 塊 5 公分的大比目魚、4–6 隻蝦子、扇貝與／或貽貝與 1/3 隻龍蝦的份量，第二次盛盤則為第一次的一半，這樣的組合會比較接近原始食譜。無論你選用哪些材料，務必確保每塊魚肉聞起來非常新鮮；若是使用冷凍蝦，應特別注意，因為除非採用品質無庸置疑的材料，否則在味道上就有可能壓過其他食材。經過適度調味的魚高湯在這裡非常重要；如果你無法取得新鮮鰈魚的魚骨和碎肉，則多買半公斤左右的魚，專門用來製備高湯。

6 人份主菜，10–12 人份湯

1. 準備工作——可以提早幾個小時把魚處理好——亦可參考前文說明：

680 公克去皮去骨的鰨魚排或比目魚排

454–680 公克扇貝

454–680 公克中等大小的鮮蝦，若有可能應選用帶殼者

454–680 公克厚度 2.5 公分的大比目魚排

蠟紙

一只容量大到能夠容納所有魚和海鮮的大碗

將所有魚肉與海鮮洗淨。若有必要可修整鰈魚排或比目魚排；將魚排橫切成兩半。若扇貝很大，則切成 1.2 公分小塊。蝦子去殼去腸泥，保留蝦殼，若是使用新鮮全蝦，也將蝦頭留下。大比目魚去皮去骨後切成邊長約 5 公分的大塊，並把魚骨和修下來的碎肉留著。將每種魚用蠟紙包好，按前面列出來的次序放入大碗中；將碗蓋起來，放入冰箱冷藏。將碎魚肉放入冰箱冷藏，留下來烹煮魚高湯。

有關裝飾：你可以留下一些煮熟的全蝦、龍蝦螯或貽貝，在盛盤以後用來裝飾；這個部分你可以自行決定。

自行選用的新鮮貽貝：

體積 2 公升的新鮮貽貝

1/2 杯不甜的白葡萄酒或不甜的法國白苦艾酒

刷洗並浸泡貽貝，並按上冊第 264-265 頁做法用酒蒸煮到貽貝打開。保留 12 對貝殼用作裝飾。將貽貝肉放入一只小碗中，以少許烹煮液體濕潤之；將剩餘液體倒入另一只碗中，小心不要混入砂礫。

龍蝦：

你可以使用 227-340 公克的熟龍蝦肉，而非新鮮龍蝦；若使用冷凍龍蝦則要先解凍，然後按第 48 頁做法和奶油、酒和調味料一起烹煮，待下個步驟再將龍蝦加入燉鍋裡。

2 隻活龍蝦，每隻重量 567-680 公克

一只篩子，架在一只容量 1 公升的碗或小單柄鍋上

2-3 大匙橄欖油或食用油

燉鍋（容量 6-8 公升的有蓋厚底琺瑯燉鍋或不鏽鋼鍋）

2 杯韭蔥與洋蔥薄片，或是只使用洋蔥

1/2 杯胡蘿蔔切片與 1/2 杯西洋芹切片

2 片進口月桂葉

1/2 小匙百里香

龍蝦縱切成兩半，取出頭部的胃囊與腸血管，將龍蝦膏和龍蝦卵舀出來放入篩子裡，再把龍蝦切塊（參考第 31 頁插圖）。在燉鍋內倒入 0.3 公分高的油，加熱至高溫但尚未冒煙的程度，放入龍蝦翻炒 3-4 分鐘，期間頻繁翻拌，炒到龍蝦殼變成亮紅色。取出龍蝦，置於盤內備用。調降爐火，蔬菜與香草下鍋翻炒 8-10 分鐘，炒到蔬菜變軟但尚未上色。稍微用食鹽替龍蝦調味，再將龍蝦放回燉鍋內，加入酒，蓋上鍋蓋慢慢熬煮 20 分

8-10 枝扁葉香芹的莖與／或根
（不帶葉）

食鹽（若使用貽貝汁或蛤汁則
可以省略）

2 杯不甜的白酒或 1½ 杯不甜的
法國白苦艾酒

4 大匙軟化奶油

3 個蛋黃

2/3 杯鮮奶油

鐘。接下來，將龍蝦取出，把龍蝦肉拿出來，放入一只碗內備用；將龍蝦殼切碎後放回燉鍋裡。在適當時機將軟化奶油加入龍蝦膏，將奶油和龍蝦膏研磨過篩，放入碗中；打入蛋黃與鮮奶油，然後放在一旁備用或是放入冰箱冷藏（用煮龍蝦的液體清洗篩子，盡量把所有味道萃取出來）。

魚高湯——6-8 杯份量

0.9-1.4 公斤（體積 2 公升以上）從你使用的新鮮海鮮上取下的魚骨、魚頭、碎肉與蝦貝殼；或是額外準備 454 公克鮮魚；或是 3 杯蛤汁

2 杯以上不甜的白酒；或是 1½ 杯不甜的法國白苦艾酒（若使用烹煮貽貝的液體則減半）

自行選用烹煮貽貝的液體與／或適量冷水

2 小匙食鹽（若使用貽貝汁或蛤汁則省略）

將所有材料加入烹煮龍蝦的燉鍋裡，加熱至微滾，撈除浮沫，然後半掩鍋蓋熬煮 40 分鐘。將液體過濾至一只大碗內，將殘渣丟掉。清洗燉鍋，再把液體放回鍋中；你應該會有 6-8 杯美味的海鮮湯。若有必要，則繼續熬煮海鮮湯，讓味道和體積更加濃縮；仔細修正調味。

2. 完成烹煮與上菜——烹煮海鮮約需要 30 分鐘

燉鍋內的魚高湯

4 大匙奶油

一只容量 3 公升的厚底不鏽鋼單柄鍋或琺瑯鍋

1/3 杯麵粉（用量杯將麵粉舀出後以刀子抹平）

一支木匙、一支鋼絲打蛋器、一支漏勺與一支勺子

先前準備好冷藏保存的魚肉

煮熟的龍蝦肉與自行選用的貽貝

將高湯加熱至沸騰。加熱期間，將奶油放入單柄鍋內加熱至熔化，拌入麵粉，小火翻炒至奶油麵粉起泡 2 分鐘，小心不要上色。將奶油麵糊放在一旁備用；待下一步驟製作醬汁時使用。高湯沸騰以後，加入大比目魚（或其他質地扎實的魚肉）；迅速將液體加熱至微滾，熬煮 5 分鐘。接下來，加入鰩魚、扇貝與蝦，並將之壓到液面以下。若有

若有必要可增加魚高湯、白酒或沸水的用量

一只大湯盅或碗狀深盤，放在一鍋幾乎微滾的清水上

必要，可以加入少許液體；所有材料應該幾乎被液體淹過。再次快速加熱至微滾並計時 2 分鐘，然後加入煮熟的龍蝦肉與自行選用的熟貽貝肉。再次加熱至微滾並計時 1 分鐘，鍋子便可離火。取出魚肉與海鮮，放在湯盅裡擺好；稍微蓋上。（有些魚肉如鰨魚可能會散掉；將能夠輕易取出的部分放入湯盅裡。）

醬汁：

麵粉奶油糊與前一步驟的烹煮液體

若有必要可增加高湯或鮮奶油用量

龍蝦膏、鮮奶油與蛋黃混合物

食鹽、白胡椒、辣椒粉與檸檬汁

若有必要可重新加熱油糊，鍋子離火後用鋼絲打蛋器攪打，一勺一勺地慢慢舀入 2 杯滾燙的高湯。攪拌至均勻滑順後，將鍋子放在中大火上，並迅速打入 4–5 杯高湯，熬煮 2 分鐘：醬汁應該比鮮奶油濃湯稍微濃稠一點。若是醬汁太稀薄，則一邊攪拌一邊迅速收乾；若是太濃稠則打入少許高湯。接下來，再次慢慢地把 2 杯滾燙的醬汁打入龍蝦膏混合物，期間逐漸加熱以避免結塊。緩慢把打好的混合物加入滾燙的醬汁裡，並以中火加熱。用木匙慢慢攪拌，攪拌時應讓木匙觸及鍋底的每個角落，直到醬汁變稠且幾乎達到微滾。若醬汁看來太濃稠，則拌入少許鮮奶油或高湯。仔細品嘗以修正調味，若有必要可加入食鹽、胡椒、數滴檸檬汁等。馬上接著進行下一步驟。

上菜：

自行選用的魚肉海鮮裝飾，例如全蝦、龍蝦殼、貽貝等

2-3 大匙新鮮扁葉香芹末或細葉香芹末

12-18 片麵包片（用澄清奶油煎去邊自製白麵包做成的三角形麵包片）

溫熱的湯盤

輕輕將滾燙的醬汁拌入湯盅裡溫熱的魚肉海鮮。讓自行選用的裝飾浮在上面，並撒上香草末。盡速端上桌，將燉海鮮舀在熱湯盤裡，並在每盤上面放上一兩片麵包片。這道菜得用大湯匙和刀叉享用。

(*) 提早準備：可以提早一天準備完成，在上菜時直接端上燉鍋，不要使用湯盅。放涼以後蓋起來放入冰箱冷藏；上菜前慢慢加熱到接近微滾的程度。這道菜就像新英格蘭巧達湯或燉龍蝦，提早做好稍微放一段時間，風味會更棒。

蒜香蛋黃海鮮湯（BOURRIDE）
〔搭配大蒜蛋黃醬的普羅旺斯燉海鮮〕

　　這道美妙的燉海鮮來自普羅旺斯地區，適合喜歡吃大蒜的人，因為大塊海鮮會先用高湯烹煮，然後以蛋黃和加了大蒜泥的蛋黃醬添味，大蒜的用量為每人份 1 瓣以上。它就像馬賽魚湯，魚肉會放在大餐盤上，然後用湯盅裡的高湯添味，上桌後盛入湯盤享用。這道菜滋味豐富，我們建議你把它當成午餐菜餚，其餘只要搭配少許生菜沙拉和新鮮水果即可。你會需要一支風味強勁且不甜的白酒來搭配，例如隆河丘或白皮諾。

6–8 人份主菜

1. 準備工作：

1.3–1.8 公斤各式肉質扎實且油脂少的白魚，例如第 49–50 頁建議者

按照說明處理魚肉，切成邊長 7.5 公分厚度 2.5–4 公分的大塊。放入冰箱冷藏至烹煮前再取出。

煮魚的高湯：

下列材料各 1 杯：洋蔥絲、胡蘿蔔片與韭蔥蔥白（或額外的洋蔥）

3–4 大匙橄欖油

一只容量 7–8 公升的厚底耐熱燉鍋

2 個中型番茄，切碎

體積 2–3 公升的碎魚肉、魚骨和魚頭；或是 2–3 杯魚肉；或是 1 公升蛤汁

3 公升清水（若使用蛤汁則減至 2 公升）

2 杯不甜的白酒或 1½ 杯不甜的法國白苦艾酒

2 片進口月桂葉

下列材料各 1/4 小匙：百里香、茴香籽與乾燥橙皮

2 瓣帶皮大蒜瓣，切半

2 大撮番紅花絲

1½ 大匙食鹽（若使用蛤汁則可以省略）

小火以橄欖油翻炒蔬菜 8–10 分鐘，將蔬菜炒到變軟但尚未上色。加入番茄並繼續烹煮 2 分鐘，然後加入其餘材料。加熱至微滾，偶爾撈除浮沫，達到微滾後鍋蓋半掩繼續烹煮 40 分鐘。煮好後將湯汁過濾到碗中，洗淨燉鍋，然後將湯汁放回燉鍋中。調整調味料用量，若有必要可加入更多食鹽。

(*) 提早準備：若提早準備，可在放涼以後蓋起來放入冰箱冷藏。

大蒜蛋黃醬：

1/3 杯用不甜的自製白麵包做成
的老麵包屑

葡萄酒醋

一只容量 2.5 公升的攪拌盆或
大缽

木杵、搗碎器或沉重的勺子
（搗碎用）

6-8 瓣大蒜與壓蒜器

1/2 小匙食鹽

6 個蛋黃（現在先加 2 個，其
餘稍後使用）

1½-2 杯橄欖油

一支大型鋼絲打蛋器

白胡椒或辣椒粉

麵包屑放入碗中，用 1-2 大匙葡萄酒醋濕潤
並搗成糊狀。用壓蒜器將大蒜壓成泥，直接
加入碗中，繼續搗幾分鐘，直到混合物非常
滑順為止。加入食鹽與 2 個蛋黃，再繼續搗
到混合物非常黏稠。接下來，每次幾滴，慢
慢將橄欖油搗入混合物中，做成濃稠厚重的
醬汁。以幾滴醋稀釋，開始小匙小匙地用打
蛋器打入橄欖油。醬汁應該濃稠到用湯匙舀
起來的時候可以保持形狀不變。按個人喜好
調味。（詳細的大蒜蛋黃醬做法可參考上冊
第 107 頁。）

一只容量 2 杯的碗

保鮮膜

若有必要也準備一只有蓋的玻
璃瓶

將一半的醬刮入碗裡，密封好，放在餐廳備
用。將剩餘的 4 個蛋黃打入剩餘蛋黃醬裡，
然後加以密封。（若提早準備，則移到一只
較小的容器裡蓋起來保存。）這部分的蛋黃
醬會在上菜前拌入海鮮湯裡。

2. 烹煮與上菜

烹煮用高湯

烹煮用高湯和大蒜蛋黃醬混合

以更多蛋黃添味的大蒜蛋黃醬，
置於一只容量 3 公升的大碗中

一支大型鋼絲打蛋器、一支勺
子與一支木匙

用打蛋器攪打大蒜蛋黃醬，慢慢加入幾勺滾
燙的烹煮用高湯，將 2-3 杯高湯加進去。
（也將 1 杯左右的高湯舀入餐碗中保溫。）

一只容量 3 杯的餐碗

食鹽與白胡椒

一只溫熱的湯盅

將大蒜蛋黃醬混合物倒回燉鍋裡，和剩餘的烹煮用高湯混合，並以中火加熱。持續且緩慢地用木匙攪拌，直到高湯稍微變稠至能夠裹勺的程度——4–5 分鐘——小心不要讓液體達到微滾，避免蛋黃凝結。仔細修正調味；高湯應該呈漂亮滑順且香味馥郁的淡黃色。將湯倒入湯盅，馬上端上桌。

上菜：

12 片以上溫熱的法國麵包，2 公分厚度

寬湯盤

先前保存的魚高湯

大餐盤內溫熱的魚肉以及湯盅

先前保存的大蒜蛋黃醬

在每只湯盤裡放上 2 片麵包，並以 1 大匙魚高湯濕潤之。將魚肉放在麵包上，再把加了大蒜蛋黃醬的海鮮湯，從湯盅裡舀到湯盤。每位客人可以自行在湯盤裡加入 1 大匙大蒜蛋黃醬，並以湯匙和餐叉享用蒜香蛋黃海鮮湯。

第二章
烘焙

麵包、布里歐許、可頌與糕點

酵母麵團（LES PÂTES LEVÉES）

　　一般法國家庭除了巴巴蛋糕、薩瓦蘭蛋糕與偶爾做做布里歐許麵包以外，並不會在家烘焙任何需要用到酵母的東西。法國人的確不會也沒有必要在家做麵包，因為每個街區都有麵包坊，除了週一公休以外，麵包坊每天都會供應新鮮烘焙的麵包。所以在法國家庭用品店裡，甚至找不到麵包烤盤，而法式料理也沒有在家自製麵包的食譜。因此，這裡提供的所有食譜是專業人士使用的食譜，我們使用標準原料與家用設備，針對家庭烘焙者設計出適用的技巧。

　　無論你是家庭烘焙者還是專業麵包師，你都會發現，時間確實是成功製作麵包的關鍵。就如起司需要時間熟成，葡萄酒需要時間陳放，酵母也需要時間才能完全地在麵團裡發揮效用。酵母的功能不只是讓麵團膨脹，同樣重要的是，酵母也會讓麵團發展出該有的風味與質地。酵母會吃麵粉裡的澱粉並藉此繁殖。麵粉也含有麵筋，而麵筋讓麵團能夠在烤箱裡膨脹並保持膨脹，因為麵筋分子在濕潤時會產生黏著性，聯合起來在整個麵團裡形成一彈性網絡。接下來，當酵母細胞享用澱粉並繁殖的同時，它們旺盛的活性會形成微小的氣泡，這些氣泡會將周圍麵筋網絡往外推，藉此讓麵團膨脹。同個時候，若給予充分的時間，麵筋本身也會經過一種緩慢的熟成過程，賦予麵團風味、內聚性與彈性。若要讓像是法國麵包之類的簡單麵團變成出色且讓人滿意的美食，麵筋的這些

發展著實非常重要。因此,與其用大量酵母與溫暖的發酵環境來加速麵團發酵的過程,你應該要給予充分的時間,用最少量的酵母、微溫的溫度與多次發酵的做法,讓麵團慢慢熟成。

無論在美國或法國,現在的麵包不如以往的原因有很多:人們捨棄柴燒窯;麵粉和水都充滿了化學物質;用機器揉麵等等。速度可以說是麵包籃的殺手:酵母沒有充分的時間完成它發展風味、質地與體積的三重功能。

酵母

酵母是一種活生物,不過在你購買的時候,酵母處於非活性或休眠狀態,一般市面上的酵母可以是用銀紙包起來的塊狀新鮮酵母,或是密封包裝的乾酵母。塊狀新鮮酵母必須是均勻且帶點灰色調的乳白色,沒有變色斑點,而且容易變質;新鮮酵母只能在冰箱冷藏約一週,不過若是密封包裝並冷凍起來,則可以保存數週。活性乾酵母應該存放在陰涼乾燥的地方,或是放入冰箱冷藏或冷凍;包裝上印有保存期限,在到期日之前使用完畢。無論使用哪一種酵母,在使用前都必須要完全液化,才能恢復其活性。雖然你可以直接將酵母和乾材料混合,然後加入溫水攪拌,我們還是偏好幾乎一樣快且能透過視覺來確認的方法,讓酵母單獨液化。

確認酵母的活性

若確知手上的酵母很新鮮,就不需對酵母的能力存疑。如果你覺得酵母可能有點過期,千萬不要猶豫,按照食譜需要的用量,以溫水溶解酵母,試著證實酵母的活性;在溶液裡拌入 1 大匙麵粉和 1 撮糖。如果在大約 8 分鐘以後,液體開始起泡而且體積開始膨脹,表示酵母具有活性,可以使用:酵母細胞在糖的刺激下會開始吃麵粉。

麵團質地、膨脹體積、溫度

　　習慣美式麵包製作方式的人會很驚訝地發現，下面所有食譜做出來的麵團在一開始的時候都非常輕盈、柔軟且黏手，因為麵團在第一次發酵時並不只是要膨脹成兩倍，而是要膨脹成三倍，而且通常在第二次發酵時也是如此：這是麵團發展出風味與質地的時期。若在攝氏 29 度的溫暖環境中發酵，麵團會因為發酵作用而出現一種讓人不悅的酸味，如果你能夠控制的話，麵團最好在攝氏 21 度的較低溫環境中發酵，如果你想要減緩發酵過程，甚至可以在更低溫的環境中進行。

天氣

　　承上所言，我們建議你第一次嘗試做麵包的時候，千萬不要選在炎熱的廚房裡進行。在你習慣操作麵團，了解到麵團外觀、氣味與觸感應該是什麼樣子以後，你就能按照天氣調整步驟，舉例來說，讓麵團有一段時間在冰箱裡發酵，或是在部分發酵以後，讓麵團排氣，並讓麵團自行膨脹數次。雨天、潮濕的環境或滿是蒸氣的室內環境，都會對麵團產生不好的影響，讓麵團變得過度黏手甚至在表面形成水滴；因此，在初次嘗試的時候，應該選個濕度不高的天氣，在乾燥環境中進行。換言之，盡可能替自己選擇容易操作的條件。

時間與延遲作用

　　雖然這些食譜從頭到尾至少會讓你花上 7 小時，這並不表示你整整 7 小時都在對著麵團操作。在大部分時間裡，麵團是靜靜地置於一旁，以某種形式發酵。由於你可以藉由降低溫度來減緩發酵速度，需要出門的時候，你可以將麵團放在冰箱冷藏或冷凍，等到回家再繼續進行。因此，雖然你無法成功加快速度，你還是可以配合自己的時間表來安排麵

包製作的過程。下面的每一則食譜都清楚標明各個不同的停止點，在第80頁法國麵包食譜文末也有一個延遲作用表可供參考。

機器混合與手工混合

重負荷的桌上型電動攪拌機配上勾狀攪拌頭，非常適合用來混合與按揉麵團，而且也適用於法式料理的麵包製作過程。相關說明可參考每一則基本食譜文末的備註。

法國麵包（PAIN FRANÇAIS）

一條漂亮的法國麵包，也就是法國人趕回家吃飯時用手臂夾著的長條脆皮麵包，有著非常特殊的質感。法國麵包裡布滿像是瑞士起司的洞，當你撕麵包的時候，總會斜斜地把麵包撕下來；這種麵包質地扎實、有嚼勁，而且無論吃起來或聞起來都有麥香。法國麵包的材料只用了麵粉、清水、食鹽和酵母，因為在法國這可以說是定律。然而，做法卻是按烘焙師傅而定。直到十九世紀以及商用酵母問世以前，所有麵包都是用老麵製作，也就是前一次製作麵包時留下來的麵團；製作過程中有許多次發酵與混合，才能替當日製作量發展出數量充分的酵母細胞。稍後，啤酒酵母與麵粉做成的麵糊出現，簡化了製作過程，不過一直到1870年代，我們現在使用的酵母才在法國開始製造。自此以後，法國麵包的製作方法歷經了許多改變，有些改變對於麵包品質有著災難性的影響，尤其是有些烘焙師傅採用的快速機器揉麵與迅速發酵法，因為使用現代的食材、設備與方法還是可以做出絕佳的麵包，所以這又是一個試圖以風味和質地為代價來節省時間的問題。

我們有幸得以和法國磨坊學院的卡維爾教授合作，法國磨坊學院是一間位於巴黎的技職學校，專門教授有關磨粉與烘焙的知識，前往求學的學生和烘焙師傅來自法國各地。麵包製作的科學與這種藝術的傳授，

是卡維爾教授的終身志業。由於他的熱心幫助，讓我們能夠步上正軌，替家庭烘焙者發展出專業的烘焙系統。你會對於這個不同於以往的製作方法感到意外，無論從混合材料到發酵，再到讓麵團成形的特殊方法，它都和你從前嘗試過的做法很不一樣。

麵粉

法國的烘焙師傅會用麵筋強度在 8-9%的未漂白麵粉製做法國麵包。美國地區大部分中筋麵粉都有經過漂白處理，而且麵筋成分偏高，質地也稍微更細緻些。用美國中筋麵粉比法國麵粉還容易做麵包，而且麵包的風味與質地自然也更道地。（有些郵購公司的高筋麵粉，麵筋含量甚至比中筋麵粉來得高，不適合用來製做法國麵包。）若是開始認真做麵包，你無疑會希望能用各種麵粉來實驗，不過因為我們發現任何一般人熟悉的中筋麵粉品牌的效果都不錯，我們也就沒建議使用什麼較不知名或特別的麵粉品牌，以免把事情複雜化。然而，假使你真要做實驗，只要將另一種麵粉等量代換食譜列出的量即可；你可能需要更多或更少的清水，不過其他材料和做法並不會改變。

專業烤箱與家用烤箱

專業烤箱的設計，讓人能夠將整好形的麵團從木鏟上直接滑到炙熱耐火磚窯的底部，同時也有蒸氣注入系統能在烘烤的頭幾分鐘替烤箱加濕。蒸氣能稍微增加酵母在麵團裡的運作時間，而這一點搭配上炙熱的烘烤表面，能讓麵包體積更加膨脹。此外，蒸氣會讓麵團表面的澱粉凝聚起來，讓麵包表面能烤出特有的棕色。雖然沒有蒸氣或炙熱的烘烤表面，一樣可以做出一個漂亮的法國麵包，不過若能模擬專業烤箱的條件，烤出來的麵包會更大更漂亮。我們在食譜裡會提供兩種方法——不需要特殊工具的基本食譜，以及模擬專業烤箱的方法，後者的說明與插圖可參考第 86 頁。

酸麵包

酸麵包是美國人而不是法國人發明的，你在法國並不會看到任何像是美式酸麵包的東西。儘管如此，你可以將法國麵包的做法運用在酸麵包上。我們相信，你會發現我們的食譜能夠讓你做出絕佳的成果。

製做法國麵包所需的設備

除非你打算更進一步地模擬專業烤箱，否則下面的食譜並不需要用到什麼不尋常的設備。下面列出基本設備，有些看起來可能很奇怪，不過等到你詳讀食譜時，一切都會不言自明。

一只容量 4–5 公升的攪拌盆，側面相當垂直而非向外傾斜。

揉麵平台，面積 1.5–2 平方英尺（0.14–0.19 平方公尺）。

一支橡膠刮刀與一支金屬麵團切刀或堅硬的金屬寬抹刀。

1 或 2 塊無皺褶的發酵帆布或硬挺的麻質布巾，麵團發酵時使用。

1 塊硬紙板或膠合板，長度 45–51 公分，寬度 15–20 公分，麵團從發酵布上脫模移至烤盤時使用。

細磨玉米粉，或是用電動果汁機打成粉的義大利麵，用來撒在脫模用的板子上以避免麵團沾黏。

烤箱能夠容納的最大尺寸烤盤。

用來劃開麵團表面的刀片。

醬料刷或噴霧器，在烘烤前與烘烤期間濕潤麵團用。

室內溫度計，用來確認發酵溫度。

▪ 法國麵包（PAIN FRANÇAIS）

從開始準備麵團到放入烤箱，至少預計要 6 小時 30 分鐘至 7 小時，另外需要烘烤 30 分鐘。製作時間不能更少，不過你可以運用食譜末的延遲作用技巧，按個人希望拉長製作時間。

454 公克麵粉可做出 3 杯麵團，可以做成：

3 條長 61 公分、寬 5.1 公分的法國長棍麵包，或是長 40.6 公分、寬 7.6 公分的巴塔麵包

或是 6 條長 30.5–40.6 公分、寬 5 公分的細繩麵包

或是 3 個直徑 17.8–20.3 公分的球形麵包

或是 12 個圓形或橢圓形的小麵包

或是 1 個圓形或橢圓形的家常麵包或米契大麵包；普羅麵包

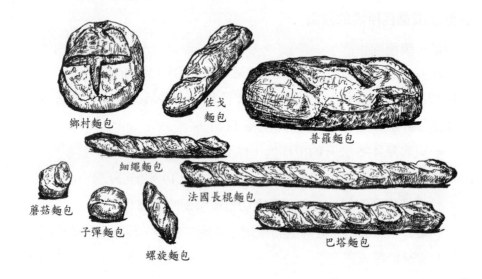

鄉村麵包　　佐戈麵包　　普羅麵包　　細繩麵包　　蘑菇麵包　　子彈麵包　　螺旋麵包　　法國長棍麵包　　巴塔麵包

1. 麵團混合物──混合材料

備註：所需設備清單請參考本則食譜前面的段落。

1 塊（17 公克）新鮮酵母或 1 包活性乾酵母

1/3 杯溫水（不超過攝氏 37.7 度），用量杯盛裝

3½ 杯（約 454 公克）中筋麵粉，用量杯舀出來刮平

2¼ 小匙食鹽

1¼ 杯溫水（攝氏 21–23 度）

酵母拌入溫水中，趁量麵粉並將麵粉放入攪拌盆時讓酵母完全溶解。待酵母液化後，將酵母液倒入麵粉中，並加入食鹽和剩餘清水。備註：我們對於食物調理機在這個步驟的表現並不滿意，因為麵團很軟，機器會卡住；然而，你可以使用裝了勾狀攪拌頭的重負荷攪拌機，然後按第 89 頁說明用手完成攪拌。

用橡皮刮刀以切割的方式將液體拌入麵粉，壓緊讓麵團成形，同時確保所有麵粉和沒有成團的部分都聚集在一起。將麵團倒在擀麵平台上，把攪拌盆刮乾淨。麵團會又軟又黏手。趁你清洗並擦乾攪拌盆的時候，讓麵團靜置 2–3 分鐘。

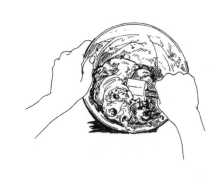

2. 按揉

麵粉會在短暫靜置期間吸收液體，如此一來麵團會比較能凝聚在一起，讓你能著手進行即將開始的按揉步驟。按揉時只用一隻手，另一隻手保持乾淨，好操作麵團切刀、撒上額外的麵粉、接聽電話等。按揉步驟的目標，是要讓麵團變平滑並充分揉麵，讓麵筋分子濕潤並形成環環相扣的網絡。當然，你無法用肉眼觀察到這個變化，不過你可以用手感觸，因為麵團會變得有彈性，而且在你往外推的時候會縮回來。

開始揉麵時，將靠近麵團邊緣的部分抬起來，若有必要可以用麵團切刀或寬抹刀協助操作，並將麵團翻過去。將麵團從檯面上刮起來並朝著檯面拍打；將邊緣抬起，再次翻面，迅速重複同樣的動作。

經過 2-3 分鐘以後，麵團應
該夠扎實，你就可以開始在翻面的
時候用掌根將麵團迅速往前推。繼
續以這種方式快速且大力地按揉。
如果麵團還是很黏手，則撒上少許
麵粉繼續按揉。（整個按揉過程約
需要 5-10 分鐘，操作時間按力道
與動作熟練度而定。）

過沒多久，麵團應該已經發展出足夠的彈性，在你往外推的時候會
彈回去，這表示麵筋分子已經結合在一起，就像一張橡膠薄網般地具有
張力；揉麵時，麵團應該不會再沾黏工作檯面，不過用手握著超過 1-2
秒的時候，還是會黏手。讓麵團鬆弛 3-4 分鐘。再次按揉 1 分鐘：麵團
表面現在看起來應該很平滑；麵團應該會變得比較不黏，不過仍然是柔
軟的。操作至此，就可以開始進行第一次發酵。

3. 第一次發酵（在攝氏 21 度左右的環境中 3-5 小時）

現在你手上應該有差不多 3 杯的麵團，這些麵團即將要膨脹到原體
積的 3.5 倍，或是大約 10½ 杯。在攪拌盆倒入 10½ 杯溫水，並在攪拌盆
外側標示水位（請注意，攪拌盆側面應盡量垂直；如果向外傾斜太多，
麵團會很難膨脹）。把水倒掉，擦乾攪拌盆，再把麵團放進去；用大塑
膠袋把攪拌盆包起來，或是用保鮮膜蓋起來，並在上方蓋上一條摺好的
浴巾。將攪拌盆放在木質檯面上（大理石或石材溫度太冷），或是放在
摺好的毛巾或枕頭上；讓麵團在無風且溫度約為攝氏 21 度的環境中發
酵；如果室內溫度太高，則將攪拌盆放在水中，並持續換水以將溫度維
持在攝氏 21 度。麵團至少需要 3 小時才能膨脹到 10½ 杯；若室內溫度更
低，發酵時間會更長。

(*) 延遲作用：參考食譜末的表格。

未膨脹的麵團　　　　　　　　　　膨脹的麵團

完全發酵時，麵團會隆起，稍呈半球狀，表示酵母仍然具有活性；用手輕壓時，麵團觸感輕盈鬆軟。麵團表面通常有一些大泡泡，如果你用的是玻璃碗，你也會透過玻璃看到許多氣泡。

4. 麵團排氣與第二次發酵（在攝氏 21 度左右的環境中 1½–2 小時）

進行至此，就可以替麵團排氣了，排氣的動作會讓麵團釋出由酵母製造的氣體，重新分配酵母細胞，讓麵團能再次膨脹，繼續發酵過程。

取一支橡皮刮刀，讓麵團和攪拌盆內側分開，把麵團倒在稍微撒了麵粉的工作檯面上，並把攪拌盆刮乾淨。如果麵團看起來有點濕且表面有水氣凝結，則撒上 1 大匙麵粉。

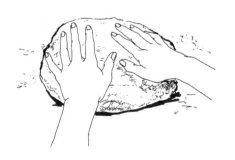

在雙手手掌稍微抹上麵粉，以果決卻不至於太粗暴的動作將麵團壓扁並整成圓形，同時把氣泡捏破。

提起麵團近端的一個角落，翻
起來往遠側摺過去。以同樣的方式
將麵團左側往右側摺。最後，提起
麵團近端，掖在遠端邊緣下方。麵
團看起來會像是一個圓形的墊子。

將手掌側面塞到麵團下方，把麵團拿起來放回碗裡。把碗蓋上，讓
麵團再次發酵，這次不需要等到麵團膨脹成原本的三倍，不過要等到麵
團隆起呈半球狀，而且摸起來輕盈鬆軟。

(*) 延遲作用：參考食譜末的表格。

5. 麵團整形前的切割與鬆弛步驟

讓麵團和碗分開，並把麵團倒在稍微撒了麵粉的工作檯面上。由於
經過兩次長時間發酵，麵團的體積會更有份量。如果麵團看起來潮濕且
表面有水滴，則稍微撒點麵粉。

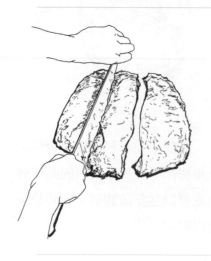

用大刀或麵團刀將麵團乾淨俐落地
分成三等分以做成長條狀，或是切成食
譜指定的其他形狀與大小。

把麵團切好以後，將小麵團的
一側拉起來往另一側對摺過去；將麵
團放在擀麵板離你較遠的一端。稍微
用保鮮膜蓋上，讓麵團靜置 5 分鐘
再整形。這個步驟能讓麵筋鬆弛到適
於整形的程度，不過鬆弛時間不能過
長，否則麵團又會開始膨脹。

麵團鬆弛之際，可準備用來醒麵的表面：放在大托盤或大烤盤上的
平滑帆布或麻質布巾，而且將麵粉搓入帆布或布巾表面的每個角落，避
免麵團沾黏。

6. 替麵團整形

由於法國麵包在烤箱內烘烤時並無任何支撐物，也不在烤盤裡烘
烤，因此法國麵包的整形方式，必須要能讓凝結起來覆在麵團表面的麵
筋所形成的張力，足以維持麵團的形狀。下面以圖解方式說明如何製作
一般人熟悉的法國長條狀麵包——巴塔麵包（烤出來的大小為 40.6 公分
長、7.6 公分寬）；其他形狀可參考本則食譜末的說明與圖解。法國長棍
麵包的長度太長，無法以家用烤箱製作。

在三塊麵團鬆弛 5 分鐘以後，每次取一塊麵團整形，記得將剩餘麵
團蓋好。

迅速操作，將麵團翻過來放
在稍微撒了麵粉的工作平台上，雙
手稍微抹上麵粉，將麵團拍成長度
20.3－25.4 公分的橢圓形。藉由將
氣泡捏破的方式讓麵團排氣。

順著長軸對摺麵團，
把較遠端往下摺在近端上。

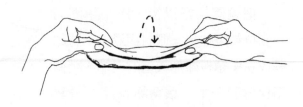

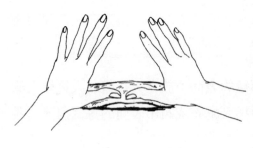

確保工作檯面隨時都撒上薄
薄一層麵粉，麵團才不會沾黏撕
扯，如此一來，稍微凝聚在表面形
成的麵筋才不會破掉。雙手張開，
拇指朝外並以正確角度觸壓麵團，
將麵團邊緣接縫處密封起來。

麵團往前轉四分之一
圈，讓接縫處朝上。

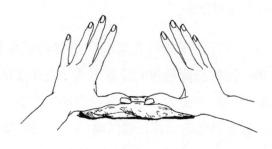

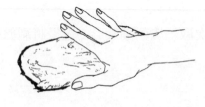

再次用手掌將麵團壓
平，整成橢圓形。

用手掌側面沿著橢圓形長軸
壓出一條溝。

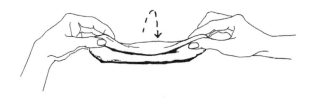

再次順著長軸將
麵團對摺。

這次用掌根將接縫處密封，並將麵
團朝自己的方向轉四分之一圈，讓接縫
處朝下。

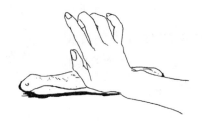

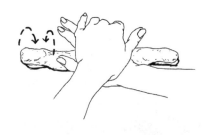

現在，用手掌前後滾動麵團，讓麵
團拉長成香腸的形狀。從中間開始，將
右掌放在麵團上，左掌放在右手上。

快速讓麵團前後滾動，
隨著麵團越來越長，慢慢將
手朝兩端移動。

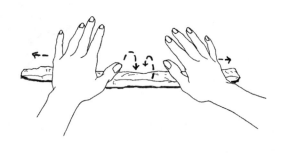

　　將麵團表面的氣泡捏破，讓麵團排氣。快速重複同樣的滾動動作數
次，直到麵團長度達到 40.6 公分，或是烤盤能夠容納的長度。在把麵團
滾成長條狀的時候，儘量讓麵團直徑保持均勻，每次滾動應從接縫處朝
下的位置開始，扭轉長條狀麵團，務必將接縫處拉成直線。使用中筋麵
粉製作的時候，這裡的接合處有時會消失，如果發生這樣的狀況也不用
擔心。

將整好形的長條狀麵團放在抹了麵粉
的帆布上靠一側放好，接縫處朝上，
帆布兩側應保留 7.5–10.2 公分
的空間。（在麵團膨脹
時，上方會稍微變硬；
在烘烤時會將麵團翻
面，讓表面平滑柔軟的
下側在最上面。）

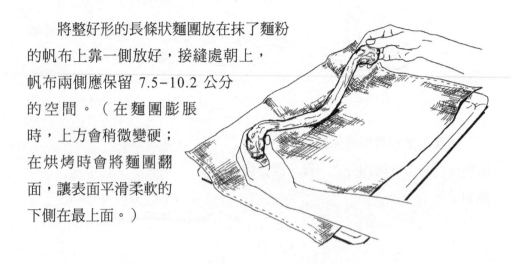

將帆布捏出 6.4–7.6 公分高的隆
起，做出凹槽狀，然後放上另一個麵
團。替其餘麵團整形的時候，用保
鮮膜將帆布上的麵團蓋好。

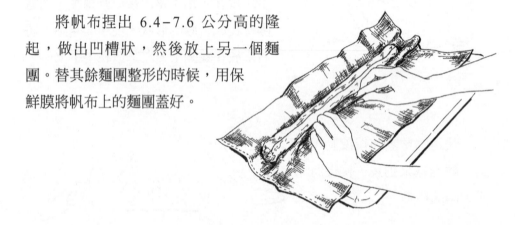

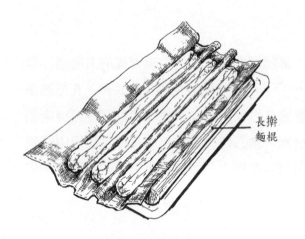

長擀
麵棍

所有麵團都整好形就
定位以後，假使麵團看起
來很軟，有擴散的傾向，
則將長擀麵棍、烤盤或書
本固定在帆布的兩側，幫
助定形。將抹了麵粉的布
巾或帆布以及保鮮膜鬆鬆
地蓋在麵團上。馬上進行
下一個最後發酵的步驟。

7. 最後發酵——攝氏 21 度環境中發酵 1 小時 30 分至 2 小時 30 分

現在，蓋好的麵團應該要膨脹成將近三倍；仔細觀察發酵前的大小，如此一來你才能正確判斷。發好的麵團看來輕盈腫脹，不過在輕壓時可以感覺到些許彈性。

很重要的是，最後發酵步驟必須要在乾燥環境中進行；如果你的廚房又濕又熱，則將麵團移到另一個房間發酵，否則麵團會黏在帆布上，稍後會很難把麵團拿下來放到烤盤上。無論如何，麵團放入烤箱以後都會被烤成麵包，不過如果你能致力創造出理想條件，接下來的操作會容易點，烤出來的麵包也比較漂亮。

在預計烘烤的 30 分鐘前，將烤箱預熱到攝氏 232 度。

(*) 延遲作用：參考食譜末的表格。

8. 替發好的麵團脫模並移到烤盤上

此時你可以替這三個發好的麵團脫模，並將它們倒過來放在烤盤上。翻面的原因，是因為在發酵期間麵團的正面會結成硬皮；放入烤箱烘烤時，原本平滑柔軟的下側應該要在最上面，麵團才能展開，麵包體積最後才能膨脹。脫模時，你需要一塊不沾黏的中介面，例如一塊硬紙板或夾板，並在上面撒上玉米粉或打成粉狀的義式麵食。

移除擀麵棍或支撐物。將板子較長的一邊放在麵團的一側；從帆布邊緣將帆布拉平；然後將麵團倒轉，輕輕翻到板子上，讓麵團上下顛倒。

　　現在將麵團平放在脫模用板子的一側：把放了麵團的一側靜置在稍微抹了奶油的烤盤右側。輕輕將麵團移到烤盤上，保持麵團正上方為同一側：正上方為柔軟平滑的一側，也就是在帆布上發酵時的下側。若有必要，可以用手稍微沿著麵團的長度順一下，將麵團拉直。以同樣的方式替下一個麵團脫模，將第二個麵團放在第一個麵團的左側，中間留下7.6 公分的空間。替最後一個麵團脫模，放在烤盤左側。

9. 在麵團表面切割

　　接下來的步驟，是在每個麵團上方數處劃開。這個動作會將覆蓋在表面的麵筋切斷，讓下方麵團能夠在放入烤箱烘烤的前 10 分鐘，從切割處脹起來，在麵包皮形成裝飾紋路。切割的動作，是用刀片以幾乎垂直的方向在麵團表面往下劃開不到 1.2 公分的深度。開始切割時手應抓著刀片中央，快速且乾淨俐落地將刀片朝著自己的方向拉過來。這個動作並不如表面上看來地容易操作，你一開始可能會切得很難看；不過不用在意，因為熟能生巧。你可以使用一般的剃刀刀片，並將刀片一側插入軟木塞，以免意外發生；你也可以在刀具店購買理髮師用的直剃刀。

　　長度 40.6–45.7 公分的麵團上應劃下三刀。請注意，分別位於兩端的兩刀在切割時是順著麵團的垂直方向，不過會稍微偏離中心，而中間的那一刀則和頭尾兩刀稍呈角度。第一刀應該是下在麵團的遠端，然後是中間，第三刀為近端。請記住，刀片應該幾乎和麵團表面平行。

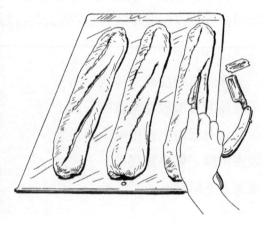

10. 烘烤——約 25 分鐘；烤箱預熱到攝氏 232 度

一旦劃開麵團，你可以用軟刷沾冷水刷在麵團表面，也可以用噴霧器替麵團噴水，然後將烤盤放到預熱烤箱的上三分之一。經過 3 分鐘以後，再次快速地替麵團刷冷水或噴水，經過 3 分鐘以後再做一次，然後再過 3 分鐘之後做最後一次。在這個階段，濕潤麵團的動作能幫助麵包皮上色，也讓酵母在麵團裡作用的時間稍微拉長一點。麵包應該會在 25 分鐘左右烘烤完畢；麵包皮應該是酥脆的，而且輕敲麵包時應該會發出空洞的聲音。

如果你想要讓麵包皮有光澤，則在你把烤盤剛拿出烤箱的時候，用刷子沾冷水在麵包表面輕輕刷一刷。

11. 冷卻——2–3 小時

將麵包放在架子上或立在麵包籃或大碗內降溫，讓空氣可以在每個麵包之間流動。雖然剛出爐的新鮮麵包很香，不過等到內部完全放涼，結構穩定下來以後，麵包的味道會更棒。

12. 儲存法國麵包

由於法國麵包不含油脂，亦無防腐劑，在烘烤當日享用風味最佳。將法國麵包密封並放入冰箱冷藏，可以放一兩天，不過冷凍保存的效果最佳——先讓麵包完全冷卻，然後密封包好冷凍。解凍時，先把包裝拆掉，將麵包放在烤盤上，放入冷烤箱中；將烤箱加熱到攝氏 204 度。經過 20 分鐘以後，麵包皮會變得又熱又脆，麵包也完全解凍。當然，法國人除了麵包店公休日的星期一，因為麵包已經放了一天的關係，通常幾乎不會重新加熱法國麵包。

13. 發酵帆布的清理

每次做完麵包以後，如果你有使用帆布，則將帆布上的麵粉完全刷乾淨，並把帆布掛起來，晾乾以後再收起來放好。如果不這麼處理，帆

布會長霉，進而毀掉下一批麵團。

延遲作用

麵團製作步驟的開始與停止

如基本食譜所示，在製作麵包的過程中，有許多可以用來減緩或停止麵團作用的時間點，以將麵團放在溫度較低的地方、放入冰箱冷藏或放入冷凍庫的方式來處理。我們在這裡無法提供這些延遲步驟的確切時機，因為相當程度取決於麵團在延緩過程中的情形、再次發酵時麵團的溫度等因素。你需要記住的，就是控制權完全在你手上：你隨時可以將一個部分發酵的麵團壓扁，可以利用低溫來減緩麵團作用，也可以運用高溫來加速麵團作用。可利用下面的表格來研擬出自己的系統：

減緩第一次發酵，將麵團放在溫度較低處

發酵時間（小時）	發酵溫度（攝氏）
5–6	18.3
7–8	12.7
9–10	冰箱

在第一次或第二次發酵以後讓麵團停止作用

讓麵團排氣，密封包裝後放入冷凍庫。時效：一週至 10 日，若是純法國麵包麵團可能可以保存更久，如果使用奶油和雞蛋，在 10 天以後可能會開始腐壞。（由於無法確知實際狀況，超過 10 天以後不應冒險。）

延遲第二次發酵

a) 將麵團放在溫度較低處。

b) 在麵團上方蓋上一只盤子，放上約 2.3 公斤重物，再放入冰箱冷藏。

在麵團整形後延遲作用或冷凍

a) 將麵團放在溫度較低處。

b) 在稍微抹油的烤盤上替麵團整形；密封保存並放入冰箱冷藏或置於冷凍庫，不過請注意到前文提及的時效問題。

解凍後讓麵團重新開始作用

a) 放在冰箱冷藏，以一整晚的時間來解凍；將麵團置於室溫環境完成發酵。

b) 放在攝氏 26.7 度的環境中，讓麵團完全解凍；將麵團置於室溫環境完成發酵。

變化版

法國麵包的其他形狀

細長形麵包（細繩麵包，烘烤完成尺寸：30.5–40.6 公分長，4 公分寬）

按照第 72 頁步驟 5 將麵團切成 5 或 6 塊，並按照圖說整形，將麵團做成較細長的長條狀，直徑約 1.2 公分。等到麵團膨脹以後，按照步驟 9 說明在麵團表面切劃。

橢圓形（小麵包、螺旋麵包）

將麵團切成 10 或 12 塊，整成巴塔麵包的形狀，不過你在做完兩次摺疊與接合處密封的動作以後，可能不需要把麵團拉長。等到麵團膨脹以後，在麵團表面劃出兩道平行線，或在麵團兩端之間劃下一道直線。

圓形麵包（家庭自製麵包、米契麵包、球形麵包）

　　想要製作三明治或用作吐司麵包時，大型圓麵包是很好的選擇。這裡的製作目標，在於迫使集結在麵團表面的麵筋層維持著麵團的球形：第一個動作會將麵團做成墊子狀；第二個動作會讓麵團的接縫處密合，並把麵團做成球狀，製造表面張力。這個步驟始於第 72 頁步驟 5 之後，也就是發好的麵團切好以後，將麵團放在稍微撒了麵粉的檯面上。

　　用左手側面將麵團的左側抬起來往另一側壓下去。

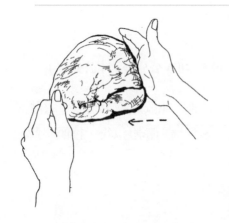

　　將右側抬起，往左側壓下去。將麵團以順時鐘方向轉四分之一圈，重複同樣的動作 8–10 次。這個動作會慢慢的讓麵團底部變得平滑，製造必要的表面張力；操作時可以將麵團表面想像成一塊很薄的橡膠，讓這塊橡膠往每一個方向伸展。

　　接下來，將麵團翻過來，平滑面朝上，開始用手掌旋轉麵團，並在旋轉時將少部分麵團往下方塞進去。在轉了十多次以後，你手上應該是一個在下側邊緣集結處有皺褶的球狀麵團。

讓麵團有皺褶的一面朝上，放在抹上麵粉的帆布上；用手指把皺褶捏在一起，將皺褶密封起來。稍微撒點麵粉，鬆鬆地把麵團蓋上，讓麵團發酵成原本的三倍大。脫模後，翻過來放在烤盤上，並按下列說明切割：

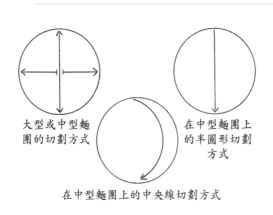

大型或中型麵團的切割方式

在中型麵團上的半圓形切割方式

在中型麵團上的中央線切割方式

我們通常會在大麵團上劃十字：先垂直劃一刀，再按插圖說明完成橫向切割。中型麵團可以切割十字、單一一條中央線，或沿著半圓的周長切割。

圓形麵包（小麵包、蘑菇麵包）

將第 72 頁步驟 5 的麵團切成 10-12 塊。在麵團鬆弛 5 分鐘以後，一個一個替麵團整形，並把還在鬆弛的麵團蓋好。這裡的整形原則和前面的圓形麵團相同，不過在製作墊子形的時候，使用的是手指而非手掌。

在第二階段，也就是將球狀麵團翻過來讓平滑面朝上以後，用單手手掌滾動麵團，以大拇指和小指將麵團邊緣往下面塞，在邊緣集結處做出皺褶。

將整好形的圓形麵團翻過來，讓皺褶處朝上，放在抹了麵粉的帆布上，並在替其他麵團整形時，將完成整形的麵團蓋起來。麵團兩兩之間應有 5 公分間隔。等到麵團體積膨脹成原本的三倍時，輕輕用稍微抹了麵粉的手指將麵團抬起，將麵團放在烤盤上，皺褶處朝下。這些麵團通常很小，沒法在上面劃十字；你可以沿著麵團的中央線或半圓周切割。

模擬專業烤箱

按照前則食譜的說明以一般方式烘烤，可以製作出尚可接受的法國麵包，不過在你把家用烤箱化為專業烤箱的時候，烘焙成果是前者完全無法比擬的。光是準備適量蒸氣，不需要做其他動作，就能大幅度改善麵包皮的酥脆度、色澤、裂痕與麵包體積；要製造蒸氣，只要將一塊燒熱的磚塊或石頭放到烤箱底部的一盤水裡即可。模擬專業烤箱的第二要件，是麵團在烘烤時可以直接接觸到的炙熱表面；這可以讓麵團體積膨脹得更大，進而讓外觀和裂紋都更漂亮。具備炙熱烘烤表面以後，你也會需要能夠將麵團從帆布移到炙熱表面的麵包鏟或板子。要完成全部的設置，你應該準備下面這些東西，材料都可以在相關建材用品店購得。

炙熱烘烤表面

不可使用金屬材質，因為會讓麵團底部燒焦。最實用且最容易取得的材質是厚度 0.6 公分的一般紅色地磚。這類地磚尺寸各異，有邊長 15.2 公分的正方形、長 15 公分寬 7.6 公分的長方形等，你只要取得能夠將一層烤箱架子鋪滿的面積即可。你可以在工商目錄先搜尋地磚，然後再尋找尺磚或陶磚。

替發好的麵團脫模

一塊厚度 0.5 公分的夾板，長度約 50.8 公分，寬 20.3 公分。

讓麵團滑到炙熱表面上

在製作 3 條長麵包時，你必須讓麵團能同時滑到炙熱表面上；為了達到這個目的，你應該用一塊板子，一個一個讓麵團從帆布上脫模，移到第二塊板子上並排，這第二塊板子就取代了烘焙師使用的麵包鏟。你可以購買一塊厚度 0.5 公分、長度稍長的夾板，不過夾板寬度必須比烤箱架子的寬度窄 5 公分。

避免麵團沾黏在帆布與麵包鏟上

　　你可以使用白玉米粉，或是將義式麵食放入電動果汁機內打成細鹽的細度。這個撒粉的動作在法文叫做「fleurage」。

蒸氣製造器

　　一個可以讓你拿來放在爐火上燒到滾燙，然後放到烤箱內的一盤水裡，以製造出大量蒸氣的東西：它可以是一塊磚頭、重 4.5 公斤的石塊、一塊鑄鐵或其他金屬。你需要準備一個長 30.5 公分、寬 22.9 公分、深 5.1公分的烤盤，在裡面放入高度 2.5 公分的清水，以及一塊燒熱的磚頭。

非必要的專業設備

　　除了將整好形的麵包放在帆布上發酵以外，許多法國烘焙師會準備柳條製或塑膠製的發酵籃，在裡面鋪上帆布，再放入麵團；如此一來，麵團發好以後就可以直接倒扣在麵包鏟上，然後送入烤箱裡。你可以在法國烘焙材料店裡找到各種大小與形狀的發酵籃。

發酵籃——長度 61 公分

　　這些是麵團劃線刀，專門用來切割麵團；這種刀具長度約 10公分，寬度 0.6 公分，尖端彎曲且非常鋒利。

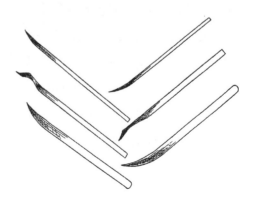

使用模擬專業烤箱

至少在基本食譜步驟 7 最後一次發酵結束前的 30-40 分鐘，將尺磚鋪到烤箱上三分之一的架子上，並將烤箱預熱到攝氏 232 度。同時，將磚頭或金屬放在爐火上，以大火燒熱，燒得越熱越好。

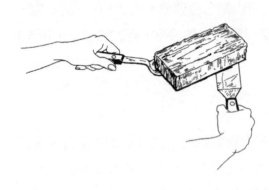

準備兩支質地堅硬的湯匙或鏟子，或是使用火鉗，以在適當時機將磚頭從爐火上抬起來，放到置於烤箱底部的一盤水裡。你應該先試著將磚頭抬起來，確保手上的工具確實能幫助你執行。備註：可以使用噴霧器來代替磚頭；噴霧器的效果相當好，只是比較不具戲劇性。

待最後一次發酵完成以後，在幫助脫模的板子長邊上以及用來將麵團送進烤箱的麵包鏟都撒好玉米粉或打碎的義式麵食。現在，你的目標是要一個一個將麵團脫模，從帆布移到麵包鏟上，然後將三個麵團同時送到烤箱裡的炙熱尺磚上。將板子的長邊放在麵團的一側，然後將麵團抬起來並輕輕翻過去，讓麵團翻面放在板子上。

將還倒過來的麵團從脫模用板子移到麵包鏟的右側。以同樣的方式，將剩餘麵團移到麵包鏟上並排。

按照第 78 頁步驟 9 切劃麵團。

將一盤冷水放在電烤箱最下層的架子上，或是放在瓦斯烤箱的底層，加入燒熱的磚頭，然後關上烤箱門。

現在就可以讓三個麵團從麵包鏟上滑到烤箱裡燒熱的尺磚上：這是一個迅速流暢地將麵包鏟快速抽拉的動作，就像魔術師把滿桌子餐盤下的桌巾抽出來的動作。將烤箱打開，雙手抓好麵包鏟靠近你的兩端，快速把手臂往前伸，讓麵包鏟的另一端靠在烤箱最內側的耐熱面上。接下來，以一次快速抽拉的動作，將麵包鏟往自己的方向抽，讓三個麵團滑到尺磚上。這個動作必須要快速果決，因為如果你中途停頓下來，麵團就沒法乾淨俐落地從麵包鏟上滑出去，一旦麵團碰到燒熱的尺磚，你就沒有辦法移動或整形，只有在烘烤時間經過 5–6 分鐘以後，麵團才會和尺磚分開。這個動作你可能會偶爾失誤，因而做出奇形怪狀的麵包，不過無論如何，麵團都會被烤成麵包。

烘烤時間經過 5–8 分鐘以後，取出製作蒸氣用的水和磚頭；此時，麵包皮應該會稍微開始上色。在剩餘的烘焙時間裡，烤箱應該是乾燥的。巴塔麵包的總烘焙時間應該在 25 分鐘左右；烘烤到輕敲麵包底部會發出空洞聲響，在麵包皮酥脆且烤出漂亮顏色時，就算完成。

自我檢討——如何改善成品品質

烹飪最迷人的層面之一，無疑是你幾乎可以無窮盡地改進自己的操作技術與成果，也足以讓你有時間慢慢體認，專業烘焙師到底花了多少時間才學到技藝，若你一開始就能做出完美的麵包，著實也是件讓人感到訝異的事。如果你的烘焙成果未能達到標準，出現了下面這些問題，我們也在此提供可能的原因。

麵包皮沒有上色

假使你沒有使用燒熱的磚頭和一盤水來製造蒸氣，就無法烤出深棕色的麵包皮。如果你用了燒熱的磚頭卻沒法上色，可能是因為磚頭的溫

度不夠高；下一次應該把加熱磚頭的時間增加 15 分鐘，或是使用兩塊磚頭。另一方面，你的烤箱溫度控制器可能不夠準確，烤箱並沒有確實預熱到攝氏 232 度。第三種可能性，則是麵團可能加了太少食鹽；下次製作的時候，在步驟 1 應仔細檢查測量工具。

麵包皮顏色太深或太紅

如果你採用磚頭系統，你也有可能在烤箱裡製造太多蒸氣；下一次應使用較小塊的磚頭，或是縮短加熱時間，不然就是提早幾分鐘把磚頭從烤箱裡拿出來。另一個可能性，則是步驟 1 的麵團混合物加了太多食鹽，而食鹽會影響到顏色，因此下次製作麵包時，應確保將量匙刮平。

麵包皮太硬

堅韌的麵包皮通常是因為濕度所致：天氣又濕又黏，或是廚房裡充滿蒸氣，造成澱粉在麵團表面凝結變硬。

麵包沒有從切割處膨脹開來

回頭重讀步驟 9，看看自己是否確實按照說明切割麵團。另一方面，導因也有可能是麵團在烘焙前的步驟 7 發酵過度，酵母已經喪失能夠在烤箱裡讓麵團膨脹的效能。反之，在步驟 7 也有可能發酵不足，導致麵團太厚實，無法以應該有的方式膨脹開來。

麵包的口感很沉；麵包切開以後沒有孔洞

這個情形是因為發酵不足，尤其是在烘烤前最後發酵的步驟 7。下次製作時，應確保麵團觸感輕盈有彈性，而且看來膨大，體積也膨脹到將近原來的三倍，才放入烤箱烘烤。

味道貧乏

這個情形同樣也是發酵不足所致：酵母沒有機會製造出緩慢陳化與成熟的效果，風味就無法發展出來。在下次烘烤時，第一次發酵特別應

該按照步驟 3 要求的時間與溫度來進行。

帶有令人不快的酵母味或酸味

　　發酵過度的酵母氣味與滋味，通常是因為麵團發酵的環境溫度過高，而非過度發酵之故。下次製作時，應注意發酵期間的室內溫度，如果你在大熱天做麵包，則應多花點時間，讓麵團放在冰箱裡發酵。

用機器混合並按揉法國麵包麵團

　　法國麵包麵團太柔軟，無法用電動食物調理機來處理，不過裝設麵團勾的重負荷攪拌機，如本書書末設備章節所示，則非常適合。我們認為，有些隨附在手持式電動攪拌機與手搖式揉麵機的麵團勾，效果比徒手揉麵來得慢，效率也低。無論如何，在使用電動工具時，都應該按照食譜操作，也確實遵守麵團鬆弛的時間；揉麵不要揉過頭，在使用重負荷攪拌機時，攪拌速度不要超過 3 或 4 的中速，否則可能會破壞麵團裡的麵筋。揉完麵以後，取出攪拌盆裡的麵團，用手揉麵 1 分鐘左右，以確保麵團完全是平滑且有彈性的。接下來，再按步驟 3 遵循食譜操作。

▪ 法國白吐司（PAIN DE MIE）
〔三明治白麵包──用於三明治、烤麵包片、吐司與麵包丁〕

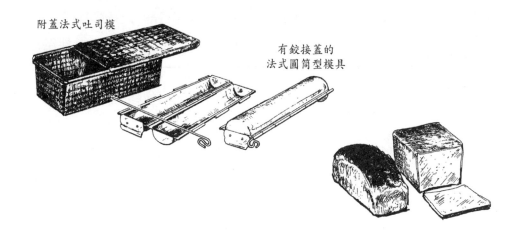

附蓋法式吐司模

有鉸接蓋的
法式圓筒型模具

我們現在很難在美國市場找到質地扎實密致的長方形未切片白麵包，也就是在製作專業級開胃點心、開胃菜與花式三明治所需要的白麵包。在法文裡，這種麵包叫做「pain de mie」，表示這種麵包的麵包心，也就是「mie」，比麵包皮還重要；事實上，這種麵包的麵包皮只是薄薄一層、很容易切掉的覆蓋物。法國麵包店在替這種麵包整形與烘焙的時候，會使用一種特製的附蓋模具；麵包會在烘烤期間膨脹，將模具完全填滿，形成完全對稱的形狀。模具的形狀可以是圓形或圓柱形，不過最常見的是長方形。只要使用任何側面筆直的麵包模或烤盤，你都可以輕易地烤出飽滿或長方形的法國白吐司，烘烤時可用鋁箔和一個烤盤將麵包模蓋起來，再放上重物，避免麵包在烤箱裡烘烤時膨脹到模具以外的範圍。

約 454 公克麵粉，可以做出 3 杯麵團，足以填入 1 個容量 8 杯的附蓋麵包模，或 2 個容量 4 杯的附蓋麵包模。

1. 混合麵團的預備動作

1 塊（17 公克）新鮮酵母或 1 包活性乾酵母

3 大匙溫水（水溫不超過攝氏 37.7 度），以量杯裝好

2 小匙食鹽

1⅓ 杯微溫的牛奶，以量杯裝好

3½ 杯未漂白中筋麵粉（用量杯舀出來刮平，參考第 649 頁）

一只容量 4-5 公升的攪拌盆，儘量找側面筆直者

一支橡膠刮刀以及一支麵團刀

酵母與溫水混合，等待酵母溶解時將剩餘材料秤好。將食鹽加入微溫牛奶中攪拌至溶解。量好麵粉，倒入攪拌盆中，然後拌入酵母液和加鹽的牛奶，用橡膠刮刀混合均勻，將麵團切壓成團，並確保將所有麵粉與未混勻的材料都集結在一起。將麵團倒在平坦的揉麵板上，將攪拌盆刮乾淨。麵團應該又軟又黏；趁清洗並擦乾攪拌盆的時候，讓麵團靜置 2-3 分鐘。

2. 揉麵

開始揉麵的時候，先用麵團刀或刮刀將麵團的近側抬起，往另一側蓋上去。將檯面上的麵團刮起來再次往下拍；再次做出抬起、翻蓋與下拍的動作，迅速重複同樣的動作數次。

經過 2-3 分鐘以後，麵團應該開始成形，你可以趁翻蓋麵團的時候，用掌根快速將麵團往前推。如果麵團仍然很黏，還不適合做這個前推的動作，則撒上少許麵粉，繼續操作。等到操作時在工作檯面上殘餘的麵團開始慢慢減少，麵團開始會縮回原本的形狀時，就可以進行下一個步驟——揉入奶油。

3. 揉入奶油

4 大匙（1/2 條）冰過的奶油

在大部分法式料理食譜中，若要在麵團裡加入奶油，通常是在揉麵以後加入。

用擀麵棍敲打奶油，讓奶油軟化。接下來，用麵團刀、刮刀或掌根將奶油抹開，將奶油弄成柔軟、有可塑性但溫度仍低的程度。

　　以每次約 1 大匙的量，開始以摺疊和塗抹的方式，快速用掌根（非手掌）將奶油混入麵團中，然後用麵團刀將麵團集結成團，再把麵團抹開。在加入的奶油稍微被麵團吸收以後，再加入更多奶油丁，繼續把奶油揉進去。

　　麵團看來會一團糟，甚至更黏手，直到開始吸收奶油為止。操作時動作要迅速，以避免奶油變滑膩，操作時用掌根，同時也用麵團刀或刮刀輔助切拌。經過幾分鐘以後，麵團應該會開始變得滑順且有彈性。繼續進行步驟 4。

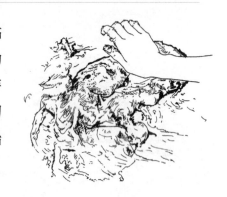

預拌麵團也可以用食物調理機（裝設鋼刀）來處理：

　　使用與手揉麵團同比例的材料，讓酵母溶解，並加入加了鹽的牛奶裡。將 3½ 杯麵粉放入攪拌盆內（如果你用的是小型攪拌機，可以將所有材料分成兩份，分批操作）。將奶油切成小丁，然後和食鹽一起加入麵粉裡。啟動機器攪拌幾秒鐘，將奶油打成小粒，然後趁著攪拌機啟動時，倒入 1¼ 杯酵母牛奶；一邊觀察，一邊以幾滴幾滴的方式加入液體，直到麵團會在鋼刀上方集結成團為止。繼續攪打在鋼刀上的麵團 15 秒——這是初步揉麵的動作。將麵團倒在工作檯面上，繼續進行步驟 4。

　　備註：如果不小心加入太多液體，讓機器卡住，可以撒更多麵粉進去，攪拌機也會慢慢地開始順利運轉。如果還是沒辦法，則取出麵團，以手揉方式繼續進行。

　　4. 接下來，讓麵團靜置 2–3 分鐘。再次用手掌短暫按揉，直到奶油開始慢慢被麵團吸收，揉麵板和手上的材料都被揉入麵團為止。此時，麵團已經經過充分按揉，不過麵團仍然相當柔軟且有些黏手。

5. 第一次發酵──在攝氏 21 度環境中發酵 3–4 小時

容量 4–5 公升的乾淨攪拌盆

一個能夠容納攪拌盆的大塑膠袋，或是一大張保鮮膜

一條浴巾

你手上應該會有 3 杯未發酵的麵團，此步驟的目標在於讓麵團膨脹成原體積的 3.5 倍，或是膨脹成 10½ 杯。在攪拌盆裡注入 10½ 杯微溫清水，並在攪拌盆外側與水面等高處做記號；將水倒掉，把攪拌盆擦乾，再把麵團放進去。將攪拌盆用塑膠袋包起來，或是覆上保鮮膜並用毛巾蓋好。把攪拌盆放在木質或塑膠質平面上，也可以放在摺好的毛巾或枕頭上，置於攝氏 20–22 度的環境中。

麵團最少應該要發酵 3 小時，酵母才能將功效發揮到極致。等到麵團膨脹到 10½ 杯的量，或是變成原體積的 3.5 倍時，麵團的觸感應該是輕盈且有彈性的，此時，就可以進行第二次發酵。

(*) 延遲作用：參考第 80 頁表格。

6. 排氣與第二次發酵──在攝氏 21 度環境中發酵 1 小時 30 分鐘至 2 小時

現在，我們應該讓麵團完全排氣與摺疊，讓聚積在裡面的氣體排出，並且讓酵母重新分配到更細緻的麵筋網絡中，如此一來麵包在烘焙時也能產生更細密的紋理。

用橡膠刮刀或將單手手指稍微併攏，將麵團從攪拌盆內取出，倒在稍微撒了麵粉的工作檯面上，並把攪拌盆刮乾淨。如果麵團看起來很潮濕或帶有水氣，則撒上 1 大匙麵粉。

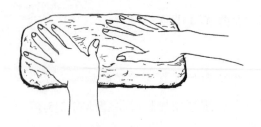

　　手掌稍微抹麵粉，以拍打和推擠的方式將麵團大致整成長度 25-30 公分的長方形。

　　利用麵團刀或刮刀的幫助，將麵團右側往中間摺，然後將左側也往中間摺上去蓋起來，就如摺信紙的動作。再次將麵團拍成長方形，然後再次摺成三分之一，在把麵團放回攪拌盆裡。用保鮮膜和毛巾蓋上，讓麵團進行第二次發酵，這次只要膨脹到將近三倍或是稍低於 10½ 杯的體積即可。

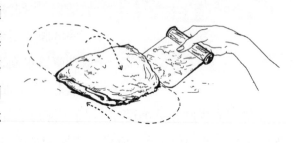

　　(*) 延遲作用：參考第 80 頁表格。

　　若想將麵團冷凍，可以在做完下一步驟以後進行。

7. 入模與最後一次發酵—— 在攝氏 23.8-26.7 度環境中發酵 40-60 分鐘

白色的植物起酥油

一只 8 杯容量的長方形麵包烤盤，側邊應為垂直或稍微向外傾斜（例如長 24 公分寬 14 公分深 7 公分），或是圓形模具，或是兩只 4 杯容量的模具

　　記得及時將烤箱預熱到攝氏 223.9 度，替下一步驟做準備。在麵包模內側抹油（如果是新的模具則抹上大量油脂，然後在裡面撒麵粉，再把多餘的麵粉拍掉）。用一支橡膠刮刀或將單手手指稍微併攏，將麵團和攪拌盆分開，並將麵團倒在稍微撒了麵粉的工作檯面上。如果你打算製作兩個麵包，則用一把長刀，乾淨俐落地將麵團切成兩等份。將麵團的一側抬起，往另一側蓋過去。為了鬆弛麵筋，讓麵團更容易整形，將麵團用保鮮膜蓋起來，靜置 7-8 分鐘。

下面是將麵團整成長方形的圖解步驟。若要將麵團整成圓柱形或圓形，則採用第 81–83 頁的法國麵包系統。

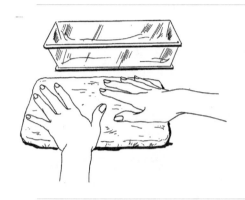

手掌稍微抹點麵粉，以拍打推擠的方式將麵團大略整成比麵包模稍微長一點的長方形。

將麵團沿長軸對摺。

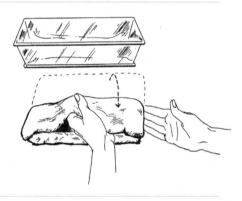

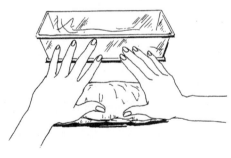

按照圖示，用大拇指或掌根將麵團邊緣壓緊密封。將麵團往前滾四分之一圈，讓密合處朝上。

再次將麵團壓平，整成長方形。

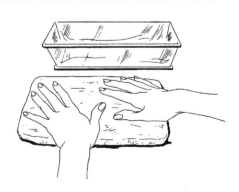

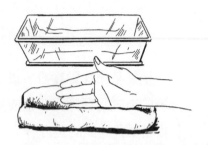

用手掌側面沿著麵團長軸
中線壓出一道溝。

沿著長軸，再次將麵團對摺，
並以掌根將邊緣壓緊密封。將麵團
朝自己的方向轉四分之一圈，讓密
合處朝下。

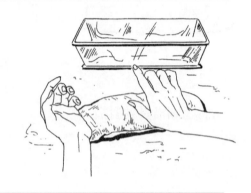

將麵團放入準備好的麵包
模裡，光滑面朝上，用手指關節
將麵團的四角壓緊。麵包模應該
介於 1/3 至 2/5 滿。

(*) 進行到這個階段（參考第 81 頁），你可以將麵團連著麵包模密封
起來冷凍保存。等到要繼續製作時，將麵團放在冰箱冷藏室或室溫環境
中解凍數小時。

　　進行最後一次發酵時，將麵包模放在攝氏 23.9–26.7 度的環境中，上
面不要覆蓋任何東西，讓麵團膨脹成原體積的兩倍多，或是膨脹到不超
過麵包模 3/4 滿的程度。很重要的是，當你要用附蓋麵包模烘烤麵包時，
麵團膨脹不應超過這個程度，因為麵團在烤箱裡烘烤時必須要有空間完
成膨脹並把麵包模填滿。待麵團完成發酵，應馬上烘烤。

(*) 你可以藉著將麵包模放入冰箱來延遲發酵，在冷藏期間甚至可以在上面放置重物。無論採用兩種方法的哪一種，麵包模都應該要密封蓋好，等到要烘烤前再打開置於室溫環境 20–30 分鐘。若是麵團過度發酵，可以選擇在烘烤時不要蓋上蓋子，或是將麵團往下壓，讓麵團排氣，然後再重新發酵到正確高度。

8. 烘烤、冷卻與存放——烤箱溫度攝氏 223.9 度，烘烤 40 分鐘

一張非常平整的鋁箔紙，每一側都比麵包模多出 4 公分，在光面抹上油脂

一只足以將麵包模正面完全覆蓋的烤盤

一個 2.27 公斤重的重物，例如磚頭

一個蛋糕架，讓麵包在烘烤完畢以後放涼用

烤箱預熱到攝氏 224 度。用鋁箔紙將麵包模蓋好，鋁箔紙抹油的一面朝下。將麵包模放到預熱烤箱的中層，用烤盤將麵包模蓋好，並把重物放在烤盤上正中央位置。

烘烤 35–40 分鐘（小麵包則烘烤 30 分鐘），期間不要移動麵包模。接下來，讓麵包模滑到烤架前方。你應該站在烤箱旁邊，以免麵包從模具裡爆出來（只有在烘烤前過度發酵才可能發生），檢查麵包烤好了沒有。麵包應該會從模具邊緣往內縮一點，能夠輕易脫模，而麵包皮應該稍微上色。輕敲時，麵包應該會發出空洞聲響。如果還沒有完全烤好，將麵包模放回烤箱中，蓋上鋁箔與烤盤，繼續烘烤 5–10 分鐘。烤好以後替麵包脫模，放在蛋糕架上散熱。

經過 1 小時 30 分鐘至 2 小時完全放涼以後，將麵包密封包好，放入冰箱冷藏。經過 12–24 小時以後，麵包的風味和質地都會有所改善，如果想要將麵包切得非常薄，用來做三明治或硬麵包片，可能需要冷藏 36 小時。

　　這種麵包非常適合冷凍保存；解凍時可以連著包裝紙放在冰箱冷藏室內解凍，或是置於室溫環境解凍。

變化版

使用無蓋麵包模烘烤——傳統麵包

　　如果你想要一個會在烤箱裡膨脹的麵包，則使用無蓋麵包模烘烤，不過麵包模的容量必須要是未發酵麵團的兩倍，就這則食譜而言，應使用 6 杯容量的麵包模。在步驟 6 最後發酵階段，麵團應該要膨脹到靠近麵包模邊緣的地方。在烘烤之前，在麵團上方表面刷上加入 1/8 小匙砂糖攪拌至溶解的 1 大匙牛奶。烤箱溫度與烘烤時間與前則基本食譜相同；如果麵包上方上色太快，可以稍微蓋上牛皮紙或鋁箔。

省略奶油

　　如果你想，也可以省略基本食譜裡的奶油。這樣子做出來的麵包會更輕盈，顏色也更白；若要製作硬麵包片，使用這種麵包可能會比較適合。

硬麵包片（Melba toast）——搭配法式清湯、鵝肝醬、魚子醬

　　使用放了兩天的法式白吐司。將兩端的麵包皮切掉。用一把鋒利的長刀，例如火腿刀，將麵包切成厚度不超過 0.2 公分的均勻薄片。將麵包片放在一或兩只烤盤上擺好，每每相疊不超過長度的三分之一。烤箱預熱到攝氏 135 度，將烤盤放入烤箱的上三分之一與下三分之一，烘烤約 1 小時，期間將麵包片翻面一兩次，並交換烤盤位置一次。烤到麵包變脆、稍微彎曲且變成非常淺的淺棕色。等到放涼以後，將硬麵包片密封起來包好，便可放入冷凍庫；使用時，將硬麵包片放入攝氏 176.7 度烤箱中解凍，重新將麵包片烤到酥脆。

法式葡萄乾吐司（Pain de Mie aux Raisins）

〔葡萄乾麵包——搭配茶或當成吐司。亦可參考第 101 頁葡萄乾布里歐許麵包〕

4 杯發酵麵團，可填滿兩只 5 杯容量的附蓋麵包模或一只 8 杯容量的無蓋麵包模

1–1½ 杯（141–227 公克）小葡萄乾

前則基本食譜法式白吐司的材料

要軟化葡萄乾，可以將葡萄乾浸泡在 1 公升熱水中 10–15 分鐘。將葡萄乾取出瀝乾，然後放在布巾的角落，儘量把吸進去的水分擰乾。用紙巾將葡萄乾完全拍乾；將葡萄乾平鋪在乾布巾上備用。在步驟 3 快結束、奶油幾乎完全被吸收時，將葡萄乾揉進麵糰裡。由於葡萄乾的重量會讓麵團的膨脹程度降低，步驟 5 初次發酵只要讓麵團在規定時間內膨脹到原體積的三倍即可。烘烤時間與烤箱溫度同法式白吐司。

布里歐許吐司（Pain Brioché—Brioche Commune—Pain Louis XV）

〔雞蛋麵包——搭配奶油與果醬、用來製作花俏的三明治如搭配鵝肝醬慕斯、用作吐司麵包；香腸軟麵包與類似麵包的替代麵團〕

　　這是一種質地輕盈美妙的黃色麵包。若是多加一個雞蛋和三倍的奶油，它就是真正的傳統布里歐許麵包。雖然你會發現這種麵團比法式白吐司麵團更黏手更柔軟，不過製作技巧是一樣的。

使用約 454 公克麵粉，做出 4 杯未發酵麵團，可以填入兩只 6 杯容量的附蓋麵包模、兩只 4 杯容量的無蓋麵包模、或是 24 個用小麵包模或馬芬模做出來的小圓麵包

1. 混合與按揉麵團——用手或用機器

1 塊（17 公克）新鮮酵母或 1
包速發乾酵母

1/4 杯溫水，用量杯盛裝

1 大匙食鹽

2 大匙砂糖

1/4 杯微溫的牛奶

3½ 杯（約 454 公克）中筋麵粉
（用量杯舀出來刮平）

一只容量 4-5 公升的攪拌盆，
使用側邊垂直而非向外傾斜者

4 個雞蛋（美國分類的大雞蛋；
若原本放在冰箱冷藏，則浸泡
溫水 5 分鐘）

按需要撒上麵粉

1 條（113 公克）冰過的奶油

將酵母撒在溫水裡，讓酵母完全溶解。接下來，將食鹽、糖和牛奶拌入酵母液中。將麵粉放入攪拌盆，並在中央挖一個洞，將雞蛋和酵母混合物倒進洞裏。取一支橡膠刮刀，以切拌的方式混合所有材料，做成麵團。將麵團倒在擀麵板上，靜置 2-3 分鐘。按照第 91-2 頁法式白吐司的圖解做法，利用掌根以抬起、摺疊、拍打與推壓的方式來揉麵。麵團會比法式白吐司的麵團來得黏手；如果麵團過分黏手，可以再揉入 1 大匙左右的麵粉。等到麵團沾黏擀麵板的情形慢慢減少以後，開始以每次 1 大匙的量揉入奶油。待奶油被吸收以後，讓麵團靜置 2-3 分鐘。再次揉麵，直到擀麵板和你手上的奶油都被揉進去為止。

你也可以用食物調理機混合材料並揉麵，相關做法參考法式白吐司食譜，第 92 頁說明。

2. 完成麵包

在第一次與第二次發酵時，按照基本食譜的步驟 5、6 與 7，讓麵團在蓋起來的攪拌盆裡發酵，最後一次發酵則在麵包模裡進行。按照步驟 8 烘烤，不過烤箱應預熱到攝氏 204 度，烘烤時間調整為 35 分鐘左右。烤出來的麵包皮顏色會比法式白吐司稍微深一點。布里歐許麵包可以溫食或冷食，烘烤完成後放置 24 小時，會比較容易切片。這款麵包適合冷凍保存。

葡萄乾布里歐許吐司（Pain Brioché aux Raisins）
〔加了葡萄乾的雞蛋麵包〕

　　布里歐許麵團可以做出極其美味的葡萄乾麵包。這款麵包可以搭配奶油享用，也可以烘烤。按照第 99 頁法式葡萄乾吐司的做法操作。

傳統布里歐許麵包（BRIOCHES）
　　雖然新鮮布里歐許麵包的美妙奶油香與輕盈可口的質地，可能會讓你覺得它們是來自其他星球的美食，布里歐許麵團和法式白吐司麵糰的差異，其實只有前者使用雞蛋來代替牛奶，而且也用上了更高比例的奶油。實際上，你可以使用等量的奶油與麵粉來製作布里歐許麵包，不過我們認為 3 份奶油搭配 4 份麵粉的比例，做出來的麵團比較容易操作，質地與風味也較佳。

　　在法國地區，布里歐許麵包通常用作早餐搭配奶油與果醬，或是搭配茶，也可以在咖啡時間享用。經過陳放的布里歐許麵包可以切片後烘烤，或是把中間挖空，用作容器來盛裝有醬汁的菜餚或開胃菜。

　　備註：下面的食譜是傳統的手工布里歐許麵團。若要使用電動食物調理機來製作，可以按照法式白吐司的做法，先讓酵母溶解，然後將酵母液和雞蛋混合，再和食鹽與糖一起加入食物調理機內，和奶油和麵粉拌勻。加入液體時，先倒入四分之三的液體量，然後幾滴幾滴慢慢地將剩餘液體加進去，直到麵團會在刀片上集結成團為止。最後用手完成揉麵的動作，就如步驟 4 末所示。

■ 布里歐許麵團（PÂTE À BRIOCHE FINE）
〔布里歐許麵團——用來製作各種大小與形狀的布里歐許麵包，以及香腸軟麵包與類似的麵包〕

大布里歐許麵包　　　　　　　　　花型蛋糕模　　小布里歐許麵包

　　自開始動手製作布里歐許麵團到送進烤箱烘烤，你至少要預留 8 小時 30 分鐘。第一次發酵需要 5 小時，第二次發酵需要 2 小時，半小時冷藏，然後是 1 小時至 1 小時 30 分鐘的烘焙前最後發酵。傍晚開始進行第一次發酵可能比較方便，然後在第二次發酵時將麵團放入冰箱一整夜，如此一來就可以在隔天早上替麵團整形與烘焙。然而，你會在食譜中有關延遲作用的備註裡看到，其實你可以按照自己的時程表來進行。

使用約 227 公克麵粉，做出 2⅔ 杯未發酵麵團，可以填滿一只 6 杯容量的模具或 9–10 個 1/2 杯容量的模具

1. 初步混合麵團

3 個雞蛋（美國分類的大雞蛋；若原本放在冰箱冷藏，則浸泡溫水 5 分鐘）
一個 2 杯容量的量杯
一支叉子

若使用從冰箱拿出來的雞蛋，則先讓雞蛋回溫。將雞蛋打入量杯裡，用叉子打散。打出來的蛋液應該有 2/3 杯。

1 塊新鮮酵母（17 公克）或 1 包活性乾酵母

3 大匙溫水（水溫不超過攝氏 37.8 度），以量杯盛裝

1 小匙糖

將酵母放入溫水中混合，加糖並攪拌到酵母完全溶解。

1¾ 杯（約 227 公克）中筋麵粉（用量杯舀出來刮平）

一只容量 3-4 公升的攪拌盆

一支橡膠刮刀

2 小匙砂糖

1¼ 小匙食鹽

一支麵團刀或硬刮刀

麵粉量好後放入攪拌盆裡。用橡皮刮刀在麵粉中央挖出一個洞，然後將蛋液倒在洞裏。撒上額外的糖與食鹽；將酵母液刮進去。以切拌的方式，用橡皮刮刀混合液體與麵粉，然後將混合物倒在擀麵板上，並把攪拌盆刮乾淨。麵團會非常柔軟且黏手。用麵團刀或硬刮刀操作一陣子，將材料混合均勻，再將麵團刮起來放在擀麵板的一邊靜置，並趁這段時間準備下一步驟的奶油。

2. 處理奶油

170 公克（1½ 條）冰過的無鹽奶油

一支擀麵棍

用擀麵棍敲打奶油，讓奶油軟化。

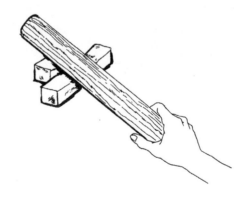

用麵團刀、刮刀或掌根將奶油推抹開來，讓奶油軟化延展，不過也注意讓奶油保持低溫。將處理好的奶油放在擀麵板的一個角落，待步驟 4 使用（若天氣炎熱則將奶油放入冰箱冷藏）。

3. 揉麵

這是一種非常柔軟黏手的麵團，目前用了最少量的麵粉；如果麵團仍然太軟，你可能會需要揉入更多麵粉。用一隻手揉麵，另一隻手則保持乾淨以應付突發狀況。

用麵團刀或刮刀，開始將麵團近端抬起來往遠端翻過去，右邊往左邊翻，如此快速用力地操作十幾次，直到麵團開始成形並出現彈性。

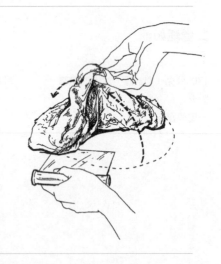

等到麵團差不多成形，則開始重複地將麵團抬起來往下拍，這個動作可以用麵團刀來協助操作。若麵團仍然太軟太黏，可以每次 1 大匙的方式撒上更多麵粉（若有必要至多加入 3 或 4 大匙）。

　　做出來的麵團應該是柔軟的，而且當你捏一點在手上 2-3 秒鐘還會黏手。揉麵的動作應做到麵團出現充分的彈性，也就是在你把麵團往外推時會自己縮回去的程度，這裡約需要 4-5 分鐘，接下來，讓麵團靜置 2-3 分鐘。繼續揉一會兒，便可開始加入奶油。

4. 揉入奶油

　　以每次 2 大匙的量，開始以摺疊、按揉與推抹的方式，用掌根操作，將奶油揉進麵團裡；接下來，將麵團集結成團，然後用麵團刀切成小塊，並再次推抹。在加入的奶油已經有一部分被吸收以後，再繼續加入更多奶油。

　　剛開始時，麵團看來很粗糙、黏手且一團混亂，直到麵團開始吸收奶油為止。快速操作，尤其在廚房溫度較高時，確保用掌根而非手掌操作。

　　你可以用麵團刀或刮刀來完成揉麵，如此一來就可以避免奶油溫度變得太高，讓麵團變油膩。若是奶油溫度太高，可以將麵團放入冰箱冷藏 20 分鐘左右，再繼續操作。

　　等到所有奶油都被吸收以後，麵團看起來會相當蓬鬆。讓麵團靜置 2-3 分鐘，再稍微揉一下。將麵團揉到你把麵團往外推時會自己縮回去的程度，便可結束揉麵。

5. 第一次發酵──在攝氏 21.1 度環境中發酵 5–6 小時

一只容量 3–4 公升的乾淨攪拌盆

一個能夠容納攪拌盆的大塑膠袋，或是一大張保鮮膜

一條浴巾

你手上應有 2⅔ 杯麵團，接下來應該要膨脹到原體積的三倍，或是約莫 7 杯的量。在攪拌盆裡倒入 7 杯微溫清水，在攪拌盆外側與水面等高處做記號，然後把水倒掉，把攪拌盆擦乾。將麵團放入攪拌盆內，再把攪拌盆用塑膠袋包好，或是蓋上保鮮膜，並把浴巾蓋上去。將攪拌盆放在木質或塑膠材質表面，亦可放在毛巾或枕頭上。為了做出最好的質地與風味，麵團應該要在 5–6 小時左右膨脹到 7 杯的量，等到完成發酵時，麵團應該是輕盈且有彈性的，不過因為加了奶油的緣故，會稍微有點黏手。

備註：天氣炎熱時，你可能會需要不時將攪拌盆放入冰箱冷藏，避免奶油融化並從麵團裡滲出來。

(*) 延遲作用：將攪拌盆放入冰箱冷藏，可以延遲作用；若要加長延遲時間，則用蠟紙將攪拌盆蓋好，然後蓋上一只盤子，放上一個 4.5 公斤的重物，以減緩或避免麵團膨脹。

6. 排氣

用一支橡膠刮刀，或將單手手指稍微併攏，將麵團和攪拌盆內側分開，然後倒在稍微撒了麵粉的平台上，並把攪拌盆刮乾淨。在麵團表面撒上 1 小匙左右的麵粉。

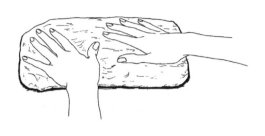

手掌稍微抹上麵粉，以拍打推壓的方式將麵團整成約 25.4 公分長的長方形。

以麵團刀或刮刀為輔助，將麵團右側抬起來往中間翻過去，然後再把左側也抬起來往中間蓋，就好像摺信紙的動作。再次將麵團拍成長方形，然後再一次摺成三分之一，最後把麵團放入攪拌盆內。用塑膠袋或保鮮膜與毛巾將攪拌盆蓋起來。

(*) 如果你想要冷凍布里歐許麵團，這是最佳時機，不過冷凍前請參考第 116 頁說明。

7. 第二次發酵──2–6 小時以上，按環境溫度而定

布里歐許麵團在整形前通常會先放入冰箱冷藏，如此一來整形的動作會比較容易進行；冷藏的時機可以在第二次發酵前或後，只要按你的操作時間表來安排即可。

室溫法：

讓麵團在大約攝氏 21.1 度的環境中膨脹到原體積的兩倍或約 5½ 杯的量。發酵時間應該控制在 1 小時 30 分鐘至 2 小時。接下來，用橡膠刮刀或讓單手手指稍微併攏，讓麵團和攪拌盆分開，將麵團放在一只大盤子上，蓋上蠟紙與另一只盤子，然後放上重物。經過 30–40 分鐘以後，麵團應該就可以拿來整形。

冷藏法：

讓麵團先在攝氏 21.1 度的環境中發酵 1 小時，再放入冰箱冷藏。麵團會繼續在冰箱裡發酵 1 小時以上，直到奶油凝固為止。如果你想要讓麵團放在冰箱裡發酵一整晚，那麼在冷藏的時候，應該用另一只盤子將麵團蓋上，並且放上重物。

布里歐許的整形與烘烤

布里歐許通常會放在邊緣稍微朝外傾斜的花形模裡烘烤。然而，你其實可以使用手上現成的模具，用烤盤或耐熱碗來烘烤大布里歐許麵包，或是用耐熱玻璃杯或馬芬模來烘烤小布里歐許麵包。

有關最後一次發酵

烘烤前的最後一次發酵，目的在於讓麵團至少膨脹成原體積的兩倍，讓麵團具有輕盈柔軟有彈性的觸感。理想的發酵溫度是攝氏 23.9 度。天氣炎熱時，你必須要小心觀察麵團的狀況，因為高溫會讓奶油融化，讓奶油從麵團裡滲出。如果開始出現這樣的情形，則不時將麵團放入冰箱冷藏。我們很難預測最後發酵需要的時間；如果麵團在整形之前曾經放到完全涼透，那麼發酵時間就會比較長。你通常必須估算至少 1

小時，而且麵團必須要確實膨脹與軟化，否則做出來的布里歐許麵包就會具有相當扎實密致的質地。下面分別是替大布里歐許麵包、小布里歐許麵包與環狀布里歐許麵包整形與烘烤的做法。

▪ 圓頭布里歐許麵包（GROSSE BRIOCHE À TÊTE）

〔具有球狀凸起的大布里歐許麵包〕

1. 整形

1 小匙軟化的奶油

一只 6 杯容量的花形模具或一只圓柱狀烤盤

前則食譜的布里歐許麵團，完全冷卻

在模具或烤盤內側抹上奶油。雙手稍微抹點麵粉，將四分之三的麵團放在稍微撒了麵粉的擀麵板上，以輕輕按揉與放在手掌間滾動的方式，將麵團整成表面光滑的球形。將整好的麵團放在模具底部。

　　用大拇指、食指與中指，在麵團中央挖出一個漏斗形的洞，洞口最寬處約 6.4 公分，深度約 5.1 公分。將剩餘的麵團放在稍微抹了麵粉的手掌間滾成球形，然後把球形做成水滴狀，再把水滴狀麵團的尖端放入洞裡。

2. 最後發酵──在攝氏 23.9 度的環境中 1–2 小時

　　將麵團放在攝氏 23.9 度的無風環境中，表面不要蓋上任何東西，讓麵團膨脹到幾乎為原體積的兩倍，而且具有輕盈柔軟有彈性的觸感為止。確實在布里歐許麵團可以烘烤之前，將烤箱預熱到攝氏 246 度。

　　(*) 延遲作用：你可以將模具放入冰箱冷藏，並在模具上面蓋上一只碗，避免表面結成硬皮；你可以將整好形的麵團密封起來冷凍，不過冷凍前請參考第 116 頁說明。

3. 刷蛋液與裁剪

1 個雞蛋打在一只小碗內並加入
1 小匙清水打散

一支醬料刷

一把尖頭剪刀

烘烤前，在麵團表面刷上蛋液，不過在刷的時候注意不要刷到圓頭和主體交接處，否則兩塊麵團可能會黏在一起，圓頭部分就無法膨脹。刷完蛋液以後稍微等一下，然後再刷上第二層蛋液。

為了讓圓頭部分在烘烤時能夠成形，可以在圓頭部分下方的主體麵團上用剪刀朝內剪 4–5 刀，深度約為圓頭寬度的一半。

4. 烘烤、冷卻與存放——烤箱溫度先設定在攝氏 246 度，然後調降到攝氏 177 度；烘烤時間：40–50 分鐘

將發好、刷上蛋液且裁剪過的布里歐許麵團連著模具一起放在預熱至攝氏 246 度的烤箱中層或中下層。經過 15–20 分鐘以後，等到布里歐許麵包已經膨脹而且開始稍微上色，將烤箱設定溫度調降到攝氏 177 度。總烘烤時間會在 40–50 分鐘；烤到麵包稍微開始從模具往內縮，或是用刀子或長扦從中央插進去拔出來不沾黏時，便算烘烤完成。若在麵包在烘烤期間上色太快，可在表面蓋上一張厚牛皮紙或鋁箔紙。

出爐後放在架子上降溫 15–20 分鐘再端上桌。布里歐許麵包可以在微溫或放涼以後享用；要替冷的布里歐許麵包加熱，可以放入預熱到攝氏 177 度的烤箱中烘烤 10–15 分鐘。

(*) 布里歐許麵包在出爐 12 小時以內，就可能會變乾變老。為了保有

其新鮮度，可以將麵包密封包好並冷凍保存；替大的布里歐許麵包解凍時，可以放入攝氏 177 度烤箱裡烘烤約 30 分鐘

變化版

迷你圓頭布里歐許麵包（Petites Brioches à Tête）
〔小型的圓頭布里歐許麵包〕

選擇容量 1/2 杯的斜邊花形模、烘烤用紙杯或馬芬模來製作小布里歐許麵包。以替大布里歐許麵包整形的方式處理，將模具填到半滿，讓麵團膨脹到幾乎為原體積的兩倍。烘烤前，在發好的麵團表面刷兩次蛋液，並且在圓頭下方剪幾道。烤箱預熱到攝氏 246 度，將麵團放入烤箱中層烘烤 15 分鐘。

環狀布里歐許麵包（Brioche en Couronne）

布里歐許麵團，完全冷卻

一個烤盤

自行選用：耐熱碗或杯

將冷卻的麵團揉成球形，並放在稍微撒了麵粉的工作檯面上。

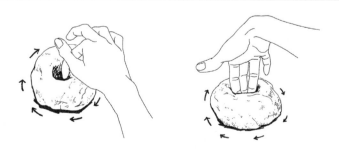

用手指在麵團中央挖一個洞，將麵團轉一轉，把洞弄大，並隨著洞越來越大插入更多隻手指。

等到洞大到可以容納雙手時，用雙手一邊緩緩地延展麵團，一邊讓麵團在撒了麵粉的工作檯面上轉動。這個動作的目標，是要做出直徑25–30公分的甜甜圈狀。

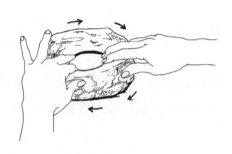

將整好形的麵團放在稍微抹了奶油的烤盤裡，讓麵團鬆弛 10 分鐘，然後再將圓圈弄寬一點。

為了避免麵團中央在膨脹與烘烤時閉合，可以在裡面放入一個稍微抹了奶油的耐熱碗或杯。

不要在麵團上蓋上任何東西，讓麵團在攝氏 23.9 度的環境中膨脹到幾乎為原體積的兩倍，有著輕盈有彈性的觸感為止。烘烤前，在麵團表面刷上兩層蛋液（1 個雞蛋加入 1 小匙清水打勻）。

用尖頭剪刀在麵團表面朝著麵團外側以 45 度角裁剪，每刀間隔約2.5 公分，深度約 2.5 公分。

烤箱預熱到攝氏 246 度，將麵團放入烤箱中層烘烤 20-30 分鐘，烤
到麵團膨脹且上色。烤好的時候，用刀子或長扦插進去拔出來時應該是
乾淨不沾黏的。如果麵包在烘烤期間上色太快，可以用厚牛皮紙或鋁箔
紙稍微蓋上。

咕咕洛芙（Kougloff）
〔葡萄乾布里歐許麵包〕

無論這種放在模具裡烘烤的環狀葡萄乾布里歐許麵包是否源自於維
也納烘焙師之手，法國人通常把它視為一種來自阿爾薩斯的葡萄乾蛋
糕，不過法國人對其名稱的拼法並不確定，因此你會看到如
「Kugelhopf」、「Kougelhof」、「Gougelhop」，甚至「Gugelhupf」等
不同的拼法。烘焙師通常會用剩下來的布里歐許麵團來製作咕咕洛芙，
製作時，會趁著揉入葡萄乾的時候用少許牛奶或額外的奶油來軟化麵
團，再把麵團放入模具中。

咕咕洛芙模

烤好的咕咕洛芙

6 杯份的咕咕洛芙

特殊要求

3/4 杯（113 公克）小葡萄乾

1-1½ 小匙軟化的奶油

一只 6 杯容量的咕咕洛芙模或任何深度介於 8.9-10.2 公分、邊緣直徑 21.6 公分的 6 杯容量模具

1/4 杯切片的去皮杏仁（去皮杏仁切成紙般的薄片，市面上通常為罐裝或塑膠袋裝）

將葡萄乾泡在滾燙熱水中 10-15 分鐘，讓葡萄乾軟化；將葡萄乾取出瀝乾，放在布巾角落擰乾，把吸進去的水擠出來，然後再把葡萄乾平鋪在紙巾上備用。在模具內側抹上大量奶油，然後把 1 大匙杏仁撒在底部，剩餘杏仁放在一旁備用。

1. 軟化麵團

布里歐許麵團，參考第 101 頁基本食譜

若有必要，可添加 3-4 大匙牛奶與／或奶油

為了要讓麵團容易入模，咕咕洛芙麵團必須要又軟又黏。如果你專門替咕咕洛芙製作麵團，則在基本食譜步驟 2 與步驟 4 的 170 公克奶油中取 113 公克揉入麵團，然後一直進行到步驟 8 結束。經過第二次發酵以後，將剩餘的 57 公克奶油和葡萄乾一起揉入麵團。如果你使用的是剩下來的布里歐許麵團，則以每次 1/2 大匙的量，慢慢揉入牛奶與／或奶油，然後再揉入葡萄乾。

2. 麵團入模與最後發酵

一支麵團刀或堅硬的金屬刮刀

一支橡膠刮刀

剩餘的杏仁

1 大匙左右麵粉

將一塊 2 大匙份量的軟麵團用麵團刀或金屬刮刀取出，並利用橡膠刮刀讓麵團與麵團刀分開，放到模具的底部。將麵團沿著模具底部抹成一層。在模具內側撒上或壓上更多杏仁，然後加入另一層麵團；以這種方式進

行，將所有麵團用完。稍微撒點麵粉，用抹上麵粉的手指將麵團輕輕地往模具內側與中央錐體部分壓。填好以後，模具應該約莫呈半滿。不要蓋上東西，讓麵團在攝氏 23.9 度環境中發酵 1 小時以上，直到模具幾乎全滿為止。

3. 烘烤──烤箱溫度攝氏 246 度，然後調降到攝氏 177 度；烘烤時間 30-40 分鐘

烤箱預熱到攝氏 246 度，將麵團放入烤箱中層或中下層烘烤 15 分鐘，或是烤到麵團膨脹且開始上色。接下來，將烤箱溫度調降到攝氏 177 度，繼續烘烤。等到咕咕洛芙開始從模具邊緣往內縮，而且側面都烤出漂亮的顏色時，就算烘烤完畢。趁微溫或放涼以後搭配奶油端上桌。

食物調理機非常適合用來處理某些麵團。使用食物調理機的秘訣，在於先將乾材料和奶油放進去打，然後趁機器在運轉時倒入液狀材料的四分之三。機器不要關掉：幾滴幾滴慢慢加入剩餘液體，直到麵團在刀片上方成形且在蓋子下方滾動 15-20 秒，此為初步按揉。如果麵團太濕，會無法成形；此時應撒上少許麵粉，也許有點幫助。如果還是無法成形，則倒出來改用手揉。透過實驗的方式，你會慢慢找到最適合自己的方法。

冷凍布里歐許麵團

　　冷凍布里歐許麵團的最佳時機，是在第二次發酵之後，不過你也可以在整形以後最後發酵之前冷凍麵團。然而，這種麵團可能因為奶油與雞蛋的含量高，無法冷凍保存太長的時間；我們只建議冷凍約一週至10天。

可頌麵包（CROISSANTS）

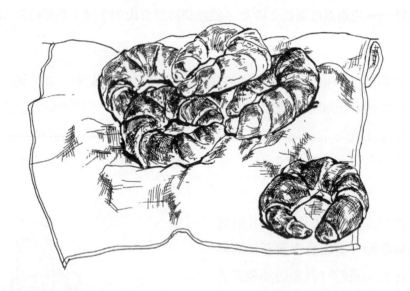

　　在我們心中，最好吃的法國可頌麵包是所謂的布朗熱可頌麵包（croissants de boulanger），這種麵包的麵團用酵母、牛奶與麵粉製成，發好的麵團會被弄平、塗上奶油、摺成三分之一、然後捲起來再摺好，總共三遍，就如法式酥皮的製作方式。可頌麵包當然有其他配方，其中也有一些其實是用酥皮或布里歐許麵團捲成可頌麵包形狀而成。此外，在某些速成法中，酵母麵團只有經過短時間的單次發酵，做出來的是一種酥皮的半成品。對我們來說，這些都無法做出人們夢想中具有層次感、蓬鬆且具有美味奶油香的可頌麵包。傳統的老方法就能達到這種效果——何必找麻煩，試著用其他方式來製作呢？

可頌麵包（CROISSANTS）

製作可頌麵包至少需要 11–12 小時，其中包括麵團兩次分別為 3 小時與 1 小時 30 分鐘的發酵、兩次介於 1 小時 30 分鐘至 2 小時的鬆弛時間，以及烘烤前為時 1 小時的最後發酵。因此，如果你早餐想要享用剛出爐的新鮮可頌，你就得要像烘焙師一樣熬夜一整晚。儘管如此，若是你按照食譜所示提早製作，將完全烤好或可以送入烤箱的麵團拿去冷凍，這樣子做出來的可頌麵包一樣新鮮美味。

12 個長度 14 公分的可頌麵包

1. 基本麵團

1/2 塊（8.5 公克）新鮮酵母或 1½ 小匙活性乾酵母

3 大匙溫水（水溫不超過攝氏 37.8 度），以量杯盛裝

1 小匙糖

將酵母、溫水與糖混合，在等待酵母完全溶解的同時，把其餘材料量好。

1¾ 杯（約 227 公克）中筋麵粉，用量杯舀出再以直刀刮平

一只容量 3–4 公升的攪拌盆

2 小匙糖

1½ 小匙食鹽

2/3 杯牛奶，倒入小單柄鍋內加熱至微溫

2 大匙無味沙拉油

一支橡膠刮刀

一支麵團刀或堅硬的金屬刮刀

將麵粉量好放入攪拌盆中。將額外的糖和食鹽放入微溫牛奶中攪拌至溶解。等到酵母完全溶解以後，將酵母液、牛奶混合物與沙拉油一起倒入麵粉中。以橡膠刮刀拌壓，將所有材料混合成團，確實將所有麵粉都拌進去。將麵團倒在擀麵板上，把攪拌盆刮乾淨。讓麵團靜置 2–3 分鐘，同時將攪拌盆洗淨擦乾。這段時間讓麵粉能夠將液體吸收進去；麵團會相當柔軟黏手。

開始按揉的時候，將麵團近端抬起來往另一端翻過去，以麵團刀或刮刀協助操作。迅速重複這個動作 8-10 次，將麵團從一側抬起往另一側翻，直到麵團變平滑且在推壓時開始會往回縮的程度。這種麵團只需要這樣的按揉程度即可；你只需要讓麵團充分成形，在最後捲起來的時候能夠固定在一起即可，不要過度活化麵筋，讓麵團太難操作。

2. 兩次發酵——第一次約 3 小時；第二次約 1 小時 30 分鐘；發酵溫度攝氏 21.1-23.9 度

一只容量 3-4 公升的乾淨攪拌盆
一個大塑膠袋或一張保鮮膜
一條浴巾

你手上應該會有 2 杯麵團，在接下來的階段應該要膨脹到原體積的 3½ 倍或 7 杯的量。在攪拌盆裡倒入 7 杯微溫清水，並在攪拌盆外與水面等高處做記號。把水倒掉，擦乾攪拌盆，然後放入麵團。

　　用塑膠袋與浴巾將攪拌盆蓋好，並放在溫度介於攝氏 21.1-23.9 度的環境中。經過 3-4 小時以後，麵團應該會膨脹到 7 杯的量，而且具有輕盈有彈性的觸感。

　　用橡皮刮刀或將單手手指併攏，將麵團與攪拌盆邊緣分開，藉此讓麵團排氣，然後將麵團倒在稍微撒了麵粉的工作檯面上。雙手稍微抹點麵粉，以拍打推壓的方式將麵團整成寬 20.3 公分長 30.5 公分的長方形。將麵團摺成三分之一，有如摺疊信紙的動作。將麵團放回攪拌盆中；再次用塑膠袋和浴巾蓋起來。

　　讓麵團進行第二次發酵，不過這次只要讓麵團膨脹成原體積的 2 倍即可。接下來，讓麵團和攪拌盆邊緣分開，並倒在稍微撒了麵粉的盤子裡。密封並放入冰箱冷藏 20 分鐘，將麵團冷藏會讓下一步驟更容易操作。

(*) 延遲作用：將麵團放在溫度更低的地方發酵，或是在第二次發酵時，將麵團放入冰箱冷藏，讓麵團發酵一整晚。在第二次發酵以後，等到你把麵團從攪拌盆倒在盤子裡的時候，可以參考第 116 頁說明將麵團冷凍保存一週。

3. 擀入奶油；第一輪與第二輪

113–198 公克（1–1¾ 條）冰過的無鹽奶油

一支擀麵棍（參考第 135 頁說明）

麵粉

一支麵團刀

蠟紙或保鮮膜

塑膠袋

這個步驟是要將奶油軟化，然後包入麵團裡擀成很多層。如果你是第一次操作，則將奶油用量減到最低。在下面的每一個動作裡，都應該要快速將麵團擀開，並保持麵團低溫 —— 溫暖潮濕的麵團在這裡是沒辦法使用的。

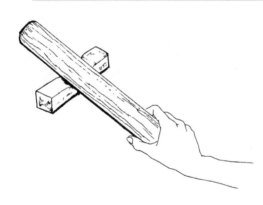

奶油必須先處理成滑順但仍保持低溫的糊狀，如此一來才可以均勻地塗抹在麵團上，然後再擀開。用擀麵棍敲打奶油，讓奶油軟化。

接下來，用掌根、麵團刀或刮刀將奶油抹開，直到奶油變成易於塗抹的質地，注意奶油應保持低溫；奶油不能變軟變油 —— 若有必要可以將奶油放入冰箱冷藏。

將冰過的麵團放在稍微撒了麵粉的大理石板或擀麵板上。手掌稍微抹上麵粉，以推壓拍打的方式將麵團整成長 35.6 公分、寬 20.3 公分的長方形。

盡可能將奶油均勻地塗在長方形麵團的上三分之二，周圍保留 0.6 公分不要塗到奶油。

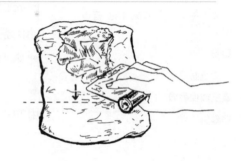

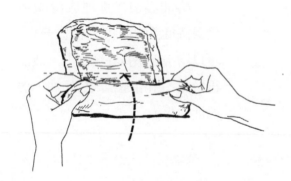

現在，將麵團摺成三層，就如摺疊信紙的動作。將下三分之一（未塗奶油的部分）往上摺到中間。

將上三分之一（抹了奶油）往下摺，把下面的麵團蓋起來，做成被 2 層奶油分開的 3 層麵團。這是所謂的第一輪。

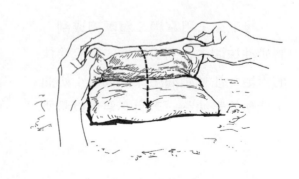

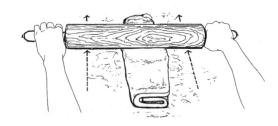

進行第二輪時，稍微在麵團表面和擀麵棍上撒點麵粉，將麵團轉個方向，讓原本的上層邊緣轉到你的右手邊，就好像是一本你要打開的紙本書。

將麵團擀成長 35.6 公分、寬 15.2 公分的長方形。擀麵動作要快，從靠近麵團近端約 2.5 公分處開始，往上擀到距離遠端 2.5 公分處。

再次將麵團摺成三分之一。你現在應該有一個被 6 層奶油分開的 7 層麵團；擀到第四次的時候，麵團總共會有 55 層。

在麵團表面稍微撒點麵粉，用蠟紙或保鮮膜將麵團包好並放入塑膠袋裡，然後放入冰箱冷藏。接下來，麵團應該要鬆弛 1 小時至 1 小時 30 分鐘，讓麵筋放鬆，如此一來最後兩次擀麵動作才能輕鬆完成。

4. 第三輪與第四輪——等到麵團在冰箱裡鬆弛 1 小時 30 分鐘至 2 小時以後進行

將包裹麵團的東西拆掉，在麵團表面稍微撒點麵粉，然後用擀麵棍輕拍麵團數次，讓麵團排氣。蓋上麵團，讓麵團靜置 8–10 分鐘，再次鬆弛麵筋。確保麵團表面與底部都稍微撒了麵粉，開始將麵團擀成長 35.6 公分、寬 15.2 公分的長方形。如果你發現奶油凝結成硬塊，則輕敲麵團 1 分鐘左右，敲打時從一邊開始打到另外一邊，直到奶油軟化為止：擀麵時，麵團的長度與寬度都必須要能從內往外延伸出去。將長方形摺成三分之一，再次將麵團擀成長方形，接下來再摺成三分之一，完成最後一輪。將麵團包好，放入冰箱冷藏 2 小時，再將麵糰做成可頌麵包的形狀，或是將麵團用板子蓋好並放上 2.3 公斤重物一整晚。

5. 做成可頌麵包——在麵團放入冰箱鬆弛 2 小時以後

現在我們可以再次將麵團擀成長 35.6 公分、寬 15.2 公分的長方形，然後將麵團切成三角形，捲起來並扭成彎月形。專業麵包師會使用插圖

所示的可頌滾輪刀，或是用手切。為了降低製作的困難度，你可以將尚待整形的麵團放入冰箱冷藏。

整形的預備動作

一大張保鮮膜

一只稍微抹上奶油的大烤盤（至少長 40.6 公分、寬 35.6 公分）

將冰過的麵團打開並放在稍微撒了麵粉的工作檯面上，用擀麵棍輕敲幾下，讓麵團排氣。用保鮮膜蓋好，讓麵團靜置 10 分鐘以鬆弛麵筋。

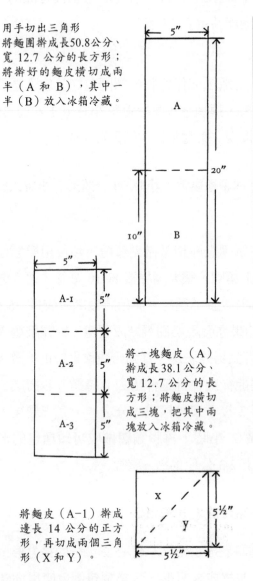

用手切出三角形
將麵團擀成長50.8公分、寬 12.7 公分的長方形；將擀好的麵皮橫切成兩半（A 和 B），其中一半（B）放入冰箱冷藏。

將一塊麵皮（A）擀成長38.1公分、寬 12.7 公分的長方形；將麵皮橫切成三塊，把其中兩塊放入冰箱冷藏。

將麵皮（A-1）擀成邊長 14 公分的正方形，再切成兩個三角形（X 和 Y）。

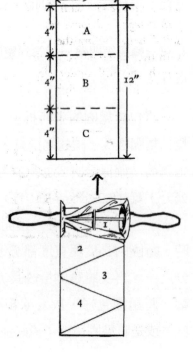

用滾輪刀切出三角形
將冰過的麵團擀成長 30.5 公分、寬 12.7 公分的長方型；將麵皮橫切成三塊（A、B 和 C），其中兩塊放入冰箱冷藏。

將麵皮擀成長 38.1 公分、寬 12.7 公分的長方形，用滾輪刀將麵皮切成四個三角形（1、2、3 和 4）。

將三角形麵皮做成新月形
或可頌麵包

用手抓著三角形的短邊，
操作擀麵棍往尖端擀，將三角
形擀成約 17.8 公分長。

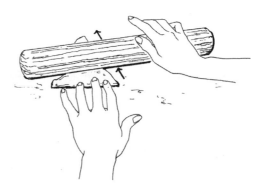

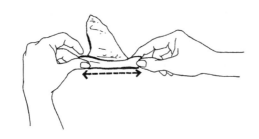

接下來，把三角形的短邊稍
微弄長一點，用大拇指和食指抓
著短邊的兩角往外拉，總共將短
邊拉長約 2.5 公分。

開始捲可頌麵包，將短邊往
上摺一點，然後用左手抓住三角
形的尖角，用右手手指和手掌把
麵片往上捲。

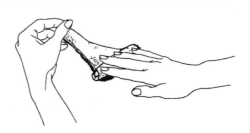

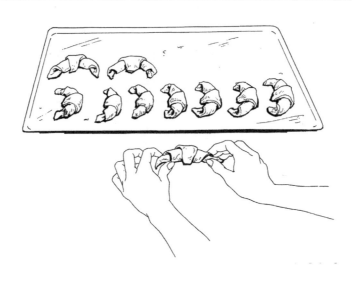

將捲好麵皮的兩端彎一下，做成新月形，然後放在稍微抹了奶油的烤盤上，三角形尖端應位於彎曲處內，抵著烤盤表面。以同樣的方式將剩餘的三角形麵片捲成可頌麵包。

(*) 延遲作用：如果麵團從來沒有被冷凍過，可以將整好形的可頌麵包密封起來冷凍一週。

6. 最後發酵──約 1 小時 30 分鐘，攝氏 23.9 度環境

將可頌稍微用保鮮膜蓋上，放在溫度約莫 23.9 度的環境中進行烘烤前的最後發酵。麵團應該要膨脹成原體積的三倍，而且具有輕盈有彈性的觸感；如果麵團沒有膨脹但觸感輕盈，烤出來的可頌麵包會帶有沉重又硬的口感，而不是柔軟蓬鬆且輕盈的。天氣熱的時候，你可能不時得將麵團放入冰箱冷藏，避免奶油變軟滲出。

(*) 延遲作用：若要減緩發酵時間，可以將麵團放在溫度較低的環境中，或是放入冰箱；如果麵團完全冷卻，在烘烤前應該先放在室溫環境中回溫 20–30 分鐘。發好的可頌麵團可以冷凍保存數日，從冷凍庫直接取出放入烤箱烘烤。

7. 刷蛋液、烘烤與存放──烤箱預熱到攝氏 246 度

一支醬料刷

一個雞蛋，和 1 小匙清水一起放入一只小碗裡打散

一個蛋糕架

烘烤前，在可頌表面刷上蛋液，然後放入預熱烤箱的中層，烘烤 12–15 分鐘，烤到可頌麵包膨脹且上色。出爐後放在架子上散熱 10–15 分鐘再享用。

剛出爐的可頌麵包最好吃；即使是放在密封容器裡冷藏保存，隔日的可頌麵包總不如新鮮的美味。冷凍是最好的保存方法：待可頌麵包完全放涼以後密封包好再冷凍。解凍時，可以將冷凍的可頌麵包放在稍微抹了奶油的烤盤上，放入預熱到攝氏 204 度的烤箱裡烘烤 5 分鐘。

塔派麵團

　　塔派麵團包括塔皮麵團、派皮麵團和酥皮麵團，它們在法式料理的每一個類別都扮演著非常重要的角色，從小型熱開胃菜到法式鹹派，以及法式肉醬派到草莓塔、千層酥與皇冠杏仁派等，都會用到塔派麵團。如果塔派麵團一直是你的廚房噩夢，那麼你應該記住一點，沒有人天生就是點心師傅，每個人都需要學習，而且學習的第一步，就是決定你今天、現在就要學著做出一個像樣的派皮。在接下來的一週或更長的時間裡，你應該要每天或每兩天就做一次；把你想得到的任何材料都拿來做成派。你會很訝異自己多快就能讓這些技巧上手，而且如此一來，你的手指就能變化出各式各樣的美味。這裡的所有食譜至少都要用到 454 公克以上的麵粉。我們認為，如果你要動手製作麵團，乾脆就多做一點，因為這類麵團非常適合冷凍保存。

塔皮麵團與派皮麵團（Pâtes Brisées—Pâtes à Croustades）

論麵團

　　法式塔派麵團的製作，是先將麵粉和奶油混合均勻，然後再加入液體濕潤。液體迫使麵粉裡的麵筋分子形成連續的網，讓麵團在推開時能保持形狀；製作麵團的時候必須要拌入規定量的液體，才能形成這種效果。奶油能替糕點帶來滋味與質地；一如以往，我們建議採用奶油與植物酥油四比一的比例，這樣的配方能夠帶來幾乎所有美國麵粉都需要的嫩化效果。

　　許多人在製作的第一步，也就是混合奶油與麵粉的步驟上遇到問題。為了要把每個動作做到恰到好處，一般人在操作的時候動作太慢也太小心，每次擠壓奶油和麵粉的動作做得拖拖拉拉，讓手指溫度熔化了奶油；因為這個緣故，液體無法適度混合，麵團就會變得又濕又油，即使經過冷藏，也只能烤出一塊賣相極差的板子。使用電動食物調理機或攪拌機，就可以避免這些問題。

以電動攪拌機製作派皮麵團

雞蛋派皮麵團（PÂTE BRISÉE À L'OEUF—PÂTE À CROUSTADE）

〔自立式派皮與法式餡餃用的雞蛋塔派麵團〕

　　下面的麵團配方是特地為了使用倒扣的模具烤出來的派皮所設計，這種方法讓人能輕易地做出漂亮的鹹派與派皮，相關資訊可參考第128-30頁。無論使用何種麵團配方，你都可以運用這裡介紹的系統。

使用約 454 公克麵粉，足以製作 3 個直徑 25 公分的派皮

1. 初步動作

3/4 杯液體（1 個大雞蛋加上適量冰水）；按需求額外準備 1/4-1/3 杯冰水

3½ 杯（454 公克）中筋麵粉（用量杯舀出來刮平）

227 公克（2 條）冰過的無鹽奶油

85 公克（6 大匙）冰過的植物酥油

2 小匙食鹽

1/4 小匙糖

電動攪拌機或食物調理機

將液體和冰水準備好。量好麵粉並倒入機器的攪拌盆裡。快速將奶油縱切成 4 長條，然後再切成 0.6 公分小丁，和冰過的酥油一起加入麵粉裡，然後加入食鹽與糖。操作速度要快，材料才能維持低溫——如果你出於任何理由必須暫停，則將所有材料放入冰箱裡，直到你要繼續操作時再取出。

2a. 用電動攪拌機製作麵團

（若是電動攪拌機有扇形攪拌器配件會更好；否則使用球形打蛋器配件）

一支麵團刀或橡膠刮刀

保鮮膜

少許麵粉

一個塑膠袋

機器以中速運轉，用橡膠刮刀將油脂和麵粉往攪拌葉片推（若使用家用型球形攪拌機）。這裡的目標在於把奶油弄成不大於 0.2 公分的小塊，而且讓每塊奶油表面都覆上麵粉。接下來，將 3/4 杯液體倒入麵粉中，以

中速攪打幾秒鐘，讓麵團吸收液體且塞在葉片上——若有必要，以幾滴幾滴的方式，至多額外添加 1/4 杯冰水。將麵團倒在保鮮膜上；在攪拌盆裡沒有聚集在一起的殘粉上撒幾滴冰水，然後將它們加入剩餘麵團中壓緊。手上稍微抹點麵粉，將麵團大致壓成枕形，用保鮮膜包好，再用塑膠袋裝起來冷藏。繼續進行步驟 3。

2b. 用電動食物調理機製作麵團

一支麵團刀或橡膠刮刀
保鮮膜

（如果你有一個容量低於 2 公升的容器，則將材料分成兩半，分兩次製作麵團。）將機器開關 4–5 次，將乾材料和奶油混合均勻。將機器打開，倒入 3/4 杯液體。繼續讓機器開關幾次，麵團應該會開始聚積在刀片上方。如果還沒有，則滴入少許清水並繼續操作，若有必要可重複這個動作。等到麵團開始集結成團，就算處理完畢；不要攪打過頭。將麵團刮到工作檯面上，運用掌根，每次將大約 2 大匙的量往外抹壓——抹成約 15.2 公分的範圍（這是最後混合步驟）。將麵團大致整成枕形，用保鮮膜包好，放入塑膠袋以後再冷藏。繼續進行步驟 3。

3. 整形前冷藏麵團——約 2 小時

　　麵團混合好以後，必須要經過充分的鬆弛與冷藏，才能擀開。鬆弛的步驟可以讓麵筋放鬆，麵團也會比較容易擀開；冷藏的步驟可以讓奶油凝固，讓麵團成形好方便擀開延伸。在下面的所有步驟中，都需要讓

麵團保持低溫──否則將無法操作；若有必要，即使正在把麵團擀開，也可以將麵團拿去冷藏。

　　(*) 麵團可以放在冰箱保存數日，或是冷凍保存數月。

顛倒派皮和模具

　　傳統的自立式法式派皮，是將麵團擀開後壓在派圈或派模內側，然後在麵團內側放上另一個模子或是抹了奶油的鋁箔紙與乾豆，如此一來派皮在烘烤期間就不會垮掉。這個做法我們曾在上冊第 163–166 頁說明，而且能夠製造出非常專業的成果。

環狀模　　　　　　　　橢圓形烤盤

利用環狀模做出來的派皮　　　　　　利用橢圓形烤盤做出來的派皮

利用馬芬模做出來的塔皮

馬芬模

　　另一種比較簡單且隨意的做法，是將派皮放在倒過來的蛋糕模上烘烤，你也可以將任何形狀漂亮的耐熱物倒過來運用，例如派模、麵包模、環狀模、單柄鍋、烤盤，甚至馬芬模。要製作這種派殼，你的麵團必須要輕盈且用了大量奶油，不過在壓在倒過來的模具上烘烤時，也要能維持形狀。下面的雞蛋派皮麵團配方，是特地為這種顛倒派皮而設計的。

顛倒派皮

直徑 25.4 公分深度 2.5 公分的圓形派皮，或是任何用容量 6-8 杯模具做出來的派皮

1. 替派皮整形

1 小匙軟化的奶油

模具：底部直徑 22.9-25.4 公分的圓形蛋糕模或烤盤

半份前則食譜的雞蛋派皮麵糰，冷藏後取出使用

在模具外側抹上奶油，倒過來放好。迅速將麵團擀成厚度 0.3 公分的圓形，擀出來的派皮至少要比模具直徑寬 6.4-7.6 公分。（擀麵的圖解說明可參考上冊第 163-165 頁。）

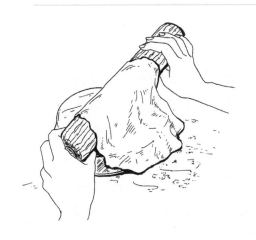

將擀好的派皮捲在擀麵棍上，移到倒過來的模具上攤開，然後稍微用擀麵棍在派皮上滾一滾，讓派皮服貼在模具上。手指稍微沾上麵粉，用手指將派皮緊緊壓在模具側面，小心不要拉扯派皮；派皮必須保持 0.3 公分的均勻厚度。

用滾輪刀或刀子將模具側面多餘的派皮修掉，派皮高度應在 2.5 公分左右。

為了避免派皮在烘烤期間膨脹變形，用餐叉在派皮上戳出間隔 0.3 公分的小洞。

要將派皮側面弄平，可以用餐叉沿著側面平壓，小心不要把派皮壓薄。若是側面派皮看起來有太薄的地方，可以稍微刷上冷水，再黏上生麵團。

要讓派皮正確烘烤，不至於縮小或變形，此時應將派皮放入冰箱冷藏至少 1 小時，再放入烤箱；這個動作可以鬆弛麵粉裡的麵筋。將剩餘的生麵團壓成一個球形，然後包好冷藏；你在派皮烤好以後還可能會用到生麵團。

(*) 派皮可以在這個步驟結束後冷凍。直接將入模的派皮連著模具放入冰箱冷凍 1 小時左右，直到派皮變硬，就可以密封包好再繼續冷凍。要烘烤時，應直接將冷凍派皮放入烤箱。

2. 烘烤派皮——在鬆弛 1 小時以後

烤箱預熱到攝氏 218 度。將派皮放入烤箱烘烤 4–5 分鐘以後，你會需要把重物放在派皮上面，否則派皮會膨脹起來，讓邊緣縮起來：選用一只重量約 900 公克的單柄鍋或烤盤，或是在派盤裡填滿乾豆，同時記得在鍋底、烤盤或派盤底部抹上奶油。

將冷藏派皮連著模具取出，保持倒扣位置放在一只烤盤裡，放入烤箱中層。經過 4–5 分鐘以後，將抹了奶油的重物放在派皮上面，等到完

成烘烤前的 2–3 分鐘再將重物移除。

　　用於法式鹹派與用烤箱烘烤的塔派的半熟派皮，總共需要烘烤 6–10 分鐘，烘烤時間按派皮厚度而定。烤到派皮開始上色而且可以輕易脫模的程度即可。全熟派皮通常需要烘烤 10–15 分鐘，烤到派皮酥脆且上色為止。烤好以後，將派皮從烤箱取出，放在模具上冷卻 8–10 分鐘，然後脫模並放在架子上散熱，小心不要把派皮弄破。

破裂派皮的急救手段

　　如果半熟派皮出現小裂縫，你可以在填餡烘烤之前，把蛋液刷在裂縫上，並把生麵團黏上去。如果派皮側面看起來太薄或太脆弱，你可以刷上蛋液，把一條生麵團黏上去，以強化側面，或者在填餡時不要填入高度超過三分之一的餡料，如此一來烘烤期間就不至於造成派皮側面的損壞。

冷凍與剩餘麵團

　　烤好的派皮可以密封包好後冷凍保存；放入容器內保護是比較適當的做法。剩餘的麵團可以冷凍保存稍後使用，或是等到你做下一批同樣的麵團時和一起使用。

派皮麵團配方參考表

　　麵粉：量麵粉時應用乾淨的量杯將麵粉舀出來，並用刀的直邊把多餘的麵粉刮掉。量好以後才過篩。

　　奶油：與有鹽奶油相較下，一般的無鹽奶油（不是打發奶油）質地通常較扎實，含水量也較低；我們建議使用無鹽奶油。

　　液體：開始加入液體時，應先加入最低量，再按需求慢慢把液體滴入。奶油的溫度越高、質地越軟，混合物能吸收的水分就越少。因此，手工麵團吸收的液體量會比機器製作的麵團來得少。

敘述	用途	配方
開胃菜用的派皮		
1. 基本派皮 基本派皮麵團的奶油用量比下面的其他麵團來得少，因此比較容易擀開和整形	一般的派皮、簡單的法式鹹派、法式餡餃、肉類混合物	3½ 杯（454 公克）麵粉 255 公克（2¼ 條）奶油 71 公克（5 大匙）酥油 2 小匙食鹽 1/4 小匙糖 3/4–1 杯冰水
2. 精緻派皮 最細緻的派皮麵團——質地易碎、風味細緻、酥脆（上冊第 160 頁）	用於花俏的開胃菜與小塔、味道豐富的法式鹹派，亦可做出最棒的預烤派皮	3½ 杯（454 公克）麵粉 312 公克（2¾ 條）奶油 85 公克（6 大匙）酥油 2 小匙食鹽 1/4 小匙糖 3/4–1 杯冰水
3. 雞蛋派皮 質地輕盈易碎的麵團	尤其適合用在以倒過來的模具成形烘烤的派皮，以及法式餡餃	3½ 杯（454 公克）麵粉 255 公克（2¼ 條）奶油 71 公克（5 大匙）酥油 2 小匙食鹽 1/4 小匙糖 3/4–1 杯液體（1 個雞蛋加上適量冰水）
甜點派皮		
基本甜塔皮 上述三種麵團配方擇一使用	同樣用途	除了食鹽與糖的用量以外其他配方不變，食鹽與糖應分別改成 1/8 小匙食鹽與 5 大匙糖

4. 蛋黃甜塔皮

味道比第二種派皮清淡，質地比第一種和第三種細緻	烘烤的甜塔與小甜塔，以及預烤塔皮	3½ 杯（454 公克）麵粉 255 公克（2¼ 條）奶油 71 公克（5 大匙）酥油 1/8 小匙食鹽 5 大匙糖 3/4–1 杯液體（2 個蛋黃加上適量冰水）

5. 酥餅派皮 乾派皮

味甜的餅乾麵團，奶油用量大且易碎；加入的糖量越多，麵團越難處理	用來製作餅乾、甜塔與小甜塔，尤其是預烤塔皮	4⅓ 杯（567 公克）麵粉 255 公克（2¼ 條）奶油 71 公克（5 大匙）酥油 8–18 大匙糖 1/4 小匙泡打粉 3 個雞蛋 1½ 小匙香草精 1/8 小匙食鹽

6. 法式肉醬派麵團

做得好的法式肉醬派麵團也很美味	用於法式肉醬派與肉派，一般會將生麵團壓在彈簧扣肉醬派模和烤盤上成形	3½ 杯（454 公克）麵粉 156 公克（11 大匙）奶油 85 公克（6 大匙）豬油 2 小匙食鹽 3/4–1 杯液體（4 個蛋黃加上適量冰水）

7. 顛倒酥脆麵團

能夠維持形狀的美味法式肉醬派麵團	用於以顛倒模具先烤到半熟然後再填入肉餡烘烤的派皮；也適用於自由形式的法式肉醬派	4⅓ 杯（567 公克）麵粉 198 公克（1¾ 條）奶油 99 公克（7 大匙）豬油 2½ 小匙食鹽 1–1¼ 杯液體（2 個雞蛋加上適量冰水）

法式酥皮（Pâte Feuilletée）

法式酥皮就如其法文名稱的「feuilletée」一字所示（譯註：該字有層疊之意）：有著一層層被奶油分開來的麵團。一塊厚度約 1.2 公分的法式酥皮，在烤箱裡會膨脹 10.2–12.7 公分，有讓人難以置信的輕盈柔嫩口感。法式酥皮的用途廣泛，可以用來製作酥盒與法式千層酥、酥皮烤雞、酥皮羊腿，與各式各樣的法式餡餃、塔、表面派皮、當成第一道主食菜餚的糕餅，以及奢侈的雞尾酒點心。法式酥皮能夠用來包覆最簡單的現成起司餡，可以用作豪華拼盤的裝飾，而且由於法式酥皮可以冷凍保存數月之久，當你需要迅速組合出讓人印象深刻的菜餚時，它絕對是非常有用的好幫手。

如果你喜歡動手操作，你會發現法式酥皮是最讓人著迷的一種，而且如果你想要獲得製作派皮的技能，法式酥皮會讓你學到所有的訣竅。法式酥皮的製作絕對是熟能生巧，不過等到你掌握它的製作方法，你會發現這是很有滿足感與成就感的一件事，也會對自己花在學習的每一分鐘都心存感激。

兩種法式酥皮

品質最優的細緻法式酥皮（pate feuilletée fine）含有等量的奶油與麵粉，製作時必須嚴格遵循傳統做法，從開始製作到整形烘烤，你必須預估至少 6–7 小時。這是用來製作酥盒、酥皮餡餅與精緻甜點如皇冠杏仁派的派皮。然而，傳統法式酥皮並不必然適合用來製作雞尾酒開胃菜、起司餡餅、酥皮羊腿、威靈頓牛排與其他美食佳餚。針對後面提到的這些菜餚，以及大多數狀況需要的酥皮，半法式酥皮（demi-feuilletée）其實就已經足夠，而且製作時間只要一半。因為半法式酥皮的製作相對較為容易許多，我們建議你拿它來入門，等到你開始接觸傳統的細緻法式酥皮，看起來就只會是主題熟悉的變化版本。

設備

雖然你可以在木製平台上混合材料，再以掃帚柄擀開，但你還是會發現，用大理石板和擀麵棍會比較容易製作。製作法式酥皮的時候尤其如此。

大理石擀麵板

表面光滑且涼爽的大理石，是擀麵的理想介面，在操作時也很容易就能夠刮乾淨。一塊能夠放入冰箱的大理石板，絕對是熱天時製作派皮的好幫手。你通常可以在家具行找到切好拋光的大理石板，有時候也可以在舊貨店找到二手的大理石製餐桌或書桌桌面；你也可以在黃頁裡尋找大理石供應商。大理石板的最小尺寸，應是厚度約 2 公分、大小同冰箱層架的石板，就標準家用冰箱來說，約為長 71 公分、寬 35.5 公分。

擀麵棍

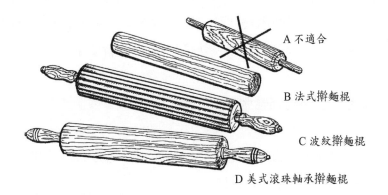

A 不適合

B 法式擀麵棍

C 波紋擀麵棍

D 美式滾珠軸承擀麵棍

你應該準備一支沉重的擀麵棍，以及至少長 35.6 公分的擀麵板；最適合的長度為 40.6–45.7 公分。你可能需要到專業餐廚用品店才能找到像樣的擀麵棍，因為相較之下，掃帚把絕對比圖 A 這種荒謬的玩具來得有效率，可惜這種玩具在許多家庭用品店都被當成擀麵棍來銷售。法式擀麵棍（B）的材質是拋光的黃楊木，長度 45.7 公分，直徑 5.1 公分；販賣

義大利餐廚用品的商店通常會有以質地較輕的木材製作的類似款。

　　法式波紋擀麵棍（C）有時可以在專賣進口用品的商店找到；這種擀麵棍的表面溝槽是為了在把酥皮或可頌麵團擀開時，能夠讓奶油在麵團裡均勻分布。美式擀麵棍（D）由拋光硬木製成，有滾珠軸承的把手；這種沉重的好擀麵棍通常只能在專業餐廚用品店尋得。

有關麵粉

　　下面的食譜混用了中筋麵粉與低筋麵粉，這種組合方式的材料容易取得，而且美國地區的許多糕餅師傅也都採用同樣的做法。在美國地區，和法國家用派粉「type 55」最接近的配方，是將 2/3 未漂白派粉（不要和低筋麵粉混淆）與 1/3 未漂白中筋麵粉混合使用。這種配方的筋度比用中筋麵粉和低筋麵粉調和出來的混合麵粉來得低，操作上比較容易也比較快，因為它需要的鬆弛時間比較短。然而，未漂白麵粉在大部分零售市場上並不容易取得，未漂白派粉尤其如此。事實上，低筋麵粉與中筋麵粉混合的配方，雖然在操作上會比法國麵粉和前面提到的近似配方來得慢，卻能做出最輕盈蓬鬆的派皮。（在下面的食譜中，法國家用麵粉或 1/3–2/3 派粉與中筋麵粉配方可以交替使用。）

保持麵團低溫與麵筋鬆弛

　　若是記得保持麵團低溫，並且讓麵團有充分的鬆弛時間，在製作酥皮時也就不會遇到太大的困難。

　　由於奶油用量較高，酥皮麵團只要一出冰箱就會開始變軟，就如奶油會變軟一樣。若在室溫環境放太久，麵團就會變濕變黏，根本無法操作，直到你再次將麵團冷藏為止。因此，如果你的麵團在任何時間點變得又濕又軟，則馬上停止操作，將麵團放入冰箱冷藏 30 分鐘以後再繼續。如果麵團在擀開後會縮回，或是變得跟橡膠一樣無法延展，處理方

式也是將麵團放入冰箱冷藏；發生這些情形，是因為麵團裡的麵筋在擀開的過程中過度出筋，要讓麵筋鬆弛的方法，就是停止擀麵，讓麵團在冰箱裡鬆弛 1–2 小時。一般人在製作酥皮時遇到的問題，就是溫度過高的麵團在擀開時回彈，以及麵筋筋性太強。

■ 半酥皮麵團（PÂTE DEMI-FEUILLETÉE）
〔簡易酥皮—鬆脆酥皮—假酥皮〕

對許多食譜如法式餡餃、蓋在肉派表面的派皮、用酥皮包起來烘烤的肉類、開胃菜等等，你都會想要使用口感鬆脆輕盈的麵團，而這種半酥皮麵團，可以在 3–4 小時內準備就緒，放入烤箱。這種派皮麵團用了麵粉、水、食鹽與少許作為柔嫩劑的食用油；麵團會被推開成布有軟化奶油的 40.6 公分長方形。接下來，長方形會被摺成三分之一，做成有三層麵團與兩層奶油的三明治。擀開以後，再次將麵團摺成三分之一，就如食譜中插圖所示，麵團的層次會按幾何級數成長，在第四次摺疊以後變成 72 層奶油。等到酥皮終於放入烤箱，每一層介於奶油層之間的麵團都會膨脹起來，酥皮會被烤成外觀與口感皆輕盈的美妙滋味。

約 454 公克麵粉，可以做成 1.13 公斤麵團，足以做出 2 個長 40.6 公分寬 15.2 公分的開胃糕點，如第 170 頁所示，或是做出 36 個第 164 頁的牛角麵包

1. 麵團混合物

2¾ 杯中筋麵粉與 3/4 杯無添加的漂白低筋麵粉，測量時以量杯舀出來再用刀子的直邊刮平

一只容量 3–4 公升的攪拌盆

一支橡膠刮刀

將兩種麵粉放攪拌盆內用橡膠刮刀混合均勻。取出 1/2 杯，留到步驟 2 使用。

一個容量 1/2 杯的量杯，用來
替步驟 2 預留麵粉

1/4 杯無味沙拉油

2 小匙食鹽

1 杯冰水，若有必要可增加 1
大匙左右

一張 61 公分長的蠟紙

一個塑膠袋

將沙拉油拌入麵粉裡，用橡膠刮刀完全混合
均勻——你也可以使用電動攪拌機，不過似
乎不太值得。接下來，拌入食鹽與清水，先
用刮刀切拌推壓，讓材料集結成團，再用單
手併攏的手指繼續操作。將集結起來的麵團
從攪拌盆裡拿出來，放在大理石板或擀麵板
上。在攪拌盆內的殘餘材料上灑幾滴水，壓
緊以後加入麵團中。

以扎實快速的動作將麵團整成枕形。
不要試著將麵團揉到表面平滑；麵團在後
續步驟中會慢慢變平滑。麵團的質地應柔
軟易彎，不過不會潮濕或黏手。

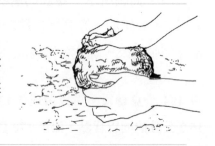

如果你趕時間，可以
現在就進行步驟 2，然而
如果你在麵團上撒點麵
粉，用蠟紙包好並用塑膠
袋裝起來，再放入冰箱冷
藏 40 分鐘至 1 小時，那
麼麵團會更容易操作。

2. 第一輪——加入奶油與第一次摺疊

340 公克（3 條）冰過的無鹽奶油
麵團刀或堅硬的寬刮刀
步驟 1 保留下來的 1/2 杯麵粉

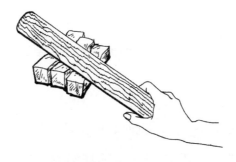

等到你打算開始動手把麵團擀開時，用擀麵棍敲打奶油，讓奶油軟化。

用麵團刀或掌根將奶油抹開，操作時不要使用手掌。等到奶油稍微軟化，則加入麵粉混合，繼續做到奶油完全滑順且容易塗抹，但是仍然保持低溫。如果奶油還不夠軟，你就無法把它鋪在麵團上；如果太軟，在麵團擀開時奶油會滲出。如果奶油變得太軟，可以放入冰箱冷藏一下。

稍微在麵團和雙手都撒上麵粉。將面前的麵團推壓拍打成長度 40.6-45.7 公分、寬度 20.3 公分的長方形。以推壓而非擀開的方式來處理麵團，在這個步驟中就能儘量降低出筋的狀況。（如果沒有放入冰箱冷藏，麵團會變得又軟又黏。）

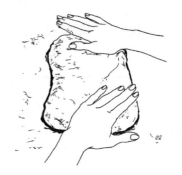

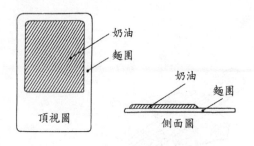

頂視圖

側面圖

奶油
麵團
奶油
麵團

用麵團刀或堅硬的刮刀將軟化的奶油抹在麵團的上三分之二，周圍留下約 0.3 公分不要塗抹奶油。麵團的下三分之一不要塗上奶油。

將麵團按照下列方式摺成三分之一：將下三分之一（未塗抹奶油）往上摺。

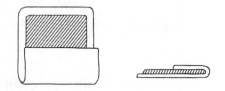

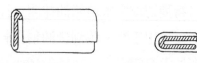

將上三分之一（有塗抹奶油）往下摺，就如摺疊信紙的動作。如此一來，你就疊出了 2 層奶油與 3 層麵團。

將麵團逆時針旋轉四分之一圈，讓最上層開口朝右，擺起來就如一本你要打開的紙本書。麵團看起來仍然很粗糙，上面點狀潮濕處為奶油；不過這些都會在最後一輪以後變平滑。

3. 第二輪——四層摺疊

在進行到第二輪的時候，你會把麵團擀開，然後摺成四層。在擀麵期間，務必注意讓麵團表面與底部隨時都要撒點麵粉，擀麵平面隨時刮乾淨，避免麵團沾黏；在擀麵的時候，可以將麵團抬起來，讓麵團滑動一下，確保沒有沾黏。

從距離麵團近端約 2.5 公分處開始擀麵，快速將擀麵棍滾到距離麵團遠端 2.5 公分處，操作擀麵棍，讓麵團延長。擀麵的動作，是確實且均勻的 45 度角前推動作。你的目標是擀出盡可能均勻的長方形麵團；在擀開幾次以後，希望能擀成長 40.6–45.7 公分、寬 20.3 公分的長方形。

必要時，可以用擀麵棍側面將麵團側面弄平，偶爾也可以橫向操作擀麵棍，將長方形弄寬。在麵團有破損的地方撒上麵粉。（如果你沒把第一輪做好的麵團放入冰箱冷藏，此時麵團看起來應該是又亂又軟；不用擔心。）

將麵團上下緣往中間摺，兩短邊剛好在麵團中央相接。

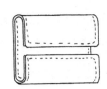

奶油　　麵團

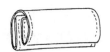

再次摺疊麵團，就如把書本闔上的動作。如此一來，就完成了第二輪，得到相互交疊的 8 層奶油與 9 層麵團。

記得，你現在已經完成兩輪操作——你可以在此時將麵團冷凍——用指腹在麵團上方壓出兩個凹陷做記號。

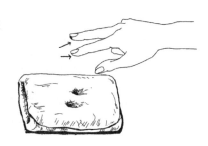

用蠟紙將麵團包好，放入塑膠袋中，再放到冰箱冷藏 40–60 分鐘
（或是一整晚），讓麵團變得更扎實，也讓麵筋鬆弛；如此一來最後兩
輪操作會更容易擀開。

4. 完成麵團：第三輪與第四輪——麵團在鬆弛 40–60 分鐘以後

把麵團上的包裝拆掉，並在麵團上下
方都撒上少許麵粉。如果麵團又冷又硬，
則用擀麵棍均勻且堅決地敲打，力道不要
太重，開始動作：敲打方向應同時注重橫
向與縱向，維持麵團形狀為均勻的長
方形。

接下來，快速將麵團擀成 40.6–45.7 公分長。（如果麵團太冷，你也
沒有充分敲打麵團讓奶油軟化，那麼在你把麵團擀開的時候，側面可能
會裂開。如果發生這種情形，不要擔心；記得下次把敲打的時間拉長一
點即可。）將長方形摺成三分之一，就如第一輪插圖摺信紙的動作。旋
轉麵團，讓最上層開口朝右，如同一本書；再次將麵團擀成長方形，然
後摺成三分之一。此時，你已經完成第四輪，奶油也有 72 層。用指腹在
麵團表面按下四個凹洞。將麵團包起來，放入冰箱冷藏至少 2 小時，讓
奶油凝固，也鬆弛麵筋。接下來，就可以按照食譜說明，將麵團拿去整
形與烘烤。（當然，你也可以在麵團完成冷藏以後繼續擀兩輪，每一輪
都會讓麵團層數變成原本的三倍，最後達到 648 層；然而，一般食譜很
少會需要做到這個程度。）

存放、提早準備與冷凍

在製作過程中，你隨時可以將酥皮麵團包起來放入冰箱冷藏；然而
請記住，如果你沒有完成四輪擀麵動作，奶油層仍然會很厚。因此，如
果酥皮溫度很低，凝結的奶油會破碎成小塊，除非你在擀開前，先用擀

麵棍仔細且完整地敲打麵團。密封包覆且在低於攝氏負 18 度冷凍的酥皮麵團，至多可以保存一年；解凍時可放在室溫環境，或是放入冷藏室一整晚。

麵團的整形與烘烤——麵團經過 2 小時鬆弛以後

請見相關章節。

如何使用剩餘麵團

參考第 162 頁插圖。

變化版

細緻法式酥皮（Pâte Feuilletée Fine）
〔傳統法式酥皮——用於酥盒、精美甜點與花色小蛋糕〕

傳統法式酥皮在製作時用了等量的奶油與麵粉，經過六輪擀開與摺疊，形成相互交疊的 729 層奶油與 730 層麵團。你可以將它用在任何需要用到酥皮的食譜上，不過它的特殊作用其實是用於酥盒、精美甜點與茶點的製作。如同你接下來會看到的，麵團混合物用了奶油而非其他油脂，而且製作方法有如派皮麵團；奶油並不是塗抹上去的，而是包在麵團裡。除此以外，製作傳統酥皮的技巧與簡易酥皮並沒有太大差別。儘管如此，你從開始動手到整形烘烤，至少要預留 6–7 小時。這期間有絕大部分時間是鬆弛麵團的時間；實際操作的時間可能不到 30 分鐘，而且整個製作過程可以橫跨好幾天。

注：約 454 公克麵粉，可以做出 1.13 公斤麵團，足以製作一個直徑 20.3 公分高 12.7 公分的酥盒，或是 8–10 個小酥盒以及一個寬 15.2 公分、長 40.6 公分的餡餅，或是 24 個起司開胃點心

1. 麵團混合物

2¾ 杯中筋麵粉與 3/4 杯未添加漂白低筋麵粉，測量時以量杯舀出來用刀子直邊刮平

一只容量 4 公升的攪拌盆，或是電動攪拌機的大攪拌盆

一支橡膠刮刀

一個容量 1/2 杯的量杯（用來替步驟 2 預留麵粉）

85 公克（3/4 條）冰過的無鹽奶油

一張 61 公分長的蠟紙

將兩種麵粉量好，放入攪拌盆內，並以橡膠刮刀完全拌勻。舀出 1/2 杯混合麵粉，保留到步驟 2 使用。將冰過的奶油放在蠟紙上，縱切成四塊；迅速將奶油繼續切成 0.6 公分小丁，然後加入攪拌盆裡的麵粉裡。接下來，就可以把奶油以切拌的方式拌入麵粉

裡，然後加入液體，就如製作派皮麵團的做法。你可以使用電動攪拌機，就如第 126 頁派皮麵團的操作方式，或是快速以指尖搓揉麵粉和奶油，直到奶油變成麥片大小，或者用奶油切刀將混合物切到類似粗粉末的大小。另一種處理方式，則是完全用食物調理機來進行混合以及下一步驟（第 127 頁）。

2 小匙食鹽

1⅛ 杯冰水，以 2 杯容量的量杯盛裝，若有必要可稍微增加用量

一只塑膠袋

將食鹽加入冰水中混合均勻，然後將鹽水倒入麵粉奶油混合物中。如果你使用電動攪拌機，則啟動機器混合幾秒鐘，一旦麵團把葉片塞住就馬上停止。另一種方式，是用橡膠

刮刀來混合，將材料密實地壓成團，然後再將單手手指併攏繼續操作。將成團的麵團拿出來放在大理石板或擀麵板上；在盆內殘餘材料上灑幾滴水，壓成團後加入大麵團裡。

迅速確實地將麵團壓成枕形；質地應該是柔軟但不潮濕黏手。稍微撒點麵粉，用蠟紙包好並放入塑膠袋裡。置於冰箱冷藏 40 分鐘，以鬆弛麵筋並讓麵團變扎實。

2. 準備奶油 —— 在麵團鬆弛 40 分鐘以後

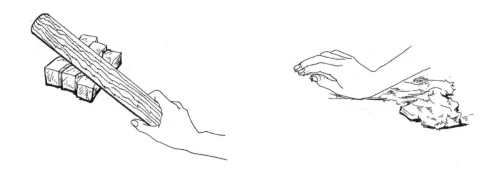

340 公克（3 條）冰過的無鹽奶油
步驟 1 保留的 1/2 杯麵粉
一只麵團刀或堅硬的金屬刮刀

用擀麵棍敲打奶油，讓奶油軟化，然後用掌根而非手掌將奶油抹開，也可以用麵團刀或刮刀來進行這個動作。等到奶油部分軟化以後，開始把麵粉混進去。奶油必須要絕對地平滑柔軟，但是仍然保持低溫。將奶油整成邊長 12.7 公分的正方形，然後放在工作檯面的一角備用，繼續進行下一個步驟。

3. 包覆奶油的麵團

將冰過的麵團擀成直徑
30.5–33 公分的圓形；麵團看起
來應該還是很粗糙。將奶油放在
圓形麵團的中央。

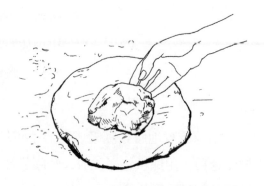

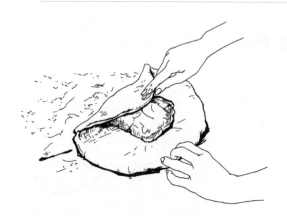

將麵團邊緣往中間
摺，把奶油完全包起來，小
心不要拉扯麵團，因為正方
形每一側的麵團都應該保持
同樣的厚度。

將摺上去的麵團壓緊，並以
手指將邊緣密封起來。麵團看起
來還是粗糙不均勻的，實際狀況
也應當如此。

4. 第一輪與第二輪

現在，你手上是被兩層麵團夾在中間的奶油。你的目標是將這塊麵
團擀成長方形，讓奶油能沿著長方形在兩層麵團之間均勻分布：用擀麵
棍以輕巧穩固的動作敲打麵團的長邊與短邊，讓奶油開始移動，操作時
在麵團表面與底部都撒上麵粉，並迅速將麵團擀成長 40.6 公分、寬 20.3
公分的長方形。接下來，將麵團摺成三分之一，就如摺信紙的動作。

將下三分之一的麵團往麵團中間摺上去。

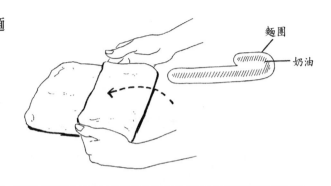

將上三分之一的麵團往下摺好蓋上去，做成均勻的三層。藉由將麵團摺成三分之一的動作，你會摺出三層奶油，不過只有四層麵團，因為中間層會黏合在一起形成單一一層。

將麵團放在自己面前，上方開口處朝右，如同一本書。

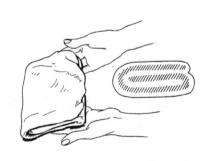

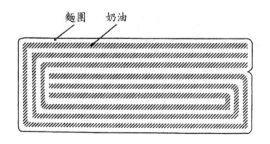

再次將麵團擀成 40.6 公分的長方形，然後摺成三分之一，做成 9 層奶油。用指腹在麵團表面壓出兩個凹洞作為記號，如此一來你就會記得這個麵團已經擀了兩輪。

用蠟紙包好麵團，放入塑膠袋裡。將麵團置於冰箱裡冷藏 40-60 分鐘，鬆弛麵筋，讓奶油變硬點，以利接下來幾輪的操作，不過接下來的幾輪最好在一小時內完成，如此一來奶油層才不至於變得太硬，且完全凝結。

5. 第三輪與第四輪——麵團鬆弛 40-60 分鐘以後

如果麵團太硬太冷，則用擀麵棍均勻地敲打以軟化奶油。以相同於第一、二輪的方式完成第三和第四輪。你可能會發現，在擀麵時下層麵團無法延伸開來，碰不到每一端的上層與中層；此時應將麵團翻面，倒過來擀，讓層次變均勻。在麵團上壓出四個凹洞為記號，表示已經擀完四輪；把麵團包好後，放入冰箱至少冷藏 1 小時，再繼續進行第五與第六輪。

(*) 延遲作用：若要將麵團保存好幾天，或是冷凍好幾個月，這是最適合的時間點。

6. 第五輪與第六輪——第五輪完成後至少鬆弛 1 小時，整形烘烤之前至少鬆弛 2 小時

以同樣的方式完成第五輪與第六輪。（如果麵團只經過最少的鬆弛時間，你在這個步驟會發現麵團很難擀開，在延展時會有相當程度的回縮。如果發生這樣的情形，應馬上停止操作；硬做只會讓麵筋更具張力，麵團更加不聽使喚。將麵團包好後放入冰箱冷藏一小時，再繼續操作。）在麵團表面壓出六個凹陷作為記號，表示已經擀完六輪。將麵團包起來，放入冰箱冷藏 2 小時，再進行整形與烘烤。

(*) 延遲作用：若要將麵團用來製作酥盒，你通常會在擀完最後一輪約莫 2 小時左右，麵團膨脹至最大的時候整形並烘烤。若是用於其他用途，則可以將麵團冷藏數日，或是冷凍保存幾個月。

麵團的整形與烘烤——鬆弛 2 小時以後

　　除了酥盒與下面的小酥盒以外，其他使用酥皮的食譜都分散在各章節內。

剩餘麵團的使用

　　參考第 162 頁插圖。

酥盒（Bouchées et Vol-au-Vent）

　　以小牛胸腺、魚糕、松露、蘑菇與橄欖搭配醬汁做成的金融家式小牛胸腺（ris de veau financière），向來都是用質地極其輕盈的酥盒作為容器，這種派皮輕到可以隨風飄揚，就如其法文名稱「vol-au-vent」所示。我們向來強調「自己做的更好吃」，在你自己動手做出質地輕盈、奶油香四溢且酥脆的酥皮時尤其如此，即使酥皮化於你口，還是會很難以置信。無論你要製作單人份或是替整桌賓客做出一個戲劇性極強的大酥盒，無論大小，它們的做法都差不多。

　　你的目標是做出一個中空的圓筒狀酥盒。要達到這個效果，你必須要做兩層：上層是圓環狀派皮，下層是圓形派皮。圓環狀派皮會形成圓柱狀酥盒的側面，圓形派皮為底部。兩者在烤箱裡都會膨脹，等到派皮

烤好時，你可以在表面切一個開口，把裡面未烤熟的生派皮用叉子挑出來，就會得到一個可以用來填裝奶醬龍蝦、蝦仁、蘑菇或任何你準備的美味餡料。我們下面會從單人份派皮開始。

有關麵團

　　無論是大酥盒或小酥盒，都會用到相當大量的麵團，而用剩的麵團就跟你從酥盒裡挖出來的未烤熟麵團一樣多。儘管如此，這些剩餘麵團還是可以再次被化為酥皮麵團，做法可參考第 162 頁本節末的插圖說明。

小酥盒（BOUCHÉES）

〔單人份的酥盒〕

9 個直徑 8.9 公分的酥盒

1. 替麵團整形

按前則食譜製作的 1.13 公斤傳統酥皮，放在冰箱冷藏

一把滾輪刀或長刀

一個直徑 8.9 公分的環狀模

一個直徑 5.1 公分的環狀模

一個至少長 40.6 公分寬 30.5 公分的大烤盤

一或兩個托盤或烤盤，放入冰箱存放派皮麵團用

一支尖細的扦子（或粗縫針）

由於酥皮一拿出冰箱就會很快軟化，你會發現，最適當的操作方式是每次只取一部分麵團，將剩餘麵團放在冰箱冷藏。每一塊麵團都可以做出 3 個小酥盒。將麵團擀成 45.7 公分長 20.3 公分寬的長方形，用滾輪刀或長刀橫切成三塊，並把其中兩塊放回冰箱冷藏。將剩餘麵團擀成長 35.6 公分、寬 25.4 公分、厚 0.6 公分的長方形。自此時開始快速操作，在麵團變軟以前處理完畢；若麵團變軟，馬上停止操作，將麵團放回冰箱冷藏 15–20 分鐘再繼續。若麵團變得又軟又濕，是無法繼續進行的。

取直徑 8.9 公分的環狀模，在擀開的麵團上切出 6 個圓形，每個圓形之間以及和麵團邊緣都應該預留約 1.2 公分的空間。取直徑 5.1 公分的環狀模，從 3 個圓形的中間切下去，做出 3 個圓環。（小心將剩餘麵團整理好平鋪成一層並放入冰箱冷藏，參考第 162 頁說明。）

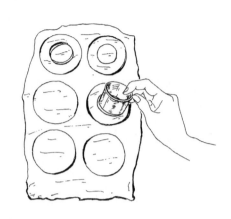

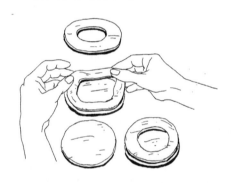

用冷水清洗烤盤，把多餘水分甩乾，然後將 3 塊圓形麵團倒過來放在烤盤上，麵團之間以及與烤盤邊緣相距 1.2 公分。稍微在圓形麵團表面刷上冷水，再把圓環狀麵團一個個壓到圓形麵團上。

用刀背按 0.3 公分間距沿著圓形麵團外緣斜斜地做出壓痕，把圓環和圓形麵團封起來，並在過程中用指腹將兩層麵團壓在一起。

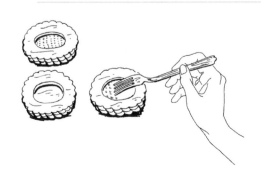

用餐叉在暴露出來的圓形麵團底部戳洞。分別在麵團中央和圓環上找三點與四點插上扦子；希望藉著這個動作確保麵團在烤箱裡會垂直且均勻地膨脹。

取直徑 5.1 公分的圓環模和一把
刀，在露出來的圓形麵團底部，亦即圓
環狀麵團和圓形麵團交接處壓出深度 0.2
公分的圓形；在烘烤以後，這個部分會
被切下來當成蓋子。

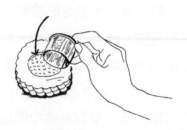

此時，麵團可能已經軟化；將烤盤放入冰箱冷藏 10 分鐘，或是至少
在你將另外兩塊麵團擀開切好的期間。等到你把 9 個小酥盒都組合好放
在烤盤上，便用蠟紙蓋好，在烘烤前至少放入冰箱冷藏 40 分鐘，讓麵團
鬆弛，如此一來小酥盒在烘烤時就不會縮小或變形。

(*) 延遲作用：整好形的酥皮可以在這個時間點冷凍，使用時直接從
冷凍庫取出放入烤箱。

2. 烘烤——在預熱到攝氏 218 度的烤箱裡烘烤 20–25 分鐘

烘烤前，在小酥盒的上方表面刷上兩層蛋液（1 個雞蛋加入 1 小匙清
水打散），側面不要刷，並用刀子劃上交叉線和用叉子做記號的方式來
裝飾（參考酥盒步驟 2，第 156 頁）。放入預熱烤箱中層烘烤約 25 分
鐘。烤到酥皮膨脹且上色，而且側面同樣上色且變酥脆，就算烘烤完
畢。將烤好的小酥盒移到架子上。

垂直握住一把鋒利的小刀，以上下
鋸切的動作把表面的蓋子切開。用小湯
匙的背部或是小餐叉，小心將裡面任何
沒烤熟的生麵團挖出來。將小酥盒放在
架子上散熱。

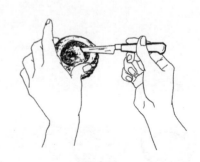

3. 存放與上菜

　　你越快能夠替酥盒填餡並將菜餚端上桌,菜餚的口感就會更新鮮、更輕盈且更美味。如果你要在烘烤的同一天使用,可以將烤好的小酥盒放在保溫箱或是關掉的烤箱裡。否則,你既應該將小酥盒放在有蓋鍋裡冷凍保存。要重新加熱並讓酥盒口感變酥脆時,可以將烤箱預熱到攝氏218 度,把冷凍或解凍的酥盒放在稍微抹了奶油的烤盤上,放入烤箱中層。將烤箱關掉,酥盒會在 5–8 分鐘以後變酥脆。

大酥盒(VOL–AU–VENT)

　　大酥盒或多或少會讓人想起過去的高級料理;它是極具戲劇性的上菜方式,而且總能達到賓主盡歡的效果,因為它確實是一種不同尋常的享受。分開來整形與烘烤的裝飾性蓋子可自行選用,完全看你打算怎麼上菜。如果你做了蓋子,則將蓋上蓋子的填餡大酥盒端上桌供眾人欣賞,然後再把蓋子移開到另一只盤子裡切割上菜。

1 個直徑 20.3 公分、深度 12.7 公分的大酥盒,6 人份

1. 替麵團整形

按第 143 頁食譜製作的 1.13 公斤傳統酥皮

一個直徑 20.3 公分與一個直徑 12.7 公分的環狀模、鍋蓋、盤子或碟子,用來將麵團切成圓形

一支沉重的擀麵棍,長度至少 35.6 公分

一只烤盤或圓形披薩盤,以冷水洗淨,不要擦乾

一或兩個烤盤或托盤,放在冰箱以存放剩下來的麵團

將冰過的酥皮放在稍微撒了麵粉的大理石板或擀麵板上,迅速將麵團擀成厚度 1 公分、寬度 30.5 公分、長度 50.8 公分的長方形。(為了確保應力與應變相當,讓酥皮可以均勻烘烤,擀麵時應確保動作顧及橫向與縱向。)

從現在開始，儘量快速操作，如此一來麵團不至於軟化且變得難以
處理；如果麵團變軟，馬上停止手上的動作，將麵團放入冰箱冷藏
15-20 分鐘，再繼續操作。

切下 2 塊直徑 20.3 公分的圓形麵團，圓形麵團之間以及與長方形麵
團邊緣至少要相距 1.2 公分。將圓形麵團周圍的麵團拿起來，放在烤盤或
托盤上平鋪成一層，然後放入冰箱冷藏；有關如何將剩餘麵團重新整成
酥皮麵團的操作方式，可參考第 162 頁。

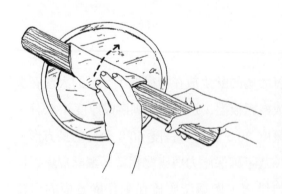

將其中一塊圓形麵團用
擀麵棍捲起來，倒過來放在潮
濕的烤盤上打開。（潮濕的烤
盤表面讓酥皮能黏在烤盤上，
從而穩固地抓著烤盤，才能在
烤箱裡膨脹。）沿著圓形麵團
表面的圓周，在寬度 4 公分
的範圍裡刷上冷水。

將環狀模或是直徑 12.7
公分的圓形工具放在第二塊圓
形麵團的正中央，切下圓形，
做出直徑 20.3 公分的環狀麵
團，是為製作大酥盒的第二層
麵團。

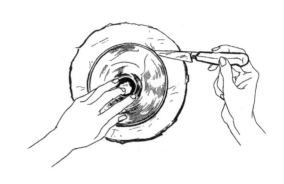

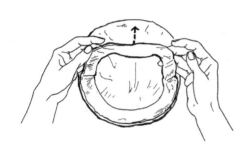

在取下環狀麵團的時候，為
了避免拉扯，應在環狀麵團表面稍
微刷上麵粉後將之對摺兩次，變成
四分之一。對準在第一塊麵團刷上
清水的部分，將環狀麵團打開，並
用指腹壓好。（剩餘的圓形麵團應
放入冰箱冷藏。）

用刀背將疊好的兩層麵團密封，將刀背斜斜
地沿著圓周按 2 公分間隔壓出深度 0.3 公分的痕
跡，並且用指腹將上層麵團壓緊。（此時，應在
烘烤前將大酥盒蓋好並放入冰箱冷藏；這個動作
會鬆弛麵筋，讓酥皮能烤得更均勻。）

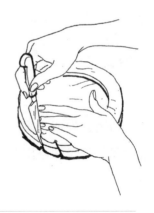

(*) 提早製作：未烘烤的大酥盒可以放入冰箱冷藏一日左右，或是冷
凍保存，不過如果你在整形後 1 小時內烘烤，膨脹度通常會比較好。

2. 最後的裝飾工作與烘烤——約 1 小時；烤箱預熱到攝氏 218 度

蛋液（將 1 個雞蛋放入小碗
裡，加入 1 小匙清水打散）

一支醬料刷

一把小刀

一支細長鋒利的扦子或粗縫針

等到烤箱達到預熱溫度，則在大酥盒的上層
表面以及下層圓形酥皮暴露出來的部分刷上
蛋液。（不要將蛋液刷在側邊，因為蛋液可
能會讓酥皮無法膨脹。）

取一把小刀，沿著圓周按 4
公分間隔（以外緣為準）切下
深度 0.3 公分的痕跡，操作時刀
尖應指向圓心，如此一來切痕
才能如輪輻一樣均勻分布。

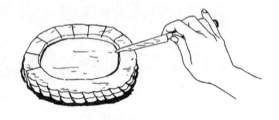

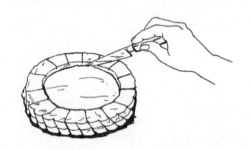

在上層環狀酥皮內緣與下層
圓形酥皮交接處劃下深度 0.6 公分
的一刀；這一刀是替蓋子做記號，
在烘烤以後會將蓋子移開，如此一
來就可以把大酥盒的內部清乾淨。

利用刀尖或者餐叉叉齒，透過
蛋液在酥皮表面劃出裝飾性的淺十
字紋。

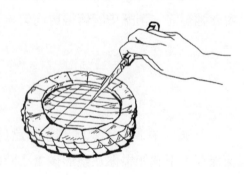

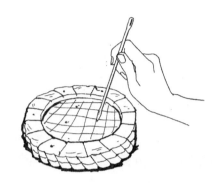

最後，將扦子或縫針從酥皮表面往下戳洞，沿著環狀上層戳 4-5 個洞，中央戳 3 個洞。這個動作的目的是要固定酥皮層，讓酥盒能夠均勻地膨脹。

馬上將大酥盒放到預熱烤箱的中下層，以攝氏 218 度烘烤約 20 分鐘，烤到酥盒變成原本的三倍高，而且開始上色為止。將烤箱溫度調降到攝氏 177 度，繼續烘烤 30-40 分鐘，直到側面上色且變酥脆。如果上色速度太快，可以在表面蓋上一張鋁箔紙或厚牛皮紙。

3. 最後潤飾

大酥盒一旦出爐，應趁熱沿著環狀酥皮內側切割，將原本在下層酥皮做好記號的蓋子拿開；蓋子的部分現在也已經和剩餘麵團一起膨脹。（蓋子可能會破掉，應當成廚師品嘗試味道的部分。）

小心不要把酥盒側面與底部戳破，把未烤熟的麵團用餐叉叉齒或湯匙柄刮出來。（你可以將刮出來的麵團做成起司盅，不過應該要趁熱使用；做法參考下一則食譜。）

再次將大酥盒放在烤盤上，放入烤箱烘烤 5 分鐘，把酥盒烘乾，然後取出放在架子上散熱。如果酥盒底部在烘烤期間燒焦或烤過頭，則用一把鋒利的刀子將變色的部分削掉。

存放與重新加熱

　　如果你有保溫箱，將溫度調在攝氏 38 度，如此一來酥盒可以在裡面保存一兩天，並且變得乾燥酥脆，有著美妙的質地，否則你最好儘快享用酥盒，除非你打算將酥盒密封包好並冷凍保存，這種做法可以保存數週之久。要重新加熱冰冷或冷凍的酥盒，可以將酥盒放在稍微抹了奶油的烤盤上，放入預熱到攝氏 218 度的烤箱裡烘烤 5 分鐘，然後將烤箱關掉，繼續讓酥盒在烤箱裡多放幾分鐘，直到酥盒變酥脆。

如何使用從大酥盒裡挖出來的麵團

中庸起司盅（Ramequin du Juste Milieu）

〔可以當成開胃菜或代替馬鈴薯的熱起司盅〕

4–6 人份

從大酥盒內取出的未烤熟麵團，最好還是溫熱的（壓緊後通常 1/3–1/2 杯）

1 杯牛奶

2 個雞蛋

食鹽、胡椒、肉豆蔻和 1/4 杯磨碎的帕瑪森起司

一只容量 3–4 杯的上菜用烤盤，深度約 4 公分，稍微抹上奶油

將生麵團和牛奶放入電動果汁機裡攪打 1 分鐘左右，打到質地滑順均勻。加入雞蛋、調味料與起司，繼續攪打 5 秒。將混合物倒入抹了奶油的烤盤裡。

(*) 延遲作用：打好後可以蓋起來放入冰箱冷藏，待隔天使用。

　　上菜前半小時，將烤盤放入預熱到攝氏 191 度的烤箱中層，烤到混合物膨脹上色。出爐後馬上端上桌。

製作大酥盒的蓋子

　　如果你在端上大酥盒時想要有個蓋子，則應另外替蓋子整形，然後將大酥盒和蓋子放在同一個烤盤上放入烤箱烘烤。

使用你在製作大酥盒的環形酥皮時，從第二個酥皮麵團切剩的圓形酥皮。在製作大酥盒的時候，將這塊圓形酥皮放入冰箱冷藏鬆弛，等到大酥盒做好以後，再把圓形酥皮擀成直徑 24.1 公分的圓形；將酥皮從擀麵板上拿起來，假使酥皮自然收縮也沒關係。用擀麵棍將酥皮捲起來，放在稍微抹了奶油的烤盤上攤開。接下來，用直徑 21.6 公分的環狀模或盤子為參考，將酥皮修成圓形。

將一個直徑稍小的環狀模、蓋子或其他圓形物品放在圓形酥皮上，用刀背沿著酥皮邊緣做出間隔約 1.9 公分的痕跡，做出圓齒花紋。

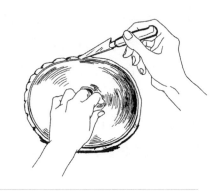

為了避免酥皮在烤箱裡過度膨脹，用餐叉叉齒在酥皮表面按 0.3 公分間隔戳洞（除了圓齒花紋的部分以外），戳下去的深度應觸及烤盤。將酥皮蓋起來，放入冰箱冷藏約 1 小時，讓麵筋鬆弛，如此一來酥皮就能均勻烘烤，不會收縮。

用製作大酥盒的剩餘麵團，按個人喜愛的形狀與設計做出 0.3 公分厚的裝飾花樣。在酥皮表面刷上蛋液以後，將這些設計貼上去，同時也在其表面刷上蛋液。接下來，用小刀或叉齒在酥皮表面淺淺地劃出交叉線。

　　此處插圖的設計是利用圓形做成的簡單裝飾，在膨脹起來以後相當有趣味性；你也可以利用橢圓形、葉狀、長條形或任何你想要使用的形狀，不過請記住，因為所有的酥皮都會膨脹，如果你製作的裝飾花樣太厚太窄，它們可能會在烤箱裡掉下來。

烘烤

　　無論是獨自烘烤或是和大酥盒一起烘烤，酥皮蓋子都應該放入預熱到攝氏 218 度的烤箱裡烘烤約 20 分鐘，待上色後再將烤箱溫度調降到攝氏 177 度。烤到酥皮酥脆輕盈，便算完成烘烤，總烘烤時間應在 30 分鐘左右。將烤好的酥皮蓋子放在架子上降溫。

花型裝飾（FLEURONS）

〔用酥皮製作的裝飾用泡芙〕

烤好的

生的

　　沒有替大酥盒製作酥皮蓋子的時候，你可能會想要一些額外的酥皮，好放在餐盤邊緣作為裝飾。這些酥皮裝飾在法文通常叫做「fleurons」，因為它們通常體積小且具有裝飾性，一般做成有凹紋的橢圓形或新月形。傳統法式料理食譜通常建議將花型裝飾當成比目魚排或扇貝料理的裝飾，這些酥皮看來高雅，可以代替平凡的澱粉蔬菜。你可以用製作大酥盒或小酥盒時修下來的剩餘麵團來製作花型裝飾，也可以使用按照下下則食譜重新整形組構的麵團。

將麵團擀成 0.6-0.9 公分厚，用
直徑 7.6 公分的花形圓模切好，然後
再用模子在每一塊小酥皮切一刀，做
成一個橢圓形和一個新月形。

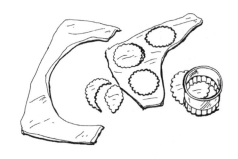

將切好的酥皮按 1.2 公分間隔放在沾濕的烤盤上，放入冰箱冷藏至少
30 分鐘，讓麵筋鬆弛——若能冷藏超過 1 小時以上更好。在酥皮表面刷
上蛋液、劃上交叉紋路並放入預熱到攝氏 232 度的烤箱中層烘烤 12-15
分鐘，烤到酥皮膨脹上色且變酥脆即可。

迷你酥盒（PETITES BOUCHÉES）
〔雞尾酒開胃菜用的迷你酥盒〕

雞尾酒開胃菜大小的迷你酥盒，直徑約為 5 公分，製作時只用到一
層酥皮。你可以利用製作大酥盒的第二層時剩下來的圓形麵團，或是按
照下一則食譜運用剩餘酥皮重組麵團，再切出圓形酥皮。

將麵團擀成 0.6-0.9 公分厚，用直徑
5 公分的花形圓模切好，然後將切好的酥
皮放在沾濕的烤盤上。用直徑 2.5 公分的
圓形餅乾模和一把小刀，在麵團表面壓上
深 0.3 公分的蓋子輪廓。按照花型裝飾食
譜的說明替酥皮刷上蛋液並放入烤箱烘
烤。烤好以後，趁熱將蓋子切掉，並把裡
面未烤熟的麵團挖掉。

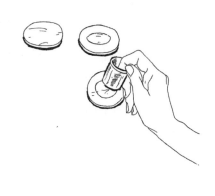

接下來，這些迷你酥盒就可以用來填餡或重新加熱，也可以冷凍保
存，待需要時再拿出來使用。

剩餘麵團的運用

〔將剩餘麵團重新做成酥皮〕

在製作大酥盒的時候，剩下來的麵團跟用在
酥盒上的量幾乎一樣多，而且製作小酥盒的狀況
也差不多。你甚至可以用這些剩下來的麵團重新
做出另一個大酥盒，或是半打小酥盒，或是任何
需要用到酥皮的東西。簡易酥皮也是以同樣的方
式處理。在法文中，剩下來的酥皮叫做
「rognures」，意思是修整下來的切邊或碎片。

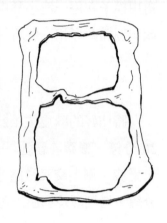

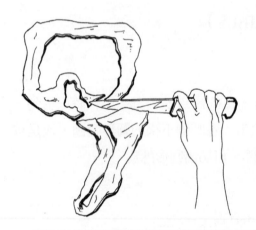

你的目的在於將所有碎片集
結在一起做成麵團，不過製作時
必須要讓每一塊碎片的奶油層和
麵粉層保持水平，就如麵團剛做
出來的時候。若有必要也可以切
割碎片。

將碎片排好，做成長方形。接
下來，在每一塊碎片的邊緣塗上冷
水，兩兩之間稍微交疊，並用指腹將
接縫封起來。

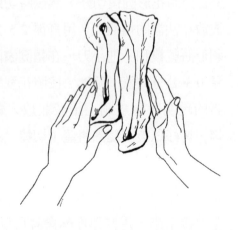

如果你的技術純熟，你可以設法用擀麵棍將麵團小心地擀幾下，讓接縫完全密合，如此一來更可以用來製作預烤派皮或是皇冠杏仁派需要的兩塊大圓形酥皮。然而，最保險的做法是稍微在麵團上撒點麵粉，將麵團擀成長方形，然後在麵團的上三分之二塗上軟化的奶油，再將麵團摺成三分之一。接下來，將麵團包好，放入冰箱冷藏 1–2 小時，然後再繼續擀兩輪。將麵團放入冰箱冷藏數小時或隔夜，或是冷凍保存，如此一來，等到你再次使用麵團的時候，麵團已經充分鬆弛。

繼續運用剩餘麵團

你可以繼續用上面的方法使用剩下來的麵團。烤好的酥皮可能不如原本的軟嫩，而且在你試著擀開的時候，可能會有點抗性。儘管如此，這樣的麵團仍然非常適合用來製作大部分開胃菜，也可以製作餅乾，還有前兩則食譜的花型裝飾與迷你酥盒。

酥皮開胃菜

酥皮牛角、酥皮卷、起司千層酥與起司塔

下面這幾頁是幾道你可以用法式酥皮製作的美味鹹點心；甜點餅乾可參考第 545–567 頁與第 572–577 頁。一個人很容易就能以酥皮為題寫出一本書，我們也發現很難讓自己限制在合理的食譜數量。儘管如此，我們還是希望這些食譜能夠幫助你了解如何運用酥皮，如此一來你就可以開始自由發揮，也對你在其他地方遇到的食譜更有自信。

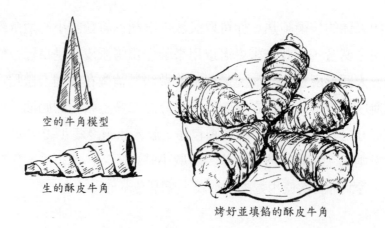

空的牛角模型

生的酥皮牛角

烤好並填餡的酥皮牛角

酥皮牛角（CORNETS）

〔酥皮牛角——奶餡牛角〕

　　將長條狀的酥皮捲起來做成圓錐狀，放入烤箱烘烤到酥皮上色定型，然後填入滑膩的起司餡，再次放入烤箱烘烤，可以做出最具吸引力的第一道主菜。（若在表面撒上砂糖，就能做出表面有一層焦糖的焦糖酥皮牛角，可以用來填入甜點餡料，做法可參考第 562 頁。）

18–20 個約 12.7 公分長的酥皮牛角，約為 8–10 人份

1. 替麵團整形

18–20 個抹了奶油的奶油牛角模（或是分批烘烤）

2 只大烤盤，以冷水洗淨而且不要擦乾

1/2 份第 137 頁半酥皮麵團

1 個鋪了蠟紙的托盤，用來冷藏暫時沒有用到的麵團

一把尺或切割輔助工具

一把滾輪刀

一支醬料刷與 1 杯冷水

將抹了奶油的模具放在容易取得處，也把烤盤放在靠近自己的地方。將冰過的麵團擀成長 35.6 公分的長方形，然後橫切成兩半，把其中一塊放入冰箱冷藏。將剩餘麵團快速擀成 0.3 公分厚、寬度稍多於 20.3 公分、長度在 33–35.6 公分之間的長方形。把不平整的邊緣切掉。（如果廚房溫度很高，則應快速操作，並在接下來的步驟中，隨時將暫時沒有用到的麵團放入冰箱冷藏。）

將酥皮切成寬度1.9–2.5公分、長 33–35.6 公分的長條狀，按照圖示使用切割輔助工具和滾輪刀。

取一條酥皮，沿著長邊在上半約 1.2 公分寬的帶狀區域刷上冷水。用手拿起模子的大端；將模子尖端插到長條酥皮的右端下方，然後將酥皮壓在尖端周圍捏緊密封。

左手抓著模子尖端，右手抓著模子另一端按逆時鐘方向旋轉（向右邊），將酥皮從尖端往大端捲成螺旋狀，捲的時候讓酥皮重疊 0.3 公分。小心不要拉扯酥皮，讓酥皮保持 0.3 公分的均勻厚度。你會發現，在酥皮麵團又冷又扎實的時候，會比較容易操作。

用手指將酥皮密封在模子大端。將捲好的酥皮連同模子一起放在烤盤上，密封處朝下；輕壓模子以固定位置。繼續以同樣的方式處理剩餘酥皮麵團。

2. 冷藏、刷蛋液與烘烤

　　處理好的酥皮麵團至少要冷藏 30 分鐘，不過最好可以將冷藏時間拉長到 1 小時，好在烘烤前先鬆弛麵筋。待準備好要烘烤時，將烤箱預熱到攝氏 218 度，然後把烤架放在烤箱中層。要放進烤箱之前，在酥皮上方與側面刷上蛋液（將 1 個雞蛋放入小碗中加入 1 小匙清水打散），並用刀尖或叉齒在酥皮表面劃上交叉斜線。馬上烘烤；經過 15–20 分鐘，待模子可以輕鬆取出時，酥皮牛角便算烘烤完成。若是需要將餡料填入牛角再放入烤箱烘烤的食譜，則在牛角表面呈淺棕色時取出，如此一來在第二次烘烤時顏色就不會烤得太深；否則就可以將牛角多烤幾分鐘，烤出漂亮的棕色。

　　(*) 糕點在出爐後幾小時內享用最好吃；不過你可以將它們放在攝氏 38 度的烤箱裡保存一天左右；否則，就應該把它們密封包好後冷凍保存。解凍時，將酥皮牛角放在稍微抹了奶油的烤盤上，放入攝氏 204 度的烤箱裡；將烤箱關掉，讓酥皮牛角在烤箱裡烘 10 分鐘左右。

用於酥皮牛角、千層酥與可樂餅的起司餡

　　這是非常濃稠的醬汁，放在糕點裡加熱，或是沾上蛋液與麵包粉後油炸，都不會液化或變形。與其採將奶油麵糊用熱牛奶濕潤的方法來製作，你應將牛奶打入麵粉中，然後再加入奶油，而這樣子製作出來的混合物在法文裡叫做「bouilli」。

約 2½ 杯

3/4–1 杯牛奶

1/2 杯中筋麵粉（測量時用量杯舀出來再用刀子刮平）

一只容量 2 公升的厚底單柄鍋

一支鋼絲打蛋器與一支橡膠刮刀

2 大匙奶油

將牛奶一點一點地打入放在單柄鍋內的麵粉中，總共打入 3/4 杯牛奶，攪打到質地滑順。加入奶油，將鍋子放在中火上加熱並攪拌。等到混合物幾乎沸騰且開始有結塊的現象，便讓鍋子離火並用力攪打至滑順。將雞

2 個大雞蛋

食鹽、胡椒、一撮肉豆蔻、幾滴辣椒醬和一撮辣椒粉

113 公克（約 1 杯）粗磨瑞士起司

57 公克（少於 1/2 杯）磨碎的帕瑪森起司

3-4 大匙鮮奶油

蛋一個一個打進去，放回鍋上持續攪打並加熱至沸騰。醬汁必須要是非常濃稠的糊狀；如果太硬，則在爐火上慢慢打入更多牛奶以稀釋之。煮好後鍋子離火，以食鹽、胡椒、一撮肉豆蔻與味道強勁的辣椒醬和辣椒粉調味。讓醬汁降溫幾分鐘，然後拌入起司。拌入適量鮮奶油，讓醬汁稍微變軟，不過在用湯匙舀起來的時候，起司醬應該要能夠維持形狀；起司醬在稍後與酥皮一起烹煮時，不應該擴散開。

(*) 提早準備：起司醬可以提早幾天做好；也可以冷凍保存。煮好以後，將鍋子內側清乾淨，再把一塊保鮮膜貼附在起司醬上，避免起司醬表面形成薄膜或硬皮。

加入額外材料

使用前則食譜半量的起司醬，拌入 1/3-1/2 杯火腿末或蘑菇泥（將切碎的新鮮蘑菇用奶油翻炒，參考上冊第 611 頁）。

起司醬酥皮牛角

〔將起司醬填入酥皮牛角後一起烘烤〕

前則食譜的起司醬

擠花袋與圓形花嘴

烤到稍微上色的酥皮牛角，參考第 164 頁

軟質瑞士起司

刨絲器（小孔徑）

稍微抹了奶油的烤盤

烤箱預熱到攝氏 204 度。將起司餡填入擠花袋裡，再擠到酥皮牛角中。將起司刨成稍長的絲狀，然後把一大撮起司放在酥皮牛角開口處壓緊。

將填好餡的酥皮牛角放在預熱烤箱的上三分之一烘烤 10–12 分鐘，讓起司熔化，也將起司餡加熱至高溫。烤好後儘快端上桌。

法式酥皮卷（ROULEAUX）

空模　　　　生的法式酥皮卷　　烤好並填餡的
　　　　　　　　　　　　　　　法式酥皮卷

　　如果你找不到製作酥皮牛角的模子，也可以試著尋找適用於製作卷狀糕點的模子；或是利用表面上油、長度在 12.7–15.2 公分的無漆木棍，例如切段的掃帚柄。以同於第 165 頁說明與圖解的方法替酥皮整形、烘烤與填餡。若使用前則食譜的起司餡，則在兩端開口都放上起司壓緊，避免裡面的餡料滲出。

起司千層酥（MILLE-FEUILLES À LA FONDUE DE FROMAGE）

〔拿破崙起司派〕

你可能會發現，起司千層酥的用途比其他當成甜點的法式千層酥來得廣泛。它們可以是高雅的第一道菜餚或午餐輕食，而且只要你手上有做好的酥皮，更是非常容易組合。製作時，將一塊烤好的薄酥皮切成正方形或長方形，然後抹上起司餡做成三明治狀，再放入烤箱烘烤到餡料滾燙。

6-8 人份

1 塊烤好的法式酥皮，長 40.6 公分寬 30.5 公分（參考第 462 頁法式千層酥步驟1與步驟2）
一把尺或切割輔助工具
一把滾輪刀或鋒利的刀子

將烤好的酥皮切成三塊長 40.6 公分、寬 10.2 公分的長條，然後再以一邊為基準，切成邊長 10.2 公分的正方形；或者，將酥皮切成四塊長 40.6 公分、寬 7.6 公分的長條，然後再把每一塊切成四個長方形（做成 12 個正方形或 16 個長方形）。

起司餡，參考第 137 頁
3-4 大匙磨碎的帕瑪森起司
一只稍微抹了奶油的烤盤

在預計上菜的前 30 分鐘，將烤箱預熱到攝氏 191 度。準備好起司餡與磨碎的起司。將一半的酥皮放在烤盤上。替每一塊酥皮抹上 3 大匙起司餡，不過記得在周圍留下約 0.6 公分的空白。輕輕把第二塊酥皮壓上去，好看的一面朝上。在每一組疊好的酥皮上撒上 1/2 大匙的磨碎起司。

放入預熱烤箱的中上層烘烤約 15 分鐘，烤到表面起司稍微上色，而且起司餡滾燙為止——小心不要烤太久，讓酥皮燒焦。出爐後即馬上端上桌。

(*) 提早準備：你可以在放入烤箱烘烤前約 1 小時左右先把千層酥準備好。

起司千層派（FEUILLETÉE AU FROMAGE）──起司酥皮派（JALOUSIE AU FROMAGE）

〔法式酥皮派之躲貓貓起司塔〕

　　另一款適合當成第一道菜餚、午餐輕食，或是切片當成雞尾酒點心的美味酥皮糕點。只要手上有現成酥皮，這道菜餚只需要少許時間就能組合，製作方法與第 552 頁果醬塔完全相同。

可以做出長 40.6 公分寬 15.2 公分的酥皮派，6 人份

1. 替酥皮派整形

1/2 份第 137 頁簡易酥皮或第 162 頁重組酥皮

一只沾濕的烤盤

一支餐叉

1/2-2/3 份起司餡，參考第 166 頁；或是 113-170 公克羅克福起司或藍紋起司，以及 1 個打散的雞蛋加入 1/2 杯法式酸奶油或鮮奶油、食鹽、胡椒與辣椒醬

將酥皮擀成長 45.7 公分寬 20.3 公分厚 0.3 公分的長方形。用擀麵棍將酥皮捲起來，倒過來放到沾濕的烤盤上。用叉子按 0.3 公分間隔在酥皮上戳洞，下手時要深及烤盤。

　　將起司醬抹在酥皮上，並在周圍留下約 2 公分的空白；或是將起司切成薄片，平鋪在酥皮上並在邊緣留白。

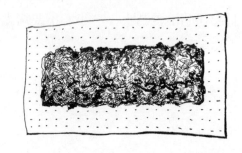

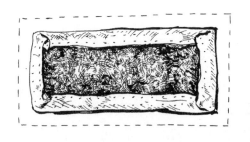

將酥皮邊緣往餡料側面摺上去；把酥皮角落沾濕，把末端翻上去，用手指把角落密封捏緊。如果你使用羅克福起司或藍紋起司，則將雞蛋和鮮奶油淋在起司上面，將酥皮往所有方向傾斜一下，讓液體流入被酥皮包圍的地方。

將第二塊酥皮擀成長 43.2 公分寬 17.8 公分厚 0.3 公分的長方形。在酥皮表面稍微撒點麵粉，然後縱向對摺。測量填餡酥皮的開口，並在對摺酥皮上做記號。按圖示在對摺酥皮上做切口，每一切口相距約 1 公分，切口長度為填餡酥皮開口寬度的一半。

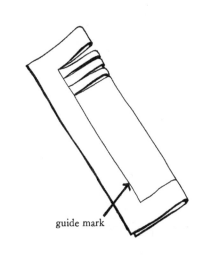

guide mark

用冷水沾濕填餡酥皮的邊緣。將對摺的酥皮打開，鋪在填餡酥皮上方；把表面多餘的麵粉刷掉，並用手指將酥皮壓緊。接下來，用餐叉背面沿著千層派邊緣壓出裝飾花紋。烘烤前將千層派蓋起來放入冰箱冷藏至少 30 分鐘。

(*) 提早準備：在未烘烤的千層派放入冰箱冷透並讓質地變扎實以後，可以將千層派密封包好，冷凍保存數月。欲烘烤時取出千層派，刷上蛋液，然後按照步驟 2 烘烤。

2.烘烤與上菜——約 1 小時，烘烤溫度為攝氏 232 度與 204 度

刷酥皮用的蛋液（1 個雞蛋放入
小碗中加上 1 小匙清水打散）

一支醬料刷

一支餐叉或小叉子

一個架子

一個托盤或一塊板子

烤箱預熱到攝氏 232 度時，將烤架放在烤箱中下層。在冰過的千層派表面刷上蛋液；刷好後稍微等一下，然後刷上第二層蛋液。在千層派表面與兩端劃上交叉紋路為裝飾，然後將千層派放入烤箱。經過 20 分鐘以後，酥皮會開始膨脹上色，此時應將烤箱溫度調降到攝氏 204 度。如果表面上色太快，可以稍微用鋁箔紙或牛皮紙蓋住。側面應該是扎實且酥脆的。烤好以後，將千層派放到架子上散熱。橫切成片，趁溫熱或微溫上桌。

(*) 剛出爐的千層派最好吃，不過你可以將烤好的千層派放在攝氏 38 度的保溫箱裡保存數小時。

搭配酥盒的菜餚

▪ 金融家式小牛胸腺（RIS DE VEAU À LA FINANCIÈRE）
〔搭配法式肉圓、松露、蘑菇與橄欖的燜燉小牛胸腺〕

　　這是最經典的酥盒餡，經過適當烹調非常美味。很不幸的是，這道菜就像威靈頓牛排，在俗人手中因為過度黏稠的醬汁、拙劣的調味手法與品質低劣的酥皮而壞了名聲。我們希望你能夠再給這道菜一個機會，你將會了解到它長久以來非常受到大廚歡迎的原因。你可能不會想要把下面列出來的所有材料都用上，我們在材料清單裡也省略了雞冠與雞睪丸，不過即使你沒有完整地呈現出這道菜餚，你還是可以做出醬汁滑膩的美味小牛胸腺。

烹煮備註

　　這是一種你可以提早一天做好的餡料。我們在此不會提供餡料與酥盒的比例，因為我們無從得知你打算做多大的酥盒，以及打算做幾個；剩下的餡料放到隔天也很好吃，可以搭配炒蛋或用作歐姆蛋的餡料。

約 1½ 公升，6–8 人份

1. 小牛胸腺與醬底

907 公克泡好並去薄膜的小牛胸腺，用酒、高湯與芳香蔬菜燜燉，做法參考上冊第 490 頁

2 杯新鮮小蘑菇，若使用較大的蘑菇則切成四瓣

2½ 杯液體：烹煮小牛胸腺的液體加上一半的小牛高湯或雞高湯以及一半的牛奶

一只容量 3 公升的厚底單柄鍋，琺瑯或不鏽鋼材質

4 大匙奶油

5 大匙麵粉

一支木匙與一支鋼絲打蛋器

1/2–2/3 杯鮮奶油

將小牛胸腺移到一只盤子上，並將烹煮小牛胸腺的高湯過濾到一只碗內。將高湯放回鍋子裡。修整蘑菇，快速用冷水清洗，若有必要可切成四瓣。將蘑菇加入高湯裡熬煮 5 分鐘，然後將蘑菇取出過濾，和小牛胸腺放在一起。取厚底鍋，放入奶油加熱到熔化，然後拌入麵粉，用木匙在中火上翻炒，讓麵粉與奶油起泡 2 分鐘，小心不要上色。鍋子離火，一旦油糊不再起泡，便馬上將滾燙的高湯全部倒進去，用鋼絲打蛋器用力攪打至混合均勻。

　　鍋子放回爐上以中大火加熱，用鋼絲打蛋器持續攪拌至醬汁變稠並沸騰。做出來的醬汁會相當濃稠。一邊熬煮，一邊用幾匙鮮奶油稀釋醬汁；醬汁應該相當能裹勺。

食鹽與白胡椒，用量按個人喜好

若有必要：更多白酒（舍希爾馬德拉酒）、更多高湯、多加一撮百里香或月桂葉

仔細品嘗醬汁以調整調味料用量與味道濃烈。醬汁可能需要加入更多酒熬煮，或是用馬德拉酒、小牛高湯、少許牛肉高湯或香草來增添味道。假使狀況如此，則繼續攪拌熬煮與品嘗，直到你滿意為止。蛋黃、奶油與其他材料可以讓味道更有趣，不過煮到這個程度應該已經很美味了。（你會需要等量的醬汁與配菜。）

2. 剩餘配菜與最後的調味與添味

1 個以上的松露與罐子裡的醃漬液

用小牛肉或雞肉做成的法式肉圓，水煮後切成 1.2 公分小塊，參考上冊第 220 頁（或是使用進口的罐裝法式小牛肉圓或雞肉圓），1–1½ 杯，用量按照你手上有的或需要的量

2/3 杯小的去籽綠橄欖，放入 1 公升清水中熬煮 5 分鐘

食鹽與胡椒，用量按個人喜好

幾滴檸檬汁

2 個蛋黃加入 1/4 杯鮮奶油，放入一只小碗內攪打均勻

2–4 大匙軟化奶油

溫熱的小酥盒或大酥盒

自行選用：松露切片或切花後煮熟的蘑菇菌傘（上冊第 605–606 頁）

將燜燉過的小牛胸腺切成厚度 1.2 公分的切片或小塊，然後放在一旁備用。將蘑菇拌入醬汁。如果你手上有幾個松露，可以取一切片，稍後用作裝飾，然後將剩餘的松露切碎，和醃漬液一起加入醬汁裡。拌入切塊的法式肉圓和橄欖。加熱至微滾並熬煮 3–4 分鐘，讓味道融合，並仔細品嘗以調整調味料用量，按需要加入食鹽、胡椒與檸檬。鍋子離火，將幾大匙滾燙的醬汁慢慢打入鮮奶油蛋黃混合物中，然後再把蛋黃混合物和小牛胸腺一起倒回鍋中混合均勻。慢慢翻拌，重新加熱到接近微滾的程度。鍋子離火並以每次 1 大匙的量慢慢拌入奶油。接下來，就可以舀入酥盒裡並馬上端上桌，你可以按照個人喜好在上面放上松露切片或是雕花蘑菇。

變化版

迪耶普式配菜（Garniture Dieppoise）　海鮮配菜
〔白醬海鮮餡〕

　　將迪耶普海鮮鍋的材料如鰨魚、比目魚、蝦子、扇貝、貽貝與龍蝦等運用在前則食譜上。按照第 53 頁海鮮鍋食譜的步驟 1 與步驟 2，然後將烹飪液體收到剩下 2½–3 杯的量，再繼續按照前則食譜步驟 1 與步驟 2 製作醬汁的做法操作。用松露薄片或雕花蘑菇來裝飾每一份酥盒。

金融家式禽肉配菜 （Garniture de Volaille, Financière）
〔和法式肉圓、松露、蘑菇與橄欖一起搭配白酒醬的雞肉丁〕

　　按照第 305 頁白酒雞食譜的步驟 1 與步驟 2，用白酒和芳香蔬菜慢慢把雞肉煮熟。雞肉去皮切丁，然後以處理小牛胸腺的方式處理，只要用雞肉和雞高湯代替魚肉與魚高湯即可。

第三章
肉類

從鄉村廚房到高級料理

燜燉牛肉、鑲肉卷與陶鍋燉肉（Boeuf Braisé, Paupiettes, and Daubes）

　　無論是一大塊肉或切成很多小塊，無論使用紅酒或白酒，無論有沒有事先醃漬、塞入豬脂肪、沾上麵粉，或是在一開始，或等到最後才把醬汁收乾，所有以燜燉牛肉菜餚的烹調方式幾乎都差不多，你只要曾經做過一道，其他的也必然做得出來。在遇上一道新的盤烤或燉肉時，這著實是相當讓人欣慰的一點：每一道菜的區分，主要在於做法、配菜或是風味上的些許差異。舉例來說，第 183 頁普羅旺斯盤烤牛肉看起來和上冊第 367 頁盤烤牛肉不太一樣，不過你會發現，這兩道菜其實很類似：在烹煮普羅旺斯盤烤牛肉的時候，牛肉裡塞的是火腿，而且從一開始燜燉的時候，就是放入已經煮稠的醬汁裡，而盤烤牛肉則是在烹煮的最後步驟才把醬汁收稠。再舉另一個例子，在比較燉牛肉菜餚時，上冊的勃艮第紅酒燉牛肉，是將牛肉放在用麵粉當作增稠劑的醬汁裡燜燉，而下面的洋蔥燉牛肉則是使用比較簡單的方法，在最後才用馬尼奶油（麵粉奶油糊）將醬汁收稠。這些方法都是可以交替使用的，而且你完全可以按照自己的想法來烹煮任何一道燜燉菜餚；你吸收的技巧越多，廚藝就能更加精進。

烹煮前醃漬牛肉

以酒為基底的芳香醃漬液，能夠替牛肉帶來特殊風味，而且也能有效地軟化較堅韌的牛肉部位。在下面的食譜裡，你可以按個人想法，決定是否運用第 183 頁普羅旺斯盤烤牛肉的醃漬方法來進行醃漬，也可以自行選擇用不甜的白葡萄酒代替紅酒。若要有效達到醃漬效果，燉肉或鑲肉卷至少要醃漬 6 小時，以燒烤或盤烤方式調理的肉則需要醃漬 12 小時。將肉連同醃漬液放入冰箱裡醃漬數天，甚至能夠達到更完全的滲透效果，而且醃漬液對肉來說也有保存的效果。換言之，如果你一週只採買一次，與其把肉放入冷凍庫，還不如直接以醃漬方法來處理。無論採用何種食譜來烹調，使用前都必須把肉瀝乾並拍乾。無論食譜裡用到哪些材料，都可以用醃漬液裡的蔬菜來代替，此外，如果醃漬時使用了不在材料清單裡的食材，例如胡蘿蔔，你還是可以把醃漬用的胡蘿蔔加入鍋裡烹煮，因為這些並不是太重要的細節。

豬肉丁、豬油、培根與牛脂

在法式燉肉中，長條狀肥瘦相間的豬肉塊是常見的食材，其大小多為 4 公分長、0.6 公分厚。從這些豬肉榨出來的油脂可以讓牛肉上色，而且它們的味道也能替醬汁增添一股微妙滋味。如果找得到，可以使用未經鹽醃與煙燻處理的新鮮豬五花，否則可以將一塊培根切塊後放入 1 公升清水裡沸煮（熬煮）10 分鐘，以移除培根的鹹味與煙燻味。（如果找到新鮮且肥瘦相間的上好鹹豬肉，也可以用來代替，不過一定要先經過水煮處理。）用來塞進肉裡和蓋在肉上面的豬脂肪，會在加工肉品的部分討論。如果你偏好使用牛脂，可以使用取自肋骨或牛裡脊外圍的脂肪，不過牛脂經過烹煮通常會縮起來。

用作燉肉的牛肉部位

大部分市場都有包裝好的現成燉煮用肉，不過包裝上並沒有標示部位。如果你想要去櫃檯或肉鋪買肉，可以考慮下面建議的部位。

後腿肉部位

後腿內側（頭刀）：這是相當昂貴的部位，不過是沒有肌肉分離的完整肉塊。

後腿外側（三叉）：這個部位也是完整的肉塊，不過煮熟以後或多或少比較柴；小心不要煮過頭，以避免凸顯這個特質。同樣屬於這個部位的鯉魚管完全不適合燉煮，因為口感過柴。

後腰脊尖（和尚頭）：這個部位較下面與外側的部分，去掉肌腱以後可以用來燉煮。

後脛肉（下腿肉）：使用去掉硬骨與肌腱的後脛肉，能夠做出風味絕佳且富有膠質的燉肉，不過需要先醃漬，而且烹煮時間較長。

肩肉部位

肩胛肉、肩臂肉、肋排、頸肉。這個部分有許多適合用來做燉肉的好肉，不過通常只有猶太或歐洲肉販才會知道。我們尤其推薦的部位包括：嫩肩肉（黃瓜條），這是位於肩胛骨一側的錐形肌肉；牛仔骨，肩部牛小排的上側；前肘肉。

下側與牛小排

包括燉起來太柴，不過適合整塊拿去燜燒的牛胸肉；腹肉因為肥瘦相間且具有肌腱，非常適合用來製作醬汁；牛腩不適合切塊燉煮，如果沒有用來劃菱紋並燒烤成牛排，可以鑲餡後整塊燜燒。牛小排（第 7–9節）適合燉煮，不過因為有骨頭的關係，在鍋子裡非常占空間；儘管如此，這個部位的風味絕佳，帶骨牛肉更是能做出滋味十足的醬汁。

▪ 洋蔥燉牛肉（BEOUF AUX OIGNONS）

〔紅酒洋蔥燉牛肉〕

這是最基本的燉牛肉菜餚，烹煮時用了能榨出油脂以讓浸在酒裡熬煮的牛肉上色的豬肉丁，還有洋蔥、香草、大蒜以及一股淡淡的番茄味。這道菜本身就很好吃，不過在納入其他元素以後，其特質與菜名也隨之改變，並讓這道菜成了我們這個主題變奏遊戲的最佳燉肉菜餚。奶油麵條、奶油豌豆與少許番茄，可以和這道菜餚形成絕妙搭配，不過如果你想要做出更多的異國風味，可以從茄子料理中擇一搭配，例如第 417 頁以煸炒方式料理的香芹茄子，或是第 415 頁的炙烤茄子，也許再搭配第 480 頁女爵馬鈴薯。這裡會用到酒體醇厚溫潤的紅酒如薄酒萊、隆河丘或山地紅酒。

6 人份

1. 將牛肉煎到上色及其他預備動作

142–170 公克（2/3 杯）豬肉丁（4 公分長 0.6 公分厚的水煮培根，參考第 177 頁）

橄欖油或食用油

一只大平底鍋（直徑 28 公分，最好為不沾鍋）

一只容量 5–6 公升的有蓋厚底燉鍋（例如直徑 25 公分深 10 公分的圓鍋）

將 1 大匙橄欖油或食用油放入平底鍋內，放入豬肉丁煎到上色；用溝槽鍋匙將煎好的豬肉丁移到燉鍋裡，油脂留在平底鍋裡。

1.6–1.8 公斤去骨且修整好的燉煮用牛肉，切成寬 5.1 公分長 7.6 公分高 2.5 公分的大塊（部位可參考第 178 頁）

紙巾

1 小匙食鹽

1/8 小匙胡椒

趁煎豬肉丁之際，用紙巾將牛肉塊完全拍乾，等到豬肉丁煎好，將爐火轉成中大火。待鍋內油脂達到高溫但尚未冒煙時，將牛肉下鍋平鋪成一層。每 2–3 分鐘翻面一次，把牛肉的每一面都煎到上色。（若有必要可以

多加 1 大匙左右的油脂。）將上色的牛肉移到燉鍋裡，繼續把還沒煎過的牛肉放進鍋裡，將所有牛肉都煎好並移到燉鍋內。在燉鍋內加入食鹽與胡椒，與牛肉翻拌均勻。

2. 組合燜燉材料

2 杯洋蔥絲

2 瓣大蒜，拍碎

2 杯牛肉高湯或清湯（若有必要可增加用量）

一束用乾淨的紗布綁好的中香草束（1 片進口月桂葉、4 枝香芹與 1/2 小匙百里香）

1 個番茄，去皮去籽後大略切塊

自行選用，不過為了醬汁質地最好使用：2 杯切塊或鋸開的小牛膝節骨或牛髓骨，以及／或 1 塊約 20 公分的汆燙豬皮（參考上冊第 481 頁）

2 杯酒體醇厚但酒齡輕的紅酒（例如梅肯或山地紅酒）

若平底鍋內的油脂已經燒焦變色，則捨棄之，在鍋內倒入 0.3 公分高的新油。洋蔥下鍋，以中火烹煮 8–10 分鐘，期間偶爾翻炒，煮到洋蔥變相當軟且開始上色。同個時候，將大蒜、清湯、香草、番茄與自行選用的材料放入燉鍋內。待洋蔥炒好，也將洋蔥拌入燉鍋。替平底鍋去渣，可倒入酒，用木匙把鍋子刮一刮，讓烹飪液與鍋子分開。最後，將酒倒入燉鍋內，若有必要可增加少許酒或高湯的用量，讓液體剛好能淹過所有材料。

(*) 提早準備：你可以提早一兩天進行到這個步驟結束。放涼以後蓋起來放入冰箱冷藏。

3. 燜燉

將燉鍋放在爐火上加熱至微滾，蓋上鍋蓋，繼續放在爐火上保持微滾烹煮，或是放入預熱至攝氏 177 度烤箱的中下層；調整火力，讓燉肉在烹煮時一直保持微滾。在烹煮期間應不時翻動牛肉並澆淋湯汁。烹煮到刀子可以輕易刺入牛肉的程度，便算完成；若有疑慮，可以切一點下來品嘗。

烹煮時間：請注意，無論使用哪一個部位，經過熟成的上等牛肉需要的烹煮時間比其他等級的牛肉來得短。

和尚頭、臀肉、頭刀、牛仔骨——1 小時 30 分至 2 小時 30 分。

三叉、肩臂肉、黃瓜條、牛小排——2–3 小時。

後脛肉與其他帶有肌肉分離和肌腱且富含膠質的部位——3–4 小時。

4. 醬汁

一只容量 2–3 公升的單柄鍋

4 大匙麵粉

3 大匙軟化的奶油，放入一只容量 1 公升的碗內

一支橡膠刮刀

一支鋼絲打蛋器

鍋蓋傾斜稍微留縫，將燉鍋內的烹煮液體倒入單柄鍋中。移除燉鍋內的香草束與骨頭。用大湯匙儘量將單柄鍋內液體表面的油脂撈掉，然後將液體加熱到微滾，繼續撈除浮沫，以移除更多油脂。

　　仔細品嘗以調整味道的濃郁度與調味料用量；若味道太淡，迅速將湯汁收乾一點，讓味道更加濃縮，若有必要可加入少許濃縮番茄糊、另一瓣拍碎的大蒜、更多香草、食鹽與胡椒。等到你滿意以後，鍋子便可離火；你應該可以得到 3 杯味道濃郁的美味湯汁，接下來，就可以加入馬尼奶油，讓湯汁變稠，做成醬汁。製作醬汁時，先將麵粉和奶油用橡膠刮刀混合成滑順的糊狀；然後用鋼絲打蛋器大力打入熱騰騰的液體中。等到液體完全滑順以後，重新將液體加熱至微滾，並以鋼絲打蛋器不停攪拌，熬煮 2 分鐘。醬汁應該濃稠到可以裹勺，也就是說，可以沾附在肉塊上。如果醬汁太稀，至多加入 1/2 大匙馬尼奶油；若醬汁太稠，則拌入高湯或清湯。將醬汁和燉鍋內的肉塊拌勻。

　　(*) 提早準備：如果沒打算馬上上菜，你可以將鍋蓋稍微斜放，放在攝氏 49 度烤箱內、微滾的水上或保溫盤上保溫。若是要等幾個小時或幾天以後才享用，則讓燉肉完全放涼；讓保鮮膜服貼在燉肉表面，再蓋起來放入冰箱冷藏（或是密封包好放入冷凍庫保存數週）。

5. 上菜

若有必要：一只溫熱且稍微抹上奶油的大餐盤

如果燉肉尚且溫熱，則在上菜前重新加熱至微滾。如果已經放入冰箱冷藏過，則先慢慢

香芹枝、西洋菜或你打算用作裝飾的蔬菜

放在爐火上熱透或是放在攝氏 177 度烤箱中加熱約 30 分鐘以後，再熬煮 5–10 分鐘。再次仔細品嘗並修正調味，如果醬汁太稠，則拌入少量高湯或清湯。直接將燉鍋端上桌，或是將燉肉倒在大餐盤上；以綠色菜葉或蔬菜裝飾。

變化版

大蒜香草醬佐燉牛肉（Boeuf au Pistou）
〔以香草、起司與大蒜添味的燉牛肉〕

　　這種美妙的添味方式是在最後醬汁已經變稠且牛肉要端上桌之前才添加。新鮮大蒜、香草、起司與少許番茄的滋味能夠替任何燉肉菜餚提味，而且對剩菜以及罐裝或冷凍的燉肉尤其有用。

在步驟 5 將燉肉端上桌之前拌入燉肉裡。

---

2 瓣大蒜

一個壓蒜器

一只小碗或研缽

一支杵或木匙

12 片大的甜羅勒葉，切末，或是 1 小匙芬芳的乾燥甜羅勒或奧勒岡

1/4 杯現磨的進口帕瑪森起司

3 大匙濃縮番茄糊

少許辣椒醬

用壓蒜器將大蒜壓成泥放入碗中，以杵或木匙將大蒜磨成漿狀，再加入香草搗爛。拌入起司、濃縮番茄糊與辣椒醬。將做好的蒜醬蓋好，放在一旁備用。將大蒜香草醬拌入煮好的燉肉裡，用醬汁澆淋肉塊，讓燉肉與大蒜香草醬的味道融合。

普羅旺斯盤烤牛肉（Boeuf à la Provençale）
〔以大蒜和鯷魚添味的燉牛肉〕

上冊第 386 頁用鯷魚、續隨子、大蒜和香芹做成的混合物，是另一種添味方式。按照前一則大蒜香草醬的處理方式加入燉牛肉裡。

番茄甜椒佐燉牛肉（Boeuf en Pipérade）
〔搭配甜椒番茄的燉牛肉〕

另一種具有畫龍點睛之效的提味方式，是加入用青椒、番茄、大蒜和香草煸炒而成的番茄甜椒。

在第 181 頁洋蔥燉牛肉基本食譜步驟 5 完成要端上桌前，將番茄甜椒加入燉肉中。

---

2 個中型青椒，去籽切丁

2–3 大匙橄欖油或食用油，放在平底鍋內

3 或 4 個質地扎實的新鮮熟番茄，去皮去籽榨汁後切丁

2 瓣大蒜瓣，拍碎或切末

一只鍋蓋

食鹽與胡椒，用量按個人喜好

8 片大的甜羅勒葉，切末，或是 1/2 小匙芬芳的乾燥甜羅勒或奧勒岡與 3 大匙新鮮香芹末

將切丁的青椒放入油裡，以中小火翻炒 5–6 分鐘，或是炒到幾乎變軟。拌入番茄與大蒜；蓋上鍋蓋，慢慢煮幾分鐘，將番茄煮到出水。將爐火轉大，讓蔬菜在大火上翻拌幾分鐘，讓所有液體蒸發。按個人喜好拌入食鹽與胡椒，並加入香草，便可放在一旁備用，等待燉肉完成。上菜前重新加熱燉肉時，將番茄甜椒拌進去，熬煮 5 分鐘讓味道融合。

橄欖燉牛肉（Boeuf aux Olives）

〔搭配橄欖與馬鈴薯的燉牛肉〕

橄欖入菜，能夠替菜餚帶來典型的地中海風與細膩滋味，至於馬鈴薯，則讓燉肉成了一道菜就可當成一餐的菜餚。前面提上的三種提味方式——甜椒、鯷魚或大蒜香草醬——也都可以按各人喜好運用在這裡。

────────────

在燜燉步驟快結束時加入，也就是牛肉烹煮時間剩下約 30 分鐘時（參考第 180 頁洋蔥燉牛肉步驟 3）。

1. 準備橄欖與馬鈴薯

────────────

下列材料每種 1/3 杯：去籽小綠橄欖，地中海型去籽黑橄欖

1 公升清水，放在單柄鍋內

為了除去多餘的鹽分與太強烈的味道，應將橄欖放入水中熬煮 10 分鐘後取出瀝乾。若覺得黑橄欖的味道還是太重，則繼續讓黑橄欖單獨熬煮 10 分鐘。如果橄欖很小粒（約 2 公分長）可保留完整，若比較大則縱切成四瓣。

────────────

1.13–1.36 公斤大小相同的蠟質馬鈴薯，長度約 7.6 公分

一碗冷水

馬鈴薯去皮後縱切成兩半，在修整成長度約 6.4 公分最寬處 4 公分的蒜瓣狀，每人份約 3–4 塊。將處理好的馬鈴薯泡在清水裡。

2. 將橄欖和馬鈴薯加入燉肉

一鍋鹽水，煮馬鈴薯用

洋蔥燉牛肉，燜燉到幾乎變軟，參考第 151 頁步驟 3

一張圓形蠟紙或鋁箔紙

要把馬鈴薯加入燉肉裡的前幾分鐘，將馬鈴薯取出瀝乾，放入另一鍋鹽水中；迅速將鹽水加熱至沸騰，然後計時 1 分鐘。將馬鈴薯取出瀝乾。同個時候，將燉肉裡的多餘油脂撈掉，移除燉鍋裡的骨頭、皮和其他包括香草束在內的異物，然後仔細修正湯汁調味。拌入橄欖，把馬鈴薯鋪在燉肉上面，然後把馬鈴薯壓入湯汁裡，以湯汁澆淋。再次以爐火將燉肉加熱至微滾，然後把蠟紙或鋁箔紙蓋在馬鈴薯上，再次蓋上鍋蓋，保持微滾燉煮約 30 分鐘，或是煮到馬鈴薯變軟，烹煮期間以湯汁澆淋馬鈴薯一或兩次。

3. 完成燉肉

自行選用但相當誘人的添味方式：前三則食譜的搭配（尤其是大蒜香草醬）

若有必要可加入馬尼奶油：2 大匙麵粉和 1½ 大匙軟化奶油調成糊狀

按個人喜好：一只抹了奶油的溫熱大餐盤

香芹枝或新鮮香芹末

你可能會發現鍋內湯汁撇油已經撇得夠徹底，同時也夠濃稠，此時就可以直接將燉肉端上桌。否則，讓鍋蓋稍微傾斜留縫，將湯汁過濾到一只單柄鍋內；撈除油脂並調整調味料用量。如果湯汁已經稍微變稠，而且你打算加入會讓湯汁稍微變更稠的大蒜香草醬，只要將大蒜香草醬拌入湯汁裡，然後把湯汁倒回燉鍋即可。如果湯汁很稀，則打入馬尼奶油，將湯汁加熱到沸騰，然後拌入大蒜香草醬和其他添味材料，再把湯汁倒回燉鍋。上菜前重新加熱燉肉，直接將燉鍋端上桌，或是將燉肉放在大餐盤裡並以香草裝飾。

薑味燉牛肉（Boeuf au Gingembre）
〔以薑、續隨子與香草調味的燉牛肉〕

　　薑可以替牛肉帶來一種特別誘人的特殊風味，而這道菜因為帶有甜酸味，也相當具有中國風。因為味道很特別，而且用上了食醋，所以燉牛肉常用到的紅酒，在這則食譜裡就被省略掉了。

按照洋蔥燉牛肉基本食譜操作，進行到第 180 頁步驟 2，不過省略掉材料裡的 2 杯紅酒；用 2 杯高湯或清湯和下列材料替代之。

1/3 杯壓緊的法式香料麵包、薑麵包或薑餅

1½ 大匙新鮮薑末，或是 2 小匙薑粉

2 大匙續隨子

1/4 小杯葡萄酒醋

2 大匙新鮮茵陳蒿或甜羅勒，或是 1 小匙乾燥香草

2 杯基本食譜中用到的清湯

一台電動果汁機

把薑麵包或薑餅、新鮮薑末、續隨子、食醋、香草與 1 杯清湯放入果汁機內打勻。將混合物倒入燉鍋內與牛肉拌勻，用清湯稍微將攪拌杯沖一下，然後倒入燉鍋內，再繼續按照食譜步驟操作。

　　備註：等到步驟 3 末牛肉已經煮軟，而且你也將按照接下來的步驟將湯汁過濾、撇油、收稠並調味以後，你可能會發現燉肉的湯汁已經夠稠，不需要再進行任何處理。

鑲牛肉卷（PAUPIETTES DE BOEUF—ROULADES）

　　用切成薄片的牛肉把餡料捲起來，然後放入酒裡燜燉，其實只是一種做法上更為花俏繁複的燉牛肉而已。我們在上冊第 379 頁曾經提供了一則非常棒的法式牛肉卷食譜，裡面用了豬肉與小牛肉餡搭配芥末醬。

這裡的第一則牛肉卷食譜，是 6 人份的法式大牛肉卷，而變化版則是一人份的牛肉卷，其中用到的餡料包括用到綠色蔬菜、洋蔥、豬肉與火腿的普羅旺斯餡，一種橄欖餡，一種甜椒餡，以及最後一種結合了米飯、大蒜與香草的餡料。

法式牛肉卷使用的肉品部位

選用質地扎實的大塊肉，要能夠切出又大又薄、逆紋且沒有肌肉分離的肉片。避免使用像是胸肉這樣的部位，因為在烹煮後容易變成又長又鬆散的肌肉纖維。頭刀（後腿內側）是我們的首選，若是能取得中上部位的肉塊，更能切出長 25.4–30.5 公分、寬 12.7–17.8 公分的理想肉片。臀肉當然也適合用來做肉卷，不過在後腿肉的效果一樣棒的情形下，多花錢去買臀肉就顯得浪費了。三叉（後腿外側）的口感比頭刀稍微柴些，不過也是讓人滿意的另一種選擇。肩臂牛排是我們的第四種選擇，這只是因為切片中間會出現肌腱而已，你在使用這個部位的時候，可以在肌腱處多切幾刀，如此一來肉片在烹煮時就不至於變形。

▪ 法式大牛肉卷（LA PAUPIETTE DE GARGANTUA）

與其製作許多小肉卷，這則食譜將所有材料集結起來做成一條大肉卷，而且因為使用了蔬菜餡，你在烹煮這道菜餚的時候並不需要搭配額外的綠色蔬菜。你可以用炙烤番茄、炒蘑菇、焦糖胡蘿蔔、燜燒萵苣或吉康菜，以及煎馬鈴薯來搭配這道肉卷。另一個配菜建議，則是使用比較特別的蔬菜泥，食譜可參考第 486 頁，或是搭配南瓜與白豆、米飯與香蒜蕪菁，或蕪菁甘藍。這道菜的佐餐酒就如所有牛肉菜餚，應搭配酒體醇厚的紅酒，如勃艮第、風車區的薄酒萊、隆河丘。

6 人份

1. 處理牛肉

一塊重 0.9–1.1 公克的頭刀，長 30.5 公分寬 15.2 公分厚度 2–2.5 公分（其他選擇可參考第 178 頁）

3 大匙味道強烈的迪戎芥末醬

1/2 小匙綜合香草，例如百里香與月桂葉，或是義式綜合香草

將肉塊外圍的脂肪和肌腱修掉。接下來，將牛肉塊切成你可以像一本書一樣打開的樣子，也就是兩片有一邊連在一起的肉片。切肉時，將肉塊橫放在桌上，用一把非常鋒利的長刀，從肉塊的其中一個長邊開始切；以和桌面平行的方向，切過肉塊中央，一直到距離另一個長邊約 1.2 公分處停下。將肉片打開，在內側表面抹上芥末醬與香草，然後放在一旁備用並繼續進行下一步驟，準備餡料。

2. 加入豬肉、火腿與洋蔥的蔬菜餡——約 3 杯

1 杯洋蔥末

2 大匙精製豬油或食用油

一只直徑 20 公分的琺瑯或不沾平底鍋

將洋蔥和油脂放入平底鍋中，以中小火翻炒到洋蔥變軟但尚未上色。

約 227 公克綠色蔬菜（綠葉甘藍、羽衣甘藍、蕪菁和菠菜，新鮮和冷凍皆可）

一把不鏽鋼大刀

如果使用新鮮蔬菜，則挑揀一下，移除菜莖；將菜葉放入一大鍋沸騰鹽水中，水煮到菜葉萎掉且變得相當軟（菠菜約 2–3 分鐘，其他蔬菜需要的時間稍長）。如果使用冷凍蔬菜，則和 1/2 杯鹽水一起放入有蓋鍋內，充分烹煮至蔬菜解凍且變得相當軟。將煮熟的蔬菜瀝乾，放入冷水中返鮮，然後儘量將蔬菜擠乾，再把蔬菜切碎。接下來，將蔬菜加入洋蔥裡，在中火上翻拌幾分鐘，讓水分蒸發，完成烹煮。

一只容量 3 公升的攪拌盆（或重負荷的電動攪拌機）

1 個雞蛋

1 小匙食鹽

1/2 小匙綜合香料（配方參考第 345 頁），或是多香果、百里香與月桂葉的混合物

1/4 小匙胡椒

1 瓣大蒜瓣，拍碎

1/4 杯用不甜的自製白麵包做成的乾燥麵包屑

1 杯水煮火腿丁

1/2 杯新鮮香腸肉

將蔬菜洋蔥混合物刮入攪拌盆裡，然後加入清單裡的所有材料，用力攪打均勻。取一大匙放入鍋中翻炒，品嘗味道以調整調味料的用量。

3. 組合肉卷

一塊邊長 35.6 公分的豬網油，參考第 343 頁；或是一塊長 30.5 公分寬 20.3 公分厚 0.6 公分的豬脂肪；或是 6–8 塊厚培根或鹹豬肉，以及一塊長 30.5 公分寬 15.2 公分厚 0.6 公分的牛脂肪

白色粗棉線

（若使用豬脂肪或培根，應先放入 2 公升清水中熬煮 10 分鐘，然後取出拍乾。）將餡料鋪在肉片上，肉片周圍應保留 2.5 公分的留白不要放上餡料。從一側長邊開始鬆鬆地把肉捲起來，做成直徑約 10 公分的香腸狀。將兩端摺起來。如果手上有豬網油，則用兩層豬網油把肉卷包好；順著圓柱形的縱向把豬網油綁好，也沿著圓周找個地方固定。否則，將一塊塊的豬脂肪、培根或鹹豬肉順著圓柱形的高度鋪上去，尤其注意要把接縫處與末端蓋過；要加以固定好，並保留剩餘脂肪稍後使用。

4. 將肉卷煎到上色——烤箱預熱到攝氏 232 度

豬油或食用油

一只沉重的燉鍋，最好為橢圓形，大小剛好能容納肉卷

1 個中型洋蔥，略切

1 條中型胡蘿蔔，略切

（肉卷很軟，拿起來的時候要小心，避免餡料露出來；在煎過以後肉卷會變得比較硬。）用紙巾將肉卷拍乾。在燉鍋裡倒入 0.3 公分高的油脂，將肉卷放入燉鍋內，接合處朝上。在肉卷周圍撒上蔬菜。以中火將肉卷表面煎到上色，期間不時用鍋鏟將肉卷底部與鍋子分開，避免沾黏。以鍋內油脂澆淋肉卷表面，然後開蓋放入烤箱中上層，讓肉卷的表面與側面也上色。將肉卷煎到上色約需要 12–15 分鐘，期間每 3–4 分鐘澆淋油脂。將燉鍋移出烤箱。

5. 燜燉——1 小時 30 分鐘至 2 小時；烤箱溫度攝氏 163 度

食鹽、胡椒與更多上面用過的香草

1½ 杯不甜的白酒或不甜的法國白苦艾酒

1½ 杯以上牛高湯或清湯

鋁箔紙與燉鍋鍋蓋

烤箱溫度調降到攝氏 163 度。以食鹽、胡椒和香草替肉調味。在鍋裡倒入酒和足量高湯或清湯，讓液面達到肉卷高度的一半至三分之二。在爐火上加熱到微滾。如果使用牛脂肪，則將牛脂肪披在肉卷上。在表面蓋上鋁箔紙，然後蓋上燉鍋鍋蓋，並將燉鍋放入烤箱中層。在烹煮期間澆淋肉卷數次，並且調整烤箱溫度，讓鍋內液體維持微滾。等到刀子能夠輕易刺穿肉卷時，便算烹煮完成。

烹煮時間：頂級牛肉約 1 小時 30 分鐘至 2 小時；其他部位與肉品等級則需要多煮 1 小時。

(*) 提早準備：在進行燜燉之前，肉卷可以提早鑲餡或是煎到上色。完成燜燉的肉卷可以放在攝氏 49 度烤箱裡保溫 1 小時左右。肉卷可以放

涼後重新加熱，不過質地風味會稍微遜色。

6. 醬汁與上菜

一只溫熱的大餐盤

一只放在單柄鍋上的篩子

若有必要：1 大匙玉米澱粉加入 2 大匙白酒、苦艾酒或高湯混合均勻

2 大匙軟化的奶油

一只溫熱的醬汁盅

西洋菜、香芹或任何你想要用來裝飾餐盤的蔬菜

將肉卷移到溫熱的大餐盤上，拆掉棉線與脂肪，重新將鋁箔紙蓋在肉卷上，放入關掉的烤箱裡保溫。將烹煮液體過濾到單柄鍋內，並把燜燉材料的湯汁完全壓乾。撇油。你應該會得到 1½–2 杯因為燜燉材料與餡料裡的麵包屑而稍微收稠的液體。（如果液體太稀，則先讓鍋子離火，打入玉米澱粉混合物，然後放回爐火上熬煮 2 分鐘。）修正調味。上菜前，以每次 1/2 大匙的量分次拌入奶油，將少許醬汁淋在肉卷上，然後把剩餘醬汁倒入醬汁盅裡。用綠色香草或蔬菜裝飾大餐盤，馬上端上桌。

其他餡料——其他配菜

除了青椒餡、下面變化版的蒜香米飯餡以及上冊第 379 頁的小牛肉豬肉餡以外，其餘餡料可參考第 617–619 頁。除了這裡提供的燜燉與醬汁製作方法以外，你也可以按照第 195 頁陶鍋燉肉的做法，以及第 179 頁燉牛肉以及其變化版的方式，包括大蒜香草醬、番茄甜椒與生薑調味等。

變化版

下面的食譜提供製作一人份肉卷的做法。我們建議使用大塊的上等牛肉；製作時，會將抹了餡料的肉片像地毯一樣捲起來。若要省點錢，可以將餡料的份量加倍，然後使用一半大小的肉片，然後用肉片將餡料包起來即可，就如第 462 頁甘藍菜卷的做法。

加泰隆尼亞式牛肉卷（Paupiettes de Boeuf à la Catalane）

〔以甜椒、洋蔥和芥末麵包為餡料的牛肉卷〕

4 個牛肉卷，每人 1 個

1. 處理用來鑲餡的牛肉

4 片取自頭刀的牛肉片，長
25.4–30.5 公分寬 15.2–17.8
公分厚 1 公分（其他可用部位
參考第 178 頁）

蠟紙

肉鎚或擀麵棍

食鹽與胡椒

1/2 小匙百里香或奧勒岡

（如果你沒法讓人按照你的要求把肉片切
好，在家又很難操作，那麼你可以將肉塊冷
凍，待肉還沒有變太硬或是稍微解凍的時候
切片。這個做法不會損害肉質。）將肉塊外
緣的脂肪和肌腱修掉。一塊一塊將肉片放在
蠟紙之間用肉鎚或擀麵棍拍扁，藉此破獲肌
肉纖維，避免肉片在烹煮時變形。將肉片平
鋪，在表面撒上食鹽、胡椒與香草，替肉片
調味。

2. 青椒、洋蔥與芥末麵包餡──3 杯

1½ 杯洋蔥末

1 小匙用磨碎的百里香、月桂葉
和奧勒岡混合而成的香料，或
是使用現成的綜合香料如普羅
旺斯綜合香草或義式綜合香草

橄欖油或食用油，用量按需求
調整

一只中型（直徑 25.4 公分）平
底鍋（建議使用不沾鍋）

1½ 杯青椒丁（2 個中型青椒）

一只攪拌盆

3 片淺色黑麥麵包

4–5 大匙味道強烈的迪戎芥末醬

2 或 3 瓣大蒜瓣，拍碎或切末

1 個雞蛋，稍微打散

食鹽與胡椒

平底鍋內放入 3 大匙油脂，放入洋蔥與香草
以中火烹煮 8–10 分鐘，期間偶爾翻拌，將
洋蔥炒到變軟且開始上色。拌入青椒丁，繼
續烹煮 4–5 分鐘，將青椒炒到快要變軟。將
鍋內蔬菜舀入攪拌盆裡。替麵包的兩面都抹
上芥末醬，在平底鍋裡倒入高度 0.3 公分的
油脂，將麵包兩面都煎到上色。將麵包切丁
並加入攪拌盆裡；在攪拌盆裡拌入大蒜與雞
蛋，然後按個人喜好用食鹽和胡椒調味。

3. 包肉卷

經過調味的牛肉片

餡料

牙籤

長條狀的新鮮豬脂、水煮過的
培根或牛脂

假設牛肉片大致呈長方形，選擇形狀較漂亮
的短邊作為肉卷末端暴露出來的部分。將餡
料分成四等分，將一份餡料塗抹在一塊肉片
上，肉片邊緣預留 1.2 公分留白，末端則保
留約 2.5 公分的範圍不要塗抹。將肉片捲起
來，把餡料包好，並以 2 或 3 根牙籤固定。

4. 將肉卷煎到上色、燜燉與上菜

按照基本食譜步驟 4 至步驟 6 的材料與做法
操作。

其他法式肉卷餡料

尼斯風味餡料（Farce Niçoise）
〔混入大蒜與香草的橄欖甘椒餡〕

4 個肉卷──2 杯

1/4 杯不要太細的麵包屑，用陳
放過的不甜自製白麵包做成

2-3 大匙白酒醋

2/3-3/4 杯（2 罐 64 公克罐
裝）切碎的熟黑橄欖

1/2 杯（約 85 公克）罐裝紅甘
椒，切碎

2 瓣大蒜瓣，拍碎或切末

1/2 小匙鼠尾草

1/3 杯磨碎的帕瑪森起司

將麵包屑放入一只小碗裡，加入足量食醋攪
拌以濕潤麵包屑，然後讓拌好的麵包靜置幾
分鐘。將橄欖、甘椒、大蒜、鼠尾草與起司
放入一只攪拌盆裡混合。拌入濕潤的麵包
屑，再以食鹽、胡椒和辣椒醬調味。拌入切
末的豬脂肪或培根。要開始製作肉卷前，在
肉片要抹餡的那一面塗上芥末醬，然後抹上
餡料。

食鹽與胡椒，用量按個人喜好

幾滴辣椒醬

1/4 杯（57 公克）切末的新鮮
豬脂肪或水煮過的培根

4 大匙味道強烈的迪戎芥末醬
（塗抹肉卷用）

卡希爾夫人式蒜味餡（La Farce à l'Ail de Mme. Cassiot）
〔香草蒜香米飯餡〕

　　這種受大蒜愛好者歡迎的餡料既精緻又簡單，可以用米飯或粗磨老麵包粉為基底。然而，如果使用麵包屑，則必須用同時具有質地與實感的麵包來製作，例如第 67 頁的自製法國麵包。由於在店裡買的現成白麵包質地柔軟，會分解成糊狀，所以我們在這裡使用的是米飯。如果你想要製作麵包屑版本，也有適當的麵包，可以將 1/2 杯牛肉高湯或清湯拌入 1½ 杯老麵包屑裡，靜置 5 分鐘，然後將麵包屑放在布巾的一角，儘量擠乾。

4 個肉卷──2 杯

3/4 杯煮熟的米飯

3/4 杯新鮮豬脂肪或水煮過的培根（170 公克）

6–8 瓣大蒜瓣，切細末

1/2 小匙百里香或奧勒岡

1/4 杯新鮮香芹末

1/2 小匙食鹽

1/8 小匙胡椒

4 大匙味道強烈的迪戎芥末醬

絞肉機裝設粗孔徑刀片，將米飯和豬脂肪或培根放進去絞過，或是使用食物研磨器研磨米飯，再把豬脂肪或培根切細碎。將米飯、豬脂肪或培根、大蒜、香草、食鹽與胡椒放在一只攪拌盆內拌勻。要開始製作肉卷前，在肉片要抹餡的那一面塗上芥末醬，然後抹上餡料。

■ 普羅旺斯陶鍋燉牛肉（BOEUF EN DAUBE À LA PROVENÇALE）

〔以酒、番茄與普羅旺斯調味料來盤烤的燉牛肉〕

這道菜使用的是一大塊完整的燉燒用牛肉，在裡面塞入切成條狀的火腿以後，用紅酒與香草醃漬，然後以稍微煮到變稠的醃漬液、牛肉高湯和番茄混合物慢慢熬煮，最後再把湯汁做成味道濃郁的現成醬汁。這是相當棒的燜燉方法，你可以將它運用在燉肉以及盤烤菜餚，用於烹煮鴨肉、鵝肉、羊肉、肝臟、心以及牛肉。除了搭配常見的馬鈴薯或義式麵食與奶油豌豆或奶油四季豆，或是焦糖胡蘿蔔與洋蔥，以及炒蘑菇，你也可以搭配第 490 頁奶油炒蕪菁，或是第 452 頁洋蔥鑲飯，以及第 408 頁奶油燜燒青花菜，或是在第 437 頁以後的炒櫛瓜擇一使用。至於佐餐酒，這裡一定得搭配一支酒體醇厚的紅酒——勃艮第、隆河丘或教皇新堡。

有關烹煮時間

燜燉牛肉可以提早一天將材料預備好，若有必要，也可以提早一或兩天煮好。然而，若打算煮好後儘快端上桌，烹煮時一定要預留充分的燜燉時間。除非很確定自己用的是好肉，否則在放入烤箱到上菜之間，應該要預留 5 個小時。這種做法會讓你有額外的時間把比較堅韌的牛肉燉爛，也會有餘暇撥給肉塊的修整與醬汁的製作。

用來整塊燜燉的牛肉部位

頭刀：這個部位是整塊燜燉的首選，因為這塊肉既扎實又沒有肌肉分離，煮熟以後的口感不韌。

肩胛肉到肋排的部位：這個部位是從肋排一直到肩部末端的部分，

通常包括第 2–5 根肋骨，可以做出優質軟嫩的燉肉。你可能只會在猶太或歐洲市場找到這樣的牛肉部位分割，不過超市裡的去骨肩肉可以代替。

　　肩臂肉：這個部位同樣也只能在猶人和外國市場取得；它需要的烹煮時間比前面兩個部位都來得長，不過風味絕佳。

　　三叉或銀邊三叉，以及鯉魚管：這兩個部位總是很誘人，尤其是形狀狹長、狀似腰裡脊肉的鯉魚管。兩者之間，我們偏好三叉，因為煮熟以後三叉的口感比較不韌，不過兩者都是合適的選擇。

　　和尚頭或牛霖：這個取自後腿肉的部位有著許多肌肉分離，因為經過後腿膝蓋，所以在英文裡又叫「knuckle」（直譯為關節肉）。這個部位適合燜燉，不過烹煮時需要綁緊，形狀才會漂亮。

　　胸肉的中間部位：雖然煮好以後的口感較糙較柴，卻有著絕佳的風味；切割時可以仿照側腹牛排斜切。稱職的肉販會幫你把肉去骨並修掉脂肪；如果你拿到的肉又長又扁，可以把肉捲起來綁好以後燜燉。

8–10 人份

1. 處理牛肉

一塊經過修整並去骨的 2.7 公斤重燜燉用牛肉，取自上面列出的部位（最好是可以綁成 25.4–30.5 公分圓柱狀的肉塊）

用來塞入牛肉塊的豬肉，可自行選用：一塊長 15.2 公分寬 10.2 公分的火腿或是厚度約 0.6 公分現成火腿切片

若有必要可先修整牛肉，將牛肉做成相當均勻的圓柱狀或長方形，肉塊應該沒有垂掛在上面的多餘脂肪或肌腱。要將豬肉塊塞入牛肉裡，可以參考第 206–208 頁插圖說明，不過在這裡應用火腿取代該食譜使用的豬脂肪。無論有沒有塞豬肉塊進去，都把牛肉按照圖示綁好，如此在烹煮時，牛肉才能維持形狀。

2. 醃漬牛肉 —— 至少 12 小時，或是醃漬數日

備註：你可以跳過這個步驟，直接從步驟 3 繼續操作。

1 瓶（幾乎 4 杯）酒體醇厚強勁且酒齡輕的紅酒（梅肯、薄酒萊、加州山地紅酒）

1/2 杯紅酒醋

1/4 杯橄欖油

6 瓣帶皮大蒜，切成兩半

2 個中型洋蔥與 2 根胡蘿蔔，切片

1 大匙粗鹽或食鹽

下列香草束，用乾淨紗布綁好：2 片進口月桂葉、4 個丁香或多香果、6 粒胡椒，以及茴香籽、奧勒岡、百里香與馬鬱蘭等各 1/2 小匙

一只琺瑯、上釉或不鏽鋼的大碗或燉鍋，大小恰能容納牛肉

將醃漬材料放入碗或燉鍋內混合，然後加入牛肉並以醃漬汁澆淋。（液體高度應該至少達到肉塊的一半。）醃漬牛肉，一天內將牛肉翻面澆淋數次，至少在攝氏 4–10 度的環境裡或是放入冰箱醃漬 12 小時，或是醃漬數日。等到你準備好要進行下一步驟，將牛肉取出瀝乾，並以紙巾完全拍乾。過濾醃漬液，保留液體與蔬菜，待步驟 5 使用。

3. 將牛肉煎到上色並翻炒燜燉材料

備註：若沒有先醃漬牛肉，則將步驟 2 除了食醋以外的所有材料放在這個步驟加進去。

4 大匙新鮮豬油或鵝油，或是橄欖油或食用油

170 公克（3/4 杯）豬肉塊（切成 4 公分大小厚度 0.6 公分的水煮培根）

一只沉重的有蓋燉鍋或焙燒爐，大小必須可以輕鬆容納牛肉（或是將牛肉放入大平底鍋內煎到上色以後再移入焙燒爐）

將豬肉塊和油脂放入燉鍋（或平底鍋）裡，慢慢煎到稍微上色，再用溝槽鍋匙取出，放在一旁備用。將燉鍋內的油脂倒出 4–5 大匙，保留到下一步驟製作油糊。將爐火轉成中大火，把拍乾的牛肉放進去煎到表面完全上色，操作的時候可以利用綁上去的棉線將

增加風味與深度的材料：鋸開的小牛膝蓋骨以及／或牛肉湯用的大骨，體積 1 公升；或是劈開並水煮過的小牛腳

過濾好的醃漬用蔬菜

一塊 0.3 公分厚的新鮮豬脂肪，長度與寬度必須要能覆蓋住牛肉的表面與側面；亦可使用牛脂肪

白棉繩

醃漬用的香草束

自行選用，不過為了醬汁質地最好使用：一塊邊長 15.2 公分的水煮豬皮（上冊第 481 頁）

肉抬高翻面。（這個動作大約會需要 10 分鐘以上；調節火力，讓牛肉表面能漂亮上色但油脂不至於燒焦。若有必要可加入更多油脂。）取出牛肉，將自行選用的牛骨或小牛腳與醃漬蔬菜一起放入鍋中煎到上色，約 4-5 分鐘，期間應在大火上拌炒拋翻。將鍋蓋蓋上並稍微留縫，瀝出烹飪油脂，並倒入醃漬液。用木匙攪拌，把沾黏在鍋底的渣刮起來。將豬脂肪綁在牛肉塊上（參考第 211-212 頁插圖），把骨頭推到鍋子的一側，將牛肉放入鍋中，脂肪覆蓋的那一面朝上。在鍋內加入香草束、豬肉塊與自行選用的豬皮，靜置一旁，待你準備好要進行步驟 5 燜燉時使用。

4. 用來替燜燉醬汁增稠的棕色油糊

一只以鑄鋁製作的厚底單柄鍋，或是一只厚底鑄鐵平底鍋，直徑約 15 公分

步驟 3 保留的 4 大匙油脂

1/3 杯麵粉（用量杯舀出來再把多餘麵粉刮平）

一支木匙

1½ 杯牛肉高湯（或清湯），放在小單柄鍋內加熱

一支鋼絲打蛋器

一支湯勺

（備註：如果在把肉和骨頭煎上色以後，另取一只鍋子製作油糊，做出來的效果會比較好。）

這裡一定要使用厚底鍋；在鍋內放入油脂，以中火加熱至熔化，然後拌入麵粉，並且持續翻炒約 15 分鐘，將麵粉慢慢炒成深棕色。（務必不要讓麵粉燒焦並出現苦味，不過必須適當翻炒上色，才能做出味道正確且顏色漂亮的醬汁。）鍋子離火，待油糊不再起泡，馬上加入所有熱騰騰的高湯，並以鋼絲打蛋器攪打。待打到完全滑順時，從燉鍋內舀出一些液體以稀釋醬汁，混合均勻，然後將所有醬汁倒入燉鍋內，與鍋內液體完全拌勻。

5. 燜燉牛肉——3 小時 30 分鐘至 4 小時以上，攝氏 177 度

454 公克（4-5 個中型）番茄，不要去皮，切成兩半後去籽榨汁並大略切塊（或將新鮮番茄與瀝乾的罐裝番茄混用）

一塊長 7.6 公分寬 2.5 公分的乾燥橙皮，或是 1 小匙乾燥橙皮粉

自行選用，普羅旺斯調味料：6-7 橄欖油漬鯷魚柳，瀝乾後搗成泥狀

若有必要可加入更多牛肉高湯

將番茄、橙皮與自行選用的鯷魚拌入燉鍋內，若有必要也可加入更多高湯，讓液體能夠達到牛肉高度的三分之二到四分之三。

(*) 提早準備：可以提早進行到這個步驟結束；放涼後蓋好放入冰箱冷藏。

食鹽，用量按個人喜好

鋁箔紙

鍋子放在爐火上加熱至微滾；若有必要，可按個人喜好稍微用食鹽調味。將鋁箔紙蓋在牛肉上，蓋上燉鍋鍋蓋，再將鍋子放到預熱至攝氏 177 度的烤箱下三分之一。

　　經過約 30 分鐘以後，檢查鍋內液體是否保持微滾而非小滾：在烹煮期間應調控烤箱溫度，讓液體維持在極低的微滾狀態，並數次用液體澆淋牛肉，替牛肉翻面。

　　等到叉子可以輕易插入牛肉時，便算烹煮完成，不過烹煮時間不能過長，不然牛肉會開始散掉。經過熟成的上等美國牛肉通常會需要烹煮 3 小時 30 分鐘；其他等級或品質的牛肉可能需要多煮 1 小時。

6. 修整牛肉並完成醬汁

　　將牛肉從燉鍋移到砧板或大餐盤上。將棉繩拆下來丟掉，把蓋在牛肉上的脂肪也丟掉（或是把附著在牛肉上的牛脂肪與下面的肌腱修掉）；把任何垂掛在肉塊上的碎肉切掉。

　　從燉鍋裡取出骨頭，然後將一個篩子放在大單柄鍋上，再把燉鍋內容物往篩子裡倒；用木匙壓出篩內材料的湯汁。把篩子的內容物丟掉。

讓單柄鍋內的液體靜置幾分鐘，然後用湯匙把液體表面的油脂撈除；將液體重新加熱到微滾，繼續把多餘的油脂撈除。仔細品嘗以調整調味料的份量與醬汁的濃郁度。你應該可以得到 4–5 杯香氣濃郁的深紅棕色醬汁，質地約莫為稍稠的湯，能夠沾附在肉塊上，也能裹勺。如果你覺得醬汁應該更濃郁點，或是覺得醬汁深度不足，則將醬汁繼續收乾，讓風味更加濃縮。若有必要，也可以加入一撮香草、大蒜或濃縮番茄糊或少許濃縮清湯繼續熬煮。（若醬汁在燜燉過程中收得太乾，則用更多高湯或清水稀釋之。）

(*) 提早準備：你可以進行到這個步驟結束；將牛肉放回燉鍋中，並把醬汁淋上去。蓋起來放在攝氏 65 度烤箱裡，或是放在兩塊置於爐火上以小火加熱的石棉墊上保溫，偶爾用醬汁澆淋。若打算在好幾個小時或是兩天後才端上桌，則讓肉塊放涼，再蓋好放入冰箱冷藏；重新加熱時，放入攝氏 163 度烤箱裡 30 分鐘左右，期間以醬汁澆淋並翻面數次。

7. 上菜

在餐桌上切肉。將肉放在溫過的大餐盤上，將少許溫熱的醬汁淋在肉塊表面。以香芹枝或西洋菜裝飾餐盤。另外將剩餘醬汁和配菜一起端上桌。

將肉切好放在大餐盤上端上桌。在廚房裡把肉切好，以相互交疊的方式放在稍微抹了奶油的溫熱餐盤上。將一部分醬汁淋在肉的周圍，並以香芹或西洋菜裝飾餐盤，或是按個人喜好搭配配菜。將剩餘醬汁和其餘蔬菜分別端上桌。

剩菜

吃剩的肉無論有沒有切過，都可以放入醬汁裡重新加熱，或是放在另一種運用相同調味方式製作的醬汁裡加熱。亦可參考第 367 頁普羅旺斯烤香腸以及第 617–619 頁的肉餡清單，這些都是利用吃剩的燜燉牛肉，將之絞碎再加以烹調而成的菜餚。

冷盤上桌

　　放涼的燜燉牛肉可以用來製作美味的巴黎式牛肉沙拉，食譜可參考上冊第 643 頁，另外也可以做成上冊第 658 頁的牛肉凍。

變化版

驚喜牛肉盒（Boeuf En Caisse, Surprise）
〔鑲餡燜燉的盤烤牛肉〕

　　這道菜就好比是要送給一個什麼都不缺的人的禮物，對於一位已經把所有菜餚都煮遍，卻又想要替吃遍四方的老饕賓客帶來驚喜的廚師來說，這道菜可以是個讓人樂在其中的驕傲。一塊漂漂亮亮的牛肉，端上桌時看起來就像是一道傳統的紅酒燉牛肉，不過實際上並非如此。等到主人開始分菜，賓客就會發現，牛肉在燜燉之前就被巧妙地挖空，填上包括洋蔥、蘑菇、橄欖與香草等芳香蔬菜，而這些配菜也在烹煮過程中，慢慢地把它們的味道擴散到牛肉裡。你可以用第 486 頁南瓜白豆泥或是第 487 頁大蒜香草蕪菁飯泥來當作配菜。你也可以搭配簡單煮熟調味的綠色蔬菜，或是炙烤小番茄。佐餐酒可搭配勃艮第、隆河丘或教皇新堡。

8–10 人份

1. 製作牛肉盒

一塊肉質扎實、重 2.7–3.2 公斤的去骨燜燉用牛肉，最好呈長方體（頭刀、臀肉的下半段或三叉）

將肉塊外緣的脂肪和肌腱都修掉，並把任何突出的部分切下來，把肉塊修得整整齊齊。（插圖中的長方體是最容易填餡和切割的形狀，不過將肉塊切成厚實的楔形也是可以的。）

棉繩

精製豬油、鵝油或食用油

一只直徑 30.5 公分的厚底平底鍋（最好用不沾鍋）

此時，應該要先把肉煎到上色，因為在這個時間點比較容易處理；用紙巾將肉拍乾，並沿著長邊和周圍扎實地綁好，讓肉塊定形。油脂放入鍋中加熱至高溫但尚未冒煙的程度，將肉的每一面都煎到上色。煎好後，將肉塊移到砧板上，並移除棉線。（如果鍋內油脂已經燒焦，則把油脂倒掉，否則就可以留在鍋內，待步驟 2 使用。）

接下來的第一步，是要做蓋子：先決定要把哪一面當成上方正面，從這一面開始，從距離表面 1.2 公分處下刀，從一側均勻地橫切到距離另一側 1.2 公分處，讓切出來的蓋子像書本的封面一樣附著在肉塊上。

將蓋子往外翻。在肉塊切出一個長方形切口，從距離外緣 1.2 公分處下刀，往下切約 2.5 公分深。

2.5 公分高

1.2 公分

1.2 公分厚

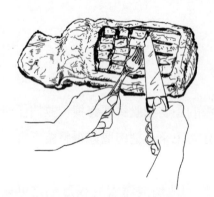

以約莫 2 公分間隔，在中間切出來的長方形上面按縱向與橫向往下切到 2.5 公分深處，切出許多立方體。

用剪刀或刀子將這些立方體切下來。現在，你手上應該是一個底部厚度約 5 公分、邊緣厚度 1.2 公分、中間空間深度約 2.5 公分的有蓋牛肉盒。

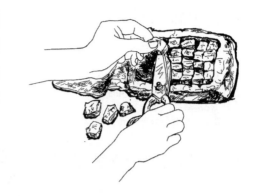

2. 蘑菇橄欖餡——約 2 杯

從牛肉盒切下來的骰子牛肉

步驟 1 的平底鍋，若有必要可倒入更多油脂

一只攪拌盆

1½ 杯（約 170 公克）切成四瓣的新鮮蘑菇，洗淨並拍乾

2 杯洋蔥絲

1/4 杯稍微醃過的豬後腿肉（或超市購得的火腿肉），切成 0.6 公分小丁

1–2 瓣大蒜瓣，拍碎

4 個中型油漬黑橄欖，去籽並切碎

1/2 小匙百里香

1 個雞蛋

食鹽與胡椒

將骰子牛肉繼續切成邊長約 1 公分的小丁；用紙巾拍乾。將平底鍋內的油脂加熱至高溫但尚未冒煙的程度，下牛肉丁，迅速煎到上色，翻拌幾分鐘，並搖晃旋轉鍋身。煎好以後，將牛肉舀入攪拌盆中，油脂留在鍋裡。若有必要可在鍋內倒入更多油脂，讓油脂高度維持在約莫 0.16 公分，下蘑菇，翻拌幾分鐘，以大火炒到上色。將蘑菇舀到攪拌盆裡；將洋蔥放入平底鍋中，若有必要可加入更多油脂。將爐火轉成小火，翻拌一下洋蔥，蓋上鍋蓋，慢慢烹煮 8–10 分鐘，將洋蔥煮軟；將爐火轉大，翻拌 2–3 分鐘，讓洋蔥稍微上色。將洋蔥舀到攪拌盆裡，同時將後腿肉、大蒜、切碎的橄欖、香草與雞蛋加進去拌勻。按個人喜好調味，下鹽的時候小心點，因為橄欖本身已經帶有鹹味。

3. 填餡並綑綁牛肉盒

棉線

一塊 0.6 公分厚且能夠將牛肉的
上方正面與側面都蓋住的豬脂肪
（第 383 頁）；或是網油（第
343 頁）；或是乾淨的紗布

在牛肉盒內側撒上食鹽
與胡椒，放入餡料，再
把連接著的蓋子蓋上
去，把餡料包起來。

沿著牛肉盒長邊綁一兩圈，並繞
著周圍綁好，將蓋子緊緊固定在餡料
上方。

將豬脂肪覆蓋在牛肉盒上，並以棉線綁好，或是用網油和雙層濕紗
布把整個牛肉盒包起來綁好。

⁽*⁾ 提早準備：至多可以提早一天進行到這個步驟結束；用保鮮膜包
好後放入冰箱冷藏。

4. 燜燉牛肉——3-4 小時

由於牛肉表面已經煎到上色，你只要按照第 195-201 頁陶鍋燉肉食
譜列出的做法，運用棕色油糊來燜燉，或是採用第 179 頁更簡單的燉牛
肉方法，以馬尼奶油醬為增稠劑來處理。

5. 上菜

　　若不把牛肉盒端上桌切割分菜，就沒有驚喜可言。在移除棉線和其他異物以後，將牛肉盒放在溫熱的大餐盤上，淋上少許醬汁，再以蔬菜或香芹裝飾。上菜時，將上面的蓋子撬起來打開，讓人看到裡面的餡料，然後蓋上蓋子，按照切麵包的方法來切割牛肉盒。在每個餐盤裡把蘑菇、橄欖與牛肉丁堆好，再以 1 大匙醬汁濕潤之。

如何將脂肪塞入肉塊裡

　　在過去，肉的質地比較堅韌，而且脂肪含量也比現在少，在能取得大量鹿肉與野味的時候，人們會將切成條狀的豬脂肪塞進肉塊裡，好在烹煮時讓豬脂肪發揮替肉塊內部澆淋油脂與濕潤的作用。到了現在，人們更加頻繁地運用這種塞入豬脂肪的做法，因為這種做法符合潮流，而且在你把肉切片的時候，塞進去的豬脂肪、火腿或其他東西會形成漂亮的圖案。

用來填塞的脂肪──豬脂肪與牛脂

　　最適合的脂肪是取自豬隻背部的新鮮脂肪，因為這個部位的脂肪既硬又滑順。如果找不到這個部位，可以使用經過水煮的肥培根或鹹豬肉，或是取自新鮮豬裡脊外圍的脂肪。（如果你不想使用豬脂肪，可以用取自牛肋排或牛裡脊外圍的牛脂來代替。）將脂肪切成適合填塞用針大小的長度與寬度，先塞一塊試試看，確定塞進去以後能夠緊密貼合；你可以先將脂肪冷藏，操作起來會容易些。

填塞步驟

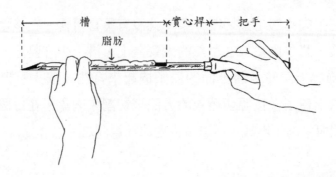

為了要填塞脂肪，你必須要準備一支填塞用針，它是一支鋼製的中空管或槽，形狀像是裝了木製把手的大型鋼筆。從槽的尖端把長條狀脂肪塞進槽裡，確保脂肪與針槽緊密貼合，如此一來在針刺穿肉塊時，脂肪才不會滑出來。

填塞豬脂肪的方向，應與肉紋平行，如此一來替肉切片時，就會將長條狀的脂肪一起橫切。從肉塊的一端把針頭插進去，以緩慢持續的順時鐘方向旋轉，將針慢慢推進去，直到針頭與約莫 1.2 公分的脂肪從肉塊的另一側出現為止。

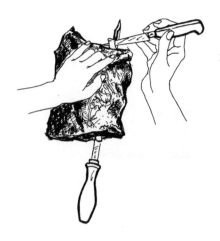

用小刀刀尖，輕輕從刺穿出來的地方把長條狀脂肪從針槽裡挖出來。

接下來，也將把手端的脂肪從針槽裡挖出來。

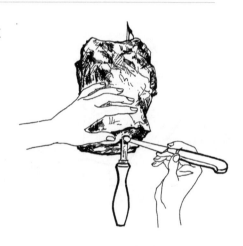

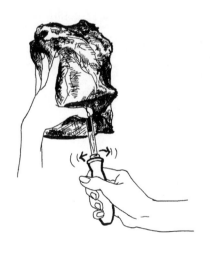

將左手大拇指壓在針槽裡的脂肪上，如此一來，在你慢慢左右旋轉將針拉出來的時候，脂肪就不至於從肉塊裡滑出來，能夠留在肉塊裡面。

塞入的脂肪量可按個人意願
調整——一塊直徑 11.4-12.7 公分
的肉塊大約可以塞入 4-6 條。用
棉繩將肉固定成型。

完整的牛裡脊

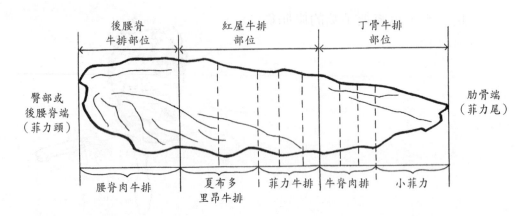

圖中中間與右邊的部位，在一起是美國零售市場所謂的完整牛裡
脊：正確來說，應該稱為完整前腰脊肉。這個部位在未修整前的重量介
於 2-2.3 公斤之間，可使用的肉重在 1.6-1.8 公斤左右。在你替 6-8 人
準備菜餚時，你可以只用中間的部分，做出來的烤肉在 1.1-1.4 公斤之
間，平均長度為 20.3-25.4 公分。替 10-12 人準備菜餚時，你會需要這
一整塊肉，同時可以按照後面的插圖將尾部（右側）反摺約 5 公分，做
成綁好以後長度 30.5 公分直徑 8.9-10.2 公分的烤肉塊。

如果你買肉的市場恰好有賣全牛，你可能可以買到連著臀腿肉的完
整牛裡脊。按照切割方法的不同，單就臀腿肉而言，雖然它的重量稍多
於 1.4 公斤，實際上能使用的肉重只稍多於 680 公克；因此，花錢買了牛
裡脊以後，即使沒有臀腿肉也不是太大的損失。

修整牛裡脊

大部分肉販都會幫你把肉修好綁好並填塞脂肪，不過你應該也要學著自己操作，藉此了解肉的結構。

面前擺了一塊未經修整的牛裡脊時，你會注意到上下兩側的外觀看來非常不同。其中一側有一系列厚厚的凸起與凹陷，按牛屠體的等級，這一面或多或少都會帶點大理石紋；位於六節脊椎骨下方的菲力牛排就是在這一面。我們將這一面稱為下側。相對於下側的上側，在較大的一端與邊緣會有一些垂掛在上面的脂肪；牛裡脊的主要肌肉位於上側中央沿著脊椎骨方向分布，表面有一層帶有光澤的膜包覆。從上側開始，小心翼翼地將垂掛的脂肪從肌肉膜上方以及沿著邊緣拉掉，小心不要將位於主要肌肉兩側的兩條狹長肌肉卸下來。這兩條狹長肌肉中較小者略為扁平，狀似下側的折翼狀延續；另一塊比較大的狹長肌肉在法文叫做「la chainette」，它的下方有一條塊長條形的脂肪，不要去碰這塊脂肪，因為較大的狹長肌肉與主要肌肉得靠這塊脂肪連在一起。

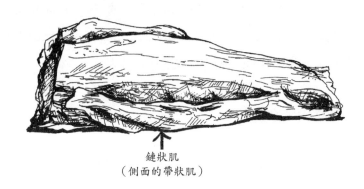

鏈狀肌
（側面的帶狀肌）

　　這是完整前腰脊肉（第 208 頁中間與右側部位），我們可以看到沿著主要肌肉有兩條鏈狀肌肉附著在上。如果你不小心稍微讓這兩條肌肉和主要肌肉分開，不用太擔心；無論如何，你在烘烤之前都會把肉用棉繩綁好，如此一來這兩條鏈狀肌肉就會附著在主要肌肉上。雖然有些人會建議把這兩條鏈狀肌肉移除，如果你真的這麼做了，烤肉的重量會減少一半以上：最後你手上只會剩下兩條適合煸炒或做成肉串的細長肉塊，而你的裡脊肉約莫只會有 900 公克重。當然，這完全看個人偏好；我們會保留這兩條鏈狀肌肉。

　　把牛肉塊上側的多餘脂肪拉掉以後，你也得把覆蓋在這一側主要肌肉上的薄膜移除，另外，也儘量把大塊鏈狀肌肉上的薄膜除掉。移除薄膜時，可以用一把鋒利的小刀，以和肌肉紋理平行的方向，將薄膜劃分為約 1.2 公分的長條狀，一條一條慢慢移除。（如果你剛好取得包括臀腿肉在內的完整牛裡脊，你會注意到，主要肌肉和其薄膜會一直往臀腿肉部位延伸好幾吋的長度。你可以將這一整塊肌肉和其他部分分離出來，將這個延伸的部分也一起拿去烤。）周圍的肌肉可以做成很棒的牛排或炒肉。（這部分的取決完全在於你在修整時想要怎麼進行：只要把薄膜移除，所有的肉都適合燒烤或煸炒。）

　　最後，檢查牛裡脊肉的下側，把你認為多餘的脂肪移除；留下適量脂肪，在燒烤時對於以油脂澆淋肉塊的動作會有所幫助。進行至此，肉塊應該已經修整好，可以進行烹煮。下面提供燒烤的做法；牛排的做法可參考上冊第 347 頁與第 353–356 頁。也不要忘了上冊第 387–391 頁的炒牛肉，用取自臀腿肉、鏈狀肌肉與尾部的肉來烹煮都會很美味；你也可以將炒肉食譜運用在任何剩下來的熟裡脊肉。

替牛裡脊綑綁與填塞脂肪

　　無論採用燒烤或燜燉的方式烹煮，或是採用中心部位（參考第 209

頁）或完整牛裡脊，肉塊都一定得要綁好，才能讓肉塊保持在一起，並且迫使肉塊形成圓柱形而非橢圓形，以利烹煮時均勻受熱。如果找得到，則使用一種又粗又軟、叫做鹽醃牛肉繩（corned-beef twine）的專用棉繩。牛肉塊的正面應該是相對於下側、取自脊椎骨上方、原本覆有薄膜的那一面。

在烘烤完整牛裡脊的時候，將肉塊末端約 5 公分的部分往內摺到下側下方，讓整塊烤肉的厚度都能相同。

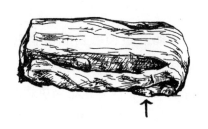

若不打算填塞脂肪，則將棉繩繞著肉塊短邊，按 3.2 公分間隔一圈一圈綁好。

若要在肉塊表面蓋上脂肪以後再綁好，則將豬脂肪或牛脂放在肉塊正面，讓脂肪順著蓋住肉塊末端內摺處，以固定肉塊的形狀。將棉繩沿著肉塊長邊繞一圈綁好。（如果沒有一塊夠長的脂肪，可以將脂肪疊起來使用，如圖所示。）

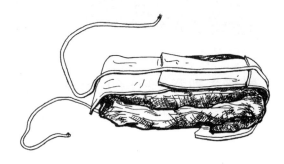

接下來，將一塊塊脂肪排在肉塊側面；將一圈圈棉繩繞著短邊綁好。

網油這種取自豬隻體腔的網狀膜，是能將抹上蘑菇泥或芳香蔬菜的牛裡脊包起來烘烤的絕佳材料，也適合用在第 217 頁的鑲牛裡脊肉片。在使用網油時，應先把牛裡脊放在網油上方，再替肉塊抹上調味料。

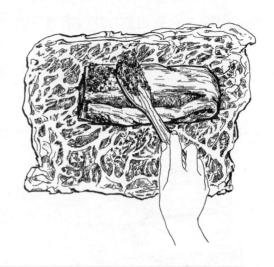

用雙層網油將肉塊完全包起來，然後用棉繩固定好。網油會讓肉塊上色，也會和肉塊與餡料融合在一起。

■ 盤烤牛裡脊（FILET DE BOEUF POÊLÉ）

〔和芳香蔬菜一起放入燉鍋內盤烤的牛裡脊〕

盤烤是隨著傳統料理傳下來的燒烤方式，非常受到歡迎，其基本做法是先將肉煎到上色，然後放入有蓋燉鍋內和芳香蔬菜一起燒烤。這種做法尤其適合牛裡脊，因為芳香食材儘管和牛肉一起烹煮的時間不長，卻能賦予牛肉微妙的風味與香氣。此外，你也能因此得到滋味美妙的醬

汁基底。由於在有蓋鍋內燒烤時，牛肉塊的內部溫度會快速上升，因此在肉品溫度計讀數達到攝氏43.3度以後，就應該小心注意肉塊的熟度（如果你的肉品溫度計最低讀數為 54.4 度，你就得猜一下）。

建議配菜：在肉的周圍擺上西洋菜與炒蘑菇，以及焗烤吉康菜馬鈴薯千層派（參考第 468 頁）；佐餐酒可選用波爾多—梅肯產的紅酒。

10–12 人份

1. 燒烤前的準備動作

一塊牛裡脊，重 1.6–1.8 公斤，修整後綁好（參考第 209–212 頁）

橄欖油或食用油

一只直徑 25 公分的厚底平底鍋（橢圓形的煎魚鍋尤其理想）

一只厚重的橢圓形耐熱燉鍋，大小恰能容納牛肉塊（例如長 30.5 公分、寬 22.9 公分的橢圓鍋）

食鹽與胡椒

1/2 杯洋蔥絲

1/2 杯胡蘿蔔切片

1 片月桂葉，弄碎

1/2 小匙百里香

一塊新鮮豬脂肪或牛脂，長 30.5 公分、寬 22.9 公分、厚 0.6 公分

2½ 杯小牛高湯或牛肉清湯

燉鍋鍋蓋

將牛肉用紙巾完全拍乾。在平底鍋倒入高度 0.3 公分的油，以中大火加熱。將油燒熱至高溫但尚未冒煙的程度，肉塊下鍋，煎到每一面都稍微上色，以食鹽和胡椒調味後，將肉塊移到燉鍋內。蔬菜放入平底鍋中，以煎肉的油炒到稍微上色，調味後拌入香草，再把蔬菜鋪在牛肉塊的上下側與周圍。將脂肪覆蓋在肉塊上。從平底鍋舀出油脂，把高湯倒入平底鍋內煮沸，並把沾附在鍋底的渣刮下來。將平底鍋內的液體倒入一只杯子裡，保留到步驟 3 使用。

2. 燒烤牛肉——在預熱到攝氏 191 度的烤箱裡烘烤 35–40 分鐘

上菜前至少 1 小時，蓋上燉鍋，將燉鍋放在中大火上加熱到牛肉發出嘶嘶聲，然後連鍋帶蓋放入預熱烤箱的中層。每 15 分鐘替牛肉翻面並澆淋一次，並重新將脂肪塊蓋在肉塊上。烤到肉品溫度計讀數達到攝氏

51.7 度為一分熟，讀數攝氏 54.4 度為三分熟；用叉子插入肉中，流出來的肉汁是粉紅色的，而且輕壓時肉塊稍微帶有彈性，不會塌塌的（像生牛肉）。將牛肉塊移到溫熱的大餐盤上，於室溫環境中靜置 10–15 分鐘，並利用這段時間製作醬汁。

3. 醬汁

自行選用：1 個中型番茄
步驟 1 的清湯
1/2 大匙玉米澱粉，放入杯中與
1/4 杯不甜的波特酒或苦艾酒拌勻
食鹽與胡椒，用量按個人喜好
2–3 大匙軟化的奶油
一只溫熱的醬汁盅

傾斜燉鍋鍋身，將烹煮液體的大部分油脂撈掉；將液體加熱至沸騰。將自行選用的番茄切丁，和湯一起加入燉鍋內。煮沸後繼續維持小滾 4–5 分鐘，讓味道濃縮。鍋子離火，拌入玉米澱粉與酒的混合液，然後再次加熱到微滾。熬煮 2–3 分鐘，待醬汁從混濁轉清澈。仔細調整調味料用量。上菜前，鍋子離火並以每次 1 大匙的量慢慢打入奶油。將醬汁過濾到醬汁盅裡，並將蔬菜的湯汁壓出來。

4. 上菜

將棉繩剪斷丟掉，並將牛肉移到溫熱的大餐盤上，和選用的配菜一起擺盤。將幾大匙醬汁淋在牛肉上，並馬上端上桌。（如果牛肉要在廚房裡先切割，則放在能夠將湯汁集結起來的有溝槽砧板上處理；迅速將肉塊切成 1.2 公分的厚片，然後重新放到溫熱的大餐盤上，並在周圍放上配菜。將切肉時流下的湯汁淋在肉片上，並單獨將醬汁端上桌。）

(*) 提早準備：如果無法在做好以後馬上上菜，在移除棉繩以後不要切肉；讓肉塊靜置 10–15 分鐘，做好醬汁但不要加入最後添味的奶油，再將肉塊放回燉鍋內，以醬汁澆淋。蓋上鍋蓋並稍微留縫，將燉鍋放在接近微滾的熱水上，或是放在溫度不超過攝氏 49 度的烤箱裡。肉塊可以如此放置約 1 小時再上菜。

變化版

抹上蘑菇醬或芳香蔬菜泥烘烤的牛裡脊

　　為了增進肉的風味，你可以將肉塊切片，然後重新將肉塊組合起來，並在每一肉片之間塗上餡料，例如第 217 頁千層牛裡脊，或者，你也可以運用同一種蘑菇醬，將之塗抹在一整塊完整的牛裡脊上，如第 212 頁插圖所示。然而就後者而言，你必須要使用網油，才能固定蘑菇醬。除了蘑菇，你也許可以使用由切末的胡蘿蔔、洋蔥、西洋芹、火腿與酒烹煮而成的芳香蔬菜泥，做法可參考上冊第 360 頁。無論如何，把肉塊包好以後，應按照前則食譜的做法煎到上色，並以同樣的方式用燉鍋燒烤。

布爾喬亞式牛裡脊（Filet de Boeuf à la Bourgeoise）

〔與洋蔥、蘑菇和橄欖一起盤烤的牛裡脊〕

　　無論採用燉鍋燒烤、單純烘烤或燜燉的做法，被洋蔥、蘑菇與綠橄欖圍繞的牛裡脊，不只看來吸引力十足，也十分美味。這道菜的配菜得事先烹煮，然後在擺盤前放入牛肉醬汁裡熬煮，讓風味融合；你也許可以在大餐盤裡加入煎馬鈴薯或第 447 頁的模烤櫛瓜。按照前面基本食譜的做法烹煮牛裡脊並製作醬汁，或是以上冊第 360 頁的燜燉方式處理，填餡或不填餡皆可。以下列方式準備配菜：

1. 準備配菜

小洋蔥：

454 公克（2 杯）直徑約 2.5 公分的小白洋蔥

一鍋沸水

一只直徑 15–18 公分的平底鍋或單柄鍋（建議使用不沾鍋）

將洋蔥放入沸水中，迅速將水加熱到重新沸騰，並繼續滾 1 分鐘。將洋蔥取出瀝乾，並放入冷水中返鮮。將洋蔥的兩端切掉，再替洋蔥去皮；在根部位置劃上約 0.8 公分深的

2 大匙奶油與 2 小匙橄欖油

食鹽與胡椒，用量按個人喜好

一撮百里香

1/2 杯清湯

一只鍋蓋

十字。將奶油與橄欖油放入平底鍋內加熱；待浮沫開始消失，便可下洋蔥，以中大火翻炒至稍微上色。調降爐火，加入剩餘材料，蓋上鍋蓋，慢慢熬煮 20–30 分鐘，或是煮到洋蔥變軟、可以輕易用叉子插入的程度。煮好後和鍋內湯汁一起靜置備用。

蘑菇：

227 公克（體積 1 公升）新鮮蘑菇

2 大匙奶油與 2 小匙橄欖油

一只直徑 20 公分的平底鍋（建議使用不沾鍋）

2 大匙紅蔥末或青蔥末

食鹽與胡椒，用量按個人喜好

修整並清洗蘑菇。用布巾將蘑菇擦乾，然後將蘑菇切成四瓣。將奶油與橄欖油放入平底鍋中加熱至浮沫開始消失，下蘑菇以大火翻炒，頻繁拋翻，烹煮到蘑菇開始上色。將爐火轉小，下紅蔥或青蔥，再拋翻一下。稍微調味並翻拌，再將蘑菇加到洋蔥裡。

橄欖：

113–141 公克（1–1¼ 杯）中等大小的去籽綠橄欖，約 2 公分長

一鍋 2 公升的微滾熱水

將橄欖取出瀝乾並洗淨，然後放入微滾熱水中。熬煮 10 分鐘以去除過多的鹹味。將橄欖取出瀝乾，以冷水洗淨，然後加入洋蔥與蘑菇拌勻。

(*) 提早準備：配菜可以提早準備。

2. 上菜

煮熟的牛裡脊與約莫 2½ 杯醬汁

洋蔥、蘑菇與橄欖

2–3 大匙軟化的奶油

牛肉烤好、醬汁製作完畢以後，將洋蔥、蘑菇與橄欖加入醬汁裡熬煮 3–4 分鐘，讓味道融合。（如果暫時將肉放在燉鍋裡，則將醬汁與配菜放回鍋中。）上菜時，將肉放在大

餐盤上，用溝槽鍋匙將洋蔥、蘑菇與橄欖撈出來放在牛肉周圍。按每次 1 大匙的量，分次將添味用的奶油打入醬汁裡，然後替牛肉淋上少許醬汁，再把剩餘醬汁倒入一只溫熱的醬汁盅裡。將牛肉隨著其他選用的配菜一起端上桌。

蘑菇泥千層牛裡脊（Filet de Boeuf en Feuilletons, Duxelles）
〔牛裡脊切片後填入蘑菇再加以烘烤〕

　　將生的牛裡脊切片，替每一片牛肉片調味後，在肉片上抹上以酒調味的蘑菇泥，然後重新將牛肉片組合好，你就可以得到一塊烤好以後可以直接上桌的美味牛裡脊。烹煮這道菜的時候，你採買的牛裡脊應該要盡可能地長，而且去掉往下摺的尾部，如此一來切下來的肉片才夠大塊。（有關牛裡脊的插圖與討論可參考第 208–212 頁。）

16 片厚度 1.2 公分的肉片，8–10 人份

1. 蘑菇泥──1½–⅔ 杯

454 公克（體積 2 公升）新鮮蘑菇

一只直徑 20 公分的厚底平底鍋（建議使用不沾鍋）

3 大匙奶油

1/4 杯紅蔥末或青蔥末

1/3 杯稍微醃漬過的現成熟火腿，切末

1½ 大匙麵粉

1/3 杯不甜的馬德拉酒（舍西亞爾品種葡萄）

1/3 杯鵝肝塊醬、肝醬或切細碎的熟後腿脂肪

修整並洗淨蘑菇，用一把大刀、電動攪拌器的蔬菜切碎配件或食物研磨器把蘑菇切成 0.1 公分小丁。每次抓一把蘑菇，放到布巾的角落，盡可能把水分擰乾。將奶油放入平底鍋內加熱至開始出現浮沫，拌入蘑菇、紅蔥或青蔥，以及火腿肉。以中大火翻炒，頻繁翻拌至蘑菇丁開始相互分離且稍微上色（約需要 5 分鐘）。撒上麵粉，以中火繼續翻炒 2 分鐘。鍋子離火，拌入酒，再把鍋子放回爐火上烹煮 1 分鐘。鍋子再次離火，打入鵝肝

1 個蛋黃

1/2 小匙乾燥的茵陳蒿

食鹽與胡椒，用量按個人喜好

醬、肝醬或脂肪，以及蛋黃、茵陳蒿和適量食鹽與胡椒。將混合物放在一旁備用。

2. 填餡並把牛裡脊綁好

牛裡脊的中央部位，約 20–25 公分長，直徑儘量相同（約 1.1 公斤以上）

沾濕的乾淨雙層紗布，大小必須能將牛肉包起來（參考第 343 頁有關網油的備註）

食鹽與胡椒

一只托盤與一支醬料刷

精製鵝油、豬油或食用油

蘑菇餡

白色棉繩

用一把非常鋒利的刀子，將牛裡脊切成 16 片厚度相同的肉片，每片約 1.2 公分厚，切割時按切下來的順序放在一旁。將紗布鋪在托盤上，並刷上油脂或食用油。用食鹽和胡椒替每一片肉片調味，然後抹上 1½ 大匙蘑菇餡，再把肉放在紗布上重新組構成形。將棉繩沿著組合肉塊的長邊繞一圈綁好，讓肉片緊密貼合，然後將紗布撐開，緊緊地用紗布將肉塊包好。將紗布的兩端緊緊地靠著肉塊扭；用棉繩固定。接下來，用棉繩沿著肉塊周圍從一端一圈一圈繞著綁到另一端，然後再繞著往回綁，如此一來肉塊就會定形。綁好以後，外觀看起來就像是長 30 公分直徑10 公分的粗香腸。

(*) 提早準備：提早一天填好餡並綁好，再用保鮮膜包起來放入冰箱冷藏，如此一來，肉片會更入味。

3. 將牛肉煎到上色並蓋起來烘烤——至少在上菜前 1 小時進行

按第 213 頁基本食譜步驟 1 的做法，將牛肉和芳香蔬菜煎到上色。（牛肉即使用紗布包起來也能煎出漂亮的顏色。）按照步驟 2 烘烤，計時 30–40 分鐘，把肉煮到肉品溫度計讀數為 51.7 度的一分熟。煮好以後儘快將肉從燉鍋中取出，於室溫環境中靜置 15 分鐘，並趁這段時間按照步驟 3 製作醬汁。

4. 上菜

　　將牛肉放在溫熱的大餐盤上，把棉線剪開，並小心地將紗布拆下來（靜置 15 分鐘以後肉片會自己靠攏在一起）。將足量醬汁淋在肉上，把選用的配菜圍著肉擺好，便可將肉和另外盛裝的剩餘醬汁一起端上桌。上菜時只要用大叉子和湯匙將肉塊的上面撥開，顯示出每片肉片的位置即可。接下來，就可以將肉片和蘑菇餡一起盛盤。

　　(*) 提早準備：使用和基本食譜相同的系列做法，不過在上菜前才把肉解開。

酥皮牛排（Filet de Boeuf en Croûte）
〔用酥皮包起來烘烤的牛裡脊——威靈頓牛排〕

　　我們不知道最先開始把牛裡脊用酥皮包起來烘烤的到底是英國人、愛爾蘭人或法國人，不過我們可以確定的是，法國人不會以威靈頓來替這道菜命名。做得好的話，這會是一道非常漂亮華麗的菜餚。大部分食譜都會特別註明，準備這道菜的時候，要將一塊完整的牛裡脊放入烤箱預烤 25 分鐘，待放涼以後抹上蘑菇鵝肝醬，再用法式酥皮包起來烘烤。我們認為，用布里歐許麵團代替法式派皮，是個非常棒的改良方式：完全發酵的布里歐許麵團在排氣以後放入冰箱冷藏，然後再擀薄，在麵團有機會再度膨脹之前，就把麵團蓋在牛肉上，放入烤箱烘烤。以這種做法做出來的外層看來美觀，而且質地輕盈單薄，完全烤熟的麵團更是美味；用一般酥皮做不出這樣的效果，因為酥皮在這樣的條件下無法適度

烘烤，在漂亮的外觀底下始終是厚重且濕漉漉的。另一個改善的地方，是將牛裡脊切片後填餡再包起來烘烤，就如前則食譜的做法：如此一來上菜就變得很簡單，而牛肉的風味也會大幅改善。

配菜與佐餐酒建議

像這樣的大菜，周圍不應該有太多過度搶眼的配菜分散焦點；我們建議搭配少許新鮮的綠色蔬菜，例如奶油嫩豌豆、奶油四季豆、青花菜等，若剛好在蘆筍季，亦可搭配切片後以奶油翻炒的新鮮綠蘆筍。至於佐餐酒，風味細緻的波爾多─梅肯紅酒會是絕佳的選擇。

醬汁

任何像是這道牛裡脊這麼奢華的大菜，一定得搭配十分棒的醬汁。我們建議搭配 2-3 杯，於上冊第 78 頁與第 80 頁的棕色醬汁或燉肉棕醬，讓醬汁熬煮幾個小時，讓風味達到極致；接下來，用下面食譜步驟 1 的烹煮液體以及用紅酒去渣後的液體，替醬汁添味。

16 片 1.2 公分厚的牛肉，8-10 人份

---

1. 預備動作──在上菜前當天早上或前一天進行

1/2 份第 101 頁的布里歐許麵團（227 公克麵粉）

前段提及的其中一種棕色醬汁

1.1-1.4 公斤牛裡脊中心部位，切片鑲餡包好並綁好（第 217-218 頁千層牛裡脊步驟 1 與步驟 2）

精製鵝油或豬油，或是食用油

一只淺烤盤

1/2 杯不甜的波特酒或舍西亞爾馬德拉酒

按說明製作麵團，讓麵團在冰箱裡完成第二次發酵。接下來，讓麵團排氣，用保鮮膜將麵團包好，蓋上盤子並放上 2.3 公斤重物（可使用絞肉機配件），讓麵團不要膨脹起來；放入冰箱冷藏。製作棕色醬汁的醬底，然後放入冰箱冷藏。按說明準備填餡牛裡脊，用油脂澆淋，然後放在烤盤裡。將烤箱預熱到攝氏 218 度，烤架放在烤箱的上三分

之一。牛肉放入烤箱烘烤 25 分鐘,期間以油脂澆淋並翻面數次。將牛肉移到一只大餐盤或托盤上(烤盤放在一旁備用),讓肉降到室溫。(如果你提早一天預烤,在肉放涼以後將肉蓋起來並放入冰箱冷藏,等到要進行步驟 3 最後烘烤的前 2 小時,將牛肉從冰箱拿出來置於室溫環境中,以確保後續操作的時序精確。)將烤盤裡的油脂舀出來,在烤盤裡倒入酒,加熱至沸騰後煮到剩下一半的量,並用木匙把肉汁刮下來;將這些液體加入醬底中。

2. 用布里歐許麵團將牛肉包起來——上菜前 1 至 1½ 小時,在烘烤前一刻操作

放到室溫的預烤牛裡脊

大剪刀

冷透的布里歐許麵團

麵粉、一塊擀麵板、一支擀麵棍、一把輪刀、一支小刀

抹油的長方型烤盤或者披薩烤盤(烤盤邊緣凸起才能留住烤肉汁)

刷蛋液(1 個雞蛋放入小碗中,加入 1 小匙水打散)

一支醬料刷

自行選用:肉品溫度計

烤箱預熱到攝氏 218 度,並將烤架放在烤箱的中下層。將所有工具與材料準備好。將包牛肉的材料和棉繩拆掉。自此以後要快速操作,儘量不要讓布里歐許麵團的溫度升高,取 1/4 的麵團擀成厚度 0.6 公分的長方形,長寬約與牛肉相同。用擀麵棍將擀好的麵團捲起來,移到抹油的烤盤上攤平。

讓牛裡脊最漂亮的一面朝上,放在長方形麵團上。將牛肉周圍多餘的麵團切掉。

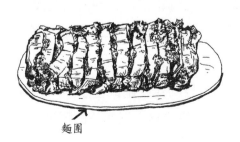

麵團

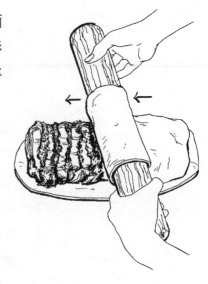

　　將剩餘麵團擀成厚度 0.6 公分、面積大到能夠把整塊牛肉包起來的長方形（約 45.7 公分長、20.3 公分寬），然後將麵團用擀麵棍捲起，移到牛肉上攤平。

　　將多餘的麵團切掉，切下來的麵團可保留用做裝飾。將覆蓋在上面的麵團邊緣塞到肉塊下方，和下面的麵團貼合，並用手指密封麵團邊緣。在麵團表面刷上蛋液；稍待一下，再刷上第二層蛋液。

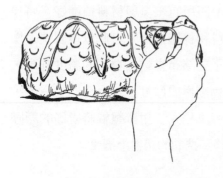

　　若要讓麵團表面裝飾在烘烤後能夠表現出來，就必須在麵團上深深切劃並讓切劃處明顯凸起，或是另外把麵團貼上去。舉例來說，你可以將剩餘麵團切成長條形，放上去排列成裝飾圖案，然後刷上蛋液。

　　用剪刀、刀子或擠花嘴邊緣在麵團表面空白處切劃出裝飾花樣，把切劃處的麵團抬起來形成明顯的邊緣。（裝飾花紋是在刷蛋液之後才切劃上的，因此切劃處在烘烤以後顏色會比較淺，把裝飾花紋凸顯出來。）

　　完成裝飾後，馬上將牛肉放入烤箱。目的在於確保麵團在烘烤後會形成一層又薄又脆的外殼；如果麵團膨脹，則會變得又厚又像麵包。

3. 烘烤——30-40 分鐘

　　烤箱預熱到攝氏 218 度，將牛肉放入烤箱中下層烘烤 20-25 分鐘，或是烤到麵團上色。將烤箱溫度計調降到攝氏 177 度，繼續烘烤，若是麵團上色太快，可以在上面稍微蓋上一張鋁箔紙或牛皮紙。等到你開始聞到牛肉與餡料的香味，而且烤盤裡開始出現肉汁，就表示肉已經烤好了；肉品溫度計讀數達攝氏 51.7 度時，表示已烤到一分熟。

4. 上菜與提早準備

一只能夠容納牛肉與移開的表面外殼的溫熱大餐盤或砧板

一支有彈性的刮刀

放在溫熱醬汁盅裡的熱醬汁

熱騰騰的配菜

上菜工具：一把用來切派皮的鋒利刀子，以及大餐匙與餐叉

　　待牛肉烤好，便從烤箱中取出，並將牛肉移到大餐盤或砧板上。牛肉可以保溫 20 分鐘；如果你暫時還不能上菜，則放入溫度不高於攝氏 49 度的保溫箱裡。

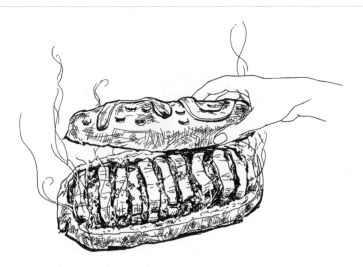

　　上菜時，從距離底部約 1.2 公分處繞著派皮切一圈。將上方派皮拿起來放在大餐盤上，並切成單份大小。用湯匙和叉子將肉片分開，並往下切，把下層派皮切開，讓每份牛肉都能和餡料與派皮一起盛盤。舀出少許醬汁淋在肉片周圍，並放上一塊切好的上層派皮。

羊肉（AGNEAU ET MOUTON）

　　法國人對他們的羔羊肉和成羊肉的品質非常自豪。雖然我們在美國很難找到法國的春季羔羊與成羊，我們仍然很幸運能擁有自己的羊肉種類，而且不但品質與風味俱佳，更是終年可得。許多美國人對牛肉太過執著，忘了羊肉的存在，這一點很可惜，因為一隻烤得又紅又多汁的上好羊腿，對任何喜歡吃肉的人來說，絕對都會是一場盛宴。雖然我們認為上冊的內容已經涵蓋相當多的羊肉菜餚，包括燉羊肉、芥末烤羊肉、大蒜醬羊肉與水煮羊腿等，羊肉這種食材著實值得我們更深入。我們在這裡加入替羊肉去骨的完整說明、如何像專家一樣切割羊鞍肉的圖解步驟、一則燜燉鑲羊肩的食譜，以及準備派皮鑲羊腿的完整圖解。

如何替羊腿去骨

骨骼結構
全羊腿

　　一隻完全或部分去骨的羊腿很容易切割，你也可以在原本骨頭的位置鑲入餡料。如果生羊腿只去除尾骨與胯骨，對於負責切肉的人來說，已經有很大的幫助，如果完全替羊腿去骨，那麼切割根本就不是問題。為了讓人看出來你端上的確實是羊腿，可以留下脛骨，除非你打算將羊腿捲起來叉烤。雖然大部分肉販都會幫你把尾骨和胯骨切掉，他們可能

不願意花時間仔細替整隻羊腿去骨。如果你喜歡自己動手，你可以自己來去骨，也能更了解肉與切割，因為你會對骨頭、骨頭的形狀和位置越來越熟悉。

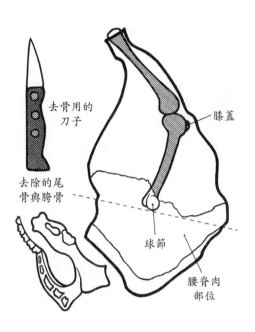

去骨用的刀子

膝蓋

去除的尾骨與胯骨

球節

腰脊肉部位

　　準備兩把刀片厚實鋒利的刀子，一把大刀、一把小刀。刀鋒隨時抵著骨頭，將複雜的胯尾部肉刮乾淨，儘量不要毀損肉的形狀，直到你能夠將連接臀部與主要腿骨球節的肌腱切斷，把臀部骨頭卸下。

　　要移除主要腿骨時，沿著露出來的球節切，然後順著腿骨往下，把肉和骨頭分開，直到你碰到位於膝蓋的球節。現在你有兩個選擇，一個比較簡單，另一個要花更多時間不過比較聰明。要移除骨頭，最簡單的辦法是將膝蓋下面的肉切開，把骨頭露出來；從外面挖一個儘量小的洞，沿著膝關節切，把肌腱切斷，然後從肉塊較大的一端把骨頭拉出來。將膝蓋一端的肉縫起來或用扦子串起來。比較耗時的做法，不用把膝蓋的皮刺穿就可以取出骨頭。藉由持續戳和切割腿肉內部關節周圍的骨頭，以及扭轉骨頭，儘量把骨頭周圍的內側肌肉翻過來以增進可見度的做法，你最後應該可以把腿骨和連接腿骨與關節的肌腱分開，並且把

骨頭拉出來。

　　腿部肌肉較大端包含臀部與尾部的那一片肉叫做腰脊肉。你可以把它割下來用在另一餐，做成烤肉、羊排或烤羊肉串，或者你也可以按照下面的食譜，取其中一部分做成絞肉，塞回羊腿內。（如果你打算保留這塊肉不割下來，則在填餡以後用扦子將它和羊腿固定在一起。）

　　腰脊肉割掉後，你會得到所謂的短羊腿（若要製作派皮鑲羊腿就需要這種）。

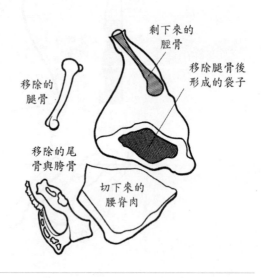

剩下來的
脛骨

移除腿骨後
形成的袋子

移除的
腿骨

移除的尾
骨與胯骨

切下來的
腰脊肉

　　你可以在袋子裡填入餡料，把餡料往內推到因為去骨而出現的所有空間，或是在裡面撒上食鹽、胡椒、香芹末、一瓣切成末的大蒜，以及一大撮迷迭香或百里香來調味。

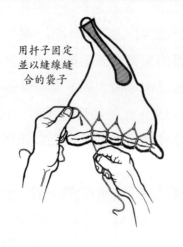

用扦子固定
並以縫線縫
合的袋子

　　無論是否填餡，都用扦子和縫線將袋口縫合。

去骨羊肉食譜

　　你可以選擇烹煮派皮鑲羊腿，或是按照上冊第 396 頁基本食譜烘烤去骨填餡後縫合的羊腿；上冊第 399 頁的香草芥末烤羊腿也很美味。在烤肉出爐靜置 15–20 分鐘以後，羊肉應該已經定型，此時就可以把扦子和棉繩拆掉。切肉時，應逆紋斜切成片（對角線），先從腿的一側切片，再從另一側切；如果最初切下來的幾片沒有餡料，可以暫時放在一邊，待第二次上菜再端上桌。等到你切到靠近小腿，越切越小片的時候，就可以開始直接逆紋橫切。

派皮烤鑲羊腿（GIGOT FARCI, EN CROÛTE)
〔用派皮包起來烘烤的去骨鑲餡羊腿〕

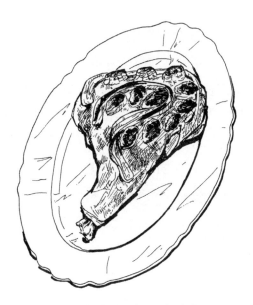

　　靠著這道菜揚名於世的法國鄉村餐廳不在少數，而且任何掌握法式酥皮或布里歐許麵團製作方式的家庭廚師，都可以將這道外觀出色戲劇性十足的菜餚做得跟專業廚師一樣地好。這則食譜使用了前幾頁插圖中去骨鑲餡羊腿，先將羊腿放在高溫烤箱裡烘烤至半熟，然後覆上酥皮，貼上用酥皮切出來的圖案裝飾，然後刷上蛋液，放回烤箱裡繼續烹煮並

將酥皮烤到上色。雖然你必須注意烹煮時間，才不會把羊肉烤到過熟，進行時還是可以按照食譜每一步驟末標示 (*) 的部分適度延遲烹煮時間。動手前請務必詳讀食譜，如此一來，你才會對時間控制和停止點有概念。我們建議你在將這道菜餚端上桌的前一天，就先把酥皮麵團準備好。你也可以提早一天替羊肉去骨，準備餡料並熬煮步驟 7 需要的醬汁；如此一來實際烹煮的動作就會簡單許多。

　　雖然這道菜有酥皮，實際上每份分到的酥皮量並不多，你可能會想要搭配馬鈴薯菜餚，例如上冊第 620 頁多菲內式焗烤馬鈴薯，以及接續的朱拉式焗烤馬鈴薯，或是比較少見的第 468 頁焗烤吉康菜馬鈴薯千層派。抱子甘藍、青花菜、奶油菠菜或新鮮豌豆也可以當成這道菜的配菜。這一道羊腿自然需要搭配最好的酒，讓你有機會拿出珍藏的酒莊瓶裝聖艾米利翁波爾多紅酒。

外殼，以及酥皮與布里歐許麵團

　　雖然傳統做法使用的是酥皮，在用酥皮來覆蓋烤到一分熟的羊肉時，總是沒法把酥皮烤得太熟，若使用布里歐許麵團，只要在烘烤前不讓布里歐許麵團進行最後發酵，就能用布里歐許麵團烤出酥脆的棕色外殼。這個問題，我們在第 219 頁同樣具有這兩種選擇的威靈頓牛排前文的說明中，已經討論過。

10–12 人份

1. 替羊腿去骨

一隻重 3.6–4.1 公斤的羊腿（去骨並切掉腰脊肉以後約 2.3–2.7 公斤）

按照前面的圖解說明將羊腿的尾骨、胯骨、主要的腿骨以及腰脊肉移除。（如果你打算準備步驟 7 建議的棕色醬汁，則從此時開始利用羊骨和羊腿碎肉來準備。）

2. 蘑菇羊腎餡──2 杯

227 公克（4 杯）新鮮蘑菇

2 大匙奶油與 1 大匙橄欖油或
食用油（若有必要可增加每種
油脂的用量）

一只中型（25公分）平底鍋
（建議使用不沾鍋）

4 個質地細緻的新鮮羊腎，去膜
後切碎

3 大匙紅蔥末或青蔥末

1/4 杯波特酒、馬德拉酒或干邑
白蘭地

1/8 小匙百里香粉與迷迭香粉

1/2 杯生羊絞肉（用切下來的腰
脊肉製作）

1/4 杯鵝肝醬或肝醬慕斯（罐裝
鵝肝或肝醬慕斯）

自行選用但建議使用：1 或 2
個切碎的松露與醃漬汁

食鹽與胡椒，用量按個人喜好

若有必要：2 大匙以上粗磨老麵
包屑，用不甜的自製麵包製作

將蘑菇修整好、洗淨後拍乾。用大刀將蘑菇切細碎；每次取一把蘑菇末，放在布巾的一角擰成球狀，盡可能將水分擠出來。將奶油與橄欖油放入平底鍋裡加熱，待奶油浮沫開始消失，蘑菇便可下鍋。以中大火翻炒幾分鐘，直到蘑菇開始互相分離。拌入羊腎與紅蔥，若有必要可額外加入少許奶油。翻炒 2 分鐘，讓羊腎變硬。在鍋裡倒入酒或干邑白蘭地與香草；煮開收乾 1 分鐘。鍋子離火，拌入羊絞肉。用叉子把鵝肝醬或鵝肝慕斯弄碎，然後加入鍋中，此時也可以加入自行選用的松露與其醃漬汁。按個人喜好仔細調味。（若混合物太濕或太鬆散，可以拌入 1 大匙左右的麵包屑，讓混合物更容易成形。）

3. 羊腿的填餡、網綁與縫合

扦子與白色棉線

按照第 226 頁圖解說明，將餡料填入羊腿去骨後留下來的空腔裡，將羊腿較大的一端用扦子串起來，並以棉線縫合。

(*) 提早準備：你可以提早一天進行到這個步驟結束。請注意，你也可以提早準備步驟 7 的醬汁。

4. 初步烘烤——以攝氏 218 度烘烤 30 分鐘，然後靜置 30 分鐘

填好餡並縫合的羊腿

帶烤架的淺烤盤

食用油

自行選用但建議使用：準確的
肉品溫度計

將烤箱預熱到攝氏 218 度。用紙巾將羊肉完全拍乾，並在羊肉表面刷上食用油，尤其是在瘦肉完全暴露的地方。將羊肉放在烤盤裡的烤架上，放入預熱烤箱的中上層。烘烤期間以油脂澆淋一至兩次，翻面一次，總烘烤時間 25–30 分鐘，烤到羊肉稍微膨脹，而且稍微比生肉更有彈性的程度。肉品溫度計讀數應達攝氏 48.9 度。將羊肉從烤箱取出，不過暫時保留棉線與扦子不動。

(*) 靜置與提早準備：在最後烹煮之前，羊肉至少要靜置 30 分鐘，如此一來肉的質地才會比較緊實，也能將餡料固定住。羊肉也必須要稍微降溫，蓋上酥皮以後才不會烤過頭，不過也不能讓羊肉的溫度下降太多，否則羊肉就會失去剛煮熟的多汁特質。如果你暫時還沒打算繼續烘烤，可以將預烤過的羊肉放在攝氏 38–43 度的環境中靜置，例如保溫箱或關掉的烤箱，並且不時加熱一下以保持溫度。

5. 用酥皮包覆羊肉——將烤箱預熱到攝氏 232 度，替下一步驟做準備

第 137 頁的簡易酥皮；或是第 101 頁布里歐許麵團，完全發酵並進行到可以烘烤的程度，麵團必須冷透

仍然溫熱的羊腿

稍微抹油的淺烤盤或有邊烤盤

刷蛋液（將1個雞蛋放入一只小碗中，加入1小匙清水打散）

一支醬料刷

自行選用但建議使用：肉品溫度計

移除棉線與扦子，將羊肉放在烤盤上。現在，可以準備用酥皮將羊肉包起來；操作要迅速，避免麵團變軟，若使用布里歐許麵團，也可避免麵團膨脹。

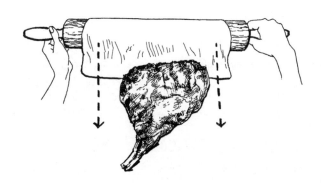

　　迅速將酥皮趕成扁平的梨形，厚度 0.6 公分，長度應比羊腿最寬處長 15.2 公分，並比羊腿寬 15.2 公分。從羊腿最寬處開始，將派皮攤開來蓋上去。

　　保留約 2.5 公分脛骨暴露在外，將足量酥皮塞到羊腿下方，將羊腿完全包覆；將多餘酥皮切掉。用手指將酥皮往羊腿下側壓：下側直接接觸烤盤，酥皮應完全把可以看得到的羊肉包起來。

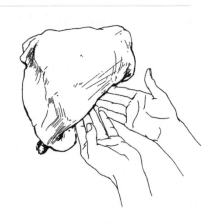

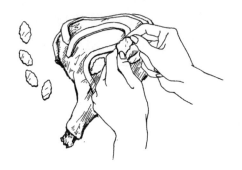

　　用剩餘的麵團做出裝飾用的圖案，例如用輪刀切成寬度 1 公分的長條狀，以及用花形餅乾模切出 5 公分的橢圓形。在酥皮表面刷上蛋液，並把裝飾貼上去壓好。

等到所有裝飾都貼好以後，在麵團表面與裝飾處刷上蛋液。拿一支餐叉，用叉齒在刷了蛋液的麵團表面上輕輕劃出交叉紋。將自行選用的肉品溫度計插入指示位置，溫度計與羊腿應呈斜角，讓溫度計尖端插在靠近羊腿肉較大端最厚實的部分。馬上進行下一步驟。（請注意，如果你使用的是布里歐許麵團，千萬不要讓麵團膨脹；在完成裝飾後應馬上烘烤。）

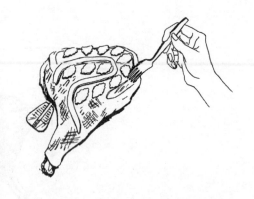

6. 最後烘烤——先以攝氏 232 度再降到 204 度，總共烘烤 25–30 分鐘

將羊腿放入預熱烤箱中層烘烤 15–20 分鐘，烤到酥皮開始上色；在最後 5–10 分鐘，將烤箱溫度調降到攝氏 204 度。當肉品溫度計讀數達到攝氏 54.4 度，或是烤盤底部羊肉下方出現肉汁時，羊肉即達一分熟。（備註：有些人喜歡比較稍生一點，可以烤到肉品溫度計達攝氏 51.7 度；若要烤到三分熟，則烤到指數達 60–62.8 度。你可以按個人喜好將肉烘烤到適當熟度。）

烤好以後儘快把羊肉從烤箱中取出；小心把羊肉抬起來，在下面放個架子，如此一來肉汁就不會把酥皮浸軟。羊肉在切割之前應該靜置 15–20 分鐘。（要上菜時，將羊肉放在大餐盤上，並把集結起來的肉汁倒到你準備的醬汁裡拌勻。）

(*) 提早準備：羊肉可以在酥皮裡保溫 30 分鐘；經過這段時間以後，可以將羊肉放入保溫箱或是可將溫度維持在攝氏 43.3–48.9 度的環境中，至少能繼續保溫 30 分鐘。

7. 上菜

一只稍微抹上奶油的熱餐盤或一塊砧板

自行選用但最好使用：3 杯用羊骨與碎肉做成的上好棕醬（上冊第 80 頁），以熱醬汁盅盛裝

將羊肉移到餐盤或砧板上，並將任何肉汁倒入醬汁裡。先將整支羊腿端上桌，讓賓客欣賞。切肉時應逆紋斜切，先從羊腿較大端的一面切，然後再換到另一面；如果頭幾片沒有餡料，可以放在一旁，等到第二次上菜時再端上。等到你切到靠近小腿較細的部分，則改成直接橫切。另外將醬汁和選用的配菜一起端上桌。

維羅夫萊式燜燉鑲羊肩（ÉPAULE D'AGNEAU FARCIE, VIROFLAY）

〔燜燉鑲羊肩〕

羊肩肉比羊腿便宜許多，通常價格至少便宜三分之一，而且在填餡燜燉以後，可以做成一道高雅的烤肉。這裡建議的菠菜蘑菇餡，在烤好切割以後很漂亮，如果你把第 466 頁羅勒馬鈴薯和烤番茄當成配菜，就能擺出一盤色彩豐富且香氣十足的主菜。聖艾米利翁波爾多紅酒是搭配這道菜餚的絕佳佐餐酒。

有關去骨羊肩

大部分肉販都會幫你替羊肩去骨，你也可以在市面上找到已經去骨捲好綁好的現成羊肩；若取得後者，應把羊肩上的棉繩拆掉攤平，好替羊肩填餡。採購時也一併購買 454 公克左右已鋸開的羊骨，或是小牛骨或牛骨，這些材料可以讓你的燜燉液體更有個性。（有關羊肩的完整資訊可參考上冊第 393 頁。）

8 人份

1. 蘑菇泥與菠菜餡──維羅夫萊式餡料

227 公克（體積 1 公升）新鮮
蘑菇

1 大匙奶油

1/2 大匙食用油

一只中型（25 公分）平底鍋
（建議用不沾鍋）

食鹽與胡椒

一只容量 3 公升的攪拌盆

按照下列說明製作蘑菇泥：將蘑菇修整、洗淨並拍乾，然後用大刀切成 0.1 公分小丁。每次取一把，將蘑菇丁放在布巾的一角，儘量把水分擰乾。取平底鍋，放入奶油與食用油加熱，蘑菇下鍋以中大火烹煮，頻繁翻拌至蘑菇丁開始互相分離且稍微上色。按個人喜好拌入食鹽與胡椒，然後刮入攪拌盆裡。

1½ 杯煮熟的菠菜（或一包重
283 公克的冷凍菠菜，放入一鍋
冷水內解凍後瀝乾）

2 大匙奶油

3 大匙紅蔥末或青蔥末

1 瓣大蒜瓣，拍碎

食鹽與胡椒

每次一把菠菜，並儘量將菠菜的水分擠乾；用不鏽鋼大刀將菠菜切碎。在平底鍋內放入額外的奶油，以中大火加熱至熔化，拌入紅蔥或青蔥，烹煮 1 分鐘。接下來，拌入菠菜與大蒜，翻炒幾分鐘，讓菠菜的殘留液體蒸發。等到菠菜稍微開始黏鍋，鍋子便可離火；按個人喜好以鹽和胡椒調味，然後將菠菜加到攪拌盆的蘑菇裡。

1/2 杯（42.5 公克）中等粗細
的老麵包屑，以不甜的自製白
麵包製作，放入小碗內

2-3 大匙高湯、清湯或牛奶

2/3 杯（113 公克）切細碎的火
腿脂肪、新鮮豬脂肪或水煮過
的培根

1 個雞蛋

用高湯、清湯或牛奶將麵包屑泡軟，並靜置幾分鐘。將豬脂肪、雞蛋與香草打入蘑菇與菠菜裡混合均勻。將麵包屑擰乾後加入餡料裡混合。仔細品嘗以調整調味料用量。

(*) 提早準備：可以提早一天進行到這個步驟結束；蓋起來放入冰箱冷藏。

8-10 片新鮮甜羅勒葉，切末，
或是 1/2 小匙芳香的乾燥甜羅
勒、百里香或迷迭香

食鹽與胡椒

2. 替羊肉鑲餡

一份重 2.3-2.7 公斤的羊肩，
帶皮，切掉多餘脂肪；將骨頭
移除、切碎後保留稍後使用
（可以直接用來鑲餡的現成羊
肩肉重約 1.6 公斤）

一支縫針或扦子

白色棉繩

將去骨羊肩放在砧板上攤平，帶皮面朝下。將餡料塞入去骨後留下來的空間裡，再將餡料沿著肉塊中線堆成長方體的形狀。將羊肉的邊緣縫起來或用扦子串起來，讓羊肉能完全包覆餡料。（不要塞入過多餡料。）按 2.5 公分間隔，沿著肉塊周圍一圈圈綁成長條狀。在繼續進行下一步驟之前，用紙巾將羊肉完全拍乾。

(*) 提早準備：等到羊肉和餡料都放入冰箱冷藏至完全冷透以後，就可以提早一天填餡；將填好餡的羊肩包起來放入冰箱冷藏。

3. 將羊肉煎到上色

2-3 大匙精製豬油、鵝油或食
用油；若有必要可增加用量

一只沉重且大小恰能容納羊肉
的耐熱燉鍋

切碎的羊骨

1 個大洋蔥，切絲

1 條大胡蘿蔔，切片

為了醬汁質地而添加：1 塊邊長
15 公分的水煮豬皮，參考上冊
第 481 頁，以及／或可用切碎
的小牛關節骨

算好進行步驟 4 的時間，將烤箱預熱到攝氏 163 度。油脂放入燉鍋內，加熱到高溫但尚未冒煙的程度，放入骨頭（包含自行選用的關節骨）與切片的蔬菜；以中大火翻炒 5-6 分鐘，炒到稍微上色。用溝槽鍋匙將鍋內材料移到盤子裡備用。此時，若有必要，可在鍋內加入更多油脂，然後放入羊肉，接合處朝下，煎幾分鐘讓表面上色，期間偶爾將羊肉抬起來以避免黏鍋。替羊肉翻面，將另一面煎到上色，並繼續以同樣方式進行，直到

羊肉表面完全上色為止。將炒過的蔬菜與骨頭放在羊肉周圍，然後加入自行選用的豬皮。

4. 燜燉羊肉——以攝氏 163 度烹煮 2 小時 30 分鐘

食鹽

1 杯不甜的白酒或不甜的白法國苦艾酒

2 杯以上棕色高湯或清湯

下列材料以紗布綁好：6 枝香芹、1 片月桂葉、1/2 小匙百里香、2 瓣大蒜

一張蠟紙或鋁箔紙

燉鍋鍋蓋

用食鹽替羊肉調味，倒入酒和足量高湯或清湯，讓液面達到羊肉的三分之二。將香草包埋在液體中，將鍋子放在爐火上加熱至微滾。用蠟紙或鋁箔紙把肉蓋上，蓋上燉鍋鍋蓋，再放入烤箱中層；調整烤箱溫度，讓羊肉慢慢熬煮 2 小時 30 分鐘。烹煮期間翻面數次，並以液體澆淋羊肉。煮到叉子可以輕易插進去的程度，便算烹煮完畢。

5. 醬汁與上菜

一只溫熱的大餐盤

一個篩子，架在單柄鍋上

1 大匙玉米澱粉，放入小碗中和 2 大匙酒或高湯拌成糊狀

一只溫熱的醬汁盅

香芹、西洋菜或其他裝飾用蔬菜

將羊肉移到溫熱的大餐盤上。先不要把棉線拆掉；用蠟紙或鋁箔紙蓋上，放入關掉的烤箱裡保溫，烤箱門留縫，並趁這段時間按下列做法完成醬汁：將燜燉液體過濾到單柄鍋內，並將篩子內材料的水分都壓出來。將液體表面油脂撈掉，將液體加熱至微滾，繼續撈除額外油脂，並仔細品嘗以修正調味，控制味道強度。若有必要，迅速將醬汁收乾些；你應該會得到 2½ 杯的液體。鍋子離火，打入澱粉混合物；將鍋子重新放回爐火上一邊加熱一邊攪拌，熬煮 2 分鐘。移除羊肉上的棉線和固定物，將 1 大匙醬汁淋在肉上，然後將剩餘醬汁放入溫過的醬汁盅裡。以綠色蔬菜裝飾大餐盤，便可端上桌。

切肉時，先從短邊的一側逆紋斜切，然後換到另一邊切，並將少許醬汁淋在每一份肉片周圍。（如果餡料無法定型，擺盤時應該把肉片繞著餡料擺放。）

(*) 提早準備：如果你沒打算馬上將羊肉端上桌，可以將羊肉放回燉鍋裡，把醬汁淋在羊肉周圍，稍微蓋上，放入溫度設定在攝氏 49 度的保溫箱裡，或是放在接近微滾的熱水上，如此至少可以保溫 30 分鐘。

其他餡料

其他可使用的餡料請參考第 617–619 頁，上冊第 400–403 頁也有六種專門用於羊肉的餡料。

羊胸肉（POITRINE D'AGNEAU）

羊胸肉（胸廓的底部，類似第 259 頁小牛胸肉插圖的位置）是價格最合理的部位，而且在去骨鑲餡燜燉以後非常美味。儘管如此，這部位的肉必須要小心去皮，而且骨板上的所有脂肪以及其他多餘脂肪都應該要切掉。如果你找到一塊已經修整過的胸肉，可參考第 261 頁鑲小牛胸肉的做法，餡料可使用該則鑲小牛胸肉食譜所使用者，或是前面任何針對羊肩肉建議的餡料。

羊脊肉（SELLE D'AGNEAU）

要舉辦一場 4–6 人的小型晚宴，羊脊肉可以說是最奢侈也最具吸引力的烤肉部位。你可以從下面的圖解說明發現，羊脊肉並不難處理，在你把羊脊肉準備好送進烤箱以後，你會發現，羊脊肉比羊腿更容易烤也更容易切，而且絕對非常美味。

如何採購

羊鞍指的是羊的背腰肉。在牛屠體上，這會是脊椎兩側包括整個紅屋牛排與丁骨牛排的部分，在羊屠體上則會是整個羊裡脊排的部分。事實上，這是一塊巨大的蝴蝶狀裡脊排，厚度為 20–25 公分，其中包括兩塊位於脊椎骨兩側的厚實條狀裡脊肉，以及下方另外兩條較小的裡脊肉。裡脊排的末端是腹脇肉，也就是附著在兩側的片狀肌肉。

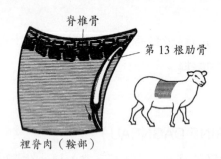

由於肉品部位的名稱因國家地區而異，你的肉販可能會將所謂的「羊鞍」理解為從腰到臀部再到腿部的整個部分，而且他可能只有在你明確要求位於兩個腎臟部位的腰脊肉時，才會知道你要的到底是什麼。如果溝通不良，你便可以把這張圖拿給肉販參考，或是在身上指出鞍部的位置。鞍部相當於你脊椎骨兩側的腰背部，同時包括正面；換言之，它指的是從胯骨上方到肋骨下方的整個部分。告訴肉販將這部分完整保留，不要從脊椎骨的地方把它鋸成兩半。最上等的羊鞍來自春季羔羊的屠體，羔羊的重量不應超過 20.4 公斤；未修整的羊鞍重量約為 2.9 公斤，可直接烘烤的現成羊鞍約重 1.6 公斤。

法文專有名詞

即使在法國，你也有可能會遇上溝通的問題，因為法文的羊鞍可以是「selle d'agneau」、「selle anglaise」或「les deux filets réunis」。如果有任何搞不清楚的狀況，你可以在自己身上指出所需部位。法國的羔

羊鞍會比美國的小一點，成羊鞍則稍大，而且應經過適當熟成（bien rassie）。

如何處理烘烤用的羊鞍

這是羊鞍的正面圖，此時腹脅肉還沒有被切掉。要求肉販幫你去除羊肉的表皮薄膜，只在肉的上方留下一層薄薄的脂肪。若第 13 根肋骨仍然附著在上面，則移除之。

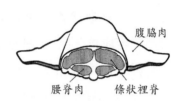

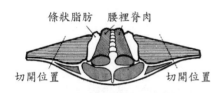

將下側所有多餘的脂肪都移除；這個動作可能包括把腎臟移除。條狀裡脊肉位於脊椎骨兩側，和脊椎骨平行，而在這兩條肌肉外緣，有兩條部分被遮住的脂肪和裡脊肉平行。

將脂肪和肌肉分開，把脂肪拉掉，小心不要刺穿腹脅肉，也不要在肌肉正面表面造成切口。保留約莫 7.6 公分的腹脅肉，讓留下來的部分能夠將脊椎骨下側蓋起來。

將覆蓋在正面的大部分脂肪剃掉，只保留約 0.3 公分的厚度，並在表面按 1.2 公分間隔劃上菱紋，下刀深度恰好觸及肌肉。這些脂肪能幫助羊肉均勻烹煮，稍後也會在烤到酥脆的表面留下漂亮的裝飾圖案。

在羊肉下側撒上食鹽、胡椒與一大撮百里香或迷迭香，將腹脅肉往脊椎骨下方摺，將條狀腰脊肉蓋起來，然後用白色棉繩繞著羊鞍綁三圈以上。如果你沒打算馬上烹煮，則將羊肉包好並放入冰箱冷藏。

(*) 提早準備：羊鞍可在烘烤前一天提早處理到這個程度。

▪ 烤羊鞍（SELLE D'AGNEAU RÔTIE）

　　一道樸實的烤羊鞍本身就非常美味，雖然食譜末會提及一些處理方式的變化，你其實並不需要再多做什麼更繁複的處理步驟。這道菜餚的傳統配菜是表皮酥脆且奶油味四溢的安娜馬鈴薯派，做法參考第 474 頁，或是該則食譜後面的兩個變化版之一，此外，也可以搭配燜燒萵苣或燜燒吉康菜。另一個配菜建議是茄子，例如第 425 頁加了番茄和起司的普羅旺斯焗烤茄子；有了這些配菜，接下來你只要準備一條好吃的自製法國麵包即可。最適合的佐餐酒為風味細緻的波爾多梅多克紅酒。

4-6 人份

1. 烘烤前的處理

一塊根據前文說明修整、調味並綑綁的羊鞍（修整後重量 1.8-2.3 公斤）

一只沉重且大小恰能容納羊鞍的淺烤盤

4 大匙熔化的奶油與一支醬料刷

1/2 杯胡蘿蔔片與 1/2 杯洋蔥絲

2 瓣帶皮大蒜瓣

自行選用但建議使用：一支肉品溫度計

烤箱預熱到攝氏 246 度，替步驟 2 做準備。將羊鞍正放在烤盤裡，替暴露出來肉刷上奶油，並保留剩餘奶油稍後使用。如果使用肉品溫度計，則將溫度計斜插到腰脊肉最厚實的部分。確保肉品溫度計的尖端能插到肉塊的中央，並且沒有觸碰到骨頭。準備蔬菜與大蒜，放入一只碗內，待步驟 2 使用。

2. 烘烤——約 45 分鐘——烤箱預熱到攝氏 232 度

　　開始烘烤：將羊肉放在預熱烤箱的中上層烘烤 15 分鐘。

　　經過 15 分鐘：將烤箱溫度調降到攝氏 218 度。動作迅速，用熔化的奶油澆淋羊鞍的兩端，再把蔬菜和大蒜放在肉塊周圍。用烤盤內的油脂或奶油澆淋蔬菜。

　　經過 22 分鐘：迅速用烤盤裡的油脂再次澆淋肉塊和蔬菜。

經過 30 分鐘：再次快速澆淋。若蔬菜開始焦黑，將烤箱溫度調降到攝氏 204 度。

經過 37 分鐘：再次澆淋。若使用肉品溫度計，此時讀數應該在攝氏 51.7–54.4 度之間，羊肉約一分熟。觸壓時肉塊應該帶有彈性，而非如生肉般柔軟，而且肉汁應該會開始從肉滲出，流入烤盤。若有必要可繼續烘烤幾分鐘；若希望烤到肉帶粉紅色而非紅色的三分熟，則烤到肉品溫度計讀數達到攝氏 60 度。（請注意，若羊肉在放進烤箱之前曾放入冰箱冷藏，烘烤時間可能會多出幾分鐘。較大塊的羊鞍可能總共會需要烘烤 50–55 分鐘。在加長烘烤時間時，每 4–5 分鐘澆淋一次。）

烤好以後：將烤箱關掉，將羊肉放在大餐盤上，並把大餐盤放在烤箱內靠近烤箱門處，並將烤箱門打開；切割前靜置 10–15 分鐘，能夠讓肉的組織把肉汁吸回去。經過靜置時間以後，將棉繩拆下來丟掉。同個時候，按照下個步驟製作醬汁。

3. 製作醬汁

1/3 杯不甜的白酒或不甜的法國白苦艾酒

1 杯牛肉高湯或清湯

自行選用：1 個中型番茄，切碎（不要去皮）

食鹽與胡椒

一只篩子

一只小單柄鍋

將烤盤裡大部分油脂舀走，只保留 1 大匙，倒入酒和高湯，以及自行選用的番茄。將烤盤放在大火上加熱至沸騰，並用木匙把聚集在盤底的肉汁刮下來；湯汁沸騰後，將湯汁裡的蔬菜壓碎。將湯汁收到剩下一半的量，修正調味，再過濾到單柄鍋裡並加以保溫。做出來的醬汁應該恰足以濕潤每一份烤肉。

(*) 提早準備：若能控制溫度，你可以將做好的羊肉放在溫度不超過攝氏 49 度的保溫箱裡，至少保溫 30 分鐘。如此一來，待做好醬汁，就可以馬上端上桌。

4. 切肉與上菜

在餐桌上切肉：如果你想要在餐桌上切肉，你可以遵照許多餐廳領

班的做法，從每一側切出又長又薄與脊椎骨平行的肉片。（切下去的第一片通常是把脂肪削掉，一般不會端上桌。）接著，將羊鞍翻過來，把腹脇肉切掉，保留用於第二次分菜；將長條狀裡脊肉切下，再橫切成片。

　　在廚房切割後重組：這是很棒的做法，而且切好的肉會被重新放回脊椎骨上。雖然你可以按照前一段說明切出又長又薄的肉片，我們還是建議逆紋切割，食用時口感較佳。替自己準備一把又長又鋒利的刀子、一支叉子和一塊砧板；將烤箱預熱到攝氏 246 度，以在重組以後放回烤箱稍事加熱。操作時應按照下列方法快速進行：

　　將羊鞍翻過來，把腹脇肉切下來。按與脊椎骨平行的方向，對著脊椎骨往下切，然後順著朝外的曲線，將第一塊完整的長條狀裡脊肉切下，然後把相對應的另一塊也切下。

切下來的裡脊肉

　　將羊鞍翻回正面，按個人喜好將每一側外圍的脂肪切掉，然後按與脊椎骨平行的方向，對著脊椎骨往下切，再順著朝外的曲線將每一側的長條狀腰肉切下來。刀子與砧板平行，以 45 度角迅速將每條腰肉逆紋斜切成厚度 2 公分的切片；稍微以食鹽和胡椒調味，不過按切下來的順序排放肉片，如此一來你才能把肉片再次放回脊椎骨上。替長條狀裡脊切片並調味。

鞍部骨頭

腹脇肉

　　將腹脇肉放在溫熱的耐熱大餐盤上縱向擺好，並把鞍部骨頭放在腹脇肉上。

將裡脊肉切片排在鞍部骨頭的兩端，然後將腰肉重新放回脊椎骨的兩側。

將切肉時流出來的肉汁淋在肉片上；將大餐盤放入烤箱 2 分鐘稍微加熱。把 1-2 大匙醬汁淋在肉上，迅速以香芹、西洋菜或其他配菜裝飾大餐盤，並馬上端上桌。

變化版

香芹羊鞍肉（Selle d'Agneau, Persillade）
（以香芹和奶油麵包屑裝飾的羊鞍肉）

將以紅蔥、調味料和奶油炒過的麵包屑拌入香芹，然後塗抹在烤好的羊鞍肉上作為裝飾，並在廚房把肉切好，然後重新組合放在脊椎骨上端上桌，絕對是一種香氣四溢、吸引力十足且特別誘人的菜餚。你可以在有空的時候按下列方法製作香芹麵包屑，只要在烤羊肉上菜前準備好即可：

4 大匙澄清奶油（熔化後去除牛奶固形物的奶油，呈清澈液狀）

一只中型（直徑 25 公分）平底鍋

3 大匙紅蔥末或青蔥末

1 杯（稍微壓緊）中等粗細的新鮮麵包屑，以不甜的自製白麵包製作

食鹽與胡椒

3-4 大匙新鮮香芹末

將奶油加熱到開始出現浮沫，下紅蔥炒 1 分鐘，然後加入麵包粉，在中大火上翻炒幾分鐘，直到麵包屑變成漂亮的金棕色。鍋子離火，按個人喜好拌入食鹽與胡椒，便可靜置備用。等到肉烤好並放入大餐盤以後，將香芹拌入麵包屑裡，再把香芹麵包屑抹在羊肉上；將羊肉放入烤箱重新加熱一下，便可端上桌。

米蘭式羊鞍肉（Selle d'Agneau, Milanaise）

〔搭配帕瑪森起司和麵包屑的羊鞍肉〕

另一種吸引力十足的烤羊鞍擺盤，是將一層起司麵包屑抹上去，然後放入熱烤箱裡烤到上色。按下列方法製作起司麵包屑：

---

4 大匙熔化的奶油

1/2 杯相當細的老麵包屑

1/3 杯磨碎的帕瑪森起司

一只小碗

胡椒，用量按個人喜好

算好上菜時間，將烤箱預熱到攝氏 246 度。將奶油、麵包屑與起司粉放入小碗中混合；按個人喜好用胡椒調味後靜置備用。等到羊鞍肉烤好、經過靜置並可以上菜時，將起司麵包屑抹上去。將羊肉放入預熱烤箱的上三分之一烘烤 2–3 分鐘，讓表面稍微上色；馬上端上桌。

小牛肉（VEAU）

沒有太多年以前，只有歐洲人或是經驗豐富並曾遊歷各地的美國人才懂得吃小牛肉。時至今日，只要在優質小牛肉容易取得的地方，快速以奶油煎過並搭配茵陳蒿奶油醬的小牛肉片、填入蘑菇餡的烤小牛肉，或是簡單美味的白醬燉小牛肉，都已經成為美國家庭餐桌上常見的菜餚。讓我們感到高興的是，因為飼養方式的改善與高品質肉類日益增長的需求，美國境內現在已經有了品質更優的小牛肉。如果你前去採購之處尚未出現大塊、顏色蒼白且肉質細緻的小牛肉，你也許可以敦促肉販進貨，希望能藉此在你的購物區裡創造出這類肉品的需求。

上冊自第 418 頁開始，約有 30 頁以小牛肉、其品質與切割部位為題。食譜包括以香草和芳香蔬菜盤烤的小牛肉、極其豐盛的奧爾洛夫王子焗小牛肉、填入火腿起司餡的鑲小牛肉、兩道精緻的燉肉、有關如何切出薄切小牛肉片的詳盡說明、一則小牛肉排食譜，以及有些小牛絞肉餅的實用建議，其中，對那些價格合理、偶爾可見於生肉櫃檯的包裝頸

肉來說，做成小牛絞肉餅確實是非常適合處理方式。我們在這裡將悶燉
小牛肉分成三大類別：煎肉排、燉肉，以及按法式料理手法替小牛胸肉
去骨填餡的圖解說明。最後兩道取自高級料理，分別是烤鑲千層小牛肉
卷與佩里戈爾式小牛肉，兩道菜都需要用到最上等的酒、松露、鵝肝與
填入適當餡料的肉塊。

燜燉小牛肉排（CÔTES DE VEAU BRAISÉES）

取自小牛腿部與肩部的小牛肉排，都能從燜燉這種緩慢濕潤的烹煮
方式受益，欠缺淡嫩質地色澤的小牛肋排與小牛腰肉排亦是如此。由於
美國境內小牛屠體的重量與切割方式差異非常大，我們在這裡只會指定
所需肉重與厚度。使用取自肩部的小牛排時，每人份以 340 公克計，每
塊肉排厚度應在 1.9–2.5 公分之間。取自腿部（臀部）逆紋切割的肉排，
厚度應在 1.9–2.5 公分之間，680–907 公克重的肉排為 4 人份。

法國的小牛肉

在法國，取自肩部的小牛肉排叫做「basses côtes」或「côtes
découvertes」。只有比較小的小牛腿才會被切成肉排，稱為「rouelles」。

■ 酒燉小牛肉排（CÔTES DE VEAU DANS LEUR JUS）
〔以酒燜燉的小牛肉排〕

這是一種平易、簡單且基本的燜燉小牛肉排方法。做好以後如實端
上桌，你可以用少許奶油替燜燉液體添味，或是做得更花俏些，運用鮮
奶油與蘑菇或是其他修整下來的邊料，就如本則食譜變化版的做法。你
可以將小牛肉排放在一層菠菜泥上擺盤，或是搭配第 467 頁的鮮奶油茵
陳蒿馬鈴薯，或者你也可以用第 430 頁焗烤萘菜或第 432 頁焗烤洋蔥菠
菜當作配菜。當然第 447 頁的美味模烤櫛瓜，會讓晚餐變得更講究。如

果你不打算搭配米飯或馬鈴薯，可以擺上一條自己動手做出來的新鮮法國麵包來代替澱粉蔬菜。至於佐餐酒，我們則建議選用波爾多梅多克紅酒。

4 人份

1. 將肉排煎到上色

4 塊取自肩部的小牛肉排，厚度在 1.9-2.5 公分之間，每塊重 340 公克；或是 1 塊重 680-907 公克、厚度 1.9-2.5 公分的小牛肉排

3-4 大匙奶油

1-2 大匙橄欖油或食用油

一台大小足以讓所有肉排平鋪成一層的電子燒烤爐；或是一只中型平底鍋和一個烤盤或燉鍋

若使用帶骨肉排，應將多餘的脊椎骨切掉，並移除任何鬆散的肋骨、肌腱與多餘的脂肪；若末端鬆散，則繞著肉塊主體捲好並固定之（按各人喜好將肉排保留完整或切成適合上菜的大小）。用紙巾將肉塊拍乾。鍋內放入 2 大匙奶油與 1 大匙橄欖油，待奶油浮沫開始消失，便可開始下肉，將肉平鋪成一層並儘量將平底鍋放滿。每面煎 3-4 分鐘，調整火力讓奶油保持高溫但不至於變色。若沒法一次煎完，將煎好的肉排移到一只盤子內靜置備用，再繼續把剩餘肉塊煎完，若有必要可增加奶油或橄欖油用量。

2. 燜燉肉排

食鹽與胡椒

3 大匙紅蔥末或青蔥末

1/2 杯不甜的白酒或不甜的法國白苦艾酒

約 1 杯小牛肉高湯、雞肉高湯或將罐裝雞湯與牛肉清湯混用

1/2 小匙茵陳蒿、百里香、綜合普羅旺斯香草或義大利香草調味料

（你可以在爐火上或是在預熱到攝氏 163 度的烤箱裡進行燜燉；如果肉排無法在鍋內平鋪成一層，可以讓肉排稍微重疊，並且在烹煮期間更頻繁地進行澆淋的動作。）用食鹽和胡椒替肉排兩面調味，然後將肉排放在鍋子裡。以中火加熱，拌入紅蔥或青蔥，烹煮 2 分鐘以後倒入白酒或苦艾酒與足量高湯或

清湯，讓液體高度達到肉塊高度的一半。加入香草。將鍋子放在爐火上加熱到鍋內液體微滾，然後蓋上鍋蓋，在烹煮期間讓鍋內保持微滾，並以鍋內液體澆淋肉排數次。無論使用帶骨肉排或一般肉排，在經過 50-60 分鐘後，用刀子插進去測試，肉排應該都已變軟；如果還不夠軟，則多煮 5-10 分鐘。

3. 醬汁與上菜

一只溫熱的大餐盤
食鹽與胡椒
幾滴新鮮檸檬汁
2-3 大匙軟化的奶油
新鮮香芹末與選用的蔬菜

將小牛肉放在大餐盤上；把肉蓋起來，在製作醬汁時將肉放在關掉的烤箱裡保溫幾分鐘，烤箱門微開。將烹煮液體表面的油脂撈除，將液體加熱至沸騰，繼續撈除油脂，並將液體快速收成糖漿質地。仔細調整調味料用量，並按個人喜好加入檸檬汁。鍋子離火，以每次 1/2 大匙的量，慢慢拌入奶油。將醬汁淋在肉排上，撒上香芹後馬上端上桌。

(*) 提早準備：如果你不打算馬上上菜，在製作醬汁時，先將烹煮液體收稠些，以濃縮味道，不過暫時不要煮太乾。將肉排放回鍋中，以醬汁澆淋，蓋上蠟紙並稍微蓋上鍋蓋。肉排至少可以在溫度設定於攝氏 43-49 度的保溫盤上或保溫箱裡保溫 30 分鐘；等到上菜前再完成醬汁。

變化版

起司焗烤燜燉小牛肉排（Côes de Veau Gratinées au Fromage）
〔用起司焗烤的燜燉小牛肉排〕

這是加了起司的美味變化版。

按照基本食譜步驟 1 與步驟 2 的做法將小牛肉煎到上色並加以燜燉，並按步驟 3 製作醬汁。在把肉排端上桌前，按照下列方法進行焗烤：

3/4 杯稍微壓緊的粗磨瑞士起司

1/4 杯不甜的白酒或不甜的法國白苦艾酒

將炙烤爐加熱至中高溫。把燜燉好的肉排放在一只淺烤盤裡，並把起司撒在肉排上。從上方淋上白酒或苦艾酒，放到炙烤爐裡幾分鐘，直到起司熔化且烤出漂亮的顏色。將肉排放到餐盤裡，並在周圍淋上醬汁，便可端上桌。

鮮奶油蘑菇燜燉小牛肉排（Côtes de Veau Braisées aux Champignons）
〔和蘑菇與鮮奶油一起燜燉的小牛肉排〕

蘑菇和小牛肉就像蘑菇和雞肉一樣，味道總是非常搭，其中一個原因，無疑是因為蘑菇裡的天然味精能提升小牛肉本身的細緻風味所致。

按照第 246–247 頁基本食譜步驟 1 與步驟 2 將肉排煎到上色並加以燜燉，不過在肉排完成烹煮的 10 分鐘前，按照下列方式加入蘑菇：

2 杯（113 公克）新鮮蘑菇

2 大匙奶油，放入一只中型（直徑 25 公分）平底鍋內

食鹽與胡椒

修整、清洗並拍乾蘑菇；將蘑菇切片或切成四瓣。將奶油加熱至出現浮沫，下蘑菇翻炒 2–3 分鐘；稍微調味後靜置一旁備用。（短暫用奶油翻炒能夠增添蘑菇的風味。）待你估計小牛肉即將完成烹煮的前 10 分鐘，加入蘑菇，並以燉鍋內的湯汁澆淋。

醬汁與上菜

1/2-2/3 杯法式酸奶油或鮮奶油

食鹽與胡椒

幾滴檸檬汁

2-3 大匙軟化奶油

2-3 大匙新鮮香芹末、香芹枝
或其他選用的蔬菜

煮好以後,將小牛肉移到溫熱的大餐盤裡,蓋起來保溫。將蘑菇另外放在一只盤子裡。將烹飪液體表面的油脂撈除,若有必要則繼續熬煮,將液體收到糖漿質地。加入鮮奶油並再次快速將醬汁煮到稍微變稠。將蘑菇放回醬汁裡熬煮一下。修正調味,按需求加入檸檬汁。鍋子離火,拌入添味用的奶油,再把醬汁和蘑菇淋在小牛肉排上,以香芹或蔬菜裝飾,便可端上桌。

(*) 提早準備:如果不打算馬上端上桌,則先將醬汁做好,但先不要加入添味的奶油;將小牛肉放回鍋裡,以醬汁和蘑菇澆淋。蓋上鍋蓋並加以保溫(攝氏 43–49 度)。若有必要,在上菜前用更多鮮奶油或高湯稀釋醬汁;拌入添味用的奶油,以醬汁澆淋小牛肉,直到奶油被充分吸收為止。

尚普瓦隆式焗烤燜燉小牛肉排(Côtes de Veau Champvallon, Gratinées)
〔搭配馬鈴薯的燜燉小牛肉排〕

這是可以直接當成一餐的一道菜餚,只需要搭配綠色蔬菜如青花菜、豌豆、四季豆或菠菜即可;你也可以另外準備一盤什錦沙拉當成配菜。在這道菜裡,和小牛肉與肉汁一起烹煮的馬鈴薯吸收了美妙的滋味,最後放在上面的起司和麵包屑不但能增加烹煮液體的濃稠度,也讓擺盤更美觀。雖然這道菜的手法幾乎和基本食譜相同,因為稍有差異,我們在這裡還是提供了縮減版的完整食譜。

備註:在這裡你必須要修整小牛肉,讓肉能夠在燉鍋或烤盤底部平鋪成一層;參考步驟 2。

4 人份

1. 將小牛肉煎到上色

1/2 杯（113 公克）條狀豬脂肪
（水煮過的長條狀培根，4 公分
長 0.6 公分厚，參考第 177 頁）

3 大匙橄欖油或食用油

4 片取自肩部的小牛肉排，
1.9–2.5 公分厚，以紙巾拍乾

1 杯洋蔥末

2 瓣大蒜瓣，拍碎或切末

將水煮過的長條狀培根切成 0.6 公分小丁，和油脂一起放入平底鍋內，慢慢煎到上色。用溝槽鍋匙取出培根，置於一旁備用，將油脂留在鍋裡。小牛排下鍋煎到上色，每面約需要煎 3–4 分鐘，烹煮期間確保油脂保持高溫但不至於燒焦。煎好後將小牛肉取出，在鍋內拌入洋蔥與大蒜，蓋上鍋蓋，慢慢烹煮 8–10 分鐘，期間偶爾翻拌，將大蒜洋蔥煮軟。將大蒜洋蔥移到一只小盤裡，將油脂留在鍋內。鍋子離火。

2. 燜燉小牛肉

食鹽與胡椒

1/2 小匙茵陳蒿、百里香、普羅旺斯綜合香草或義大利香草調味料

一只大小恰能讓肉排平鋪成一層的有蓋耐熱燉鍋或烤盤（或是使用兩只鍋或烤盤）

4–5 杯蠟質馬鈴薯，去皮後切成厚度 0.3 公分切片

1/2 杯新鮮香芹，略切成末

1/2 杯不甜的白酒或法國白苦艾酒

約 1 杯小牛肉高湯、雞肉高湯或將罐裝雞湯與牛肉清湯混用

抹奶油的鋁箔紙

一支滴油器

烤箱預熱到攝氏 177 度。用食鹽、胡椒和香草替小牛肉調味，並將小牛肉密集地放在燉鍋鍋底平鋪成一層，同時放入洋蔥與大蒜，以及一半煎過的培根丁。將馬鈴薯鋪在小牛肉上，用食鹽、胡椒和少許香芹末替每層馬鈴薯調味。（馬鈴薯高度應不超過 1.9 公分。）倒入酒與足量高湯或清湯，讓液面達到馬鈴薯的三分之一。將 1 或 2 大匙烹飪油脂淋在馬鈴薯上。（若油脂已經焦掉，則改用熔化的奶油。）將剩餘的培根丁撒在馬鈴薯上，並將燉鍋內容物放在爐火上加熱至微滾。將抹了奶油的鋁箔紙蓋在馬鈴薯上，然

後蓋上燉鍋鍋蓋，放入預熱烤箱中層。烘烤約 1 小時，或是烤到小牛肉和馬鈴薯都變軟，期間以鍋內液體澆淋數次。

3. 焗烤與上菜

1/2 杯中等粗細的麵包屑，以不甜的自製白麵包製作

1/3 杯磨碎的瑞士起司或帕瑪森起司

將烤箱溫度調高到攝氏 218 度。品嘗烹飪液體，若有必要可調整調味料用量。將麵包屑和起司混合，然後平鋪在馬鈴薯上。以燉鍋內的湯汁澆淋，然後放入烤箱的上三分之一。在湯汁隨著麵包屑收稠的同時澆淋數次，讓表面烤到上色；這裡約需要烘烤 10–15 分鐘。

直接將燉鍋或烤盤端上桌，或是將每一塊小牛肉和配料一起移到溫熱的大餐盤上，並將湯汁淋在周圍。

(*) 提早準備：如果你不打算馬上端上桌，湯汁先不要收太稠；放在保溫盤或攝氏 49 度保溫箱裡，稍微用鋁箔紙蓋著。若有必要，在上菜前可用更多高湯或熔化的奶油澆淋。

小牛肉排的其他做法

先按照第 246 頁基本食譜簡單燜燉，將步驟 3 收稠的醬汁拌入第 182 頁的大蒜香草醬調味，或是加入上冊第 386 頁以鯷魚、續隨子、大蒜和香芹做成的普羅旺斯式調味。另一個做法是將番茄燴青椒放在燜燉好的小牛肉上；蓋上鍋蓋，讓番茄燴青椒和小牛肉一起加熱幾分鐘，然後淋上醬汁再端上桌。你也可以以同樣的方式運用第 421 頁青醬燴茄子。最後，以培根、半熟洋蔥、水煮小馬鈴薯組合而成的家常式配菜也是個吸引力十足的方式，你可以在燜燉的最後 30 分鐘將這些材料加入鍋中，讓所有材料一起烹煮至結束；若要採用這個做法，可以參考上冊第 295 頁家常盤烤雞。

燉小牛肉（RAGOÛTS DE VEAU）

小牛肉能做出很棒的燉肉，而且只要烹煮一個多小時即可。我們在上冊納入運用洋蔥、蘑菇和白醬烹調而成的名菜白醬燉小牛肉，以及另一道運用番茄的棕醬燉小牛肉。我們在此提供更多燉小牛肉的食譜，其中包括燉小牛腿。

用作燉肉的部位

如第 259 頁圖示的「胸板」部位，是法國人最喜歡的燉肉部位，不過這個部位並不受美國人歡迎，因為胸骨與肋骨末端有口感脆脆的軟骨。肩部、頸部與肩臂的肉都適合做成燉肉，前脛與後脛亦然。帶有骨髓的後脛可以做成我們熟知的燉小牛腿，也是最棒的燉肉部位；前脛的骨頭較多，肌肉分離也較多；它需要多煮半小時，不過因為膠質含量豐富，也能做出很棒的燉肉。（如果你買到的小牛肉顏色不是最淺、質地也不是最嫩，燉煮或燜燉可以說是最適當的烹煮方式；在這個情況下，後腿肉可以做成無骨燉肉。）

454 公克無骨小牛肉約為 2-3 人份，不過如果是帶骨肉，每人份應以 340-454 公克來計算。除了燉小牛腿以外，你都可以將無骨肉與帶骨肉混合使用，不過我們在這裡通常都會指定使用無骨肉，這只是為了排除掉麻煩的選擇而已。儘管如此，骨頭會替燉肉帶來更佳的質地與風味；如果你採用無骨肉，可以考慮用乾淨的紗布將 1 杯切碎的小牛脊髓和關節骨包起來，放入鍋中和肉一起熬煮。

■ 蘑菇燉小牛肉（RAGOÛT DE VEAU AUX CHAMPIGNONS）

〔加入番茄、蘑菇與鮮奶油煮成的燉小牛肉〕

替燉小牛肉調味並完成燉煮的方式有許多，因小牛肉就像雞肉一樣，能夠順應無窮無盡的變化。下面提供基本的燉小牛肉食譜與一些變

化版。這道菜可以搭配米飯或義式麵食，以及新鮮綠色蔬菜或沙拉。至於佐餐酒，可以選擇酒體輕盈酒齡輕的紅酒，如薄酒萊或卡本內蘇維翁，或是風味強勁味道不甜的白酒，如隆河丘。

4-6 人份

1. 將小牛肉和洋蔥煎到上色

1.1-1.4 公斤修整好的燉用去骨小牛肉瘦肉，切成 4 公分大塊（參考前則食譜備註）

食鹽與胡椒

1/2 杯麵粉，放在一只盤子裡

2 大匙以上橄欖油或食用油

一只沉重的平底鍋，建議使用不沾鍋

用紙巾將小牛肉拍乾，以食鹽和胡椒調味，在下鍋煎之前沾上麵粉並把多餘麵粉拍掉。（可以利用篩子把麵粉篩上去。）在鍋內倒入約 0.3 公分高的油脂，以中大火加熱，待油溫達到高溫但尚未冒煙時，將小牛肉放入鍋中鋪成一層。將小牛肉的每一面都煎到上色，約需要 4-5 分鐘以上；將煎好的小牛肉移到盤子裡，繼續把剩餘的小牛肉煎完。

2 杯洋蔥絲

2 大匙油

一只直徑 25 公分深 5 公分的深平底鍋、電子燒烤鍋或容量 3-4 公升的耐熱燉鍋

趁著煎小牛肉的時候，在鍋裡下油，以中火炒洋蔥 8-10 分鐘，期間偶爾翻拌。等到洋蔥變軟時，將爐火轉大，讓洋蔥稍微上色。等到小牛肉煎好時，將小牛肉加入洋蔥裡。

2. 燜燉小牛肉

1 杯不甜的酒或 3/4 杯不甜的法國白苦艾酒

1 杯褐色小牛肉高湯，或是雞肉高湯，或是將罐裝雞高湯與牛肉清湯混合使用

1 小匙茵陳蒿、甜羅勒或奧勒岡

將煎肉鍋的油脂倒掉，並以酒去渣，將聚集鍋底的肉汁刮下來。將酒淋在小牛肉與洋蔥上；拌入高湯、香草、大蒜與番茄。加熱至微滾，蓋上鍋蓋，繼續慢慢熬煮，偶爾用鍋

1 片進口月桂葉

1 或 2 瓣蒜瓣，拍碎或切末

1 或 2 個番茄，去皮去籽榨汁
後大略切塊（3/4 杯果肉）

3. 蘑菇

1½–2 杯（170–227 公克）新
鮮蘑菇

更多油

煎肉的平底鍋

食鹽與胡椒

4. 醬汁與上菜

若有必要：馬尼奶油（1 大匙麵
粉和 1 大匙軟化奶油拌勻）與
一支鋼絲打蛋器

1/2–2/3 杯法式酸奶油或鮮奶油

蘑菇

新鮮香芹末或是新鮮綜合香草
末（香芹、細香蔥與茵陳蒿、
甜羅勒或奧勒岡）

內液體澆淋肉塊，總共熬煮 1 小時至 1 小時
15 分鐘，或是煮到小牛肉可以輕易被刀子刺
穿。不要煮過頭；煮好的肉不應該散掉。

趁小牛肉在熬煮時，將蘑菇修整好、洗淨、
拍乾並切成四瓣。在鍋內倒入約 0.3 公分高
的油脂，以中大火加熱；待油達到高溫但尚
未冒煙時，下蘑菇翻炒 3–4 分鐘，煮到蘑菇
開始稍微上色。按個人喜好調味，便可將蘑
菇靜置一旁備用。

小牛肉煮軟以後，用溝槽鍋匙將小牛肉舀出
來放到一旁的餐盤裡。將鍋內液體表面的油
脂撈除，若有必要可將液體收稠，以濃縮味
道。若湯汁太稀薄（湯汁必須要稠到能夠附
著在肉上），則先離火，用鋼絲打蛋器打入
馬尼奶油，再放回爐上加熱至微滾。拌入鮮
奶油與蘑菇，加熱至沸騰，然後慢慢熬煮
2–3 分鐘，讓醬汁再次變稠並讓味道融合。
仔細修正調味。將小牛肉放回燉鍋內，再次
熬煮 2–3 分鐘，並以醬汁澆淋小牛肉；再次
修正調整。你可以直接將鍋子端上桌，或是
將肉移到一只溫熱的大餐盤裡，然後在小牛
肉周圍放上選用的配菜。以香草裝飾後馬上
端上桌。

(*) 提早準備：煮好以後可以放在保溫盤或微滾熱水上保溫 30 分鐘。你可以提早一天煮好；放涼以後，將保鮮膜沿著菜餚表面貼平，然後蓋起來放入冰箱冷藏。等到要上菜時，慢慢將菜餚加熱至微滾並繼續熬煮 10 分鐘，期間頻繁澆淋，直到完全熱透，小心不要煮過頭。如果醬汁看來太稠，可以用高湯或鮮奶油稀釋。

變化版

春季燉小牛肉（Ragoût de Veau, Printanier）

〔和胡蘿蔔、洋蔥、小馬鈴薯與綠豌豆一起燉煮的小牛肉〕

在所有蔬菜都很新鮮的時節，這道菜確實很美味，而且因為色彩繽紛，看起來也吸引力十足。如果你在烹煮後馬上要上菜，可以將蔬菜放入鍋中一起燉煮，不過應根據蔬菜的烹煮時間，在不同時間點加入鍋中。要不然就是按照下面建議的方式，將食材分開烹煮，在上菜前加入燉鍋內完成烹煮；若採用這種方式，除了馬鈴薯以外的食材都可提早準備。

按照前則基本食譜步驟 1 與步驟 2 的方法與材料，不過在步驟 1 將洋蔥的量減到 1/2 杯，並省略步驟 2 的大蒜。同個時候，準備下列材料：

胡蘿蔔與洋蔥

4-6 條新鮮細長的胡蘿蔔

24-30 個新鮮小白洋蔥，直徑在 1.9-2.5 公分之間

一只沉重的有蓋單柄鍋

1 杯清水

胡蘿蔔去皮，按大小切成兩半或四瓣，然後切成 4 公分小段；按個人喜好把邊緣修出弧度。將洋蔥放入沸水中烹煮 1 分鐘，取出瀝乾並把外層剝掉；在根部位置劃上深 0.6 公

1½ 大匙奶油

1/2 小匙食鹽

分的十字，以利均勻烹煮。將胡蘿蔔與洋蔥放入鍋內，並加入清水、奶油和食鹽；蓋上鍋蓋，慢慢熬煮約 25 分鐘，將蔬菜煮軟。處理好以後放在一旁備用。

豌豆

454–680 公克新鮮豌豆（1–1½ 杯，去莢）

一只單柄鍋，內有 3 公升加熱至大滾的鹽水

將豌豆放入大滾鹽水中，迅速加熱至重新沸騰，開蓋烹煮 4–8 分鐘以上，烹煮時間按豌豆嫩度而定。頻繁地品嘗測試；豌豆應烹煮到幾乎變熟但沒有完全熟的程度。煮好後馬上取出瀝乾，用冷水沖洗以終止烹煮並固色；再次瀝乾並置於一旁備用。

馬鈴薯

約 907 公克新馬鈴薯（或蠟質馬鈴薯），選用尺寸相同者以方便切割（例如選用長度 7–7.6 公分者）

一碗冷水

必要時：一鍋沸騰的鹽水

馬鈴薯去皮並修整成約 5.7 公分長 4 公分厚的橢圓形；將馬鈴薯放入冷水中，置於一旁備用。（在將燉肉端上桌的前 30 分鐘，將馬鈴薯取出瀝乾，放入淹過馬鈴薯的沸水中。開蓋慢慢烹煮，待馬鈴薯煮到幾乎變軟時取出瀝乾，按最後一段說明加入燉肉中。）

完成燉肉

若有必要：更多高湯或清湯

等到小牛肉煮軟時，傾斜鍋身，撈除表面油脂。若醬汁收得太稠，可以加入少量高湯或清湯，如此一來才有足量液體以烹煮並澆淋蔬菜。

　　上菜前約 10 分鐘，將胡蘿蔔、洋蔥、馬鈴薯與豌豆放入燉鍋，輕輕將蔬菜往下壓到肉和烹煮液體之間。將胡蘿蔔和洋蔥的菜汁淋在肉上，然後以鍋內液體澆淋小牛肉與蔬菜。加熱至微滾，緊密蓋上鍋蓋，熬煮約 10 分鐘，期間澆淋數次，煮到蔬菜變軟。修正調味。直接將燉鍋端上桌，或是將燉肉倒入溫熱的大餐盤裡。

燉小牛腿─普羅旺斯式燉小牛腿（Ossobuco – Jarret de Veau à la Provençale）

　　「osso」指骨頭，「buco」是圓的，兩個字合在一起指帶著圓的骨頭的小腿，也就是帶有骨髓的後小腿肉。這道極受歡迎的義大利菜也常見於法國，這裡提供的是普羅旺斯一帶的做法。雖然你也可以使用前小腿，不過後小腿的骨頭較小，小腿肉漂漂亮亮地圍著骨頭，做出來的菜餚比較有吸引力，因此我們建議你使用後小腿肉，並在取得適當部位時烹煮這道菜餚。鋸成 4 公分厚度的即用型小牛小腿肉可以冷凍保存數週；因此你只要有看到就可以先買下來，並把後小腿肉全部用來烹煮這道極其美味的菜餚。

4 人份──4 塊橫切成 4 公分厚片的小牛後小腿肉

　　　　　　　替小牛小腿肉調味，沾上麵粉後放入鍋中煎到上色；按照第 253–254 頁基本食譜步驟 1 與步驟 2，將肉和洋蔥、大蒜、番茄與香草一起放入燜燉液體內，然後按照下列步驟進行：

1 個橙子

1 個檸檬

一支蔬菜削皮刀

一只單柄鍋，內有 1 公升左右
的沸水

將橙皮和檸檬皮（有顏色的部分）削下來，
然後切成約 0.1 公分寬的細絲。為了去除苦
味（不過保持原有的味道），將橙皮和檸檬
皮放入水中熬煮 10 分鐘；取出瀝乾，放入冷
水中返鮮，然後再次取出瀝乾，最後拌入燉
鍋中和燉小牛肉混合。

　　將燉肉加熱至微滾，蓋上燉鍋鍋蓋，放入預熱到攝氏 163 度的烤箱
或放在爐火上熬煮 1 小時 15 分鐘，或是煮到叉子可以輕易插入肉裡為
止。不要煮過頭：不應該煮到肉骨分離的程度。等到肉軟以後，傾斜燉
鍋鍋身，撈除烹飪液體的表面油脂。若有必要，將燉鍋放在大火上加
熱，將醬汁收稠以濃縮味道。調整調味料用量。直接將燉鍋端上桌，或
是放入大餐盤裡。以香芹枝裝飾。

其他做法

　　使用其他部位的燉用小牛肉，例如取自肩部或腿部的部位，並以燉
小牛腿的調味方式處理。你可以用橄欖來替燉小牛腿食譜做變化：將一
把去籽綠橄欖和去籽黑橄欖放入 1 公升沸水中煮 10 分鐘；瀝乾，在煮到
最後 15–20 分鐘時加入燉肉裡。參考第 182–186 頁燉牛肉食譜末的變化
版，其中包括以香草、起司和大蒜來做最後調味的手法，另一則以鯷魚
和大蒜的調味方式，一種加入番茄燉青椒的做法，以及最後一種以橄欖
和馬鈴薯的處理方式；上面這些都可以按照第 253–254 頁基本食譜步驟
2 結束時加入煮好的小牛肉裡，代替蘑菇和鮮奶油。因此，你的選擇有很
多，從來也不需要端出重複的菜餚。

鑲小牛胸肉（POITRINE DE VEAU, FARCIE）

　　將小牛胸肉去骨後填入適度調味的餡料，再燜燉並淋上醬汁，可以
做成一道漂亮可口的派對主菜，而且價格也比大部分菜餚合理許多。法
國和美國的肉品切割方式並不同，我們認為法國式的處理手法在上菜時

比較好看，下面提供如何購買與準備的方法。如果肉販無法替你妥善處理，你也喜歡自己動手，你會發現，完整的胸肉並不難處理，而且價格也比在市場裡去骨修整好的小牛胸肉來得便宜。

如何購買小牛胸肉

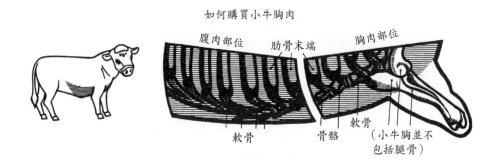

在美國，小牛（或羊）胸肉包括整個從胸部到腹部的部分。你可以在法國或美國的一些市場裡找到又大又蒼白的上等小牛屠體，從上面取下所謂的胸肉，在去骨修整前重量約為 3.2–3.4 公斤。去骨胸肉重量約為 1.1 公斤；胸骨約 454 公克；腹肉與側腹橫肌（蓋在肋骨上的扁平狀肉塊）加上肋骨與軟骨約為 1.6 公斤。法國料理中用來填餡的是去骨腹肉；一塊 1.1 公斤的腹肉在填餡以後約莫長 30.5 公分、寬 17.8–20.3 公分，約為 8 人份。

即使你在市場找不到理想重量的小牛胸肉，你還是可以運用鑲小牛胸肉食譜的概念來處理買到的材料，不然就是遵照不同的切割手法來處理。舉例來說，如果買到的肉比預期中小塊，你可以將兩塊腹肉或胸肉縫起來或用扦子串起來，將餡料放在兩片肉的中間。如果你無法清楚向肉販說明自己需要哪個部位，你可以將這張圖片拿給肉販看；他可能可以幫你訂購，並根據你的要求處理好。

事實上，購買整個胸腹肉部位是不錯的選擇，因為你不但有胸肉可以填餡，也可以將腹肉中比較厚的部分用作燉肉，然後將剩餘的腹肉和側腹橫肌做成絞肉當成餡料，而且你還可以把胸骨和肋骨拿來熬煮，做出味道細緻、可以用來燜燉鑲小牛胸肉的小牛肉高湯。

法國的專有名詞

胸肉是「poitrine」，包括側腹橫肌「hampe」在內；採購時應選擇「poitrine de veau désossée, avec poche」，指有袋的去骨小牛胸肉。腹肉叫做「tendron」，是法國人最喜歡用來烹煮白醬燉小牛肉的部位，尤其是比較厚實且包含胸骨軟骨的部分。

在家自行去骨的做法

備註：圖片中，胸部被分成兩個部分——右側不包括腿骨的部分是胸肉；左側為腹肉。

要替整個胸部去骨，應從胸骨（圖片中位於右側）開始，胸骨與肋骨以軟骨相連；首先，將肉以肋骨朝上的位置放好，讓胸骨垂掛在桌子邊緣。利用身體的重量往下壓，讓骨頭和肋骨末端的軟骨分開，然後繞著胸骨的邊緣切割，隨著延長的軟骨一直來到腹肉的部分，將整個胸骨和肉分開。接下來，是要將胸肉和腹肉分開：從第 5 與第 6 根肋骨之間切開，將肉分成兩塊，如圖所示。將位於肋骨側面形狀扁平且連接到腹肉較厚實部分的側腹橫肌切下來。將胸肉和腹肉上的肋骨移除，先繞著肋骨切割，再往骨頭底下切，讓骨頭和肉分開。腹肉較厚實部分包含胸骨延長出來的部分（圖片中左下方），可以做成 2 人份的燉肉；將這塊肉和腹肉其他部分分開，冷凍保存，用來烹煮另一餐。用一把鋒利的長刀將胸肉上多餘的脂肪修掉，然後小心在胸肉（右邊那一塊）劃出一個開口，從肉塊較大端或腹肉端切進去；現在，胸肉就像個袋子一樣，你在填餡以後可以用縫線或扦子將開口封起來。將無法使用的肉從覆蓋在腹肉與側腹橫肌上的薄膜上刮下來，將這些肉做成絞肉。把胸骨切碎，將胸骨和碎片以及切片的胡蘿蔔和洋蔥一起放入預熱到攝氏 232 度的烤箱中烤到上色；接下來，放入清水中，加入香草和調味料熬煮 3–4 小時，做成簡單美味的小牛肉高湯（詳細做法參考上冊第 125–127 頁）。

燜燉鑲餡小牛胸肉（POITRINE DE VEAU, FARCIE）

〔鑲餡後燜燉的小牛胸肉——熱食或冷盤〕

　　綠色餡料在煮好切片盛盤以後可以說是吸引力十足，若能取得恭菜，應以恭菜製作；若無法取得則用菠菜。其餘餡料包括水煮米飯、小牛肉絞肉、少許火腿與一些洋蔥。這裡沒有用到新鮮豬肉與大蒜，讓小牛肉本身的細緻風味確實地表現出來。這道菜可以搭配燜燉洋蔥與胡蘿蔔，或是烤番茄。佐餐酒應選用風味不會太醇厚的紅酒，例如波爾多、酒齡輕的薄酒萊，或是卡本內蘇維翁；粉紅酒也是適當的選擇。若當成冷盤，可以搭配切片番茄、法式馬鈴薯沙拉、上冊第 641 頁油醋馬鈴薯等，佐餐酒可選用粉紅酒或來自隆河一帶的不甜白酒，如香啼雲雀白酒。

8 人份

1. 加入米飯、小牛肉與火腿的恭菜或菠菜餡

1/4 杯精製新鮮豬油、火腿脂肪、雞油或鵝油

1/2 杯洋蔥末

一只中型（直徑 25 公分）平底鍋，可採用琺瑯鍋或不沾鍋

4 或 5 片大片綠色恭菜葉，去掉菜莖白色部分（或是 1 杯煮熟切碎的菠菜或 3/4 包冷凍菠菜，解凍後擠乾）

重負型攪拌機的攪拌盆，或是一只大攪拌盆與一支木匙

食鹽

3/4 杯煮熟的白米飯（1/4 杯生白米放入 1 公升鹽水中烹煮 12 分鐘後取出瀝乾）

1–1½ 杯細絞的瘦小牛肉與 1/2 杯稍微醃過的水煮瘦火腿（超市火腿切片）

油脂放入平底鍋內加熱至熔化，拌入洋蔥，蓋上鍋蓋慢慢烹煮 10 分鐘，期間偶爾翻拌，煮到洋蔥變軟且稍微開始上色，便可將洋蔥放在一旁備用。同個時候，將恭菜葉放入大鍋鹽水裡煮到萎掉，約需要 3–4 分鐘；將菜葉取出瀝乾，放入冷水中返鮮，然後將水分擠乾，切成中等細度（0.6 公分小塊）。將恭菜葉（或菠菜）拌入洋蔥裡，在中大火上翻拌一下，讓剩餘液體蒸發，然後蓋上鍋蓋，繼續慢慢烹煮幾分鐘，將蔬菜煮到相當軟。按個人喜好調味，再把蔬菜刮入攪拌盆中。用力將米飯、絞肉、起司、雞蛋、肉豆蔻和

1/2–2/3 杯磨碎的帕瑪森起司

1 個大雞蛋

一大撮肉豆蔻粉

1/4 小匙胡椒

胡椒打進去。取 1 小匙混合物，放入平底鍋裡煮到熟透，仔細品嘗，若有必要可加入更多調味料。

2. 替小牛肉填餡

一塊去骨小牛胸肉，若可能應將重量控制在 1.1 公斤左右（參考第 258–260 頁做法、說明與替代方案）

食鹽與胡椒

縫針或專門用來綁全雞的扦子

白色棉繩

將小牛胸肉的口袋打開，在裡面稍微撒點食鹽和胡椒。填入餡料，將餡料往裡面塞，不過不要填太滿。用針線將開口縫起來，或是用扦子和棉繩把開口封好。若不小心在肉的表面戳了洞，應該用針線或扦子將洞補好。

　　凹凸不平的一側，也就是肋骨所在的那一側，是為下側；將肉塊較小端往下摺，將小牛肉做成長 30.5 公分寬 20.3 公分的長方形墊狀。如果肉看起來夠扎實，餡料也妥當地固定住，就不需要把肉塊綁起來；否則，用棉繩順著縱向繞兩圈，再沿著橫向綁幾圈，不過不要綁得太緊。在進行下一步驟之前，先把肉完全弄乾。

　　(*) 提早準備：如果打算在前一天先把小牛肉處理好並放入冰箱冷藏，在填餡之前，為了安全起見，應該先將餡料放入冰箱冷透。

3. 將小牛肉煎到上色後燜燉——2 小時 30 分鐘

精製豬油、鵝油或食用油

一只厚重的燉鍋或焙燒爐，大小恰能容納小牛肉（例如長徑 30.5 公分、短徑 25.4 公分的橢圓鍋）

下列材料每種 1/2 杯：胡蘿蔔片與洋蔥絲

若手上沒有自製小牛肉高湯，自行選用但建議使用 1 杯左右的碎小牛骨

食鹽

烤箱預熱到攝氏 232 度。在燉鍋裡倒入高 0.3 公分的油脂；將油脂加熱到高溫但尚未冒煙，放入蔬菜與自行選用的小牛骨，煎到上色。將鍋內材料移到一只盤子裡備用，若有必要可在鍋內倒入更多油脂，然後將小牛肉的底部（原肋骨位置）煎上色，期間不時用木匙將小牛肉抬起來，確保小牛肉不會沾黏。在經過 5–6 分鐘上色以後，用油脂澆淋

滴油管

1 杯不甜的白酒或 3/4 杯不甜的法國白苦艾酒

2-3 杯自製小牛肉高湯、味道濃郁的雞高湯或將罐裝牛肉清湯與雞湯混合使用

1/2 小匙百里香

1 片進口月桂葉

一塊新鮮豬脂肪或牛脂肪，或是鋁箔紙

表面，然後開蓋放入預熱烤箱中上層烘烤約 15 分鐘，期間以鍋內油脂澆淋數次，直到表面與側面都上色為止。將燉鍋從烤箱取出；把烤箱溫度調降到攝氏 177 度。稍微用食鹽替肉調味，將煎過的骨頭和蔬菜鋪在肉塊周圍，倒入酒和足量高湯或清湯，讓液面高度達到肉塊的三分之二。加入百里香與月桂葉，並用脂肪或鋁箔紙把肉蓋起來。

　　鍋子放在爐火上加熱至微滾，蓋上燉鍋鍋蓋，放入烤箱中下層燜燉，調整火力，讓鍋內液體穩定保持微滾。若能將肉翻面，可以在烹煮期間翻面幾次，每次都要重新將脂肪或鋁箔紙蓋在表面；否則，每 20 分鐘以鍋內液體澆淋一次。肉的烹煮時間在 2 小時左右，煮到用叉子插進去覺得已經變軟即可。肉塊應能完美地保持形狀；換言之，不要把肉塊煮過頭。

4. 醬汁與上菜

一只溫熱的大餐盤

一只篩子，架在單柄鍋上

食鹽與胡椒

若有必要：1 大匙玉米澱粉加上 2 大匙白酒或苦艾酒拌成糊狀

2-3 大匙軟化的奶油

香芹、西洋菜或其他選用的蔬菜

一只溫熱的醬汁盅

將小牛肉移到大餐盤上。先不要把線或扦子拆掉，用脂肪或鋁箔紙蓋好，放入關掉的烤箱裡，烤箱門微開。將燜燉液體過濾到單柄鍋內，並把蔬菜湯汁壓出來。撈除液體表面油脂，將液體加熱至微滾，繼續撈除油脂，若有必要亦快速將液體收稠到約 2 杯的量。

　　若需要將醬汁收稠，先讓鍋子離火，打入玉米澱粉混合物，然後放回爐火上熬煮 2 分鐘。仔細調整調味料用量。上菜前，鍋子離火並以每次 1/2 大匙的量分次打入添味用的奶油。將小牛肉上的線或扦子移除，淋上少許醬汁，然後按個人喜好裝飾餐盤。將剩餘醬汁倒入醬汁盅裡。馬上端上桌。

切肉時，應橫切成厚度 1–1.2 公分的切片，就如切麵包一樣。替每片肉淋上 1 或 2 大匙醬汁。

(*) 提早準備：如果你沒打算在半小時左右上菜，則將醬汁做到尚未加入添味奶油的地方；將肉和醬汁放回燉鍋內。鍋蓋半掩，置於能夠將溫度維持在攝氏 49 度的環境中。偶爾用醬汁澆淋肉塊，可以讓肉塊保持濕潤；若醬汁在等待期間變稠，在上菜前可以用高湯稀釋之。

其他餡料

適合用於小牛胸的餡料有許多種。另一種運用蕎菜的餡料，包括第 186 頁鑲牛肉卷所使用者，用上了香腸肉、火腿與麵包屑，此外，還有用於第 233 頁維羅夫萊式燜燉鑲羊肩的蘑菇泥菠菜餡。無論是第 229 頁去骨羊腿使用的蘑菇羊腎餡，或是上冊第 401 頁的羊腎白米餡，都是美味且不同尋常的做法，就如第 331 頁用來鑲雞肉的白肉腸與蘑菇混合物。第 617–619 頁完整列出各種可供使用的餡料種類。

▪ 烤鑲千層小牛肉卷（VEAU EN FEUILLETONS）
〔切片鑲餡的烤小牛肉〕

英國人認為，小牛肉最好要填餡，下面這則食譜是典型的法式精緻鑲餡大菜，使用的餡料由豬肉、牛肉、松露、鵝肝與干邑白蘭地做成。這道菜的做法，是先以酒和松露醃漬切片的小牛肉，然後讓肉片和餡料交疊組合起來綁好，做成烤肉的形式。經過高湯和芳香蔬菜的燜燉，鍋內會形成融合了各種奢侈風味的美妙醬汁。這絕對是招待好友的上選，在烹煮時得用上最好的梅多克產區酒莊瓶裝波爾多紅酒，以及最鮮美的蔬菜。你可以將第 480 頁的女爵馬鈴薯圍繞的小牛肉擺好作為裝飾，並將像是燜燉菠菜、第 410 頁鮮奶油燉青花菜、燜燉吉康菜或萵苣，或是新鮮的奶油豌豆等當成配菜一起端上桌。

小牛肉

　　如果買得到，取自色淺的上好腿肉的頭刀（後腿內側），讓你能夠切出扎實且沒有肌肉分離的小牛肉片。否則，你可以選擇全牛股肉，將它分割後重組，或是可以在部分市場裡找到的薄小牛肉片。使用後者，你可以將肉片重組，或是一片片分別塗上餡料。按外觀和感覺來操作，目標是要做出一個約 25.4 公分長 12.7 公分寬的重組烤肉塊。

10–12 人份

1. 用干邑白蘭地和松露醃漬小牛肉

0.9–1.1 公斤小牛肉片，最好取自頭刀，切成 10–12 片長 15.2 公分寬 10.2 公分厚 0.5 公分的薄片（或是現成的薄切小牛肉片，每人 2 或 3 片）

蠟紙與一支肉鎚或擀麵棍

一只能夠容納好幾層小牛肉片的盤子

1/2 杯干邑白蘭地

1 或 2 個罐裝松露，切碎使用，加上松露的醃漬汁

保鮮膜

將肉片上的細絲、脂肪和其他異物都修整乾淨，然後一片片放在蠟紙中間輕敲，稍微破壞肉的纖維，並讓肉片稍微擴大一點。（若使用薄切小牛肉片，這個步驟就可以省略。）將肉片一層層疊好，在每層之間撒上干邑白蘭地與切碎的松露。將剩餘的干邑白蘭地與松露醃漬汁淋在肉上，用保鮮膜包好，在準備餡料時靜置一旁。

2. 加入火腿、松露與鵝肝的豬絞肉餡——3½ 杯

1/4 杯紅蔥末或青蔥末

1½ 大匙奶油

一只小平底鍋

重負型攪拌機的攪拌盆或一只大攪拌盆

用奶油翻炒紅蔥或青蔥 2–3 分鐘，炒到變軟但尚未上色。炒好以後刮入攪拌盆裡。

下列材料，全部細絞在一起：

340 公克（1½ 杯）瘦豬肉

113 公克（1/2 杯）新鮮豬脂肪
（參考第 383 頁）

113 公克（1/2 杯）瘦小牛肉

113 公克（1/2 杯）稍微醃過的
火腿，例如商店裡買來的現成
火腿切片

1 小匙食鹽

1/8 小匙白胡椒

一大撮多香果

1/2 小匙茵陳蒿葉，切末或打成粉

股骨頭

醃小牛肉的醃漬汁與松露

將列出來的所有材料加入攪拌盆裡，用機器或木匙用力攪打，完全混合均勻。在開始進行步驟 3 之前，過濾醃漬汁並加入餡料裡，把小牛肉上的松露刮下來，用力打入餡料中。若要檢查調味程度，可以取 1 大匙餡料放入鍋中翻炒至熟，品嘗後再按需求加入更多食鹽、胡椒或香草。（鵝肝醬在步驟 3 才加入。）

3. 組合小牛肉

一塊邊長 40.6–45.7 公分的正
方形網油，或是洗淨的紗布、
熔化的奶油與醬料刷

食鹽與胡椒

113–170 公克罐裝塊狀鵝肝醬
（進口鵝肝，請參考標籤說明）

白色棉繩

（如果小牛肉片比理想中更小更薄，則將肉片組合在一起，按照這裡的方式處理。）將網油或紗布放在砧板或托盤上攤開。用食鹽和胡椒替每片肉片稍微調味，用肉片緊密堆疊成長方形肉塊狀，在每片肉片之間抹上餡料並放上一片鵝肝。

若使用網油，將網油牢固地繞著肉疊好；若使用紗布，則先將奶油刷在紗布上，然後密實地將肉塊包好，再把兩端擰緊，並用棉繩在靠近肉塊的位置綁好。用棉繩繞著肉塊長邊綁一圈，再繞著短邊一圈圈來回綁好，把肉塊固定。你應該可以做成長約 25.4 公分的粗香腸狀。

(*) 提早準備：你可以提早一天進行到這個步驟結束；將肉塊密封包好並放入冰箱冷藏。

4. 將小牛肉煎到上色並加以燜燉——約 2 小時

一只沉重且足以容納肉塊的有蓋耐熱燉鍋，例如長徑 30.5 公分短徑 25.4 公分深度 12.7 公分的橢圓鍋

精製鵝油、豬油或食用油

2 杯切碎的小牛關節骨與骨髓

1 條中型胡蘿蔔，大略切塊

1 個中型洋蔥，大略切塊

1½–2 杯上好小牛肉高湯、牛肉高湯，或將雞高湯與牛肉清湯混用

1/2 小匙百里香

1 片進口月桂葉

實用工具：一支肉品溫度計

烤箱預熱到攝氏 177 度。用紙巾將肉拍乾。將油脂放入燉鍋，以中大火加熱，待油溫達到高溫但尚未冒煙時，將肉放入鍋中，把每面都煎到上色。（肉塊可以透過紗布上色。）將煎好的肉塊移到盤子裡，然後將骨頭和蔬菜放入鍋中煎到上色。將骨頭和蔬菜推到一旁，把肉放回鍋中；倒入足量高湯或清湯，讓液面高度達到肉的一半。將香草撒在肉的周圍。將液體加熱至微滾，蓋上燉鍋鍋蓋，再放入預熱烤箱中下層。

　　經過約 20 分鐘以後檢查燉鍋，並在內容物慢慢燉煮之際，將烤箱溫度調降到攝氏 163 度。烹煮期間應翻面兩次，總共燜燉約 2 小時，或是煮到肉品溫度計讀數達到攝氏 73.9–76.7 度。煮好以後，將小牛肉移到一只盤子裡，並放入關掉的烤箱裡靜置 20 分鐘，烤箱門微開；在端上桌之前必須讓肉定形，才不會散掉。

5. 醬汁與上菜

一個篩子，架在一只單柄鍋上

2 小匙玉米澱粉，與 1/4 杯不甜的馬德拉酒（舍西亞爾品種葡萄）、不甜的波特酒或干邑白蘭地混合均勻

一支鋼絲打蛋器

食鹽與胡椒，用量按個人喜好

2–3 大匙軟化的奶油

一只溫過的大餐碗

一只溫熱的大餐盤

西洋菜、香芹枝或你選用的裝飾用蔬菜

將燜燉液體過濾到單柄鍋內。儘量撈除液體表面油脂，然後將液體再次加熱到微滾，繼續撈除額外的油脂。若有必要，迅速將液體收到剩下約 2 杯的量；仔細修正調味。鍋子離火，拌入玉米澱粉混合物並熬煮 2 分鐘。醬汁應該會稍微變稠。

　　將綁肉的繩子和紗布拆掉，拆除時儘量不要動到肉。若使用網油，大部分油脂應該已經在烹煮期間分解；將沒有分解的網油殘餘物移除。若使用紗布，小心用剪刀剪開。用兩支鍋鏟將肉抬起來，移到溫熱的大餐盤上。（若不小心讓肉片分開，則將肉片推回去。）將少許醬汁淋在肉上，然後以選用的蔬菜裝飾大餐盤。重新加熱醬汁後，鍋子便可離火，然後以每次 1/2 大匙的量，分次打入添味的奶油，最後把醬汁倒入溫熱的醬汁盅裡。馬上端上桌。上菜時，將用湯匙和叉子肉片稍微分開，展現肉的組成方式。分菜時，務必確保每片肉都分到餡料，並在周圍淋上 1 大匙醬汁。

　　(*) 提早準備：你可以先將醬汁做到尚未加入添味奶油的地方，然後將肉放在大餐盤上擺好，蓋起來放入攝氏 49 度的環境中保溫 30 分鐘。

變化版

派皮香烤鑲千層小牛肉卷（Feuilletons de Veau en Croûte）
〔用派皮包起來烘烤的鑲小牛肉卷〕

　　包在花俏棕色派皮裡一起端上桌的烤肉，總是能帶來戲劇性的效果。鑲餡小牛肉卷的做法可參考前則基本食譜步驟 1、步驟 2 與步驟 3，然後按照步驟 4 將肉卷燜燉 1 小時 30 分鐘，或是煮到肉品溫度計讀數達到攝氏 65.6 度。將肉卷取出靜置 30 分鐘，鬆綁並移除蓋在表面的紗布或網油，按照第 227 頁派皮烤鑲羊腿的做法，將肉卷放在酥皮上包好，或是按第 217 頁蘑菇泥千層牛裡脊的做法使用冷透的布里歐許麵團。裝飾麵團，刷上蛋液，然後放回攝氏 218 度烤箱中烘烤 25–30 分鐘，將派皮烤到上色並完成烹煮肉卷。上菜時搭配前則基本食譜步驟 5 的醬汁。

佩里戈爾式小牛肉（Noisettes de Veau, Perigourdine）
〔加入鵝肝醬與松露的單人份鑲小牛腰肉片〕

　　這道菜的戲劇效果較低，不過使用去骨小牛腰肉或小牛肉排肋眼部分，在填餡以後用酒燜燉再搭配松露棕醬，讓這道菜表現出細膩絕妙的風味。然而，這道菜只有在你能取得網油來固定餡料時才能烹煮；網油會在烹煮時慢慢分解。你可以將小牛腰肉放在大餐盤上，以煎馬鈴薯、焦糖洋蔥、焦糖胡蘿蔔與炒蘑菇來搭配，並用新鮮香芹枝來裝飾。另一個配菜建議是第 474 頁安娜馬鈴薯煎餅，或是上冊第 622 頁克雷西式焗烤馬鈴薯以及第 409 頁炒青花菜。至於佐餐酒，可搭配上好的梅多克產區波爾多紅酒。

6 人份

1. 處理小牛腰肉

12 塊小牛腰肉（去骨腰肉或肋排的肋眼部分，若有可能應使用厚度 1.2 公分直徑 6.4 公分的肉片；若肉片較小，每人份以 3 片計算）

1/2 份第 265 頁基本食譜步驟 1 的醃漬料

約 1/3 杯澄清奶油（去掉牛奶固形物的熔化奶油，為清澈的液體）

一只中型（直徑 25 公分）平底鍋，建議使用不沾鍋

將腰肉上所有脂肪、細絲與肌腱修掉。稍微用食鹽和胡椒替肉調味，然後放入一只碗內，加入干邑白蘭地、松露和紅蔥，蓋起來醃漬至少 30 分鐘，或是放一整晚。將醃漬材料從肉片上刮掉，然後將醃漬材料和醃漬液一起打入餡料裡（下個步驟）。以紙巾將肉片拍乾。在鍋內放入 0.3 公分高的澄清奶油，加熱至高溫，然後每次將幾片肉放入鍋中，每面煎 1 分鐘左右，目的在於讓肉稍微變硬。將肉片移到一只餐盤裡，保留鍋中的奶油。

一塊邊長約 61 公分的網油（參考第 343 頁）

1/2 份第 265–266 頁基本食譜步驟 2 的餡料

85 公克罐裝塊狀鵝肝醬

將餡料和鵝肝醬分成 12 份（或 18 份）。將一塊網油（約 23 公分見方）攤開在砧板或托盤上。將半份餡料放在網油的正中央，然後放上半份鵝肝醬。將一片小牛肉放在餡料

上，然後將剩餘的半份鵝肝醬放上去，再把剩餘半份餡料抹上。用網油把肉片和餡料包好。以同樣的方式把剩餘肉片處理好。

(*) 提早準備：你可以提早一天進行到這個步驟結束；處理好以後蓋起來放入冰箱冷藏。

2. 烹煮與上菜

平底鍋與澄清奶油

用網油包好的肉片

一只容量能讓肉片以稍微重疊的方式平鋪成一層的有蓋耐熱烤盤

芳香蔬菜（下列材料切成 0.2 公分小丁，每種 1/4 杯——胡蘿蔔、洋蔥與西洋芹）

1/4 杯不甜的馬德拉酒（舍西亞爾品種葡萄）

1/2 杯小牛肉高湯、牛肉高湯或清湯

一只溫熱的大餐盤與你選用的裝飾配菜

一個罐裝的小松露與醃漬汁，松露切末

2–3 大匙軟化的奶油

烤箱預熱到攝氏 191 度。若有必要，在鍋內加入更多奶油，讓油脂高度達到 0.3 公分。將油脂加熱到高溫，再次放入肉片，稍微煎到上色，每面約煎 1 分鐘左右。將肉片排在烤盤裡。將芳香蔬菜放入平底鍋裡，調降爐火，慢慢烹煮 5–6 分鐘，將蔬菜炒到變軟並稍微上色。倒入馬德拉酒，將集結在鍋底的肉汁用木匙刮下來。取一支刮刀，將酒和蔬菜刮到肉片上。在烤盤內加入高湯或清湯，加熱至微滾，蓋上蓋子，放入預熱烤箱中層烘烤 25 分鐘。

　　將沒有分解掉的殘餘網油移除，然後將肉片放在大餐盤上，並蓋起來保溫。將烹煮液體的表面油脂撈除，快速收到幾乎呈糖漿狀，剩下約 1/2 杯的量。加入切碎的松露與松露醃漬汁；熬煮 2 分鐘。烤盤離火，以每次 1/2 大匙的量慢慢拌入添味的奶油。將醬汁和芳香蔬菜淋在肉片上，馬上端上桌。

　　(*) 提早準備：如果沒法馬上上菜，則先將醬汁做到尚未加入添味奶油的程度。將肉片放回烤盤裡，以醬汁澆淋，把烤盤稍微蓋起來，用保溫盤或設定在攝氏 49 的保溫箱保溫。

乳豬（COCHON DE LAIT）

　　烤乳豬是一道上桌精采且入口美味的菜餚，而且烹煮方式其實並不比火雞來得困難。要烹煮這道菜，唯一的絕對要求是一台能容納裝在大烤盤裡的乳豬的烤箱；乳豬從臀部到吻尖的體長約 50.8 公分，不過你可以按照接下來的圖解，讓乳豬以傳統拉直蹲伏的姿勢烘烤，或是讓乳豬蜷曲起來。烤盤尺寸至少要長 45.7 公分、寬 30.5 公分、深 5.1 公分。此外，你也必須要有能夠將乳豬端上桌的器具，例如超大餐盤、大托盤、切肉板，或是用鋁箔紙包起來的夾板。你可以用葉子、花、水果與蔬菜來裝飾；相關建議可參考第 277 頁步驟 7。你最後的決定，在於是否要替乳豬填餡。如果決定不填餡，你應該用煮熟的西洋芹末、洋蔥末、香草（百里香、月桂葉、鼠尾草）、食鹽與胡椒混合成調味料抹在乳豬內腔。然而，餡料不但可以替肉調味，同樣也能夠增加菜餚的份量；你可以使用適合用在火雞或鵝的任何餡料，例如香腸蘋果餡、麵包屑與洋蔥、從第 617–619 頁清單建議擇一使用，或是下面建議的特拉比松式餡料。

如何訂購乳豬

　　記得要提早訂購乳豬，因為這不是常見的品項。訂購時應指定要確實仍在哺乳中的乳豬，重量應介於 4.5–5.4 公斤之間；更重的豬仔太肥，而且皮膚堅硬。體重超過 6.4 公斤以後，就不能再稱為乳豬，可能也塞不進你的烤箱。有可能的狀況是，可以取得乳豬的時候你沒有時間烹煮，不過你可以將它密封包起來放入冷凍庫保存，乳豬可以在低於零下負 18 度的環境中保存數週。（新鮮豬肉容易變質；你應該在購買或解凍後一兩天內烘烤。）要求肉販將乳豬內外清乾淨，並把眼球移除，因為眼球會在烘烤時爆出來。如果隨著乳豬也來了豬心、豬肝和豬腰子，你可以把它們當成填餡的材料，或是用來製作第 365 頁的阿爾代什蔬菜肉腸。

處理乳豬準備烘烤

以烘烤為目的來處理乳豬時，先將乳豬泡在冷水中數小時，每 4 公升水裡應加入 1/4 杯食醋與 2 大匙食鹽。如果剛從冷凍庫把乳豬拉出來，在浸泡的同時也會順便解凍。用蔬菜刷洗耳朵、鼻孔和嘴巴的內側，確定把乳豬清乾淨；豬腳也刷一刷。檢查乳豬，把可能遺漏掉的表面毛髮移除。將乳豬的內側與外側完全弄乾，就可以拿來鑲餡烘烤了。

特拉比松式鑲乳豬（COCHON DE LAIT, FARCI À LA TRÉBIZONDE）

〔填入用米飯、香腸、杏桃與葡萄乾餡料的烤乳豬〕

在使用這個充滿異國風味的餡料替乳豬填餡時，你只要準備一道綠色蔬菜配菜即可，例如奶油抱子甘藍或青花菜。佐餐酒可選用口感平順、酒體不太厚重的紅酒，例如來自格拉夫或梅多克產區的波爾多紅酒。

12–14 人份

1. 準備乳豬以用來填餡——3–4 小時

一隻重量介於 4.5–5.4 公斤之間的乳豬	處理乳豬準備烘烤，按照前文敘述浸泡後弄乾。

2. 米飯香腸與杏桃餡——特拉比松式餡料

註：製作這種餡料時，許多步驟必須一氣呵成；我們將每一個步驟分開來說明，並讓你自行取決時間順序。

454 公克純豬肉香腸（最好使用自製香腸，做法參考第 346 頁）

一只中型有蓋平底鍋（直徑 25 公分）

1/4 杯清水

一只容量 5–6 公升的攪拌盆

一支溝槽鍋匙

用針在香腸腸衣上戳幾個洞，然後把香腸和清水一起放入鍋中，蓋上鍋蓋熬煮 5 分鐘。打開鍋蓋，把水倒掉，慢慢將香腸煎幾分鐘，讓香腸稍微上色。將香腸從鍋中取出，油脂留在鍋中。將香腸切成 1.2 公分小段，再放入攪拌盆裡。

豬肝、豬心與豬腰子，切成 1 公分小丁（1¼–1½ 杯），或是 340 公克小牛肝或雞肝，切丁

1/4 杯紅蔥末或青蔥末

1/4 小匙百里香

食鹽與胡椒

將鍋內油脂加熱到高溫卻尚未冒煙的程度，然後拌入肝臟混合物、紅蔥或青蔥，以及百里香。拋翻拌炒 2 分鐘，讓肝臟變硬。調味，然後將混合物舀到攪拌盆裡，油脂則留在鍋內。

2½ 杯洋蔥末

洋蔥下鍋，蓋上鍋蓋慢煮 8–10 分鐘，期間偶爾拌炒，將洋蔥炒到變軟變透明。稍微調味，然後將一半的洋蔥舀到攪拌盆裡，另一半留在鍋裡。

---

1 整頭大蒜

一鍋沸水

若有必要可加入奶油

1½ 杯未經處理的生白米

1/3 杯不甜的白酒或不甜的法國白苦艾酒

1⅓ 杯熱的雞高湯

1⅓ 杯熱水

1/2 小匙食鹽

1/2 片進口月桂葉

1/4 小匙百里香

將大蒜一瓣一瓣拆下來，然後將帶皮蒜瓣放入沸水中煮 2 分鐘。將大蒜取出瀝乾，放入冷水中，去皮後縱切成四瓣，放在一旁備用。若平底鍋內的油脂已經變黑，則將洋蔥取出瀝乾，把油倒掉，再把洋蔥和 3 大匙奶油一起放回鍋中。拌入生米，以中火翻炒幾分鐘，生米會先變透明，然後轉成乳白色。加入白酒或苦艾酒、雞高湯、熱水、食鹽、香草與番紅花。加熱到小滾，然後加入大蒜

一大撮番紅花絲

並翻拌一次；蓋上鍋蓋，慢慢滾 15 分鐘，或是煮到所有液體都被吸收，而且米飯幾乎但尚未完全變軟。鍋子離火，開蓋放一旁備用。

85–113 公克（1/2 杯）無籽黑葡萄乾或黑醋栗

一碗高溫熱水

將葡萄乾放入熱水中，浸泡 10–15 分鐘讓葡萄乾軟化。取出瀝乾，放在布巾角落擰乾後加入攪拌盆裡。

---

227 公克（1⅓–1½ 杯）優質杏桃乾

一碗高溫熱水

1 杯牛肉高湯或清湯

一只沉重的有蓋單柄鍋

一大撮多香果

將杏桃乾放入水中浸泡 10–15 分鐘，使之稍微軟化。取出瀝乾，和多香果一起放入清湯裡熬煮至口感柔軟（不糊爛）。取出瀝乾，保留液體稍後製作醬汁時使用。將杏桃乾切成 1.9 公分大塊，加入攪拌盆裡。

一支橡膠刮刀

下列材料每種 1/4 小匙：磨碎的茴香籽、百里香與奧勒岡

1/8 小匙磨碎的進口月桂葉

1/8 小匙白胡椒

食鹽

慢慢將煮熟的米飯加入攪拌盆裡，和剩餘材料與這裡列出來的香草與調味料輕輕拌勻。仔細品嘗以判斷調味料的用量，若有必要可加入更多食鹽、胡椒與香草。

(*) 提早準備：餡料可以提早一天做好，蓋起來放入冰箱冷藏。

3. 替乳豬填餡

2 小匙食鹽

1/8 小匙白胡椒

6–8 支扦子或約 7.6 公分長的無頭釘

將乳豬翻過來，使背部朝下，並以食鹽和胡椒替內腔調味。將餡料放進去，把內腔填滿但不要硬塞。（保留多餘的餡料；另外放入

白色棉線
鋁箔紙

有蓋烤盤內烹煮。）用扦子將內腔開口關起來，並以棉線把扦子固定好。若是下巴有開口，則以食鹽和胡椒調味，不過不需要縫起來。將鋁箔紙揉成直徑 5.1–6.4 公分的球狀，把乳豬的嘴巴打開，並把球塞進去，讓嘴巴保持打開的狀態。

4. 放入烤盤

1/2 杯以上橄欖油或食用油，以一只小鍋盛裝

一支醬料刷

一只有烤架的淺烤盤，至少 50.8 公分長

若有必要亦準備更多扦子和棉線

鋁箔紙

自行選用但建議使用：一支肉品溫度計

再次把乳豬表面用紙巾擦乾，然後替乳豬全身上下都刷上油脂。

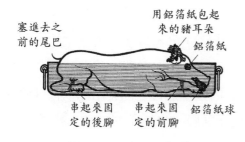

塞進去之前的尾巴

用鋁箔紙包起來的豬耳朵

鋁箔紙

串起來固定的後腳　串起來固定的前腳　鋁箔紙球

如果乳豬能以蹲伏的姿勢放入烤盤，則將前腳與後腿串起來綁好固定，把乳豬撐成適當的位置；讓豬頭靠在兩隻前腳之間。

或者將乳豬以比較隨意的姿勢擺好，讓後腿往前伸直，前腳彎曲其下。

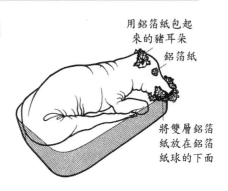

用鋁箔紙包起來的豬耳朵

鋁箔紙

將雙層鋁箔紙放在鋁箔紙球的下面

　　如果無論採用哪一種姿勢，下巴都會突出於烤盤外，則在下巴下面鋪上雙層鋁箔紙，烘烤的肉汁就會流回烤盤裡。將鋁箔紙球塞到眼窩裡；用鋁箔紙將耳朵包起來，藉此在烘烤時保護耳朵。至於尾巴，則塞到後側開口裡。將肉品溫度計插入臀部最厚實的部分，並確保針尖沒有碰到骨頭。

　　(*) 提早準備：如果餡料和乳豬都已經分別冷藏至完全涼透，你可以在烘烤前一天替乳豬填餡，不過你在烘烤前必須要把填好餡的乳豬拿出來，放在室溫環境中 2-3 小時，否則就會很難估算烘烤時間，而且可能會烤得不均勻。

5. 烘烤──烤箱預熱到攝氏 232 度；總烹煮時間 3 小時至 3 小時 30 分鐘（烘烤時間 2 小時 30 分鐘至 3 小時，加上 30 分鐘靜置）

油脂與醬料刷

1 杯大略切絲的洋蔥

2/3 杯大略切片的胡蘿蔔

4 瓣完整的未剝皮大蒜

烤箱預熱到攝氏 232 度，再將乳豬和烤盤放入烤箱中下層。經過 15 分鐘後，快速在乳豬表面刷上油脂。繼續烘烤 15 分鐘，再次以油脂澆淋，並將烤箱溫度調降到攝氏 177 度。

　　經過 20 分鐘以後澆淋一次。再經過 20 分鐘以後，乳豬烘烤時間應該已經超過 1 小時，此時再度以油脂澆淋，並把洋蔥、胡蘿蔔與蒜瓣放入烤盤裡。繼續以每 20 分鐘澆淋一次的頻率進行，油脂用完以後則使用烤盤內的油脂；澆淋的動作會讓表皮變酥脆，也能幫助上色。經過 2 小時 30 分鐘至 3 小時的烘烤以後，肉品溫度計讀數應該要達到攝氏 82.2-85 度之間，臀肉在按壓時應是柔軟的，豬腿應該可以在臼窩裡轉動，乳豬就算烘烤完成。（請注意，冷透的填餡乳豬可能得多烤 30 分鐘，體重達 6.4 公斤的小豬亦然。）

　　烤好以後，乳豬必須靜置 30 分鐘以後再切割，如此一來肉汁才會被吸回肌肉組織裡。將烤箱關掉，烤箱門稍微留縫，藉此替烤乳豬保溫。

　　(*) 提早準備：烤好的乳豬可以在靜置 1 小時以後再切割；等到烤箱

降溫 20 分鐘以後，將烤箱溫度重新設定在攝氏 60 度，並將烤箱門關上（或是每 10 分鐘短暫替烤箱加溫）。

6. 醬汁

大餐盤、托盤或砧板

2 杯小牛肉高湯、牛肉高湯或牛肉清湯

1 杯不甜的波特酒、舍西亞爾馬德拉酒、不甜的白酒或是不甜的法國白苦艾酒

1 大匙芥末粉，加入 2 大匙高湯或酒調勻

過濾器，架在碗或單柄鍋上

食鹽與胡椒

一只溫熱的醬汁盅

把乳豬抬起來，並讓肉汁流回烤盤裡；將乳豬放在大餐盤裡，移除鋁箔紙、扦子與棉線等，並把尾巴從藏起來的地方拉出來。移除烤架，傾斜烤盤，將肉汁上的油脂舀出來。將高湯或清湯倒入烤盤中，然後加酒；打入芥末混合物，再將混合液加熱至微滾，並把聚集在鍋底的烤肉汁刮起來。趁分割乳豬的時候，慢慢熬煮醬汁 10–15 分鐘。（你可以將醬汁刮入一只單柄鍋內，不必放在烤盤裡熬煮。）等到打算上菜時，將切肉時流出來的肉汁倒入醬汁裡，然後將醬汁過濾到碗或鍋子裡，同時壓出蔬菜裡的水分。將醬汁表面的油脂撈除，仔細調整調味料用量，再把醬汁倒入溫過的醬汁盅裡。

7. 裝飾與擺盤

用綠葉、花或水果裝飾餐盤，你也可以在乳豬的脖子上掛上花圈。把花放到眼窩位置插好，並用紅蘋果或橘子代替乳豬嘴巴裡的鋁箔紙球。（例如橙花、散發光澤的綠葉、黃百日菊等看起來都很具吸引力；到了聖誕節期間，冬青、蔓越梅與白色雛菊都可以當成裝飾。）將乳豬端上桌，或是端著乳豬繞房間走一圈，讓每位賓客都能夠欣賞到這道菜的光彩。雖然你可以在餐桌上分割乳豬，除非賓客裡有人對乳豬非常了解，我們還是建議私底下在廚房處理。

8. 切割與上菜

　　準備一兩支非常鋒利的切肉刀、一支大餐叉、一支大餐匙，以及一把廚房剪刀或家禽剪；在下第一刀把豬皮切開時，電動切肉刀可以是很有用的工具。我們建議你切好一盤便端一盤上桌，再回到廚房切第二盤。分好後，將剩下的肉放在大餐盤裡擺好，端上桌讓客人再次添菜。

　　首先，沿著脊椎骨把豬皮切開，這裡可以使用電動切肉刀。接下來，沿著肩部的輪廓把豬皮切開；將肩膀和前腳拆下來。以同樣的方式處理後腳。將前腳和後腳切成適合上菜的大小，然後置於一旁備用。

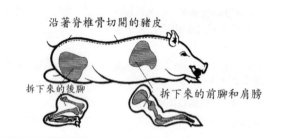

沿著脊椎骨切開的豬皮

拆下來的後腳

拆下來的前腳和肩膀

　　這張圖片描繪的是你沿著脊椎骨和肋骨切下去，把皮肉拆下來以後的樣子。大部分的肉都位於肋骨上方與腰部（臀部到肋骨之間）。

　　肉和皮之間是脂肪層，脂肪的多少與豬隻年齡和大小有關。將肉和脂肪分離，將肉切成適合上菜的大小。將脂肪從豬皮上刮下來，將豬皮切成適合上菜的長條狀，約 2.5 公分寬、7.6–10.2 公分長（這裡可以使用剪刀）。

　　將暴露出來的骨頭拉掉，你應該可以輕易地把骨頭拉下來。將一部分餡料從內腔取出鋪在盤子上，然後把肉片放在餡料上，最後蓋上長條狀的豬皮。如果你選擇抱子甘藍、青花菜或其他裝飾用蔬菜，則將蔬菜

繞著肉擺好。按需求，重新用葉子和花裝飾大餐盤，然後將豬肉和醬汁一起端上桌。（另一側的豬肉可以暫時保溫，待第二次添菜使用，因為豬皮可以保持肉的溫度。）

牛舌、小牛舌、豬舌與羊舌（LANGUES DE BOEUF, DE VEAU, DE PORC, ET DE MOUTON）

用芳香醬汁燜燉的美味牛舌，烹煮時很香，端上桌時很漂亮，而且也可以替主菜帶來一些討喜的變化，你打算把這道菜端上桌招待客人時，完全不需要猶豫。牛舌的價格只有牛肉的一半，是一塊扎實的肉，也是一種值得加入個人菜譜的食材。由於牛舌的風味與質地最佳，因此我們在這裡以牛舌為主來做介紹；豬舌、小牛舌與羊舌等，都可以採用同樣的方式來處理，相關資訊可以參考本節末第 292–293 頁處。

有關新鮮牛舌

新鮮牛舌容易腐壞；放在冰箱冷藏約只能保存 8 天。由於牛舌在抵達商店時，通常已經是牛隻宰殺數日以後的事情，因此在買回家以後，你應該在一天之內完成浸泡與醃製或水煮。由於牛舌容易變質，我們通常會以煙燻或醃製（鹽醃）的方式處理，以延長保存時間，不然也可以採用冷凍方式保存。雖然經過煙燻與醃製處理的牛舌也可以當成新鮮牛舌來烹煮，我們還是比較喜歡新鮮牛舌的味道，因此在這裡的食譜使用的都是新鮮牛舌。

烹煮前的準備動作——新鮮牛舌或冷凍牛舌

要幫助牛舌返鮮，先將牛舌放在溫活水下用蔬菜刷刷乾淨，然後放入一盆冷水中浸泡 2–3 小時。泡好之後取出瀝乾並擦乾。（如果使用冷凍牛舌，應放入冷水中解凍，然後刷洗，再浸泡 1 小時。）

自選步驟：鹽醃

　　為了增進風味與柔嫩度，並且在烹煮前將牛舌的保存時間延長幾天，你可以選擇用鹽醃的方式來處理。鹽醃時，取一只能夠容納牛舌的琺瑯碗或燉鍋，將 0.6 公分高的粗鹽鋪在鍋底，然後把泡好並擦乾的牛舌放上去。在牛舌上面覆上約 0.6 公分高的粗鹽，然後蓋上一張蠟紙。在蠟紙上面放上一只盤子與約 2.3 公斤重的罐頭或絞肉機零件。整個放入冰箱冷藏至少一晚，若能將冷藏時間延長到 2 天，效果會更好。等到你打算要烹煮牛舌時，將表面的食鹽洗掉。（如果鹽醃時間超過 2 天，在烹煮前應放入冷水中浸泡 2–3 小時，以去掉多餘的鹽。）

有關烹飪方式

　　牛舌可以用水煮（指慢慢熬煮）或燜燉的方式處理。燜燉時，牛舌必須先以水煮的方式初步烹煮，煮到六七分熟（1.8 公斤牛舌，約煮 2 小時）；接下來，替牛舌去薄膜，然後再完整或切片燜燉。無論牛舌以水煮方式煮到全熟或是可以去薄膜的程度，水煮和去薄膜的方式都是相同的。因此，我們在這裡會先針對這兩種方式提供說明，然後再提供水煮牛舌與燜燉牛舌的食譜、醬汁與上菜建議。

水煮牛舌——燜燉前的初步烹煮或是完整的烹煮方式

　　在你把牛舌以水煮方式煮到變軟的同時，你會需要芳香蔬菜與香草來替牛舌調味。你甚至可以決定製作上冊第 125 頁的簡易肉高湯，或是第 364 頁火上鍋，讓牛舌在同一只鍋子裡慢慢熬煮，如此一來牛舌將能融入更細緻的風味。最後會以燜燉方式來完成烹煮的牛舌，在這個初步烹煮步驟只需要使用鹽水即可。

完全修整好的牛舌，重量在 1.5–1.8 公斤之間

一鍋冷水，鍋子大小應恰能輕鬆容納牛舌

若牛舌未經過鹽醃：則在每公升清水中加入 1½ 小匙食鹽

若要將牛舌煮到變軟：

2 杯切片的紅蘿蔔與 2 杯洋蔥絲

1 杯切片的西洋芹

一束大香草束：8 枝香芹、1 小匙百里香、2 片進口月桂葉、4 粒多香果與 2 瓣帶皮大蒜，全用紗布綁好

一只鍋蓋

按照前文說明做好烹煮牛舌前的準備動作。將牛舌放入大鍋中，並注入淹過牛舌 12.7 公分的清水。（如果牛舌未經鹽醃處理，則應測量使用的水量，按需求加入食鹽。）加熱至微滾；撈除灰色雜質 5 分鐘以上，直到完全乾淨為止。若有使用蔬菜與香草束，可在此時加入。蓋上鍋蓋並稍微留縫以保持些許空氣循環，並讓鍋內液體保持在微滾的程度。若稍後要燜燉牛舌，則熬煮 2 小時。若要完成烹煮，則熬煮 3 小時至 3 小時 30 分鐘，或是煮到用刀子測試時覺得肉已經變軟的程度。取出牛舌，馬上進行下一段去薄膜的動作。

移除牛舌上的薄膜

　　將牛舌從鍋中取出，馬上放入一盆冷水中。一旦牛舌溫度降到可以徒手處理的程度（牛舌應該還是溫的），就可以用刀子沿著牛舌正面周圍劃一圈，將表面多瘤的皮膚層劃開。用手指與刀子將牛舌表面的皮膚層剝下來；皮膚層應該能夠輕易地剝落。下側的皮膚通常黏附在肉上；在表面用刀子順著縱向劃幾刀，再用刀子將一條條的表皮移除。把牛舌下側任何脂肪與垂掛的部分修掉，並把可能埋在末端的骨頭拉掉。接下來，水煮 2 小時的牛舌就可以繼續用來燜燉，完成水煮的牛舌則可以進一步以醬汁調味並盛盤上桌。

　　(*) 提早準備：若沒打算馬上把煮好的水煮牛舌端上桌，可以將牛舌放回鍋中，並讓鍋子離火；如此一來可以幫助牛舌保溫並維持多汁的口感。至於已經完成初步調理但沒打算馬上燜燉的牛舌，則先放涼，然後密封包好放入冰箱冷藏；你只要在一兩天內完成燜燉即可。

法式甜酸牛舌（LANGUE DE BOEUF, À L'AIGRE-DOUCE）

〔搭配甜酸醬、珍珠洋蔥與葡萄乾的水煮牛舌〕

由於水煮牛舌非常容易烹煮，你應該搭配特殊的醬汁，才對得起牛舌與即將享用牛舌的賓客。加了珍珠洋蔥與葡萄乾的甜酸棕醬是非常可口的選擇，我們也在食譜末列出十來種其他可用來搭配的醬汁。這道菜可以搭配奶油豌豆或蘆筍、栗子泥或馬鈴薯泥，或是法國麵包。佐餐酒可選用波爾多紅酒。

6-8 人份

1. 水煮牛舌——浸泡 2 小時；水煮 3 小時至 3 小時 30 分鐘

一只完全修整好的新鮮牛舌，重量約 1.8 公斤

刷洗並浸泡牛舌，自行決定是否要鹽醃；熬煮 3 小時至 3 小時 30 分鐘，待牛舌煮軟以後，按照前文說明去除表面皮膚層。趁熬煮牛舌時準備下列醬汁與配菜，你也可以在煮牛舌之前選擇自己方便的時間進行。

(*) 提早準備：如果你還不打算將牛舌端上桌，可以將牛舌放在烹煮液體裡保溫，若有必要可以重新加熱。

2. 加入珍珠洋蔥與葡萄乾的芥末棕醬——按 2 杯綜合芳香蔬菜準備的量：做出來約 2/3 杯

3 大匙洋蔥末
3 大匙胡蘿蔔末
2 大匙西洋芹末
1 大匙水煮火腿末
2 大匙奶油
一只容量 2 公升的有蓋厚底單柄鍋

將蔬菜末與火腿放入奶油裡慢慢烹煮 10-12 分鐘，期間頻繁翻拌，將混合物煮到變軟且剛開始上色。趁蔬菜在烹煮時，將洋蔥放入沸水中煮 1 分鐘，讓外皮鬆動；將洋蔥取出瀝乾，把洋蔥的兩端切掉後去皮，並在每個

3 杯（283 公克，40-50 個）
白色的小型珍珠洋蔥，直徑約 2
公分

一鍋沸水

洋蔥的根部端用刀子劃上十字；處理好後放
在一旁備用。

---

1 杯不甜的白酒或 2/3 杯不甜的
法國白苦艾酒

1 杯熬煮牛舌的高湯；若有必要
可增加用量

1 杯濃郁的牛肉高湯或清湯；若
有必要可增加用量

1/2 杯小無籽黑葡萄乾

1 片進口月桂葉

一只鍋蓋

將酒或苦艾酒倒入綜合蔬菜裡，迅速將液體
量收到剩下原體積的三分之二。接下來，加
入煮牛舌的高湯、牛肉高湯或清湯、葡萄
乾、月桂葉與去皮洋蔥。加熱至微滾，蓋上
鍋蓋，慢慢熬煮 40-60 分鐘，或是煮到洋蔥
變軟。（若有必要可增加液體用量；完成時
鍋內應剩下約 2 杯液體。）

---

3 大匙味道強勁的迪戎芥末醬，
放入小碗內並加入 1 小匙玉米
澱粉拌成糊狀

食鹽與胡椒

2-3 大匙軟化的奶油

待洋蔥煮軟，鍋子便可離火；從鍋內取出約
1/2 杯烹飪液體，慢慢打入芥末玉米澱粉混合
物裡。將混合物拌入洋蔥，等到拌勻後，將
鍋子放回爐火上加熱，熬煮 2 分鐘。醬汁應
會稍微變稠。仔細調整調味料用量，便可靜
置一旁備用。上菜前重新加熱；鍋子離火後
以每次 1/2 大匙的量慢慢拌入添味的奶油。

3. 將牛舌切片並上菜

切牛舌時，盡可能將牛舌均勻切成厚度約 1 公分的片狀：將熱騰騰
的牛舌放在砧板上，從根部較厚實處縱切幾片下來；接下來，繼續從根
部切，開始慢慢傾斜刀身，在你切完牛舌隆起的部分以後，刀背應慢慢
朝著砧板的方向往下；等到你切到舌尖時，刀身應該接近水平。

將牛舌切片放在一只稍微抹了奶油的溫熱橢圓形大餐盤上，順著橢
圓形的長軸擺好，然後將少許洋蔥葡萄乾醬汁淋在牛舌上，在旁邊放上

綠色蔬菜作為裝飾，並把剩餘醬料一起端上桌；或是將牛舌切片靠著一坨栗子泥或馬鈴薯泥擺好，替每一片牛舌淋上少許醬汁，再把洋蔥、葡萄乾和剩餘醬汁放在牛舌周圍，另外把蔬菜端上桌。

搭配水煮牛舌的其他醬汁

番茄醬汁、棕醬、白醬以及油醋醬等，都適合用來搭配水煮牛舌。除了其中一種以外，我們都已經在上冊介紹過這些醬汁。你可以將熬煮牛舌的高湯收稠，或是在高湯裡加入雞肉高湯或牛肉清湯調味，在按照各食譜製作時，將這高湯當成食材來運用。

番茄醬汁

上冊第 88-91 頁的傳統番茄醬汁，以新鮮番茄製作的美味普羅旺斯番茄醬汁，或是按照本書第 425 頁運用罐裝番茄。

棕醬

從上冊第 78-88 頁的棕醬裡擇一使用。尤其推薦加入酸黃瓜和續隨子的辛辣醬，咖哩棕醬，加入蘑菇、番茄與香草的獵人醬，以及加入火腿與蘑菇的義大利棕醬。

白醬

淡咖哩醬——味道清淡的咖哩醬，加了洋蔥、鮮奶油與檸檬，做法參考上冊第 73 頁。

洋蔥奶油醬——非常棒的洋蔥醬，你可以按個人喜好在裡面加入 2-3 大匙切碎的續隨子與香芹末，做法參考上冊第 74 頁。

續隨子醬、芥末醬或鯷魚醬——都很容易製作，也可以使用上冊第 75 頁奶油醬（偽荷蘭醬）的各種變化版本。

油醋醬

　　索爾熱醬——美味且特別的香草蛋黃醬，製作時加入紅蔥、續隨子與半熟水煮蛋，做法參考上冊第 109 頁，無論是當成熱菜或冷盤上桌的牛舌都可以搭配。

　　勁味油醋醬——加入洋蔥與續隨子的油醋醬，亦可搭配勁味油醋醬的兩種變化版，亦即加入酸奶油與蒔蘿的法式酸奶油醋醬，以及香草芥末醬——這三種醬汁做法可參考上冊第 110–112 頁，無論是當成熱菜或冷盤上桌的牛舌都可以搭配。

燜燉牛舌佐馬德拉醬（LANGUE DE BOEUF BRAISÉE, AU MADÈRE）

〔以燜燉方式烹煮的完整牛舌，搭配馬德拉醬〕

　　當你想要端出讓人眼睛一亮的菜餚，而且餐桌上還有一名切肉能人時，可以採用燜燉的方式處理完整的牛舌，淋上醬汁並運用配菜漂漂亮亮地擺盤。我們建議配菜可以採用焦糖胡蘿蔔、洋蔥與蕪菁，以及完整的小蘑菇——完全使用新鮮蔬菜，以表現出它們的細緻風味與質地。波爾多紅酒會是最適合的佐餐酒。

6–8 人份

1. 燜燉前的預備動作——浸泡 2 小時；水煮 2 小時

一只完全修整好的新鮮牛舌，重量約 1.8 公斤

按照第 279 頁說明刷洗浸泡牛舌，按個人喜好決定是否鹽醃，並將牛舌燉煮 2 小時；剝除牛舌的表面皮膚層。

(*) 提早準備：你可以在燜燉的前一天進行到這個步驟結束。

2. 燜燉牛舌——在攝氏 177 至 163 度烤箱內燜燉 2 小時

1 杯切片的胡蘿蔔與 1 杯洋蔥絲

1/4 杯稍微醃過的水煮火腿（例如超市的現成火腿切片），切丁使用

3 大匙奶油

一只厚重且恰能容納牛舌的有蓋耐熱燉鍋

烤箱預熱到攝氏 177 度。奶油放入燉鍋內以中小火加熱，加入蔬菜與火腿頻繁翻炒約 10 分鐘，將蔬菜炒到變軟且稍微開始上色。

食鹽與胡椒

去皮的牛舌

以食鹽和胡椒替牛舌調味，然後將牛舌放入燉鍋內，將牛舌翻一翻，並以蔬菜和奶油澆淋之。蓋上鍋蓋，讓牛舌在少量油脂裡以中小火慢慢加熱 10 分鐘；將牛舌翻面，再次澆淋，蓋上鍋蓋，繼續加熱 10 分鐘。（如果牛舌原本放在冰箱裡冷藏，則將加熱時間加倍。）

1/3 杯不甜的馬德拉酒（舍西亞爾品種葡萄）

1/2 杯不甜的白酒或不甜的法國白苦艾酒

可以改善醬汁風味與質地的材料，自行選用：

1 杯左右切碎或鋸開的小牛關節骨與／或牛髓骨

1 塊 15.2 公分見方的水煮豬皮

1 個完整的番茄，洗淨後大略切碎，不要去皮

1 瓣帶皮大蒜瓣，切半

1 片進口月桂葉

1/2 小匙百里香

1 杯以上味道濃郁的牛肉高湯或牛肉清湯

將馬德拉酒與白酒或苦艾酒倒入燉鍋內；迅速將液體收到幾乎完全蒸發。將自行選用的骨頭與豬皮，和番茄、大蒜與香草等一起撒在牛舌周圍。在鍋內倒入足量高湯或清湯，讓液面高度達到牛舌的三分之二。用脂肪或紗布蓋上牛舌，將鍋內液體加熱至微滾，蓋上鍋蓋，再放入預熱烤箱中下層。經過 20 分鐘以後，檢查鍋內液體是否穩定保持微滾；將脂肪或紗布拿起來，快速用鍋內液體澆淋牛舌，再把脂肪或紗布蓋回去。將烤箱溫度調降到攝氏 163 度。烹煮期間應澆淋牛舌數

1 片 0.6 公分厚且能夠覆蓋著牛舌的豬脂肪或牛脂肪，亦可使用乾淨的紗布

次，待燜燉時間經過 1 小時，將牛舌翻面，再把脂肪或紗布蓋上去。牛舌應該會在 2 小時至 2 小時 30 分鐘左右完成烹煮，此時刀子應該可以輕易戳穿；注意不要煮過頭。（燜燉牛舌的同時，準備配菜；雖然蔬菜可以和牛舌一起燜燉，我們發現分開烹煮會比較容易處理。）

3. 配菜

24–32 個直徑 2.5–3.2 公分的新鮮小白洋蔥

一鍋沸水

一只（直徑 22.9–25.4 公分）寬口單柄鍋、深平底鍋或電子平底鍋，以及一只鍋蓋

1–1½ 杯清水

食鹽

3 大匙奶油

10–12 根大小相同的新鮮中型胡蘿蔔

10–12個大小相同質地扎實、直徑 5.1–6.4 公分的新鮮白蕪菁

將洋蔥放入沸水中，快速加熱至水重新微滾後計時 1 分鐘整；將洋蔥取出瀝乾。把洋蔥頂端與根部削掉，並替洋蔥去皮；在根部端劃下 0.8 公分深的十字，以利均勻烹煮。將洋蔥和清水、食鹽與奶油一起放入鍋中；加熱至微滾，蓋上鍋蓋，趁準備胡蘿蔔時慢慢熬煮。迅速替胡蘿蔔去皮，將胡蘿蔔縱切成四瓣，再切成 4 公分小段，修整邊緣，待洋蔥烹煮 20 分鐘以後將胡蘿蔔放入鍋中。繼續慢慢熬煮，把蔬菜煮軟（約再煮 20 分鐘），若鍋內水分已完全蒸發，可以加入少量清水。煮好後調整調味料用量，便可放在一旁備用。

體積 1 公升（約 340 公克）新鮮小蘑菇（或是較大的新鮮蘑菇，切成四瓣）

一只（直徑 28 公分）大平底鍋

2 大匙奶油與 1/2 大匙食用油

2 大匙紅蔥末或青蔥末

修整蘑菇，將蘑菇迅速洗淨，並以布巾拍乾。將奶油和食用油放入平底鍋內，以中大火加熱，待奶油浮沫開始消失，加入蘑菇；翻炒 3–4 分鐘，頻繁拋翻，手握鍋柄搖晃旋

食鹽與胡椒

轉鍋身，直到蘑菇稍微開始上色。加入紅蔥或青蔥翻拌一下，按個人喜好調味，再把鍋內材料刮入一只餐盤裡，放在一旁備用。

4. 醬汁與上菜

一只稍微抹了奶油的溫熱大餐盤

一只篩子，架在單柄鍋上

1/4 杯不甜的馬德拉酒（舍西亞爾品種葡萄）

1 大匙葛粉（可以在販賣特殊食材的商店或藥房購買）或是玉米澱粉，放入小碗內

一支鋼絲打蛋器與橡膠刮刀

食鹽與胡椒

3-4 大匙軟化的奶油

香芹枝

牛舌煮軟以後，移到大餐盤裡蓋好，在準備醬汁時將牛舌放入關掉的烤箱裡保溫（或是放在攝氏 49 度的保溫箱裡）。將燉鍋內溶液倒入篩子裡過濾到單柄鍋內，並把燜燉材料的水分壓乾。將鍋內液體表面的油脂撈除，將液體加熱至微滾，繼續撈除油脂。你應該可以得到約 2 杯液體。

　　將馬德拉酒加入葛粉或玉米澱粉裡拌勻；烹煮液體離火，然後拌入馬德拉酒混合物。拌勻以後，將單柄鍋放回爐子上繼續加熱，並拌入煮熟的洋蔥、胡蘿蔔、蕪菁與蘑菇，以及這些蔬菜的湯汁。熬煮 4-5 分鐘，手握鍋柄搖晃鍋身，輕輕讓蔬菜在醬汁裡翻拌。醬汁應該要濃稠到能夠附著在牛舌上；仔細修正調味。上菜前，以每次 1/2 大匙的量慢慢拌入添味用奶油，動作輕巧地用醬汁澆淋蔬菜，直到奶油被吸收為止。

　　將牛舌放在大餐盤上，拱起部分朝上。替牛舌淋上幾匙醬汁，將蔬菜繞著牛舌周圍擺好，並用剩餘醬汁澆淋蔬菜和牛舌。以香芹枝裝飾後馬上端上桌。

　　(*) 提早準備：如果在牛舌煮軟以後，你還沒打算上菜，那麼在製作醬汁時，應先省略最後的添味奶油。將牛舌、醬汁與配菜放回燉鍋裡；再次用脂肪或紗布將牛舌蓋好，蓋上燉鍋鍋蓋並稍微留縫，整個放進攝氏 49 度的烤箱或放在微滾熱水上保溫。牛舌可以如此保溫約 1 小時。假使要上菜時，醬汁已經變得太濃稠，則用少許高湯或清湯稀釋。

其他醬汁、調味料與配菜

只要是你會運用在烹煮牛肉的調味料與配菜，都可以用來燜燉牛舌；你甚至可以在預煮 2 小時並去皮以後，將牛舌切片，在每片牛舌尖塗上蘑菇餡後重組回去，再進行燜燉，就如第 217 頁的千層牛裡脊。第 215 頁布爾喬亞式牛裡脊用洋蔥、蘑菇與橄欖為配菜的做法，也很有吸引力，第 182–186 頁一些燉牛肉變化版的做法亦可參考。尤其推薦的是大蒜香草醬與普羅旺斯調味料，番茄燴青椒，以及第 186 頁以薑、續隨子與香草來調味的做法。在選用上面提到的這些建議時，烹煮牛舌的方法仍然是按照基本食譜的做法與時程；你單純只是代換調味料而已。

切片燜燉的牛舌

若採用預煮並去皮以後切片燜燉的方式，牛舌會更容易烹調與上菜。切片牛舌可以在 30–40 分鐘完成烹煮，醬汁的味道更能滲透到肉裡，而且各種事先處理、預煮和提早準備的操作，都有著完整牛舌所沒有的方便性。烹煮時，應運用下面這則食譜的方法，你可以將切片牛舌和芥末棕醬、珍珠洋蔥與葡萄乾一起烹煮，就如第 280 頁水煮牛舌食譜，或是運用前段提及的其他想法，或是參考第 282–285 頁的建議。

加爾各答式燜燉牛舌（LANGUE DE BOEUF BRAISÉE, CALCUTTA）

〔與咖哩一起燜燉的切片新鮮牛舌〕

法式咖哩醬並沒有印度咖哩醬那種強烈、口感辛辣的特質；法式咖哩比較像是用咖哩來調味，重點不在咖哩辛香帶來的體驗，因為如果咖哩味道強烈，將會損及佐餐酒的風味。你可以將這道牛舌放在馬鈴薯泥、米飯或燜燉菠菜上端上桌，也可以放在豌豆泥或小扁豆泥上，或是搭配第 486 頁南瓜白豆泥。可以將新鮮法國麵包當成第二種蔬菜來使用。至於佐餐酒，波爾多紅酒是不錯的選擇，或是選用味道濃醇口感不甜的白酒，例如來自隆河丘的艾米塔基白酒。

6-8 人份

1. 燜燉前的預備動作——浸泡 2 小時；水煮 2 小時

一只完全修整好的新鮮牛舌，
重量約 1.8 公斤

按照第 279 頁說明刷洗浸泡牛舌，按個人喜好決定是否鹽醃，並將牛舌燉煮 2 小時；剝除牛舌的表面皮膚層。

(*) 提早準備：你可以在燜燉的前一天進行到這個步驟結束。

2. 燜燉醬汁

2 杯洋蔥絲

2 大匙奶油與 1/2 大匙食用油
（若有必要可增加用量）

一只直徑 25-30 公分的燉鍋、
平底深鍋或電子平底鍋

約 2 大匙咖哩粉（用量取決於
味道強度與個人喜好）

2 大匙麵粉

將洋蔥放入奶油與食用油裡，以小火烹煮 8-10 分鐘，期間偶爾翻拌，將洋蔥煮到變軟變透明但尚未上色的程度。拌入咖哩粉，繼續烹煮翻拌 2 分鐘。拌入麵粉，如果鍋內材料變得太稠，可以額外加入少許奶油或食用油；繼續烹煮翻拌約 2 分鐘。煮好以後鍋子便可離火。

2-3 杯加熱的肉高湯（將牛肉
高湯或清湯與烹煮牛舌的高湯
或雞高湯混用）

一支鋼絲打蛋器

1 杯不甜的白酒或 2/3 杯不甜的
法國白苦艾酒

2 瓣大蒜瓣，拍碎

1/4 杯小無籽黑葡萄乾

1 個烹飪用酸蘋果，去皮切丁
（或是使用食用蘋果加上 1 大
匙檸檬汁）

1/2 小匙百里香

1 片進口月桂葉

食鹽與胡椒，用量按個人喜好

待燉鍋內容物停止沸騰以後，加入 2 杯熱高湯，用鋼絲打蛋器大力打入與洋蔥、咖哩和麵粉混合均勻。倒入白酒或苦艾酒；加入大蒜、葡萄乾、蘋果丁、百里香與月桂葉。放回爐火上加熱至微滾，並繼續攪拌熬煮 2 分鐘。醬汁應該會稍微變稠。仔細品嘗並修正調味。

3. 燜燉牛舌——30-40 分鐘

將去皮牛舌切成厚度約 1 公分的切片。（切割牛舌的做法可參考水煮牛舌基本食譜第 283 頁步驟 3。）將牛舌切片放在燉鍋裡擺好，必要時可讓切片相互交疊。用醬汁澆淋牛舌。

(*) 提早準備：你可以提早進行到這個步驟結束；放涼以後先用保鮮膜把表面包起來，再蓋起來放入冰箱冷藏。

加熱至微滾，蓋上鍋蓋熬煮 30-40 分鐘，期間應數次傾斜鍋身並用醬汁澆淋牛舌切片。等到牛舌軟到可以用叉子刺穿時，就算完成烹煮，小心不要煮過頭；若對熟度有任何疑慮，可以嘗一口試試看。

4. 上菜

一只稍微抹了奶油的溫熱大餐盤

自行選用：1/3-1/2 杯法式酸奶油或鮮奶油

食鹽、胡椒與幾滴檸檬汁

1-3 大匙軟化的奶油

一只溫熱的醬汁盅

若有必要：新鮮香芹末

牛舌煮好以後，將熱騰騰的牛舌切片放在大餐盤上擺好（或按個人喜好放在平鋪在盤底的沙拉上）；在準備醬汁的時候將牛舌蓋起來保溫。你應該要準備 1½-2 杯濃稠到可以裹勺的醬汁。拌入自行選用的酸奶油或鮮奶油；若醬汁太稀則收稠一些，若太稠則加入少許高湯。仔細品嘗，若有必要可加入更多食鹽、胡椒與檸檬汁。上菜前，醬汁離火，以每次 1/2 大匙的量慢慢拌入添味奶油。將熱騰騰的醬汁淋在牛舌切片上，然後把剩餘醬汁倒入溫熱的醬汁盅裡。（你可以過濾醬汁；不過洋蔥和自行選用的葡萄乾可以賦予菜餚一些不同的質地，也能讓外觀看來更具隨性的吸引力。）按個人喜好以香芹裝飾牛舌，馬上端上桌。

（*）提早準備：你可以將醬汁做好，不過暫時不要加入添味奶油；將牛舌切片放回醬汁裡，並以醬汁澆淋。上菜前，重新加熱至完全熱透，小心不要把牛舌煮過頭。

小牛舌、豬舌與羊舌

小牛舌、豬舌與羊舌的質地與牛舌相同，雖然就味道來說不如牛舌細緻，你還是可以用它們來代替牛舌，按前面的任何一則食譜來準備。我們尤其推薦燜燉的做法，因為燜燉高湯可以替這些舌頭帶來它們原本欠缺的味道。以下分別針對小牛舌、豬舌與羊舌提點。

小牛舌

重量與大小：小牛舌的重量平均約為 170–227 公克，長度為 12.7–15.2 公分，不過從較大屠體取下的小牛舌，重量可達 567 公克。計算份量時，應以一只 170–227 公克重的小牛舌為一人份，或是兩只作為三人份。

烹煮前的準備動作：按照第 279 頁處理牛舌的做法刷洗，浸泡，並按個人喜好決定是否鹽醃。

預煮與去皮：將小牛舌放入鹽水中熬煮 45 分鐘（較大的小牛舌可熬煮 1 小時），取出以後稍微在冷水裡浸一下，再按照第 281 頁牛舌的處理方式去皮。

烹調方式：燜燉完整的小牛舌，或是將小牛舌縱切成兩半，烹調方式可參考牛舌食譜以及第 285 頁變化版。燜燉時間約為 1 小時 30 分鐘。

豬舌

重量與大小：豬舌的重量約為 340–454 公克，長度為 20.3–22.9 公分。計算份量時，每一只豬舌以兩人份計，或是兩只豬舌為五人份。

準備動作、水煮、去皮與烹調方式。參考前文有關小牛舌的說明。

羊舌

重量與大小：羊舌的重量約為 85–113 公克，長度 7.6–10.2 公分。計算份量時，每兩只羊舌以一人份計，若將羊舌縱切為兩半，可用每人份一只半至兩只計算。

準備動作、水煮、去皮與烹調方式：參考前文有關小牛舌的說明，不過最後的燜燉時間大約只要 45 分鐘至 1 小時。

牛肚（TRIPES）

喜歡吃牛肚的人，每每提及總是充滿熱情，也願意千里迢迢前去品嘗。它就像玉米肉餅與豬頭肉凍（或小牛頭肉凍），是相當傳統的滋味——以它的香氣與樸實滋味提醒著我們，在過去，牲畜身上每一個可食用的部位都會受到充分利用。時至今日，很多人只有聽過牛肚，卻沒有機會看過或吃過，不過我們的祖先卻是吃得津津有味。波士頓的派克屋（Parker House）因為油炸牛肚這道菜而聞名全美，位於巴黎大堂區（Les Halles）傳統市場中心的高級餐廳法拉蒙德（Pharamond），則因為一碗碗熱氣騰騰的康城式牛肚（tripes à la mode de Caen）而做出口碑，不過因為你可以在許多食譜書裡找到這道菜的食譜，在這裡就不再重複。我們在此提供的是一道更樸實的普羅旺斯菜餚，這道菜也深受我們喜愛：牛肚先和洋蔥一起翻炒至金黃，然後加入芳香四溢的番茄、酒與香草混合物完成烹煮。如果你從來沒有試過牛肚，而且願意嘗試新菜餚與新味道，我們認為這道菜將會帶領你進入一個不同的天地。

如何購買牛肚

牛肚有四種，無論是哪一種都可以用來烹煮，不過目前在美國市場

裡只能買到其中一種叫做蜂巢胃的牛肚（法文為 bonnet）。雖然你在市面上可以買到罐裝、冷凍與完全煮熟或醃製的牛肚，我們這裡只針對可以馬上用來烹飪的即用牛肚提供說明。所謂的即用牛肚，表示牛肚已經被刮乾淨、清洗、氽燙且通常也經過漂白，而且實際上已經可以直接用來烹煮。購買時，你在肉類部門冷藏櫃裡看到的可能是用密封塑膠袋裝好的牛肚，外表看來像是一個柔軟、橡膠狀的淺色袋子，表面有個蜂巢狀的圖案。包裝上會有「新鮮蜂巢胃」的標籤；不要和醃製牛肚搞混了，因為醃製牛肚外觀看來類似，只是標籤不同而已。有些市場根本不賣牛肚，這是因為沒有需求的緣故；這完全與購物區的飲食習慣有關。新鮮牛肚容易變質；你應該在購買後一兩天以內烹煮完畢。

使用美國地區即用型牛肚的準備動作

　　雖然有些廚師並不會以水煮的方式處理新鮮的即用型牛肚，我們發現這個動作能改善牛肚的味道，因此我們建議在烹煮前先以下列方法處理牛肚。用冷活水徹底洗淨牛肚。接下來，將牛肚放入一只大單柄鍋或深鍋內，並在鍋內注入淹過牛肚 7.6 公分的冷水；加熱至沸騰，繼續小滾烹煮 5 分鐘。將牛肚取出瀝乾，在鍋內注入冷水，將牛肚放回去浸泡幾分鐘，取出瀝乾，然後再次放回水裡煮 5 分鐘。重複上述步驟三次，就可以把牛肚拿來使用了。

有關法國地區的牛肚與歐式牛肚

　　在法國，顧客得到專門的肉鋪去才買得到牛肚，這些專門店叫做「le tripier」，販賣已經清理乾淨且氽燙過的四種牛肚。在法文食譜以及在牛肚專賣店裡，你會常看到「gras double」這個字眼，它可以指四種牛肚中最重也最有肉的一種，也就是牛的瘤胃（法文為 la panse），也可以指將四種牛肚捲在一起煮到全熟，只需要放到你打算使用的醬汁裡重新加

熱，便可端上桌。即用型的法國牛肚在使用前應該先用清水浸泡數小時，或是泡一整晚冷水並換水數次，然後再按照前文說明水煮處理。美國地區有些歐式肉販會按照法國人的方法處理牛肚，若是買到這種牛肚，就應該以上面提到的方式來處理。

由於你偶爾會在法式料理看到牛肚的法文名稱，我們在這裡也將全部的名次列出來：第一個胃叫做瘤胃，英文是「rumen」或「paunch」，法文為「panse」或「gras double」；第二個胃叫做蜂巢胃，英文是「reticulum」或「honeycomb tripe」，法文是「bonnet」；第三個胃叫做重瓣胃，英文是「omasum」、「psalterium」或「manyplies」，法文為「feuillet」或「franche mule」；第四個胃是皺胃，英文為「abomasum」或「reed」，法文為「caillette」或「millet」。

尼斯式牛肚（TRIPES À LA NIÇOISE）
〔與洋蔥、番茄、酒與普羅旺斯調味料一起烘烤的牛肚〕

除了康城式牛肚以外，這道菜是牛肚菜餚的另一種選擇，我們認為這則食譜非常讓人滿意。在烹煮這道菜的時候，牛肚會先和洋蔥一起烹煮好幾個小時；然後才加入番茄、其他調味料與酒，繼續慢慢熬煮，讓食材的味道慢慢滲透進去。你可以按個人喜好，在把牛肚和洋蔥放在一起燉煮以後，採用其他方式完成菜餚，或是在按照這一則食譜完成烹煮以後，將牛肚拿出來炙烤或油炸，與番茄醬汁分開來端上桌。你可以自己選擇上菜方式，我們在這裡單純就是提供這道菜的食譜。這道牛肚可以搭配白米飯或水煮馬鈴薯，不需要搭配任何綠色蔬菜，不過在吃完以後可以端上一道沙拉。至於佐餐酒，我們建議酒體醇厚且味不甜的白酒，例如梅肯或艾米塔基，或是酒齡輕的紅酒，例如薄酒萊，或是味道濃醇且味不甜的粉紅酒，例如塔維（Tavel）。

6 人份

1. 預煮牛肚與洋蔥——2 小時至 2 小時 30 分

自行選用，可增添額外的風味：4 或 5 片 0.6 公分厚肥瘦相間的新鮮五花肉或水煮過的培根（參考第 177 頁）

1/2 杯橄欖油

一只容量 4–5 公升的厚重有蓋燉鍋（就外觀和蓄熱特質而言最好採用陶器）

4 杯洋蔥絲

烤箱預熱到攝氏 163 度。將自行選用的豬肉或培根切成 5.1 公分長的小塊，再放入油鍋裡慢慢烹煮，將少許油脂逼出來，小心不要上色。接下來，拌入洋蔥，蓋上鍋蓋，慢慢烹煮 10 分鐘以上，期間頻繁翻拌，將洋蔥煮到變軟但完全沒有上色。

1.1–1.4 公斤即用型牛肚（參考前一則食譜的備註）

大剪刀

1 小匙食鹽

一張圓形蠟紙

一張鋁箔紙

趁洋蔥在鍋內烹煮時，用剪刀將牛肚剪成 5.1 公分寬的長條狀；將長條剪成斜邊約 7.6 公分的三角形。待洋蔥煮好，拌入牛肚和食鹽。將一張圓形蠟紙放在牛肚上，可避免牛肚在烤箱裡上色，然後把鋁箔紙蓋在燉鍋上，以避免烘烤時蒸氣溢出，最後將鍋蓋蓋在鋁箔紙上。將鍋子放入預熱烤箱中層，慢慢烘烤 2 小時 30 分鐘，期間應調整烤箱溫度，讓牛肚以非常緩慢但平穩的速度烹煮，同時注意不要讓牛肚上色。時間到了以後，牛肚應該呈金黃色。

2. 完成烹煮然後上菜——2 小時至 2 小時 30 分鐘

2 杯新鮮番茄肉（6 個中型番茄，去皮去籽榨汁後切丁），或是將新鮮番茄肉和瀝乾過篩的罐裝義大利李子型番茄混合使用

4 瓣大蒜瓣，拍碎或切末

將番茄與大蒜拌入牛肚中；將酒倒入鍋中。把豬皮、碎骨和紗布包好的調味料埋在牛肚裡。（在牛肚煮好以後，這些材料都得移除。）倒入恰好能淹過所有材料的足量高

1 杯不甜的白酒，或不甜的法國白苦艾酒

烹煮液體的增稠劑：一塊 20.3 公分見方的水煮豬皮（參考上冊第 481 頁）以及／或 1–2 杯切碎並用乾淨紗布包好的小牛關節骨

下列材料，用乾淨紗布包好：

　　　6 粒胡椒粒

　　　6 個多香果

　　　1 小匙茴香籽

　　　1 塊 7.6 公分大的乾燥橙皮，或是 1 小匙罐裝橙皮

　　　1 小匙百里香

　　　1 片進口月桂葉

1–2 杯小牛肉高湯，或是牛肉高湯或清湯

適量食鹽

自行選用，在最後 30 分鐘加入鍋中：1/2 杯地中海黑橄欖，去籽並水煮 10 分鐘（參考第 184 頁）

湯。將鍋子放在爐火上加熱至微滾，並按個人喜好稍微以食鹽調味。再次用蠟紙、鋁箔紙和鍋蓋蓋上牛肚，並將鍋子放回烤箱中繼續慢慢熬煮 2 小時。品嘗以測試牛肚熟度；牛肚應該軟到容易咀嚼，卻仍然帶有些許口感。撈除表面油脂；仔細修正調味。繼續烘烤 30 分鐘、1 小時或更長的時間，直到牛肚達到你想要的質地。（若液體蒸發太快，可以加入少許白酒或高湯。在預計結束烹煮的前 30 分鐘拌入自行選用的橄欖。）

上菜時應趁牛肚還滾燙時，將牛肚從燉鍋移到炙熱的餐盤上。

(*) 提早準備：牛肚可以提早幾天煮好，待上菜前加熱即可。

兔肉（LAPIN）

　　如果你從未吃過兔肉，那麼我們可以告訴你，兔肉的味道和質地與雞肉非常類似，不過肉質比雞肉扎實，因此非常適合做成燉肉。大部分燉兔肉在法文裡都以「sautés」（煎炒）來稱呼，你看到的食譜通常是白酒燉兔肉（sauté de lapin au vin blanc），做法是將切塊的兔肉放在鍋裡煎到上色，在調味並撒上麵粉之後，和洋蔥、蘑菇與培根丁等一起用白酒熬煮。這樣的做法很常見，因此我們在此決定提供一則紅酒燉兔肉的食譜。

購買兔肉與烹煮前的準備動作

　　時至今日，你已經可以在美國很多地區買到品質極優的冷凍「煎炒用」幼兔兔肉，這些兔肉都已經切塊處理好，一旦解凍就可以直接用於烹調。如果可以買到新鮮的煎炒用兔肉，你可以請肉販幫你切好，將前腿從肩部關節處拆下，後腿從髖關節處拆下，也將胸部和腰部分開。接下來，將後腿從膝蓋處分成兩塊；將腰部和胸部橫切成兩半，並按個人喜好用剪刀修整大部分都是骨頭的肋骨下半部。

　　以這樣的方式切割，你可以將一隻兔子切成 10 塊，其中肉質最好的部分是大腿部分以及腰部的那兩塊；前腿為次選，胸部的肉最少。（在歐洲與美國部分地區，兔頭與頸部也會被用來做成燉肉。）兔肝與兔心的使用方式如同雞肝，你也可以把它們加入燉肉裡一起烹煮。

　　1.1 公斤切好的即用型兔肉約為 4–5 人份。

解凍冷凍兔肉

　　將冷凍兔肉置於冷藏庫裡解凍 24 小時，或是按照下面這則食譜的建議，將冷凍兔肉放入加酒的醃漬液裡解凍。

酸辣燉兔肉（LAPIN AU SAUPIQUET）
〔以食醋和香草醃漬後再用紅酒燉煮的兔肉〕

　　這道法國菜與德國的胡椒燉兔肉（hasenpfeffer）很類似，兩道菜都是先用酒醋醃漬液醃漬兔肉，然後再燉煮；醃漬的手法能夠讓兔肉的肉質變軟，也能賦予絕佳風味。這道兔肉可以搭配香芹馬鈴薯、奶油麵條或奶油白飯，以及簡單的綠色蔬菜如第 437 頁炒櫛瓜、奶油青花菜或四季豆。佐餐酒應該選用酒體豐滿厚重的紅酒——如艾米塔基、隆河丘或教皇新堡。

4–5 人份

1. 醃漬兔肉——至少 24 小時

1/2–2/3 杯紅酒醋（用量按照醋本身的味道強度而定）

1/2 小匙壓碎的胡椒粒

3 大匙橄欖油或食用油

1/2 杯洋蔥絲

2 瓣帶皮的大蒜瓣，切半

4 粒杜松子

1/2 小匙奧勒岡

1 片進口月桂葉

1/2 小匙百里香

一只能夠容納兔肉的琺瑯碗、不鏽鋼碗或燉鍋

1.1 公斤切好的即用型煎炒用兔肉，新鮮或冷凍皆可

一支滴油管

若使用進口法國醋，正確的用量為 2/3 杯；若使用味道較強勁刺激的本地產酒醋，則使用 1/2 杯。將剩餘材料和食醋一起放入碗中混合，加入兔肉，並以醃漬液澆淋。（如果使用冷凍兔肉，則將兔肉放在碗內，置於室溫環境中至完全解凍，其間亦應儘早將每塊兔肉分開。）將碗蓋上，放入冰箱冷藏，期間偶爾替兔肉澆淋並翻面。至少醃漬 24 小時，不過你也可以安心地讓兔肉醃漬 2 或 3 天，因為醃漬液也有保存的功能。

2. 燜燉醬汁——法式酸辣醬

1/2 杯（113 公克）培根丁（4 公分長 0.6 公分厚的培根，放入 1 公升清水中熬煮 10 分鐘）

2 大匙橄欖油或食用油，若有必要可增加用量

一只（直徑 28 公分）大平底鍋（建議用不沾鍋）

1 杯洋蔥絲

一只沉重且能容納兔肉的有蓋耐熱燉鍋

烤箱預熱到攝氏 232 度。將培根與油脂放入鍋中，以中火煎到稍微上色。接下來加入洋蔥烹煮約 10 分鐘，期間頻繁翻拌，將洋蔥炒到變軟且稍微上色。用溝槽鍋匙將洋蔥和培根移入燉鍋，將油脂留在鍋中。

兔肉與醃漬汁

紙巾

食鹽與胡椒

自行選用：兔肝，切成四等分後調味並拌入麵粉

3 大匙麵粉

趁炒洋蔥時，將兔肉從醃漬液中取出，以紙巾完全拍乾；保留醃漬液。等到把洋蔥從鍋中取出以後，按需求加入更多油脂，讓鍋底覆上高 0.3 公分的油脂，並將爐火轉成中大火，將兔肉的每一面都煎到上色。以食鹽和胡椒調味，然後將兔肉移入燉鍋。（自行選用的兔肝也應同時入鍋煎到上色，然後取出置於一旁備用。）將一半的麵粉撒在兔肉上翻拌均勻，然後再撒上剩餘的麵粉，再次翻拌。

　　將燉鍋放在爐火上加熱至鍋內開始發出嘶嘶聲，然後開蓋放在預熱至攝氏 232 度的烤箱上三分之一烘烤 5 分鐘；再次翻拌，然後將燉鍋放回去繼續烘烤 5 分鐘（相較之下，放入烤箱烘烤的方式比放在爐火上煎炒更容易讓麵粉上色並烹煮麵粉；不過如果你不想要用烤箱，你還是可以採用煎炒的方式）。

兔肉醃漬液

1 瓶酒體醇厚且酒齡輕的紅酒（梅肯、隆河丘、山地紅酒）

2 杯牛肉高湯或小牛肉高湯，或是牛肉清湯

趁燉鍋在烤箱內烘烤時，將平底鍋內煎肉用的油脂倒掉，倒入醃漬液，放在爐火上收到液體幾乎蒸發。倒入紅酒，收到剩下一半的量，然後加入高湯，再次加熱到沸騰後便可靜置一旁備用。

　　將燉鍋從烤箱中取出，加入溫熱的紅酒高湯混合物和兔肉、洋蔥與培根攪拌，讓所有材料完全混合均勻。

3. 燉煮兔肉——約 1 小時

　　將燉鍋內容物放在爐火上加熱至微滾，蓋上鍋蓋，放在爐火上或是放入預熱到攝氏 177 度的烤箱裡慢慢熬煮；無論採用何種方式，都應該

調整火力或溫度，在烹煮期間讓鍋內保持穩定微滾，並且以醬汁澆淋兔肉數次。兔肉應該可以在 1 小時左右完成燉煮，此時刀子應該可以輕易刺入肉裡（燉煮兔肉的同時，準備步驟 4 的李子乾）。

4. 醬汁與上菜

一只稍微抹了奶油的溫熱大餐盤

高湯或清湯，若有必要

20–25 個泡開的李子乾，和 1/4 杯干邑白蘭地、1/2 杯清湯與 2 大匙奶油放在一起熬煮 10–15 分鐘

步驟 2 自行選用的兔肝

自行選用：8–10 片麵包片或花形酥皮（用澄清奶油煎過的三角形白麵包；第 160 頁的花形酥皮）

新鮮香芹枝

待兔肉煮軟以後，將兔肉放在大餐盤上擺好，在完成醬汁時應將兔肉蓋起來保溫。移除燜燉液體的月桂葉，並撈除表面油脂。將液體加熱至微滾，並繼續撈除油脂。你應該可以得到 1½–2 杯能裹勺的醬汁；若醬汁太稠可以用高湯或清湯稀釋，若太稀則迅速加熱收稠。接下來，將泡開的李子乾和浸漬液加入醬汁裡，若有使用兔肝亦在此時放入鍋中；熬煮 2–3 分鐘，然後仔細調整調味料用量。將醬汁與李子淋在兔肉上，以麵包片或花形酥皮與香芹枝裝飾，便可端上桌。

(*) 提早準備：若還沒打算將菜餚端上桌，則將兔肉放回燉鍋中，以醬汁澆淋，稍後再重新加熱。

第四章
水波煮後搭配醬汁的雞肉菜餚

以及一道酥皮烤雞

　　時至今日，炙烤用雞與煎炸用雞可以說是市面上價位最合理的肉類，我們很難想像，對我們的高祖母、甚至曾祖母一代來說，週日烤雞是很奢侈的享受，因為在那個年代，雞肉很昂貴。目前已非常容易取得雞肉，對廚師來說確實是好消息，因為雞肉能做出的變化非常多。我們在上冊談過燒烤雞、盤烤雞、煎炒雞、白醬燒雞、紅酒燉雞與雞胸肉等，以及有關雞肉的種類與品質、綑綁方法與烹煮時間。然而，我們完全沒有提到烹煮雞肉最簡單也最美味的做法──以白酒中溫水煮。這種做法基本上是運用雞肉本身的水分來烹煮並製作醬底，而且上菜方式非常多樣化，有著從非常樸實到極其高雅的各種變化。

　　我們在這裡使用的是已切塊的雞肉，內容從最簡單的白酒燉雞，到起司鍋、雞肉凍、白雪醬雞等，最後還有一道馬賽燉雞與一道蒜香蛋黃醬燉雞。至於較正式的雞肉菜餚，則有用白酒和芳香蔬菜水波煮的烤用全雞，加上各式各樣的餡料與白酒醬；我們也在這裡提供替雞肉去骨的圖解說明；最後再提供一道精采但有著怪異法文菜名「poularde en soutien-gorge」（直譯為胸罩雞）的酥皮烤鑲雞。

切塊雞肉

　　能夠取得切塊雞肉是很幸運的一件事──喜歡吃深色雞肉的人可以選擇雞腿肉，只吃白肉的人可以選擇雞胸肉，預算不高時，可以選用價格只有其他部位一半的雞翅，做成可口的手指小點心。

使用現成切塊雞肉前的準備動作

　　超市販賣的大部分現成切塊雞肉，是用肉鋸快速且直接地將全雞切成兩半或四等分，而不是將雞腿和雞翅，分別從連接脊椎骨的球關節與肩關節拆下來的做法。這些現成切塊雞肉讓我們能以合理的成本來節省時間，不過這些雞肉上頭確實有一些多餘的骨頭與碎屑。如果你對這些多餘的骨頭和碎屑並不在意，那麼只要用冷活水將雞肉洗淨，然後用紙巾拍乾，就可以直接把雞肉拿來烹煮。然而，如果你有時間動手清理一下，可以讓雞肉更容易烹煮，對煎炒與白燒來說尤其如此，不過對中溫水煮而言也是一樣的，因為處理過後的雞肉切塊能夠更服貼在鍋底，占的空間較小，此外也比較容易享用。經過這樣的處理，你也會得到一些能夠用來製作雞高湯的碎屑。第 375 頁的全鵝插圖能幫助你找到各塊骨頭和關節的位置，因為鵝和雞有相同的骨骼架構；你也可以參考第 324–325 頁部分去骨的雞肉。下面說明修整各種雞肉切塊的做法。

棒棒腿與雞大腿

　　儘管我們買到的雞肉，棒棒腿與雞大腿通常都是連在一起的，不過大腿骨通常和髖關節連在一起，雞肉切塊看起來並不漂亮──髖部應該要去掉。然而，髖部兩側連接大腿球窩關節的部分，有兩塊位於骶骨背側的肉，在英文裡叫做「oysters」，你在處理時不要把這塊肉和大腿肉分開：將這塊肉從髖骨朝著球窩關節與關節周圍刮下，讓肉附在關節上。接下來，讓關節彎曲，將關節和髖部切開：因為髖骨很小，做這個動作要細心，不過花點時間處理絕對是值得的。接著，為了將大腿的部分修整得更漂亮點，你應該將肉朝著球窩關節的反方向刮，用砍刀將球狀末端剁掉。在法式料理中，棒棒腿通常和大腿是分開的：將大腿和棒棒腿掰彎，找到膝關節位置，從膝關節切下去，將大腿和棒棒腿分開。

胸翅部位

　　胸翅部位（沒有翅膀的雞胸）通常已經切割好，你拿到的應該是由一副雞胸切成左右兩塊的兩塊半副雞胸。在帶骨的那一塊，你可能會看到長長的胸骨，沿著厚實胸肉的長邊分布。在下方可以看到剩餘的胸骨，以及交叉的肋骨；你可能會發現有脊椎骨連接在肋骨上。這樣的肉煮起來不好看，不過它很容易就能修整乾淨。

　　如果雞翅還留著，你若是以法式切割法來分割，就能用這塊肉做出 2 人份的菜餚。所謂的法式切割法，是指胸肉的下三分之一以下列方式附著在雞翅上：將雞胸肉放在你面前，帶皮面朝上，雞胸肉上方（長邊肉質最厚實的部分）遠離你。我們在此假設你手上的是翅膀在右邊的左側胸肉。擺動翅膀，藉此用手指找到上臂連接肩膀的球窩關節。接下來，從對著你的左側長邊下半開始，朝著肩關節，在雞皮和雞胸切出一個半圓切口。沿著切口將肉從肋骨上刮下來（朝著你的方向刮，而不是朝著厚實胸肉的方向），從球窩關節切開，將翅膀和連接著的胸肉從肩膀上拆下來。用剪刀將翅膀肘端殘餘的骨頭剪掉；如果有脊椎骨附著，應將脊椎骨和肋骨從主要的胸肉上修掉。處理右半副胸肉時，也採用同樣的方法，不過你可能會發現，將雞胸肉放在你面前按縱向擺放，讓翅膀末端朝著自己，厚實的部分在你的左手邊，會比較容易處理。

　　在使用沒有翅膀的雞胸肉時，若能將雞胸肉下三分之一較薄側的肉從肋骨上刮下來，並在此時將肋骨切掉，那麼處理好的雞肉會比較容易使用；如此一來，雞胸肉就更能平貼。

將所有雞肉碎屑留下來用於製作高湯

　　即使只有少許雞肉碎屑與骨頭，都可以和一些洋蔥、西洋芹、胡蘿蔔、一片月桂葉、一撮食鹽以及能淹過所有材料的清水一起熬煮。有關雞高湯的完整做法，可參考上冊第 274 頁。

採購份量

在下面的食譜裡，我們以 1.1 公斤煎炸用雞肉切塊為 4 人份，不過你在採購時通常是用目測的方式來判斷——每人份通常以帶翅的半副雞胸或是一支包括棒棒腿與大腿在內的雞腿來計算。總重量可能會介於 0.9-1.1 公斤之間，按雞隻本身的重量與購買部位而定。

▪ 白酒燉雞（POULET POCHÉ AU VIN BLANC）
〔和香草與芳香蔬菜一起用白酒燉煮的雞肉〕

如果你正好在進行無脂飲食，這種非常簡單基本的燉煮方法還可以更簡單：與其用奶油翻炒蔬菜，可以將蔬菜放在雞高湯裡熬煮 15 分鐘，再加入雞肉和酒。儘管如此，奶油確實更能凸顯出菜餚的風味。由於蔬菜和雞肉一起烹煮，而且會和雞肉一起上桌，你在這道菜的前後可以端上以新鮮朝鮮薊或蘆筍烹調的菜餚。接下來，你只要替這道雞肉菜餚準備白米飯和香芹裝飾即可。佐餐酒可以選擇用來烹煮雞肉的同一支白酒，或是波爾多紅酒或粉紅酒。

4 人份

1. 焗炒蔬菜

2 根中型胡蘿蔔

1 個中型洋蔥與 1 根韭蔥的蔥白（或使用 2 個洋蔥）

3 根中型西洋芹

3 大匙奶油

一只容量 3 公升的厚重耐熱有蓋燉鍋（例如直徑 22.9 公分深度 7.6 公分的圓形陶鍋，架在節能板上）

（這個步驟並非必要：參考前段說明。）替胡蘿蔔與洋蔥去皮；將韭蔥縱切成四等分並洗淨；修整並洗淨西洋芹。依照你希望達到的效果，將蔬菜切成薄片或 4 公分長的細絲。將蔬菜和奶油一起放入有蓋燉鍋內以中小火慢慢烹煮，期間頻繁翻拌，將蔬菜煮到變軟但尚未上色——約需要 10 分鐘。烹煮的同時，按步驟 2 處理雞肉。

2. 熬煮雞肉

1.1 公斤切塊的煎炸用雞，洗淨
拍乾後按個人喜好按照前文修整

食鹽

1½ 杯不甜的白酒，或 1 杯不甜
的法國白苦艾酒

約 2 杯雞高湯或罐裝雞湯

下列香草，用乾淨紗布綁好：

1/2 小匙茵陳蒿；或是 1/2 片進
口月桂葉、1/4 小匙百里香與 4
枝香芹

食鹽，用量按個人喜好

若打算使用烤箱，則將烤箱預熱到攝氏 163 度。將雞肉處理好，稍微用食鹽調味，然後放入燉鍋內擺好，再把煮熟的蔬菜鋪在雞肉的周圍與上面。蓋上燉鍋鍋蓋，讓雞肉以中火慢慢烹煮 10 分鐘，期間翻面一次。（如果你沒有用奶油煸炒蔬菜，則跳過這個步驟。）接下來，倒入白酒或苦艾酒與足量雞湯，讓液體恰淹過雞肉。將香草束埋在雞肉裡面，燉鍋液體加熱至微滾。品嘗，若有必要可稍微用食鹽調味。

蓋上燉鍋鍋蓋，調整火力讓鍋內保持穩定緩慢的微滾，可以在爐火上熬煮或放入預熱到攝氏 163 度的烤箱裡。（備註：燉煮指緩慢的烹煮，因此雞肉切塊能夠保持原本的形狀，而且肉質會非常柔軟；煮滾的動作不但會讓肉質變硬，也會讓雞肉切塊變形。）深色雞肉的烹煮時間在 20–25 分鐘；淺色雞肉的烹煮時間大概少 5 分鐘，如果你混用了深色雞肉與淺色雞肉，應該在淺色雞肉煮好時馬上把它從液體中取出。無論是深色或淺色雞肉，煮熟後用叉子插進去時，流出來的肉汁應該是不帶血的清澈黃色，而且肉質也應該是柔軟的。注意不要煮過頭。

3. 上菜

稍微傾斜燉鍋，將液體表面油脂撈除；品嘗液體並修正調味。將香草束拿出來丟掉。你可以直接將燉鍋端上桌，或是將雞肉和蔬菜放在一層白米飯上，再以香芹裝飾，並分別將烹煮液體端上桌。

(*) 提早準備：若還沒打算上菜，可以讓雞肉保溫約 1 小時。將表面油脂撈除，修正調味，然後將燉鍋鍋蓋斜斜蓋上以讓空氣保持流通；將燉鍋放入攝氏 49 度保溫箱內，或是放在保溫盤或接近微滾的熱水上。

變化版

以燉用雞肉烹煮

若在信譽良好的市場採購，燉用雞肉的年齡一般在 10–12 個月大，用白酒燉煮的方式來處理這種雞肉，也能夠做出非常美妙的效果。參考前則基本食譜，並按下列說明稍微更動做法。

若雞肉還沒切塊，你也想自己動手，則按照第 376 頁切割鵝肉的做法來處理。保留雞脖子、背部、雞胗、雞心和所有碎屑；將這些部分放在燉鍋鍋底，和雞肉一起熬煮，藉此替高湯添味。成熟雞隻的味道比年齡小的煎炸用雞來得豐富，烹煮液體只需要用酒和水即可。燉煮時間約在 2 小時 30 分，或是煮到雞肉用刀子插進去已經變軟的程度。由於蔬菜在經過這麼長的烹煮時間以後應該已經煮爛了，所以在這裡並沒有其餘用途；如果你上菜時想把煮熟的蔬菜一起端上桌，可以在結束烹煮之前在鍋內加入另一批新鮮蔬菜。

上菜時，雞肉可以放在白米飯或燉飯上，至於烹煮液體，則可以按照第 319 頁燉全雞或是第 329 頁與第 330–336 頁變化版的建議做成奶油醬。你可以按照第 309 頁的食譜將雞肉加到起司醬裡焗烤，或是完全改用第 314 頁馬賽魚湯的調味方式來熬煮雞肉。

雞肉凍（Poulet en Gelée）

以白酒熬煮的雞肉可以做成美味的雞肉凍，你可以將它做成如上冊第 649 頁食譜一般高雅正式的呈現，將雞肉擺放在鋪上一層肉凍的大盤子上；每一塊雞肉都被覆上高湯凍與茵陳蒿，切碎的高湯凍填滿了肉塊之間的空間，而且盤子上滿是各種用肉凍切出來的花式裝飾。你也可以按照下面的擺盤方式，以較隨性但別有風情的做法來呈現。（備註：無論採用哪種做法，烹煮高湯都沒有經過澄清處理——所謂的澄清處理是指利用蛋白讓高湯變清澈的做法；如果你打算要做澄清處理，做法可參考上冊第 129 頁。）

一個架在單柄鍋上的篩子

一只容量 1 公升的量杯

雞高湯，若有必要

1½ 包（1½ 大匙）無味的純吉利丁粉

食鹽與胡椒

將鍋蓋斜蓋在燉鍋上，把烹煮液體濾到單柄鍋內。撈除液體表面的油脂，並將液體倒入量杯裡；繼續撈除油脂，若有必要可倒入更多高湯，讓液體量達到 3 杯。將液體放回單柄鍋內，撒上吉利丁，讓吉利丁軟化幾分鐘。接下來，將單柄鍋放在中火上，一邊加熱一邊攪拌至吉利丁完全溶解、液體完全沒有吉利丁顆粒為止。品嘗並修正調味。

　　將雞肉和蔬菜放在燉鍋內、大碗或大餐盤裡擺好。將烹煮液體淋上去，放入冰箱冷藏幾個小時，或是冷藏到吉利丁定形；將任何凝結在表面的油脂刮除，便可將雞肉端上桌。

入模的雞肉凍

　　你可以將脫模的雞肉凍放到大餐盤上，而不是放在碗裡或燉鍋裡端上桌。運用前一則食譜的方法，不過你會需要更大量的高湯凍——比例為 1 包（1 大匙）吉利丁兌 2 杯高湯。使用具有裝飾性的金屬模、金屬蛋糕模，甚至麵包模；將高度 0.3 公分的高湯凍倒入模具裡，放入冰箱冷藏至定形。接下來，將雞肉和蔬菜放在模具裡擺好，冷藏 20 分鐘或是直到剩餘高湯凍的溫度降低、幾乎呈糖漿狀且幾乎定形為止；馬上將高湯凍淋在雞肉上。將雞肉凍放入冰箱冷藏數小時或一整晚，讓吉利丁完全定形。脫模時，先將表面油脂刮除，接著將模子放在高溫熱水中浸 4–5 秒，然後快速用刀子沿著雞肉凍邊緣刮一圈，再把一只冰過的大餐盤倒扣在模具上，連盤帶模翻過來。若雞肉凍在 1–2 分鐘左右還沒脫模，則重複上述步驟。放在冰箱冷藏到上菜前取出，並以萵苣、西洋菜、香芹或其他適當的蔬菜裝飾餐盤。

　　備註：我們在上冊第 659 頁曾提供一種更正式的肉凍上模法，不過這種方法只有在使用澄清高湯凍時才有必要使用。

莫奈爾醬焗烤白酒煮雞（Poulet Mornay, Gratiné）

〔和起司醬一起焗烤的白酒煮雞〕

若是想要提早替派對準備一鍋雞肉料理，這道菜會是很適合的菜餚。在完成雞肉的熬煮以後，將烹煮液體做成起司醬，然後把雞肉放入烤盤內，並淋上起司醬；等到要上菜前，再把雞肉放入烤箱重新加熱並烤到上色。這道菜可以搭配白米飯或奶油麵，以及簡單的綠色蔬菜如奶油青花菜、奶油豌豆、蘆筍或是生菜沙拉。佐餐酒可選用勃艮第白酒或波爾多紅酒。

按照第 305–306 頁基本食譜步驟 1 與步驟 2 的做法和材料，用白酒熬煮雞肉。等到雞肉煮好以後，再按照下列步驟操作。

起司醬——莫奈爾醬——2½ 杯

一個篩子，架在一只單柄鍋上

3½ 大匙奶油

一只容量 2 公升的厚底單柄鍋，可以是琺瑯鍋、不沾鍋或不鏽鋼鍋

1/4 杯麵粉（將乾燥的量杯放入麵粉中舀取並用刀子刮平）

一支木匙與一支鋼絲打蛋器

鍋蓋斜蓋，將燉鍋內的烹煮液體瀝出來。撈除液體表面油脂，將液體加熱至微滾並繼續撈除油脂。你應該可以得到約 2½ 杯液體；若有必要可迅速將液體收稠。同個時候，按照下面的做法製作白色油糊與高湯白醬：將奶油放入單柄鍋內加熱至熔化，拌入麵粉，放在中火上以木匙攪拌到混合物起泡 2 分鐘，小心不要煮到上色。鍋子離火，一旦油糊不再起泡，便可將所有熱騰騰的雞肉烹煮液體倒進鍋內，並用鋼絲打蛋器大力攪打。

醬汁放回爐子上，以中大火加熱，在醬汁逐漸變稠並沸騰的過程中，不停地用鋼絲打蛋器攪拌。讓醬汁滾 2 分鐘，鍋子便可離火。醬汁

應該要濃稠到能夠裹勺；如果醬汁太稀，則迅速收稠，若太稠，則用牛奶、高湯或鮮奶油稀釋。讓醬汁放涼幾分鐘，期間不時攪拌，避免醬汁在你進行下一步驟時形成表面薄膜。

最後組合

能夠容納所有雞肉的焗烤盤，抹上奶油（例如長徑 30.5 公分短徑 22.9 公分深度 5.1 公分的橢圓形烤盤）

約 85 公克（3/4 杯未壓緊）粗刨瑞士起司

食鹽與胡椒

少許肉豆蔻

1-2 大匙熔化的奶油

替烤盤抹上奶油並將起司刨好量好以後，預留 3-4 大匙起司稍後使用，再將剩餘起司全都加入醬汁裡。品嘗並按需要以食鹽、胡椒和少許肉豆蔻來修正調味。將一層薄薄的醬汁抹在烤盤底部，然後放上雞肉並按個人喜好放入蔬菜。

將剩餘的醬汁淋在雞肉上，讓每一塊雞肉都能完全被醬汁覆蓋。均勻撒上起司，並在起司上面淋上熔化的奶油。

(*) 提早準備：可以提早一天進行到這個步驟結束；放涼以後蓋起來放入冰箱冷藏。

重新加熱與上菜

等到雞肉和醬汁都熱了，而且你幾乎可以立即上菜時，將烤盤放入中高溫炙烤箱裡距離熱源 8-10 公分處，一邊慢慢讓表面烤到上色，一邊將烤盤內容物加熱至沸騰；接下來，你可以將菜餚放在攝氏 49 度的環境裡保溫 30 分鐘，小心不要將雞肉煮過頭，避免讓新鮮烹製雞肉的美味特質流失。

若雞肉曾放入冰箱冷藏，則將烤盤放到預熱至攝氏 191 度的烤箱上三分之一，烘烤 25-30 分鐘，或是烤到表面上色且烤盤內容物沸騰。這裡同時也得注意不要烤過頭。

莫爾萬白雪醬雞（Chaud-froid de Poulet, Morvandelle）

〔白雪醬佐白酒煮雞——冷盤〕

使用芳香蔬菜烹調的白酒煮雞，並以鮮奶油和蛋黃替烹煮液體添味，藉此讓高湯增稠並化為放涼以後能夠包覆在雞肉上的象牙白色醬汁，就能輕易做出一道考究的白雪醬雞。這道菜的白雪醬有著輕盈滑膩且絕妙的質地與風味，卻沒有用到麵粉或吉利丁，在我們至今認識的白雪醬中是最具吸引力的一種。這道菜可以搭配冷盤蔬菜或是拌好的沙拉與法國麵包，佐餐酒可選用冰鎮的夏布利、麗絲玲或格烏茲塔明那。

按照第 305–306 頁基本食譜步驟 1 與步驟 2 的做法和材料，用白酒和芳香蔬菜熬煮雞肉。等到雞肉煮好以後，再按照下列步驟操作。

白雪醬——2 杯

一個篩子，放在一只容量 2 公升的厚底琺瑯鍋或不鏽鋼單柄鍋上

6 個蛋黃，放在攪拌盆裡

一支鋼絲打蛋器、一支湯勺與一支木匙

1 杯法式酸奶油或鮮奶油

食鹽、白胡椒與幾滴檸檬汁

鍋蓋斜倚，將烹煮雞肉的高湯從燉鍋裡瀝到單柄鍋內。撈除液體表面油脂，將液體加熱至微滾並繼續撈除油脂，再把液體快速收到剩下 1½ 杯的量。將蛋黃和鮮奶油攪打均勻。繼續攪打，並逐漸將熱騰騰的雞肉烹煮液慢慢以細流方式舀入鮮奶油蛋黃混合液裡。待加入一半的液體以後，慢慢把攪拌盆內的混合物倒入單柄鍋內，和剩餘的雞肉烹煮液混合均勻。

將鍋子放在中火上加熱，持續緩慢地用木匙攪拌，攪拌時木匙應觸及鍋底的每個角落，烹煮 5–6 分鐘，或是煮到醬汁稠到能夠裹勺。（小心不要讓醬汁加熱到接近微滾而造成蛋黃凝結；儘管如此，你還是要將醬汁加熱到能夠變稠的程度。）

煮好後，鍋子馬上離火，用力攪拌 1 分鐘讓醬汁稍微降溫並終止烹煮。仔細品嘗，再加入食鹽、白胡椒與檸檬汁調味；替醬汁調味時下手要重，因為冷盤菜餚的味道比較不容易凸顯。在替雞肉淋上醬汁之前，將單柄鍋放在一大碗冰水上；頻繁攪拌至醬汁變涼並開始變稠。同個時候，把雞肉準備好以便進行下個步驟。

最後組合與上菜

冰過的淺餐盤，大小恰能容納雞肉

裝飾材料：

新鮮茵陳蒿末、香芹枝或是西洋菜；

或是 1 或 2 個松露，切碎後和罐內的松露醃漬汁一起拌入醬汁中；

或是將雕花蘑菇放在雞肉上（替蘑菇雕花與烹煮的方式參考上冊第 606 頁）

雞肉去皮，操作時儘量不要把肉撕壞。將雞肉放在餐盤上。（如果你要將松露拌入醬汁裡，應該此時處理。）將一層薄薄的醬汁淋在每一塊雞肉上，此時應該用掉約三分之一的醬汁。將雞肉蓋好，放入冰箱冷藏 15–20 分鐘（或更久）。待醬汁在雞肉上定形，你也準備好繼續操作時，重新將剩餘醬汁稍微加熱，只要加熱到醬汁液化即可。用鋼絲打蛋器將醬汁打到完全滑順，然後將醬汁淋在雞肉上，把每塊雞肉都完全覆蓋起來。用一只碗把雞肉蓋起來，再放入冰箱冷藏。

上菜前約 30 分鐘，將雞肉從冰箱取出（若天氣太熱可晚點取出），讓雞肉回溫；按個人喜好利用建議元素裝飾。

比利時奶油燉雞（Waterzooi de Poulet）
〔以白酒、蔬菜絲、鮮奶油和蛋黃醬熬煮的雞肉〕

前則食譜的白雪醬雞幾乎就是比利時名菜奶油燉雞的翻版。然而，這道比利時菜餚是吃熱的，而且醬汁比較像湯——將比利時奶油燉雞盛盤的時候，是用勺子舀入深盤裡，用刀叉和湯匙享用。雖然這道菜的基本做法與白雪醬雞和第 316 頁蒜香蛋黃醬燉雞幾乎一模一樣，若是面前

能有關於醬汁和上菜方式的完整細節，你也會比較容易操作，即使這也就意味著在此重複你已經熟悉的步驟說明。這道菜可以搭配水煮馬鈴薯和法國麵包，並以格拉夫白酒或勃艮第為佐餐酒。它是一道獨立的菜餚，而且味道厚重豐富——在這道菜之前，可以端上冷盤蔬菜或是像上冊第 642 頁的尼斯沙拉，結束以後可以端上新鮮水果、水果塔或雪酪。

表演

在布魯塞爾的高級餐廳裡，通常會運用白酒煮全雞來準備這道菜；侍者會在客人面前現場切割雞肉，一邊讓你聞著讓人食指大動的菜香，一邊將雞肉放在醬汁裡加熱。如果你是切肉能手，而且喜歡在餐桌上表演烹飪，那麼你應該按照第 319 頁做法以白酒熬煮全雞；將全雞端上桌切割，並且按照這裡說明的方法用保溫鍋製作醬汁。

4 人份

按照基本食譜第 305-306 頁步驟 1 與步驟 2，用白酒和芳香蔬菜熬煮雞肉，不過在步驟 1 應將芳香蔬菜切絲。等到雞肉煮好以後，再按照下列步驟操作。

醬汁與上菜

若有必要：更多雞高湯

6 個蛋黃，放在攪拌盆裡

一支鋼絲打蛋器與一支湯勺

1 杯法式酸奶油或鮮奶油

食鹽與白胡椒

2 大匙略切的新鮮香芹

按個人喜好決定是否使用上菜用的燉鍋或大湯碗

寬口湯盤

（你應該能得到 2½-3 杯烹煮液來製作醬汁；若有必要可加入更多高湯。）等到你準備好要上菜時，將蛋黃和鮮奶油加在一起攪打均勻；一邊繼續攪打，一邊將約莫 1 杯滾燙的雞肉烹煮液體以細流方式加進去。燉鍋離火；一手旋轉鍋身，慢慢將鮮奶油混合物倒回雞肉上。仔細品嘗並修正調味。

　　將燉鍋放在中火上加熱，並繼續慢慢旋轉鍋身 4-5 分鐘，讓蛋黃慢慢在混合物裡熬煮，讓醬汁變稠，成為質地清淡的奶油醬；你在這裡必須非常小心，不要把醬汁的溫度加熱到太高，否則醬汁就會隨著蛋黃凝固而出現顆粒狀，不過你還是得將醬汁加熱到質地變稠。做好後馬上端上桌，你可以將燉鍋端上桌，也可以將菜餚盛到大湯碗裡；以香芹裝飾。

　　這裡的雞肉和醬汁比較像是一道奶油濃湯，在盛盤時，將菜餚舀入湯盤內，並放入一份馬鈴薯，以刀叉和湯匙享用。

　　(*) 提早準備：雖然你可以先將奶油蛋黃醬做好，淋在雞肉上，稍後再加熱，不過將煮好的雞肉保溫，等到上菜前再完成醬汁，還是比較安全的做法。若試著替煮好的比利時奶油燉雞保溫，醬汁可能會凝結；換言之，這並不是一道能夠事先煮好備用的菜餚。

馬賽燉雞（Bouillabaisse de Poulet）
〔搭配普羅旺斯蔬菜、香草和調味料的白酒燉雞〕

　　著名且成功的食譜，常常會換一種形式出現，而雞肉是一種變化多端的食材，因此將雞肉以馬賽魚湯這種味道鮮明強烈的方式來烹調，也不讓人意外。雖然這裡的做法和前面的熬煮方式幾乎相同，不過材料並不一樣；因此我們在此完整地寫下所有步驟。這道菜可以搭配白米飯或水煮馬鈴薯、法國麵包，以及一支風味強勁且酒齡輕的白酒，例如麗絲玲或白皮諾，或是搭配酒體輕盈的紅酒如薄酒萊或山地紅酒，或是粉紅酒。

4 人份

1. 蔬菜的初步調理

1/2 杯洋蔥絲

1/2 杯切片的韭蔥蔥白（或更多洋蔥絲）

1/4 杯橄欖油

一只容量 3 公升的耐熱有蓋燉鍋

將洋蔥、韭蔥和橄欖油放入有蓋燉鍋內烹煮約 10 分鐘，期間相當頻繁地翻拌，將蔬菜煮到變軟但尚未上色。

約 1½ 杯番茄肉（4 或 5 個番茄，去皮去籽並榨汁，或是混用新鮮番茄與罐裝的義大利李子形番茄，瀝乾過篩）

2 瓣大蒜，切末或拍碎

趁烹煮蔬菜時處理番茄；待蔬菜炒軟，拌入番茄與大蒜。蓋上鍋蓋，烹煮 5 分鐘，讓番茄出水；接下來，打開鍋蓋，將爐火轉大，讓鍋內湯汁幾乎完全蒸發。

2. 熬煮雞肉

1.1公斤切塊的雞肉，按照第 304 頁說明處理

食鹽

番茄煮好以後，稍微替雞肉調味，將雞肉放入燉鍋內擺好，再把蔬菜放在雞肉周圍與上面。蓋上鍋蓋，以中火烹煮 10 分鐘，期間翻面一次。

1½ 杯不甜的白酒或 1 杯不甜的法國白苦艾酒

約 2 杯雞肉高湯或罐裝雞高湯

1 片月桂葉

1/2 小匙百里香

1/4 小匙茴香籽，拍碎

2 撮番紅花絲

一塊 5 公分見方的乾燥橙皮，或是 1/2 小匙罐裝乾燥橙皮

一大撮胡椒

一撮辣椒粉或幾滴辣椒醬

適量食鹽

將白酒或苦艾酒淋在雞肉上，並加入足量高湯，讓液體量恰好淹過雞肉。放入香草與調味料，加熱至微滾，並按需要稍微以食鹽調味。蓋上燉鍋鍋蓋，放在爐火上或預熱到攝氏 163 度的烤箱中慢慢熬煮 20–25 分鐘，或是煮到雞肉變軟。

3. 上菜

　　傾斜燉鍋鍋身，將表面油脂撈除；取出月桂葉與橙皮，並仔細修正調味。直接將燉鍋端上桌，或是將雞肉與蔬菜放在白米飯上，以香芹枝裝飾，並分別端上剩餘的烹煮液體。

　　(*) 提早準備：這道菜至少可以保溫 30 分鐘；將鍋蓋斜蓋以保持空氣

流通，以攝氏 49 度保溫箱、保溫盤或是放在接近微滾的熱水上保溫。避免過度加熱而讓雞肉煮過頭。

當成冷盤或做成肉凍

這道菜做成冷盤也很美味。雞肉煮好以後，將表面油脂撈除，取出月桂葉與橙皮，並修正調味。放涼以後，蓋起來放入冰箱冷藏數小時。將凝固的脂肪刮掉，再把雞肉端上桌；烹煮液會稍微凝固，質地有如清湯凍。（如果你想要做出比較扎實的果凍狀，可以在雞肉煮好時將烹煮液從燉鍋裡過濾出來，完全撇油，並按 2 杯液體兌 1 包〔1 大匙〕吉利丁的比例，將吉利丁放入高湯裡溶解；將高湯淋回雞肉與蔬菜上，並放入冰箱冷藏。）

變化版

最後調味——辣味蒜香甜椒醬或大蒜香草醬

你也可以將辣味蒜香甜椒醬和雞肉一起端上桌——也就是在上冊第 61 頁馬賽魚湯食譜末提供以大蒜、紅甜椒與辣椒做成的醬汁。另一種絕佳的醬汁搭配，則是第 182 頁大蒜香草醬，也就是將甜羅勒、番茄、大蒜與起司混合起來做成香氣十足的佐醬，它可以在上菜前拌入烹煮液體中，或是單獨端上桌。最後，下一個變化版提及的大蒜蛋黃醬也是很棒的選擇。

蒜香蛋黃醬燉雞（Poulet en Bourride）
〔搭配大蒜蛋黃醬的馬賽燉雞〕

比利時人對奶油燉雞的運用手法，好比法國人運用普羅旺斯式手法所能達到的效果。事實上，這兩則食譜幾乎是可以說是並行的——蛋黃和鮮奶油能讓第 312 頁奶油燉雞的高湯增稠，而在蒜香蛋黃醬燉雞，則

是由蛋黃和橄欖油扮演增稠劑的角色。這是一道味道濃郁精采的菜餚；我們建議只搭配水煮馬鈴薯，前菜則是非常簡單樸實的菜餚如油醋醬蘆筍，並且在之後端上雪酪或水果當作甜點。至於佐餐酒，我們建議選用酒體醇厚且味不甜的白酒，如勃艮第或隆河丘。

按照第 314-315 頁馬賽燉雞步驟 1 與步驟 2 的做法熬煮雞肉；撈除液體表面油脂，並將雞肉保溫。趁熬煮時，按照下列做法準備大蒜蛋黃醬。

大蒜蛋黃醬

1/3 杯（稍微壓緊）新鮮麵包屑，用不甜的自製白麵包做成

白酒醋

一只厚重的碗或缽，一支杵或木槌，以及一支鋼絲打蛋器

6-8 瓣大蒜瓣，拍碎

1/2 小匙食鹽

6 個蛋黃

3/4-1 杯橄欖油

按照上冊第 107 頁大蒜蛋黃醬的做法操作，用一些醋濕潤麵包屑，並將麵包屑放在碗或缽裡搗成泥。加入大蒜與食鹽，並繼續搗到滑順。接下來，加入蛋黃搗到混合物變得又黏又稠，然後才開始以細流方式慢慢加入橄欖油；等到醬汁變得又稠又厚，加入白酒醋稀釋，並繼續用鋼絲打蛋器將橄欖油打進去。按個人喜好調味，便可放入密封容器中備用。

將雞肉與大蒜蛋黃醬混合

一支湯勺

自行選用：溫過的大湯碗

寬口湯盤

大略切碎的新鮮香芹

雞肉煮好以後，在準備要將菜端上桌前，讓菜餚離火。慢慢將溫熱的雞肉烹煮液舀入大蒜蛋黃醬裡，並以鋼絲打蛋器攪打醬汁；等到加入 1 杯液體以後，一邊將混合物倒回雞肉與蔬菜上，一邊用另一手旋轉搖晃燉鍋，讓液體混合均勻。

　　將燉鍋放在中火上，繼續慢慢搖晃 4–5 分鐘，讓醬汁稠化，變成輕盈的奶油醬；小心不要將醬汁加熱至微滾，否則醬汁就會因為蛋黃凝結而出現顆粒狀，不過你還是得要將醬汁充分加熱到稠化。做好後直接將燉鍋端上桌，或是倒入大湯碗內再上桌；以香芹裝飾。

　　這道菜就像比利時奶油燉雞，雞肉和湯狀醬汁在盛盤時應和一份馬鈴薯一起舀入湯盤裡，並以刀叉和湯匙享用。

　　(*) 提早準備：參考第 314 頁比利時奶油燉雞的備註。

全雞

燉鍋蒸煮全雞（POULARDE POCHÉE À COURT MOUILLEMENT）

　　烹煮全雞的方法並不僅限於烘烤與燉煮；盤烤也是一種方法，如上冊第 291–297 頁香氣四溢、呈棕色的茵陳蒿盤烤雞與其變化版，以及可以讓你搭配白醬把全雞端上桌的燉煮方式。後者也就是所謂的燉鍋蒸煮法，因為全雞是放在一只恰能容納之的燉鍋裡，而且鍋內只會加入少許烹煮液體——讓腿部的深色雞肉在液體中熬煮，胸部的白色雞肉則以蒸氣蒸煮。這個烹調法不但讓你能煮出肉質鮮嫩多汁的雞肉，同時也能得到完美調味的白酒雞高湯，可用於製作醬汁，或是在把雞肉當成冷盤端上桌時，拿來製作肉凍或白雪醬。烹煮全雞時可鑲餡亦可不鑲餡，而且上菜方式非常多樣。我們在這裡從搭配白酒茵陳蒿醬的雞肉開始說明。

購買何種雞——蒸煮前的準備動作

　　烤用雞與閹雞最適合用來蒸煮，因為這些雞肉的肉質夠成熟，經過蒸氣與水分的洗禮也能夠維持形狀；然而，如果你小心維持以極緩慢的方式蒸煮，你也可以使用一隻體型較大、重量 1.6 公斤的即用型煎炸用雞。炙烤用雞太年輕，柔嫩的肉會在燉鍋裡解體。

　　在蒸煮前，先得將塞在雞體腔裡的一包內臟拿出來。這包內臟應該

包括雞肝、雞心、雞胗與雞脖子。如果你沒打算填餡，可以替雞肝調味，然後把雞肝放回去體腔裡，和全雞一起烹煮上桌，或者也可以將雞肝留作他用。將剩餘的內臟用在燉鍋裡；它們能替高湯帶來更有層次的風味。

　　將垂掛在體腔開口處周圍內側的脂肪拉掉；你可以用來製作精製雞油（參考第 379 頁），並將這些雞油用於一般烹飪，或是用來代替奶油塗抹在雞肉上。將連接在雞翅肘部的前段切掉，並且為了讓後面切割的工作更容易些，也將叉骨去掉。去除叉骨時，先從靠近雞脖子的內側沿著叉狀外緣切割，然後從胸部底部將叉骨兩端與身體分開，再把叉骨拉掉。用冷水將全雞內外清洗乾淨，並以紙巾完全拍乾。（在上冊的雞肉食譜中，我們很少清洗雞肉；我們現在認為清洗的動作是很明智的預防措施。）把調味料或餡料放入體腔內以後，按照上冊 275–277 頁的說明將雞綁好（或是參考第 326 頁的精簡版）。

■ 茵陳蒿醬佐蒸煮全雞（POULARDE POCHÉE À L'ESTRAGON）
〔搭配白酒茵陳蒿醬的蒸煮全雞〕

　　高品質的烤用雞在法文稱為「puolarde」，閹雞則是「chapon」；無論是哪一種，都可以用來烹煮這道美味的菜餚。我們在這裡並沒有使用填餡的做法，而是建議用一種香草調味料來替雞的內腔調味，這種做法常見於許多法式料理；如果你想要使用餡料，可以參考食譜末的變化版以及第 617 頁的餡料清單。

　　搭配雞肉的任何配菜，都不應該遮掩茵陳蒿的風味，因此我們建議搭配白米飯與用於燉燒雞（上冊第 303 頁）的蘑菇與洋蔥作為配菜；或者，你也可以使用上冊第 575 頁的洋蔥飯，或是第 452 頁的鑲洋蔥，並配上奶油豌豆或蘆筍。至於佐餐酒，這絕對是拿出一支上好勃民第白酒的最佳時機。

5-6 人份

1. 蒸煮前的準備工作

1/2 杯胡蘿蔔片與 1/2 杯洋蔥絲

2 大匙奶油

一只恰能容納全雞以胸部朝上的方式放置的沉重琺瑯燉鍋或深烤盤

估算好進行步驟 2 的時間，將烤箱預熱到攝氏 163 度。將洋蔥和胡蘿蔔放入有蓋燉鍋內與奶油一起烹煮，偶爾翻拌，煮到蔬菜變軟但尚未上色。同時，按下列方式準備雞肉。

一隻 2 公斤重的即用型烤用雞或閹雞

3 大匙軟化的奶油（一半塗在全雞表面，另一半塗在內腔）

1/2 小匙食鹽（用於全雞的表面與內腔）

一枝中等大小的新鮮茵陳蒿，或是 1 小匙芳香的乾燥茵陳蒿

按照前文說明處理全雞，不過在綑綁前將一半量的食鹽撒在內腔並加入茵陳蒿；接下來，把雞綁好。等到蔬菜變軟以後，將剩餘的奶油以按摩的方式抹在雞皮上，撒上剩餘的食鹽，並以雞胸朝上的方式放入燉鍋內。

1⅓ 杯不甜的白酒，或 1 杯不甜的法國白苦艾酒

2 杯以上雞肉高湯或罐裝雞高湯

1 片月桂葉

6 枝香芹

一枝中等大小的新鮮茵陳蒿，或是 1/2 大匙芳香的乾燥茵陳蒿

洗乾淨的雞雜碎（雞脖子、雞胗、雞心、雞翅前段、叉骨）

適量食鹽

乾淨的雙層紗布，打濕後蓋在雞胸與大腿上

2 大匙軟化的奶油

蠟紙

將酒倒入燉鍋內，並加入足量雞高湯，讓液體高度達到全雞的三分之一。加入香草與雞雜碎。在爐火上加熱至微滾，品嘗液體，並按需要稍微以食鹽調味。將打濕的乾淨紗布蓋在雞胸與大腿上；紗布應該要長到能夠浸入液體內，將露出來的部分全部蓋起來，如此一來才能夠將液體吸上來，在烹煮期間製造出澆淋的效果。將奶油抹在紗布上，再依序蓋上蠟紙與鍋蓋，放入預熱烤箱的中層。

(*) 提早準備：你可以將全雞和酒、高湯、紗布與碎屑一起放入燉鍋內擺好，然後放入冰箱冷藏，等到隔日再蒸煮。

2. 蒸煮雞肉——以攝氏 163 度蒸煮 1 小時 30-40 分鐘

雞肉放入烤箱 20 分鐘以後，檢查燉鍋，確保液體保持極緩慢的熬煮——如果液體沸騰程度太過，會讓雞肉裂開。按照需求調整烤箱溫度；除了確保以極緩速度烹煮以外，直到雞肉煮熟為止，中間都不需要再做任何動作。

等到雞肉壓下去覺得變軟，而且棒棒腿可以在關節窩內移動時，雞肉便算完成烹煮。測試雞肉熟度時，可以小心地將全雞抬起來（利用綁在大腿和肘部的棉線），並將湯汁瀝到一只白色盤子內；如果流出來的湯汁為沒有帶血的清澈黃色，雞肉肯定已經煮熟。

3. 醬汁——茵陳蒿醬——2½ 杯

一個篩子，架在容量 2½-3 公升的不鏽鋼單柄鍋上

4 大匙奶油

第二只容量 2½-3 公升的厚底單柄鍋，琺瑯或不鏽鋼材質

5 大匙麵粉

一支木匙與一支鋼絲打蛋器

待雞肉煮熟並將體腔內的肉汁瀝出，將雞肉放在一只大餐盤上。將烹煮高湯過濾到單柄鍋內，並把篩子內材料的湯汁都壓出來；將高湯表面的油脂撈除。把雞肉放回燉鍋裡，並倒入 1 杯烹煮高湯，重新蓋上紗布，鍋蓋稍微留縫，將雞肉放在關掉的烤箱、保溫盤或接近微滾的清水上保溫，同時製作高湯白醬。

將烹煮高湯加熱至微滾，繼續撈除油脂，並在製作油糊時保持高湯微滾：製作油糊時，先將奶油放入單柄鍋內加熱至熔化，加入麵粉，放在中火上以木匙攪拌到奶油與麵粉融合在一起起泡 2 分鐘，不要炒上色。鍋子離火，一旦油糊停止起泡，便倒入 2 杯熱騰騰的雞高湯，同時以鋼絲打蛋器用力攪打。打到滑順以後，將鍋子放回中火上，一邊用鋼絲打蛋器攪拌，一邊等待醬汁變稠並沸騰。讓醬汁沸騰 2 分鐘，期間持續攪拌——醬汁會變得相當濃稠。

1/2-2/3 杯鮮奶油

食鹽、白胡椒與幾滴檸檬汁

2-4 大匙軟化的奶油

趁醬汁微滾之際，倒入 1/3 杯鮮奶油，並慢慢以大匙加入剩餘鮮奶油，藉此稀釋醬汁，不過醬汁仍然應該濃稠到可以裹勺。仔細品嘗調味，按個人喜好加入食鹽、白胡椒與檸檬汁。上菜前，鍋子離火，以每次 1 大匙的量分次加入添味的奶油。

4. 上菜

一只稍微抹上奶油的溫熱大餐盤

10-12 片新鮮的大片茵陳蒿葉，放入沸水中汆燙 30 秒後取出平鋪在盤子裡；或是幾片松露或雕花後煮熟的蘑菇，若有必要亦可加入香芹或西洋菜

一只溫熱的醬汁盅

將綁在全雞上的棉線拆掉，將全雞放到大餐盤上，並把滴下來的湯汁擦掉。將足量醬汁淋在雞肉上，讓全雞表面完全覆上醬汁，並放上茵陳蒿或選用的裝飾品。將剩餘醬汁倒入醬汁盅裡。將全雞端上桌讓客人欣賞。接下來，若不打算在餐桌上切肉，則將全雞端回廚房裡切割；將切好的雞肉放在白米飯上，並在每份雞肉上都淋上少許醬汁。再次用茵陳蒿或其他裝飾品裝飾，便可將菜餚端上桌。

(*) 提早準備：你可以按照步驟 3 第一部分建議的做法，至少讓雞肉保溫 30 分鐘。將醬汁做好，不過先不要加入最後添味的奶油，用橡膠刮刀把鍋子邊緣的醬汁清乾淨，然後在醬汁表面綴以 1 大匙軟化的奶油，稍微用湯匙背部將奶油抹平抹勻；將醬汁放在微滾熱水上保溫，不要蓋上鍋蓋。

當成冷盤

白雪醬蒸煮全雞——蒸煮全雞肉凍（Poularde en Chaud-froid—Poularde en Gelée）

　　白酒蒸煮全雞有著鮮嫩芳香的特質，烹煮高湯也極其美味，是製作白雪醬或肉凍的理想材料。製作白雪醬時，你可以使用一半的高湯來製作一開始包覆在雞肉上的滑膩醬汁，接著再做出第 311 頁的鮮奶油蛋黃醬，或是上冊第 652-653 頁食譜的鮮奶油與吉利丁。然後，你就可以用茵陳蒿來裝飾雞肉，並用剩餘高湯做出清澈的肉凍覆在雞肉上。完整的白雪醬做法可參考本書或者上冊說明；肉凍可參考本書第 307 頁與上冊第 649 頁。

鑲雞——去骨雞

　　要端出以烘烤或熬煮的方式烹調的鑲雞時，若能替生雞肉的胸部去骨，稍後會比較容易切割，也就是說，將雞皮割開，從胸部將雞皮剝離，把肉取出，將叉骨與肋骨上半部切掉。這個動作讓你得到一個船型槽；底部由叉骨構成，兩側為肋骨下半部、翅膀與腿。將餡料填入槽內，放上切成條狀的雞胸肉，再將雞皮蓋回去，重新將雞組構好，再用於烹煮。上菜時，沿著胸部縱切，讓白肉和餡料露出來，雞腿和雞翅則以慣常的方式切下來。由於白肉和餡料直接接觸的時候會染上餡料的味道，大部分只吃深色雞肉的客人都會改變主意，要求「兩種都來一些」。你也會發現，這種部分去骨的做法能夠成功地處理火雞的龐大胸部，而火雞去骨的方式與此處圖解說明替雞去骨的方式是一樣的。

部分去骨的全雞（VOLAILLE DEMI-DÉSOSSÉE）
〔部分去骨的全雞——此法亦適用於火雞、其他禽鳥與獵鳥〕

將全雞以胸部朝上的方式擺好，用一把鋒利的刀子，沿著胸骨把頸部到尾部的雞皮劃開。用手指先將一側的雞皮剝開，然後再剝另一側，剝開的時候應一直往下到肩膀與大腿，讓整個胸部都露出來。

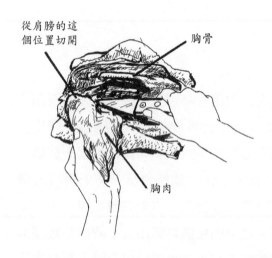

從肩膀的這個位置切開

胸骨

胸肉

從胸骨的一側開始，將從頸部到尾部的肌肉往下切開到露出骨頭。切割的時候，刀鋒對著骨頭而不是肉，繼續沿著胸骨外緣弧度往下切割，然後對著肋骨切，一邊切一邊把肌肉從骨頭上拉開。在你把雞肉和肋骨下半部分開時，小心不要把雞胸側面的雞皮劃開；從肌肉和肩部球窩關節連接處切開，如此一來就可以把一側的雞胸肉整個拆下來。以同樣的方式把另一側的雞胸肉也拆下來。

取一把大剪刀，從尾部末端開始，將胸骨肋骨結構的上半部剪開到一半的位置，也就是向後傾斜的肋骨與向前傾斜的肋骨交會處。繼續將脖子端的 V 型骨剪開，胸骨就整個分開了。

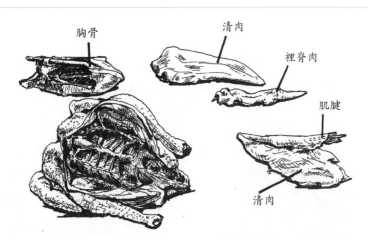

　　移除胸骨以後，你會得到一個可以用來填餡的船型開放體腔。從雞胸兩側取下的兩塊去骨雞肉，在法文裡稱為「suprêmes」，每一塊都有兩層。較大的一層是所謂的清肉，較小的一層是雞裡脊。在每一塊雞裡脊的下面，有清晰可見的白色肌腱。用一手抓住用布巾包著的肌腱末端；用小刀在肌腱兩側的雞肉上各劃一刀，一邊拉一邊用刀子刮，把肌腱拉下來；以同樣的方式處理另一塊雞裡脊的肌腱。

　　(*) 提早準備：如果你此時還沒打算替雞鑲餡，則將雞清肉放回體腔內，把雞皮蓋回去，將整隻雞用保鮮膜包好並放入冰箱冷藏。胸骨可切塊後加入雞高湯的材料裡。

　　等要替雞鑲餡時，將雞胸肉切成 1 公分寬的長條狀（可用油、香草與酒或幾滴檸檬汁醃漬雞胸肉，或用接下來的食譜所建議的干邑白蘭地）。

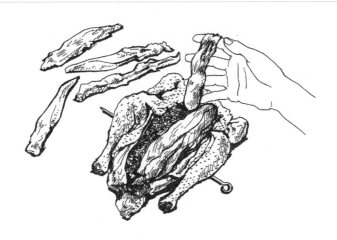

　　將雞腿直直抬起來，把膝蓋往腋窩推（腋窩指翅膀連接肩膀處）。按照圖面所示，將一支扦子或棒針從膝蓋位置穿過去；這個動作可以將腿固定，以便接下來的操作。將選用的餡料填入內腔，在前面堆成圓頂狀以模擬完整的雞胸。將切成條狀的雞胸肉放在餡料上面。

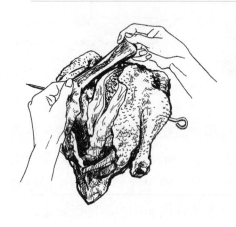

　　將胸部的雞皮翻回去，完全將餡料和雞胸肉蓋起來。其中一側的雞皮邊緣應該與另一側交疊 1–1.2 公分；若有必要，可以移除少許餡料。

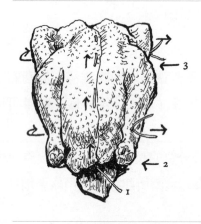

　　取白色棉線與末端有洞的 20 公分縫針、床墊針或塑膠棒針，並將全雞綁好。

　　1. 按下列方式將雞胸的兩片雞皮縫好：從尾部開始，末端預留約 7.6 公分長的棉繩，朝著脖子的方向縫成直線。將雞翻面，把雞脖部位的雞皮往後面縫好，將雞脖端的餡料完全包覆起來。

　　2. 第二個結是要固定棒棒腿的下半部，並封好尾部開口。讓針穿過屠體的下半部與尾部；從一支棒棒腿上方的雞皮穿出來，穿過雞胸的下

半部，再從第二支棒棒腿的上面穿出來。將棉繩拉緊並綁好。

　　3. 至於最後一個結，先將扦子移除，從屠體的膝蓋穿過去；將雞翅折成末端靠著臀部肘關節朝外的姿勢，讓針從一支雞翅的下側穿出來，穿過少許脊椎骨，然後再穿過第二支雞翅的下側。將棉繩拉緊並綁好。

　　現在我們就可以將全雞用於烘烤、盤烤，或是下列食譜的蒸煮或阿爾布費哈式烹調法。

■ 阿爾布費哈式鑲雞（POULARDE À LA D'ALBUFÉRA）

〔部分去骨的鑲雞，餡料為鵝肝、松露、雞肝與白米飯；以白酒蒸煮；搭配辣椒醬〕

　　以白酒蒸煮的鑲餡去骨全雞菜餚中，比較著名的是為了紀念蘇切特元帥的這一道，蘇切特元帥在西班牙打勝仗以後，被拿破崙封為阿爾布費哈公爵。這個公國是一個受到大片稻田圍繞且與瓦倫西亞灣相連接的大潟湖區，儘管在受封的隔年，也就是 1813 年，公爵就吃了敗仗，不過公爵仍然保有封號，這道菜的菜名也維持不變。有趣的是，撇開歷史不談，只就美食奇聞的角度來說，心懷感激的西班牙人後來為了感念威靈頓公爵協助他們收復失土，將阿爾布費哈的營收獻給威靈頓公爵——這也許發生在著名的威靈頓牛排以公爵來命名之後。這道阿爾布費哈式鑲雞有許多種不同的做法，我們在這裡選了一種我們比較喜歡的。並非每種做法都會在白米飯裡加入一撮番紅花，不過它們確實都有西班牙甘椒醬的影子。

　　我們認為，這道菜的配菜應該秉持新鮮簡樸的原則，像是上冊第 595 頁香芹烤黃瓜，或新鮮嫩豌豆或蘆筍，或是蔬菜章節中第 404 頁鮮嫩去皮的新鮮青花菜。我們偏好以勃艮第來搭配這道菜，或是格拉夫白酒——奧比昂或修道院奧比昂。

6 人份

1. 處理雞肉

1 隻 2 公斤重的烤用雞或閹雞

一只用來放置長條狀雞胸肉的
盤子

1½ 大匙不甜的波特酒或不甜的
（舍西亞爾）馬德拉酒，以及
等量干邑白蘭地

1 大匙紅蔥細末或青蔥細末

現磨白胡椒

幾撮茵陳蒿或百里香

1 罐以上 28 公克重的罐裝松露

57 公克罐裝塊狀鵝肝（參考包
裝上的標籤），使用前放入冰
箱冷藏以利切割

按照前文說明替雞胸部分去骨。將雞胸肉切
成 1 公分寬的長條狀，放入盤中與酒、紅
蔥、胡椒、香草、完整的松露與松露醃漬汁
混合。將鵝肝切成 0.6 公分的小丁，每切一
刀就把刀子放入熱水中一次；將鵝肝放在盤
子的邊緣，並以醃漬汁澆淋。用保鮮膜把盤
子包起來，在製作餡料時放入冰箱冷藏；將
處理好的全雞用保鮮膜包好放入冰箱冷藏。

2. 餡料——阿爾布費哈式餡料——約 3½ 杯

雞肝與雞心（如果前面的鵝肝
量不多，則多加一塊雞肝）

3 大匙奶油

一只容量 2-2½ 公升的厚底有
蓋琺瑯單柄鍋或不鏽鋼單柄鍋

一只大攪拌盆

1/4 杯洋蔥細末

1 杯未經加工處理的生白米

1/4 杯不甜的白酒或不甜的法國
白苦艾酒

1¾ 杯雞高湯或罐裝雞高湯

一小撮番紅花絲

一片月桂葉

食鹽與胡椒，用量按個人喜好

1 個雞蛋，稍微打散

將雞肝或雞肝與雞心切成 0.6 公分小丁，和 1
大匙奶油一起以中火翻炒至稍微變硬；炒好
後刮入攪拌盆裡。將剩餘奶油放入鍋中加熱
至熔化，下洋蔥，慢慢烹煮 4–5 分鐘，將洋
蔥煮到變軟但尚未上色，烹煮期間頻繁翻
拌。拌入白米，繼續以中火翻炒幾分鐘，待
白米慢慢變透明後轉乳白色，表示附著在白
米表面的澱粉已經凝結。倒入酒，繼續烹煮
一會兒，讓酒精揮發。

接下來，倒入雞高湯，加入一小撮番紅花與月桂葉，並加熱至微滾。加入適量食鹽與胡椒，翻拌一次，蓋上鍋蓋，保持小滾狀態烹煮 15 分鐘，期間不要再去碰鍋子。經過 15 分鐘以後，米飯應該會煮到快熟但還沒完全熟的程度，只需要繼續煮 2-3 分鐘即可；液體應該幾乎完全被吸收。打開鍋蓋，取出月桂葉，將米飯倒入攪拌盆裡，使之降溫到微溫。拌入雞蛋。

將松露從醃漬材料中取出並切成小丁（如果用量不大則切末）。用橡膠刮刀將米飯和雞肝拌勻，並仔細修正調味（鵝肝應保留到下一步驟使用）。

3. 替雞填餡並加以綑綁

替雞的內腔稍微調味，在裡面抹上一層餡料，然後放上幾塊切碎的鵝肝。繼續以層疊的方式放入餡料，將米飯餡在胸部末端做成小丘狀。按第 325 頁說明放上切成條狀的雞胸肉，將雞皮蓋在雞胸上，縫好，然後按照說明將全雞綁好。（保留醃漬汁。）

(*) 提早準備：若餡料和雞都是冷的，你可以提早一天填餡並且把雞綁好。

4. 蒸煮──1 小時 30-45 分鐘

按照第 320-321 頁基本食譜步驟 1 與步驟 2 蒸煮雞肉，不過在燉鍋內放入一大撮百里香與一片月桂葉，用來取代茵陳蒿。

5. 醬汁

按照基本食譜第 321 頁步驟 3 製作醬汁，但可省略茵陳蒿，並把醃漬汁拌進去。用下面的甘椒奶油代替純奶油，替醬汁添味。

3 大匙罐裝紅甘椒

3 大匙軟化的奶油

一只架在碗上的細目篩

一支木匙與一支橡膠刮刀

一撮辣椒粉或幾滴辣椒醬

將甘椒瀝乾並輕輕把液體壓乾。將甘椒和奶油一起放入篩中摩擦過篩，將聚積在篩子底部的殘餘物刮下，同時也將篩子放在碗上敲打，儘量把混合物取出。將辣椒粉或辣椒醬打入混合物中。上菜前，醬汁離火，以每次 1 大匙的量慢慢打入甘椒奶油混合均勻。

6. 上菜

　　要上菜時，將棉線拆掉，把雞放在大餐盤上。將少許醬汁淋在雞上，並按個人喜好用松露片或雕花蘑菇裝飾。切肉時，從胸部上方直直往下切，將脖子到尾巴的部分切開後剝開。將雞翅和雞腿拆下來，然後用大湯匙和餐叉將雞胸肉與餡料挖出來，在每位賓客的盤子裡放上深色雞肉、淺色雞肉與餡料；將少許醬汁淋在每份餐點的上面或周圍。

　　(*) 提早準備：參考第 322 頁基本食譜末的說明。

其他餡料與醬汁

阿爾布費哈式蒜香餡（Farce Évocation d'Albuféra）
〔加入蒜泥的米飯、蘑菇與雞肝餡〕

　　這種餡料比基本食譜更有地中海風情，在你不想使用松露和鵝肝的時候，可以採用之。

3½ 杯，適用於 2 公斤重的部分去骨全雞

1 頭大蒜

1/4 杯不甜的白酒或不甜的法國白苦艾酒

1 杯雞高湯或罐裝雞高湯

一只有蓋小單柄鍋

將蒜瓣拆下來，放入一鍋沸水中煮 1 分鐘，取出瀝乾再把皮剝掉。接下來，極緩慢地用酒和高湯熬煮蒜瓣 30 分鐘，同時繼續準備其餘餡料。

113 公克新鮮蘑菇，修整清洗拍乾後切成四瓣（約 1 杯）

2 大匙紅蔥末或青蔥末

1 大匙奶油與 1 小匙食用油

3 塊雞肝，切成 1 公分小丁

一只容量 2½–3 公升的厚底琺瑯單柄鍋或不鏽鋼單柄鍋

1/4 杯不甜的（舍西亞爾）馬德拉酒或不甜的波特酒

一只攪拌盆

將蘑菇和青蔥放入奶油和食用油裡，以中大火煸炒拋翻，直到油脂重新出現在蘑菇表面為止；接下來，加入切丁的雞肝，煸炒拋翻 1 分鐘。倒入馬德拉酒或波特酒，迅速煮開並繼續煮到液體幾乎完全揮發。將混合物刮入攪拌盆裡。

2¼–2½ 杯白米飯（以3/4 杯生米，放入鹽水中煮到剛好變軟）

1/4 小匙百里香或奧勒岡

1 個雞蛋，稍微打散

煮好的大蒜與高湯

一只細目篩

食鹽與胡椒，用量按個人喜好

將米飯、香草與雞蛋放入攪拌盆裡混合均勻。將煮好的大蒜瀝乾，用篩子磨成泥，加入攪拌盆裡；和 2 大匙烹煮液一起拌進去。（將剩餘液體保留用來製作醬汁，將它加入雞肉的蒸煮高湯裡。）品嘗餡料，仔細修正調味。

　　替雞填餡，把雞綁好，然後按照前則食譜的說明蒸煮；你可以搭配用甘椒奶油添味的醬汁，或是製作淡咖哩醬，參考基本食譜第 321 頁步驟 3 開始處，在製作油糊時將 2 小匙芳香的咖哩粉拌入奶油中。

諾曼第式白香腸餡（Farce Normande, aux Boudins Blancs）
〔加入蘑菇泥的白色肉餡〕

　　白香腸餡在製作時使用的是雞絞肉、小牛絞肉或豬絞肉與煮軟的洋蔥，它非常美味，因此人們常常會想辦法以不同的方式來運用之。你在這裡可以將第 347 頁的食譜份量減半，不過沒必要將肉餡灌入腸衣：在這裡，將肉餡滾成一條粗大的香腸狀，並以紗布包起來，就如第 343 頁圖示；用蒸煮雞肉的酒與雞高湯來蒸煮之，會讓高湯更加美味，最後也能做出更好吃的醬汁。接著，按照下列做法操作。

按照前段說明蒸煮的白香腸

約 1/2 杯煮熟的蘑菇泥（將第 234 頁奶油炒蘑菇切細碎），放在原本的深平底鍋裡

2 大匙紅蔥末或青蔥末

1/4 杯不甜的（舍西亞爾）馬德拉酒或不甜的波特酒

食鹽與胡椒，用量按個人喜好

將白香腸切成 1.2 公分小丁，放在一旁備用。將蘑菇泥和紅蔥或青蔥放在一起加熱，在中大火上拋翻 2 分鐘以烹煮紅蔥，然後倒酒。快速煮滾 1–2 分鐘，讓液體幾乎完全蒸發。品嘗並仔細修正調味。

　　以白香腸丁穿插蘑菇泥層疊的方式填入餡料，然後放上切片的雞胸肉。按照第 326 頁說明把雞綁好，再按照第 319 頁白酒蒸煮全雞基本食譜的做法進行蒸煮。與其用茵陳蒿替醬汁調味，你可以在一開始的時候多做 1/4 杯以酒調味的蘑菇泥，預留起來，等到你完成醬汁，在加入最後的添味奶油之前，把蘑菇泥加入醬汁裡熬煮一下。起鍋前也可以加入少許新鮮綠色香草末，例如香芹、茵陳蒿或細香蔥。

酥皮烤鑲雞（POULARDE EN SOUTIEN-GORGE COQ EN PÂTE—POULARDE EN CROÛTE）

〔將部分去骨的鑲全雞用酥皮包起來烘烤〕

一旦你替部分去骨的雞鑲餡，然後用酥皮包好，就可以把酥皮鑲雞放入冰箱冷藏，隔日再烘烤。這道菜做起來很有趣，端上桌總能造成轟動，是非常棒的派對菜餚。除了把胸部移除以外，雞皮也完全撕掉；法文菜名中的「soutien-gorge」（胸罩）就如英文的「brassiere」，基本上並無法清楚地說明菜餚的特質；德文的「Bustenhalter」（有把胸部固定之意）比較能清楚傳達出酥皮在烘烤時能固定雞胸與餡料位置的功能。這裡使用的麵團是雞蛋派皮麵團，適用於必須要烘烤超過 1 小時以上的肉醬或雞肉：派皮又酥又軟、美味且容易處理；若使用電動攪拌機，你會發現這種派皮非常容易製作。

有關雞肉

與其按食譜建議使用 2 公斤重的烤用雞或閹雞來烹煮 6 人份菜餚，你也可以使用 1.4–1.6 公斤重的煎炸用雞，3 隻煎炸用雞約為 12–16 人份。使用煎炸用雞時，只要使用半份派皮與 2½ 杯餡料。1 隻煎炸用雞的烘烤時間約在 1 小時 20–30 分鐘；若是在烤箱裡同時烘烤 3 隻雞，可能會需要 1 小時 45 分至 2 小時。

6 人份

1. 派皮──至少在烘烤前 2 小時製作

第 133 頁第六種派皮配方：雞蛋派皮麵團

用手按照一般方法製作派皮，或是參考第 127 頁使用機器操作。將派皮包好放入冰箱冷藏至少 2 小時，或冷藏一整晚。（剩下來的派皮可以冷凍保存，用來做派或開胃點心。）

2. 處理雞肉並填餡

一隻 2 公斤重的烤用雞或閹雞

沿著胸骨，將雞脖端到尾端的雞皮劃開；將雞翻過來，從距離脊椎骨兩側 0.6 公分處，分別將從雞脖到尾部的雞皮劃開。

從肘部將雞翅切下來。接下來，除了保留脊椎骨上的一條雞皮外，將其餘部分的雞皮撕掉。小心不要將下面提到的這些部位一起扯下，將連接翅膀和肩膀的關節、連接腿部與臀部的關節以及棒棒腿和大腿的關節切穿；這個動作可避免這些部分在烘烤期間穿透派皮。把雞胸肉拆下來，並把胸骨肋骨結構的上半部切下來，如第 324–325 頁所示。將雞胸肉切成長條狀，並按個人喜好參考第 328 頁基本食譜步驟 1，使用酒和香草醃漬。利用雞雜碎、雞皮和碎肉製作褐色雞高湯（上冊第 274 頁）。

3½ 杯餡料，參考第 617–619 頁鑲雞用餡料清單，尤其推薦阿爾布費哈式蒜香餡

一支長度恰能從膝蓋穿過屠體並在兩端突出 0.6–1.2 公分的扦子或棒針

按照第 325–326 頁圖解說明替雞填餡，並將切成長條的雞胸肉放在上面。按圖示插入扦子，藉此在烘烤時固定雞腿；上菜前再把扦子從酥皮裡拉出來。

3. 用派皮包覆鑲雞

步驟 1 製作的冷藏派皮

白酒、苦艾酒或雞高湯；若使用阿爾布費哈式蒜香餡則將烹煮大蒜的液體用在此處

一支醬料刷

一只能夠輕鬆容納全雞的淺烤盤或有邊烤盤，抹上奶油

刷蛋液（1 個雞蛋放入小碗內與 1 小匙清水打散）

算好進行步驟 4 的時間，將烤箱預熱到攝氏 204 度。將三分之二的派皮放在稍微撒了麵粉的擀麵板上，擀成厚度約 0.5 公分、能夠將雞的正面和側面蓋起來的橢圓形。將酒或高湯刷在雞肉表面，並將派皮壓在雞肉上。（在一側或兩側預留一個小洞，以便烘烤後移除扦子。）將多餘的派皮修掉，只留下能夠將雞肉完全覆蓋的派皮即可。（雞肉底部直接接觸烤盤。）

　　將剩餘派皮擀開，切成自己喜歡的形狀，在下側刷上蛋液，然後黏到派皮上。

　　(*) 提早準備：如果餡料和雞在組合前是冷的，可以將鑲雞蓋起來冷藏，等到隔日再烘烤。然而請記住，冷藏過的鑲雞所需要的烘烤時間會比步驟 4 指示的時間多出 15–20 分鐘。

4. 烘烤——1 小時 30–45 分鐘

蛋液與醬料刷
鋁箔紙或牛皮紙

等到烤箱達到預設的攝氏 204 度，便可替派皮表面與裝飾刷上蛋液。利用刀尖在刷過蛋液的派皮上劃出具有裝飾性的交叉紋路。

　　馬上將酥皮雞放入預熱烤箱的中層。經過 20–25 分鐘，酥皮應該會開始上色，此時應將烤箱溫度調降到攝氏 177 度。經過 30 分鐘以後再次檢查，若酥皮上色速度太快，則稍微用鋁箔紙或牛皮紙蓋起來。等到你開始在烤盤裡看到肉汁，表示雞肉快要烤好了，而等到你將烤盤拿出來，讓烤盤稍微傾斜，看到最後一些從酥皮底下流出的肉汁呈不帶血水的清澈黃色時，雞肉絕對已經烤熟。一旦雞肉烤熟，馬上將雞肉從烤箱中取出。

5. 醬汁與上菜

稍微抹了奶油的大餐盤
2 大匙紅蔥末或青蔥末
1/4 杯不甜的（舍西亞爾）馬德拉酒、不甜的波特酒或不甜的法國白苦艾酒
一只單柄鍋，內有 1 杯褐色雞高湯（或混用雞高湯與牛肉清湯）
1/2 杯法式酸奶油或鮮奶油
若有必要：1 小匙玉米澱粉加入 1 大匙高湯或酒拌勻

將雞肉移到大餐盤上，並小心移除用來固定雞腿的扦子。將紅蔥頭或青蔥與酒拌入烤盤裡的肉汁裡，放在中火上加熱，並用木匙把聚集在烤盤底部的殘渣刮到湯汁與酒裡。將液體刮入盛裝高湯的單柄鍋內，迅速收稠以濃縮風味。加入鮮奶油，繼續沸騰幾分鐘，讓醬汁稍微變稠。（若有必要，則讓鍋子離

2-3 大匙軟化的奶油
一只溫熱的醬汁盅

火，打入玉米澱粉混合物，繼續熬煮 2 分鐘讓醬汁收稠。）仔細修正調味。上菜前，鍋子離火並以每次 1/2 大匙的量慢慢拌入添味用的奶油（做出來的醬汁只有 1 杯，恰足以用來濕潤每一份菜餚）。

上菜時，從酥皮上方直接往下從雞脖往尾部切開，並將酥皮推到雞肉旁邊。取下雞腿與雞翅，然後將雞切成適當大小。在每位客人的餐盤裡都放上深色雞肉、淺色雞肉、餡料以及一塊酥皮；將少許醬汁淋在肉的上面或周圍。

(*) 提早準備：若有必要，你可以將雞肉保溫約 1 小時；先將雞肉在室溫環境中靜置 20 分鐘，然後移到攝氏 49 度的烤箱（或放入關掉的烤箱，並在必要時短暫替烤箱加溫）。

第五章
肉類冷盤

香腸、鹽醃豬肉與鵝肉、法式肉醬與陶罐派

　　在法式料理中，各種形式的豬肉製品可以說是肉類冷盤的基礎與支柱，它們包括香腸、餡料、火腿、肉醬與陶罐派等。法文中的「chair cuite」指煮熟的肉，它顯然是肉類冷盤這種絕妙法國文明基石的起源，不過現代的法式熟食店就跟美國一樣，全都擴大產品範圍，販賣著各式各樣的食品，例如肉凍與可以直接加熱食用的蝸牛、加熱就可以端上桌的龍蝦菜餚、現成的沙拉、蛋黃醬、各式開胃小菜、罐裝食品、高級葡萄酒與利口酒等。在高級熟食店裡，所有品項的烹煮動作都是就地完成；這些店家會自行醃製火腿、鹽醃豬肉與新鮮和煙燻香腸等，也有獨到的方式替美麗的肉醬擺盤。讓我們祈禱，這種美味的生活方式會一直延續下去，因為世界上鮮少有比一間法國熟食店的外觀與香氣還更能滿足靈魂的東西。

香腸（SAUCISSES ET SAUCISSONS）

　　美國境內歐洲風格街區的熟食店幾乎完全消失，因此每位認真的廚師都必須要握有幾種香腸配方，才能做出像是酥皮烤香腸、布里歐許香腸、水煮香腸佐馬鈴薯沙拉、當成早餐與裝飾配菜的豬肉小香腸，以及加入松露的白香腸等美味菜餚。香腸以絞肉和調味料做成，這種混合物並不比肉派複雜，在製作未煙燻新鮮香腸的時候，你也不需要用到什麼特殊工具。一台電動攪肉機與重負荷型攪拌機，會讓工作容易一點，不過灌香腸的設備與腸衣卻不是必要的，因為你可以利用其他方法做出香

腸的形狀。在法文中，「saucisse」基本上是細長的新鮮小香腸，而「saucisson」則是經過煙燻或其他方式醃製的大香腸；不過如果單就尺寸來說，兩種名稱確實可以混用。下面是利用腸衣讓香腸成形的一些做法，我們也會提到腸衣的實用替代品，並針對網油提出一些討論。

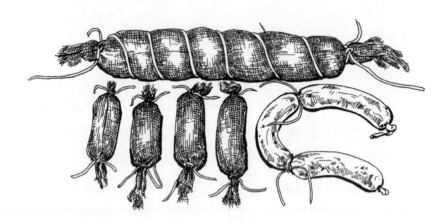

腸衣

天然腸衣是一種具有彈性的管狀膜，能夠讓香腸肉凝聚在一起，形成香腸的表皮。天然腸衣完全以刮乾淨的豬、牛和羊的腸子，以及豬胃和豬牛羊的膀胱做成。羊腸衣是最珍貴也最昂貴的一種，也是最脆弱的一種；羊腸衣的直徑一般介於 1.6–2.5 公分之間，大部分用來製作新鮮的早餐豬肉香腸，以及一種叫做「chipolatas」（音譯為直布羅陀腸）、通常用來搭配雞尾酒或當成裝飾的小香腸。牛腸衣通常用於大香腸的製作，例如波隆那香腸、薩拉米、血腸等，以及中等大小的香腸如思華力腸與肉糜香腸。豬腸衣有各式各樣的長度與寬度：如大腸後段腸衣、大腸中段腸衣，以及小腸腸衣。

要在家製作香腸，最實際也最容易取得的是豬小腸腸衣，也就是一般肉販製作新鮮豬肉香腸或新鮮義大利香腸時所使用者。如果肉販手上沒有現成可賣的腸衣，他通常可以幫你訂購；要不然，你也可以試著在電話黃頁裡搜尋香腸腸衣或肉販供應商。購買時，應要求一組中等寬度

的豬小腸腸衣。你會得到一束 16–18 條的腸衣，每條約 6 公尺長，這些腸衣通常會被扭成複雜的漩渦狀，看來酷似濕麵條。若要把腸衣解開，應在一張大桌子上把腸衣鬆開。接下來，從中間的一條開始，慢慢把它拉出來，先拉一邊，再拉另一邊。將每一條腸衣解開，並且一邊拆解，一邊將腸衣繞著手指捲起來，就像在整理細繩子一樣。將這些腸衣和一層層的粗海鹽一起放進旋蓋式密封罐裡，放入冰箱冷藏保存。只要用鹽蓋好，這些腸衣可以保存很多年的時間。

在使用腸衣之前，應將腸衣用冷水洗淨，然後放在冷水中浸泡 1 小時，浸泡時間至多不可超過 2 小時。若有沒用上的腸衣，可以將腸衣內外洗淨，然後再次捲好，重新放入存放腸衣的容器裡用鹽蓋好即可。

如何使用腸衣

腸衣是製作香腸的理想工具，因為灌好以後的肉是完美對稱的；使用腸衣的問題，在於找到方法將肉塞進這些容器裡。專業人士會使用灌香腸機，它看來就像是一端有推板，另一端有噴嘴的缸筒：肉從缸筒放進去，腸衣會被套在噴嘴的外面，曲柄連接推板，能操控推板將肉從缸筒推過噴嘴灌入腸衣中，隨著腸衣從噴嘴上滑落，緩慢且均勻地將腸衣填滿。有些廚房用品店與郵購公司會販賣家用型灌香腸機；若要認真做香腸，就應該要買一台，因為無論採用何種替代方案，都是臨時湊合使用的方法，能成功製作，或多或少都與香腸混合物有關。下面提供灌香腸機的替代方法，其中包括手動填塞法、絞肉機法與擠花袋法。只要多方嘗試，你就可以找到適合自己的系統。

無論你選擇這三種替代方法的哪一種，你都會需要某種形式的噴嘴，讓你能夠把腸衣套在噴嘴外面。它可以是漏斗、能夠裝設在專業擠花袋上面的金屬管，或是一般的灌香腸噴嘴；無論用的是什麼，我們在這裡都將它稱為灌香腸套管。等到腸衣泡在冷水中 1 小時以後，將腸衣剪成 60–90 公分長的小段，會比較容易上手。

用冷水濕潤灌香腸套管；
將一條腸衣的一端裝在套管的
較窄端。

將套管的較寬端放在冷水
水龍頭下，開小水，用手指將腸
衣往上推，小心不要讓指甲刮破
腸衣。如果你已經把腸衣剪成適
當長度，則將腸衣一條接著一條
全部套到套管上。為了能自由操
作，應該預留 7.5-10 公分長的
腸衣垂掛在套管末端，除非香腸
混合物非常軟，很容易流出來，
否則應該在整條腸衣都灌完以後
才把腸衣末端打結綁死。

　　腸衣就定位以後，你就可以開始灌香腸了。在灌香腸的時候請記住
自己到底想要做出多長的香腸，想讓幾條香腸連在一起，以及如果讓香
腸相連的話，肉餡是否軟到可以讓你毫無顧慮地將灌好的腸衣扭轉成適
當長度而不至於破掉。這多半是個試誤的過程；如果你希望完全不要出
錯，而且手上有數量充分的腸衣，那麼你可以每次灌一條香腸，然後將
腸衣扭轉或剪斷然後綁好。為了減少腸衣裡的氣泡和氣隙，在灌入肉餡
的時候應仔細觀察；若出現氣隙，則將填好的腸衣往套管末端推，迫使
空氣回到缸筒內。在情況比較嚴重時，你就得把腸衣剪斷，打好結，然
後重新開始灌一串新的香腸。

　　無論用在硬質或軟質香腸餡，擠花袋的效果都出奇地好。你會需要兩根長 5 公分的金屬管，較小端的開口應為 1.2 公分。其中一根金屬管是用來套腸衣，另一根則裝在一只長度 30.5-35.6 公分的擠花袋裡面。

香腸肉

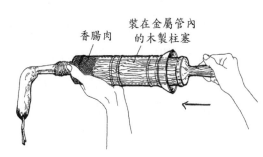

香腸肉　裝在金屬管內的木製柱塞

　　這個超大注射器包含了一個木製柱塞、缸筒與可拆卸的套管，適用於軟質混合物，例如白香腸。

　　若使用較硬質的混合物，你可以將金屬管的末端抵在桌子邊緣。就這個情形來說，擠花袋會比較容易操作。

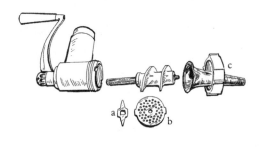

　　長度 10 公分、較小端開口 1.9 公分、較大端開口 5.7 公分的塑膠或金屬製填充套管，適用於圖片所示的這種絞肉機類型。這種套管通常都是額外的配件，也可以向肉販或郵購公司訂購。

　　絞肉機的操作有時會同時用上(a)切割刀、(b)圓盤和(c)套管，有時候則不需要全部；如果你手上沒有使用說明，就得兩種方法都嘗試。有些絞肉機當成灌香腸機使用的效果相當不錯，有些則讓人非常不滿意。

操作時，如果使用電動絞肉機，則開啟慢速，在肉餡填入腸衣的時候，應該讓腸衣和套管一樣保持水平；這個動作可以避免氣泡產生。等到肉餡填入腸衣以後，從套管上多拉下一段約 7.5–10 公分長的空白腸衣，然後用剪刀剪斷。

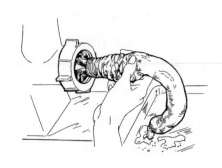

打結

扭轉以讓香腸
分成小段

在腸衣兩端靠近肉餡的地方各打一個死結。若要讓香腸分段，則慢慢且小心地扭轉，將兩段肉餡分開。在兩段肉餡分隔處綁上一段白色棉線。

如何利用紗布製作香腸

用紗布來做香腸的效果很好，在不需要注意到美感，香腸的形狀不是非得要完美對稱的狀況下，例如要將香腸用酥皮包起來烘烤、切片上桌或是弄碎燒烤的時候，確實可以將紗布當成腸衣的替代品來使用。下面的圖示是用紗布來製作小香腸的方法；大香腸也是以同樣的方式成形。

舉例來說，要製作一條 12.7 公分長的香腸，應準備足夠的乾淨紗布，這些紗布應是雙層的，邊長約 20.3 公分，沾濕使用，此外還要準備許多約 10.2 公分長的白色棉線，用來將香腸兩端綁緊。每次做一條香腸，開始時將紗布平鋪在托盤上，並刷上熔化的豬油或酥油。

用香腸餡在紗布下側做出一個長度 12.7 公分、外觀乾淨俐落的長方形肉條。

將肉條的稜角抹平，做成圓柱狀；緊緊用紗布將肉條捲起來。

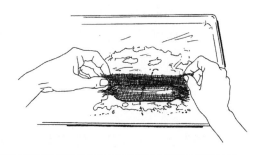

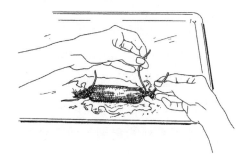

捲好以後，將一端用棉線綁好。將另一端的紗布扭一下，把肉條壓緊固定，然後用棉線綁好，便算完成。我們一般會將這些香腸放入冰箱冷藏 2 小時左右，讓它們的質地更扎實，然後再繼續做其他處理。

網油

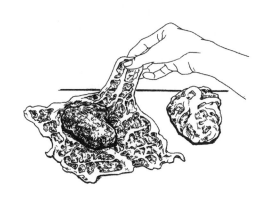

網油是一種非常有用的豬隻相關產品，這種狀似蜘蛛網的膜上布滿脂肪，分布於豬的體腔內側表面。網油可以是一種完美且完全可食用的容器，用來包覆一種叫做「saucisses plates」或「crêpinettes」的新鮮香腸（譯注：這種香腸狀似肉餅）。你可以用網油來代替血腸的腸衣，用在你放入布里歐許麵團內烘烤的大香腸上，也非常適合用來包覆第 201 頁的驚喜牛肉盒，抹上蘑菇泥烘烤的肉類，或是第 269 頁的佩里戈爾式小牛肉。雖然美國製造商會把網油用來製作不常見的德文郡香腸，美國民眾並不太認識網油，以至於除非你的採購區剛好有歐洲肉販，否則你就必須以訂購的方式才能取得網油。由於網油可以放在冷凍庫裡保存兩個月以上，你可以乘機多買幾塊；每一塊網油大約為 76.2 公分見方。

食鹽與香料

對製作香腸，也就一般的肉類冷盤來說，調味料是很重要的部分，因為調味料能替肉帶來個性，讓你做出獨一無二的產品。更者，在製作時加入食鹽和香料，能夠讓肉延遲氧化，因此它們同時也是防腐劑。我們在法式食譜常常只會看到「épices」、「sel épicé」或「quatre épices」的字眼，它們的意思其實是要你使用自己的香料配方。傳統的罐裝「四種香料」（quatre épices）在法國非常普遍；這四種香料通常是胡椒、丁香、薑或肉桂，以及肉豆蔻。「sel épicé」是加了香料的食鹽，通常是每十份食鹽兌上兩份白胡椒與兩份綜合香料。

你會發現，準備好獨門配方的香料混合物，放在旋蓋玻璃瓶裡備用，有著極高的便利性。這些香料不但可以用來製作香腸，也可以用在肉醬、肉派，並用來醃漬豬排等等。下面是我們建議的配方：製作時，務必確認所有材料的新鮮度與香氣。

1 杯綜合香料粉

每種 1 大匙：月桂葉、丁香、
肉豆蔻皮、肉豆蔻、紅椒粉、
百里香

每種 1½ 小匙：甜羅勒、肉
桂、馬鬱蘭或奧勒岡、鼠尾
草、香薄荷

1/2 杯白胡椒粒

若材料還沒磨成細粉，則將材料放入電動果
汁機或磨豆機裡打成粉（將研磨度調到最
細），然後用細目篩過濾粉末，再把篩子裡
的殘渣放回機器裡重新打成粉。

用於每 6 杯（1.4 公斤）肉類混合物：建議的香料與食鹽比例

1 小平匙（2 公克）綜合香料粉

加上其他調味，例如更多胡
椒、大蒜、增加特定香草用量
等，按照自己的口味和食譜來
調整

製作新鮮香腸、肉醬混合物與
餡料時：1 大平匙（14.2 公
克）食鹽

製作需要風乾 2 天以上的香
腸：1½ 大匙食鹽

若材料還沒磨成細粉，則將材料放入電動果
汁機或磨豆機裡打成粉（將研磨度調到最
細），然後用細目篩過濾粉末，再把篩子裡
的殘渣放回機器裡重新打成粉。

備註：上面這些是我們認為正確的比例。食鹽和香料的用量各異，
你可能會發現自己偏好在每磅重的肉裡加入更多或更少的調味料。

用來製作香腸的豬肉部位與豬脂肪

香腸與一般用於冷盤的肉類，都是屠宰的副產品。如果你自己養豬
殺豬，就可以運用後腿、腰肉、頸肉與其他大塊肉上修整下來的碎屑，
由此取得你在製作時需要的瘦肉。同時，你也會有各式各樣的脂肪，例
如取自豬背，位於腰肉與表皮之間的硬脂肪；這就是所謂的豬背脂肪，
它不但被用來製作香腸與肉醬，也會被拿來塞入以烘烤方式烹調的肉塊
裡。你也會得到板油，這種取自豬腰子周圍的脂肪，現在幾乎已經找不
到了。你也會有取自頰部、頸部、腹部、後腿與肩部的脂肪。我們這些

人沒那麼幸運，得向肉販或在超市購買零售的切割部位；我們的香腸會比較貴一點，不過它們會比市面上能買到的香腸都還要好吃，因為我們在製作時使用的是品質最優的新鮮肉品。

除非你前往採購的市場供應的是進口肉品、區域性肉品部位，或是你居住在居民比較會吃豬肉的地區，否則你可能只能取得腰脊肉。儘管如此，你還是可以購買取自肩部末端的大塊豬肉，去骨以後將瘦肉的部分拿去烘烤或煸炒，再把剩餘部分做成香腸。

與其使用難以取得的豬背脂肪，你可以使用從烤用裡脊肉外緣修整下來的脂肪；這部分的脂肪在這裡很好用，因為它不會太硬也不會太軟。從新鮮後腿肉與肩肉外緣修整下來的脂肪比較不理想，因為質地偏軟，不過在沒有其他選擇的時候，還是可以將就使用。如果你有一塊肥瘦相間的肉，例如去骨梅花肉，則可以估算一下肥肉對瘦肉的比例，根據食譜要求加入欠缺的部分。1 杯肉或脂肪大約為 227 公克。

純香腸肉（CHAIR À SAUCISSE）
〔傳豬肉香腸肉──用於製作香腸肉餅、早餐香腸、直布羅陀腸，亦可用作肉醬派、全雞等〕

自己製作香腸肉是很簡單的事，一旦你嘗過自製香腸的美味，你就會納悶自己為什麼要在外頭買現成香腸。一般而言，法式香腸的肥肉瘦肉比例為一比一；你可以將比例降低到一比二，尤其是在你使用的是市面上現成的豬肉而非修整下來的邊肉時；若是繼續降低肥肉的比例，做出來的香腸會更硬。

6 杯（1.4 公斤）香腸肉混合物

1. 香腸混合物

907 公克（4 杯）新鮮瘦豬肉，
例如新鮮後腿肉、肩肉或腰脊肉

454 公克（2 杯）新鮮豬脂肪，
例如豬背脂肪、從烤用腰脊肉
外緣修整下來的脂肪，或是新
鮮板油

一台絞肉機

一台裝設平攪拌槳的重負荷型
攪拌機

1 大匙食鹽

1 小匙綜合香料粉（第 345
頁），或 1/2 小匙白胡椒與 1/2
小匙打成粉的綜合香草與香料，
香草香料可按個人喜好選擇

絞肉機裝設孔徑最小的葉片，將肉和脂肪放進去攪碎；若要做出非常滑順的混合物，你可以將肉和脂肪放入絞肉機裡過兩次。如果你有重負荷型攪拌機，則將絞好的肉和調味料一起放進去攪打至混合均勻，否則也可以用木匙與／或雙手混合，動手前先將手浸入冷水。測試味道時，可以取 1 小匙混合物放入鍋中翻炒幾分鐘煮熟；品嘗後按需求增加調味料用量，不過請記住，香料的味道會在 12 小時以後才能完全發揮出來。

2. 成形與烹煮

　　香腸肉餅或香腸卷：將肉餡放在蠟紙上，用沾濕的刮刀或雙手幫助成形，若使用雙手，操作期間應不時將雙手浸入冷水中；接下來，你可以自行選擇，用網油（參考第 343 頁）將成形的餡包起來。或者，你也可以按照本章節開頭所述的做法，將肉餡放在紗布上，做成直徑 5 公分的圓柱形，然後放入冰箱冷藏；接下來，將紗布拆掉，並切成肉餅狀。將肉餅放入鍋中慢慢煸炒至表面焦黃且完全熟透。

　　香腸節與直布羅陀腸：若有辦法取得，應使用直徑 1.6 公分的羊腸衣製作這些香腸。早餐香腸通常約 7.6 公分長；直布羅陀腸是用來搭配雞尾酒或當成裝飾的小香腸，長度一般在 3.8-5.1 公分之間。按照本章節開頭所述的做法製作。烹煮時，用針在香腸上戳幾個洞，然後將香腸放入平底鍋內，並在鍋內倒入 1.2 公分高的清水，蓋上鍋蓋，以接近微滾的溫度熬煮 5 分鐘，或是煮到香腸稍微變硬。將水倒掉，繼續煎炒至表面焦黃，烹煮期間應經常翻面。

法式白香腸（BOUDIN BLANC）

〔白肉香腸──以雞肉與小牛肉或雞肉與豬肉製作的調味碎肉餡〕

白肉香腸在大西洋兩岸都非常受歡迎，從德國與瑞士的德式碎肉香腸（bratwurst）與巴伐利亞白香腸（weisswurst），到英格蘭地區命名古怪的白布丁。有人甚至以為，法式血腸和英式布丁有著相同的詞源。法式血腸比較像魚糕（quenelle）而非香腸，有著細緻的風味與質地。在法國，聖誕節與新年的傳統午夜晚餐，通常有一道松露血腸，配菜通常為馬鈴薯泥。儘管如此，你還是可以將它們當成烤雞或烤小牛肉來使用，在盤裡加入綠色蔬菜如鮮奶油菠菜、青花菜、豌豆、燜燒吉康菜，或是任何你認為可以搭配的蔬菜。

約 6 杯，可以做成 10-12 條 12.7 公分長、3.2 公分寬的法式白香腸

1. 香腸混合物

豬脂肪
1/2 杯（113 公克）新鮮豬板油、裡脊肉外緣脂肪或豬背脂肪
裝設最細孔徑刀片的絞肉機
一只直徑 20.3 公分的有蓋平底鍋

將豬脂肪用絞肉機攪碎，然後將一半放回絞肉機上。將剩餘的脂肪放入平底鍋，以小火烹煮 4-5 分鐘，使炸出 2-3 大匙豬油，不過不要讓脂肪上色。

煮洋蔥

3 杯（340 公克）洋蔥絲

（如果你希望洋蔥的味道溫和一點，可以將洋蔥放入 2 公升沸水中烹煮 4 分鐘；取出瀝乾以後用冷水洗淨，再把多餘水分弄乾。）將洋蔥加入鍋內和豬油與豬脂肪拌勻，蓋上鍋蓋，以極小火力烹煮 15 分鐘以上，期間頻繁翻拌；炒好的洋蔥應該是透明柔軟的，不過顏色至多為淺米色。

奶糊（panade）

1/2 杯（43 公克，壓緊）取自
不甜自製麵包的老白麵包屑

1 杯牛奶

一只容量 2 公升的厚底單柄鍋

一支木匙

電動攪拌機的大攪拌盆，或是
一只容量 3 公升的大碗

同個時候，將麵包屑與牛奶放入鍋中加熱至
沸騰，烹煮幾分鐘讓混合物變稠至用湯匙舀
起來幾乎可以維持形狀的程度，烹煮期間應
用木匙持續攪拌以避免燒焦（做出來是真正
的、與「panade」這個字最原始意義相符的
麵包糊）。

最後的混合物

227 公克（1 杯）去皮去骨的生
雞胸肉

227 公克（1 杯）新鮮的瘦小牛
肉或取自肩部或腰部的豬肉

2 小匙食鹽

下列材料各1/8小匙：肉豆蔻、
多香果與白胡椒

1 個雞蛋

1/3 杯蛋白（2-3 個蛋白）

1/2 杯鮮奶油

自行選用：一顆 28 公克重的松
露與其醃漬汁

待洋蔥變軟後，將洋蔥、剩餘的豬脂肪、雞
肉與小牛肉或豬肉一起用絞肉機絞過兩次。
將混合物放入攪拌盆內，加入調味料，以電
動攪拌機或用手用力攪打到混合均勻。打入
雞蛋並繼續攪打 1 分鐘，然後加入一半量的
蛋白，再經過 1 分鐘後，加入剩餘蛋白攪
打。最後以每次 2 大匙的量慢慢打入鮮奶
油，每加一次應攪打 1 分鐘，再繼續加入剩
餘的量。如果要使用松露，則將松露切成 0.3
公分小丁，和罐內的醃漬汁一起打入混合物。

　　要檢查調味料用量時，可取 1 小匙混合物放入鍋中炒熟，品嘗後按
需求修正，不過請記住，白香腸的味道應該是相當細緻溫和的。

2. 香腸成形

　　將香腸餡灌入小型豬腸衣內，或利用紗布成形，如 342-343 頁所
示。若烹煮前能放冰箱冷藏至少 12 小時，白香腸的風味將會大幅改善。

　　(*) 有關存放：可以在冰箱冷藏保存 2-3 日，或冷凍保存約 1 個月。

3. 預先烹煮

　　（如果你用腸衣做白香腸，則用針在上面戳幾個洞。）將白香腸放入深烤盤或至少 7.6 公分深的大平底鍋內，如果手上有放得進烤盤或鍋內的架子，則將白香腸放在架子上。在烤盤或平底鍋內倒入足量的沸水或沸水與牛奶各半的液體，讓液體淹過白香腸約 4 公分。按每公升液體兌 1½ 小匙食鹽的比例加入食鹽，並將 2 片進口月桂葉放在上面。將液體加熱至接近微滾，並保持接近微滾的程度開蓋熬煮 25 分鐘。將白香腸從液體內取出，放在幾層紙巾上降溫。如果你利用紗布來製作白香腸，則用剪刀將兩端棉線剪掉，並趁熱將紗布撕掉。（利用腸衣製作的白香腸應等到最後烹煮前再把腸衣撕除。）

4. 最後烹煮與上菜

　　在幾種烹飪方法中，我們並不建議以烤箱烘烤，因為烤箱會在白香腸烤到上色之前，就讓香腸外層變硬。將白香腸沾上麵粉，放入平底鍋內以澄清奶油或精緻豬油慢慢煎到焦黃，是比較可取的做法，不過在我們眼中，最適當的方法是以下面的做法利用炙烤箱烘烤：將去皮的白香腸放入新鮮白麵包屑裡滾一滾，用手指將麵包屑壓緊。將白香腸放在抹了奶油的烤盤上，並淋上少許熔化的奶油。放入炙烤箱慢慢烘烤 10–12 分鐘，期間翻面數次，並以油脂澆淋，將白香腸烤到表面焦黃。將烤好的香腸放在溫熱的大餐盤上，你可以按個人喜好在盤底鋪上一層馬鈴薯泥，並以香芹枝或西洋菜裝飾。烤好後儘快上桌。

■ 大型新鮮香腸——家常香腸、土魯斯香腸、大蒜香腸、松露香腸、思華力腸（SAUCISSON À CUIRE—Saucisson de Ménage, Saucisson de Toulouse, Saucisson à l'Ail, Saucisson Truffé, Cervelas de Paris）

〔大型新鮮香腸，烹煮後搭配馬鈴薯、德式酸菜、卡酥來等，或是用布里歐許麵團或糕餅麵團包起來烘烤〕

　　下面的配方能夠用來代替那些你曾聽聞但只能在法國熟食店找到的美味香腸。這則食譜以在家自製香腸者為對象，並不需要特別的工具；也因為這個原因，你並無法將做出來的成品稱為里昂香腸或莫爾托香腸，因為前者需要在乾燥棚裡吊掛 8 天，後者則必須經過煙燻處理。然而，你可以用它來代替標題裡提到的任何一種香腸，而且任何到你家用餐的法國人，都會以為你從法國帶回了這些香腸。

　　若能將這些香腸置於乾燥通風、溫度介於攝氏 21.1–26.7 度的環境裡吊掛 2–3 天再烹煮，它們的味道將能發展到極致；將香腸放在冰箱裡冷藏幾天，對味道也有幫助。你應該可以在藥局的處方櫃檯購得硝酸鉀，如果你不打算吊掛香腸，則可以省略之；硝酸鉀的功能在於它能賦予香腸肉一種讓人胃口大開的玫瑰紅色，這種顏色通常會在吊掛幾日後出現。至於絞肉機的葉片，大孔徑或小孔徑皆可，你可以按個人喜好選擇，不過用大孔徑葉片做出來的粗絞肉，比較常見於吊掛製作的香腸。

　　這類法式香腸並不會大量使用香料和胡椒，就如一些西班牙與義大利的同類香腸。我們在這裡提出三種特殊調味，而你終究也會發展出自己的調味比例，或是做出自己的家常香腸調味配方。

6 杯（1.4 公斤）香腸肉混合物，可以製作 10–12 條長 12.7 公分、寬 3.2 公分 或 2 條長 30.5 公分、寬 5.1 公分的香腸

1. 香腸混合物

4 杯（907 公克）新鮮瘦豬肉，例如新鮮後腿肉、肩肉或腰脊肉

2 杯（454 公克）新鮮豬脂肪，例如豬背脂肪、從烤用腰脊肉周圍修整下來的脂肪或新鮮板油

1 小匙綜合香料粉（第 345 頁）加上 1/4 小匙白胡椒；或是 3/4 小匙白胡椒與 1/2 小匙自行選用並打成粉的香草與香料

1 大匙食鹽

1/4 杯干邑白蘭地

將肉與脂肪放入絞肉機裡絞一次。取一台重負荷型攪拌機並裝設平攪拌槳，或是用手與／或木匙操作，將其餘材料和絞肉完全混合均勻。取 1 小匙混合物翻炒至熟，品嘗後按需求修正調味。

若你打算吊掛香腸，則再加入下列

1/4 小匙硝酸鉀、3/4 小匙糖與
1½ 小匙食鹽

特殊調味料，擇一使用

1) 一罐 28–56 公克重的松露與
罐內的醃漬汁

2) 1/4 杯切碎的開心果與 1 小
瓣拍碎的大蒜

3) 2 或 3 瓣拍碎的大蒜與 1/2
小匙拍碎的胡椒粒

2. 香腸的成形與醃製

按照本章節開始的說明，用腸衣或紗布讓香腸成形。如果你要用紗布製作長 30.5 公分寬 5.1 公分的香腸，則在香腸包好以後，將棉線繞在香腸上，幫助香腸定形；如果你打算吊掛以紗布製作的香腸，則在香腸包好並綁上棉線以後，在表面刷上一層熔化的豬油。將香腸掛在釘子或鉤子上，放在廚房裡乾燥通風且溫度一般維持在攝氏 21.1 度、鮮少超過 26.7 度的地方。經過 2–3 天以後，香腸就可以拿來烹煮了。

(*) 有關存放：醃製過的香腸可以包好放入冰箱冷藏一週，或是冷凍保存一個月。

3. 烹煮與上菜建議

家常香腸需要放入液體中慢燉 30–40 分鐘，如果你用腸衣製作，在烹煮前應該用針在上面戳幾個洞，讓脂肪能夠流出來。在你燜燒德式酸菜或甘藍菜、烹煮豆類、小扁豆菜餚或火上鍋的時候，可以在結束烹煮 30–40 分鐘前將香腸加入鍋內。若要分開上菜，例如搭配法式馬鈴薯沙拉，或是用布里歐許麵團或糕點麵團包起來烘烤，則將香腸放在以酒調味的牛肉清湯裡，保持在液體接近微滾的程度烹煮 30–40 分鐘，選擇的

烹煮容器應該是可以輕鬆容納香腸的麵包模或燉鍋。煮好以後不需要煎上色，不過如果你想要讓利用紗布製作的香腸能夠以更優雅的方式來擺盤，則將香腸放在新鮮麵包屑上滾一滾，灑上熔化的奶油，再放入炙烤箱裡烘烤上色。

其他建議

　　你可以利用上冊第 669 頁的多用途豬肉和小牛肉肉醬混合物來製作美味的新鮮香腸，還可以按個人喜好加入切丁的火腿、醃漬過的小牛肉或野味肉丁，或是切碎並稍微翻炒過的肝臟，就如該則食譜接下來的那則肉醬混合物配方。你也可以將本書接下來的任何肉醬混合物當成香腸餡來運用。按照前則食譜的做法讓香腸成形，並以同樣的方法烹煮；這類香腸以及下一則食譜的雞肝香腸，特別適合用布里歐許麵團或糕餅麵團包起來烘烤。

松露鵝肝香腸或松露雞肝香腸（SAUCISSON TRUFFÉ AU FOIE GRAS OU AUX FOIES DE VOLAILLE）

〔加入松露與鵝肝或雞肝的豬肉與小牛肉香腸——尤其適合用布里歐許麵團或糕點麵團包起來烘烤，或是當成肉醬派、雞禽或酥皮派的餡〕

約 4½ 杯，可以製作 2 條長 30.5 公分、寬 3.8 公分的香腸

2 大匙豬脂肪、雞油或奶油

1/4 杯紅蔥末或青蔥末

340 公克（1½ 杯）雞肝；若願意花錢，也可以將雞肝和罐裝塊狀鵝肝以一比一的比例混用（鵝肝用於下個步驟）

將油脂或奶油放入一只直徑 20 公分的平底鍋內加熱，然後下紅蔥或青蔥以及雞肝（鵝肝不要加進去）；在中大火上拋翻幾分鐘，直到雞肝剛變硬；雞肝的觸感要有彈性，不過內部應該還是玫瑰色。如果只使用雞肝，則將一半的雞肝切成 0.6 公分小丁並放入一只碗裡。

切丁的雞肝或鵝肝

2 大匙干邑白蘭地

一撮綜合香料粉（第 345 頁）或多香果

食鹽與胡椒

若使用鵝肝，則將鵝肝切成 0.6 公分小丁並放入一只碗裡。輕輕將鵝肝或雞肝和干邑白蘭地與調味料拌勻，醃漬備用。

1/4 杯（21.3 公克，壓緊）老白麵包屑，以不甜的自製麵包製作

1/2 杯牛奶

將麵包屑放入牛奶中熬煮幾分鐘，煮到混合物濃稠至可以在湯匙上聚積成形的程度，烹煮期間應持續翻拌。將混合物刮入攪拌機的攪拌盆內或一只攪拌盆內（這裡做好的是奶糊）。

227 公克（1 杯）瘦小牛肉

454 公克（2 杯）純香腸肉，參考第 347 頁；或是 227 公克瘦豬裡脊肉、肩肉或新鮮後腿肉與 227 公克新鮮豬背脂肪或取自裡脊肉外緣的脂肪

炒好且未切丁的雞肝

將肉、脂肪與雞肝放入裝設最小孔徑葉片的絞肉機絞一次，然後加入攪拌盆裡。

切丁鵝肝或雞肝的醃漬液

2 小匙食鹽

3/4 小匙綜合香料粉與 1/4 小匙白胡椒；或是 1/2 小匙白胡椒與一大撮多香果與一大撮肉豆蔻

1/4 小匙百里香

1/4 杯剝殼開心果，縱切成四瓣；或是 1 或 2 個切碎的松露與其醃漬汁

1 個雞蛋

1/4 杯不甜的波特酒或（舍西亞爾）馬德拉酒

醃過的鵝肝或切丁的雞肝

將醃漬液、食鹽、調味料、開心果或松露與其醃漬汁，以及雞蛋加進攪拌盆攪打均勻，然後慢慢把酒加進去拌勻。最後，輕輕拌入切丁的鵝肝或雞肝，動作小心，不要把鵝肝或雞肝的形狀弄壞。混合物會相當柔軟。取 1 小匙炒熟品嘗；按需要修正調味。參考第 339–343 頁說明，用腸衣或紗布讓香腸成形。（若將混合物當成稍後以烘烤方式烹煮的填餡，則將混合物放入一只有蓋的碗裡。）烹煮前冷藏保存1–2天，能改善香腸的風味。

　　按照前則基本食譜的做法烹煮香腸，或是按照下一則食譜，用布里歐許麵團包起來烘烤。

　　(*) 有關存放：香腸可以冷凍保存一個月左右。

雞肝香腸──雞肝醬──焗烤雞肝餡（SAUCISSON DE FOIES DE VOLAILLE – PÂTÉ DE FOIES DE VOLAILLE – FARCE À GRATIN）
〔用來包在布里歐許麵團裡面烘烤的雞肝香腸──雞肝醬──雞肝抹醬或雞肝餡〕

　　這款多功能雞肝混合物的用途很有彈性，可以當成香腸、肉醬、三明治抹醬與開胃菜、雞禽或肉類的餡料等，而且一般而言可以運用在任何你需要讓菜餚能帶點肝味的深度與強度的地方。肝臟本身的味道很強，因此你必須要加上其他東西，才能緩和它的味道：製作香腸時會加入奶油起司與麵包屑，製作肉醬時會加入起司與奶油，當成餡料時則會加入傳統的豬脂肪。另外兩種肝醬或抹醬，可參考第 384 頁豬肝醬與上冊第 662 頁雞肝慕斯。

約 2 杯

基本雞肝混合物

1/3 杯洋蔥細末

3 大匙雞油或奶油

340 公克（1½ 杯）雞肝

1/4 小匙綜合香料粉；或是多香果、肉豆蔻皮與白胡椒各一大撮

一大撮百里香

1/4 小匙食鹽

將洋蔥和油脂或奶油放入鍋中慢慢翻炒 12–15 分鐘，將洋蔥炒到非常軟但尚未上色的程度。加入雞肝與調味料，在中大火上拋翻到雞肝稍微變硬，約需要 2–3 分鐘；雞肝內部應該維持玫瑰色。倒入干邑白蘭地，加熱至沸騰，並以點燃的火柴將酒精點燃；經

1/3 杯干邑白蘭地

自行選用：1/2 杯切丁的新鮮蘑菇，將水分擰乾以後用 1 大匙奶油翻炒

過 1 分鐘，蓋上鍋蓋滅火，並讓鍋子離火。拌入自行選用的蘑菇。接下來，肝臟混合物就可以用在布里歐許麵團上，或是按照下列方式使用。

做成布里歐許烤香腸，第 359 頁

1/2 杯（28 公克，壓緊）乾燥的白麵包屑，以不甜的自製麵包製作

113 公克（1/2 杯）奶油起司

基本雞肝混合物

將麵包屑與起司拌入肝臟混合物中，並以食物研磨器、絞肉機或果汁機磨成泥。修正調味。將混合物放在鋁箔紙上做成圓柱狀，放入冰箱冷藏到變硬；儘管如此，在你用布里歐許麵團將混合物包起來之前，應該將混合物拿出來恢復室溫，如此一來麵團比較容易膨脹。

做成抹醬或肉醬

基本雞肝混合物

113 公克（1/2 杯）軟化的奶油

113 公克（1/2 杯）奶油起司

將雞肝混合物放入食物研磨器、絞肉機或果汁機打成泥，然後打入軟化的奶油與奶油起司。修正調味。若你打算當成肉醬來使用，則將混合物放入有蓋玻璃瓶或模具裡，並放入冰箱冷藏。

當成焗烤餡

基本雞肝混合物，不過用 170 公克（3/4 杯）新鮮豬背脂肪或裡脊外緣脂肪來替代奶油

在烹煮洋蔥和雞肝時，以下列方式運用豬脂肪來代替奶油：將豬脂肪絞碎或切碎，放入深平底鍋內慢慢烹煮 8-10 分鐘，將脂肪塊炒到變透明但尚未上色，而且約炸出 1/3 杯油脂。接下來，按照食譜步驟操作。將雞肝

混合物放入果汁機、食物研磨器或絞肉機裡
磨成泥，然後放入玻璃瓶或漂亮的碗內裝
好，再放入冰箱冷藏。

(*) 有關存放：上面這些都可以放在冰箱裡冷藏保存 4–5 日，也可以
冷凍保存數月。

用布里歐許麵團包起來烘烤的香腸與其他肉類混合物（SAUCISSONS ET PÂTÉS EN BRIOCHE）

　　若想讓香腸的呈現更戲劇化、更講究一些，你可以用布里歐許麵團
把香腸包起來烘烤。要搭配雞尾酒時，可以趁溫熱切成薄片，放在小盤
子裡端上桌。若當成第一道熱主菜或午晚餐的主菜，你也可以準備一種
棕色醬汁，淋在每份菜餚上。雖然布里歐許麵團烤香腸看來與派皮烤肉
醬類似，前者通常是溫熱上桌，而且大體而言較為輕盈。這裡的香腸或
肉類混合物和用麵團將生肉醬蓋起來烘烤而成的真正法式肉醬不同，是
在烹煮以後才用布里歐許麵團包起來，而且進烤箱的時間不用太長，只
需要能讓香腸趁烘烤布里歐許麵團的同時加熱至完全熱透即可。

有關塑形

包住一大條圓柱狀香腸的長方形麵包，是最典型的形式，我們在這裡的說明也是以這種形式為主。然而，你還是可以按自己的喜好，將自己的香腸或熟肉餡做成圓形、方形、心形等不同的形狀。

密封隙縫

由於你在這裡使用的是酵母麵團，你可能會遇上一個使用糕餅麵團時不會遇上的問題：香腸和布里歐許麵包之間有時候會出現不太好看的隙縫，而且只有在你要把做好的布里歐許烤香腸切片端上桌時才會發現這個問題。

在使用自製香腸或現成香腸來製作的時候尤其如此，若使用軟質混合物如雞肝，比較不會遇上這個問題，而且放在麵包模裡烘烤（參考第362頁）比放在烤盤上成形（參考第361頁）更容易出問題。要減少或完全不讓這種隙縫產生的一個方法，是確保在你用麵團包覆的時候，香腸本身的溫度要非常高。高溫能殺死圍繞香腸一層厚約 0.3 公分薄麵團裡的酵母，而在其餘麵團因為烘烤而膨脹的時候，這層麵團則會緊緊地附著在香腸上。另一個讓隙縫密封的方法，是將香腸放入有蓋烤模裡烘烤，如基本食譜末的建議。我們在這裡只是要凸顯出這個問題，讓你意識到它的存在，如此一來，當你發現自己能夠避免這個問題時會感到高興，若無法避免問題發生，也不至於過分不安。然而，若是你要把布里歐許肝醬當成冷盤端上桌，這樣的隙縫倒是受到歡迎的，因為你可以利用虹吸管將調味肉凍填入這些介於肉和布里歐許麵包之間的隙縫裡，藉此大幅提升肉醬切片的風味，也讓外觀更吸引人。

有關時間

　　若在前一天準備好布里歐許麵團，而且香腸或肉餡也已經準備到可以進行預煮的程度，那麼從你開始動手到把菜餚端上桌，應該估算 2 小時 30 分至 3 小時 30 分的時間。若使用香腸，你需要 40 分鐘熬煮香腸，1 小時讓包好的麵團香腸進行烘烤前的發酵，烘烤時間為 1 小時，而在烘烤後則必須靜置 20–30 分鐘才能切片。請記住，你可以控制麵團的發酵時間（參考第 80 頁），烤好以後也可以保溫；因此你可以按照個人狀況調整時間。

■ 布里歐許麵團烤香腸（SAUCISSON EN BRIOCHE）

〔用布里歐許麵團包起來烘烤的香腸〕

　　這則食譜採用的是一條長約 30.5 公分、寬 3.8–5.1 公分的大香腸，例如第 350 頁家常香腸與後面的雞肝或鵝肝香腸，或是必須烹煮並趁熱上桌的現成香腸如波蘭香腸或義大利豬皮香腸。你也可以使用煮熟的雞肝香腸混合物，做法參考第 355 頁；在這種情況下，省略下列食譜的步驟 2。

適用於長 30.5 公分的模具，當成第一道熱主菜為 6 人份，當成主菜為 4 人份，或是做成 18 片雞尾酒開胃菜

1. 布里歐許麵團──打算上菜的前一天準備

第 99 頁布里歐許吐司麵團；或是第 101 頁布里歐許麵團（無論採用哪一種，都應按比例以 227 公克麵粉製作）

製作布里歐許麵團，讓麵團在室溫環境中進行第一次發酵，然後放入冰箱進行第二次發酵。在進行步驟 3 整形之前，麵團必須要完全冷透。

2. 水煮香腸——約 40 分鐘；若使用已經煮熟的雞肝香腸混合物，則省略此步驟

香腸（參考前文說明）

一只恰能容納香腸的麵包模（建議使用長方形模具）

1/2 杯不甜的白酒或不甜的法國白苦艾酒

3 杯以上牛肉清湯，放入一只單柄鍋內熬煮

1 片進口月桂葉

食鹽與胡椒

實用工具：肉品溫度計

用針在香腸上戳幾個洞，然後將香腸放入鍋子裡。在鍋子裡倒入酒和足量微滾清湯，讓液面淹過香腸 2.5 公分。加入調味料，將液體加熱至接近微滾（可以看到液面出現高低起伏且幾乎起泡）。稍微蓋上鍋蓋，將液體保持在這種狀態 40 分鐘。取出香腸，將腸衣撕掉，然後將香腸放回液體中，直到你準備進行步驟 3。進行下一步驟時，香腸應該要維持溫熱（約攝氏 74 度）；若有必要可重新加熱。

3. 替布里歐許麵團整形

冷透的麵糰

煮熟後去腸衣並維持溫熱的香腸（或是室溫的雞肝香腸）

一只長 61 公分、寬 40.6 公分的大烤盤或托盤，用稍微撒上麵粉的蠟紙蓋起來

一只稍微抹了奶油的烤盤，至少長 40.6 公分、寬 30.5 公分

迅速將冷透的布里歐許麵團整成約長 61 公分、寬 40.6 公分的長方形。取滾輪刀或刀子，切下一條長 25.4 公分、寬 10.2 公分的長條狀麵團，並放入冰箱冷藏。將剩餘麵團用擀麵棍捲起來，攤在覆蓋著蠟紙的烤盤或托盤上。

將香腸放在麵團正中央，快速將兩側麵團往上疊，把香腸蓋住；麵團應交疊約 5 公分。

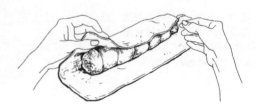

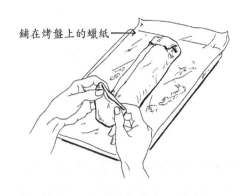

鋪在烤盤上的蠟紙————

快速操作，將麵團兩端往上摺，把香腸完全包起來。接下來，為了避免香腸把麵團弄破，將抹了奶油的烤盤倒扣在香腸上面，然後將兩者一起翻過來，如此一來香腸在脫模時，接縫處會在下。

將麵團表面的麵粉刷乾淨。把原本放在冰箱冷藏的剩餘麵團擀成長約 38 公分寬約 10.2 公分的大小；然後用擀麵棍捲起來，移到香腸上攤開。

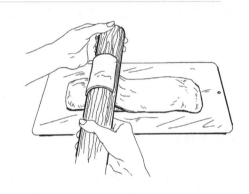

把兩端多餘的麵團修掉，並用手指輕壓蓋上去的麵團以固定之。處理好以後，放在溫度約攝氏 23.9–26.7 度的地方靜置，表面不要覆蓋任何東西。讓麵團膨脹到輕壓時有輕盈觸感與海綿般彈性的程度——約需要 40–60 分鐘。（適時預熱烤箱以進行下一步驟。）

4. 烘烤——約 1 小時；烤箱預熱到攝氏 218 度

---

1 個雞蛋，放入一只小碗內，與 1 小匙清水一起打散

一支醬料刷

剪刀

散熱架

烘烤前，在麵團表面刷上蛋液；靜置一下，讓第一層蛋液固定，然後刷上第二層。

用剪刀在麵團表面斜斜剪出深度約 1 公分長約 5.1 公分的幾道切口。

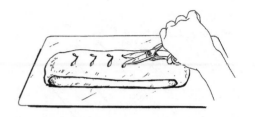

放入預熱到攝氏 218 度的烤箱中層烘烤 20 分鐘，或是烤到布里歐許膨脹成原本高度的兩倍並開始上色。將烤箱溫度調降到攝氏 177 度，繼續烘烤 30-40 分鐘。等到你開始聞到烤香腸的味道，而且布里歐許本身觸感扎實，拍打時能發出清脆空洞聲響，就算烘烤完畢。（若表面上色太快，可以稍微蓋上鋁箔紙或牛皮紙。）讓烤好的香腸麵包從烤盤滑到散熱架上，在端上桌降溫 20-30 分鐘。

5. 上菜建議

香腸麵包可以熱食、溫食、微溫或放涼上桌（雖然溫熱或微溫的香腸比冷香腸好吃）。在當成第一道或主菜的熱菜端上桌時，你可以用熬煮香腸的液體製作美味棕醬來搭配，棕醬食譜可參考上冊第 78-82 頁的建議。

(*) 提早準備：你可以讓香腸放在攝氏 49 度的烤箱裡保溫 1 小時以上。若是因為某些因素，讓你無法在烤好以後馬上端上桌，可以讓香腸放涼，然後密封包好；重新加熱時，直接放在稍微抹了奶油的烤盤上，表面不要覆蓋任何東西，放入攝氏 204 度烤箱裡烘烤 20 分鐘左右。

變化版

利用長方形烤模整形

在烘烤一條長 30.5 公分、寬 5.1 公分的香腸時，你會需要一只容量 2 公升、稱為天使蛋糕模的長方形烤模，這種蛋糕模的大小約為 30.5 公分長、8.3 公分寬、6.4 公分深。按照基本食譜的步驟 1 與步驟 2 操作，

替烤模內側抹上奶油，然後按照圖片說明，將麵團放在鋪了蠟紙的烤盤或托盤上，再把熱騰騰的香腸放上去包好。

將內側抹了奶油的 30.5公分烤模倒扣在香腸麵包上。將烤模和托盤一起翻過來，將香腸麵包以接縫朝下的方向放入烤模內。

蠟紙

將麵團表面的麵粉刷乾淨，並把預留的長條麵團移到香腸上攤平。

用手指輕壓蓋上去的麵團以固定位置，將正面、側面與兩端的麵團稍微往下壓。

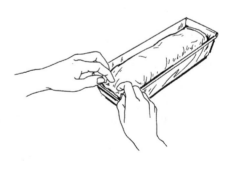

讓麵團在溫度介於攝氏 23.9-26.7 度的環境中發酵 40-60 分鐘，直到麵團變得輕盈有彈性；麵團應該會填滿烤模的四分之三左右。按照前一則基本食譜的說明，替麵團刷蛋液，用剪刀在表面剪出切口，然後放入烤箱烘烤。

以有蓋烤模烘烤

　　若想要確保香腸肉和布里歐許之間完全沒有縫隙，則按照前則食譜操作，不過不要在麵團膨脹以後刷上蛋液並剪出切口，而是按照第 97 頁法式吐司的操作方式，將烤模蓋起來。這種方法之所以管用，是因為膨脹的麵團只會填滿烤模的四分之三；接下來在放入烤箱裡烘烤時，麵團不但會把有蓋烤模的空間完全填滿，膨脹時也會往香腸肉壓。你可以按個人喜好選用各種形狀的模具，包括花形的布里歐許模。插圖中的進口開闊式圓筒模也可以用來製作布里歐許香腸麵包。

布里歐許肉凍派

　　我們認為，布里歐許香腸麵包應趁熱或溫熱享用，不過肝臟混合物則適合冷食。因此在製作這種肉凍派時，我們建議採用第 355 頁雞肝混合物，或是第 387 頁熟豬肉肝醬洋蔥肉派。你可以按個人喜好在前面的做法中選用其中一種；待肉餡完全包好，可以開始發酵時，在麵團上方挖一個洞，並在洞裡插入一個抹上大量油脂的鋁箔紙圓錐或擠花袋花嘴，讓圓錐或花嘴末端接觸到肉餡。在麵團完成最後發酵並放入烤箱烘烤以後，使之完全放涼，再從圓錐儘量倒入幾乎已經定形的酒味肉湯膠凍。（參考第 393 頁法式酥皮肉醬的說明。）接下來，移除圓錐，將肉凍派密封包好，放入冰箱冷藏幾小時或一整晚。肉凍派應該在 4-5 天內吃完。

酥皮香腸（Saucisson en Croûte）
〔用派皮或酥皮包起來烘烤的香腸〕

　　用清湯熬煮的香腸，在煮熟後去腸衣並用派皮麵團或法式酥皮麵團包起來烘烤，也一樣好吃，只是質地不盡相同。你可以使用第 126 頁雞蛋派皮麵團或第 137 頁半酥皮麵團。按照第 359 頁基本食譜以自由形式用麵團將香腸包好。在麵團表面刷上蛋液，壓上裝飾的酥皮切花，並按照基本食譜的說明烘烤。（裝飾方法的圖解說明可參考上冊第 678-679 頁。）

▪ 阿爾代什蔬菜肉腸（CAILLETTES-GAYETTES）

〔以豬肉、肝臟和綠色蔬菜製成的香腸〕

　　這些份量十足的綠色與褐色香腸，通常出現在會生宰豬隻的農村，農夫會徹底利用每個可食用的部分，做出當地的特色菜餚。農家的食譜通常包括肺臟與脾臟，以及我們在這則食譜中用到的心臟和肝臟，如果是在普羅旺斯地區，製作時會放入大量大蒜。萘菜在這裡是較受偏好的綠色蔬菜，不過因為萘菜在美國並不常見，我們建議使用羽衣甘藍或綠葉甘藍以及菠菜來代替。按傳統，這種香腸通常會做成直徑 5.1–7.6 公分的枕形或餃形，用網油包好，然後放入大型陶瓷烤盤中烘烤。你也可以將它們做成一般的香腸，就如圓形肉餅，或是將全部的混合物做成長條狀肉餅（註：若能在烹煮的前一天將混合物做好，成品的風味也將大幅改善）。

　　上菜時搭配馬鈴薯泥或馬鈴薯片與炙烤番茄，或是第 428 頁燉茄子與番茄，或是上冊第 598 頁普羅旺斯燉菜，或是簡單搭配生菜沙拉與法國麵包。佐餐酒可選用粉紅酒或當地產紅酒。

6 杯香腸混合物，可做出 12 條香腸

1. 綠色蔬菜

1 杯洋蔥末

2 大匙豬脂肪或橄欖油

一只厚底有蓋單柄鍋

680–907 公克的新鮮萘菜、羽衣甘藍、綠葉甘藍或菠菜；或是 1½ 包冷凍綠色蔬菜，放在一盆冷水中解凍

一大鍋沸騰鹽水

電動攪拌機的大攪拌盆，或是一只容量 3 公升的攪拌盆

將洋蔥與油脂放入有蓋鍋內，以中火烹煮約 10 分鐘，將洋蔥煮到變軟變透明，烹煮期間偶爾翻拌。同個時候，將新鮮蔬菜揀好，徹底洗淨，若使用萘菜則應使用綠葉與白色菜莖；將蔬菜放入沸水中，開蓋烹煮至萎掉且口感柔軟——菠菜 1 分鐘，其他蔬菜 5 分鐘以上。煮好後馬上取出瀝乾，放入冷水中返鮮，然後再次瀝乾。（新鮮與解凍的綠色蔬

菜，從這裡開始可以用同樣的方法處理。）
每次拿一小把蔬菜，儘量把水分擠乾；用大
刀大略切碎。你應該可以得到約 1½ 杯蔬
菜。將蔬菜拌入洋蔥裡，爐火調大，翻炒幾
分鐘以讓多餘水分蒸發。將處理好的混合物
刮入攪拌盆裡。

2. 香腸混合物

680 公克（3 杯）肥瘦相間的新鮮豬梅花肉；或是 340 公克取自新鮮後腿肉或腰肉的瘦豬肉，以及 340 公克新鮮豬背脂肪或修整自腰肉外圍的脂肪

227 公克（1 杯）新鮮肝臟（豬肝、羊肝或牛肝）以及 113 公克（1/2 杯）心臟（豬心、羊心或小牛心）；或是只使用肝臟

1 大匙食鹽

3/4 小匙綜合香料粉（第 345 頁）、1/4 小匙胡椒與 1/4 小匙香薄荷；或是 1/8 小匙多香果、1/8 小匙肉豆蔻皮、1/8 小匙月桂葉、1/4 小匙香薄荷與 1/2 小匙胡椒

自行選用：1 瓣以上大蒜，切末或拍碎

將肉、脂肪與肝臟放入絞肉機裡，以孔徑最大的葉片絞過一次，或是動手切成 0.6 公分小丁。將切好的肉和調味料一起放入大碗內，以電動或手動的方式混合均勻。取 1 小匙混合物炒至全熟，品嘗後按需求修正調味。（無論你現在或稍後替香腸整形，若能在烹煮前靜置 24 小時，風味將能提升。）

(*) 有關存放：可以放入冰箱冷藏 2–3 日；可以冷凍保存 1–2 個月。

3. 整形與烹煮

　　用網油包覆。將香腸混合物做成 12 個球狀或圓筒狀，用網油（第 343 頁）包好，放入抹油的烤盤裡排成一層，並以熔化的豬油或奶油澆淋。放入預熱到攝氏 191 度的烤箱上三分之一烘烤 40–45 分鐘，直到表面烤出漂亮的棕色。

　　用腸衣灌香腸。將香腸混合物灌入腸衣（第 338 頁），在灌好的香腸上用針戳幾個洞，按前段說明放入烤箱烘烤，或放入接近微滾的熱水

中熬煮 5 分鐘，然後放入平底鍋裡煎到上色。

做成肉餅。雙手沾濕，將混合物做成圓餅狀。烹煮前讓肉餅表面稍微裹點麵粉；以豬油或食用油慢慢煎，每面煎 6-8 分鐘，將表面煎出漂亮的棕色。

做成長條狀肉餅。（若想端出冷盤，尤其推薦這個做法。）替一只 6 杯容量的長方形模具或烤盤抹油，並填入香腸混合物；或是將混合物整成長條狀，用網油包好，然後放在抹油的烤盤上。放入預熱到攝氏 191 度的烤箱上三分之一，烘烤期間以熔化的油脂澆淋數次，烘烤 1 小時以上，或是烤到用叉子戳進去，流出來的肉汁是清澈不帶血的黃色為止（肉品溫度計讀數為攝氏 82.2-85 度）。

變化版

裸香腸——普羅旺斯牛肉肉圓（Les Tous Nus—Quenelles de Boeuf Provençales）
〔以剩餘的燜燉牛肉和綠色蔬菜做成的普羅旺斯香腸〕

所謂的裸香腸（les tous nus）指沒有腸衣的香腸，是普羅旺斯地區的特色菜餚。這些香腸以手工整形，裹上麵粉後放入沸水中稍事烹煮，然後才放進淺烤盤裡，與辣味番茄醬一起烘烤。這道菜餚香味四溢且讓人食指大動，你會發現自己會為了製作這種裸香腸而找藉口烹煮燜燉牛肉。

約 4 杯，4-6 人份

1. 香腸混合物

1 杯水煮後擰乾的綠色蔬菜

1/4 杯洋蔥末，用 2 大匙橄欖油翻炒

2 杯絞碎的熟牛肉，最好使用燜燉牛肉

自行選用，替水煮牛肉或烤牛肉調味：1/4 杯生香腸肉與 1 大匙干邑白蘭地

1 小匙食鹽

1/4 小匙綜合香料粉；或多香果與肉豆蔻皮

1/4 小匙香薄荷或奧勒岡

1/4 小匙胡椒

一大撮辣椒粉或幾滴辣椒醬

2 瓣大蒜瓣，切末或壓泥

1/3 杯磨碎的帕瑪森起司

1/4-1/3 杯打散的雞蛋（1-2 個雞蛋）

（若手上有蒸菜，則使用綠葉的部分。）按照前則食譜步驟 1 水煮蔬菜並把蔬菜切碎，然後將蔬菜和洋蔥放在一起烹煮 2-3 分鐘，讓所有液體蒸發；蔬菜應該要儘量乾。將蔬菜放入一只大攪拌盆內，與牛肉、調味料和起司拌勻。打入 3 大匙蛋液；然後以幾滴幾滴的方式慢慢加入蛋液，只將混合物濕潤到拿起來可以定形、適於整形的程度即可。將 1 小匙混合物炒熟以品嘗味道；按需要修正調味。

2. 替香腸整形

1 杯麵粉，放在大托盤上

一只裝滿沸水的大平底鍋

一支漏勺

一只架子，或一只鋪上紙巾的托盤

一或兩只抹油的淺烤盤

2-3 杯優質番茄醬汁，參考第 425 頁，或是上冊第 88-90 頁

1/4 杯磨碎的帕瑪森起司

1-2 大匙橄欖油

取 3 大匙混合物滾成直徑約 1.9 公分的香腸狀；裹上麵粉後靜置備用。等到所有香腸都做好後，將一半的香腸放入沸水中，待水恢復微滾後計時 30 秒。取出香腸，移到架子上，繼續以同樣方式處理剩餘的香腸。將煮過的香腸緊密排在烤盤裡，淋上幾乎可把香腸蓋過的番茄醬汁，撒上起司並淋上橄欖油。

(*) 提早準備：可以提早一天進行到這個步驟結束。

3. 烹煮香腸——烤箱預熱到攝氏 218 度

上菜前約 30 分鐘，將香腸放在爐火上加熱至微滾，然後放入預熱烤箱的上三分之一，烘烤到香腸上色、表面稍微形成硬皮且醬汁沸騰即可。

變化版

就像基本食譜步驟 3 的阿爾代什蔬菜肉腸混合物，裸香腸混合物也可以利用網油或腸衣來整形，也可以做成肉餅或長條狀肉餅。

香芹火腿與自製醃豬肉

香芹火腿是勃艮第地區的傳統復活節菜餚。以酒熬煮，然後切塊或切絲並放入碗中與一層層香芹末、肉凍、調味料交疊，上桌時，每一片香芹火腿都展現出鮮綠色的美麗線條。香芹火腿非常適合用於午餐冷盤、晚宴與招待會。按照勃艮第地區的食譜，道地的香芹火腿是以鹽醃火腿製作，也就是法國地區所謂的「jambon demi-sel」；這種火腿的製作方式和美國地區乾醃鹹豬肉的做法是一樣的。雖然你可以用一般的後腿肉來準備這道菜餚，鹽醃其實並不難——你只要將肉放在大碗裡，放入冰箱冷藏兩週即可——我們建議你一定要試試看。如此一來，你不但可以做出道地的香芹火腿，也能醃製豬腰肉以做成肉排或用於烘烤，因為鹽醃火腿可以代替一般的豬肉，讓菜餚多點變化，而且炙烤或烘烤的方式一模一樣。同時，若是能夠找到豬頰肉或五花肉，你也可以自行製作鹽醃豬肉。

乾醃鹹豬肉（SALAISON À SEC）

醃製豬肉的目的不只是保存，還要賦予豬肉那種唯有透過鹽醃才能獲得的特別熟成風味。我們在這裡的目的比較專注在風味而非保存。此處的鹽醃不需要鹵水、大桶子與煙燻棚，只需要硝酸鉀、糖、香料與食

鹽即可。硝酸鉀能替肉帶來漂亮的玫瑰色，糖有助於風味的發展，並抵消硝酸鉀的乾燥效果，香料發揮它們慣常的作用，食鹽則在肉熟成之際有保存的功用。後續 15 日的醃製，讓去骨的新鮮後腿肉或肩肉能用來製作香芹火腿，用在腰肉則可以做成烤裡脊與各種鹽醃豬肉菜餚；這些肉塊的厚度都不超過 10.2–12.7 公分。

醃製溫度

醃製溫度應控制在攝氏 3.3 度左右，這也是大部分冰箱冷藏庫的溫度範圍。超過攝氏 4.4 度，肉可能會在食鹽滲透之前就腐壞，而溫度低於攝氏 2.2 度時，食鹽滲透的速度則太過緩慢。

肉的部位與醃製前的準備工作

要製作香芹火腿，你可以使用新鮮豬後腿肉或新鮮肩臂肉；肩肉通常比較便宜，重量約為 2.9 公斤，或是約為後腿肉的一半。許多市場都不會銷售這兩種肉，你得特別訂購。進行醃製前，先移除豬皮，並儘量將豬皮和豬肉外緣的脂肪修掉，豬皮應另外醃製後再和豬肉一起烹煮；儘量俐落地替豬肉去骨，如此一來最後手上才不會出現不必要的小塊碎肉。按個人喜好炸豬油（參考第 379 頁），將豬油用於平日烹飪。用蔬菜和香草熬煮豬骨，做成肉高湯，並放入冰箱冷凍，待要煮肉時再取出使用。若要一併醃製用於烘烤的豬腰肉，則先決定是否去骨，然後將外緣脂肪修到剩下約 0.3 公分厚度。豬頰肉、五花肉與豬背脂肪都可以切成方便使用的大小，然後帶皮醃製。

有關肉與骨的比例

你可以從帶骨新鮮後腿肉或肩臂肉上取得可用的肉量約 60%。換言之，一塊重 2.9 公斤的肩臂肉約有 2 公斤的肉量，烹煮修整後約為 6 杯。

乾醃 4.5 公斤豬肉

4.5 公斤新鮮豬肉，按前段敘述處理（若製作香芹火腿則應將豬皮包括在內）

上釉或琺瑯的大碗或燉鍋，大小恰能容納肉塊

1½ 杯鹽（海鹽、粗鹽或食鹽）

1/4 杯糖

1 小匙硝酸鉀（購自藥房）

1½ 小匙壓碎的杜松子

1½ 小匙綜合香料粉；或是 3/4 小匙白胡椒、1/4 小匙多香果、1/4 小匙百里香粉與 1/4 小匙月桂葉粉

一只用來混合食鹽與香料的碗

一個用來替肉抹鹽的托盤

保鮮膜、一只大盤子、與 3.2-4.5 公斤的法碼、絞肉機、磚頭、石塊或其他重物

按照說明處理豬肉，並確保醃製時使用的碗為正確大小。將鹽和其他材料放入小碗中，混合均勻後分成兩半，將其中一半留到稍後鹽醃使用。從最大塊的肉開始，將混合物抹在肉塊的每一面、每個角落與每個隙縫裡。將約 0.1 公分厚的混合物抹在肉上，然後把肉塊放入碗中。繼續處理其他更小塊的肉，若有使用豬皮應最後處理，並將豬皮以脂肪面朝下的方向蓋在肉塊上。用保鮮膜將肉包起來，並放上盤子與法碼。放入冰箱冷藏（或是放在冷藏室），在攝氏 2.2-4.4 度的環境中放置 5 天。接下來，將肉取出，把聚積的鹵水留在碗裡，並以先前預留的香草食鹽混合物重新醃製，再把肉放回碗中，用保鮮膜包好，放上盤子與法碼。繼續冷藏 10 天，期間將肉翻面一至兩次，確保每一面都能經過適當的鹽醃處理；經過這段時間以後，肉就可以拿來用了。

(*) 有關存放：肉塊可以如此醃製 6-8 週，不過存放時必須確保肉塊的每一面都被鹽覆蓋。

有關烹煮：鹽醃肉在烹煮前必須要先去鹽——若醃製 15 天，應放入冷水中浸泡一整晚並換水數次，若醃製數週則應泡水 24 小時。

▪ 香芹火腿（JAMBON PERSILLÉ）

〔以模具製作的香芹火腿肉凍〕

如本節引言所述，香芹火腿是勃艮地區的特色菜餚。在面對知名地方菜餚時，無可避免會出現許多不同且差異細微的版本，關於每個步驟該如何進行，也會有許多個人提出的明確建議。我們研究了大量嚴謹且來源可靠的配方，以下為我們偏好的版本。

有關購自商店的現成火腿

如果你不打算使用自己醃製的後腿肉，則購買重 2.9–3.6 公斤、稍微醃製過的即用型帶骨煙燻火腿或豬肩肉。跳過步驟 1，直接從步驟 2 開始熬煮；烹煮以後再去皮去骨。

體積 2.5–3 公升的火腿，12–16 人份

1. 浸泡後腿肉──12–24 小時

1.8–2.7 公斤自製的鹽醃新鮮去骨後腿肉或肩臂肉，以及鹽醃後腿豬皮（參考前則食譜或備註）

將後腿肉與豬皮放入一大盆冷水中浸泡，並在浸泡期間換水 2–3 次。醃製 15 天的豬肉應浸泡一整晚；若醃製時間更長，則將浸泡時間拉長到 18–24 小時。（浸泡會移除鹽分而非味道。）

2. 熬煮後腿肉

一只恰能輕鬆容納後腿肉的湯鍋

一瓶酒齡輕、味道強勁但不甜的優質白酒（隆河丘或白皮諾）；或是 3 杯不甜的法國白苦艾酒

3 杯清湯（以新鮮後腿骨熬煮或混用牛肉清湯與雞肉清湯）

將泡好的後腿肉（與豬皮）放入鍋中，加入酒、清湯與足量清水，讓液面淹過材料約 2.5 公分。加入剩餘材料，加熱至微滾，並撈除浮沫數分鐘，直到再也沒有浮渣浮上來。鍋

適量清水

1 小匙百里香、2 大匙茵陳蒿、
4 粒多香果、2 片進口月桂葉與
2 瓣大蒜瓣，用乾淨的紗布綁好

1 個大洋蔥，略切

1 根中型胡蘿蔔，略切

1 根西洋芹

蓋半掩，鍋內保持微滾，繼續煮到後腿肉變軟，可以輕易用刀子插入的程度（自行醃製的去骨後腿肉約需要 2 小時）。讓後腿肉在液體裡降溫 1–2 小時。

　　趁溫熱時，將豬皮從鍋中（或從帶骨火腿上）移出，儘量把豬皮上的脂肪刮下來丟掉，並以裝設大孔徑圓盤的食物研磨器或裝設細絞刀片的絞肉機將豬皮磨成泥；將處理好的豬皮放入一只容量 1 公升的碗裡。用手指將後腿肉撕開，將脂肪和軟骨丟掉。將後腿肉切成厚度約 1.2 公分、邊長約 4–5 公分的正方形厚片，並和碎肉一起放入一只容量 2 公升的碗裡；舀起 1 大匙左右的烹煮高湯倒入碗中濕潤肉片，並靜置備用。徹底替烹煮高湯撇油，若有必要可快速煮沸收乾以濃縮風味並修正調味。

3. 肉凍——約 4 杯

5 杯徹底撇油的後腿肉烹煮高湯，放入一只單柄鍋內

2–3 個蛋白（1/2 杯）

以增添風味為目的的材料，自行選用：1/2–1 杯切末的韭蔥蔥綠或青蔥

2 包（2 大匙）無味吉利丁粉

按照上冊第 129–130 頁說明，用蛋白澄清高湯，加入自行選用的綠色蔬菜，過濾高湯，再加入吉利丁攪拌至溶解。

4. 香芹與肉凍調味

磨成泥的豬皮

1 杯（稍微壓緊）切碎的新鮮香芹

1 瓣大蒜，拍碎

1 大匙乾燥的茵陳蒿或 3 大匙新鮮茵陳蒿末

1 大匙葡萄酒醋

食鹽與胡椒，用量按個人喜好

1 杯冷卻但尚未定形的肉凍

將除了肉凍以外的所有材料放入碗中混合，在按照步驟 5 開始組合後腿肉之前，將混合材料拌入肉凍裡。（混合後應可得到 2–2½ 杯混合物。）

5. 組合與上菜

下面的組合方式比較隨意：肉片放入一只碗中，上菜時直接從碗裡切片盛盤。若想講究一點，可以在把肉片放入碗內之前，先讓碗裡覆上一層肉凍，並在做好後讓火腿凍脫模，放在大餐盤上端上桌。

一只容量 2.5-3 公升的大餐碗、燉鍋或缸（可以是透明玻璃製，如此一來就可以看到火腿與香芹交織形成的圖案）

香芹與肉凍混合物

煮熟並切好的後腿肉

一個能夠放入大餐碗內的架子和／或餐盤

一個重物或法碼

剩餘的肉凍，放涼但尚未定形

冰鎮大餐碗，然後將一層香芹肉凍鋪在碗底。接下來，將後腿肉與香芹肉凍一層層疊進去，等到把碗填滿以後，放上架子與／或餐盤以及重物，再放入冰箱冷藏至定形，約需要 1 小時。（如果不在香芹火腿上方放上重物，稍後會很難切片。）移除架子等，用叉子在表面上稍微刮一刮（以掩蓋盤子或架子的痕跡），然後淋上冷卻的肉凍。把做好的香芹火腿蓋起來，放入冰箱冷藏，待上菜前取出。

上菜時，以切派的方式替香芹火腿切片。

(*) 有關保存：香芹火腿可以在冰箱冷藏保存一週。你也可以將它冷凍，不過經過 2-3 週以後會走味。

油封鵝（CONFIT D'OIE）
〔以及分割家禽和炸油的方法〕

就如鹽醃豬肉，鵝肉的保存是為了在冬季保存肉類而衍生出的方法，有著悠久的歷史，在法國境內以肥美鵝肝為目的而養殖鵝隻的鵝肝產區裡非常普遍。用來製作油封鵝的鵝肉會先經過初步的鹽醃，然後慢慢以自身的鵝油熬煮，這個過程不但將肉煮熟，也讓表皮底下厚厚一層

脂肪熔化，和烹煮培根時會把豬油炸出來的道理一樣。按傳統，煮好的鵝肉接下來會一塊塊放入瓦罐裡，用油脂密封起來保存。就如鹽醃豬肉與新鮮豬肉的差別，這種油封鵝的味道非常特別，與新鮮鵝肉相去甚遠，而且它的做法簡單也相當有趣。除了食譜末各種享用鵝肉的方法以外，你還能藉此取得可以用來熬湯的鵝架子，而且在接下來的幾週，手上也會出現大量的最優質烹飪油，非常適合用來煎炒肉和馬鈴薯、澆淋烤肉、煎蛋、炙烤雞，以及替像是甘藍菜與酸菜等蔬菜調味。

如何分割家禽，以鵝為例

在接下來的說明中，我們會將全鵝拆解開來，每隻翅膀可以當成一人份的材料計算，鵝胸肉會被縱切成兩半，棒棒腿與大腿的部分則保留完整，待上菜前分割。

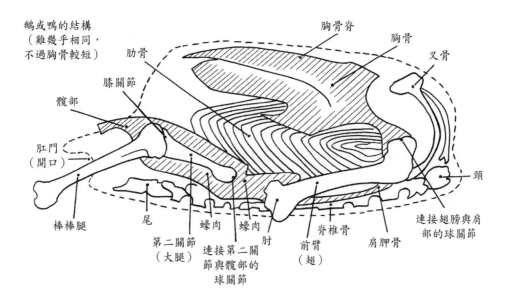

初步處理

　　將體腔內的脂肪拉掉；從商店買到的即用型全鵝應該可以得到 2 杯脂肪，若為農場飼養者則可以得到 4 杯以上。從肘的位置將翅膀切掉，並保留切下來的部分，和脖子與胗一起用來製備高湯；心臟與肝臟可用來製作油封鵝食譜末建議的香腸。在拆解全鵝之前，先沿著背部縱向將鵝皮劃開，從脖子開口處往下一直到尾部起始處，下刀應觸及骨骼。接下來，將鵝擺在你面前，腿部在你的左側。

移除翅膀部位

　　為了讓翅膀部位自成份量足夠的一份餐點，你應該按照下列方法，將胸部的下三分之一和翅膀分在一起。參考圖片，從大腿關節連接髖部往右約 2.5 公分開始，以淺半圓形切法將胸部切至見骨，一直往上到翅膀連接肩部的關節處。以正確角度讓翅膀朝遠離胸部的方向彎曲，然後往下，以破壞關節；從關節切開，將翅膀拆下來，並從一開始切割的地方朝著脊椎骨將胸肉刮下來，把整個翅膀部位拆下。

移除棒棒腿與大腿部位

　　用手沿著棒棒腿末端找到膝關節。左手抓著膝關節，繞著關節從尾部開口往肋骨切（也就是朝著被移除的翅膀部分）。再次用手指沿著大腿從膝蓋朝著髖部，找到連接大腿與髖骨的球關節。在這個關節沿著髖部的兩側有兩塊肉，也就是所謂的蠣肉，應該隨著棒棒腿與大腿部位一起切割：將這塊肉從髖骨往關節周圍刮下來。接下來，將膝關節以正確角度往遠離鵝身的方向掰彎，然後往下向著脊椎骨折，破壞髖部的球關節。從關節處切開，然後將棒棒腿與大腿部位切下來。將另一側的胸翅部位與棒棒腿大腿部位也拆下來。

胸肉

　　現在，鵝身上應該只剩下上三分之二的胸肉。從胸肉下方兩側肋骨

切穿。接下來,抓住尾端(插圖左方),將胸骨以正確角度往上抬,並朝著脖子端的方向折,將這個部分從肩膀處拆下來。將兩塊象牙狀的肩胛骨從脖子端卸下,並把多餘的皮修掉。

　　用手指找到胸骨脊,然後從緊鄰胸骨脊側面位置將皮劃開並往下切至見骨。用剁刀或肉鎚,沿著切開處將胸骨切成兩半。(如果你要烹煮燉鵝肉而非油封鵝,可以再將每塊肉橫切成兩半。)

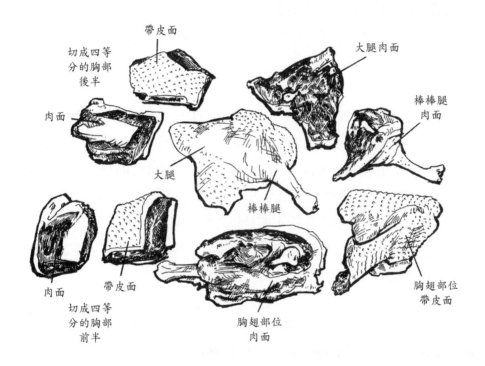

將每塊鵝肉表皮邊緣的脂肪修掉;用手指檢查胸部、翅膀、大腿等部位邊緣,將埋在肉下面的脂肪球移除。你應該會得到 3 杯以上取自表皮的脂肪,可以將它們加入取自鵝身內腔的脂肪一起使用。用剪刀將脂肪剪成 1.2 公分小塊,保留至食譜步驟 2 炸油。

有關烹飪用油脂

　　理想而言,鵝肉應用鵝油和利用取自豬腰子周圍的脂肪炸出的新鮮

豬板油烹煮。除非你的居住地剛好有豬肉屠宰場，否則這種豬油並不容易取得：你可以用新鮮豬背脂肪或腰裡脊周圍的脂肪代替。如果連這些也找不到，則將新鮮鵝脂肪的油炸出來，並在過濾後加入現成豬油，這種豬油可以在商店裡買到，一般為 1 磅包裝。若是連這種都找不到，則使用白色的植物酥油。

油封鵝（CONFIT D'OIE）

〔鵝肉在支解鹽醃以後用自身脂肪烹煮，亦適用於豬肉、小型野味、鴨肉與火雞肉〕

現代的冰箱與冷凍庫改變了油封肉的傳統。在過去，你至少必須將鵝肉熬煮 2 小時 30 分鐘，讓所有水分都蒸發，稻稈能輕易把肉刺穿的程度，才能確保和油脂一起裝罐並放在低溫室或酒窖的油封肉能夠保存過冬。對我們來說，既然我們感興趣的是味道而非傳統，鵝肉只要煮到熟，然後連油脂一起放入冰箱，或是包起來冷凍即可。

備註：豬肉、小型野味、鴨肉與火雞肉在切塊以後都可以用同樣的方式處理。此時應只用豬脂肪炸油，並用豬油烹飪。

1 隻重 4.5–5.4 公斤的即用型烤用全鵝（若冷凍則應先行解凍，並按照前段說明支解；你應該可以得到 2.3–2.7 公斤的鵝肉）

1. 鹽醃鵝肉——24 小時

按第 373 頁鹽醃材料準備，將材料用量減半，或是將鵝肉和你正在處理的豬肉放在一起醃

按照鹽醃的做法處理鵝肉，不過只要醃漬 24 小時即可（如果醃漬時間不得已得加長，你可以在烹煮前將鵝肉放入清水中浸泡數小時，以替鵝肉去鹽）。

2. 炸油──45 分鐘

2.7 公斤或約 12 杯新鮮脂肪
（鵝脂肪與帶脂肪的皮，加上
新鮮豬板油、其他新鮮豬油或
參考前則食譜備註）

一只容量 6 公升的沉重湯鍋或
燉鍋（也可以用來烹煮鵝肉）

1¼ 杯清水

深油炸用溫度計

若要炸豬板油，則將脂肪表面如紙般的絲狀物拉掉，並把所有脂肪切成 0.6 公分小丁。將脂肪丁和清水一起放入鍋中，稍微蓋上鍋蓋，以小火加熱，讓脂肪慢慢液化。待溫度達到攝氏 100 度，鍋內會開始發出爆裂聲，並隨著水分蒸發而有噴濺現象。經過 25 分鐘，鍋內噴濺會慢慢停止，此時就可以拿開鍋蓋，將爐火稍微調大，讓鍋內溫度達到攝氏 121 度。（不要讓豬油溫度超過攝氏 163 度，否則豬油會失去清澈的淺黃色。）又經過 20–30 分鐘以後，脂肪丁應該會變成淺金棕色，此時精煉豬油便算完成。用細目網過濾，將液體油脂從殘渣裡壓出來。（殘渣可以用來做成豬油渣，做法參考食譜末。）將豬油倒回鍋中，冷卻後蓋好，放在陰涼處或冰箱裡。

3. 烹煮鵝肉──烤用全鵝約需要 1 小時 15–30 分鐘

炸好的豬油
鹽醃過的鵝肉
若有必要可增加油脂用量
溫度計

將油鍋放在小火上加熱，讓油脂液化。同時用紙巾將鵝肉上的鹽擦掉，水分擦乾；然後將鵝肉放入鍋中（油脂應至少淹過鵝肉 2.5 公分）。待油脂出現輕微起泡的現象，且油溫達到攝氏 93–96 度，便可開始計時，並在烹煮期間，讓溫度維持在此範圍內。

　　煮到肉軟到可以輕易用刀子刺穿，而且流出來的肉汁為清澈的淺黃

色，便算烹煮完成；肉與皮的顏色應該為深金黃色，油脂應該保持淺黃色。將鵝肉取出。稍微將爐火轉大，繼續烹煮油脂 5–6 分鐘（溫度不應超過攝氏 163 度），直到油脂再也不發出爆裂聲，表示鍋內所有水分都已經蒸發，油脂已澄清。用細目網過濾油脂，將殘渣裡的油脂壓出來。殘渣可用來製作第 381 頁的豬油渣。

4. 鵝肉與油脂的儲存

如此煮好的鵝肉可以直接上桌，熱食冷食皆可，而且剛做好的鵝肉非常美味。鵝肉可以放入有蓋容器冷藏 4–5 天，或是密封包好冷凍 6–8 週。然而，如果你想要把鵝肉放一陣子，若能將鵝肉放入一只碗內，並將鵝肉完全用烹煮鵝肉的液態油脂蓋起來，最能維持味道；等到油脂冷卻凝結以後，用保鮮膜密封包好，放入冰箱冷藏。如此一來，至少可以保存 2–3 個月。要取出鵝肉時，可以將碗置於室溫環境中數小時，讓油脂變軟，你就可以用木匙將鵝肉取出。當你把碗蓋好並再次放入冰箱冷藏時，務必確保剩餘鵝肉完全為油脂覆蓋。

沒有用來保存鵝肉的油脂，可以放入有蓋玻璃瓶內冷藏，保存 1 個月以上。

上菜建議

除了貝亞恩捲心菜湯（法式捲心菜湯）與土魯斯和卡斯泰勒諾達里一帶的卡酥來砂鍋（焗豆）以外，你可以將鵝肉和小扁豆或豆子一起放入燉鍋內烹煮，或是放在上冊第 590 頁與第 591 頁的燜燒紫甘藍或德式酸菜裡一起烹煮。另一個做法是將鵝肉放入有蓋烤盤內，放入攝氏 177 度烤箱內烘烤 10–15 分鐘，烤到鵝肉又熱又軟，然後裹上麵包粉，淋上鵝油，放到高溫炙烤爐裡烤到上色；上菜時搭配第 486 頁南瓜豆泥、第 487 頁蕪菁米飯泥、上冊第 617 頁與第 575 頁蒜香馬鈴薯泥或洋蔥飯，或是用鵝油煎炒的切片馬鈴薯。配菜還可以用上抱子甘藍或青花菜，佐餐酒可選用酒體輕盈的紅酒或粉紅酒。

將冷鵝肉放在大餐盤上，用萵苣、西洋菜或香芹裝飾，並搭配法式

馬鈴薯沙拉、綜合蔬菜冷盤，或淋好醬汁的綠蔬沙拉，佐餐酒可選用啤酒或味不甜的冰鎮白酒。

豬油渣（Frittons–Grattons）

炸豬油與烹煮鵝肉之後遺留的殘渣，都可以用來製作這種可以用於吐司或餅乾的抹醬，你可以用來製作搭配雞尾酒的點心，或是搭配綠蔬沙拉與冷肉。

炸豬油與煮鵝肉的殘渣

食鹽、胡椒與綜合香料粉或多香果，用量按個人喜好

漂亮的玻璃瓶或罐子

融化的鵝油

將殘渣放入缽裡搗碎，或是放入絞肉機過一次，再放入平底鍋稍事加熱。按個人喜好調味，然後緊密填入玻璃瓶或罐子裡。冰鎮之，待變冷以後將 0.6 公分高的融化鵝油淋上去。將容器蓋好，放入冰箱冷藏，可以保存 1 個月左右。

鵝頸香腸（Cou d'Oie Farci）

如果直接向農場買鵝，你可以要求將從頭部到脊椎的脖子保持完整留下。將頸部的鵝毛拔乾淨並加以燒灼，然後將皮完整剝下來，並在剝除時把鵝皮翻過來。以食鹽和胡椒替鵝皮調味，然後把鵝皮翻過來，便可以當成腸衣使用。你可以使用第 353 頁松露、豬肉、小牛肉與肝臟的配方，用鵝肝與鵝心來代替雞肝。將鵝皮兩端綁好或縫好，並把香腸和鵝肉一起放入油脂裡中溫熬煮。

法式肉醬與陶罐派（PÂTÉS & TERRINES）

法式料理以各式各樣精采的法式肉醬和陶罐派聞名，這些菜餚外觀豪華，有著醉人的香氣，使用味道濃郁且讓人難以忘懷的混合物製成，材料包括豬肉、小牛肉、雞肉、鴨肉、松露、肝臟、鵝肝醬、酒與香料，所有材料在熟食店裡填入狹長的陶器或圓型大碗，並以裝飾精美的棕色派皮包覆成形。其他地方並沒有像法國一樣發展出這樣的烹飪藝

術，世上也少有配方能與其美味細緻的口感相比擬。然而，如果你曾經動手做過上冊自第 668 頁以後的食譜，你就會知道陶罐派並不難做：說穿了不過是絞肉、調味、將裝飾切片或切丁，然後把所有東西填入附上油脂的烤盤並放入烤箱。你也知道，自己動手做的必然比買現成的好，因為你使用的是最好的材料，而不是碎屑，而且就大部分法式肉醬與陶罐派來說，購買價格和自製材料成本都一樣昂貴。這些菜餚可以被劃分到「必要的奢侈」類別。

這個系列的食譜，從一道絕佳的豬肝派開始，而且成本相當平實。接著還有一道鄉村肉醬、用麵包麵團包起來烘烤的肉醬，以及一道很特別的無豬肉陶罐派。最後則仔細說明法式肉醬派的整形與烘烤方法。

有關蛋黃增稠劑與黏合劑

幾乎所有肉醬混合物，都會在肉裡加入一些用以黏合的材料，藉此避免切片時碎掉。材料裡通常會有雞蛋，有時會有麵包屑，也可以使用米飯。下面的米糊可以用來代替第 348 頁法式白香腸的麵包屑奶糊。

米糊（Panade au Riz）

約 1 杯

1/3 杯生白米

1 杯以上肉高湯或清湯

3 大匙奶油

一只 6 杯容量的單柄鍋（建議用不沾鍋）

將白米放入液體和奶油中熬煮 25–30 分鐘，或是煮到米飯非常柔軟。若有必要可再加入少許清湯，避免米飯黏鍋，不過在米飯煮好時，液體應該完全被米飯吸收。

使用米糊的方法

將米糊和你決定使用的液體或雞蛋（材料按食譜說明）一起放入電動果汁機、食物研磨器或絞肉機裡。用剩的米糊可以冷凍保存。

有關豬脂肪、烤盤與其他

有關法式肉醬使用的模具等，可參考上冊第 669 頁的說明，以及上冊第 671 頁開始的豬肉小牛肉火腿陶罐派基本食譜。我們在這裡要特別提出來的，是有關豬脂肪的問題。除了使用牛脂肪或雞油的無豬肉陶罐派以外，下面的所有食譜都會將新鮮豬肉用來鋪襯肉餡與烤盤。我們確實發現，新鮮豬背脂肪並不容易取得。就用於肉餡混合物的脂肪來說，你可以使用肥瘦相間的新鮮梅花肉，或是取自烤用腰脊肉外圍的脂肪；外側的新鮮後腿脂肪與肩部脂肪因為質地較軟而較不理想，不過也可以使用。雖然你可以用水煮過的鹽醃豬肉或培根來鋪襯模具，新鮮豬脂肪的味道與外觀仍然較為理想。若無法取得新鮮豬背脂肪，你可以將腰脊肉外圍的脂肪切成長條，放在兩張蠟紙中間敲平至 0.3 公分厚度，然後把它們拼起來使用。

三種肝醬

肝醬—鄉村肉醬

到了鄉下，你自然會物盡其用地利用豬身上的每個部分，有些最棒的法式肉醬會用上豬肝，將之當成主要食材或與其他肉類混合使用。這些菜餚比用雞肝做成的法式肉醬更有個性，在美國非常受歡迎，而且你自製的肉醬總是比能夠買到的現成菜餚好吃許多，即使與最棒的法式熟食店相比仍然如此。

有關肝臟

你可以用牛肝代替豬肝；我們實際上並沒有在兩者的成品找到非常大的差別。小牛肝是很棒的食材，不過用於此類菜餚太過昂貴。

■ 豬肝陶罐派（TERRINE DE FOIE DE PORC）
〔豬肝肉醬〕

　　若要將「terrine de foie de porc」翻譯成讓人熟悉的語彙，比較貼切的說法應該是最美味的肝臟香腸；你很容易就會把這道菜和鵝肝醬混淆。這道菜容易準備，材料只有肝臟、豬脂肪與調味料，並用一個雞蛋與米飯或麵包屑將所有材料黏合起來。這道菜的混合物必然包含大量脂肪，如果你減少脂肪用量，將無法完美地將它表現出來。切片肉醬與法國麵包或吐司的搭配，可以當成第一道菜餚；當成抹醬用於三明治或雞尾酒開胃菜也很美味。

一只 6 杯容量烤盤的量（18–20 片）

肉醬烤盤：一只 6 杯容量的陶製模具或烤盤（長方形、圓形或橢圓形）或麵包模

清水，倒入烤盤裡

襯墊烤盤的豬脂肪

烤箱預熱到攝氏 177 度，將架子放在中層。將肉醬模具放入裝水的烤盤內以檢查水位：水位應達到模具外側的三分之二。移出模具，將清水放入烤箱中。在烤盤底部與側面鋪上 0.3 公分厚的條狀豬脂肪（參考本則食譜之前的備註與第 395 頁插圖）。

454 公克新鮮豬背脂肪或取自豬腰肉外圍的脂肪（2 杯）

340 公克肝臟（豬肝、牛肝或小牛肝）（1½ 杯）

1 杯米糊，參考第 382 頁

一台絞肉機

一台攪拌盆容量夠大的電動攪拌機

2 個雞蛋

2 大匙干邑白蘭地

2½ 小匙食鹽

將豬脂肪、肝臟與米糊用絞肉機最細孔徑的葉片絞一次，然後放入電動攪拌機的攪拌盆裡。打入剩餘的材料。取 1 小匙混合物炒熟品嘗，並按需要修正調味。將混合物倒入模具裡。

1 小匙綜合香料粉；或 1/2 小匙
胡椒與一大撮多香果、肉豆蔻
與辣椒粉

自行選用：一顆 28 公克的松露
與其醃汁，將松露切碎

一塊能夠把肉醬蓋起來的新鮮
豬脂肪

1 片進口月桂葉

1 枝百里香，或 1/4 小匙乾燥百
里香

鋁箔紙，蓋上肉醬以後邊緣還
能多出 2.5 公分

將脂肪蓋在混合物上，然後將百里香與月桂葉放上去，再蓋上鋁箔紙。蓋好以後，整個放到烤箱中的水盤裡。烘烤 1 小時 15–30 分鐘，或按需要延長烘烤時間；肉醬內部溫度達到攝氏 71 度，或是周圍肉汁和脂肪都變成清澈不帶血的黃色時（用刮刀輕壓檢查），就算完成。

模具的蓋子，或是烤盤與法碼

有用工具：肉品溫度計

烤好以後，將肉醬連模具取出，把水倒掉，然後再把肉醬連模具一起放回烤盤裡。用板子或烤盤蓋上，然後放上法碼（以將肉醬壓緊並避免氣泡生成），置於室溫環境中放涼。移除板子與法碼，放入冰箱冷藏。

上菜建議

　　法式肉醬的風味在 2–3 天以後會大幅改善。從烤盤裡直接切下厚度 0.9–1.2 公分的切片，或是稍微加熱烤盤，用刀子沿著肉醬四面刮一圈，讓肉醬脫模，放在餐盤或板子上。

存放

　　法式肉醬可以冷藏保存 8–10 天。它也可以冷凍，法式肝臟肉醬的冷凍效果比一般法式肉醬佳。

變化版

法式鄉村肉醬（Pâté de Campagne）
〔加入小牛肉或雞肉的豬肉肝臟肉醬〕

　　法國各地的肉醬，在用料和調味都有些許變化，不過豬肝、豬肉、豬脂肪、黏合劑與常見調味料幾乎可以說是固定用料，有時也會加入其他肉類。下面的配方是我們喜歡的配方；無論直接放在模具裡上桌，或是脫模上桌，這道菜的名稱都是法式鄉村肉醬，不會用陶罐派來稱呼。

一只 6 杯容量模具的量

227 公克（1 杯）肥瘦相間的新鮮豬肉（如梅花肉或腰肉，或第 346 頁的純香腸肉）

227 公克（1 杯）新鮮豬背脂肪或取自腰裡脊外圍的脂肪

227 公克（1 杯）生的瘦小牛肉或生雞肉

227 公克（1 杯）肝臟（豬肝、牛肝或小牛肝）

1/2 杯米糊，參考第 382 頁

1/3 杯洋蔥末，用 2 大匙豬油或奶油炒軟

1 個雞蛋

2 大匙干邑白蘭地

1 瓣中型蒜瓣，拍碎

1 小匙綜合香草粉；或 1/2 小匙胡椒與一大撮多香果粉、百里香與月桂葉

1/2 小匙額外的胡椒

1 大匙食鹽

秤重前，確保肉的肌腱、碎骨、皮或其他異物都已經移除。將肉、脂肪、肝臟與米糊放入裝設最細孔徑葉片的絞肉機過一次。將剩餘材料打入。取 1 小匙炒熟品嘗，按需求修正調味。將混合物填入鋪上脂肪的烤盤裡，按基本食譜的做法烘烤。

布里歐許烤法式肉醬（Pâté de Foie et de Porc en Brioche）
〔以布里歐許麵團包起烘烤的豬肉與豬肝醬〕

這道菜是將法式肉醬用布里歐許麵團包起來，放在圓形模具裡烘烤而成。它的戲劇性十足，因為麵團會大幅膨脹，看來就是一道華麗講究的菜餚。這款法式肉醬為冷食，至少得在上桌的前一天烘烤，肉才能定形，這也就是說，你可能得在烘烤的前一天就先做好麵團。

一只直徑 23 公分高 3.8–5.1 公分的圓形模具，12–16 人份

1. 法式肉醬材料

布里歐許麵團混合物，做法參考第 100 頁，冷藏後準備整形

227 公克（1 杯）新鮮豬背脂肪或取自腰肉外圍的脂肪

一只直徑 30.5 公分的平底鍋

2 杯洋蔥末

227 公克（1 杯）新鮮梅花肉或腰肉

454 公克（2 杯）肝臟（豬肝、牛肝或小牛肝）

1 瓣中等大小的大蒜，拍碎

1 小匙綜合香料粉，參考第 345 頁，或是 1/2 小匙胡椒與一大撮多香果粉、百里香與月桂葉

1/4 小匙額外的胡椒

2 小匙食鹽

1/4 杯（壓緊）乾燥白麵包屑，用不甜的自製麵包製作，和 3 大匙鮮奶油與 1 大匙干邑白蘭地一起放入一只小碗中濕潤

在烘烤前一日將麵團做好。絞肉機裝設中等孔徑的葉片，將豬脂肪放進去過一次。將一半的豬脂肪放入電動攪拌機裡，另一半則放入平底鍋內慢慢加熱，將豬油炸出來。在鍋內加入洋蔥，慢慢烹煮約 15 分鐘，將洋蔥炒到變軟變透明。同個時候，分別將豬肉與肝臟絞碎，放入不同的碗內靜置備用。待洋蔥炒好，加入豬肉，翻炒 4–5 分鐘，將肉炒到變成灰色不帶血。加入肝臟，繼續烹煮幾分鐘，至肝臟稍微變硬且稍微膨脹，而且開始變成帶灰的紅棕色。將平底鍋內容物刮入攪拌盆裡，並且加入剩餘材料拌勻。取 1 小匙炒熟品嘗，按需求修正調味。

2. 替布里歐許與肉醬整形

一只直徑 23 公分深度 4 公分的活動式圓形蛋糕模或派模，內側抹上奶油；或是將塔圈放在烤盤上

冷透的麵團

一張撒上麵粉的蠟紙，放在小烤盤上

熱騰騰的肉餡

一支醬料刷

冷水

一個 5 公分高的漏斗，例如抹奶油的小型金屬漏斗或擠花袋用的金屬管

將 1/4 的麵團放在稍微撒上麵粉的擀麵板上擀成與模具一樣大小的圓形，然後放在撒麵粉的蠟紙上，放入冰箱冷藏備用。迅速將剩餘麵團擀成厚度約 0.6 公分直徑 30.5 公分的圓形。輕輕將麵團壓入模具裡，讓多餘的麵團垂掛在模具邊緣。將熱騰騰的肉餡放入鋪上麵團的模具裡，將邊緣的麵團摺過來蓋在肉餡上。稍微在麵團表面刷上冷水，將預留的圓形麵團蓋上去，並用手指輕壓邊緣，讓接縫密合。在麵團正中央挖個洞，放入漏斗。（剩下來的麵團可能足以製作一小塊麵包。）

3. 發酵——約 1 小時

　　將整好的法式肉醬放在無風處靜置，環境溫度不應高於攝氏 23.9–26.7 度，讓麵團發酵到用手輕壓表面時覺得有彈性，而且麵團膨脹到高於模具邊緣 1.2 公分以上。即時預熱烤箱以進行下個步驟。

4. 烘烤——約 1 小時，烤箱預熱到攝氏 218 度

刷蛋液（將 1 個雞蛋和 1 小匙清水放入小碗中打散）

尖端尖銳的剪刀

實用工具：肉品溫度計

烘烤前，在麵團表面刷上蛋液（側面不刷）；稍待一會兒，再刷第二次。用剪刀在麵團上面沿著圓周每 4 公分斜斜剪一道深 1.9 公分寬 5.1 公分的切口。將肉醬放入預熱至攝氏 218 度的烤箱中層烘烤 18–20 分鐘，烤到布里歐許麵包膨脹上色。將烤箱溫度調降到攝氏 177 度，繼續烘烤 40 分鐘。烤到油脂形成泡泡從漏斗冒出來，便算烘烤完成；肉品溫度計的讀數應該在攝氏 71.1–73.9 度之間。

5. 冷卻

　　取出肉醬，放在模具裡降溫約 30 分鐘，然後脫模放在架子上。待完全冷卻，便可密封包好，在端上桌前至少放入冰箱冷藏 12 小時。

6. 上菜建議

　　直接端上桌，像切派一樣切成楔形。若希望擺盤更吸引人，可以將快定形的肉凍透過漏斗倒入放涼的肉醬裡，並在上菜前冷藏 1 小時以上。（這個做法將在第 393 頁法式酥皮肉醬的部分說明。）

無豬肉版本

綠蔬陶罐派 無豬肉法式肉醬（La Terrine Verte Pâté Sans Porc）

　　替這款特別的肉醬切片時，你可以在美麗的綠色之間看到白色與棕色點綴其間。這是一道肉味十足的暖心菜，不過裡面並沒有用到任何豬肉或豬脂肪：材料是小牛肉、雞肉與小牛腦，以洋蔥、大蒜、香草和干邑白蘭地調味，並飾以雞胸肉與肝臟，綠色則來自菠菜。這裡使用的脂肪為小牛脂肪或取自牛腎周圍的脂肪，亦可使用鵝或雞的脂肪。肉醬至少在上桌前兩天烘烤，最好是提早三天製作，如此一來所有味道才能夠融合成完美和諧的滋味。

一只 8 杯容量陶製模具的量，為 12–16 人份

1. 肉醬混合物

取自 1 隻煎炸用雞的雞胸肉，去骨去皮

3 副雞肝

1/4 杯干邑白蘭地

食鹽與胡椒

將雞胸肉和雞肝切成寬約 1 公分的長條狀；切好以後放入一只大碗內，加入干邑白蘭地並撒上食鹽與胡椒拌勻。趁著準備其他肉醬混合物的時候醃漬雞肉與雞肝。

模具：一只容量 8 杯的模具、烤盤或任何形狀的麵包模，不過做成長方形比較容易上菜

454 公克（2 杯）取自小牛腎周圍的新鮮脂肪、牛脂肪或是鵝或雞的脂肪

絞肉機

有大攪拌盆的電動攪拌機

將模具放入冷凍庫。將脂肪上的纖維或異物修掉，然後放入裝設細孔徑葉片的絞肉機過一次。將一半的脂肪放入攪拌機的攪拌盆裡，另一半則放入鍋中炸油。（參考第 379 頁做法。）將炸好的油過濾，待放涼至幾乎凝結時，將四分之三塗在冷凍過的模具的內側。將模具放入冰箱冷藏備用，待填餡時取出。

227 公克（1 杯）取自煎炸用雞的去骨生肉，可使用淺色肉或深色肉

227 公克（1 杯）生的瘦小牛肉

454 公克（2 杯）腦（小牛腦、牛腦或羊腦），水煮後去薄膜（不需修整管子與異物）

1 杯洋蔥末

2 杯水煮後切碎的新鮮菠菜，或是 1½ 杯冷凍菠菜，解凍使用（擰乾）

1 瓣中等大小的大蒜，拍碎

2 個雞蛋

1 大匙食鹽

1 小匙綜合香料粉，或是 1/2 小匙百里香、1/4 小匙多香果加上 1/4 小匙肉豆蔻

3/4 杯乾燥的白麵包屑，以不甜的自製麵包製作，麵包屑應用 1/4 杯雞高湯或牛奶濕潤

將雞肉、小牛肉與腦絞碎，然後加入攪拌盆裡和絞碎的生脂肪一起拌勻。取 2 大匙炸出來的油脂，以小火烹煮洋蔥 8–10 分鐘，將洋蔥炒到變軟變透明，然後拌入菠菜，翻炒幾分鐘以讓多餘的水分蒸發。將菠菜洋蔥混合物加入攪拌盆裡，並加入雞蛋、食鹽、調味料與麵包屑。用力攪打，將所有材料拌勻。取 1 小匙混合物炒熟品嘗以修正調味。

2. 餡料入模與烘烤——烤箱預熱到攝氏 177 度

醃過的雞肉與雞肝

肉醬混合物

冰過且塗滿油脂的模具

剩餘的精製油脂

1 片進口月桂葉

將干邑白蘭地醃漬液打入肉醬混合物裡。將三分之一的肉醬混合物填入模具裡，然後以一條雞肉一條雞肝的方式，將一半量的雞肉雞肝放上去。將剩餘肉醬混合物的一半抹上

1 枝百里香或 1/4 小匙乾燥百里香

2 張鋁箔紙

模具的蓋子（或烤盤與重物，例如磚頭）

一盤沸水，放入預熱烤箱中層

去，然後再把剩餘的雞肉與雞肝用完，最後再將所有剩下的肉醬混合物抹上去。把保留下來的精製油脂抹在肉醬混合物的表面，然後放上月桂葉與百里香。用鋁箔紙緊緊把模具包起來，然後放上模具的蓋子，在整個放入烤箱裡的熱水中。烘烤約 1 小時 30 分鐘，或是烤到肉醬混合物開始從邊緣往內縮，而且用湯匙背部輕壓時，流出來的肉汁不帶血為止。（肉品溫度計的讀數應該在攝氏 71.1–73.9 度之間。）

3. 放涼後上桌

將肉醬放在砧板或烤盤上，在蓋子上放重物，再放入冰箱冷藏 2–3 天再端上桌，就如基本食譜第 385 頁的說明。

法式酥皮肉醬（PÂTÉS EN CROÛTE）

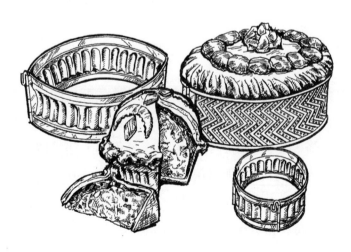

只要是用糕餅麵團包起來的法式肉醬混合物，全都稱為法式酥皮肉醬。法式酥皮肉醬絕對是法國熟食店裡最豐富的視覺饗宴之一。有鉸鏈的扣式肉醬模，是製做法式酥皮肉醬最專業也最容易的系統，而且你可

以在大部分進口商店尋得各種形狀的模具。這種模具在填滿時通常放在烤盤上，它沒有上蓋與底部，只有兩塊側片，一端以鉸鏈連接，一端有活動針加以固定。它就好比緊身胸衣，可以將側片的裝飾花紋印在麵團上，並在烘烤與放涼時固定酥皮肉醬。如果你手上沒有模具，可參考第400-401 頁的方法，一樣也能做出漂亮的成果；這種做法基本上是以烤好的麵團作為下層外殼，你可以把它當成肉醬模，填入肉餡，然後覆上用麵團做成的漂亮上蓋。第三種做法，是自由形態的法式木偶肉醬（pâté pantin），烘烤方式就如第 360-361 頁布里歐許香腸，放在烤盤上烘烤。前面兩種方法的操作方式如下所述。

時間

法式肉醬在完成烘烤以後靜置兩至三天，會發展出更佳風味。要讓法式肉醬能熟成兩天，你至少得在一天半之前烘烤、放涼與冷藏：因此，你應該在上菜前的四至五天製作。做好的法式肉醬可以放在冰箱冷藏保存七至十日。

肉醬混合物

雖然你可以使用前面的法式肉醬來製做法式酥皮肉醬，較傳統的做法是使用上冊第 669 頁的多用途豬肉小牛肉餡，並以切成長條狀的小牛肉與火腿為裝飾，或是使用野味如兔肉、野兔肉、鷓鴣或野雞，或是鴨肉、火雞肉或雞肉。採用上冊自第 660 頁以後的一則食譜，並加入第 675 頁的鴨肉醬。若使用 8 杯容量的模具，你會需要約 4 杯餡與 2 杯裝飾肉條。你也需要準備幾塊新鮮豬脂肪，用來鋪襯麵團。

麵團配方

要製作用鉸鏈模具形塑的法式肉醬，應使用第 110 頁配方六的法式

肉醬派麵團，其材料包括麵粉、奶油、豬油與蛋黃。當你用顛倒模具來形塑麵團時，則使用第 133 頁配方七的全蛋麵團。這些麵團非常適合用來製做法式肉醬；它們能在長時間烘烤時保持形狀，本身的味道也很棒。無論是哪一種，只要使用電動攪拌機，按照第 126 頁電動攪拌機派皮麵團的做法，都能輕鬆製作；麵團最好在整形與烘烤前提早幾個小時或在前一天製作，如此一來才能完全冷透、鬆弛，也容易擀開。

以鉸鏈模具形塑並烘烤法式酥皮肉醬

1. 在模具裡鋪上麵團

　　你的第一步，是要在模具的底部與側面鋪上一層厚度約 1 公分的麵團。巧妙的專業手法，會將四分之三的麵團做成袋狀，讓袋子的底部與側面密貼在模具上，儘量避免皺褶產生，袋子開口朝上，袋口麵團則垂掛在模具外側，並從袋口填餡。這種做法在法文稱為「calotte」，意指頭蓋骨。（下面的插圖使用了橢圓形模具；同樣的系統亦可用於長方形與圓形模具。）

一只容量 6-8 杯的法式肉醬鉸鏈模

一張重磅紙，當成圖案使用

幾塊厚度 0.3 公分的新鮮豬脂肪，可以鋪在模具底部、側面與上面（第 383 頁）

用模具為參考，將紙剪出與模具開口同樣大小的形狀。利用紙模切下兩塊豬脂肪，靜置備用；這兩塊脂肪稍後將會蓋在肉醬的底部與上方表面。保留紙模，稍後製作麵團上蓋時使用。

紙模

冷透的法式肉醬派麵團，以 454
公克麵粉製作

一支醬料刷與 1 杯冷水

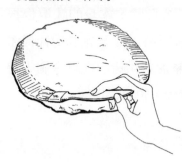

將四分之三的冷藏麵團放在稍微撒上麵粉的
大理石板或砧板上，擀成厚度約 2.5 公分且
直徑比模具長度多出 5 公分的圓形——在這
個階段，麵團必須要很厚，如此一來，等到
你做完擀麵與整形以後，襯墊在模具內側的
麵團還能保有約 1 公分厚度。

在麵團兩邊 2.5 公分寬處刷上清水。

將麵團做成袋狀的第一步，是將麵團對摺，並按下面的做法將角落
往下摺。除了刷上清水的兩邊以外，替圓形麵團撒上大量麵粉，避免在
對摺時沾黏。

將麵團上半往下半摺成半圓
形，弧形側對著你。同時輕壓左右
兩側，加以密封，然後將兩個角
（對摺後麵團上方的左右）往你的
方向拉，如圖所示。現在，面前的
半圓形應該已經變成口袋狀。

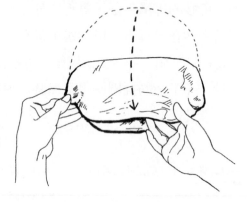

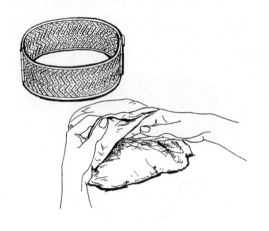

從對著你的開口處開
始，用擀麵棍從下往上擀，將
口袋弄深，如此一來，在麵團
入模時，你可以有約 5 公分
的麵團垂掛在模具外：若使用
10.2 公分、高 12.7 公分寬的
模具，口袋的深度必須達到
21.6–22.9 公分。

這裡必須非常小心地將麵團均勻擀開，最後上下兩層夾起來的厚度不應低於 1.9 公分；麵團擀得太薄，稍後就可能遇上破裂與露餡的問題。（如果你第一次不小心失敗了，可以快速將麵團揉成球狀，放入冰箱冷藏 1 小時以上，鬆弛麵筋，然後從頭開始。）

2–3 大匙豬油或起酥油

邊緣凸起的烤盤（以留住煮汁）

剪刀

在模具與烤盤內側抹油，並將模具放在烤盤上。輕輕將麵團沿縱向摺成兩半，放在模具正中央。將麵團打開，將麵團側面抬起來，慢慢將麵團放在適當位置，小心不要拉扯麵團，讓麵團變得更薄。將一塊多餘的麵團剪下來，代替你的手指，當成棉塞使用，用它將麵團壓在模具側面與底部烤盤上。

保留 3.8–5.1 公分的麵團垂掛在模具邊緣，用剪刀把多餘的部分剪掉。

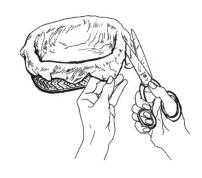

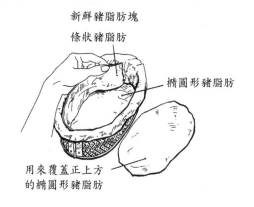

新鮮豬脂肪塊
條狀豬脂肪
橢圓形豬脂肪
用來覆蓋正上方的橢圓形豬脂肪

將一塊橢圓形豬脂肪放在模具底部，也在側面鋪上脂肪。這些脂肪能保障派皮不會龜裂。

2. 填餡

肉醬混合物與條狀裝飾（參考
前則食譜備註）

鋪上脂肪的模具

一碗冷水

餡料

一碗冷水

鋪上豬脂肪，
可以填餡的麵團盒

裝飾

用來覆蓋在上方
表面的豬脂肪

　　在你把肉醬混合物做好、條狀裝飾處理好、模具準備好的時候，就
可以動手組合。準備一碗冷水，在塗抹肉餡的時候隨時可以用手沾水。
烤箱預熱到攝氏 191 度。

　　將肉餡填入模具，先鋪上一層肉醬混合
物，然後放上一層條狀裝飾，接著再依序放
上一層肉醬混合物與另一層裝飾，最後一層
為肉醬混合物。將肉餡填到與模具邊緣等
高，中央稍微凸起：若填太滿，肉汁會在烘
烤期間從派皮上面冒出來。

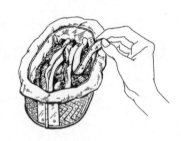

---

1 片進口月桂葉

1–2 枝百里香（或 1/4 小匙乾
燥百里香）

第二塊橢圓形新鮮豬脂肪

將月桂葉和百里香放在肉醬上方；用第二塊
橢圓形豬脂肪蓋起來。

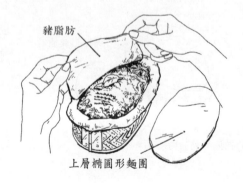

豬脂肪

上層橢圓形麵團

預留的麵團（或者冷透的剩餘
麵團）

紙模（模具開口大小）

一支醬料刷與冷水

一支餐叉

將預留的麵團擀成 1.2 公分厚，按紙模切成橢圓形，然後放在橢圓形豬脂肪的上面。沿著橢圓形圓周刷上冷水，再把垂掛在邊緣的麵團蓋過去，先用手指壓緊密封，再用餐叉背面壓出紋路。

（備註：上蓋必須要厚，如此一來才不會膨脹太多，否則在烘烤以後，上蓋與肉餡之間的縫隙會太大。另一個原因，則是在烘烤以後上蓋部分只會剛好烤熟，因此你切片的時候也不會碎掉。）

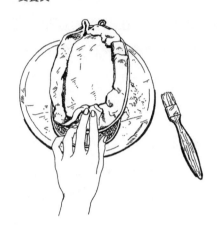

用剩餘麵團做成的裝飾

刷蛋液（1 個雞蛋加入 1 小匙
清水打散）

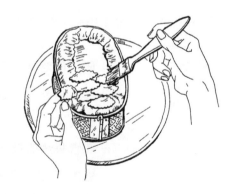

　　用剩餘麵團製作你喜歡的裝飾形狀（裝飾形狀插圖，可參考上冊第 674 頁）。一塊一塊將裝飾麵團的下側刷上蛋液，然後貼在肉醬表面，將麵團交疊處的接縫完全蓋起來。

2 支抹油的漏斗，高度約 4 公分，例如金屬漏斗、擠花袋的金屬管或鋁箔紙

用一支尖端鋒利的刀子，在麵團表面劃出兩個直徑 0.6 公分的切口，下刀必須深及肉醬；插入小漏斗。如此一來，蒸氣就可以在烘烤時散逸，而不會聚集在外殼，造成破裂。烘烤前，在麵團表面刷上蛋液，小心不要讓蛋液滴在模具上。

(*) 提早準備：肉醬混合物、裝飾與麵團都可以在烘烤前一兩天提早做好，如果肉夠新鮮，也可以將肉醬組合好（不過不要刷蛋液），然後蓋起來放入冰箱冷藏一兩天。若在烘烤前曾經冷藏，則將烘烤時間增加 20–30 分鐘。

3. 烘烤──1 小時 30 分鐘至 2 小時；烤箱溫度攝氏 191 度

實用工具：肉品溫度計
一只鍋、一支湯匙與一支滴油管，用來移除烤盤內的油脂

放入預熱烤箱中下層或中層，烘烤 20–25 分鐘，待外殼開始上色，便將烤箱溫度調降到攝氏 177 度。每 20–30 分鐘檢查肉醬：用滴油管將烤盤裡的油脂吸出來，並用紙巾將烤盤擦乾淨。油脂聚積可能會讓肉醬底部燒焦，而且也會讓廚房充滿油煙味。

烘烤到肉汁開始從漏斗冒出來，便算完成；肉汁應該為清澈的黃色。移除漏斗，插入肉品溫度計，檢查內部溫度，讀數應該介於攝氏 71.1–73.9 度之間。

放涼──肉凍

將肉醬從烤箱取出，不過此時先不要拿掉烤盤或模具，因為如此可

能會讓必須維持完整的外殼產生撕扯或裂開。靜置數小時或一整晚，讓肉醬完全降溫，然後放入冰箱裡至少冷藏 4 小時。

漏斗
4 杯以酒調味的肉凍（2 大匙吉利丁溶於 1/4 杯波特酒或干邑白蘭地以及 3¾ 杯牛肉清湯）

一碗碎冰

在烘烤期間，肉餡會稍微從外殼上層與側面往內縮，你可以用肉凍來填滿這個空間，將之化為視覺與味覺的饗宴。待肉醬完全冷透且尚未脫模時，將漏斗插在表面的其中一個開口。務必檢查肉凍的質地，確保在冷卻後能夠定形，將肉凍放在碎冰上，直到質地幾乎呈糖漿狀且幾乎快定形的程度，然後將肉凍從漏斗倒入肉醬裡，並將肉醬往每個方向傾斜，讓肉凍均勻分布。再次放入冰箱冷藏數小時。

最後，待肉凍完全冷透，將模具插針移除，小心地慢慢移動模具側片，將模具打開。脫模以後，肉醬應該能維持形狀。

4. 上菜

上菜時，沿著肉醬周圍切成楔形。若使用長方形模具製作，則像切麵包一樣橫切成片。

5. *存放*

法式酥皮肉醬可以在攝氏 2.8 度的環境下保存一週至十天。最先變味的可能是肉凍，接著是外殼和裡面的肉汁。如果你想要把剩餘的肉醬保

存久一點，可以將外殼移除，將肉凍和覆蓋其上的油脂刮掉，再用保鮮膜或鋁箔紙包好。煮好的肉醬可以冷凍保存，不過解凍後無法保有原本的新鮮質地。

法式酥皮肉醬的無模具整形法

雖然鉸鏈模具比較容易使用，利用麵團烘烤出下層外殼作為模子使用的效果非常棒，而且也不難製作。我們利用倒過來的燉鍋或麵包模來形塑麵團並一起放入烤箱烘烤，就如第 129–131 頁顛倒派皮的形塑與烘烤。接下來，可以在做好的外殼裡鋪上脂肪，填入肉餡，覆上一塊與外殼開口大小剛好吻合的麵團，經裝飾後烘烤。

1. 下層外殼麵團

顛倒酥脆麵團，做法參考第 133 頁配方七，用 567 公克麵粉製作一只 6 杯容量的模具，例如橢圓燉鍋或麵包模，在外側抹上豬油或起酥油

將三分之二的麵團擀成直徑比模具長度還要寬 5 公分、厚度約 4 公分的圓形。按照第 394 頁利用彈簧扣模具的做法，將麵團做成厚度均勻的口袋狀。輕輕將麵團壓在模具上，並用刀子或滾輪刀將多餘麵團切掉。將麵團蓋起來，放入冰箱冷藏 2 小時或一整晚（以鬆弛麵筋，避免烘烤時收縮）。將麵團連同顛倒的模具放到烤盤上，放入預熱到攝氏 218 度的烤箱烘烤 12–15 分鐘，烤到派皮開始上色。將烤箱溫度調降到攝氏 177 度，繼續烘烤 10 分鐘，或是烤到派皮與模具分開，不過尚未熟透：派皮能維持形狀但尚未褐化。讓派皮在模具上降溫 15 分鐘，然後小心脫模，放到架子上降溫 30 分鐘，待派皮逐漸定形。

2. 填入餡料

豬油或起酥油

一只烤盤

前則食譜列出的肉醬材料，包括脂肪塊與紙模

在烤盤上放置派皮的位置抹油，然後放上派皮。按照前則食譜的做法，將豬脂肪切成派皮底部、側面與上面的形狀，然後在派皮內側鋪上豬脂肪，填入餡料，最後在上方蓋上一塊豬脂肪。

3. 放上上蓋並完成肉醬

下層外殼的剩餘麵團與預留的麵團

刷蛋液、醬料刷、派皮切花、漏斗，如前則食譜所示

為了避免肉餡與上蓋之間在烘烤過後出現隙縫，先用麵團做出厚度 0.6 公分的預備上蓋，用來蓋在豬脂肪上面。將預備上蓋放在預計位置。接下來，將預留的麵團擀成 0.6–1 公分厚度，大小必須能覆蓋派殼上側且能將派殼三分之二的高度蓋起來。替派殼側面刷上蛋液，再將麵團蓋上去。用剪刀修整麵團邊緣，再沿著派殼側面將麵團壓緊。按照前則食譜說明，以切花裝飾，插入漏斗，刷上蛋液，放入烤箱烘烤，取出放涼後冷藏，再填入肉凍。

第六章

蔬菜的選擇

在購買新鮮蔬菜並以適當方式調理的時候，你會發現自己因為手中美味杏仁鑲櫛瓜而來的名氣，竟然會比精彩絕倫的橙香奶油可麗餅來得大。在這個焰燒甜點越來越成為身分象徵，手工削成的蔬菜越來越少見的時期，又未嘗不可？蔬食菜餚食譜占了上冊超過一百頁的篇幅，其中提及一些烹調米飯與馬鈴薯的方法，以及運用朝鮮薊、蘆筍、四季豆和菠菜烹調的各種菜餚，也說明如何燜燒吉康菜、替蘑菇雕花，以及替栗子去皮該從何處下刀。然而，上冊仍有些不盡完善之處，雖說本章內容將填補一部分缺失，我們其實更想要針對一些受歡迎的經典菜餚提供新鮮的想法，不只是讓蔬菜食譜更加完整而已。雖然我們在此納入許多經典菜餚，例如安娜馬鈴薯煎餅，大部分都是你從未看過的新食譜——舉例來說，第 409 頁炒青花菜、第 486 頁開始的幾道特製蔬菜泥，與第 432 頁的洋蔥菠菜。有些菜餚繁複花俏，例如第 496 頁鑲朝鮮薊，有些的做法則迅速簡單，例如第 443 頁炒櫛瓜絲。一些很少被提及但值得注意的食材，如蕪青甘藍、恭菜與南瓜，都獲得關注，而整顆鑲甘藍菜則有了前所未有且詳盡的處理方式。我們在這裡提出更多以新鮮蔬菜為題的新食譜，從青花菜開始，並以一道極其精彩的朝鮮薊冷盤作結。

青花菜（CHOUX BROCOLI–CHOUX ASPÈRGES）

青花菜在英文裡有許多種稱法，如「green sprouting broccoli」、「asparagus broccoli」、「Italian broccoli」、「Brassica oleracea var.

italica」等，這種蔬菜已經存在好幾世紀，不過一直到 1920 年代才在美國傳播開來。時至今日，青花菜已是極受歡迎的蔬菜，美國人平均每年每人都會吃掉一磅的青花菜；零售市場販賣的青花菜超過六萬噸，被做成冷凍食品的則不計其數。儘管在美國很受歡迎，青花菜在法國卻是沒沒無聞（法文的青花菜為「brocoli」，只有一個「c」字母）；這是法國人的損失，因為新鮮青花菜只要經過適當烹調，無論就視覺或味覺而言，絕對是最具吸引力的蔬菜之一。青花菜帶有細緻的甘藍菜味，和花椰菜相較之下味道與質地都比較細膩，顏色也更多彩。青花菜與風味細緻的菜餚非常對味，例如白酒醬魚、雞胸肉、腦與胸腺；事實上，任何可以用菠菜搭配的菜餚，改用青花菜搭配的效果一樣好，有時甚至更佳。因此，無論青花菜到底是不是法國人會使用的蔬菜，我們都決定藉此透徹探討利用法式料理手法處理青花菜的做法。

購買青花菜

青花菜終年可見；它在 7、8 月的產量較低，產季在冬天，也就是我們最需要新鮮綠色蔬菜的季節。加州目前是青花菜的主要產區，不過其他西部州與紐約、紐澤西和維吉尼亞等的產量也不容小覷。

購買青花菜的時候，應該選擇乾淨、扎實、平滑、氣味新鮮的深綠色或紫綠色青花菜，外表看來新鮮，穎花分布密集且蕾粒全為綠色。過熟的青花菜，莖厚而且通常具有中空的木質莖；蕾粒有一部分已打開、變黃而且散發強烈臭味。青花菜容易腐敗，若不妥善處理，將會變軟、看似損傷且出現令人不悅的老甘藍菜氣味。在市場裡，青花菜應該放在加濕冷藏櫃裡保存，而且裡面通常會放冰塊。購得以後，應儘快帶回家，馬上裝在塑膠袋裡放入冰箱冷藏，並在 2-3 天內用掉。

一把青花菜通常有好幾株綁在一起，重量在 680-907 公克之間，約為 4-6 人份。

烹煮前的準備工作

講到經過適當烹調的新鮮青花菜，我們通常指的是替菜梗與莖去皮後再烹煮的青花菜。如果你在過去並沒有替青花菜去皮，你會發現，去皮的青花菜只需要烹煮 5–6 分鐘，能夠保持新鮮風味與原有的綠色，從莖到尖端都鮮嫩美味，和未去皮者相較，簡直是完全不同的蔬菜。事實上，我們對於未去皮的青花菜和未去皮的蘆筍抱有同樣的觀感——兩者都稱不上美食。

烹煮前的處理，你可以將整株青花菜從頭到尾縱切成四等分，然後分別去皮。然而，我們偏好將青花菜切小一點，比較容易處理，也更能均勻烹煮。因此我們建議，一開始先把硬葉去掉，只留下和蕾粒一樣軟嫩的菜葉。接下來，從距離頂端 6.4–7.6 公分處把穎花切下，這通常也是莖開始從主莖分枝的地方。按穎花大小，將之縱切成兩半或四等分，切成直徑不超過 1.2 公分的小塊。取一把小刀，從穎花底部開始替莖去皮，把皮一條條撕下來，一直撕到花蕾處。將主莖底部約 1.2 公分切下來丟掉，並替主莖去皮，必要時下刀可深一點，讓軟嫩的白色部分露出來。（非主要產季期間，儘管青花菜的蕾粒新鮮且緊閉，主莖可能很粗且具有木質化核心；儘管如此，將主莖切成四等分後削去厚厚一層皮，還是可以露出軟嫩可食的部分。）將主莖縱切成直徑 1.2 公分的長條，然後斜切成約 4 公分的長段。

將處理好的青花菜放入有蓋碗或塑膠袋裡，冷藏至準備烹煮時取出。迅速以冷活水沖洗後便可烹煮。

烹飪方式

去皮的青花菜烹煮時間非常短，只要 5–6 分鐘，因此，如果你只打算簡單拌入熔化的奶油或醬汁，則應等到上菜前烹煮。若這樣的烹飪方式可以安插到你的時間表裡，則可以輕鬆利用兩道菜之間的時間處理完

畢，否則，你就應該選擇其他方法，以翻炒的方式烹調，或是放入烤箱中完成最後烹煮。

▪ 燙青花菜（CHOUX BROCOLI BLANCHIS）

不替青花菜去皮，你就必須利用各種技巧來處理，例如將莖部和穎花分別用水煮和蒸煮方式處理、蒸煮整株青花菜，或是利用壓力鍋烹煮；等到莖部煮熟，穎花通常已經塌掉、顏色變深，並且失去新鮮風味質地與營養素，而對那些認為皮是最棒部分的人來說，那些營養素通常是他們覺得最重要的。在替青花菜去皮時，你可以採用法式料理對綠色蔬菜的料理手法──水煮。由於去皮青花菜非常軟嫩，我們建議將青花菜裝在水煮蔬菜專用的鐵絲籃裡，以方便浸入水中烹煮與取出。

4–6 人份

1 把（680–907 公克）新鮮青花菜

一只鐵絲沙拉籃（或蔬菜架或大漏勺）

至少盛裝 4 公升沸水與 2 大匙食鹽（每公升 1½ 小匙）的湯鍋

按照前文說明，將青花菜切塊、去皮後洗淨，並放入沙拉籃裡。將籃子放入大滾沸水中，以大火加熱。一旦水重新沸騰，便可維持開蓋慢慢沸煮 4–6 分鐘（烹煮時間按青花菜新鮮度而定）。煮到刀子可以輕易插入莖部，便算完成。取一塊測試熟度：應該剛好煮軟但稍帶清脆質地。馬上從沸水中取出，按下列建議上菜。

(*) 提早準備：若你碰巧要用醬汁搭配青花菜，卻無法在青花菜煮好以後馬上上菜，那麼你可以先讓青花菜放涼，若有必要可將青花菜鋪在托盤上，使快速冷卻。將鍋內的水維持在沸騰狀態。上菜前，將青花菜放回沙拉籃內，重新放入沸水中浸一下，讓青花菜熱透即可。

燙青花菜的上菜建議

檸香青花菜——適合節食者。青花在就像蘆筍，本身帶有天然風味，加上少許檸檬汁來提味，非常適合節食期間享用。將熱騰騰的青花菜放在溫熱的餐盤上，撒上食鹽與胡椒，並以檸檬片裝飾。

褐色奶油醬佐青花菜。在烹煮青花菜前，先熔化 5–6 大匙奶油，撈除浮沫並將清澈的黃色奶油和牛奶固形物分開，將澄清奶油放入另一只單柄鍋內。待青花菜煮好，便移到溫熱的餐盤上擺好，撒上食鹽、胡椒與幾滴檸檬汁。將奶油加熱到變成淺棕色，然後將滾燙的奶油淋在青花菜上，馬上端上桌。

▪ 波蘭式青花菜（Brocoli à la Polonaise）

〔炒麵包屑與碎蛋佐青花菜〕

這種褐色奶油醬的擺盤方式比較花俏，用上了麵包屑與過篩的碎蛋。你可以將它當成第一道主菜，或是代替沙拉。它也可以搭配水煮雞或烤雞、肉排、牛排、漢堡或炙烤魚。

1 把（680–907 公克）青花菜，4–6 人份

113 公克（1 條）奶油

一只單柄鍋

一只直徑 20 公分的平底鍋

1/2 杯（輕壓）麵包屑，以新鮮自製白麵包製作

食鹽與胡椒

1 個水煮蛋

一只架在碗上的篩子

在烹煮青花菜（參考第 405 頁基本食譜）之前，先將奶油放入單柄鍋內加熱至熔化，撈除浮沫，再將澄清奶油與牛奶固形物分開，並將前者倒入平底鍋內。拌入麵包屑，以中大火翻炒幾分鐘，炒到麵包屑稍微褐化。按個人喜好以食鹽和胡椒調味後靜置一旁備用。替水煮蛋剝殼，將水煮蛋過篩，以食鹽和胡椒調味。

青花菜煮熟以後，放到溫熱的餐盤上擺好，稍微撒點食鹽和胡椒。重新加熱麵包屑，拌入碎蛋，將混合物撒在青花菜上，馬上端上桌。

青花蛋佐水波蛋

省略前則食譜的水煮蛋，替每個人準備 1 個熱騰騰的水波蛋來代替。待青花菜煮熟，便移到溫熱的餐盤上擺好，再把熱騰騰的水波蛋放上去。撒上溫熱的褐化麵包屑，馬上端上桌。

搭配燙青花菜的醬汁

檸檬奶油醬——參考上冊第 114 頁。

荷蘭醬、慕斯林蛋黃醬或馬爾他醬（橙味荷蘭醬），參考上冊第 91–97 頁。

冷的燙青花菜

以法式料理手法去皮水煮的青花菜，也適合用在冷食蔬菜組合，並搭配油醋醬或蛋黃醬。要讓青花菜在烹煮以後保持新鮮色澤與質地，可以將剛從沸水中撈出來的青花菜平鋪在乾淨的布巾上，待冷卻以後，放入有蓋碗內冷藏。

可以提早準備的青花菜菜餚

尼斯式炒青花菜（Brocoli Sautés à la Niçoise）

〔和洋蔥、培根與麵包屑一起翻炒的青花菜〕

這道菜和波蘭式青花菜一樣，可以當成第一道主菜和代替沙拉，也可以搭配水波蛋和炒蛋、炙烤雞或炙烤魚，或是豬排或小牛肉排。在這則食譜中，你可以提早將青花菜燙好，在上菜前翻炒即可。

1 把（680–907 公克）青花菜

3 條培根

一只直徑 20 公分的平底鍋，建
議使用不沾鍋

1/3 杯（輕壓）麵包屑，用新鮮
自製白麵包製作

1/2 杯洋蔥末

3 大匙橄欖油

1 瓣大蒜瓣，拍碎

燙過的青花菜

食鹽與胡椒

燙青花菜之前（參考第 405 頁基本食譜）先準備下列裝飾。將培根煎到稍微上色，並放在紙巾上瀝乾；等到變脆變涼以後，把培根弄碎。以培根的油脂將麵包屑炒到變成淺棕色，然後移到盤子裡備用。用同一只平底鍋，以橄欖油炒洋蔥末 8–10 分鐘以上，炒到洋蔥變軟變透明；拌入大蒜後靜置備用。

　　上菜前，重新加熱洋蔥，加入燙過的青花菜，稍微以食鹽和胡椒調味，並在中大火上輕輕拋翻，抓著鍋柄搖晃旋轉鍋身。待熱透以後，加入褐化的麵包屑與弄碎的培根，繼續拋翻一會兒。將菜餚移至溫熱的餐盤上，馬上端上桌。

▪ 奶油燜青花菜（Brocoli Étuvés au Beurre）

　　若備菜到最後無法將時間分給青花菜，你可以將青花菜燙到半熟，然後放入燉鍋內，和奶油一起烘烤。如此一來，青花菜就可以在你享用第一道主菜時完成烹煮，不過你應該小心別讓青花菜在烤箱裡放太久，否則它會失去令人喜愛的新鮮特質。

1 把（680–907 公克）青花菜，4–6 人份

1 大匙軟化奶油

一只 6 杯容量的耐熱燉鍋或烤盤

燙 4 分鐘的青花菜，做法參考
第 405 頁

食鹽與胡椒

4–5 大匙熔化的奶油

在燉鍋或烤盤內側抹上奶油。把燙過的青花菜莖放在烤盤底部，稍微調味並淋上三分之一的奶油。將青花菜穎花放上去，調味，然後淋上剩餘的奶油。將蠟紙蓋上去，便可靜置備用，待上菜前 20 分鐘再處理。烤箱預熱

一張圓形蠟紙
一只燉鍋鍋蓋

到攝氏 177 度。若使用的燉鍋很重，則先在爐火上加熱。蓋上蓋子，放入烤箱中層烤到青花菜變得非常燙。儘快端上桌，以保持新鮮口感與翠綠色澤。

變化版

起司焗烤青花菜（Brocoli Gratinés au Fromage）或米蘭式青花菜（Brocoli à la Milanaise）
〔以起司焗烤的奶油青花菜〕

按照前則食譜的做法，不過在材料裡加入 1/3 杯磨細的帕瑪森起司。在把青花菜放入抹了奶油的烤盤之前，在烤盤裡撒上 2 大匙起司，然後每放上一層青花菜，除了淋上奶油以外也撒上起司。將烤盤蓋起來，放入烤箱加熱至高溫，然後放在低溫炙烤箱裡烘烤一下，讓起司可稍微上色。

切碎的青花菜
在你兼任廚師主人管家的身分時，另一種處理方式是將青花菜燙熟後迅速降溫，再把青花菜切碎，並趁有空時按下列做法重新加熱。

▪ 炒青花菜（SAUTÉ DE BROCOLI）
〔以奶油翻炒切碎的青花菜〕

這是烹調青花菜的簡單手法，也是最美味的做法之一，因為熱奶油能夠完全滲入青花菜的所有表面。炒青花菜除了是最多功能的配菜，也可以用來墊在水煮魚排、水波蛋、雞胸肉、小牛肉片、腦或胸腺等的下面；接著就可以替菜餚淋上醬汁，並按食譜要求放入炙烤箱烤到上色。

1 把（680-907 公克）新鮮青花菜，約 4-6 人份

青花菜，按第 405 頁基本食譜做法去皮清洗後下水燙 4 分鐘

將燙過的青花菜平鋪在布巾上冷卻。接下來，放到砧板上，用大刀切成約 0.3-0.6 公分大小。若不打算馬上烹煮，可將青花菜放入有蓋碗內冷藏（約可得 2½ 杯）。

3-4 大匙奶油（可按個人喜好增加 2-3 大匙）

一只直徑 25.4-30.5 公分的平底鍋，建議用不沾鍋

食鹽與胡椒，用量按個人喜好

上菜前幾分鐘，將奶油放入平底鍋內，以中大火加熱至熔化。待奶油達到高溫，倒入切碎的青花菜，馬上開始握著鍋把搖晃旋轉鍋身，拋翻青花菜，至青花菜完全熱透。撒上食鹽與胡椒，繼續拋翻一會兒，便可將青花菜倒入溫熱的餐盤中，馬上端上桌。

變化版

鮮奶油燜青花菜（Brocoli Étuvés à la Crème）
〔切碎的青花菜，用鮮奶油熬煮〕

　　這道軟嫩滑膩的青花菜可以搭配炙烤雞或烤雞、煎雞胸、小牛肉薄片、腦或胸腺，或是炙烤魚或煎魚。

1 把（680-907 公克）新鮮青花菜，約 4-6 人份

燙過並切碎的青花菜，以 3 大匙奶油翻炒，做法參考前則食譜

1 杯鮮奶油（可按個人喜好增加用量）

將奶油拌入青花菜並加以調味之後，將 2 大匙鮮奶油和玉米澱粉拌勻。待混合物滑順以後，加入剩餘鮮奶油，然後輕輕拌入青花菜裡。一邊熬煮一邊輕拌 2-3 分鐘，將澱粉煮

2 小匙玉米澱粉，放入一只容量 1 公升的碗中

一支鋼絲打蛋器

一支橡膠刮刀

熟，也讓鮮奶油收稠。品嘗以修正調味。將混合物倒入一只溫熱的蔬菜盤中，馬上端上桌。

(*) 提早準備：可以先準備好放在一旁靜置，上菜前熱透即可。

莫爾奈醬焗烤青花菜（Gratin de Brocoli, Mornay）

〔以起司醬焗烤的青花菜碎〕

這道菜尤其適合搭配烤火雞或烤雞，對感恩節來說更是一大福音，因為你可以提早一天將整道菜組合完畢，在上菜前半小時放入烤箱即可。它也適合搭配烤紅肉、牛排、肉派與炙烤魚，或者也可以當成非正式午餐的熱菜，搭配冷火腿或雞肉，或是水波蛋或焗蛋。

1 把（680–907 公克）新鮮青花菜，約 4–6 人份

去皮燙過並切碎的青花菜，以奶油翻炒，做法參考第 341 頁

4 大匙奶油

3 大匙麵粉

1½ 杯熱牛奶，放入小單柄鍋內（可按需求增加用量）

1/2 杯磨碎的起司，帕瑪森起司與瑞士起司混用（保留 3 大匙稍後使用）

容量 2½ 公升的厚底鍋

木匙、鋼絲打蛋器與橡皮刮刀

1/2 小匙食鹽或按個人喜好決定用量

一大撮白胡椒

將青花菜準備好，靜置備用。按下列方法製作白醬，先用麵粉和奶油製作油糊：奶油放入單柄鍋內加熱至熔化，拌入麵粉，以中火翻炒至奶油和麵粉起泡 2 分鐘，不要讓混合物褐化。鍋子離火，待油糊停止起泡，馬上倒入所有熱牛奶並用力攪打至混合物完全滑順。鍋子放回中大火上加熱，用打蛋器攪拌至醬汁變稠並沸騰，繼續攪拌 2 分鐘以後離火。保留 3 大匙起司，待白醬稍微冷卻以後輕輕拌入剩餘起司，並按個人喜好用食鹽和胡椒調味。

2. 組合菜餚

容量 6 杯、深度約 5.1 公分的
烤盤
1½ 大匙軟化奶油

在烤盤內側抹上 1/2 大匙奶油，然後在烤盤底部放上 2–3 大匙白醬。將一半的青花菜鋪在烤盤上，再將剩餘白醬的一半淋上去。（若醬汁太稠抹不開，則以每次 1 大匙的量打入少許牛奶以稀釋之。）依序放上剩餘的青花菜與白醬，再撒上預留的 3 大匙起司，最後用剩餘的奶油點綴。

(*) 提早準備：你可以提早一天進行到這個步驟結束。冷卻後蓋起來放入冰箱冷藏。

3. 烘烤——以攝氏 191 度烘烤約 30 分鐘

上菜前約 30 分鐘，將青花菜放入預熱烤箱的上三分之一，烘烤至滾燙且表面起司上色。不要煮過頭，否則青花菜會失去吸引人的味道與質地。你可以將這道菜放入關掉的烤箱或保溫箱裡保溫 15 分鐘左右，不過越早上桌味道越好。

模烤青花菜（TIMBALES DE BROCOLI）

這是用深烤盤製作的卡士達，脫模上菜，可以當成第一道主菜或午餐輕食菜餚，或是用來搭配烤雞和烤小牛肉、炙烤雞、小牛肉排或炙烤魚。使用約 2½ 杯去皮燙過切碎的青花菜來代替櫛瓜，食譜參考第 447 頁，或是用來代替上冊第 525 頁食譜的蘆筍。

茄子（AUBERGINES）

茄子和青花菜一樣終年可得，而且運用上非常有彈性。然而，美國人對茄子這種食材並不熱中，平均每人一年只吃一份。儘管如此，除了

最無趣的油炸方式以外，茄子的烹調手法多變，潛力無窮。你可以烘烤、炙烤、沸煮、翻炒、鑲餡、做成舒芙蕾或做成焗烤，也可以熱食、冷食、單獨上桌，或搭配肉、魚、野禽或其他蔬菜。我們在上冊曾說明蘑菇鑲茄子的做法，以及慕沙卡和普羅旺斯燉菜這兩道菜，前者是以茄子羊肉製作的模烤菜，後者為普羅旺斯地區以茄子、櫛瓜、番茄和洋蔥烹調而成的燉菜。在這裡，你可以習得其他烹調茄子的做法，如炙烤、搭配番茄和香草做成的希臘式冷盤、各式各樣的炒茄子、與肉類或起司一起烘烤，以及舒芙蕾。茄子也會出現在本書的其他食譜中，當成餡料或是主菜的配菜。

如何採買茄子

雖然你偶爾會找到本地生產的圓形或蛋形小茄子，美國地區大規模栽植生產的茄子，幾乎都是體型碩大的深紫色品種，重量多在 454-907 公克，不過甚至可以達到 2.3 公斤。這種茄子可以是圓形、蛋形或鐘形，而且美國地區約有一半的茄子產自對這種植物而言氣候合宜與種植季節長的佛羅里達州。

茄子的大小與品質無關，因為所有茄子都是在尚未成熟時採收——種子既稀疏又軟，果肉扎實。等到茄子成熟，果肉會變軟，種子越來越大也越來越硬，而且無論是種子或果肉，都會出現苦味。

因此，購買茄子時應該仔細檢查，如果茄子的包裝是覆上塑膠的紙箱，你應該打開紙箱檢查。確保茄子表皮光滑且有光澤，整個繃在果肉上，表面沒有凹凸不平、褐色斑點或皺褶。檢查時應在果實上四處輕壓，確保果肉質地扎實且具有彈性。避免色澤暗淡、表面有皺紋或損傷、甚至有點軟的茄子，因為此時果肉已經走味，你無法運用任何手段來修正味道。

茄子的存放

茄子和其他蔬菜不一樣的地方，在於它最適合的保存溫度為**攝氏7.2-10 度**，不過即使在這樣的條件下，最多也只能存放 10 天。除非你有低溫室，否則應該在打算烹煮的前一兩天購買。在陰涼的廚房中，可以將茄子和濕紙巾一起放入塑膠袋，利用濕紙巾來維持濕度；夏季期間，則應放入冰箱冷藏。然而，冷藏保存的茄子，表面會在 4-5 天內開始出現凹洞與褐斑，並開始軟化。

你可能會納悶，為什麼特定茄子食譜有時候做出來很完美，其他時候則煮不出你印象中軟嫩美味的特質。這個問題的答案，可能在於茄子在購買時可能不是那麼扎實、新鮮且不成熟，或是因為茄子已經冷藏保存太久。

烹煮前的準備工作

去皮、鹽醃、水煮

只要烹煮時間夠久，茄子皮是可食用的，就如慕沙卡、焗烤菜餚或其他會放入烤箱烹煮 1 小時的菜餚。對於快速翻炒與希臘式烹調的茄子，由於烹煮時間短，茄子皮仍然很硬、纖維多且不嫩。

大多數茄子食譜，都會要求以鹽醃或鹽水沸煮的方式處理，再加以烹煮。如此處理的原因有三。首先，所有茄子都稍帶苦味，即使是最不成熟、最新鮮的茄子亦是如此，經過鹽醃或鹽水沸煮，可以去除這種苦味。第二，則是去除茄子本身多餘的水分，否則這些水分會在烹煮期間釋出。第三，則是要避免茄子吸入太多油脂或脂肪。若與翻炒方式比較，你會發現，未處理的茄子丁所吸收的油脂是水煮茄子的三倍，鹽醃過的茄子所使用的油脂為未處理者的一半，而沸煮過的茄子需要的油脂最少，炒起來是三者之中口感最軟嫩的，不過味道稍淡。因此，我們在大部分食譜都會建議採用鹽醃方式，只有在認為水煮是最適合的方式時才建議使用。

然而，鹽醃會需要等待 30 分鐘，讓多餘的水分慢慢排出，因此，如果你趕時間，就不要猶豫，直接水煮處理。以鹽水沸煮時，先將茄子去皮並切丁或切片，然後放入沸騰鹽水中，開蓋慢慢沸煮 3–5 分鐘，或是煮到茄子變軟但仍然能保持形狀，再按照食譜步驟繼續進行。

炙烤茄片（AUBERGINES EN TRANCHES, GRATINÉES）

炙烤與翻炒是至今烹煮茄子最簡單的方法，而且炙烤的厚片茄子端上桌也很好看。事實上，下面的食譜結合了烘烤與炙烤，烘烤的目的在於軟化茄子，炙烤時則撒上番茄與麵包屑。這道菜可以搭配牛排、肉排、烤羊肉、炙烤魚或炙烤雞，或是當成水波蛋、炒蛋或煎蛋的配菜。

4 人份

1. 鹽醃茄子

907 公克–1.1 公斤新鮮有光澤、質地扎實且無損傷的茄子

大托盤

1½ 小匙食鹽

紙巾

茄子去蒂去尾後洗淨，不要去皮。現在，將茄子切成差不多大小的片狀，長度約 7.6–10.2 公分、寬度 5.1 公分、厚度 1.2–1.9 公分。舉例來說，如果用的是大茄子，可以把中間切成 4 片，其餘大小切成 3 或 2 片。將茄子排在托盤上，替兩面撒上食鹽，靜置 20–30 分鐘，然後瀝乾並用紙巾拍乾。

2. 預烤茄子──烤箱預熱到攝氏 204 度

1/2–2/3 杯橄欖油

1 或 2 瓣拍碎的大蒜；或是 3 大匙紅蔥末或青蔥末

1/4–1/2 小匙綜合香草（普羅旺斯綜合香草、義式調味料，或百里香、奧勒岡與迷迭香）

將橄欖油、大蒜或紅蔥或青蔥，與香草和胡椒放入碗裡混合，把每片茄子放進混合物裡浸一下，取出瀝乾後放在烤盤上，每片稍微相互重疊。保留剩餘橄欖油混合物稍後使

一大撮胡椒

一只 10.2 公分深的大碗

一只 35.6 公分的披薩烤盤或淺
烤盤

一只蓋子或鋁箔紙

用。蓋上茄子，放入預熱至攝氏 204 度的烤
箱中層烘烤 10–15 分鐘，烤到茄子幾乎變
軟；不要烤過頭，讓茄子變得軟趴趴的，不
過烘烤時間必須久到足以讓茄子軟化。

3. 番茄與麵包屑配料

5–6 個中型番茄，去皮去籽榨
汁後切丁（2 杯果肉）

1/8 小匙食鹽

一大撮胡椒

1/2 杯乾麵包屑，用不甜的自製
白麵包製作

若有必要可增加橄欖油用量

番茄處理好以後，放入一只碗內，和食鹽與
胡椒輕輕拌勻；經過幾分鐘後瀝乾，鋪在茄
子片上。稍微撒點麵包屑並淋上橄欖油。

(*) 提早準備：你可以提早一小時進行到這個
步驟結束。將茄子稍微蓋上，靜置備用。

4. 炙烤與上菜

一只溫熱的大餐盤或醃肉拼盤

一把抹刀

上菜前 5 分鐘，將茄子放在中溫炙烤爐熱源
下方 10.2–12.7 公分處，讓茄子慢慢褐化，
完成烹煮。將烤好的茄子放在大餐盤上，每
片稍微交疊，排成漂亮的圖案。因為茄子經
過保溫會變軟，所以在擺盤完成後應盡快端
上桌。

其他佐料建議

　　替茄子撒上麵包屑、起司與香芹的混合物，然後淋上幾滴橄欖油，
或是按照第 411 頁莫爾奈醬焗烤青花菜的做法，用厚稠的起司醬將茄子
切片蓋起來，再放上刨碎的起司與熔化的奶油。無論採用哪一種做法，
都應按照前則食譜的做法，將茄子放在中溫炙烤爐內重新加熱並炙烤至
褐化。

▪ 香芹炒茄子（AUBERGINES EN PERSILLADE, SAUTÉES）

〔搭配大蒜、麵包屑與香草的炒茄子〕

炒茄子比前則食譜的炙烤茄子容易上桌，也更容易在最後一分鐘完成。你接下來也會看到，這道炒茄子也有許多不同的變化。炒茄子可以搭配牛排、肉排、烤羊、炙烤魚或炙烤雞。若要加上另一道配菜，最具吸引力者可能是烘烤過的整粒小番茄。

4-6 人份

1. 處理茄子

907 公克表面有光澤、質地扎實無損傷的茄子

一只容量 3 公升的攪拌盆

1½ 小匙食鹽

一只濾鍋

紙巾

茄子去皮。縱切成厚度 1.9 公分的片狀，再切成 1.9 公分寬的長條狀，最後切成 1.9 公分大丁。（你應該可以獲得 8 杯左右。）食鹽和茄子丁放入大碗中拌勻，靜置 20-30 分鐘。入鍋翻炒前，將茄子丁放入濾鍋內瀝乾，再用紙巾拍乾。

2. 炒茄子

橄欖油或食用油

一只直徑 30.5 公分的平底鍋，最好用不沾鍋（或用直徑 20.3 公分的平底鍋，分兩批翻炒）

濾鍋，放在瀝乾的攪拌盆內

將高度約 0.3 公分的油倒入平底鍋內，加熱至高溫但尚未冒煙。適量茄子丁下鍋，平鋪成一層。頻繁拋翻，手握鍋把搖晃旋轉鍋身；翻炒 5-8 分鐘，將茄子炒到變軟且稍微褐化（茄子很容易燒焦，你必須隨時注意。如已經褐化但尚未變軟，則調降爐火，蓋上鍋蓋 2-3 分鐘，將茄子煮軟）。將茄子放入濾鍋內瀝乾，把過濾出的油脂倒回平底鍋裡。若分成幾批翻炒，則繼續烹煮其餘的茄子丁。

3. 香芹料

油脂

1/3 杯乾燥的粗麵包屑，以不甜的自製白麵包製作

2 大匙紅蔥末或青蔥末

1–2 瓣大蒜瓣，拍碎或切末

3 大匙新鮮香芹末

自行選用的其他香草如百里香、甜羅勒或奧勒岡

溫熱的大餐盤

在鍋內倒入更多油脂，至約 2 大匙的量。加熱至高溫，然後下麵包屑，拋翻 1–2 分鐘，讓麵包屑稍微褐化。接下來，加入紅蔥或青蔥與大蒜，稍微再拋翻一會兒。

(*) 提早準備：你可以提早進行到此步驟結束。

　　上菜前，重新加熱麵包屑混合物，然後下茄子丁，在中大火上拋翻至開始發出嘶嘶聲。拌入香芹與自行選用的香草，將拌好的茄子丁倒入溫熱的大餐盤裡，馬上端上桌。

變化版

焗烤香芹茄子（Aubergines en Persillade, Gratinées）
〔與香芹、大蒜與白醬一起烘烤的茄子〕

　　炒茄子與大蒜和香芹一起拋翻，然後輕輕拌入白醬，再放入烤箱烘烤至表面上色，非常適合搭配牛排、肉排、漢堡、炙烤雞或魚肉。

4–6 人份

基本食譜步驟 1、2 與 3 裡用來烹調 907 公克茄子的材料

茄子去皮切丁、鹽醃後瀝乾，接著用油炒到稍微褐化。保留麵包屑，將茄子和紅蔥或青蔥、大蒜與香草翻拌均勻，靜置備用。

2 杯白醬的材料

5 大匙麵粉

4 大匙奶油

一只容量 2 公升的厚底單柄鍋

一支木匙與一支鋼絲打蛋器

1¾ 杯牛奶，倒入小單柄鍋內加熱（若有必要可增加用量）

食鹽與胡椒，用量按個人喜好

一支橡膠刮刀

容量 6 杯的烤盤，深度約 3.8 公分，稍微抹點奶油

2-3 大匙預留的麵包屑

1 大匙熔化的奶油

製作白醬時（你可以趁鹽醃茄子的時候製作），先將奶油放入單柄鍋內加熱至熔化，拌入麵粉，在中火上翻炒至奶油與麵粉起泡約 2 分鐘，小心不要讓混合物褐化。油糊離火，待停止起泡以後，用力打入所有熱牛奶，以鋼絲打蛋器將混合物攪拌到非常滑順。鍋子放回爐上，以中大火加熱，烹煮時用鋼絲打蛋器攪拌，將白醬煮稠並加熱至沸騰。攪拌沸煮 2 分鐘，按個人喜好稍微調味，鍋子便可離火。醬汁應該相當濃稠；若稠到很難塗抹，可一點一點慢慢打入更多牛奶（若提早製作白醬，可將鍋子邊緣的白醬擦乾淨，將一塊保鮮膜貼平在白醬表面以避免形成薄膜）。

用刮刀將 0.3 公分厚的白醬抹在烤盤底部，將一半的茄子鋪上去，然後再用剩餘醬汁的一半蓋起來。將剩下的茄子放上去，然後覆上最後剩下的醬汁。在表面撒上麵包屑，並淋上熔化的奶油。

(*) 提早準備：你可以提早進行到這個步驟結束，靜置備用。

焗烤時，若醬汁與茄子仍然溫熱，則放在中溫炙烤箱熱源下方 10.2–12.7 公分處，烘烤幾分鐘，烤到茄子滾燙且麵包屑稍微褐化。否則，可以將烤箱預熱到攝氏 218 度，將茄子放入烤箱上三分之一烘烤 15–20 分鐘，不過注意不要煮過頭。

香芹茄子舒芙蕾（Soufflé d'Aubergines en Persillade）

將打發蛋白拌入前則食譜加了醬汁的炒茄子裡，就可以把香芹茄子化為舒芙蕾——當然，這不是輕盈的起司舒芙蕾，而是能在彈簧扣寬口烤盤裡大幅度膨脹的菜餚。這道菜可以加上細緻的番茄醬汁，用來搭配

水煮牛肉、烤羊肉、炙烤雞或烤雞，或是當成午餐輕食的主菜。

8 人份

舒芙蕾醬底

前則食譜以白醬烘烤 907 公克炒茄子的材料

按照前則食譜的做法，替茄子去皮、切丁、鹽醃、瀝乾後拍乾。用油翻炒茄子，將茄子炒到完全變軟且稍微褐化。與紅蔥或青蔥和大蒜拌勻。

最好放在砧板上用大刀大略切塊（你會得到約 2½ 杯），和香芹一起輕輕拌入放了白醬的烤盤裡，並仔細修正調味。

(*) 提早準備：可以提早進行到這個步驟結束；將烤盤邊緣擦乾淨，並將保鮮膜貼平在醬汁表面。你也可以先入模（下一步驟），用碗蓋上，等到 1 小時以後烘烤。

組合與烘烤──以攝氏 204 度烘烤 25–30 分鐘

1 大匙軟化奶油

一只容量 6–8 杯的烤盤，深度約 5.1 公分（例如直徑 25.4–27.9 公分的圓形烤盤或燉鍋）

1/3 杯磨碎的帕瑪森起司

蠟紙

厚鋁箔紙與兩根直針

3 個蛋黃

5 個蛋白

1½–2 杯番茄醬汁，可參考第 425 頁，或是使用上冊第 90 頁的普羅旺斯番茄醬

算好時間預熱烤箱。烤盤內側抹上奶油，然後在烤盤底部與側面撒上起司。搖晃烤盤，將多餘的起司敲到蠟紙上保留備用。用抹上大量奶油的雙層鋁箔紙將烤盤周圍包好，並用針固定。鋁箔紙高度應該要超過烤盤邊緣約 3.8 公分。重新加熱舒芙蕾醬底，在中火上輕輕翻拌。拌入蛋黃。將蛋白打到硬性發泡（做法參考第 646 頁）；保留 1 大匙帕瑪森起司，將剩餘起司和四分之一的打發蛋白一起拌入舒芙蕾醬底。將剩餘蛋白舀到舒芙蕾醬底上，用橡膠刮刀輕輕翻拌均勻。

將混合物倒入準備好的烤盤裡。撒上剩餘起司，立刻將舒芙蕾放到預熱烤箱的下三分之一。烘烤 25–30 分鐘，烤到舒芙蕾膨脹成原本的兩倍左右，而且表面褐化（若在膨脹以後馬上上菜，舒芙蕾的中間仍然是

軟的，所以很快就會消掉；若繼續烘烤 5 分鐘，舒芙蕾會變得比較乾，不過能維持形狀的時間也會比較久。你可以按照個人喜好來操作，不過這些額外的烘烤時間可以讓你留些餘地）。

　　一旦舒芙蕾烤好，則從烤箱取出，拆掉鋁箔紙後馬上和用溫熱小碗盛裝的番茄醬汁一起上桌。

大蒜香草醬茄子（Pistouille）
〔和番茄、甜椒、大蒜與甜羅勒一起翻炒的茄子〕

　　普羅旺斯大蒜香草醬以新鮮大蒜和甜羅勒製成，將這種青醬拌入與番茄、甜椒和洋蔥一起熬煮的炒茄子，可以做出類似普羅旺斯燉菜的效果，不過做法簡單許多。這道菜冷熱皆宜，可以搭配炙烤魚、炙烤雞、烤肉、牛排、肉排、冷的烤豬肉、小牛肉或羊肉，而且剩菜可以用來鑲蛋、鑲番茄或其他蔬菜。

　　備註：這道菜自然在新鮮甜羅勒與番茄盛產時最美味。非產季期間，可使用新鮮番茄加上 1 大匙左右的罐裝番茄醬汁或番茄糊，假使找不到芳香的乾燥甜羅勒，則以奧勒岡代替。

4-6 人份

鹽醃與翻炒 907 公克茄子的材料，參考第 415 頁基本食譜步驟 1 與 2

茄子去皮、鹽醃、瀝乾、拍乾後用油翻炒到稍微褐化，做法參考基本食譜。

洋蔥、甜椒與番茄配菜

2/3 杯洋蔥末

2/3 杯切丁的青椒

2 大匙橄欖油

2 杯新鮮番茄肉（907 公克番茄去皮去籽榨汁後切丁）

一只容量 2½ 公升的單柄鍋或其他平底鍋

趁鹽醃茄子的時候，將洋蔥與青椒放入鍋內以油脂翻炒 10-15 分鐘，炒到蔬菜變軟變透明但尚未褐化。加入番茄肉，蓋上鍋蓋，熬煮 5 分鐘讓番茄出水；打開鍋蓋，以中火繼續熬煮 5 分鐘，讓湯汁幾乎完全蒸發。處理好以後靜置一旁備用。

　　將茄子炒好瀝乾，然後和番茄混合物一起放回平底鍋內，開蓋熬煮約 10 分鐘，讓味道融合也讓更多液體蒸發。混合物應該會形成厚稠團塊狀。

大蒜香草醬

2 瓣大蒜瓣

壓蒜器

12-14 片大片新鮮甜羅勒葉，切末（或約 1/2 大匙芳香的乾燥甜羅勒或奧勒岡）

一只小碗與一支杵，或是小木匙

用壓蒜器將大蒜壓成泥，再將甜羅勒或奧勒岡放入碗中，和大蒜一起搗碎，做成滑順的膏狀。將大蒜香草醬拌入熱騰騰的茄子裡。

(*) 提早準備：可以提早進行到這個步驟結束。靜置一旁備用。

3 大匙新鮮香芹末

上菜前重新加熱，修正調味，再拌入香芹。

冷食

2-3 個番茄

食鹽與胡椒

3 大匙新鮮香芹末

1/2 大匙橄欖油

無論茄子是剛煮好、放涼了，還是吃剩的，只要加入少許成熟的番茄，都可以讓菜餚風味變得更清新。番茄去皮去籽後榨汁，再把果肉切丁。將番茄放入碗中，輕輕拌入調味料、香芹與橄欖油。靜置 10 分鐘，瀝乾，然後和茄子拌勻。

變化版

大蒜香草醬茄子冷盤（Aubergines en Pistouille, Froides）
〔加入番茄與甜羅勒的希臘式冷茄子〕

這道菜和冷食的大蒜香草醬茄子差不多，不過味道更加辛辣。製備這道菜餚時，茄子會被放入芳香蔬菜高湯裡熬煮，然後稍微用油翻炒提味，再拌入同樣以芳香蔬菜高湯熬煮的番茄。最後，加入以大蒜和甜羅勒製作的大蒜香草醬，而這樣的做法讓它特別適合搭配沙丁魚、鮪魚、水煮蛋、鯷魚、橄欖油或其他普羅旺斯風味的零碎食材做成冷盤開胃菜。

芳香蔬菜高湯

3 杯清水，放入容量 3 公升的不鏽鋼單柄鍋內

1½ 大匙檸檬汁

3 大匙橄欖油

1½ 小匙食鹽

6 粒芫荽籽

1/4 小匙百里香

1 片進口月桂葉

2 瓣大蒜瓣，拍碎

907 公克質地扎實新鮮且外表有光澤的茄子

一只濾鍋，架在碗上

橄欖油

一只沉重的不沾平底鍋（若有可能應採用直徑 25.4-30.5 公分者）

一只大餐盤

將芳香蔬菜高湯的材料放入單柄鍋內混合，至少熬煮 5 分鐘，或是趁你處理茄子的時候熬煮。茄子去皮後切成 1.9 公分小塊。將一半（4 杯）的茄子放入微滾的芳香蔬菜高湯裡，加熱至沸騰後繼續熬煮 5 分鐘。過濾茄子，將高湯放回鍋中，繼續熬煮剩餘的茄子。煮好後瀝乾，再次將高湯放回鍋中，迅速收乾到剩下 1 杯後保留備用。同個時候，將約 0.15 公分高的橄欖油倒入平底鍋內，將瀝乾的茄子放入鍋內以中大火翻炒（若鍋子不夠大則先炒一半）。手握鍋柄，頻繁搖晃旋轉鍋身以拋翻茄子，翻炒幾分鐘，炒到茄子變軟但尚未褐化。將炒好的茄子放入大餐盤裡，油脂保留鍋中。

3-4 大匙紅蔥末或青蔥末

680 公克（6 個中型）番茄，去皮去籽榨汁後切成 1.2 公分塊狀（約 2 杯果肉）

1 或 2 瓣大蒜

壓蒜器

1/4 杯新鮮甜羅勒，切末（或約 1/2 大匙芳香的乾燥甜羅勒或奧勒岡）

3 大匙新鮮香芹末

將紅蔥或青蔥拌入平底鍋內，烹煮一下，然後加入番茄與收稠的芳香蔬菜高湯。讓液體小滾 5 分鐘，然後將火力調大，迅速將液體收到幾乎完全蒸發且番茄變得相當濃稠。修正調味。用壓蒜器將大蒜壓成泥，放入一只小碗中；香草放入碗中，用木匙將香草搗碎，做成滑順的膏狀；將做好的大蒜香草醬拌入熱騰騰的番茄裡。將番茄糊和茄子拌勻。冷卻以後蓋起來放入冰箱冷藏。上菜前撒上香芹末。

布拉瑪法姆的誘惑（LA TENTATION DE BRAMAFAM）
〔核桃茄子醬——冷的抹醬或餡料〕

茄子醬的食譜由來已久，不過據我們所知，這是唯一一則結合了茄子和核桃的食譜。這道菜餚可以用電動攪拌機輕鬆製作，做好以後可以放在冰箱保存一週以上，用來塗抹吐司或餅乾、當成雞尾酒小點的沾醬、用作水煮蛋或鑲番茄的餡料，或搭配醃肉切片和雞肉。

4-5 杯

約 907 公克質地扎實外表有光澤無損傷的茄子

電動攪拌機

198-227 公克（約 2 杯）碎核桃（用電動果汁機打碎）

3/4 小匙食鹽，可按需求增加用量

1/8 小匙胡椒

1-4 瓣大蒜瓣，用壓蒜器壓成泥

4-6 次塔巴斯哥酸辣醬

1/4 小匙多香果粉

烤箱預熱到攝氏 218 度。茄子去蒂後放到淺烤盤或派盤上，放入烤箱烘烤 30-35 分鐘，或是烤到摸起來完全變軟。將茄子縱切成兩半，用湯匙把茄肉挖出來，放入攪拌機的盆子裡。高速攪打幾分鐘，將茄肉打成泥狀，然後打入碎核桃、食鹽、胡椒、大蒜（用量按個人喜好）、塔巴斯哥酸辣醬、多香果與薑。按製作蛋黃醬的方法，幾滴幾滴慢慢打

1 小匙現磨薑末或 1/4 小匙薑粉

5–8 大匙橄欖油

自行選用的提味材料：1/2 小匙
味精

入油脂，做成質地滑膩的茄子泥，控制油量，不要稀釋混合物；適當的茄子泥質地，應該用湯匙舀起來稍微還能定形。仔細品嘗；修正調味，按個人喜好加入味精，這道誘惑抹醬就算完成。

(*) 提早準備：做好的茄子醬可以冷藏保存數日；亦可冷凍保存。

■ 普羅旺斯焗烤茄子（GRATIN D'AUBERGINES, PROVENÇAL）

〔和起司與番茄一起焗烤的茄子切片〕

　　若有時間準備，這會是最具魅力的茄子菜餚；茄子連皮切片，而且茄子切片在烤盤裡是立起來的，每兩片茄子之間都夾入起司與番茄。烘烤以後，紫色茄子皮會形成深色漣漪狀，中間有紅色和棕色點綴，而且即使盛盤，也能表現出同樣的視覺效果。這道菜尤其適合搭配烤羊肉或小牛肉。

　　備註：上冊第 90 頁新鮮番茄醬汁最適合用在這裡，不過下面用義大利罐裝番茄製作的醬汁也是很棒的選項。我們偏好罐裝番茄而非番茄糊，是因為前者濃度較低，做出來的醬汁與新鮮番茄較為接近。

4–6 人份

1. 番茄醬汁（使用罐裝番茄）──約 1 杯

1 杯洋蔥末

2 大匙橄欖油或食用油

容量 2 公升的有蓋厚底單柄鍋

1 罐 454 公克去皮義大利李子形番茄

一只篩子，架在碗上

洋蔥拌入油脂裡，蓋上鍋蓋，以小火烹煮 8–10 分鐘，或是煮到洋蔥變軟變透明但尚未褐化，烹煮期間應偶爾翻拌。同個時候，將番茄瀝乾，將湯汁集中在碗裡；將湯汁倒回罐子裡保留備用。番茄過篩去籽。待洋蔥煮

1 片月桂葉

1/4 小匙百里香或奧勒岡

1 塊 2.5 公分見方的乾燥橙皮或 1/4 小匙罐裝乾燥橙皮

一撮番紅花絲

1 瓣大蒜瓣，拍碎

1/4 小匙食鹽

軟以後，拌入番茄泥與香草、橙皮、番紅花、大蒜與食鹽。稍微蓋上鍋蓋，慢慢熬煮，偶爾翻拌，並在醬汁變太稠的時候加入少許番茄汁稀釋。醬汁至少應熬煮 30 分鐘，熬煮時間最好可以達到 45–60 分鐘，味道會更佳。仔細品嘗並修正調味。醬汁應該濃稠到用湯匙舀起來時可以稍微定形。

(*) 提早準備：可以提早幾天進行到這個步驟結束，冷藏保存番茄醬汁；亦可冷凍保存。

2. 水煮與翻炒茄子

907 公克質地扎實表皮有光澤的新鮮茄子

茄子去蒂後洗淨，不要削皮。按大小取決將茄子縱切成兩半或四瓣，然後切成約 1 公分厚度、皮到底部約 5.1 公分的切片。

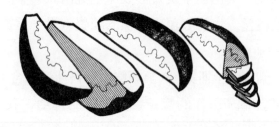

一只大單柄鍋，內有沸騰鹽水（每公升清水加入 1½ 小匙食鹽）

一支漏勺或溝槽鍋匙

一只鋪上幾層紙巾的托盤，另準備額外紙巾備用

一只大平底鍋（直徑 28 公分），最好使用不沾鍋

橄欖油或食用油

一把彈性抹刀

第二只托盤或餐盤，盛裝炒茄子用

以每次十幾片的量，將茄子放入沸水中煮 2 分鐘——只要煮軟不要煮熟；用漏勺或溝槽鍋匙撈出，放在紙巾上瀝乾。

用紙巾將茄子表面拍乾。在平底鍋內倒入 0.3 公分高的油脂，加熱至高溫但尚未冒煙。茄子下鍋翻炒 1 分鐘，每次下的量以可以在鍋底平鋪成一層為原則，將茄子的兩面都煎到稍微褐化，然後移到第二只托盤裡。繼續將剩餘茄子煎完，若有必要可增加油脂用量。（雖然這個步驟看來有些多此一舉，不過它卻是讓菜餚成品風味能凸顯出來的重要步驟。）

3. 組合

一只容量 5–6 杯的耐熱烤盤，例如長徑 25.4–27.9 公分深度 5.1 公分的橢圓形烤盤，內側抹油

約 113 公克瑞士起司，切成 0.16 公分厚度

保留備用的番茄汁

鋁箔紙

將茄子切片的紫色部分放在最上面，每排茄子切片相互交疊，並抹上番茄醬汁，放上起司片，如圖所示。

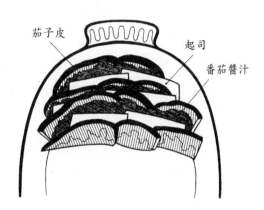

若需要更多空間，則一邊堆疊，一邊把每一排茄子壓緊；反之，則讓茄子攤平一點。倒入約 1/2 杯番茄汁，約能淹過茄子二分之一到三分之二的量。用鋁箔紙將烤盤包好。

(*) 提早準備：可以提早進行到這個步驟結束；若不打算在 1 小時內烘烤，則放入冰箱冷藏。

4. 烘烤與上菜──烤箱預熱到攝氏 191 度

稍微在爐火上加熱，待內容物開始沸騰，便放入預熱烤箱中層烘烤45–60 分鐘。烤到茄子切片變軟、湯汁變稠但沒有完全被吸收即可。在

烘烤最後 10 分鐘時拿掉鋁箔紙，將起司烤到上色並讓液體更濃稠。（若在完成烘烤前茄子有可能烤乾，則加入更多番茄汁。）趁滾燙上桌。

(*) 提早準備：這道菜可以提早烤好，待上菜時重新加熱即可。若要提早做好，則在液體尚未被完全吸收時將烤盤從烤箱中取出，如此一來重新加熱時才有充分的液體濕潤茄子。剩菜可以移到小烤盤裡，以低溫炙烤方式重新加熱。

變化版

焗烤鑲茄子（Gratin d'Aubergines Farcies）

〔運用剩肉的茄子番茄鍋，可當成主菜〕

只要利用炒茄子片、美味的番茄醬汁與磨碎的起司，就可以將前一天剩下的烤肉化為一道精采嶄新的主菜。火雞肉、小牛肉或豬肉尤其適合用來製作這道菜餚。肉會經過絞碎與調味，其他材料則與前則食譜相同。如果願意花時間，可以將茄子立起來擺，或是按照這裡的建議將茄子一層層平鋪在燉鍋裡。這道菜應趁熱上桌，搭配法國麵包與冰鎮的粉紅酒，之後可以端上拌好的綠蔬沙拉。這道菜冷食也很美味。

備註：就這類食譜而言，正確比例並不太重要。假使肉多一點或少一點，可以增加或減少洋蔥和其他調味料的用量。

6-8 人份

肉餡

1 杯洋蔥末
2 大匙橄欖油或食用油
一只直徑 20.3 公分的有蓋平底鍋

油脂放入鍋中，拌入洋蔥，蓋上鍋蓋，以小火烹煮 8-10 分鐘或煮到洋蔥變軟，烹煮期間偶爾翻拌。將爐火轉大，翻炒 2-3 分鐘，讓洋蔥褐化。

約 2 杯絞碎的熟小牛肉、豬肉或火雞肉（已將所有脂肪、皮與肌腱切掉）

約 1/2 杯烘烤或炙烤過的後腿肉，或是即用型火腿片（可納入部分脂肪），絞碎

約 1/4 小匙用於烹煮番茄醬汁的同種香草（百里香、奧勒岡、新鮮甜羅勒、迷迭香）

1/2 杯收稠的烤肉肉汁，或 1/2 杯高湯或清湯加上 1½ 小匙玉米澱粉

1 瓣大蒜，拍碎

食鹽與胡椒，用量按個人喜好

1 個雞蛋

3-4 大匙新鮮香芹末

將碎肉拌入洋蔥裡，並加入香草、肉汁或清湯，以及大蒜。熬煮 2-3 分鐘，讓味道融合。按個人喜好，用食鹽和胡椒仔細調味，若有必要可稍微增加香草用量。趁著完成其他步驟時，讓混合物冷卻。待混合物溫度降到微溫或冷卻以後，拌入雞蛋與香芹。

組合

前則食譜用來烹調 907 公克切片水煮後翻炒的茄子的材料，與 2 杯番茄醬汁、番茄汁與 1 杯粗磨的瑞士起司（亦可按個人喜好選用 2/3 杯帕瑪森起司）

容量 3 公升的烤盤或燉鍋如直徑 25.4 公分深 7.6 公分的圓形陶器，在內側抹油

1/4 杯粗的白麵包屑，新鮮或老的皆可

2 大匙橄欖油或熔化的奶油

一支橡膠刮刀

1 杯番茄汁

燉鍋鍋蓋或鋁箔紙

若採用直徑 25.4 公分、高 7.6 公分的圓形燉鍋，在組合時，茄子、肉、番茄醬汁與起司都應該可以分別有四層。按照茄子、肉、番茄醬汁與起司的順序堆疊，最上層應該是起司與麵包屑拌在一起的混合物。淋上橄欖油或熔化的奶油。沿著食材外圍，找幾處將食材往中心推約 0.6 公分，並將 1 杯番茄汁從這幾個地方倒進去。

(*) 提早準備：可在烘烤的前一天提早組合。

烘烤與上菜——以攝氏 171 度烘烤約 1 小時 15 分鐘

蓋上鍋蓋，在爐火上加熱至微滾，再按照基本食譜步驟 4 烘烤。

(*) 提早準備：可以提早烘烤完成再重新加熱。

兩道綠色蔬菜菜餚

焗烤恭菜（BLETTES GRATINÉES）
〔以起司醬焗烤的恭菜〕

　　這道菜餚能夠凸顯出恭菜的特別風味，而且讓恭菜成為非常吸引人的烤牛肉或雞肉配菜。這裡同時用上了狹長的白色菜莖與寬大的綠色菜葉，不過烹調時應先分開烹煮後再混合。

6–8 人份

1. 處理恭菜

約 10 根（2 把）新鮮恭菜	將綠色菜葉和一直延伸到菜葉中央的白色菜莖分開。菜葉洗淨後靜置備用。將變色的部分和末端切掉，徹底洗淨細長的白色菜莖，然後切成 0.6 公分小段（大約 8 杯）。

2. 烹煮菜莖

1/4 杯麵粉（自發麵粉很適合用在這裡） 一只容量 2½ 公升的厚底單柄鍋（不沾鍋較為實用） 一支鋼絲打蛋器 1 杯冷水與 2 杯熱水 1 小匙食鹽 1 大匙檸檬汁 切小段的菜莖 一支木匙 一只篩子，架在碗上	將麵粉放入單柄鍋內，一邊用鋼絲打蛋器攪打，一邊慢慢加入熱水，做成滑順的麵粉漿。接下來，打入熱水、食鹽與檸檬汁，再一邊攪拌一邊加熱至微滾。加入恭菜莖，熬煮約 30 分鐘或煮到變軟，烹煮期間偶爾攪拌，若有必要可加入少許清水以避免燒焦。煮好後瀝乾並保存烹煮液體。（你會注意到，恭菜莖在煮到變軟以後會出現細緻的味道，而且會在鍋底留下一層黏糊糊的薄膜。）

3. 烹煮菜葉

蒸菜菜葉
一大鍋沸騰的鹽水
濾鍋

趁熬煮菜莖時，將菜葉放入沸水中，待水恢復大滾後繼續開蓋烹煮 5-6 分鐘，或煮到菜葉變得相當軟。煮好後瀝乾，放入冷水中返鮮，再一把一把擠乾，最後將菜葉切碎，你應該可以得到約 2 杯。將菜葉和煮熟的菜莖混合。

4. 醬汁與組合

1 個蛋黃
1/4 杯鮮奶油
一只乾淨的單柄鍋
烹煮菜莖的液體（若有必要可加入牛奶以得到 2 杯液體）
食鹽與胡椒，用量按個人喜好
容量 5-6 杯、深度約 5.1 公分的烤盤，在內側抹油
1/4 杯磨碎的帕瑪森起司
1 大匙奶油

將蛋黃與鮮奶油放入單柄鍋內，以鋼絲打蛋器攪打均勻，然後慢慢加入烹煮菜莖的液體。混合以後加熱至微滾，攪拌並熬煮 1 分鐘。修正調味。在烤盤底部舀入一層醬汁。品嘗煮熟的菜莖與菜葉，若有必要可加以調味。將一半的菜莖菜葉放入烤盤平鋪，然後抹上一半的醬汁，並覆上一半的起司。將剩餘的蒸菜、醬汁與起司以同樣的順序放上去，最後綴以奶油丁。

(*) 提早準備：可以在上菜的前一天進行到這個步驟結束；用保鮮膜包好後冷藏。

5. 上菜

若蒸菜仍然溫熱，可以放在低溫炙烤箱裡烤到開始沸騰且表面變成漂亮的褐色。若混合物是冷的，則放入預熱到攝氏 191 度的烤箱上三分之一，烘烤約 30 分鐘，烤到開始沸騰且表面褐化。

焗烤洋蔥菠菜（GRATIN D'ÉPINARDS AUX OIGNONS）

〔與洋蔥一起燜燉的菠菜——亦可使用其他綠色蔬菜〕

　　這是一道很有個性的鮮奶油菠菜，非常適合搭配牛排、肉排、烤肉與炙烤魚；你也可以用來搭配水波蛋與麵包丁。雖然新鮮為王道，使用冷凍菠菜也能成功做出這道菜餚，此外，其他綠色蔬菜如綠葉甘藍、恭菜和羽衣甘藍也可以運用同樣的方式烹調。

4 人份

1 杯洋蔥末

3 大匙橄欖油

一只直徑 20.3 公分的厚底不沾平底鍋或琺瑯平底鍋

自行選用：1–2 瓣大蒜瓣，拍碎

2 杯燙過切碎的菠菜（907 公克新鮮菠菜放入沸水中燙 3 分鐘，瀝水擠乾後切碎）

2 大匙麵粉

1 杯熱牛奶，若有必要可增加用量

食鹽與胡椒，用量按個人喜好

2–4 大匙鮮奶油

洋蔥放入油脂裡翻炒 8–10 分鐘，或煮到洋蔥變軟且正開始稍微褐化。加入自行選用的大蒜，烹煮幾秒，然後拌入菠菜，在中火上翻炒 2 分鐘。拌入麵粉，繼續在中火上翻炒 2 分鐘。鍋子離火，慢慢拌入牛奶，然後再把鍋子放到爐火上，一邊攪拌一邊加熱至微滾，並按個人喜好調味。小火慢慢熬煮 10–15 分鐘，期間偶爾攪拌，以確保菠菜不會黏鍋。煮到菜葉變軟且牛奶已被吸收，就算完成。（若使用其他綠色蔬菜，可能要拉長烹煮時間並加入更多牛奶。）上菜前仔細品嘗以修正調味，並以每次 1 大匙的量慢慢拌入鮮奶油。

(*) 提早準備：菠菜加牛奶熬煮完畢後靜置備用；用橡膠刮刀抹平，並在表面抹上 2 大匙鮮奶油。上菜前重新加熱並完成烹煮。

南瓜與櫛瓜（COURGES ET COURGETTES）

　　在哥倫布於 1492 年返航之前，歐洲人並不認識南瓜屬植物。所有與南瓜屬植物相關的紀錄，時間上都可以回溯到哥倫布返歐以後，因此我們似乎可以說，南瓜屬植物源自美洲。英文裡南瓜屬植物通稱「squash」，這個字源自於北美原住民的阿爾岡昆語族，其拉丁文屬名為「Cucurbita」（南瓜屬），法文為「courge」。外皮堅硬、成熟且果肉為黃色的品種，如哈巴德南瓜、扁南瓜、橡實南瓜、甚至南瓜本身，都屬於所謂的冬季南瓜，法文是「courges」，而外皮柔軟、籽也軟嫩的類型如櫛瓜、黃彎頸南瓜與碟瓜，都是所謂的夏季南瓜，法文是「courgettes」。儘管如此，我們還是可以在 8 月找到冬季南瓜，而夏季南瓜也會出現在 12 月與 6 月。我們在此將重點放在夏季南瓜，尤其是櫛瓜，不過在這裡會從一道非常棒的南瓜料理開始。

鑲南瓜（LE POTIRON TOUT ROND）
〔鑲南瓜或用南瓜盛裝的南瓜湯〕

　　在法國，「potiron」泛指南瓜屬植物的任何成員，包括外觀類似美國南瓜、果肉呈黃色、味道類似哈巴德南瓜或橡實南瓜的「citrouille」。因此，在法國的時候，你很難確定自己眼前的到底是我們一般所謂的南瓜，還是其他南瓜屬植物；許多美國媳婦在嘗試複製法國婆婆的食譜，烹調著名的南瓜湯時，都會發現能帶來美妙滋味的秘密食材其實是南瓜屬植物，並非南瓜。使用美國南瓜來烹煮這道菜餡，你可以做成南瓜湯，或是用來搭配火雞、鵝肉、鴨肉、豬肉或野禽的澱粉蔬菜。將菜餡放在南瓜盅裡烹煮並隨著南瓜盅端上桌，總是能展現出相當有趣味的盛盤效果。

當成蔬菜為 6-8 人份

1½ 杯（壓緊）新鮮白麵包屑，
以不甜的自製白麵包製作

一只烤盤

1 個表皮細緻堅硬且無損傷的南
瓜（直徑約 15.2 公分），1.8
公斤重，帶有 5.1 公分長的莖

1 大匙軟化奶油

食鹽

將麵包屑平鋪在烤盤上，放入攝氏 149 度烤箱內烘乾，期間不時翻拌；烘乾約需要 15 分鐘。同個時候，取一把又粗又短的刀，從南瓜頂部切下直徑約 10.2 公分的蓋子。將南瓜蓋與南瓜內部的纖維和籽刮掉（可利用冰淇淋勺與葡萄柚刀），然後將軟化的奶油抹在南瓜內側和蓋子下方，並撒點食鹽。

2/3 杯洋蔥末

6 大匙奶油

一只直徑 20.3 公分的平底鍋

1/2 小匙食鹽

一撮胡椒與一撮肉豆蔻

1/2 小匙鼠尾草粉

1/2 杯切小丁或粗磨的瑞士起司

2-2¼ 杯低脂鮮奶油

1 片月桂葉

一只用來盛裝南瓜盅的淺烤盤
或餐盤，稍微抹上奶油

趁著烘乾麵包屑的時候，將洋蔥放入奶油裡，以小火烹煮 8-10 分鐘，將洋蔥煮到變軟變透明。接下來，拌入麵包屑，慢慢烹煮 2 分鐘，讓麵包屑吸收奶油。拌入調味料與鼠尾草。鍋子離火，拌入起司，然後將混合物舀入南瓜盅裡。倒入鮮奶油，讓混合物高度達到距離南瓜邊緣約 1.2 公分處。將月桂葉放在混合物表面，再把南瓜蓋放上去。

(*) 提早準備：可提早進行到這個步驟結束。

烘烤與上菜——烘烤時間約 2 小時

　　放入預熱至攝氏 204 度的烤盤烘烤 1 小時 30 分，烤到南瓜外層開始變軟，裡面開始沸騰。將烤箱溫度調降到攝氏 177 度，繼續烘烤 30 分鐘，直到南瓜變軟但還能維持形狀。（若南瓜褐化速度太快，可以用鋁箔紙或牛皮紙稍微蓋起來。）

　　(*) 提早準備：可以放在攝氏 93 度烤箱內保溫至少 30 分鐘。

　　上菜時，將蓋子移開，將長柄匙插進去，把底部和側面的南瓜肉刮下來，和餡料一起盛盤。

南瓜湯

使用重量在 2.7–3.2 公斤的南瓜與同樣的材料，不過用足量雞高湯代替鮮奶油，讓液體量達到距離南瓜邊緣 1.2 公分處。上菜前，將半杯左右的高脂鮮奶油與一把香芹末拌入南瓜湯裡。

櫛瓜與其他南瓜屬植物

櫛瓜

櫛瓜這種狀似小黃瓜的綠色南瓜屬植物，在市場上幾乎終年可見，它是本節的焦點，不過你也可以將黃彎頸南瓜、直頸南瓜或是條紋櫛瓜等用在這則食譜上。碟瓜也可以加以運用，尤其是用在鑲櫛瓜食譜。

如何購買與儲存夏季南瓜

購買夏季南瓜時，應尋找看來新鮮乾淨、手感沉重、觸感扎實且表皮薄嫩到你可以輕易用指甲刺穿者。可食用的夏季南瓜尚未成熟：你會發現瓜剖開時籽還很軟，而且圍繞在籽周圍的組織濕潤清脆。除了巨大的彎頸南瓜，尺寸對所有夏季南瓜而言就象徵著品質。小心長度超過 25.4 公分的櫛瓜、彎頸南瓜與直頸南瓜，以及長度超過 20.3 公分的條紋櫛瓜，和直徑超過 10.2 公分的碟瓜，這些可能都已經太大。儘管如此，在拿到稍微老一點的瓜時，還是可以把看來堅韌的表皮削掉，將瓜縱切成四瓣後再去掉稀爛的中心和硬籽，只使用介於表皮和中心之間的清脆瓜肉。冷藏時，應把瓜放入塑膠袋裡，若是瓜非常新鮮，應該可以保存一週至 10 天。

烹煮前的準備工作

去皮、鹽醃、水煮

　　表皮細嫩的南瓜屬植物並不需要去皮；它們的風味本來就細緻，去皮會讓它們變得更平淡無味。無論是黃色或綠色品種，都含有大量水分，若在正式烹煮前不先以某種方式處理，在烹煮時不但整鍋都會變得水水的，還很容易炒過頭。替夏季南瓜脫水的方法有二，兩種方法都很好用，也都不會損及其風味。最簡單的方法，是在打算翻炒櫛瓜塊或將櫛瓜挖空鑲餡時，將整條瓜放入沸騰鹽水中沸煮約 10 分鐘，煮到肉開始會因為按壓而凹陷的程度，此為水煮法。第二種方法為鹽醃，適用於切塊或擦絲的夏季南瓜，在鹽醃後靜置 20 分鐘，讓水分從組織滲出，然後擠乾或拍乾。我們這兩種方法都會用上，利用幾則以水煮後翻炒的櫛瓜為材料來烹調的特殊菜餚開始說明。

　　你會注意到，下面的食譜只用到兩次香草，而且只使用香芹，這是為了要增進櫛瓜的細緻風味，而不是讓香草把櫛瓜的味道掩蓋住。烹煮櫛瓜時，在加入醬汁或熬煮之前先行翻炒，可以讓櫛瓜的味道凸顯出來，而紅蔥、洋蔥、大蒜與起司等，則是原本就和櫛瓜的味道很相合的材料。

重量與大小

　　20.3 公分長、最寬直徑 4.4 公分的櫛瓜約為 142–170 公克重；3 條這種大小的櫛瓜約為 454 公克重。

　　454 公克生櫛瓜丁或櫛瓜片約為 3½ 杯。

　　454 公克擦絲的櫛瓜，稍微壓緊後約為 2 杯；鹽醃擰乾後約為 1 杯，流出來的汁液約為 2/3 杯。

　　454 公克櫛瓜當成配菜約為 2–3 人份。

使用水煮完整櫛瓜的食譜

水煮整條櫛瓜──或其他夏季南瓜

　　水煮櫛瓜或其他夏季南瓜的目的，在於將它們沸煮足夠長的時間，藉此將出水的程度減到最低，不過烹煮的時間也不會長到把它們完全煮到熟透。換言之，水煮處理過的櫛瓜並不軟，能夠維持形狀。

　　將櫛瓜（或其他夏季南瓜）的莖和末端削掉，用蔬菜刷在冷活水下將附著在表面的沙塵徹底刷乾淨。將櫛瓜放入一大鍋沸騰鹽水中，待水重新沸騰，慢慢開蓋沸煮 10-12 分鐘，煮到按壓瓜肉稍微會凹陷的程度。檢查每一條櫛瓜，煮好後一條條取出，馬上放入冷水中浸泡。將櫛瓜取出瀝乾，便可用來翻炒、鑲餡、做成糊狀或按照食譜操作。如果煮好後打算等到隔天才使用，則將櫛瓜蓋起來放入冰箱冷藏。

▪ 招牌炒櫛瓜（COURGETTES SAUTÉES, MAÎTRE D'HÔTEL）
〔檸檬香芹奶油炒櫛瓜〕

　　最簡單也最美味的櫛瓜菜餚，是將櫛瓜整條水煮後切成大丁，拌入奶油與調味料，並在起鍋時加上檸檬汁與香芹。以這種方式烹煮的櫛瓜，無論什麼菜餚都可以搭配，在你想要用一道簡單的綠色蔬菜搭配相當繁複的菜餚時非常推薦，例如與鮮奶油小牛肉片或燉燒雞肉搭配的方式。

6 人份

1. 炒櫛瓜

0.9-1.1 公斤水煮過的櫛瓜（例如長 20.3 公分、直徑 4.4 公分的櫛瓜 6-7 條）

紙巾

約 4 大匙奶油

1-2 大匙橄欖油或食用油

一只大型不沾平底鍋或琺瑯平底鍋（直徑 28 公分）

一只鍋蓋

食鹽與胡椒

按照前文步驟將櫛瓜刷洗、水煮與瀝乾後，按櫛瓜粗細決定縱切成四瓣或六瓣，然後橫切成 2.5 公分小段，並以紙巾拍乾。將 2 大匙奶油與 1 大匙橄欖油或食用油放入平底鍋內，以大火加熱至熔化。待奶油浮沫開始消失，放入櫛瓜，頻繁拋翻，手握鍋把旋轉搖晃鍋身 5 分鐘以上，直到櫛瓜開始上色。此時，櫛瓜應該剛開始變軟；若尚未變軟，則蓋上鍋蓋，以小火烹煮幾分鐘（若使用較小的平底鍋，則分批翻炒後集中倒入餐盤內，然後再把櫛瓜倒回平底鍋內）。按個人喜好加入食鹽與胡椒翻拌。

(*) 提早準備：可以提早進行到這個步驟結束。繼續下一步驟前，重新加熱至櫛瓜開始發出嘶嘶聲。

2. 招牌調味

幾滴新鮮檸檬汁

步驟 1 剩下的奶油

2-3 大匙新鮮香芹末

溫熱的餐盤或醃肉拼盤

上菜前，加入幾滴檸檬汁拌勻；修正調味，若有必要可加入更多檸檬汁。接下來，加入 1 大匙左右的奶油和香芹，翻拌均勻。將櫛瓜倒入溫熱的餐盤中，馬上端上桌。

變化版

普羅旺斯式炒櫛瓜（Courgettes Sautées à la Provençale）

〔以橄欖油翻炒並加入大蒜香芹的櫛瓜〕

大蒜與橄欖油與櫛瓜特別合拍，這道菜適合搭配牛排、肉排、炙烤雞和魚肉。

0.9–1.1 公斤水煮過的櫛瓜，縱切成四瓣後橫切成 2.5 公分小段

3–4 大匙橄欖油

食鹽與胡椒，用量按個人喜好

2–3 瓣大蒜，拍碎或切末

自行選用：1/4 杯乾燥的粗麵包屑，以不甜的自製白麵包製作

3–4 大匙新鮮香芹末

用紙巾將櫛瓜拍乾，然後將櫛瓜放入熱橄欖油裡翻炒，頻繁翻拌至櫛瓜恰變軟且表面稍微上色。上菜前，加入調味料、大蒜與自行選用的麵包屑，以中大火翻拌，最後再拌入香芹。

米蘭式焗烤櫛瓜（Courgettes Gratinées à la Milanaise）

〔與起司一起烘烤的炒櫛瓜〕

這是一道可以提早準備的方便菜，適合搭配炙烤雞或魚，以及牛排或肉排。

0.9–1.1 公斤水煮過的櫛瓜，按前面兩則食譜的方式處理

一只容量 6–8 杯、深 6.4 公分的烤盤，在內側抹上大量奶油

1/2 杯磨碎的帕瑪森起司，或是混用瑞士起司與帕瑪森起司

2 大匙熔化的奶油或橄欖油

按食譜步驟處理櫛瓜，不過不要把櫛瓜煮熟。在烤盤裡撒上起司，放上櫛瓜與起司，然後淋上奶油或橄欖油。若櫛瓜還是熱的，則放入炙烤箱重新加熱並烤到表面稍微上色，否則應放入預熱到攝氏 218 度的烤箱上三分之一烘烤 15 分鐘。

鮮奶油燉櫛瓜（Courgettes Étuvées à la Créme）

〔與鮮奶油和茵陳蒿一起熬煮的櫛瓜〕

法文字「moelleux」有柔軟之意，這以奶油和紅蔥拌炒後再和鮮奶油與茵陳蒿一起熬煮的櫛瓜菜餚，口感柔軟、入口即化且香氣溫和，用這個法文字最能一語道盡這道菜的特質。這道菜餚特別適合搭配烤雞肉與小牛肉。

有關準備工作：將櫛瓜切成自己想要的形狀。雖然前則食譜的 2.5 公分小段最容易烹煮，2.5 公分厚的圓片或 1 公分厚、6.4-7.6 公分長的長條狀，看來也很誘人。你可以選用直徑 28-30.5 公分的不沾平底鍋或琺瑯平底鍋、側邊垂直的深平底鍋或燉鍋來操作。如果你決定將櫛瓜切成長條狀，在預先翻炒時應分批處理。

6 人份

0.9-1.1 公斤水煮過的完整櫛瓜，按第 438 頁說明操作

約 4 大匙奶油

前文提及的一種鍋具

食鹽與白胡椒

2 大匙紅蔥末或青蔥末

1 小匙新鮮茵陳蒿末或 1/4 小匙芳香的乾燥茵陳蒿；若有必要可增加用量

約 1 杯法式酸奶油或鮮奶油，若有必要可增加用量

將水煮過的櫛瓜按照前文說明切好，並以紙巾拍乾。奶油放入鍋中，以中火加熱，熔化的奶油應達到 0.15 公分高度。待奶油浮沫開始消失，下櫛瓜翻炒 2-3 分鐘，拋翻或翻面，讓櫛瓜加熱到完全熱透但尚未褐化。按個人喜好以食鹽和胡椒調味，撒上紅蔥或青蔥，與茵陳蒿，再倒入鮮奶油。熬煮約 10 分鐘，期間頻繁用鮮奶油澆淋，直到櫛瓜變軟、鮮奶油收到恰能包覆櫛瓜。

(*) 提早準備：可以提早進行到這個步驟結束；開蓋靜置備用。繼續進行接下來的步驟前，應重新加熱至微滾。

若有必要可增加鮮奶油用量，剩餘的奶油

2 大匙新鮮香芹末，若可取得亦加入 1 小匙新鮮茵陳蒿末

一只溫熱的大餐盤

上菜前，仔細品嘗以修正調味，若有必要可加入少許茵陳蒿、食鹽和胡椒。若醬汁收得太乾，或是看起來稍微結塊，可以加入 2-3 大匙鮮奶油；加熱至微滾後鍋子離火，並繼續澆淋櫛瓜，讓醬汁變得更滑順。加入另一大匙奶油，澆淋到奶油完全被吸收。將櫛瓜倒在大餐盤上，撒上香草後馬上端上桌。

熱量稍高的版本

熬煮櫛瓜時，你可以使用一款稀薄的鮮奶油醬來代替純鮮奶油，例如第 466 頁的甜羅勒馬鈴薯。

其他炒水煮櫛瓜菜餚

莫爾奈醬焗烤櫛瓜（Courgettes Gratinées, Mornay）
〔以起司醬焗烤的櫛瓜〕

想要準備一道質地滑膩的蔬菜，用來搭配炙烤肉或烤雞，而且還要是一道可以提早準備好的菜餚，則可以按照第 438 頁基本食譜，準備檸檬香芹奶油炒櫛瓜。接下來，參考第 411 頁莫爾奈醬焗烤青花菜，將櫛瓜輕輕拌入起司醬，放入烤盤，並按照青花菜的做法，撒上起司與奶油後放入烤箱完成。

焗烤香芹櫛瓜（Courgettes en Persillade, Gratinées）
〔以大蒜、香芹和白醬烘烤的櫛瓜〕

要替代前則食譜的起司醬焗烤南瓜，可以參考第一個版本的做法，選用第 439 頁以橄欖油和大蒜香芹拌炒的櫛瓜，並拌入白醬，撒上麵包

屑與奶油，按照第 418 頁焗烤香芹茄子的做法處理。這種做法帶有淡淡的大蒜香，非常美味，可以搭配牛排、肉排與烤羊肉。

大蒜香草醬茄子（Courgettes en Pistouille）
〔與番茄、甜椒、大蒜和甜羅勒一起熬煮的櫛瓜〕

在這裡，炒櫛瓜和煮熟的洋蔥、甜椒和番茄一起熬煮，最後拌入大蒜與羅勒調味。這道菜非常適合搭配炙烤魚、雞、烤肉、牛排與肉排，也可以當成野餐冷菜。按照第 423 頁大蒜香草醬茄子的食譜，用炒過的水煮櫛瓜代替茄子。

使用鹽醃櫛瓜粗絲的食譜（Courgettes Rapées）

擦絲後鹽醃，讓蔬菜脫水後輕輕擰乾，並以奶油或橄欖油翻炒幾分鐘，將之炒軟的做法，是運用櫛瓜或其他軟嫩夏季南瓜的好方法。處理好以後，你可以直接將櫛瓜端上桌、與鮮奶油熬煮、加入醬汁烘烤，或將之化為模烤的鹹卡士達。預先翻炒可替櫛瓜提味，並移除多餘的水分。第一次吃到櫛瓜絲的人，幾乎都會把它當成一種讓人驚豔的新蔬菜。

替櫛瓜或其他夏季南瓜擦絲與鹽醃

櫛瓜（和其他夏季南瓜）去頭尾，用刷子在冷活水底下徹底刷乾淨，移除附著在表面的塵土。若瓜很大條，則切成兩半或四瓣。若籽又大又硬，而且周圍瓜肉纖維很粗，毫無濕潤清脆的特質，則將中央切下來丟掉，這種情況比較常見於黃色櫛瓜或條紋櫛瓜。用粗孔徑刨絲器將櫛瓜擦成絲，並將櫛瓜絲放進架在碗上的濾鍋裡。每 454 公克（2 杯）櫛瓜絲，加入 1 小匙食鹽翻拌均勻。讓櫛瓜瀝水 3–4 分鐘，或是等到你準備進行下一步驟之際。烹煮前，將一把櫛瓜絲擰乾並品嘗。若櫛瓜絲太鹹，可以放入一大碗冷水中清洗，然後再試吃；若有必要可再次清洗並

瀝乾。接下來，一把一把輕輕將櫛瓜絲擰乾，讓菜汁流回碗裡。以紙巾擦乾。處理好的櫛瓜並不蓬鬆；儘管仍然濕潤，多餘的水分已經去除。

稍帶鹹味的淺綠色菜汁帶有淡淡的櫛瓜味，可以用於蔬菜湯、罐頭湯或蔬菜醬汁。

■ 炒櫛瓜絲（COURGETTES RAPÉES, SAUTÉES）
〔以奶油和紅蔥翻炒的櫛瓜絲〕

這是炒櫛瓜絲的基本食譜。做好的炒櫛瓜可以直接上桌、稍微多加點奶油，或是做成基本食譜後的變化版。它就如水煮後翻炒的櫛瓜，和所有菜餚都可搭配，是道相當中性卻饒具吸引力的配菜，尤其適合搭配鮮奶油菜餚如胸腺，以及花俏的白酒醬比目魚。你也可以用炒櫛瓜絲代替菠菜，墊在水波蛋佐荷蘭醬、奶油雞之類的菜餚下面。

4-6 人份

1. 預先翻炒

0.9-1.1 公斤水煮過的櫛瓜（例如長 20.3 公分直徑 4.4 公分的櫛瓜 6-7 條）

2 大匙奶油

1 大匙橄欖油或食用油

一只大型（直徑 28 公分）不沾平底鍋或琺瑯平底鍋

2-3 大匙紅蔥末或青蔥末

若有必要也準備鍋蓋

按前則食譜備註修整並清洗櫛瓜，然後擦絲、鹽醃再擰乾（應可得 2-2½ 杯）。以中火加熱橄欖油與奶油，待奶油熔化後拌入紅蔥或青蔥烹煮一下，再把爐火調成中大火。等到奶油浮沫開始消失，櫛瓜便可下鍋。頻繁翻炒 4-5 分鐘，手握鍋柄搖晃旋轉鍋身。炒到櫛瓜變軟就算烹煮完成；品嘗以確認熟度（你也可以在快要完成時蓋上鍋蓋，以小火繼續烹煮幾分鐘）。

(*) 提早準備：你可以提早幾個小時將櫛瓜炒好，之後開蓋靜置備用；放涼以後蓋起來，等到要繼續下一步驟之前應重新加熱。

2. 最後調味與上菜

若有必要可增加食鹽用量，另
準備白胡椒

2-3 大匙軟化的奶油，按個人
喜好增加用量

一支橡皮刮刀

一只溫熱的大餐盤

上菜前，重新以拋翻和翻炒的方式加熱櫛
瓜。仔細品嘗以修正調味。鍋子離火，以每
次 1 大匙的量，用橡皮刮刀拌入奶油。將櫛
瓜倒入溫熱的餐盤裡，馬上端上桌。

變化版

鮮奶油櫛瓜絲（Courgettes Rapées à la Créme）
〔以鮮奶油熬煮的櫛瓜絲〕

按照基本食譜步驟 1 炒櫛瓜絲，然後倒入約 1 杯法式酸奶油或鮮奶
油，熬煮幾分鐘，煮到櫛瓜吸收鮮奶油且醬汁變稠。上菜前重新加熱，
並拌入 1 大匙左右軟化奶油。

普羅旺斯式炒櫛瓜絲（Courgettes Rapées, Sautées à la Provençale）
〔以大蒜和橄欖油拌炒的櫛瓜絲〕

在按照基本食譜步驟 1 炒櫛瓜的時候，用橄欖油代替奶油。按個人
喜好決定是否保留紅蔥或青蔥，並加入 1 或 2 瓣拍碎或切末的大蒜。

炒櫛瓜菠菜（Courgettes aux Épinards）
〔炒櫛瓜絲與切碎的菠菜〕

無論你想從哪個角度去看，菠菜與櫛瓜的組合都是相得益彰，菠菜
能讓櫛瓜菜餚更有個性，而櫛瓜則讓菠菜的味道變得更細緻。你可以用
這個吸引力十足的組合，代替前面或後面變化版的純櫛瓜。我們在此建

議使用橄欖油與大蒜，不過你也可以採用第 443 頁基本食譜的奶油與紅蔥。此外，我們也建議預先用沸水將菠菜稍微煮過，不過若使用柔軟新鮮的菠菜嫩葉，則可以省略水煮的步驟。

6-8 人份

0.9-1.1 公斤櫛瓜 約 907 公克新鮮菠菜 一大鍋沸騰鹽水 一只濾鍋	按照第 442 頁說明，將櫛瓜修整清洗以後擦絲鹽醃，最後擰乾。趁鹽醃櫛瓜的時候，修整並清洗菠菜；將菠菜放入大滾沸水中沸煮 1-2 分鐘，煮到菜葉變軟。將菠菜取出瀝乾，放入冷水中返鮮後擠乾並切碎。
2-3 大匙橄欖油 1 或 2 瓣拍碎的大蒜 食鹽與胡椒 2-3 大匙軟化的奶油	將櫛瓜擰乾，與熱油和大蒜一起翻炒。待櫛瓜幾乎變軟，拌入切碎的菠菜。上菜前約 10 分鐘重新加熱，翻拌後蓋上鍋蓋，以小火烹煮幾分鐘，將菠菜煮到理想的柔軟度。按個人喜好仔細調味。鍋子離火，並以每次 1 大匙的量拌入奶油。將蔬菜倒入一只溫熱的餐盤裡，馬上端上桌。

起司櫛瓜焗飯（Tian de Courgettes au Riz）
〔以起司焗烤節瓜、米飯和洋蔥〕

　　法文菜名中「tian」一字，指過去在普羅旺斯地區的一種長方形陶製淺烤盤。任何以這種烤盤烹煮的菜餚，菜名都有「tian」這個字，就如用燉鍋烹煮的雞肉直接被稱為燉雞。近年來，一直很流行將「tian」這個字用在菜名上，不過演變至今，其形狀與內容已經出現非常大的變化。櫛瓜與米飯的組合很常見，加入萵菜與菠菜的做法亦然；因此，你也可以

利用前則食譜建議的櫛瓜菠菜組合，來代替這則食譜只使用櫛瓜的做法。這道菜可以搭配烤肉、牛排、肉排、小牛肝、炙烤魚或雞，或是當成第一道主菜。

6 人份

0.9–1.1 公斤櫛瓜

1/2 杯生白米

1 杯洋蔥末

3–4 大匙橄欖油

2 瓣大蒜瓣，拍碎或切末

2 大匙麵粉

約 2½ 杯熱液體：櫛瓜汁加上牛奶，放入鍋內加熱

約 2/3 杯磨碎的帕瑪森起司（保留 2 大匙稍後使用）

食鹽與胡椒

一只容量 6–8 杯、深度約 4 公分的耐熱烤盤，抹上大量奶油

2 大匙橄欖油

按照第 442 頁步驟，將櫛瓜修整洗淨後擦絲鹽醃再擰乾。趁瀝乾櫛瓜時（保留菜汁），將生白米放入沸騰鹽水中，迅速加熱至重新沸騰，沸煮 5 分鐘整；瀝乾後靜置備用。取一只大平底鍋（直徑 28 公分），以油脂慢慢烹煮洋蔥 8–10 分鐘，將洋蔥煮到變軟變透明。稍微將爐火調大，翻炒幾分鐘，讓洋蔥稍微褐化。接下來，拌入擰乾的櫛瓜絲與大蒜，翻炒 5–6 分鐘，將櫛瓜炒軟。撒上麵粉，以中火翻炒 2 分鐘後離火。慢慢拌入熱騰騰的液體，確保麵粉混合均勻滑順。將鍋子放回爐火上，以中大火加熱至微滾，期間不時攪拌。鍋子再次離火，拌入水煮過的白米與起司，起司應保留 2 大匙稍後使用。仔細品嘗以修正調味。將混合物倒入抹了奶油的烤盤裡，把預留的起司撒上去，再淋上橄欖油。（提早預熱烤箱以便烘烤。）

(*) 預先準備：可以提早幾個小時或一天進行到這個步驟結束。

　　約在上菜前 30 分鐘，放在爐火上加熱至微滾，然後放入預熱到攝氏 218 度的烤箱上三分之一，烤到菜餚沸騰且表面褐化。米飯應該會吸收所有液體。

模烤櫛瓜（Timbale de Courgettes）
〔以櫛瓜、洋蔥和起司製作的模烤卡士達〕

這是一道外觀高雅且運用方式多端的美味菜餚，可以當成第一道主食、午餐輕食菜餚、或當成烤雞或炙烤雞、羊鞍、小牛肉排或羊排的配菜。這道菜餚混合了炒櫛瓜絲、煮熟的洋蔥、起司、鮮奶油與雞蛋，在烘烤後脫模並灑上奶油麵包屑與香芹。除了味道以外，它最吸引人的地方是來自起司的濕潤口感，類似舒芙蕾柔嫩的中心。

非模烤卡士達的雞蛋比例：要製作這種類型的卡士達，每加入一杯其他材料，應加入 2 個大雞蛋；如此一來，1 公升材料會需要 8 個（1½–1⅔ 杯）大雞蛋與一只 6 杯容量的烤盤。

6 人份

1. 櫛瓜混合物

約 907 公克櫛瓜
2 杯洋蔥末
3 大匙奶油
1 大匙橄欖油或食用油
食鹽與胡椒
一只容量 1 公升的量杯
一支橡膠刮刀

按照第 442 頁步驟，將櫛瓜修整洗淨後擦絲鹽醃再擰乾；你應該可以得到約 2–2⅓ 杯櫛瓜絲。趁瀝乾櫛瓜時，將奶油與食用油放入大平底鍋內（直徑 28 公分），洋蔥下鍋慢慢烹煮 12–15 分鐘或以上，煮到非常軟、透明且剛開始褐化。將爐火轉大，拌入櫛瓜，翻炒 5–6 分鐘。蓋上鍋蓋，繼續以小火烹煮櫛瓜幾分鐘，將櫛瓜煮軟。按個人喜好調味，然後刮入量杯裡。

2. 卡士達混合物──約 5½ 杯

113 公克（1 杯稍微壓緊）磨碎帕瑪森起司與瑞士起司的混合物

將起司加入量杯裡的蔬菜，倒入足量鮮奶油，攪拌均勻，混合物體積應達到 4 杯標

1 杯多用途鮮奶油，若有必要可增加用量

一只容量 2½–3 公升的攪拌盆與一支鋼絲打蛋器

8 個大雞蛋（1½–1⅔ 杯）

食鹽與胡椒，用量按個人喜好

一只容量 6 杯的圓筒形烤盤，深度約 8.9 公分（例如夏洛特模），內側抹上大量奶油，底部鋪上抹奶油的蠟紙

線。將混合物倒入攪拌盆內，把量杯刮乾淨。將雞蛋打入量杯裡，確保雞蛋體積至少達到 1½ 杯；將蛋黃蛋白打勻，然後將蛋液拌入櫛瓜混合物理。仔細品嘗以修正調味，然後將混合物倒入烤盤內。

(*) 提早準備：可以提早進行到這個步驟結束；蓋起來放入冰箱冷藏。繼續進行下一步驟之前，應輕輕將混合物攪拌均勻。冷藏過的卡士達可能會需要多烤 10–15 分鐘。

3. 烘烤──預計 1 小時；烤箱預熱到攝氏 191 度

一只約 7.6 公分深且大到能夠容納烤盤的鍋子

沸水

等到你準備要烘烤卡士達時，將烤盤放入鍋內，然後在鍋內倒入足量沸水，讓水位達到烤盤的三分之二。烤盤連鍋一起放入預熱烤箱的下三分之一。為了確保能做出質地平滑、沒有氣泡的卡士達，你應該要調整烤箱溫度，讓鍋內的水在烘烤過程中維持接近微滾的程度；經過 15 分鐘以後，將烤箱溫度調降到攝氏 177 度，你可能得在接近烘烤尾聲時，繼續將烤箱溫度調降到攝氏 163–149 度。卡士達應該可以在 35–40 分鐘左右烤好：輕搖烤盤，表面中央看來應該已經定型，不會過度搖晃。將刀子或扦子插入卡士達中間，拿出來應該幾乎不會沾黏，看起來有點油油的，也許或多或少會有少許卡士達附著。將烤盤從鍋中取出，讓卡士達靜置 20 分鐘以後再脫模。

4. 上菜

3-4 大匙澄清奶油（熔化後撈除浮沫的奶油；舀掉牛奶固形物的清澈液體奶油）

一只小平底鍋（直徑 17.8-20.3 公分）

1/2 杯乾燥且中等粗細的麵包屑，以不甜的自製白麵包製作

3-4 大匙新鮮香芹末

食鹽與胡椒，用量按個人喜好

趁卡士達在烘烤或冷卻的時候，或是在其他合適的時間，按照下列方式製備裝飾用的香芹麵包屑：將澄清奶油放入鍋中加熱，一旦沸騰，便拌入麵包屑。以中大火翻炒幾分鐘，讓麵包粉稍微上色。鍋子離火，待冷卻後拌入香芹與調味料。

稍微抹上奶油的熱餐盤

　　卡士達靜置 20 分鐘以後，用刀子沿著卡士達邊緣刮一圈。將餐盤倒扣在烤盤上，將烤盤和餐盤一起倒過來，讓卡士達脫模到餐盤上。撒上香芹麵包屑並盡快端上桌。

　　(*) 提早準備：若還沒打算上菜，則先不要脫模，讓卡士達留在烤盤內並浸在熱水鍋裡，放在關掉的烤箱裡保溫。如此處理，至少可以保溫 30 分鐘以上，等到上菜前再脫模。

鑲櫛瓜（Courgettes Farcies）

　　鑲櫛瓜可以當成第一道主菜，尤其是以米飯或蔬菜為餡料者。最適合鑲餡的櫛瓜，長度為 15.2-20.3 公分，而且半條櫛瓜通常足以當成一份第一道主菜，或是當作肉類菜餚的配菜。若將櫛瓜當成主菜，則以每人 2-3 條半條櫛瓜計算。

▪ 杏仁鑲櫛瓜（COURGETTES FARCIES AUX AMANDES）
〔鑲入杏仁起司餡的櫛瓜〕

　　這樣的餡料饒富吸引力，不只是因為以杏仁為餡的做法不常見，更因為櫛瓜的味道並不會被餡料抹煞掉。這道菜應單獨上菜，或是搭配小

牛肉排或小牛肉片，或以烘烤、炙烤或煎炒方式烹煮的雞肉。

6 人份

1. 準備鑲餡用的櫛瓜

3 條同樣大小的櫛瓜，約 20.3
公分長 5.1 公分寬
一大鍋沸騰的鹽水
一把葡萄柚刀
食鹽
紙巾

修整並刷洗櫛瓜；放入沸騰鹽水中煮約 10 分鐘，煮到用手按壓瓜肉恰會下陷的程度，參考第 437 頁說明。將櫛瓜縱切成兩半，用葡萄柚刀將中央瓜肉挖乾淨，做成船形外殼，邊緣與底部約 1 公分厚。在櫛瓜殼內側稍微撒點食鹽，切面朝下，放在紙巾上瀝乾。將挖出來的櫛瓜肉切碎，用紙巾擠出多餘水分後保留至稍後製作餡料時使用。

2. 以杏仁、起司和麵包屑製作的餡料——約 2 杯

1/4 杯洋蔥末
1½ 大匙橄欖油或食用油
一只直徑 15.2-20.3 公分的鍋子
切碎的櫛瓜肉
一只容量 2 公升的攪拌盆
71 公克（1/2 杯稍微壓緊）杏仁粉（用電動果汁機攪打去皮杏仁）
1/2 杯鮮奶油
1/2-2/3 杯乾燥的細麵包屑，以不甜的自製白麵包製作
57 公克（1/2 杯稍微壓緊）磨碎的瑞士起司（保留 3 大匙稍後使用）
1 個大雞蛋
食鹽與胡椒，用量按個人喜好
2-3 大撮丁香粉

洋蔥和油脂放入鍋裡拌勻，蓋上鍋蓋，以小火烹煮 8-10 分鐘，或是煮到洋蔥變軟變透明，烹煮期間偶爾翻拌。打開鍋蓋，將爐火轉大，將洋蔥炒到開始上色，便可拌入櫛瓜肉翻炒幾分鐘，炒到櫛瓜變軟。將櫛瓜洋蔥刮入攪拌盆裡，拌入杏仁與鮮奶油。加入 1/3 杯麵包屑，徹底攪拌均勻後再加入起司，最後加入雞蛋，起司應保留 3 大匙稍後使用。用湯匙舀起混合物時，應該稍微能維持形狀；若是太軟，則小匙小匙慢慢加入適量麵包屑混合均勻。按個人喜好加入食鹽、胡椒與丁香粉調味。

3. 填餡與烘烤——以攝氏 204 度烘烤 25-30 分鐘

一只長方形或橢圓形烤盤，大小恰能讓 6 條半條櫛瓜平鋪成一層，烤盤內側抹上大量奶油

3 大匙剩餘的麵包屑與 3 大匙起司，放在小碗裡混合

3 大匙熔化的奶油

將櫛瓜放在烤盤裡，帶皮面朝下，填入餡料並將餡料堆成小丘。在表面撒上起司麵包屑，並淋上熔化的奶油。

放入預熱烤箱的上三分之一烘烤 25-30 分鐘，烤到非常熱且表面上色。（不要煮過頭，否則櫛瓜殼會太軟，不方便上菜。）將烤盤直接端上桌，或是將櫛瓜放在肉拼盤周圍。

(*) 提早準備：做好後可以保溫，不過小心不要讓櫛瓜殼變軟。

變化版

胡椒飯鑲櫛瓜（Courgettes Farcies au Riz et aux Poivrons）
〔以胡椒飯為餡的鑲櫛瓜〕

這是另一種用於鑲櫛瓜的餡料，無論冷食或熱食都好吃。按照前則食譜的做法處理櫛瓜後鑲餡烘烤，不過以下列方式製作餡料。

胡椒飯餡與番茄配料——2 杯，適用於 6 條 20.3 公分長、5.1 公分寬的半條櫛瓜

1/2 杯洋蔥丁

4 大匙橄欖油（保留 2 大匙稍後使用）

1/2 杯青椒丁

1 瓣大蒜瓣，拍碎

切碎的櫛瓜肉

1/3 杯生的白長米

1 個雞蛋

將洋蔥和油脂放入一只中型平底鍋（直徑 25.4 公分）內拌勻，蓋上鍋蓋，以小火烹煮 8-10 分鐘，煮到洋蔥變軟，期間偶爾翻拌。打開鍋蓋，將爐火轉大並把洋蔥炒到稍微上色，接著加入青椒、大蒜與櫛瓜肉。蓋上鍋蓋，慢慢烹煮幾分鐘，將青椒煮軟。把混合物倒入攪拌盆內。同個時候，將生米放入沸

1/3 杯磨碎的帕瑪森起司（保留
3 大匙稍後使用）

3 大匙新鮮香芹末

食鹽與胡椒

3 個中型番茄，去皮去籽榨汁後
切丁

騰鹽水中烹煮 10 分鐘整，取出瀝乾後加入攪拌盆內。打入雞蛋，接著加入起司與香芹。仔細以食鹽和胡椒調味。將餡料堆到水煮並挖空的半條櫛瓜殼裡。以食鹽和胡椒替番茄丁調味，然後把番茄鋪在餡料上，放上剩餘起司，並灑上剩餘的橄欖油。烤箱預熱到攝氏218度，將鑲櫛瓜放入預熱烤箱烘烤 25–30 分鐘，烤到櫛瓜非常熱而且起司稍微上色。

其他餡料

　　你可以按照基本食譜的做法，運用各種不同的餡料製作鑲櫛瓜，餡料可以使用其他蔬菜、剩肉混合物、香腸混合物等，完整清單可參考第 617–619 頁。

鑲洋蔥——鑲甘藍菜（OIGNONS FARCIS—CHOUX FARCIS）

洋蔥鑲飯（OIGNONS FARCIS AU RIZ）
〔以米飯、起司和香草為餡料的鑲洋蔥〕

　　將洋蔥挖空，把挖出來的部分切碎煮熟後拌入米飯當成餡料製作鑲洋蔥，只需要少許起司、鮮奶油和一撮香草來提味。當成熱食上菜時，它能夠讓炙烤雞或魚凸顯出來，搭配烤肉、牛排與肉排也相當吸引人。當成冷食，則可以搭配冷的肉類菜餚或魚肉，或是用作開胃菜。下面的食譜適用於大洋蔥，不過比較小的洋蔥，做法也是一樣的：無論何種尺寸，你都得將生洋蔥挖空，將洋蔥水煮到恰好變軟，然後填餡烘烤。如果不先水煮洋蔥，那麼洋蔥就會需要烤非常久，而且在過程中可能會爆開變形。（餡料清單可參考第 617–619 頁。）

6 個大洋蔥

1. 將洋蔥挖空後水煮

6 個質地扎實、新鮮無損傷的大
洋蔥，若有可能，直徑至少 8.9
公分，黃白皆可

一把鋒利的小刀與一把葡萄柚刀

一大鍋沸騰鹽水

一支溝槽鍋匙與一只濾鍋

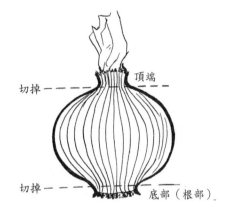

每次一個，將洋蔥的頂端與底部削掉，並把
皮和第一層洋蔥去掉。接著，就可以開始將
洋蔥挖空，做成洋蔥杯。

用鋒利的小刀，從頂端挖掉圓錐狀的洋蔥核。
（保留所有挖掉的洋蔥於步驟 2 使用。）

小心不要把底部和側面挖得
太薄（厚度應為 1.2 公分左右，
或如此大小的洋蔥四層），用葡
萄柚刀將洋蔥挖空，做成杯狀。

　　將洋蔥杯放入沸水裡烹煮。待水重新沸騰後，開蓋並維持小滾沸煮 10-15 分鐘，煮到洋蔥恰變軟但仍然能維持形狀。小心將洋蔥取出，倒放在濾鍋裡瀝乾（保留沸水於下一步驟使用）。

2. 洋蔥飯起司餡

挖出來的洋蔥
3-4 大匙奶油
一只有蓋的大平底鍋
一只容量 3 公升的攪拌盆

趁水煮洋蔥杯的時候，將所有可以使用的洋蔥切末。將洋蔥末放入奶油裡，蓋上鍋蓋烹煮 8-10 分鐘，煮到洋蔥變軟變透明，烹煮期間偶爾翻拌；打開鍋蓋，將爐火轉大，將洋蔥翻炒到稍微上色。將 1 杯洋蔥放入攪拌盆裡（請記住，炒好的洋蔥若有剩，可以放入冰箱冷藏或冷凍）。

1/3 杯生白米
煮洋蔥的沸水

在洋蔥杯水煮並取出以後，將白米放入沸水中，小滾沸煮 10-12 分鐘，煮到米粒幾乎變軟。徹底瀝乾米粒，然後加入攪拌盆裡。

1/3 杯磨碎的帕瑪森起司
1/4 杯法式酸奶油或鮮奶油
1/2 杯乾燥且中等粗細的麵包屑，以不甜的自製白麵包製作（用於此處與步驟 3）
1/4 杯香芹末
2 大匙甜羅勒末或 1 小匙新鮮茵陳蒿末（或 1/4-1/2 大匙芳香的乾燥甜蘿勒、奧勒岡、鼠尾草或茵陳蒿）
食鹽與胡椒，用量按個人喜好

將起司與鮮奶油加入攪拌盆內，和米飯與洋蔥拌勻，然後加入 2 大匙麵包屑。若混合物舀起來時無法定形，則再加入 1 大匙左右的麵包屑，讓混合物變稠並黏合在一起。拌入香草與調味料。

3. 填餡與烘烤——以攝氏 191 度烘烤 1 小時至 1 小時 15 分鐘

3-4 大匙熔化的奶油

一只恰能容納洋蔥的耐熱烤盤，例如直徑 30.5 公分深度 7.6 公分的燉鍋，在內側抹上大量奶油

1/2 杯不甜的白酒或不甜的法國白苦艾酒

1/2-1 杯牛肉高湯或清湯

麵包屑

一支滴油管

烤箱預熱到攝氏 191 度。在洋蔥杯外面抹上奶油或油脂，然後放到烤盤上。在洋蔥杯內側稍微撒點食鹽和胡椒，然後填入餡料，將餡料堆成 1.2 公分高的小丘。撒上 1 小匙麵包屑與熔化的奶油。將酒倒在洋蔥周圍，然後加入足量高湯或清湯，讓液體高度達到洋蔥的三分之一。在爐火上加熱至微滾，然後放入預熱烤箱的下三分之一。

開蓋烘烤 1 小時至 1 小時 15 分鐘，調整烤箱溫度，讓液體保持微滾，並以烤盤內液體澆淋洋蔥外側數次。烤到刀子可以輕易插入洋蔥時，便算烘烤完成，請小心不要烤過頭，否則洋蔥會變形。洋蔥的最外層會稍微變硬，不過裡面會是柔軟的。餡料上方表面應該會褐化得很漂亮，不過假使褐化速度太快，則稍微蓋上鋁箔紙或牛皮紙。直接將烤盤端上桌，或是將鑲洋蔥放在肉類或蔬菜拼盤旁邊。將洋蔥汁加入你在製作的醬汁裡。

(*) 提早準備：可以提早烘烤後保溫或重新加熱。

▪ 鑲甘藍（CHOU FARCI）

〔鑲餡的整顆甘藍菜〕

　　鑲甘藍是相當受到賓客和家人歡迎的菜餚，因為它有著暖心樸實的外觀、豐富且讓人心滿意足的香氣，讓人覺得是道好菜。要替整顆甘藍菜鑲餡，你必須先用這裡建議的香腸與火腿等材料，或是按照下一則變化版食譜運用剩肉的方式，做出美味的餡料。接下來，你得把菜葉拆下來放入水中煮軟，再把菜葉組合成跟原來差不多的形狀，並在每片菜葉之間放上餡料。最後，再以燜燉方式烹煮，淋上醬汁後端上桌，看起來就像是一顆經過裝飾後靜置餐盤上的美麗甘藍菜。當然，你必須要有辦法在燜燉時固定甘藍菜葉的形狀。假使你對於使用棉線、布巾、濾布、甚至於普羅旺斯人偶爾會使用的購物網袋來替甘藍菜整形的方法並不熟悉，你應該會喜歡下面這種容易操作、利用碗來塑形的方法。香芹水煮馬鈴薯、法國麵包與粉紅酒，都相當適合搭配這道菜。

　　備註：燜燉鑲甘藍也可以冷食，而且在當成午餐冷菜或野餐菜餚時，更可以提早烤好。若是要冷食，則在煮好以後馬上瀝乾脫模，冷卻以後才不會有脂肪凝結在菜葉上。

8-10 人份

1. 以新鮮香腸、米飯與火腿製作的餡料──約 6 杯

2 杯（907 公克）新鮮香腸肉，最好按照第 347 頁做法自行製作

一只中型平底鍋（直徑 25.4 公分）

一只容量 5-6 公升的攪拌盆與一支大木匙

1½ 杯醃火腿丁（例如現成的即用型火腿切片）

2 杯洋蔥末

2 杯水煮過的米（2/3 杯生米水煮而成）

1/2 小匙鼠尾草

1/2 小匙葛縷籽

1/4 杯新鮮香芹末

2 瓣拍碎的大蒜

（開始燒水為步驟 2 做準備。）將香腸肉弄碎，以中火翻炒 5-6 分鐘，炒到香腸稍微褐化。將香腸肉移到攪拌盆裡，油脂留在鍋中。用鍋內油脂稍微將火腿煎到上色，然後將火腿移到攪拌盆內，同樣將油脂留在鍋中。最後，將洋蔥放入鍋中慢慢烹煮 8-10 分鐘，將洋蔥煮到變軟且稍微開始上色。將洋蔥刮入攪拌盆裡，並把剩餘材料都加入攪拌盆內攪打均勻。仔細品嘗以修正調味，若有必要可加入更多食鹽與香草。（水煮後切碎的甘藍心菜葉要稍後才會拌進去。）

1 個雞蛋

食鹽與胡椒

2. 處理甘藍以供鑲餡

1 個質地扎實清脆的新鮮甘藍，重量約 1–1.1 公斤（直徑約 20.3 公分），可選用皺葉甘藍或一般的甘藍菜

一大鍋沸騰鹽水

一只覆上布巾的大托盤

取一把小刀，從甘藍底部沿著莖斜切，下刀深入 5.1–6.4 公分，移除堅硬的菜心。將堅韌或萎掉的外層菜葉拆下來丟掉。若使用皺葉甘藍，將菜葉拆開時通常不需要再水煮處理。小心將菜葉一片片拆下來，不要撕破，一直拆到葉片小且向內彎曲的中心部位。分批將菜葉放入沸水中，開蓋水煮 3–4 分鐘，將菜葉煮到軟到折彎時不會破裂的程度（這是我們所謂的水煮處理）。將菜葉放在布巾上瀝乾，繼續處理剩餘菜葉與菜心，其中菜心應沸煮 5 分鐘。

若使用一般甘藍（或是菜葉拆不下來的皺葉甘藍），則將整顆甘藍以菜心朝下的方式放入沸水中。經過 5 分鐘以後，開始小心地把菜葉弄鬆，在菜葉與菜心分開時，用兩支長匙稍微將菜葉移開。將拆下來的菜葉移到托盤上。繼續把剩餘菜葉拆下來後移出，直到拆到菜葉向內彎曲的菜心部分便可停止。讓菜心繼續在鍋內沸煮 5 分鐘，並將移出來的菜葉分批放入鍋中沸煮 3–4 分鐘，或是煮到菜葉變軟可彎曲。繼續將剩餘的菜葉處理完畢。（暫時先不要倒掉沸水。）將菜心切碎，稍微以食鹽和胡椒調味，再拌入步驟 1 準備好的餡料裡。

3. 其餘準備工作

10-12 片瘦鹹豬肉或培根，長約 10.2 公分，寬約 3.8 公分，厚度約 1 公分

煮菜的沸水

1 個中型洋蔥，切片

1 根中型胡蘿蔔，切片

2 大匙精製鵝油或豬油，或食用油

平底鍋

將鹹豬肉或培根放入沸水中，小滾沸煮 10 分鐘後取出瀝乾，以冷水洗淨後放在紙巾上靜置備用。同個時候，以油脂分炒蔬菜，將蔬菜煮到變軟且剛開始褐化，便可移到盤子裡備用（請注意在步驟 6 還要準備醬底，你也可以在那段時間再製作）。

4. 替甘藍鑲餡

一只容量 2½–3 公升的不鏽鋼碗、耐熱模具、烤盤或深度 8.9-10.3 公分的夏洛特模（有蓋子），內側稍微抹上奶油

食鹽與胡椒

3-4 杯高品質褐色高湯或清湯

將幾條水煮過的豬肉或培根放在不鏽鋼碗和耐熱模具的底部，然後蓋上稍微褐化的胡蘿蔔與洋蔥。

從最大片最綠的菜葉開始，將菜葉以彎曲面朝下、莖的末端在模具中的方向平鋪，將模具底部和側面蓋起來。稍微撒上食鹽與胡椒。

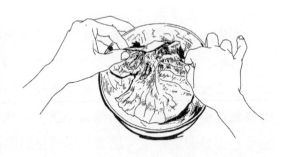

將一層餡料抹在菜葉的下三分之一。用菜葉把餡料蓋起來。稍微撒點食鹽與胡椒，然後抹上更多餡料。

在你一層層往上堆疊時，
讓菜葉往模具下方稍微移一下，
確保模具側面完全被菜葉覆蓋。

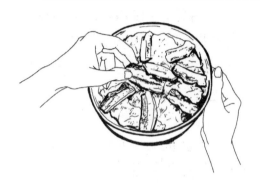

待所有餡料用完、模具填到菜
餚高度距離邊緣 1.2 公分以內，便
可用最後一層葉子將餡料蓋起，再
把剩餘的鹽醃豬肉和培根放上。

從外層菜葉與模具側面之
間倒入足量高湯和清湯，讓液
體高度達到距離表面約 2.5
公分。

(*) 提早準備：可以提早進
行到這個步驟結束，隔日再繼
續烹煮。用保鮮膜包好後放入
冰箱冷藏。若曾將甘藍放入冰
箱冷藏，則將烹煮時間延長
20–30 分鐘。

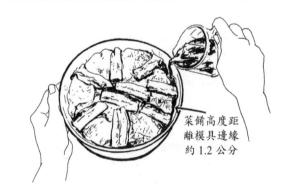

菜餚高度距
離模具邊緣
約 1.2 公分

5. 燜燉——2 小時 30 分鐘至 3 小時，溫度先設定在攝氏 204 度，後調降至攝氏 177 度

蠟紙

模具的蓋子

一只能夠容納模具且保留湯汁的鍋子

一支滴油管

額外的高湯或清湯，若有必要

自行選用：一支肉品溫度計

烤箱預熱到攝氏 204 度。將模具放在爐火上加熱至微滾，然後把蠟紙放在甘藍上，把模具蓋起來。將模具放入鍋子裡，整個一起放入預熱烤箱的下三分之一。經過 20–30 分鐘，在模具內液體緩慢且持續微滾時，將烤箱溫度調降到攝氏 177 度，並調整烤箱溫度，讓液體在 2 小時 30 分鐘至 3 小時的烹煮期間都能維持緩慢微滾。偶爾以煮液澆淋，若液體因蒸發而低於一半高度，則加入少許高湯。（這道菜必須烹煮 2 小時 30 分鐘至 3 小時，熱度才能傳入甘藍的中心，若插入肉品溫度計，讀數應為攝氏 73.9–76.7 度。）

(*) 提早準備：參考步驟 4 文末。

6. 醬汁與上菜

1/2 杯洋蔥末

1 大匙精製鵝油和豬油，或是食用油

一只容量 2 公升的厚底有蓋單柄鍋，琺瑯和不鏽鋼材質皆可

1 瓣拍碎的大蒜

454 公克（3–4 個中型）番茄，去皮去籽榨汁後切碎（1½ 杯果肉）；或是將新鮮番茄與過篩的罐裝義大利李子型番茄混用

1/2 小匙鼠尾草

食鹽與胡椒，用量按個人喜好

趁燜燉甘藍的時候，或是其他適當的時間，按照下列方法製作醬汁：將洋蔥拌入油脂裡，蓋上鍋蓋，以小火烹煮 8–10 分鐘，或是煮到洋蔥變軟變透明但尚未上色，烹煮期間偶爾翻拌。加入大蒜、番茄與鼠尾草；蓋上鍋蓋熬煮 10 分鐘。打開鍋蓋，按個人喜好調味後靜置備用。

若有必要：1/2 大匙玉米澱粉，加入 1 大匙番茄汁和清湯拌勻

一只平底鍋

一只溫熱的大餐盤

3 大匙香芹末

待甘藍煮熟後，繼續將蓋子蓋在模具上，把烹煮液體瀝出來加進番茄醬汁基底；趁你完成甘藍菜時熬煮醬汁。醬汁應該要稍微變稠。若沒有變稠，則讓鍋子離火，拌入玉米澱粉後繼續熬煮 2 分鐘。仔細修正調味。

　　將甘藍上方的豬肉或培根移走，靜置備用。再次將甘藍的菜汁瀝乾，然後將大餐盤倒扣在模具上，再將兩者一起倒過來，讓甘藍脫模。將甘藍上面的蔬菜和豬肉移走。用紙巾將豬肉或培根條拍乾，然後放入平底鍋內煎到稍微褐化；把煎好的肉放回甘藍上當作裝飾。將醬汁舀在甘藍周圍，以香芹裝飾之，並儘快端上桌。

　　(*) 提早準備：醬汁和豬肉或培根的煎炒，都可以在上菜前提早做好，待要上菜時重新加熱。將甘藍稍微蓋上以保溫，等到最後一分鐘再脫模。（此時應省略煎炒模具底部豬肉片的步驟。）儘管如此，若是保溫時間太長，或是放涼後再重新加熱，你都有可能會讓菜餡失去新鮮烹製的特質。

變化版

甘藍菜卷（Feuilles de Chou Farcies）
〔單人份量的甘藍菜卷〕

　　若你希望採取比較不花俏的盛盤方式、稍微縮短烹煮時間、用餐人數較少，或是想要以比較吸引人的方式運用少許剩肉，就可以用一片片的甘藍菜葉將餡料包起來，做出自己需要的份量。這道菜通常為熱食，不過放涼以後放在一層萵苣或西洋菜上，搭配切片番茄、小黃瓜與油醋醬，也同樣美味。

12 卷，4-6 人份

12 片大片的水煮甘藍菜葉，長
度 17.8–20.3 公分（參考前則
基本食譜步驟 2）

每次一片，燙好的甘藍菜
葉彎曲面朝下放砧板上，
從底部堅韌的菜莖處切
下約 5.1 公分長楔形。

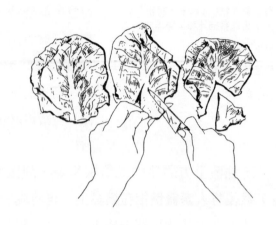

約 2 杯餡料（參考前則食譜第
456 頁、本則食譜末第 464 頁
或第 617–619 頁清單）

將一堆長條狀餡料放在
菜葉的下三分之一，在
楔形切割處的上方。

開始將菜葉往上捲。捲到一
半的時候，將兩側往餡料上摺，把
餡料包起來。

把菜葉捲好，然後用同
樣方式處理剩餘菜葉。

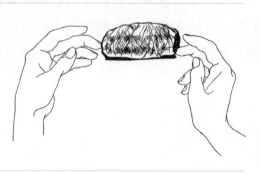

1 根中型胡蘿蔔與 1 個洋蔥，切片後稍微煎炒上色（參考前則食譜步驟 3）

一只容量 2 公升、深度 5.2 公分的耐熱烤盤（例如長徑 30.5 公分、短徑 22.9 公分的橢圓形烤盤），內側稍微抹上奶油

自行選用：剩餘的甘藍菜葉，燙過後大略切碎

食鹽、胡椒與 1/4 小匙粉狀的鼠尾草、迷迭香或百里香

12 片瘦的鹹豬肉或培根，長 10.2 公分、寬3.8公分、厚 1 公分，燙過後使用（參考前則食譜步驟 3）

約 2 杯高品質褐色高湯或清湯

鋁箔紙

一支滴油管

番茄醬底，參考前則基本食譜步驟 6

將切片煮熟的胡蘿蔔與洋蔥鋪在烤盤底部，然後放上自行選用的燙甘藍菜。以食鹽、胡椒與迷迭香或百里香調味。將包好的菜卷緊密地放上去，接縫朝下。稍微以食鹽和胡椒調味，在每一個菜卷上面放上一塊燙過的鹹豬肉或培根，並在周圍淋上足量高湯或清湯，讓液面幾乎淹過菜卷。用鋁箔紙將烤盤正面包好。

(*) 提早準備：可以提早進行到這個步驟結束。你可以將菜卷放入冰箱冷藏，等到隔天再烘烤。

　　放入預熱到攝氏 177 度的烤箱裡烘烤 1 小時至 1 小時 15 分鐘，期間偶爾以烤盤內液體澆淋菜卷。將烹煮液體瀝出來，加入番茄醬底後迅速收稠。仔細修正調味，然後將醬汁淋在菜卷上。將鹹豬肉或培根片放入平底鍋內稍微煎到褐化，再放回菜卷上，撒上香芹，便可端上桌。

鑲甘藍球（Petits Choux Farcis）
〔球狀的鑲甘藍〕

　　與其做成香腸狀，你也可以將菜卷做成類似一顆顆甘藍菜的球狀。製作時，先按前則食譜的做法將菜葉燙過，並從菜莖切下一塊楔形。菜葉曲面朝下，放在布巾的一角。把 2-3 大匙餡料放在菜葉的中間，將剩餘菜葉往餡料上摺，再利用布巾扭成球形。將做好的甘藍球緊密排在烤盤裡，平滑面朝上，按照前則食譜的做法烘烤，不過將烘烤時間縮短到 1 小時應已足夠。

其他種餡料

燜燉牛肉與火腿餡

約 6 杯

1½ 杯洋蔥末

3 大匙精製鵝油或豬油，或是食用油

1/2 杯乾燥的麵包屑，用不甜的自製白麵包製作

2/3 杯低脂鮮奶油

3 杯絞碎的熟瘦牛肉，最好以燜燉方式烹煮，不過任何種熟牛肉都可以用在這裡

1½ 杯絞碎的熟瘦火腿（稍微醃漬的水煮或烤火腿，或是即用型火腿切片）

1/2 杯磨碎的帕瑪森起司

2-3 瓣拍碎的大蒜

3/4 小匙磨成粉的迷迭香或百里香

2 個雞蛋

1/2 杯新鮮香芹末

食鹽與胡椒，用量按個人喜好

洋蔥和油脂放入有蓋單柄鍋內，以小火烹煮 8-10 分鐘，將洋蔥煮軟；爐火轉大，繼續烹煮幾分鐘，將洋蔥炒到稍微上色。同個時候，將麵包屑與鮮奶油放入一只小碗中混合均勻，在組合其餘材料時靜置備用。最後，將煮熟的洋蔥、麵包屑、碎肉、起司、大蒜、香草、雞蛋和香芹用力攪打均勻。按個人喜好仔細調味，若有必要可加入更多的香草。

馬鈴薯菜餚（POMMES DE TERRE）

　　相形之下，馬鈴薯的熱量比新鮮豌豆、皇帝豆或玉米來得低，儘管如此，馬鈴薯幾乎可以說是營養均衡的食物，一個人即使只吃馬鈴薯，搭配極小量的動物脂肪，至少也可以健健康康地活上五個月。撇開營養不談，馬鈴薯是一種變化多端、極其迷人的美食材料，自從十八世紀法國營養學家帕門蒂埃在路易十六統治時期將馬鈴薯引進法國以後，就一直在法式料理中大放異彩。這個章節並不長，我們在此並不會深入探討基本的烹飪方法，因為這些資訊在任何一本好的基本食譜書裡都可以找

到。我們在這裡提供的，是許多種罕見的熬煮與煎炒菜餚、一道高熱量的美味馬鈴薯派，以及安娜馬鈴薯煎餅與女爵馬鈴薯這兩道圖文並茂的經典馬鈴薯菜餚，在此從一些有關馬鈴薯的實用資訊破題。

有關馬鈴薯的購買與存放

購買馬鈴薯時，應該選購看來乾淨健康、觸感扎實、外觀平滑乾燥沒有裂縫，而且沒有發芽跡象（在微小凹陷處，也就是所謂的芽眼出現白中帶綠的小疙瘩）的個體。此外，也要確定馬鈴薯為本身應有的顏色，也就是說，不帶綠色的均勻褐色或紅棕色。若外表出現綠色，表示馬鈴薯在田野或儲存時曾經受到太陽或光線的照射，而且綠色馬鈴薯會帶有一股苦味。馬鈴薯有時候會經過上蠟處理，有時會被染上一抹紅色，這些都是為了讓賣相更好而進行的外觀處理，並無害，不過任何處理都應該清楚標示在包裝上。

除非你剛好有適當的地窖，讓你能將馬鈴薯存放在室溫 13 度、濕度 85-90% 的陰暗空間，才能大量購買，不過存放量應為約莫一週的用量。存放在攝氏 16-21 度之間的馬鈴薯，有著最佳的烹煮風味，不過在短短幾週後就會開始發芽。存放在攝氏 4 度以下，亦即冰箱冷藏室溫度的馬鈴薯，可以延緩發芽與枯萎的時間，不過因為馬鈴薯澱粉會自行轉變成糖，所以會慢慢出現甜味。因此，你應該將少量置於室溫環境的馬鈴薯用牛皮紙袋包起來，藉此保護它們免受光照。不同種類的馬鈴薯應分開存放，否則烹煮品質會出現不一致的狀況。

馬鈴薯的種類

對於不熟悉馬鈴薯栽植的一般人來說，無論從種植、採收、存放與分類的角度來看，馬鈴薯都遠比其他蔬菜複雜許多。能夠適應特定氣候條件、可以抵抗無數會對馬鈴薯造成感染的病毒與疾病，以及更能迎合

民眾口味與像是脫水器、晶片廠商與其他工業用戶等特定需求的新品種
不斷出現。同一個品種的馬鈴薯，可能因為天氣的緣故，每年出現不同
的種植成果，或者也會按種植地點不同，也就是土壤和氣候條件的差
異，而有不同的飽滿度。過去選用老馬鈴薯來烘烤與製作馬鈴薯泥，以
及用新馬鈴薯來沸煮的處理方式，部分仍然屬實，不過數十年來，按照
購買區域與用途的來分類的品種不斷更新，幾乎是一問世就已過時。因
此，我們在這裡只會區分出蠟質馬鈴薯與粉質馬鈴薯，前者指在烹煮時
能保持形狀的品種，後者為適用於烘烤或搗碎的多肉粉質品種。如果市
場上沒有清楚標示販售的馬鈴薯適合烘烤與搗碎、煎炒、沸煮的做法，
或是屬於多用途品種，則應請蔬菜部門人員提供協助。

羅勒馬鈴薯（POMMES DE TERRE AU BASILIC）
〔用鮮奶油與甜羅勒熬煮的馬鈴薯片〕

　　這是一道利用爐火烹煮的菜餚，烹煮時，先將馬鈴薯片放入水中沸
煮一下，中和任何會造成牛奶結塊的特質，然後放入加了大蒜與甜羅勒
的鮮奶油裡熬煮至軟。煮好後可以靜置備用，盛盤前與更多甜羅勒、香
芹與奶油一起重新加熱。這道菜可以搭配烤紅肉、牛排、肉排或者炙
烤雞。

4-6 人份

907 公克蠟質馬鈴薯
一大鍋沸騰鹽水
一只濾鍋

馬鈴薯去皮。切成厚度約 0.6 公分、直徑約
3.2 公分的薄片。你應該可以切出約 7 杯。將
馬鈴薯片放入沸水中，迅速加熱至重新沸
騰，沸煮 3 分鐘以後馬上取出瀝乾。

3 大匙奶油

一只容量 3 公升的厚底單柄鍋（建議使用不沾鍋）

1½ 大匙麵粉

一支木匙與一支鋼絲打蛋器

1½ 杯牛奶，以小鍋加熱

3/4 杯鮮奶油；若有必要可增加鮮奶油（或牛奶）用量

約 1 大匙新鮮甜羅勒末，或 1/2 小匙芳香的乾燥甜羅勒（或奧勒岡）

1–2 瓣拍碎的大蒜瓣

1/2 小匙食鹽

一大撮白胡椒

鍋蓋

按照下列做法製作油糊：奶油放入單柄鍋內加熱至熔化，拌入麵粉，在中火上攪拌 2 分鐘，翻炒麵粉但不要讓麵粉褐化。鍋子離火，待油糊停止起泡，加入所有熱牛奶並以鋼絲打蛋器用力攪打至混合物完全滑順。拌入 3/4 杯鮮奶油、香草、大蒜、食鹽與胡椒。將鍋子放回爐上，以中大火加熱並以打蛋器攪拌，讓醬汁稍微收稠並沸騰。熬煮 2 分鐘，然後輕輕拌入馬鈴薯。醬汁應該恰能淹過馬鈴薯；若有必要可再加入少許鮮奶油或牛奶。加熱至微滾，修正調味，蓋上鍋蓋，慢慢熬煮 10–15 分鐘，將馬鈴薯煮軟。烹煮期間，輕輕將底部的馬鈴薯翻上來一兩次，確保馬鈴薯不沾黏；馬鈴薯在煮軟前應該會吸收掉一半的液體，若醬汁太稠，可以加入少許牛奶稀釋。

(*) 提早準備：可以提早進行到這個步驟結束。將少許牛奶或鮮奶油淋在馬鈴薯表面，開蓋靜置備用，或是鍋蓋半掩，放在微滾熱水上保溫。

2–4 大匙軟化的奶油

2–3 大匙新鮮甜羅勒與香芹末，或是只使用香芹

一只稍微抹上奶油的溫熱蔬菜盤

上菜前重新加熱馬鈴薯。仔細修正調味。輕輕用橡膠刮刀拌入奶油與三分之二的香草。盛盤後以剩餘香草裝飾，馬上端上桌。

使用不同的香草——茵陳蒿

在準備前面的馬鈴薯菜餚時，也可以用茵陳蒿代替甜羅勒，由於乾燥的茵陳蒿通常比乾燥的甜羅勒來得香，因此這個做法更適用於冬天。

多菲內式焗烤吉康菜馬鈴薯（GRATIN DAUPHINOIS AUX ENDIVES）

〔焗烤馬鈴薯片與吉康菜〕

　　馬鈴薯和吉康菜都非常適合搭配雞肉或小牛肉，在這則食譜中，這兩種食材被合併起來做成一道菜餚。材料的比例約為 1 杯馬鈴薯片兌 2 杯切片的生吉康菜。吉康菜本身就能提供烹煮馬鈴薯所需的水分，而一起烘烤的奶油、檸檬汁、紅蔥與起司，則能賦予食材更多的風味。

8 人份——烘烤時間約 1 小時 15 分鐘

1.1 公斤非常新鮮、質地扎實的白色吉康菜，尖端菜葉應呈密合狀

567 公克蠟質馬鈴薯

2 大匙軟化的奶油

一只容量 3½–4 公升、深度約 6.4 公分的烤盤（例如直徑 30.5 公分的圓形烤盤或長徑 40.6 公分短徑 27.9 公分的橢圓形烤盤）

1 大匙檸檬汁

1/2 杯熔化的奶油

食鹽與白胡椒

2/3 杯粗磨瑞士起司

1/4 杯紅蔥末或青蔥末

抹奶油的蠟紙

烤盤蓋

　　烤箱預熱到攝氏 204 度。將吉康菜的根部切掉，迅速用冷活水沖洗乾淨。將吉康菜橫切成約 1.9 公分厚的塊狀，靜置備用。你應該可以得到 8 杯吉康菜。馬鈴薯洗淨後去皮，切成厚度約 0.6 公分、直徑約 3.2 公分的薄片。你應該可以得到 4 杯馬鈴薯。烤盤內側抹上奶油，將一半的吉康菜放進去。撒上一半的檸檬汁與 2 大匙熔化的奶油，稍微以食鹽和胡椒調味，再鋪上一半的起司。接下來，將 4 杯馬鈴薯片放上去層層鋪好，替每一層撒上食鹽與胡椒、少許奶油與紅蔥末或青蔥末。最後，將剩餘的吉康菜放在馬鈴薯上，以檸檬汁、食鹽和胡椒與奶油調味，奶油的用量為剩餘的量減去 1 大匙，將 1 大匙奶油和剩下的起司保留下來，稍後使用。

　　將抹奶油的蠟紙蓋在吉康菜上，蓋上烤盤，放入預熱到攝氏 204 度的烤箱中層烘烤 15–20 分鐘，或是烤到內容物沸騰。將烤箱溫度調降到攝氏 177–163 度繼續烘烤，期間應調整溫度，讓蔬菜在剩餘 1 小時至 1

小時 15 分鐘的烘烤時間內慢慢熬煮。烤到叉子可以輕易刺穿馬鈴薯，便可取出烤盤，然後重新將烤箱溫度設定在攝氏 218 度。將剩餘的 1/3 杯起司撒在蔬菜上，並淋上剩餘的奶油。

　　(*) 提早準備：可以提早 1 小時左右進行到這個步驟結束。烤盤半掩，放入攝氏 38-49 度保溫箱裡，或是放在一鍋接近微滾的熱水上保溫。只要將馬鈴薯保溫，並稍微通風，菜餡就不會失去新鮮的口感。

　　上菜前 15 分鐘，將烤盤打開，放入預熱至攝氏 218 度的烤箱上三分之一，烘烤到內容物沸騰且起司稍微上色。

卡拉布里亞式煎炒馬鈴薯（POMMES DE TERRE SAUTÉES, CALABRAISE）

〔檸檬蒜香煎炒馬鈴薯片〕

　　這道風味絕佳、外皮酥脆的炒馬鈴薯，需要以大型不沾鍋翻炒，讓馬鈴薯有拋翻、翻面與煎出脆皮的空間。它可以搭配蛋、香腸、豬排、炙烤雞、牛排或魚肉。

6 人份

907 公克同樣大小的蠟質馬鈴薯，如此一來才能做出大小相同的切片

一只大單柄鍋，裡面裝有恰能淹過馬鈴薯的沸騰鹽水

橄欖油（或 3 大匙奶油加上 2 大匙以上橄欖油或食用油）

1/2 個檸檬的碎檸檬皮

2 瓣大蒜瓣，拍碎

一大撮肉豆蔻

食鹽與胡椒

馬鈴薯去皮，切成厚度約 0.6 公分、直徑約 3.2 公分的薄片（或是切成 1.2 公分小丁）；你應該可以得到 6-7 杯。馬鈴薯放入沸騰鹽水中沸煮約 5 分鐘，或是煮到幾乎變軟。（嘗一塊確認熟度，不要煮過頭。）將馬鈴薯完全瀝乾。在平底鍋內倒入 0.3 公分高的橄欖油（或奶油與植物油混用），放在中大火上加熱，待油溫達到高溫但尚未冒煙時，加入馬鈴薯平鋪成一層。頻繁拋翻與翻面幾分鐘，手握鍋柄搖晃旋轉鍋身，直到馬鈴薯

表面開始上色。加入更多馬鈴薯，繼續在鍋內拋翻至新加入的一批開始上色。若有必要，可加入更多油脂，並繼續加入馬鈴薯；要注意的是，鍋內至多能容納的量約為 1.9 公分高。

　　等到所有馬鈴薯都稍微上色以後，加入檸檬皮、大蒜、肉豆蔻、食鹽與胡椒一起拋翻。繼續翻炒拋翻幾分鐘，將馬鈴薯煎出理想的棕色。

　　(*) 提早準備：進行到這一步驟以後可以先保溫，鍋蓋半掩，將鍋子放在兩塊節能板上，以文火保溫。只要維持溫熱並保持通風，馬鈴薯至少可以保有新鮮風味半小時。

若可取得：1 大匙新鮮甜羅勒末

2-3 大匙新鮮香芹末

2 大匙以上奶油

約 1 大匙檸檬皮

一只溫熱的大饗盤或醃肉拼盤

準備上菜前，重新將馬鈴薯加熱至高溫，並拌入香草與奶油。再次檢查調味，並按個人喜好加入檸檬汁。盛盤後馬上端上桌。

番茄馬鈴薯餅（GALETTE DE POMMES DE TERRE AUX TOMATES）
〔加入番茄與香草的馬鈴薯餅〕

　　另一則利用煎馬鈴薯的食譜，這次加了豬肉塊、洋蔥與番茄，在製作時也必須用叉子將煎軟的馬鈴薯搗成泥，如此一來，盛盤時看起來就像是歐姆蛋。你可以將香腸、煎炒雞肉、肉排、漢堡、水波蛋或煎蛋放在馬鈴薯周圍，然後你只需要加上綠色蔬菜或沙拉，就可以是完美隨性的一餐。

6 人份

1. 豬肉與洋蔥

113-142 公克（約 2/3 杯）培
根塊或瘦鹹豬肉，切成 0.6 公
分小丁

一鍋 2 公升清水

1 大匙橄欖油或食用油

一只大平底鍋（直徑 28 公分，
尤其建議使用不沾鍋）

2/3 杯洋蔥末

一只鍋蓋

一只篩子，架在小碗上

將培根丁或鹹豬肉丁放入水中熬煮 10 分鐘，
取出瀝乾後以紙巾拍乾。將培根和橄欖油放
入鍋中烹煮幾分鐘，待培根稍微上色時拌入
洋蔥，蓋上鍋蓋，以小火烹煮 8-10 分鐘，將
洋蔥煮軟，烹煮期間偶爾翻拌。將爐火轉大，
繼續翻炒讓洋蔥稍微上色。將平底鍋內容物
刮入篩子裡，將油脂壓出後放回平底鍋中，
篩出來的洋蔥豬肉則保留至步驟 3 使用。

2. 煎炒馬鈴薯

約 907 公克蠟質馬鈴薯（切
片，約 7 杯）

紙巾

按需要增加油脂用量

攪拌匙或木匙

食鹽與胡椒

趁烹煮洋蔥期間替馬鈴薯去皮，並切成厚度
約 0.3 公分、直徑約 3.2 公分的薄片，然後用
紙巾完全拍乾。若有必要，在鍋內倒入更多
油脂，讓油脂高度達到 0.15 公分。將爐火轉
成中大火，待油脂達到高溫但尚未冒煙時，
加入馬鈴薯。頻繁拋翻幾分鐘，手握鍋柄搖
晃旋轉鍋身，直到馬鈴薯開始上色。稍微將
爐火轉小，蓋上鍋蓋，繼續烹煮 5-10 分
鐘，將馬鈴薯煮軟，期間頻繁拋翻。打開鍋
蓋，用攪拌叉或木匙大致搗碎，並按個人喜
好調味。

3. 完成烹煮

454 公克番茄，去皮去籽榨汁後
切碎（1½ 杯番茄肉）

1–2 瓣拍碎的大蒜瓣

1/4 小匙綜合香草，例如普羅旺
斯綜合香草或義式調味料

煮熟的豬肉丁與洋蔥末

溫熱的大餐盤

將爐火轉成大火。將番茄、大蒜與香草和煮
熟的豬肉丁與洋蔥一起拌入鍋中。再次按個
人喜好調味，開蓋翻炒幾分鐘至上色。馬鈴
薯應該會成團滑動，而且你應該也可以將馬鈴
薯翻面，將兩面都煎到上色。

(*) 提早準備：如果還沒打算上菜，則將鍋蓋
半掩，放在節能板上以文火加熱，馬鈴薯至
少可以如此保溫 30 分鐘。上菜前，重新將馬
鈴薯加熱到滾燙。

　　若將馬鈴薯的兩面都煎上色，則可以當成煎餅上菜，讓馬鈴薯從鍋
裡滑到盤裡。否則，最具吸引力的做法是將馬鈴薯做成橢圓形歐姆蛋的
形狀：將兩側往中間摺，然後把鍋子倒扣在餐盤上，讓褐化面朝上。

安娜馬鈴薯煎餅（POMMES ANNA）

　　這道菜看起來就像是一個直徑 15.2–20.3 公分、高度 5.1 公分的褐色
蛋糕，而且有著美妙的馬鈴薯香與奶油香。事實上，這道菜不過也就如
此：切薄片的馬鈴薯層疊在厚重鍋具裡，浸泡在澄清奶油中，放入高溫
烤箱烘烤至外層形成硬殼，如此一來在脫模時就不會塌掉。酥脆外殼與
滑嫩內層的對比，與其他馬鈴薯菜餚相去甚遠，而且對許多人來說，安
娜馬鈴薯煎餅可以說是歷來馬鈴薯菜餚的極致。這道菜創作於拿破崙三
世時期，它就如那個年代的許多名菜，都是以當時的名妓來命名。無論

這恭維的對象到底是安娜・戴斯里恩斯、安娜・朱迪克或安娜・安特爾，她的名字也被用在烹煮這道菜餚的特製雙烤盤（法文為「la cocotte à pommes Anna」），目前這種厚銅製的雙烤盤仍然在生產中，你還是能以相當中看的價格購得。

　　厚實耐熱的烤盤是成功製作這道煎餅的關鍵之一，烤盤必須要具備絕佳的熱傳導。雖然銅製烤盤很漂亮，它筆直的側面、7.6 公分的深度與容易沾黏的傾向，都讓它成為較不容易使用的工具。

蓋上的烤盤　　　　　　下層　　上蓋

　　美國地區常見的鑄鐵鍋組有著相當筆直的側面與又短又直的手把，其實是最適合烹煮安娜馬鈴薯煎餅的工具。相較於側邊傾斜的長柄法式平底鐵鍋，使用美式鑄鐵鍋時較容易脫模。無論是這兩種鍋子的哪一種，其實都可以，厚重耐熱的瓷製烤盤或厚實的鑄鋁不沾鍋亦然。重點在於使用能夠均勻且徹底加熱的材質，才能讓馬鈴薯的表層褐化酥脆。

　　取得適當鍋具以後，接下來應該確定馬鈴薯片不會黏鍋，因為你在煮好以後必須要能將煎餅脫模。因此，你在烹煮時應使用澄清奶油、在開始烹煮前將馬鈴薯完全拍乾，而且一旦開始動手就要一氣呵成完成菜餚，否則馬鈴薯會釋出水分，沾黏在烤盤上。你會注意到，一旦你在爐火上開始把馬鈴薯放入烤盤裡，整個烹飪過程就已經開始；這個步驟是要把底層燒乾，並開始讓表面褐化。按傳統食譜，接下來你會在高溫烤箱裡完成烹煮，這種做法的成果看來也較專業，不過你也可以在爐火上完成整個烹煮過程，就如基本食譜後面的起司變化版所示。

　　安娜馬鈴薯煎餅與其變化版尤其適合搭配烤羊鞍、羊腿、烤牛肉、肉排、煎炒雞肉、簡單或花俏的牛排，以及烤野禽。

■ 安娜馬鈴薯煎餅（POMMES ANNA）
〔以奶油烘烤的馬鈴薯切片〕

　　在你按照這則特別的食譜，把馬鈴薯片放入烤盤排好的時候，你的目標並不只是要把烤盤填滿，而且還要在底部和邊緣排出漂亮的圖案，如此一來，脫模以後就能呈現出漂亮的外觀。有關側面，你可以在邊緣排上由水平層次支撐的重疊直立切片，或是一邊填滿烤盤，一邊用間隔均勻的水平切片堆疊。我們在這裡建議的方式是比較簡單的第二種方法。

約 8 杯馬鈴薯片，6 人份

1. 準備工作

227 公克（2 條）奶油

1.4 公斤蠟質馬鈴薯（若有必要可增加用量）

紙巾

烤箱預熱到攝氏 232 度。將架子放在烤箱內最低的兩個位置。澄清奶油：將奶油熔化，撈除浮沫，再把清澈的液狀奶油和下面的牛奶固形物分開。馬鈴薯去皮，修整成直徑約 3.2 公分的圓筒狀，以切出大小相同的馬鈴薯片，接下來，將圓筒切成 0.3 公分厚的均勻切片。你應該可以得到約 8 杯。用紙巾將馬鈴薯片完全拍乾。（馬鈴薯削皮以後不要水洗，因為你會希望能保留澱粉，馬鈴薯才會比較容易堆疊成蛋糕狀。）

2. 在烤盤裡排放馬鈴薯

一只沉重的鑄鐵平底鍋，上徑約 20.3 公分，深度 5.1–6.4 公分，或是前文提到的其他鍋具

食鹽與胡椒

將 0.6 公分高的澄清奶油倒入鍋裡，以中火加熱。待油熱以後，按照下列方式，開始快速地將第一層馬鈴薯鋪在鍋底。

將一片馬鈴薯放在鍋底正中央，周圍排上一圈相互交疊的馬鈴薯。以和第一圈相反（逆時針）的方向，迅速將第二圈馬鈴薯排上，若有必要則繼續排第三圈（順時針），一直排到鍋緣，將底部鋪滿。倒入 1 大匙澄清奶油。

再次反轉方向，迅速將一圈馬鈴薯片沿著鍋緣交疊排列，用更多馬鈴薯片把中央填滿，再淋上 1 大匙澄清奶油。手握鍋柄輕搖鍋身，確定馬鈴薯沒有沾黏，然後撒上食鹽與胡椒。

繼續在鍋內疊上一層層的馬鈴薯片，澆淋澄清奶油後以食鹽和胡椒調味，排列的時候請注意，沿著鍋緣的那一圈應該要間隔均勻。此外也請記住，偶爾要握著鍋柄搖晃鍋身，確保馬鈴薯不沾黏。將鍋子完全填滿，讓馬鈴薯中央形成 0.6–1.2 公分高的小丘；馬鈴薯在烹煮時會慢慢沉下去。你應該已經加入足量的奶油，可以看到奶油從平底鍋側面冒泡；烹煮完成以後會把多餘的奶油倒掉。

3. 烘烤

一只厚重的單柄鍋，鍋底直徑
17.8 公分，或是任何比煎馬鈴
薯的平底鍋稍小的鍋具

適用於煎馬鈴薯用平底鍋的厚
重密合鍋蓋

披薩烤盤或深烤盤，用來收集
噴出來的油脂

在單柄鍋鍋底抹上奶油，將單柄鍋放在馬鈴薯上用力往下壓，將一
層層馬鈴薯壓緊。在鍋蓋下側抹上奶油，然後把煎馬鈴薯的平底鍋放到
兩個烤箱架中位於上方的那一層。將用來搜集油脂的烤盤放在下層，置
於平底鍋下方，以收集噴濺出來的奶油（噴出來的奶油可能會讓烤箱著
火）。

烘烤 20 分鐘。打開鍋蓋，再次用單柄鍋鍋底把馬鈴薯壓緊，然後繼
續開蓋烘烤 20–25 分鐘。（若完全蓋上鍋蓋烘烤，馬鈴薯容易走味。）
在烘烤完成以前，再次將馬鈴薯壓緊。輕輕將馬鈴薯邊緣和鍋緣分開：
若馬鈴薯已經褐化且形成酥脆表層，便算完成。若有必要可繼續烘烤 5
分鐘左右。

4. 脫模與上菜

一碗額外準備的奶油

一支彈性刮刀

若有必要：一只抹奶油的烤盤

一只稍微抹奶油的溫熱餐盤

馬鈴薯煮好以後，將鍋蓋蓋上並稍微留縫，
把多餘奶油瀝出來，這些奶油可以用來烹煮
其他菜餚。用刮刀沿著鍋緣刮一圈，若馬鈴
薯黏在鍋底，則小心將刮刀插到馬鈴薯下
方，讓馬鈴薯和鍋底分離，不過操作時儘量
不要把馬鈴薯的形狀弄壞。若你覺得先脫模
到烤盤，然後讓馬鈴薯煎餅滑到餐盤上會比

較容易操作，則如此進行；否則，將盤子倒扣在煎馬鈴薯的平底鍋上，把盤子和平底鍋一起倒過來，馬鈴薯就會自行掉落到盤子上。脫模的馬鈴薯煎餅看來很像褐色的蛋糕。

脫模的問題：你在脫模時應該不會遇上太多問題，不過假使有些馬鈴薯黏在鍋上，則將馬鈴薯刮下來，放回煎餅上的位置。如果遇上麻煩，而且馬鈴薯看來一團亂或是顏色太淺，則將馬鈴薯堆疊成合理的形狀，撒上起司或麵包屑，淋上少許奶油後放在炙烤箱裡稍微烤到上色。

(*) 提早準備：馬鈴薯脫模以後，可以用鋁箔紙稍微蓋上，放入溫熱的烤箱（攝氏 49 度）或電子保溫箱裡，或是放在微滾熱水上保溫。只要維持溫度並容許少許空氣流通，馬鈴薯至少可以如此保溫 30 分鐘。

變化版

薩爾拉拉卡內達式馬鈴薯（Pommes de Terre Sarladaise）
〔以奶油烘烤的松露馬鈴薯〕

要製作這個變化版，只要特地在裡面加入一些松露片即可，用量可按個人喜好。按照基本食譜操作，不過在第一層馬鈴薯放入鍋中以後，開始在每一層馬鈴薯綴以松露，最後一層應該是馬鈴薯。

起司馬鈴薯派（Galette de Pommes de Terre au Fromage）
〔以奶油烹煮的起司馬鈴薯派〕

這是比較隨性的安娜馬鈴薯煎餅，你可以按個人喜好省略起司。在這裡，所有烹煮動作都在爐火上完成，若剛好在使用烤箱，用這種做法會比較方便。

6 人份

4-5 大匙澄清奶油

一只厚重的中型平底鍋（直徑
25.4 公分），可以是鑄鐵鍋或
不沾鍋

約 1.1 公斤蠟質馬鈴薯，切成
直徑 3.2 公分厚度 0.3 公分的
圓片，擦乾

約 113 公克（1 杯）瑞士起
司，切成厚度低於 0.3 公分、
邊長 2.5 公分的切片（使用刨
片器）

食鹽與胡椒

一小撮肉豆蔻

平底鍋鍋蓋

一支彈性刮刀

一只溫熱的大餐盤

按照前則基本食譜的做法，將 0.6 公分高的
奶油倒入平底鍋中，以中火加熱，快速將馬
鈴薯以交疊的方式放入鍋中，偶爾輕輕搖晃
鍋身以避免沾黏。淋上少許奶油，繼續排列
第二層馬鈴薯，然後在第二層馬鈴薯上面放
上一層起司。用食鹽、胡椒與少許肉豆蔻替
第三層馬鈴薯調味。繼續將馬鈴薯、起司、
調味料一層層填入鍋中，最上層應為馬鈴
薯。填滿以後輕輕搖晃鍋身，以中大火繼續
烹煮 3-5 分鐘，確保將最下層馬鈴薯煎到酥
脆。接下來蓋上鍋蓋，以小火烹煮約 45 分
鐘，或煮到馬鈴薯可以輕易用小刀刺穿。（溫
度不要太高，否則底層馬鈴薯會煎得太焦。）
刮刀沿著鍋緣和馬鈴薯下側刮一圈，讓馬鈴
薯和鍋子分開，然後倒扣在大餐盤上。

豪華馬鈴薯派（TOURTE LIMOUSINE）

〔香草鮮奶油馬鈴薯派〕

　　另一道吸引力十足的馬鈴薯菜餚，是利用派皮形塑，以派環或彈簧
扣蛋糕模烘烤，並在烘烤完成以後把模具移走，讓馬鈴薯派漂漂亮亮地
放在大餐盤裡端上桌。在這則食譜中，馬鈴薯片以熔化的奶油和香草調
味，等到內層馬鈴薯變軟以後，再透過煙囪倒入雞蛋鮮奶油混合液。這
道馬鈴薯派可以當成午餐或晚餐的主菜，搭配綜合蔬菜沙拉，或許加上
一些醃肉切片，以及一支麗絲玲、西萬尼或粉紅酒。或者，你也可以搭
配牛排、漢堡、炙烤雞或魚肉。剩下來的馬鈴薯派可以重新加熱享用，
不過冷食亦佳。

直徑 22.9 公分的派，8–12 人份

1 小匙軟化的奶油

模型：直徑 22.9 公分的派環，放在烤盤上，或是同直徑的彈簧扣蛋糕模

第 132 頁配方一的基本派皮麵團 1/2 份，或是派皮預拌粉

1/4 杯（不要壓緊）切碎的新鮮香芹

2 大匙新鮮綠色香草末（甜羅勒與細香蔥），或是 1½ 大匙紅蔥末或青蔥末加上 1/4 小匙乾燥的奧勒岡或鼠尾草

4 大匙（1/2 條）奶油，放在單柄鍋內加熱熔化

6 杯切成薄片的多用途馬鈴薯，放入一盆冷水中浸泡

食鹽與胡椒

一支醬料刷與一杯冷水

一根煙囪：擠花袋的擠花嘴或小金屬管，抹上奶油

1 個雞蛋，放入容量 1 杯的量杯裡加入 1 小匙清水打散

1/3 杯鮮奶油

烤箱預熱到攝氏 218 度。替派環內側與烤盤表面或是蛋糕模內側抹上奶油。將三分之二的派皮擀成直徑 35.6 公分的圓形（這樣子你會有約莫 3.8 公分的派皮垂掛在邊緣），然後把派皮鋪在模具裡，讓多餘的派皮掛在模具邊緣。將香芹和香草拌入奶油裡。馬鈴薯瀝乾後拍乾，將三分之一鋪在模具底部。攪拌奶油香草混合物，將三分之一淋在馬鈴薯上，然後以食鹽和胡椒替馬鈴薯調味。繼續以同樣的方式填入馬鈴薯，將模具填滿。將垂掛在模具邊緣的派皮往內摺到馬鈴薯上，並在表面刷上清水。將剩餘的派皮擀成直徑 24.1 公分的圓形，用擀麵棍捲起來，蓋在模具上。擀麵棍放在派皮上滾過去，將派皮修成模具大小，然後用指腹將上層派皮壓在下層用清水濕潤過的派皮上，讓兩層派皮黏合。在派皮表面挖一個洞，把金屬管插進去。將蛋液刷在派皮表面，並用刀背或餐叉在派皮表面劃十字。將鮮奶油拌入剩餘的蛋液裡，放入冰箱冷藏，待稍後使用。

烘烤——約 1 小時

　　馬上將馬鈴薯派放入預熱至攝氏 218 度烤箱的中下層，烘烤約 30 分鐘，烤到派皮漂亮上色但尚未深度褐化。接下來，將烤箱溫度調降到攝氏 177 度，以此溫度烘烤至完成；若上色太快，可以用鋁箔紙或牛皮紙稍微將馬鈴薯派蓋起來。你可以透過金屬管測試馬鈴薯熟度，一旦馬鈴薯烤軟，便算烘烤完成。以每次幾大匙的量，將雞蛋鮮奶油混合液從煙

囪倒入派裡，將派往各方向傾斜，使混合液均勻分布。繼續烘烤約 5 分鐘，讓混合液定形，便算完成；脫模後讓馬鈴薯派滑到溫熱的大餐盤上。

(*) 提早準備：若提早將馬鈴薯派烤好，可以放入關掉的烤箱或攝氏 49 度烤箱保溫，表面不要覆蓋任何東西。若等待時間超過 15 分鐘，則先不要加入雞蛋鮮奶油混合液，等到上菜前幾分鐘，再倒入液體並重新放入攝氏 177 度烤箱裡加熱。

▪ 女爵馬鈴薯（POMMES DUCHESSE）

〔用於裝飾邊緣或其他裝飾手法的馬鈴薯泥〕

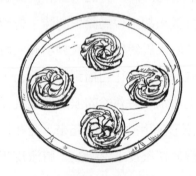 

即使是簡單的漢堡，用女爵馬鈴薯來裝飾，看起來也考究許多，而且將這些用擠花袋擠出來的馬鈴薯泥放在醃肉拼盤周圍當成裝飾，確實也相當優雅。這道菜的只用了馬鈴薯泥、蛋黃與鮮奶油，材料非常簡單，若使用最好的食材來製作，也就是新鮮馬鈴薯而不是久放後脫水的馬鈴薯，成品風味絕佳。女爵馬鈴薯可以搭配任何適合搭配馬鈴薯泥的菜餚，例如放在盛裝勃艮第紅酒燉牛肉或紅酒燉雞的餐盤周圍，或是擠在要放入烤箱的奶油煮蛋或魚肉周圍，或是搭配牛排、肉排或炙烤魚。

技術說明

你可以提早將馬鈴薯準備好並塑形，待上菜前再烘烤；然而，一旦烘烤上色，就必須儘快上桌，否則就會失去輕盈新鮮的質感。我們認為，雖然蛋白可以讓馬鈴薯稍微膨起來，卻會讓混合物變乾，因此我們

偏好在混合物裡使用蛋黃而非全蛋。如果你喜歡蓬鬆一點的效果，則以每 2 杯馬鈴薯加入 1 個全蛋和 1 個蛋黃的比例，代替這裡建議的 2 杯馬鈴薯加 3 個蛋黃（4 杯則加 6 個蛋黃）。

4 杯馬鈴薯泥，6-8 人份

1. 馬鈴薯混合物

1.1 公斤粉質馬鈴薯，取大小相同者以利均勻烹煮（例如 6-7 個長 11.4 公分寬 5.1 公分的馬鈴薯）

一只厚底單柄鍋

冷水

每公升清水加入 1½ 小匙食鹽

鍋蓋

濾鍋或篩子

馬鈴薯壓碎器或裝設中孔徑圓盤的食物研磨器，或是電動攪拌機

一只容量 1 公升的量杯

一支橡膠刮刀與一支木匙

6 個蛋黃，放在一只小碗裡

6 大匙軟化的奶油

4-6 大匙法式酸奶油或鮮奶油

3/4-1 小匙食鹽

1/8 小匙白胡椒

一撮肉豆蔻

一鍋高溫但未達微滾的熱水，鍋子必須能容納煮馬鈴薯的鍋

用溫水將馬鈴薯刷洗乾淨，然後放入單柄鍋內。在鍋內注入能夠淹過馬鈴薯的冷水，加入食鹽後以大火加熱。待鹽水沸騰，以鍋蓋半掩的方式慢慢沸煮約 25 分鐘。測試馬鈴薯熟度時，應取出一個馬鈴薯，切成兩半，從中間削下一小片品嘗；馬鈴薯既得維持形狀，也應為熟透、柔軟、呈粉狀且可以馬上食用。煮好後取出瀝乾，用叉子叉起馬鈴薯，馬上去皮。馬上將馬鈴薯放入壓碎器或食物研磨器裡，或是用電動攪拌機攪打，做成滑順無結塊的泥狀。量 4 杯馬鈴薯泥，放入單柄鍋內，在中火上攪拌加熱 2-3 分鐘，直到馬鈴薯開始在鍋底覆上薄薄一層，表示大部分多餘水分已經蒸發。鍋子離火，打入蛋黃，然後加入奶油與 4 大匙鮮奶油。若你覺得馬鈴薯還可以吸收，則再加入少許鮮奶油，不過混合物應該要相當扎實，如此一來在塑形時才能維持形狀。打入食鹽、胡椒與肉豆蔻；仔細品嘗並按需求修正調味。將馬鈴薯鍋放在一鍋熱水上。

(*) 提早準備：為了操作方便，應以溫熱的馬鈴薯來塑形。若你還沒準備好，可以將鍋蓋半掩，並且頻繁地用木匙攪拌馬鈴薯泥。請記住，溫熱的馬鈴薯不能完全密封蓋好；保持些許空氣流通，可以避免馬鈴薯走味。

2. 用擠花袋將馬鈴薯泥擠在餐盤周圍

一支木匙

溫熱的馬鈴薯泥混合物

一支橡膠刮刀

一只30.5–35.6公分的帆布擠花袋，裝上1.9公分花型擠花嘴

一只稍微抹上奶油的耐熱大餐盤，例如長徑 35.6 公分短徑 30.5 公分的橢圓形餐盤

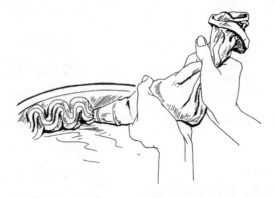

用力攪打溫熱的馬鈴薯混合物，確保混合物滑順柔軟，然後將混合物舀入擠花袋裡。將混合物從擠花袋擠出，沿著餐盤邊緣作裝飾。

舉例來說，你可以擠出蜿蜒的緞帶狀，並按個人喜好加入花形。假使你的擠花袋很小，很快就把袋子裡的馬鈴薯用完，則可以利用花形來遮蓋住圖案斷裂的地方。

2-3 大匙磨細碎的瑞士起司或
帕瑪森起司

3-4 大匙熔化的奶油

在馬鈴薯上面撒上少許起司並淋上熔化的奶油。（雖然刷蛋液做出來的顏色比較漂亮，我們不喜歡蛋液在馬鈴薯上變硬以後的味道和質地。）

(*) 提早準備：靜置一旁備用；放涼以後稍微蓋上，放入冰箱冷藏。

3. 褐化與上菜

你可以放入預熱至攝氏 204 度的烤箱上三分之一烘烤 25-30 分鐘至表面稍微褐化，或是放在低溫炙烤箱裡慢慢炙烤褐化約 5 分鐘。以炙烤箱褐化，馬鈴薯質地比較濕潤，不過你必須要小心顧好，別讓馬鈴薯燒焦。因為烤好的馬鈴薯經冷卻並重新加熱後吃起來又乾又老，所以一旦褐化，就應盡快上桌。

變化版

公爵夫人馬鈴薯巢或馬鈴薯球

按照基本食譜的方法，用馬鈴薯混合物在抹奶油的耐熱器皿上擠出一個個巢狀物；在馬鈴薯表面撒上起司與熔化的奶油，按照步驟 3 說明讓馬鈴薯褐化。若要製作馬鈴薯球，則用馬鈴薯泥在抹奶油的烤盤上擠成一小堆一小堆，以同樣的方式烘烤，在上菜時用鍋鏟移動之。

公爵夫人起司馬鈴薯（Pommes Duchesse au Fromage）
〔起司口味的公爵夫人馬鈴薯〕

要製作起司口味的公爵夫人馬鈴薯，你可以運用前則食譜或接下來的建議，將 1/3 杯磨細碎的帕瑪森起司打入基本食譜步驟 1 完成的馬鈴薯混合物（每杯馬鈴薯混合物加入 1 大匙起司）。製作時，因為起司的味

道很重，你可以使用速食馬鈴薯泥，按包裝建議加入最少量的液體，如此一來就可以打入足量鮮奶油，賦予馬鈴薯風味與趣味，又不至於把馬鈴薯泥做得太軟以致無法成形。

公爵夫人馬鈴薯餅（Galettes de Pommes Duchesse）
〔利用剩菜製作的馬鈴薯餅〕

剩餘的公爵夫人馬鈴薯可以做成糕餅狀並以奶油煎過，化為另一道美食。這種做法雖然適用於褐化的馬鈴薯，不過若使用未烹煮的混合物會更成功，此外，儘管你可以用較簡單的烘烤方式來取代煎煮，若要做出最佳的風味與質地，最好還是以煎煮的方式進行。

12 個直徑 7.6 公分的馬鈴薯餅，4-6 人份

約 2 杯馬鈴薯泥混合物，參考前則基本食譜步驟 1

1 杯中等粗細的乾燥麵包屑，以不甜的自製白麵包製作

一張蠟紙，鋪在托盤上

5-6 大匙澄清奶油（撈除浮沫的熔化奶油，去掉牛奶固形物所得的液體奶油）

一只大平底鍋（直徑 27.9 公分），最好使用不沾鍋

一只抹了奶油的烤盤

若剛做好馬鈴薯混合物，則先放涼。手掌稍微沾點麵粉後以搓滾拍打的方式，或是利用蠟紙和沾濕的橡膠刮刀，將馬鈴薯混合物做成直徑 7.6 公分厚度 1.9 公分的圓餅狀。每做好一個，就放入麵包屑裡，把麵包屑堆在上面，輕拍讓一層薄薄的麵包屑固定上去，然後把馬鈴薯餅放到蠟紙上平鋪成一層。

(*) 提早準備：如果你沒打算馬上煎，則將馬鈴薯餅蓋起放冰箱冷藏；可放到隔天再烹煮。

烤箱預熱到攝氏 93 度。上菜前，在平底鍋裡倒入高度 0.3 公分的澄清奶油，將油加熱至高溫但尚未褐化，將馬鈴薯餅放入鍋裡平鋪成一層。每面煎 3-4 分鐘，煎到上色酥脆，然後翻面繼續煎。將煎好的馬鈴薯餅放在烤盤上放進烤箱保溫，繼續處理剩餘的馬鈴薯餅，若有必要可以在鍋內加入更多澄清奶油。馬鈴薯餅可以保溫 15 分鐘以上，不過越早端上桌，滋味與新鮮度越佳。

馬鈴薯餡餅（Galettes de Pommes de Terre Farcies）
〔填餡的馬鈴薯餅〕

　　加入用火腿、蘑菇和起司做成的餡料，馬鈴薯餅就成了一道主菜。它可以搭配綠色蔬菜或沙拉。烘烤做法比煎煮容易操作。

8 個直徑 8.9 公分的餡餅，4 人份以上

前則食譜馬鈴薯餅的材料加上：

113 公克（1 杯）切小丁的新鮮蘑菇

1 大匙紅蔥末或青蔥末

食鹽與胡椒

1/3 杯火腿末

1/2 杯磨碎的瑞士起司

　　蘑菇丁與紅蔥或青蔥和 1 大匙奶油一起放入小鍋中，炒到蘑菇丁開始相互分離，並稍微褐化。以食鹽和胡椒調味，加入火腿末，繼續翻炒 1 分鐘後靜置一旁備用。將一半的馬鈴薯混合物做成 8 個直徑 8.9 公分、厚度 0.6 公分的圓餅。將火腿與蘑菇放到每塊馬鈴薯餅中央，在上面放上磨碎的起司。用剩餘馬鈴薯混合物做成同樣大小的圓餅再疊在起司上。

　　烹煮時，可按照前則食譜的做法，將馬鈴薯餡餅沾上麵包屑，以澄清奶油煎過，或將馬鈴薯餡餅放在抹了奶油的烤盤上，撒上麵包屑與熔化的奶油，放入預熱至攝氏 204 度烤箱上三分之一烘烤 25–30 分鐘，烤到表面稍微褐化。

一道豆泥、三則蕪菁食譜與一則可麗餅食譜
　　跳脫常軌的菜餚通常能帶來不少樂趣，尤其是這道菜餚能夠代替一般澱粉類蔬菜的時候。接下來的食譜，有一道巧妙的南瓜豆泥、兩道以蕪菁為材料的蔬菜泥，以及一道炒蕪菁，再加上用青椒和番茄做成的新式可麗餅。

阿爾帕容式焗南瓜（GRATIN DE POTIRON D'ARPAJON）

〔以南瓜或冬季南瓜和白豆做成的南瓜豆泥〕

結合南瓜或南瓜屬植物和豆子做出來的蔬菜泥，特別適合搭配鵝肉、鴨肉、火雞、豬肉或香腸。這也是你可以成功用罐裝或冷凍食材代替新鮮食材的少數蔬菜菜餚之一，做法可參考步驟 1 末段說明，以及步驟 2 的材料。

4–6 人份

1. 南瓜或南瓜屬植物

1¼ 杯綜合蔬菜丁（切細碎的洋蔥丁與西洋芹丁各 1/2 杯，胡蘿蔔丁 1/4 杯）

3 大匙奶油

一只容量 2½–3 公升、深度 6.4–7.6 公分的有蓋耐熱烤盤

907 公克黃肉冬南瓜或南瓜（去皮後大略切片為 6 杯）

自行選用：1–2 瓣拍碎的蒜瓣

1 片進口月桂葉

1/8 小匙百里香

1/2 小匙食鹽

1/2 小匙清水

蠟紙，剪成與烤盤表面形狀相同大小

烤箱預熱到攝氏 177 度。奶油和綜合蔬菜丁放入有蓋烤盤裡，以文火烹煮 8–10 分鐘，期間偶爾翻拌，將蔬菜煮到變軟但尚未褐化。拌入南瓜、自行選用的大蒜、香草、食鹽與清水。在爐火上加熱至微滾，將蠟紙蓋在蔬菜上，蓋上蓋子，放入預熱烤箱中層烘烤 30–40 分鐘，期間攪拌一兩次，確保蔬菜未褐化。若液體在南瓜煮軟之前就已經蒸發，可以再加入 2–3 大匙液體。（若使用罐頭或冷凍南瓜，則將綜合蔬菜丁炒軟，然後加入大蒜、香草與 1/4 杯清水；蓋上蓋子慢慢沸煮約 10 分鐘，將所有液體煮到乾。）取出月桂葉。

2. 豆子；烘烤與上菜

約 2½ 杯煮熟或罐裝的白豆，例如大北豆、小粒菜豆或義大利白腰豆（乾豆的浸泡以及利用壓力鍋烹煮的方法，參考上冊第 480 頁）

算好時間，提早將烤箱預熱到攝氏 218 度。將南瓜混合物與豆子放入食物研磨器裡磨成泥，放入攪拌盆裡。預留 2 大匙起司，將雞

裝設中孔徑圓盤的食物研磨器

一只大攪拌盆

一支橡膠刮刀與一支木匙

2 個大雞蛋

1/2 杯鮮奶油

57 公克（1/2 杯）磨碎的瑞士起司

食鹽與白胡椒

3 大匙奶油

蛋、鮮奶油以及剩餘的起司打入蔬菜泥裡，並按個人喜好以食鹽和胡椒調味。將 1 大匙奶油塗抹在烤盤底部，舀入蔬菜泥，撒上保留的起司後綴以剩餘的奶油。

(*) 提早準備：可以提早一天進行到這個步驟結束，放涼後蓋起，放入冰箱冷藏。若混合物曾經冷藏，則將烘烤時間延長 10–15 分鐘。

弗雷納斯蔬菜泥（PURÉE FRENEUSE）

〔加入香草和大蒜的蕪菁米飯泥〕

　　弗雷納斯是巴黎西北方位於蜿蜒塞納河畔的小城，除非你的客人知道這個地方盛產蕪菁，否則他們絕對猜不出來這道菜是用什麼材料製作的。它可以搭配紅肉、豬肉、香腸、肉排、鵝肉與鴨肉。

4–6 人份

2 杯牛奶，若有必要可增加用量

一只容量 2 公升的厚底單柄鍋（建議使用不沾鍋）

1 杯白米

1/2 小匙食鹽

2 大匙奶油

2–3 瓣拍碎的大蒜瓣

1/4 小匙義大利調味料或百里香與月桂葉

3–4 個白色蕪菁，直徑約 7.6 公分，去皮後大略切塊（2–3 杯）

食物研磨器

牛奶加熱至微滾，加入白米、食鹽、奶油、大蒜與調味料，熬煮 10 分鐘，將白米煮到半熟，烹煮期間偶爾翻拌。拌入蕪菁，若有必要可增加用量，讓所有蔬菜都浸在液體裡。蓋上鍋蓋繼續熬煮 10–15 分鐘，將蕪菁煮軟，烹煮期間偶爾翻拌。液體應該幾乎完全被吸收；若液體沒有煮乾，則打開鍋蓋攪拌沸煮，讓液體蒸發。用食物研磨器將混合物磨成泥，然後放回鍋中。

(*) 提早準備：可以提早進行到此步驟結束。

食鹽與白胡椒，用量按個人喜好
2–3 大匙奶油或鮮奶油
一只溫熱的大餐盤
香芹末

上菜前，重新加熱攪拌。仔細修正調味。一匙匙拌入奶油或鮮奶油。將菜餚倒入一只溫熱的大餐盤，並以香片裝飾。

瑞典城堡菜泥（LA PURÉE, CHÂTEAUX EN SUÈDE）
〔黃蕪菁泥——瑞典蕪菁〕

　　質地扎實的新鮮瑞典蕪菁有著清脆濕潤的口感與細緻的甜味，和品質最優的白蕪菁一樣好吃，以奶油熬煮並化為芳香黃色菜泥時尤其如此。這道菜可以搭配烤鵝或烤鴨、豬裡脊、自製香腸，或是燉羊肉或燉牛肉。

有關歷史

　　由於瑞典蕪菁（或稱蕪菁甘藍）似乎源自斯堪地納維亞，英國人直接將它稱為「swedes」（瑞典人的意思），有時候法國人會將它稱為「navets de Suède」（直譯為瑞典蕪菁）。瑞典蕪菁是一種獨特的蔬菜，這種植物和甘藍與蕪菁都有親緣關係，所以在法文裡又稱為「chou-rave à chair jaune」（直譯為黃肉蕪菁）。瑞典蕪菁有很多品種，有些甚至是動物飼料，不過在法國，那類瑞典蕪菁也是兩次世界大戰期間的食物。雖然現代改良技術創造的新品種，在口味上能夠迎合嘴巴最刁鑽的上流社會人士，不過對許多法國人來說，瑞典蕪菁提醒著他們過去的苦日子，這也是為什麼這道菜會有這種迴避性十足的菜名。

4-6 人份

680-907 公克質地扎實清脆的瑞典蕪菁，去皮後切成 2.5 公分塊狀（6-7 杯）
一只容量 2 公升的厚底平底鍋
約 2 杯清水
1½ 小匙食鹽
3 大匙奶油
一只鍋蓋
食物研磨器，架在攪拌盆上

將切塊的瑞典蕪菁放入單柄鍋內，注入清水至蔬菜的三分之二高。加入食鹽與奶油，加熱至沸騰，再蓋上鍋蓋慢慢沸煮約 30 分鐘，或是將蔬菜煮軟，烹煮期間偶爾翻拌。將蔬菜取出瀝乾，保留烹煮液體，並用食物研磨器將蔬菜磨成泥，放入攪拌盆內。

4 大匙精製鵝油、豬油或奶油
1/3 杯中筋麵粉（用乾燥的量杯舀麵粉並以刀子刮掉多餘的量）
一支木匙與一支鋼絲打蛋器
溫熱的蕪菁烹煮液體
1/4 杯鮮奶油
食鹽與胡椒
稍微塗上奶油的溫蔬菜盤
新鮮香芹

油脂或奶油放入鍋中加熱至熔化，拌入麵粉，以中火翻炒，讓麵粉與油脂起泡約 2 分鐘，不要炒到褐化。鍋子離火，等到油糊不再起泡，拌入 1 杯烹煮液體，以鋼絲打蛋器用力攪打至混合物完全滑順。鍋子放回爐上，以中大火加熱，在混合物變稠且逐漸沸騰的過程中，用打蛋器攪拌。沸騰後，一邊攪拌一邊繼續煮 2 分鐘。醬汁應該非常濃稠，不過也不能稠到無法和蕪菁泥拌在一起；若有必要，可以一匙一匙把烹煮液體（或牛奶）加入醬汁裡稀釋之。最後，將蕪菁泥和鮮奶油打入醬汁中，按個人喜好仔細調味。

(*) 提早準備：可以提早一天進行到這個步驟結束；放涼後蓋好放入冰箱冷藏。

　　上菜前約 30 分鐘，將混合物蓋好並放在微滾熱水上重新加熱，偶爾攪拌。上菜時，將蔬菜泥倒入溫熱的蔬菜盤上，以香芹裝飾。

奶油炒小蕪菁（PETITS NAVETS SAUTÉS, EN GARNITURE）

〔以奶油翻炒的新鮮小白蕪菁〕

冬季與早春是小蕪菁的時節，小蕪菁非常鮮嫩，不需要燙過，簡單以奶油翻炒的烹調方式，最能凸顯出它的滋味。無論是圓形、橢圓形、圓錐形，以及是否帶有綠葉，購買時都應該選擇表面平滑、質地扎實、體型嬌小、乾淨無損傷且大小相同的小蕪菁，以便切割與塑形。將生的小蕪菁切開時，肉應該是濕潤、清脆且帶有蕪菁的清甜味。炒蕪菁可搭配鴨肉、鵝肉、火雞肉、豬肉、烤牛肉或羊肉，以及牛排或肉排。它們也可以搭配其他菜餚如焦糖胡蘿蔔與炒蘑菇，或是奶油鮮豌豆等當成配菜。下面的食譜份量不多，如果你想要增加份量，可以分批預炒，再一起放入有蓋燉鍋，放進攝氏 163 度的烤箱烘烤。

4–6 人份

約 12 個新鮮的小白蕪菁，每顆直徑約 5.1–6.4 公分（去掉菜葉約 1.1 公斤）

2 大匙以上奶油

1 大匙以上橄欖油或食用油

一只大平底鍋（直徑 28 公分，建議使用不沾鍋）

1/4 小匙食鹽，若有必要可增加用量

一大撮胡椒

一只鍋蓋

取一支鋒利的小刀，替蕪菁去皮，把外皮和外皮下面覆蓋濕潤果肉的那一層削掉。接下來，將蕪菁切成大蒜瓣的形狀，每塊大小大致相同：舉例來說，如果蕪菁是圓的，則縱切成四瓣，把邊緣修圓潤，把修下來的部分保留用作蕪菁湯或加入前面幾則食譜的蔬菜泥裡。

將 2 大匙奶油和 1 大匙橄欖油放入平底鍋，以中大火加熱至熔化。待奶油浮沫開始消失，表示油溫夠高，在鍋內放入盡量多的蕪菁塊。頻繁拋翻翻炒，手握鍋柄搖晃旋轉鍋身，烹煮 4–5 分鐘，將蕪菁煮到稍微褐化（若分兩批翻炒，則將褐化的蕪菁移入一只餐盤裡，若有必要可在鍋內倒入更多油脂，再放入第二批蕪菁塊翻炒上色，最後把第一盤蕪菁

放回鍋中）。拌入食鹽和胡椒，蓋上鍋蓋，以文火烹煮約 10 分鐘以上，將蕪菁煮軟，期間偶爾拋翻。小心不要讓蕪菁過度褐化。小心不要煮過頭，蕪菁應該煮到恰好變軟卻還能維持形狀。

2-3 大匙奶油

食鹽與胡椒，按需求斟酌

3-4 大匙新鮮香芹末

一只溫熱的蔬菜盤或醃肉拼盤

上菜前，重新加熱至滾燙，按需要拌入更多食鹽與胡椒，然後拌入額外的奶油，最後加入香芹。將菜餡倒入溫熱的蔬菜盤或拼盤上，便可端上桌。

法式番茄甜椒可麗餅（CRÊPES À LA PIPÉRADE）
〔甜椒、洋蔥、番茄與起司薄餅〕

　　煮熟的甜椒、洋蔥、番茄、起司、香草，以及用來將所有材料黏合起來的輕盈麵糊，就是這道菜餡的基本材料，拌勻以後以煎薄餅的方式烹調即可。這道薄餅可以搭配烤肉、肉排或炙烤雞，任何剩下來的薄餅可以當成冷的開胃菜，或是野餐菜餡。此外，這種麵糊也可以拌入沒吃完的禽肉、小牛肉或豬肉丁做成煎餅；放上水波蛋或煎蛋，再搭配番茄醬或起司醬，就成了份量十足的隨性主菜。

12 塊直徑 10.2 公分的薄餅

1. 可麗餅麵糊 —— 3/4 杯

1/3 杯麵粉，最好是「速拌麵粉」（用乾燥量杯舀出後以刀子刮平）

1 個大雞蛋

1/4 小匙食鹽

1½ 小匙食用油

1/3 杯牛奶，若有必要可稍微增加用量

一台電動果汁機，或是一只碗、打蛋器與篩子

將所有材料放入果汁機打勻，或是將麵粉放入碗中，打入剩餘材料後過篩。麵糊的質地應狀似鮮奶油；若太濃稠，可加入幾滴牛奶稀釋。若使用速拌麵粉，在調好以後可以馬上使用，否則應該至少讓麵糊靜置 1 小時。

2. 法式番茄甜椒混合物——1½ 杯

1½ 杯洋蔥絲

3 大匙橄欖油或食用油

一只直徑 20.3 公分的有蓋平底鍋

1½ 杯青椒絲

3–4 個成熟的紅番茄，去皮去籽榨之後切片（1½ 杯）

2–3 瓣拍碎的大蒜瓣

食鹽與胡椒，用量按個人喜好

2 大匙新鮮香芹末，加上 1 大匙新鮮甜羅勒末或 1/2 小匙乾燥的奧勒岡

以油脂烹煮洋蔥 8–10 分鐘，或是煮到洋蔥變軟變透明。加入青椒，繼續煮 3–4 分鐘，讓青椒稍微軟化。接下來，加入番茄切片與大蒜；蓋上鍋蓋幾分鐘，讓番茄出水。打開鍋蓋，將爐火轉大，沸煮幾分鐘並拋翻以讓鍋內材料混合均勻，烹煮到鍋內液體幾乎完全蒸發。按個人的喜好仔細調味，最後拌入香草。

3. 製作煎餅

（你也可以做成幾塊直徑 20.3 公分的薄餅再切成楔形；下面的做法是以直徑 25.4 公分的平底鍋，每次製作直徑 10.2 公分的薄餅 3 張。）

142 公克瑞士起司，切成 1 公分小丁（約 3/4 杯）

番茄甜椒，倒入容量 2 公升攪拌盆內

一支橡膠刮刀

1/2 杯以上可麗餅麵糊

食用油

一只直徑 25.4 公分的沉重平底鍋（建議使用不沾鍋）

一只容量 1/4 杯的量杯

1 或 2 只抹油的烤盤

一把鍋鏟

起司和 1/2 杯麵糊一起拌入番茄甜椒。替平底鍋刷上油脂，放在中大火上加熱。待溫度夠高但尚未冒煙時，倒入 1/4 杯麵糊當作測試。一面先煎約 2 分鐘，直到表面出現小洞，表示底部應該已經上色，便可翻面，然後繼續煎 1 分鐘，再把薄餅移入烤盤。薄餅應該恰能成形，混合物的麵糊應該薄到只能在材料表面裹上薄薄一層。若有必要，可在攪拌盆內加入更多麵糊，不過加入太多麵糊，薄餅會太厚。以同樣的方式繼續製作薄餅，然後放到烤盤裡。

上菜前，將薄餅放入預熱到攝氏 218 度的烤箱裡重新加熱 5 分鐘左右。

在麵糊裡加入剩菜

同樣份量的麵糊，可以加入：

1 杯洋蔥絲、1 杯甜椒與 1 杯番茄，做成法式番茄甜椒

1/3 杯起司丁

1 杯切丁的熟禽肉、小牛肉、豬肉、火腿、香腸或魚肉

三道冷食蔬菜

甜酸小洋蔥（PETITS OIGNONS AIGRE-DOUX）
〔與葡萄乾一起燜燉的甜酸小洋蔥——熱食或冷食〕

這道菜當成熱菜時，可以搭配烤豬肉、鴨肉、鵝肉與野禽，當成冷菜時，可以隨著開胃菜、冷肉與禽肉等一起上桌。它應該被視為邊菜或配菜，如果你使用的是小型珍珠洋蔥，每份 6 個應已足夠。

約 2 杯，6-8 人份

3 杯（283 公克，40-50 個）小型的白色珍珠洋蔥

一鍋沸水

一只容量 2 公升的厚底有蓋單柄鍋

1/2 杯牛肉或雞肉清湯

1/2 杯清水

1 小匙芥末粉，加入 1¼ 大匙酒醋調和

2 大匙橄欖油

洋蔥放入沸水中沸煮 1 分鐘，讓表皮鬆開。取出瀝乾，把兩端切掉，去皮後在根端劃上十字，幫助洋蔥在烹煮時保持形狀。將洋蔥放入單柄鍋內，加入除了香草和胡椒以外的所有材料。加熱至微滾，撈除浮沫幾分鐘，然後加入百里香、月桂葉與胡椒；蓋上鍋蓋熬煮約 1 小時，或是煮到洋蔥變軟但尚能保持形狀。烹煮期間，若有必要可加入少許清

1½ 大匙糖 1/4 小匙食鹽

1 個中型番茄，去皮去籽榨汁後
切碎

1/3 杯無籽小葡萄

1 瓣拍碎的大蒜瓣

1/4 小匙百里香

1 片月桂葉

1/8 小匙胡椒

一只大餐盤

水，然而，在洋蔥煮好時，液體應該收成糖漿狀。將洋蔥移入餐盤內，趁熱上桌或放涼享用，並可按個人喜好以香芹裝飾。

普羅旺斯甜椒沙拉（SALADE DE POIVRONS, PROVENÇALE）

〔甜椒去皮切片後拌入大蒜與油脂〕

這是普羅旺斯地區一道經典隨性的第一道菜餚，材料可以包括當地生產的黑橄欖、切片水煮蛋、鯷魚、續隨子與切片的青椒或紅椒，並以橄欖油、食鹽和大蒜調味。這則食譜的唯一訣竅，在於替甜椒去皮，而替甜椒去皮跟剝蛋殼不一樣，是有點學問的。書裡舉出幾種替甜椒去皮的方法，如用長叉一個一個插起來放到爐火上將表皮烤焦、放入高溫烤箱裡烘烤、放入低溫烤箱裡烘烤、炙烤、放在盤子裡蓋起來蒸煮、放入熱油裡、炙烤到表皮膨起來並變黑。我們喜歡炙烤的方式，因為速度最快，最保險，而且能適度烹煮果肉，一旦替甜椒去皮，就可以切塊擺盤端上桌。

有關甜椒

美國與法國的甜椒都是同一種植物，學名是「Capsicum annuum」，這種植物原產於熱帶，有許多種形狀和大小。美國市場上的甜椒大多為直徑 6.4–10.2 公分、長度 10.2–12.7 公分的深綠色甜椒（甜椒完全成熟以後會變成黃色或紅色，而且不適合長途運輸；你找到的紅甜椒應該都是當地生產的）。選擇顏色鮮豔、表皮有光澤、質地扎實且果肉厚實的

甜椒，表面不應有斑點、褐色區塊或變軟的地方。甜椒和茄子是遠親，生甜椒和茄子一樣，適合存放在攝氏 7.2–10 度、濕度 90% 的地方。除非你有這樣的保存條件，否則就應購買在一兩天內會使用的量，因為存放在太熱或太冷的環境中，甜椒會迅速變質腐化。

4 個中型甜椒

1. 替甜椒去皮

4 個中型甜椒，可選用綠色、紅色、黃色或混用

能夠容納所有甜椒的淺烤盤，例如派盤

砧板

一把鋒利的刀子與一支餐叉

炙烤箱預熱至高溫。將甜椒放在烤盤裡，放入距離熱源約 2.5 公分處。經過 2–3 分鐘，正對著熱源的表皮應該會膨脹變黑，此時，馬上將甜椒翻面，最後再烤兩端，讓全部的表皮都膨脹起來。將甜椒移到砧板上，一個一個快速縱切成兩半，去蒂去籽並把表皮刮掉。（這個動作應該在甜椒變涼前儘快進行；如果烤焦的表皮留在果肉上的時間太長，可能會讓果肉變黑。）

2. 替甜椒調味

1 瓣拍碎的中型蒜瓣

1/4 小匙食鹽

一只小碗和一支杵或木匙

1/3 杯優質橄欖油

一只大餐盤

保鮮膜

將大蒜和食鹽放在一起搗碎，搗到食鹽完全溶解後打入橄欖油。將甜椒切成約 1 公分寬的長條狀，一層層疊到盤子上，並替每一層撒上調味料。將盤子蓋起來慢慢醃漬，上菜前 20 分鐘，開始偶爾將盤子前後左右晃一晃，讓醬汁沾附在甜椒上。

(*) 提早準備：可以提早幾天做好；將甜椒密封蓋好後放入冰箱冷藏。上菜前 30 分鐘從冰箱取出，讓橄欖油回溫。

鑲朝鮮薊（FONDS D'ARTICHAUTS FARCIS, FROIDS FONDS D'ARTICHAUTS EN SURPRISE）

〔填入蘑菇泥的朝鮮薊，自行選用加入水波蛋——冷盤開胃菜〕

對特別的客人和正式晚餐來說，這道菜可以是完美的第一道主菜。整顆朝鮮薊在沸煮以後去除葉片保留底部，然後在底部填入醃漬過的生蘑菇泥、從朝鮮薊葉刮下來的肉、蛋黃醬與香草。在烹煮這道菜的時候，有幫手會更好，因為要把葉片的肉刮下來，是慢工出細活的工作。然而，如果只有自己一個人，也不趕時間，你可以先把朝鮮薊煮好，隔天把葉肉刮下，然後在第三天早上填餡。若想要把這道菜當成午餐輕食的主菜，則可以運用水波蛋在上面加個驚喜，水波蛋和蘑菇、朝鮮薊與蛋黃醬能夠完美融合。

6 個大朝鮮薊

1. 準備朝鮮薊

6 個新鮮的大朝鮮薊，直徑 10.2–11.4 公分

一只盛裝 7–8 公升沸騰鹽水的大鍋

裝設中孔徑圓盤的食物研磨器，或是一只篩子

按照上冊第 512–514 頁圖解說明修整朝鮮薊，確定把所有堅硬的綠色部分切掉，也把小葉子都摘掉。開蓋慢慢沸煮 35–45 分鐘，將朝鮮薊底部煮到可以輕鬆用刀子插穿。（趁沸煮朝鮮薊的同時進行步驟 2 與 3，處理蘑菇。）

將煮好的朝鮮薊倒過來放在濾鍋裡瀝乾。放涼後仔細把葉子摘掉，保留底部完整。把每個朝鮮薊底部中間的細毛刮下來丟掉。用一支小湯匙，將葉片內側和心的底部（覆蓋在中心細毛上柔軟的圓錐狀葉片）的肉刮下來。把刮下的肉放入食物研磨器或篩子裡做成泥，再將菜泥放在布巾的一角用力擰乾，儘量把水分擠出。將擠乾的菜泥放入一只碗裡。

2. 生蘑菇泥

227 公克非常新鮮、質地扎實且外觀無損傷的蘑菇

1/4 小匙食鹽

一大撮胡椒

2 大匙紅蔥或青蔥細末

1 大匙檸檬汁

一只容量 2 公升的碗

用一把鋒利的大刀將蘑菇切成細末，幾乎將蘑菇剁成泥。將蘑菇放入碗中，拌入食鹽、胡椒、紅蔥或青蔥與檸檬汁，醃漬 15–20 分鐘。接下來，每次抓一把放在布巾的一角，儘量將菜汁擠乾。將處理好的蘑菇放入碗中，和朝鮮薊泥混合。

3. 組合

約 1½ 杯濃稠的自製蛋黃醬（將上冊第 105–106 頁的熟蛋黃塔塔醬減去菜末再加上過篩的蛋白，尤其適合用在這裡）

1 大匙新鮮茵陳蒿末或 1/4 小匙乾燥的茵陳蒿

4 大匙新鮮香芹末（保留一半用作裝飾）

食鹽與胡椒，用量按個人喜好

煮熟的朝鮮薊底部

自行選用：6 個放涼的水波蛋或 6 分鐘水煮蛋（溏心蛋）

一只大餐盤或個別餐盤，鋪上萵苣葉或西洋菜

3–4 大匙鮮奶油、法式酸奶油或酸奶油

替朝鮮薊蘑菇泥調味，然後堆到朝鮮薊底部的上面：一大匙一大匙將蛋黃醬拌入蔬菜裡，總共用量可能在 3–4 大匙，加入的量不應稀釋菜泥，混合物應有能保持形狀的濃稠質地。拌入香草，仔細品嘗以修正調味。稍微以食鹽和胡椒替朝鮮薊底部調味，再把菜泥堆上去並把表面抹平做成圓丘狀。（若使用水波蛋，則將蛋放在兩層菜泥的中間。）將做好的朝鮮薊放在大餐盤或個別餐盤裡。上菜前，將鮮奶油拌入蛋黃醬裡，然後舀一坨放在每個朝鮮薊上，並以香芹裝飾。

(*) 提早準備：除了最後加上蛋黃醬的部分，你通常可以提早一天完成，然後蓋好放入冰箱冷藏。為了避免蛋黃醬變質，我們建議你在上菜前 1 小時左右完成最後組合。

第七章
甜點
拓展菜色

冷凍甜點──雪酪、冰淇淋與慕斯（ENTREMETS GLACÉS）

　　只要冷凍庫可以穩定維持低於攝氏零下 18 度以下的溫度，你不需要另外準備冰櫃，就可以製作許多美妙的冷凍甜點。我們在這一章會先介紹一款簡單美味、用過篩的罐裝杏桃製成的雪酪，接著是新鮮草莓慕斯（然後介紹幾款上菜時用來盛裝慕斯的糖餅杯），然後是巧克力杏仁冰淇淋、核桃焦糖慕斯、圓頂冰糕，以及聖代和冷凍舒芙蕾的做法。聖西爾是一款漂亮的巧克力蛋白霜慕斯，藉著這款甜點，我們稍微岔題說明用作牛角餡或當成巧克力醬佐香草冰淇淋的蛋白霜鮮奶油。維蘇威的驚喜是本節的最後一則食譜，有著戲劇性的爆裂火焰效果。

■ 杏桃慕斯雪酪（MOUSSE À L'ABRICOT, GLACÉE）
〔杏桃雪酪〕

　　利用罐裝杏桃製作的杏桃雪酪簡單美味且終年可得。製作時間約在 4–5 小時，不過你可以不慌不忙地慢慢進行，在前一天開始製作慕斯。

約 1 公升，4–6 人份

1. 雪酪混合物

1 罐二號罐頭（850 公克）或 2
罐 454 公克的杏桃

裝設小孔徑圓盤的食物研磨器

一只容量 1 公升的量杯

一只容量 2½ 公升的攪拌盆

2 個蛋白，放入一只乾淨的小打
蛋盆裡

電動攪拌機，裝設乾淨乾燥的
葉片

約 1/2 杯糖（若有可能請使用
「即溶」細砂糖）

2 大匙檸檬汁

2–3 滴杏仁精

杏桃瀝乾後打成泥並放入量杯裡，加入足量湯汁做成 2 杯，再將杏桃泥倒入攪拌盆裡。用攪拌機將蛋白打到濕性發泡後靜置備用。接下來，用攪拌機將砂糖和檸檬汁打入杏桃泥裡；繼續攪打幾分鐘，讓砂糖完全溶解——直到你的舌頭感覺不到任何顆粒為止。若不夠甜，可以增加少許砂糖，不過加糖時要小心，因為糖的比例不應超過混合物的四分之一，否則雪酪就無法適度結凍。用攪拌機將打發蛋白拌入混合物理，蛋白的目的在於避免大塊冰晶形成。加入幾滴杏仁精，藉此將杏桃的味道凸顯出來。

2. 冷凍慕斯——至少在攝氏零下 18 度以下冷凍 4–5 小時

若趕時間，可使用直徑
22.9–30.5 公分的平底鍋，或是
一只攪拌盆，若是空間不足亦
可使用製冰盒

保鮮膜

電動攪拌機或一支大型鋼絲打
蛋器

自行選用：大餐碗或冰淇淋模

第 610 頁的杏桃醬

現在就可以把雪酪混合物放入冷凍庫冷凍，並在冷凍過程中拿出來攪打一兩次，以破壞冰晶，賦予雪酪滑順輕盈的質地。若趕時間，可將混合物倒入平底鍋或製冰盒，若不趕時間則將混合物留在攪拌盆裡。用保鮮膜包好，冷凍 2–3 小時，或等到雪酪開始成形。

　　部分成形以後，可將裝在平底鍋或製冰盒的雪酪刮到攪拌盆裡。以電動攪拌機或鋼絲打蛋器用力攪打，雪酪的體積會開始膨脹，顏色也會開始變白。蓋起來並再次冷凍 1 小時左右，再拿出來攪打；接下來，可

按個人喜好將混合物放入大餐碗或冰淇淋模。蓋起來，上菜前繼續冷凍數小時（備註：如果不趕時間，而雪酪在攪打之前已經凍到硬掉，可以放在室溫環境中軟化，再用電動攪拌機攪打；接著，放回冷凍庫裡，繼續如常操作）。

　　端上桌前，將慕斯放到冷藏室裡軟化半小時，上菜時可按個人喜好搭配杏桃醬（亦可參考第 502 頁餅乾杯，用作雪酪的容器）。

變化版

香緹杏桃慕斯（Mousse à l'Abricot, Chantilly）

　　若要製作味道更豐富、質地更軟的雪酪，你可以按照下列步驟加入打發鮮奶油，製作成品其實就是冰淇淋。

1½ 公升，6-8 人份

前則食譜的杏桃雪酪混合物

1 杯冰過的打發用鮮奶油，放入打蛋盆裡

一只大碗，放入一盤冰塊與淹過冰塊的清水

一支大型鋼絲打蛋器或手持式電動攪拌機

一支橡膠刮刀

自行選用：冰過的大餐碗或冰淇淋模

在第一次冷凍時間快結束時，把杏桃雪酪混合物打過，讓它體積增加且變白，然後將香緹亦即稍微打發的鮮奶油拌進去。（鮮奶油應該要分開打發；若和雪酪一起打發，會無法讓體積增加。）將盛裝鮮奶油的碗放在冰塊和冰水上。打蛋器在碗裡畫圓，儘量打入空氣，攪拌到鮮奶油體積成為原本的兩倍，打蛋器可以在表面劃線。

將鮮奶油拌入雪酪裡，接下來不需要繼續攪打，只要冷凍即可。若打算放在裝飾性容器裡上桌，則應在此刻將混合物倒入容器中，蓋起來，端上桌前至少冷凍 3-4 小時。

杏桃圓頂冰糕（Bombe Glacée à l'Abricot）

〔和另一種雪酪或冰淇淋一起入模成形的杏仁慕斯〕

若想要更花俏一點，你可以按照下面的做法，將杏桃雪酪放入鋪上另一種雪酪或冰淇淋的大碗或模具裡。

2 公升，8–10 人份

1 公升鳳梨雪酪、檸檬雪酪或香草冰淇淋（自製或高品質的現成製品）

冰過的 2 公升冰淇淋模，或是金屬碗或夏洛特模

保鮮膜

杏桃雪酪，參考第 498 頁

讓雪酪或冰淇淋軟化至你能夠將它抹在模具或大碗內側的程度，然後用保鮮膜將模具蓋起來，放入冷凍庫冷凍至硬化。待杏桃雪酪已經經過數次冷凍與攪打，可以進行最後一次冷凍時，將杏桃雪酪放入鋪好的模具裡。再次用保鮮膜包好，繼續冷凍數小時。

脫模時，用刀子沿著模具內側刮過，將模具放在一盆冷水裡浸幾秒鐘，再放到冰過的大餐盤裡脫模。若不打算馬上端上桌，則將碗倒扣在上面，放回冷凍庫裡。

草莓雪酪或覆盆子雪酪（Mousse aux Fraises ou aux Framboises, Glacée）〔新鮮草莓或覆盆子雪酪〕

自製的新鮮草莓或覆盆子雪酪相當討喜，而且和前面的杏桃雪酪一樣簡單。

約 1 公升，4–6 人份

1 公升新鮮草莓或覆盆子

裝設小孔徑圓盤的食物研磨器，架在 2½–3 公升的攪拌盆上

2 個蛋白，放在乾淨的小打蛋盆裡

草莓去蒂後迅速清洗乾淨，若使用覆盆子則把壞掉的揀出來丟掉。把莓果用食物研磨器磨成泥，放入攪拌盆裡，你應該可以得到 2

電動攪拌機或大型鋼絲打蛋器
1/2 杯糖，最好是「即溶」細砂糖
1/4 杯檸檬汁

杯果泥。蛋白打到濕性發泡後靜置一旁備用。將砂糖和檸檬汁打入果泥，並繼續攪打幾分鐘，讓砂糖完全溶解——試吃時舌頭應感覺不到顆粒。打入打發蛋白。蓋起來冷凍，按照第 499 頁基本食譜步驟 2 攪打數次。

草莓或覆盆子冰淇淋

　　若想做出更柔軟更豐富的質地，可以按照第 500 頁杏桃冰淇淋的做法將鮮奶油放在冰水上打發，待慕斯開始成形以後再把打發鮮奶油拌入混合物裡。

其他水果

　　就前則食譜而言，你可以用冷凍覆盆子或草莓代替新鮮水果；讓 4 包 283 公克重的冷凍莓果解凍後瀝乾再打成泥，並加入足量果汁做成 2 杯，你不需要再加入額外的砂糖。新鮮成熟的生桃子做成雪酪或冰淇淋都好吃，你也可以將桃子切片後用糖、檸檬汁和櫻桃白蘭地醃漬用作裝飾。在使用其他水果泥時，應使用同樣的材料比例與方法。

餅乾杯（COUPELLES, LANGUES DE CHATS）

〔用來盛裝冰淇淋、水果與甜點卡士達的餅乾杯〕

　　做法簡單且外觀迷人的酥脆小餅乾杯，是利用貓舌餅乾（langues de chats）的法式蛋白麵糊做成，貓舌餅乾之所以如此命名，是因為它外觀

扁平狀似貓舌。在這則食譜中，我們將麵糊平抹在烤盤上，放入烤箱，待邊緣褐化以後，一塊一塊拿起來壓在茶杯上，讓餅乾馬上成形變脆。

8 個直徑 8.9 公分的餅乾杯

1. 餅乾麵糊——貓舌餅乾麵糊

兩只長 45.7 公分寬 35.6 公分的長方形烤盤，抹上奶油並撒上麵粉

直徑 14 公分的酥盒模、鍋蓋或小盤子

一支橡膠刮刀

無味沙拉油

兩只大茶杯或小碗，上徑約 12.7 公分、下徑 5.1 公分、高度 6.4 公分

烤箱預熱到攝氏 218 度，將架子放在中層。準備烤盤，然後用模子與橡膠刮刀尖端，在每只烤盤上做出 4 個圓形記號。稍微替杯子或碗抹油，然後放在烤箱附近方便取用處。

電動攪拌機或一支木匙

57 公克（1/2 條）軟化的奶油

1/3 杯砂糖

1 個檸檬或橙子的碎皮

一只容量 2 公升的攪拌盆

1/4 杯蛋白（約 2 個）

1/3 杯中筋麵粉（用乾燥的量杯把麵粉舀起來再用刀子刮平）

一只麵粉篩

一支橡膠刮刀

將奶油、糖和柑橘皮放入攪拌盆內，用電動攪拌機或木匙打到泛白蓬鬆。倒入蛋白後攪拌幾秒，只要能將材料拌勻即可。麵粉直接過篩到混合物上，快速用橡膠刮刀將麵粉和混合物輕輕拌勻。

2. 成形、烘烤與形塑——烤箱預熱到攝氏 218 度

備註：如果你第一次烘烤這種餅乾，可以先做一兩個試試看，以了解烘烤、移出與形塑的流程；一旦你知道自己該預期什麼，就很容易進行。

一支橡膠刮刀與一支甜點匙

計時器

協助餅乾脫模的彈性抹刀（刀長至少 20.3 公分）

抹油的杯子或碗，形塑餅乾用

蛋糕架一個以上

用橡膠刮刀取下適量麵糊，在每只烤盤內的 4 個圓圈中心分別放上 1½ 大匙麵糊。利用湯匙背面將麵糊抹平，把圓圈填滿；麵糊厚度應該不超過 0.3 公分。將烤盤放到預熱烤箱中層，計時 5 分鐘，烘烤到餅乾稍微褐化至距離中心 2.5 公分處或形成大塊褐色斑點。（在烘烤第一盤時處理第二盤的麵糊。）

烤好以後，馬上將烤箱打開，烤盤放在烤箱門邊，讓餅乾保溫並維持彈性——這種餅乾一旦降溫會馬上變脆，就無法塑形。快速操作，將刮刀長邊從一塊餅乾下方刮過，把餅乾抬起來；將餅乾倒過來放在抹油的杯或碗上，用手指將餅乾往杯裡壓進去。快速將第二塊餅乾抬起來，壓入第二只杯子裡。馬上把第一塊餅乾從第一只杯子裡拿出來——餅乾會在短時間內變脆——放到架子上。快速替第三塊餅乾塑形，然後做第四塊。（餅乾酥脆易碎，操作時要小心。）

關上烤箱，等待幾分鐘，讓烤箱溫度回到攝氏 218 度；繼續烘烤第二盤餅乾，烤好後塑形。

3. 存放與上菜

在天氣乾燥的地方，密封存放可以讓餅乾維持幾日酥脆；若要長時間保存，可以將餅乾冷凍。上菜前，將雪酪、冰淇淋或水果舀入餅乾杯。搭配水果雪酪或冰淇淋，如草莓口味時，可以保留一些水果用作每份甜點的裝飾。

吉力馬札羅——杏仁糖巧克力冰淇淋（LE KILIMANJARO—GLACE AU CHOCOLAT, PRALINÉE）

〔巧克力杏仁冰淇淋〕

對喜歡巧克力與冰淇淋的人來說，我們認為這是最棒的組合。

6 杯，6-8 人份

1. 烤杏仁——1 杯

113 公克（約 1 杯）燙過的杏仁
披薩烤盤或一般烤盤

烤箱預熱到攝氏 177 度。將杏仁平鋪在烤盤裡，放入烤箱中層烘烤 10-15 分鐘，期間翻拌幾次，將杏仁烤成深棕色。烤好後從烤箱取出。

1/2 杯糖
3 大匙清水
一只沉重的有蓋小單柄鍋
杏仁，放入一只碗內
稍微抹油的烤盤
電動果汁機

糖和清水放入單柄鍋內，以中大火加熱。手握鍋柄慢慢搖晃鍋身，不過在液體逐漸沸騰之際，不要用湯匙攪拌糖。液體沸騰後，繼續旋轉鍋身一會兒，待液體從混濁變成完全清澈。

蓋上鍋蓋，將爐火轉成大火，繼續沸煮幾分鐘，煮到泡泡變厚變沉。打開鍋蓋繼續沸煮，輕輕搖晃鍋身，直到糖漿變成焦糖色。鍋子離火，拌入杏仁，然後馬上把杏仁倒入抹油的烤盤裡。經過 20 分鐘左右，等杏仁糖變涼變硬，再把杏仁糖弄碎；每次半杯，放入電動果汁機打碎。

(*) 提早準備：將杏仁糖放入密封容器中，可以冷凍保存數月。

2. 巧克力冰淇淋

1/2 杯糖

1/3 杯清水

一只容量 6 杯的有蓋單柄鍋

2 大匙即溶咖啡

170 公克半苦甜烘焙用巧克力

57 公克無糖烘焙用巧克力

一只較大的單柄鍋，倒入清水加熱至微滾後離火

一支木匙

糖和清水放入單柄鍋內；將糖水放在爐火上，旋轉鍋身至糖完全溶解且液體非常清澈。鍋子離火後拌入即溶咖啡。將巧克力弄碎，拌入鍋內，蓋上鍋蓋，放在熱水上讓巧克力融化。趁等待巧克力融化的時候，按照下列做法將鮮奶油打成香緹。

香緹：

2 杯冰過的鮮奶油，用一只容量 2½ 公升的大碗盛裝

一只大碗，內有一盤冰塊與能夠淹過冰塊的清水

手持式電動打蛋機

一支橡膠刮刀

將盛裝鮮奶油的碗放在冰水上。打蛋機沿著碗畫圈，儘量把空氣打進去，打到鮮奶油體積變成原本的兩倍，且打蛋器可在表面劃線。

步驟 1 的杏仁糖（保留 2-3 大匙，待步驟 3 最後裝飾用）

用電動攪拌機將巧克力打到完全滑順且發出光澤。將巧克力放在冰水上一邊攪打一邊降溫，然後打入約 1/2 杯香緹。最後，將巧克力混合物和杏仁糖一起拌入香緹裡。

3. 入模、冷凍與上菜——冷凍時間至少 2 小時

如果趕時間：一只容量 6-8 杯的鍋子或深度 5.1 公分的製冰盒

否則：一只容量 6 杯的圓錐狀模具或口徑窄的圓底碗或盤，以做出山丘的效果

馬上將冰淇淋混合物倒入鍋子或模具中。用保鮮膜包好後冷凍。若使用淺鍋，應該可以在約 2 小時以後脫模，若使用模具或碗，可能需要冷凍 4 小時。

冰過的餐盤

1 杯鮮奶油，打成香緹（參考步驟 2），按個人喜好加入糖粉並以 1/2 小匙香草精調味

預留的 2-3 大匙杏仁糖

上菜前，將鍋子或模具浸入溫水中，幫助冰淇淋脫模。將餐盤倒扣在模具上，再把餐盤和模具一起倒過來，讓冰淇淋在盤子上脫模。放上香緹，撒上杏仁糖，並在端上桌時報上菜名。

核桃糖冷凍慕斯——圓頂冰糕內餡（MOUSSE GLACÉE, PRALINÉE AUX NOIX—APPAREIL À BOMBE）

〔核桃焦糖冰淇淋或圓頂冰糕內餡〕

　　法式冷凍慕斯有兩大類，其中一類使用糖漿與鮮奶油，另一類如這則食譜使用卡士達與鮮奶油。以此為基底，你可以拌入任何調味料，從熔化的巧克力到碎鳳梨、從弄碎的薄荷糖到核桃糖都可以。這種基底可以做出質地柔軟滑順的冰淇淋，適合放入餐碗、舒芙蕾模、聖代杯等容器冷凍，也可以當成內餡填入鋪上一般冰淇淋的裝飾性模具裡。

1½ 公升，8-10 人份

1. 核桃糖與焦糖核桃——2½ 杯

1⅓ 杯糖

1/2 杯清水

一只容量 2 公升的有蓋單柄鍋

227 公克（2 杯）去殼核桃（有些可以是碎核桃；這裡會需要 8 個完整的去殼核桃）

一只稍微抹油的烤盤

一支叉子，將核桃從焦糖裡取出時使用

電動果汁機

糖與清水放入單柄鍋內，以中大火加熱。手握鍋柄輕輕旋轉鍋身，不過在液體沸騰的過程中，不要用湯匙攪拌糖。待液體沸騰後，繼續握著鍋柄旋轉鍋身一會兒，等到液體從混濁變清澈。蓋上鍋蓋，將爐火轉成大火，讓液體沸騰幾分鐘，直到泡泡變厚重。打開鍋蓋繼續沸煮，緩緩旋轉鍋身，直到糖漿出現漂亮的焦糖色。

　　鍋子馬上離火，加入 8 個完整的去殼核桃；迅速用叉子將核桃取出，把多餘焦糖瀝乾，然後正放在烤盤的一端。若焦糖變稠或開始變硬，則放回爐火上加熱，讓焦糖液化。鍋子離火，倒入剩餘的核桃，用叉子攪拌後倒在烤盤裡。（不要清洗煮焦糖的鍋子，保留至下一步驟使用。）經過 20 分鐘左右，待焦糖核桃混合物變硬，則將核桃糖剁成 2.5 公分塊狀。將核桃糖放入電動果汁機裡，迅速重複啟動關掉的動作幾次，讓有些核桃糖維持在 0.3 公分大小，藉此賦予慕斯口感與趣味。

　　(*) 提早準備：杏仁糖與核桃糖都可以放在密封罐裡冷凍保存數月。

2. 冰淇淋混合物——圓頂冰糕內餡

1/2 杯牛奶，放在製作焦糖的鍋子裡加熱

4 個蛋黃，放在容量 2½–3 公升的不鏽鋼碗裡（此處偏好金屬材質，較容易加熱與冷卻）

手持式電動攪拌機

磨碎的果仁糖；一些現在使用，一些稍後使用

一鍋幾乎微滾的熱水，鍋子必須能夠容納盛裝蛋黃的碗

一支木匙

一只大碗，裝有 2 盒冰塊與能淹過冰塊的水，用來冷卻裝蛋黃的碗

1/4 杯櫻桃白蘭地或深色蘭姆酒

牛奶以小火加熱，讓鍋內的焦糖溶化，加熱期間偶爾攪拌。同個時候，攪打蛋黃，慢慢把 1 杯果仁糖加進去，並繼續打到混合物變得又黏又稠。幾滴幾滴慢慢打入熱牛奶，然後將碗放在熱水鍋上，用湯匙慢慢攪拌混合物，湯匙應觸及鍋底的每個角落，直到卡士達慢慢變熱並變稠到可以裹勺的程度。（小心不要過度加熱卡士達，造成蛋黃凝結；然而，你還是得要加熱到卡士達能變稠的程度。）

　　鍋子馬上遠離熱源，打入另一杯果仁糖，藉此終止烹煮。接下來，將鍋子放在冰水上用電動攪拌機攪打 5 分鐘左右，打到完全冷卻且可以用混合物劃線的程度。打入櫻桃白蘭地或蘭姆酒，以及剩餘的果仁糖（你也可以保留 2–3 大匙稍後裝飾用）；因為慕斯現在已經冷卻，所以最後加進去的果仁糖不會溶化。

1 杯冰過的鮮奶油，放入容量
2-2½ 公升的大碗裡

電動攪拌機（不需要清洗葉片）

一支橡膠刮刀

將卡士達混合物從冰水上移開，然後把放了鮮奶油的大碗放到冰水上。將鮮奶油打成香緹，操作時將電動攪拌機沿著碗緣畫圈，盡可能將空氣打進去；繼續打到鮮奶油的體積變成原本的兩倍，而且攪拌機會在鮮奶油表面留下些許痕跡的程度。將鮮奶油拌入冷卻的卡士達裡，做好的慕斯就可以進行冷凍。

3. 冷凍與上菜建議

在攝氏零下 18 度以下冰櫃冷凍的時間：單人份或聖代杯約 3 小時，大碗、模具與圓頂冰糕則需要 6 小時。

冷凍慕斯或聖代

將冷卻的慕斯放到漂亮餐碗、單人份容器或聖代杯裡，用保鮮膜包好後冷凍。上菜時，以焦糖核桃與／或果仁糖裝飾；若做成聖代，通常會擠上打發鮮奶油，再把核桃或果仁糖放上去。（冷凍的擠花打發鮮奶油請參考食譜末說明。）

冷凍舒芙蕾

將稍微抹油（無味沙拉油）的鋁箔紙或蠟紙綁或釘在容量 4-5 杯的舒芙蕾模上，做成比模具邊緣高出約 4 公分的圓環。將冷卻的慕斯放入模具裡，讓慕斯高度達到圓環的 1.2-1.8 公分；將保鮮膜蓋在圓環上方，慕斯至少應冷凍 6 小時。上菜前移除圓環，並以焦糖核桃與／或果仁糖裝飾舒芙蕾表面。

圓頂冰糕

按照第 501 頁杏桃圓頂冰糕的做法操作。

冷凍的擠花打發鮮奶油

你可以將蠟紙鋪在盤子或烤盤上，然後在上面用打發鮮奶油擠出漩渦形、花形或其他圖案，然後將擠好的花形鮮奶油蓋起來冷凍。上菜時，將冷凍鮮奶油從蠟紙上撕下來，放在甜點上。用作此途，鮮奶油打發的程度必須要比一般香緹來得硬挺，擠成形以後才能維持形狀；等打到夠挺時，按個人喜好拌入糖粉與香草精，將打發鮮奶油放入擠花袋或紙製圓錐，再把圖案做好。（紙製圓錐做法可參考第 613–614 頁。）

聖西爾冰糕（LE SAINT-CYR, GLACÉ）

〔與蛋白霜一起入模的冷凍巧克力慕斯〕

這是一道可以讓你大快朵頤打發鮮奶油與巧克力的漂亮甜點。它是入模成形的冷凍巧克力慕斯，圓筒狀外觀上有一條條白色蛋白霜裝飾著邊緣。它會讓人聯想到一種叫做「képis」的平頂帽，也就是著名聖西爾軍校的學員穿戴的裝飾帽。如果你想要將它做成帽子的樣子，可以在上面加上可食用或純裝飾的帽舌。

有關蛋白霜與其製作方法

蛋白霜是很容易就能用抬頭式攪拌機製作的甜點；然而，如果你不介意拿著手持式攪拌機多打一會兒，做出來的成果一樣讓人滿意。這邊使用的並不是將蛋白打到硬性發泡後輕輕拌入糖粉做成的蛋白霜，而是使用所謂的義大利蛋白霜，其製作方法是將沸騰糖漿打入硬性發泡的蛋

白裡，並繼續攪打 8–10 分鐘，或是打到蛋白霜冷卻且硬挺。這種蛋白霜的好處有二：它的烘烤時間是一般蛋白霜的一半，而且剩餘的蛋白霜混合物可以用來製作巧克力慕斯。使用這種蛋白霜混合物製作巧克力慕斯時，你不需要大費功夫地在熱源上攪打砂糖和蛋黃以製作卡士達基底，只要將熔化的巧克力打入蛋白霜混合物裡，拌入打發鮮奶油，慕斯就算製作完成。此外，以這種方式製作的慕斯，在冷凍以後不會變硬，能夠維持柔軟滑膩的質地。

用於容量 8 杯的模具，8–10 人份

1. 蛋白霜混合物──義大利蛋白霜── 1½ 公升

將這個步驟的所有材料都先量好，如此一來，就可以在沸煮糖漿的同時完成蛋白打發的動作。

2 杯糖

2/3 杯清水

一只容量 1½–2 公升的有蓋厚底單柄鍋

將糖和清水放入單柄鍋內，以中大火加熱。手握鍋柄慢慢旋轉鍋身，不過在液體逐漸沸騰的過程中，不要用湯匙攪拌糖漿。糖漿沸騰以後，繼續旋轉鍋身一會兒，待糖漿從混濁轉清澈。蓋上鍋蓋，將爐火轉成小火，讓糖漿慢慢熬煮並趁機打發蛋白。

3/4 杯室溫蛋白（6 個蛋白）

電動攪拌機，裝設乾淨乾燥的大攪拌盆（3 公升）與刀片

一大撮鹽

1/4 小匙塔塔粉

1/2 小匙香草精

將蛋白放入攪拌盆裡，開始以低速攪打 1 分鐘左右，待蛋白開始起泡。打入食鹽與塔塔粉，並慢慢將攪打速度增加至高速，將蛋白打到硬性發泡（參考第 646 頁有關打發蛋白的備註）。打入香草精。

自行選用的有用工具：糖果溫度計

一只容量 1 公升的玻璃量杯，內有 2 杯冷水與 2 個冰塊

一支金屬製湯匙

打開煮糖漿鍋的鍋蓋，若使用糖果溫度計，可在此時放進去。讓糖漿大滾，待泡泡開始變稠，應注意溫度或開始將幾滴糖漿滴入冰水裡。加熱到攝氏 114 度，也就是所謂的軟球狀態——用手捏塑滴入冷水的糖漿，會黏手但可以塑造出確切的形狀。

馬上開始以中速打蛋白，以細流方式慢慢把沸騰糖漿倒進去。繼續以中速攪打蛋白，直到混合物冷卻而且拉起來可形成堅挺勾狀——你用刮刀從中間劃過去的時候可以留下清晰的痕跡，而且兩側的混合物能維持挺立不動（如果使用手持式攪拌機，可以將攪拌盆放在一盆冷水上加速冷卻）。攪打時間：使用抬頭式攪拌機約需要 8–10 分鐘。

2. 烘烤蛋白霜裝飾——以攝氏 93 度烘烤約 1 小時

2 只烤盤，長約 40.6 公分、寬約30.5公分，若有可能應使用不沾烤盤，抹上奶油並撒上麵粉

一支橡膠刮刀

甜點模具：容量 8 杯的圓筒夏洛特模、烤盤、甚至花盆，深度至少 10.2 公分

一半的蛋白霜混合物（3 杯）

帆布製擠花袋，長度 30.5–35.6 公分，裝設口徑 1.9 公分的星型擠花嘴

一把小刀（必要時用來將蛋白霜從擠花嘴上切掉）

烤箱預熱到攝氏 93 度。用刮刀尖端在烤盤上標出模具深度，你才會知道應該製作多長的蛋白霜：蛋白霜也會沿著模具側面直立放置（剩下來的蛋白霜會和巧克力慕斯一起層疊放入模具裡；替慕斯脫模以後，你可以用完整或弄碎的蛋白霜裝飾慕斯表面）。若要模仿軍帽上的編織裝飾，則可採用直線條紋與蛇紋交替的方式來表現。

無論你決定以什麼樣的方式裝飾，都將蛋白霜混合物舀入擠花袋內，在烤盤上的標示線內擠出想要的形狀，裝飾物的厚度應在 0.3–0.5 公分，寬度不應超過 3.8 公分。你會需要 12–16 條完美的蛋白霜裝飾，因此你應該把擠花袋裡的所有蛋白霜混合物都用完；擠壞的可以用來和慕斯層疊，而且有些蛋白霜在烘烤以後會變脆裂開。

將烤盤放在烤箱的中上層與中下層，烘烤約 1 小時，或是烤到你可

以輕輕把幾塊蛋白霜從烤盤上推開不變形。這種蛋白霜不會膨脹或改變形狀，而且應該保持純白色；它們單純就是乾掉而已。如還溫熱時，這種蛋白霜可稍微彎曲；一旦冷卻就會變得酥脆且脆弱。將烤盤從烤箱中取出，輕推蛋白霜，讓蛋白霜和烤盤分開，但繼續把蛋白霜留在烤盤上。

3. 巧克力慕斯——巧克力蛋白霜慕斯——約 8 杯

340 公克半苦甜烘焙用巧克力

85 公克無糖烘焙用巧克力

用於巧克力的有蓋單柄鍋

1/3 杯深色蘭姆酒

一鍋微滾熱水，鍋子離火，鍋身必須能容納巧克力鍋

步驟 1 的甜點模具

1 大匙軟化的奶油

蠟紙

將巧克力弄碎，和蘭姆酒一起放入單柄鍋；蓋上鍋蓋，將鍋子放在熱水上。趁巧克力慢慢熔化時，將一張 46 公分的蠟紙縱向對摺，沿著對摺線剪開，然後把兩張蠟紙疊在一起，剪成末端圓鈍的楔形，寬端 12.7–15.2 公分，圓鈍端 6.4 公分，長度比模具深度多出 1.2 公分。將另一張蠟紙剪成和模具底部相同大小的圓形，並放入模具底部。每次一張，將軟化奶油綴在楔形蠟紙的一面，再貼到模具內側，圓鈍端在底部；奶油可以固定蠟紙的位置。繼續在模具內側鋪上蠟紙，蠟紙應相互重疊，讓模具完全被蠟紙蓋住。放入冰箱冷藏以讓奶油凝固，將蠟紙黏在模具上。

步驟 2 剩下來的蛋白霜混合物

2 杯冰過的打發用鮮奶油，放入打蛋盆裡

比打蛋盆更大的碗，碗內放一盤冰塊以及能淹過冰塊的清水

一支大型鋼絲打蛋器，或乾淨乾燥的手持式攪拌機

一旦巧克力熔化，而你也把巧克力打成柔軟滑順的質地以後，就可以把巧克力打入蛋白霜混合物裡。將盛裝鮮奶油的碗放在冰水上，以沿著碗緣畫圓圈的方式將空氣打進去，打到鮮奶油的體積變成原本的兩倍；繼續攪打幾分鐘，直到可以用打蛋器劃線，而且將打蛋器抬起時，落下的鮮奶油可以維持形狀。此時的打發鮮奶油就是香緹。

將鮮奶油從冰水上移開，然後把巧克力蛋白霜混合物放到冰水上打幾分鐘，打到混合物冷卻但不硬挺——若巧克力的溫度太高，會讓打發鮮奶油消泡。接下來，用橡膠刮刀將香緹刮下來放到巧克力混合物上方，以切拌方式將兩者輕輕拌勻，切拌時將橡膠刮刀從混合物表面往下切到碗底，然後在刮刀往上時將刮刀往碗的側面翻轉，一邊切拌一邊旋轉攪拌盆，迅速操作。若蛋白霜還沒有烘乾，則將慕斯放入冰箱冷藏。

4. 入模

將厚度 2.5 公分的慕斯放入模具底部，儘量不要讓慕斯碰到模具側面；這層慕斯可以替接下來沿著模具側面垂直放置的蛋白霜提供支持。請記住，烘乾的蛋白霜很脆弱，容易斷掉，因此在排放時，讓最漂亮的一面對著模具，繞著模具邊緣直立排列，兩兩之間相距約 0.6 公分。填入另一層厚度約 1.9 公分的慕斯，放上一層多餘的蛋白霜，然後繼續以一層慕斯一層蛋白霜的方式將模具填滿，最上層應為蛋白霜（在這個階段，直立放置的蛋白霜若有突出來的部分，暫時先不要修掉）。用保鮮膜將模具包好，冷凍至少 6 小時。

5. 脫模與上菜

替這道甜點脫模時，將蠟紙從模具邊緣往內彎，也將突出來的蛋白霜末端往下壓在甜點上面，然後將一只冰過的餐盤倒扣在模具上。把餐盤和模具一起倒過來，慕斯應該就能馬上脫模——如果不行，則把模具倒過來，將刀子插入蠟紙與模具的中間，沿著模具邊緣刮一圈，然後再次倒扣。小心把蠟紙從上方往側面撕掉。除非你烤了額外的蛋白霜裝飾，或是想要把剩餘的蛋白霜弄碎撒上去，否則慕斯的上方表面並不需要任何裝飾。

自行選用

更多香緹，用糖粉增加甜度並以蘭姆酒或香草調味，或是使用第 603 頁英式蛋奶醬（卡士達醬）

馬上把聖西爾巧克力慕斯端上桌，搭配自行選用的打發鮮奶油或卡士達醬。

(*) 提早準備：慕斯可以提早脫模放在餐盤上，用碗蓋起來，放回去冷凍 1 小時左右再端上桌；若是不脫模，則可以冷凍數週。剩下的蛋白霜可以存放在攝氏 49 度保溫箱裡以避免軟化，或是密封包好後冷凍；若冷凍保存，可能會需要重新放到攝氏 93 度烤箱裡烘烤 20–30 分鐘，恢復其酥脆口感。

巧克力慕斯的其他調味方式與上菜建議

除了將巧克力慕斯放入鋪了蛋白霜的模具以外，你也可以讓巧克力慕斯直接入模並用香緹裝飾上菜；或者，你可以將慕斯分裝到單人份容器，放入冰箱冷藏，和一般的巧克力慕斯一樣，在旁邊放上有甜味的打發鮮奶油端上桌。至於拌入慕斯裡的蛋白霜，你可以用 1–2 杯果仁糖（第 505 頁焦糖杏仁或第 507 頁核桃）代替，替慕斯帶來有趣的質地與味道。上冊第 713 頁也有一款味道更豐富的巧克力慕斯，使用的是蛋黃與奶油而非蛋白霜和打發鮮奶油；若使用上冊的這個配方，就不需要冷凍慕斯，因為冷藏凝固的奶油能幫助脫模的慕斯維持形狀。

▪ 香緹蛋白霜（CHANTILLY MERINGUÉE）

〔打發鮮奶油搭配義大利蛋白霜——用作奶油餡或冰淇淋〕

我們曾在前面聖西爾巧克力慕斯步驟 1 說明如何將高溫糖漿打入蛋白裡做成義大利蛋白霜，這種蛋白霜除了成功運用在這款巧克力慕斯外，也有其他用途。你可以將它當成第 588 頁奶油糖霜與奶油餡的基底；也可以將它拌入打發鮮奶油，讓鮮奶油的質地更加實在且穩定，用作泡芙、牛角、拿破崙派或千層酥的餡。此外，這款香緹蛋白霜也可以填入模具或碗內並加以冷凍，化作冰淇淋（雖然你也可以將打發蛋白拌

入打發鮮奶油裡，再冷凍混合物，不過蛋白霜的效果比較好，因為蛋白霜能完全阻止冰晶形成，讓你做出質地美妙柔軟滑順的冰淇淋）。

約 1 公升蛋白霜打發鮮奶油——香緹蛋白霜

半份前則食譜步驟 1 的義大利蛋白霜，參考第 511 頁

1 杯冰過的鮮奶油，放入一只容量 2½ 公升的攪拌盆裡

一只大碗，裝有一盤冰塊與能夠淹過冰塊的清水

手持式攪拌機或一支大型鋼絲打蛋器

1-2 大匙香草精

一支橡膠刮刀

準備蛋白霜混合物，慢慢打到混合物冷卻。同個時候，按照下列步驟準備香緹。將鮮奶油碗放在冰水上，攪拌機或打蛋器沿著碗緣旋轉，儘量將空氣打進鮮奶油裡，持續打到鮮奶油體積變成原本的兩倍而且可以在表面劃線的程度。將香草精拌入蛋白霜混合物，然後把四分之一的打發鮮奶油拌進去，讓蛋白霜混合物的質地變輕盈。接下來，一邊用橡膠刮刀快速切拌，一邊把剩餘的打發鮮奶油放在混合物表面，並在過程中旋轉碗身；迅速重複同樣的動作，將所有鮮奶油都拌進去，儘量不要讓混合物消泡。

用作餡料

直接使用，或是拌入果仁糖（第 505 頁焦糖杏仁、第 507 頁核桃）、刨片的巧克力、新鮮草莓或覆盆子、桃子切片、弄碎的糖漬栗子，或以蘭姆酒或櫻桃白蘭地醃漬過的糖漬水果。

用作冰淇淋

巧克力香緹冰淇淋（Chantilly Glacée, au Chocolat）
〔搭配巧克力醬的香草冰淇淋〕

我們很難改進這種在各地都很受歡迎的組合，不過能夠調配出自己的私人配方，會是很棒的一件事。

約 1 公升，4-6 人份

1. 香草冰淇淋——香緹冰淇淋

前則食譜裡加入打發鮮奶油的蛋白霜混合物

容量 1 公升的模具或圓底金屬碗

保鮮膜

準備蛋白霜混合物，將混合物倒入碗內，用保鮮膜包好，在脫模上桌前至少冷凍 3-4 小時。（這會是口感相當柔滑的冰淇淋。）

2. 巧克力醬——約 1½ 杯

85 公克半苦甜烘焙用巧克力

28 公克無糖烘焙用巧克力

3/4 杯清水

1 大匙即溶咖啡

一只容量 6 杯的單柄鍋

一只能夠容納巧克力鍋的單柄鍋，盛裝微滾熱水

一支鋼絲打蛋器

1½ 大匙鮮奶油

1½ 大匙奶油

1½ 大匙深色蘭姆酒

一大撮食鹽，若有必要

將巧克力弄碎，與清水和咖啡一起放入單柄鍋內混合。放在中火上慢慢攪拌至巧克力熔化且混合物完全滑順，然後將鍋子移到微滾熱水上烹煮 15 分鐘，期間偶爾攪拌。打入鮮奶油、奶油與蘭姆酒，若有必要也加入一大撮食鹽。做好後靜置備用。將醬汁淋在冰淇淋上面時，醬汁應該是微溫的；若有必要，可以稍後一邊重新加溫到微溫一邊攪打。

3. 冰淇淋脫模與上菜

冰過的大餐盤

一盆冷水或微溫的水

上菜時，將冷凍的模具放在水裡幾秒鐘，讓冰淇淋鬆開。用刀子在冰淇淋周圍刮一圈；將餐盤倒扣在模具上，再把餐盤和模具一起翻過來，讓冰淇淋脫模。

　　將微溫的巧克力醬淋在冰淇淋上，讓巧克力醬順著冰淇淋流下去，如此一來就會有一部分白色透出來。馬上端上桌。

其他醬汁與調味

　　除了巧克力醬以外，也可以搭配上冊第 700 頁的新鮮覆盆子或草莓泥，並在餐盤周圍堆滿莓果。或者，你也可以將 2 杯冰過的新鮮糖漬蜜桃切片舀在冰淇淋上，蜜桃可以用糖、檸檬汁與淺色蘭姆酒或櫻桃白蘭地醃漬；本書第 610 頁杏桃醬也是另一種選擇。除此以外，你也可以在冰淇淋開始定形以後，將半杯核桃糖輕輕拌入；在淋上巧克力醬以後，撒上碎核桃糖或第 507 頁的完整焦糖核桃裝飾。用蘭姆酒或櫻桃白蘭地醃漬過的糖漬栗子或水果，也是很好的選擇。

圓頂冰糕

　　冷凍香緹非常適合直接當成圓頂冰糕的內餡使用，也可以搭配前面的調味建議。按照第 501 頁杏桃圓頂冰糕的做法，在大碗或圓底模具內鋪上巧克力、咖啡、草莓或覆盆子冰淇淋，再填入內餡。

維蘇威的驚喜（LA SUEPEISE DU VÉSUVE）
〔法式焗火焰雪山〕

　　爆發的維蘇威火山是冰淇淋甜點焗火焰雪山的法國版本，表面塗滿蛋白霜，並以高溫烤箱迅速烘烤上色。在這則食譜中，我們在蛋白霜表面撒上糖粉；在這座維蘇威火山的中央，有半個蛋殼大小做成的火山口，裡面填滿會像岩漿一樣沿著山坡流下的焰燒利口酒。你可以使用任何口味的冰淇淋，按前面的食譜製作或購買現成的都可以；作為底座的蛋糕，可以是按照第 586 頁食譜製作的全蛋海綿蛋糕、上冊第 793–803 頁的海綿蛋糕或杏仁橙香蛋糕，或是購買現成的海綿蛋糕。

長 35.6 公分、寬 20.3 公分的甜點，8 人份

1. 準備工作——在晚餐前完成

1½ 公升雪酪或冰淇淋，放入長度約 30.5 公分的哈密瓜形狀模具內冷凍

全蛋海綿蛋糕或海綿蛋糕，例如直徑 20.3 公分、高度 3.8 公分的圓形蛋糕

耐熱大餐盤或托盤，長度 40.6-45.7 公分

2/3 杯干邑白蘭地、櫻桃白蘭地或蘭姆酒（使用可以搭配雪酪或冰淇淋口味的酒），放入一只單柄鍋內

10 個室溫蛋白（1⅓ 杯），即時放入打蛋盆內待步驟 2 使用

電動攪拌機

2 撮食鹽

1/2 小匙塔塔粉

1½ 杯糖，若有可能請使用「即溶」細砂糖

1 小匙香草精

沒有裂縫的半個蛋殼，邊緣呈鋸齒狀（用剪刀剪）

1 杯糖粉，放在細目篩裡

火柴

（所有材料都必須先量好，放在容易取得處，在你準備動手時隨時可以取用，讓你能在最後一刻打好蛋白霜、替冰淇淋脫模、將甜點組裝好、然後迅速放入烤箱烘烤上色。雖然你可以在上菜前提早 1 小時打好蛋白霜，並等到最後再把蛋白霜重新打過，不過若是使用高效率的攪拌機，實際攪打時間並不長，客人應該不會介意多等幾分鐘。）

將蛋糕切成 1.2 公分厚度；切好的蛋糕，應可做成一個厚度 1.2 公分且比冰淇淋模外緣還多出 2.5 公分的大橢圓形。將橢圓形蛋糕放在大餐盤上，撒上 2-3 大匙利口酒，用保鮮膜包好後靜置一旁備用。算好時間，將烤箱預熱到攝氏 232 度，待步驟 2 使用。

2. 組合、上色、焰燒與上菜——約 10 分鐘——烤箱已預熱到攝氏 232 度

攪打蛋白霜

以中速開始打發蛋白，打到起泡再打入食鹽與塔塔粉，然後慢慢將速度調成高速，將蛋白打到濕性發泡。慢慢打入糖，每次撒上 1/4 杯糖，每兩次加糖之間應攪打 30 秒。待所有砂糖都加入以後，加入香草精，繼續以高速打幾分鐘，直到蛋白硬挺且有光澤。

組合火山

　　將冰淇淋模放入一盆微溫清水中，用刀子刮過模具邊緣，將雪酪或冰淇淋脫模，放在大餐盤內的蛋糕上。馬上用刮刀將蛋白霜抹上去，從蛋糕底部開始一直往上——覆蓋雪酪或冰淇淋的蛋白霜應該有 2.5 公分厚，才能隔絕烤箱的熱度。利用刮刀由下往上做出垂直條紋，讓燃燒的烈酒可以順著側面往下流。將蛋殼插在山峰上。糖粉過篩，直接在蛋白霜表面撒上 0.15 公分厚糖粉。

烘烤上色

　　放到預熱至攝氏 232 度的烤箱中上層，烘烤 3–4 分鐘，讓蛋白霜稍微上色。同個時候，將利口酒加熱。

焰燒與上菜

　　一旦蛋白霜上色，便可從烤箱取出；用點燃的火柴點燃燒熱的利口酒，將酒倒入蛋殼裡，讓多餘的酒從蛋白霜側面往下流，並把正在燃燒的甜點端上桌。

水果、布丁與卡士達，一道法式水果蛋糕，以及一道焰燒夏洛特

諾曼第焗蘋果——蘋果克拉芙緹（GRATIN DE POMMES, NORMANDE—CLAFOUTI AUX POMMES）

〔與蘭姆酒、葡萄乾、雞蛋與鮮奶油一起烘烤的蘋果片〕

　　這道甜點的美味好比最精緻的蘋果塔，不過它的飽足感較低，因為蘋果是放在烤盤裡而非派皮裡烘烤之故。

直徑 25.4 公分的烤盤，8-10 人份

1. 蘭姆酒與葡萄乾

1/2 杯小葡萄乾（黑色的無籽小
葡萄乾），放在小碗裡

1/4 杯深色蘭姆酒

烤箱預熱到攝氏 191 度。葡萄乾放入蘭姆酒
裡浸泡，待使用時取出。

2. 烘烤蘋果片

113 公克（1 條）熔化的奶油

稍微有深度的烤盤，例如長
40.6 公分、寬 25.4 公分的長方
型烤盤或 35.6 公分的披薩烤盤

1/2 杯砂糖

6-7 個中型蘋果（約 907 公
克），選用烹煮時能維持形狀
的品種（金冠、羅馬美人、約
克皇家）

一把彈性抹刀與一支橡膠刮刀

一只容量 6 杯的烤盤，如直徑
25.4 公分、深度 3.8 公分的圓
形烤盤，在內側抹上奶油

若有必要可增加砂糖用量

將一半的奶油抹在烤盤裡，然後撒上一半量
的砂糖。徹底洗淨蘋果，但是不要削皮。將
蘋果切成四瓣，去核，再縱切成厚度約 1 公
分的切片。以重疊的方式放在烤盤裡排好，
撒上剩餘的砂糖，淋上剩餘的奶油。放入預
熱烤箱的上三分之一烘烤約 25 分鐘，烤到蘋
果變軟但尚能維持形狀。將蘋果片移到另一
只烤盤裡疊好。將原烤盤內的湯汁刮下來淋
在蘋果上。品嘗，若有必要可多撒點砂糖。

(*) 提早準備：可以提早一天進行到這個步驟
結束。冷卻後蓋起來放入冰箱冷藏。
算好時間預熱烤箱以進行步驟 4。

3. 蘭姆酒與雞蛋配料

泡在蘭姆酒裡的葡萄乾

架在碗上的篩子

3 個大雞蛋

1/2 杯砂糖

電動攪拌機

1/4 杯中筋麵粉（用乾燥的量杯
將麵粉舀起後以刀子刮掉多餘
的麵粉）

葡萄乾瀝乾，稍微把蘭姆酒擠出來。將一半
的蘭姆酒灑在蘋果片上。雞蛋和砂糖放入攪
拌機裡，高速攪打 3-4 分鐘，打到混合物厚
稠且變成淺黃色。打入麵粉、液體與肉桂。
輕輕拌入葡萄乾，然後將做好的配料抹在蘋
果片上。

1/2 杯液體（2-3 大匙泡葡萄乾
的蘭姆酒加上淡奶油）

1/4 小匙肉桂

4. 烘烤與上菜──以攝氏 191 度烘烤約 25 分鐘

烤箱預熱到攝氏 191 度，將烤盤放入預熱烤箱中層烘烤約 25 分鐘，
或是烤到配料上色且插入扦子拔出來時沒有沾黏。烤好後可趁熱上桌，
亦可放到溫熱或放涼以後享用。你可以搭配加入糖粉稍微打發並以蘭姆
酒調味的鮮奶油，或是自製的法式酸奶油，不過鮮奶油或醬汁其實都不
是必要的。

李子布丁──李子克拉芙緹（FLAN AUX PRUNES─CLAFOUTI AUX PRUNES）
〔與卡士達一起烘烤的新鮮李子〕

這道甜點的製作，是將新鮮李子切半，先和砂糖與調味料一起烘烤
至軟，然後覆上卡士達再次烘烤而成。它的做法簡單又美味，而且同一
則食譜也可運用到其他罐裝或新鮮水果上，做法可參考食譜末的說明。

4 人份

1. 預先烘烤水果

454 公克或約 1 公升新鮮李
子，洗淨後切半去籽

能讓李子平鋪成一層的烤盤，
稍微抹點奶油

1/8 小匙肉桂粉

1/2 杯砂糖

1 個檸檬的磨碎檸檬皮

1 大匙檸檬汁

烤箱預熱到攝氏 177 度。將李子放在烤盤
裡，帶皮面朝下，並且撒上調味料。放入烤
箱中層烘烤約 20 分鐘，或烤到水果變軟但尚
能維持形狀。將烤箱溫度調高到攝氏 191
度，準備進行下一步驟。

2. 與卡士達一起烘烤──攝氏 191 度烘烤 20-25 分鐘

一只 25-28 公分烤盤，深度 3.8-5.2 公分，稍微抹上奶油

2 個大雞蛋

3 大匙砂糖

一只攪拌盆與一支鋼絲打蛋器

2 大匙麵粉

1 小匙香草精

1/3 杯淡奶油或鮮奶油

將水果移入第二只烤盤中，仍然維持帶皮面朝下；保留烤盤裡的湯汁。將雞蛋和砂糖放入攪拌盆內攪打均勻，然後打入麵粉、香草精與鮮奶油，再把混合物倒在水果上。

(*) 提早準備：若不打算馬上烘烤，可放入冰箱冷藏。

放入預熱烤箱的上三分之一烘烤 20-25 分鐘，烤到卡士達膨脹且稍微上色。

3. 醬汁與上菜

步驟 1 的湯汁，放入一只小鍋裡

自行選用：2-3 大匙干邑白蘭地、蘭姆酒或櫻桃白蘭地

一只大餐碗

自行選用：香緹（加入糖粉稍微打發的鮮奶油，以干邑白蘭地、蘭姆酒、櫻桃白蘭地或香草調味，參考第 506 頁）

趁烘烤之際，按個人喜好將果汁加熱，並以烈酒調味；上菜前再次加熱。布丁可以趁熱上桌，或放到溫熱或微溫享用，上菜時可搭配果汁與自行選用的香緹。

其他想法

將同樣的做法運用在罐裝水果與冷凍水果上，例如李子、桃子或杏桃。若使用冷凍水果，應先解凍之；完全瀝乾，若有必要可切半去籽。替水果淋上熔化的奶油並撒上一撮肉桂粉、幾滴檸檬汁與少許砂糖，放入烤箱預烤 10 分鐘左右，藉此替水果提味。接下來，淋上卡士達混合物，按食譜做法繼續操作。

蘋果舒芙蕾（POMMES SOUFFLÉES, CALVADOS）
〔個人份的蘋果舒芙蕾〕

這是道吸引力十足且外觀精緻的甜點——蘋果先與酒一起烘烤，再填入蘋果舒芙蕾混合物，然後放到浸滿奶油的麵包片上烘烤。這款甜點的做法基本上非常簡單，我們在這裡特別鉅細靡遺地說明步驟，因為你可以運用其他餡料與配料來搭配這種烤蘋果，我們也在食譜末列出幾種建議。這則食譜的每個步驟都有「預先準備」的備註說明，如此一來你就可以趁自己有空的時候慢慢進行，並在上菜前幾小時提早烘焙完成。

6 人份

1. 預先烘烤蘋果

6 個質地扎實、外觀無損傷的蘋果，直徑 8.3–8.9 公分（可使用金冠、羅馬美人、約克皇家等品種）

1 個檸檬，切成四瓣

一只 25.4–30.5 公分的耐熱烤盤，深度約 8.9 公分，抹上 1½ 大匙軟化奶油

1/2 杯不甜的白酒或苦艾酒

1/3–1/2 杯砂糖（若蘋果比較酸可增加用量）

1/2 枝肉桂棒

一張直徑 25.4–30.5 公分的蠟紙，抹上大量奶油

烤箱預熱到攝氏 163 度。蘋果洗淨，然後一個一個處理好：將蘋果底部削掉，讓蘋果能夠穩穩地立在烤盤上。刀子朝著蘋果核斜斜插進去，從上面切掉直徑約 5.1 公分的蓋子。蘋果去皮，保留削下來的蘋果皮與所有可食用部位至步驟 2 使用。用葡萄柚刀把蘋果核和籽挖掉，側面與底部都保留約 1.2 公分厚度。用檸檬在蘋果內側與外側塗抹，然後將蘋果放入烤盤內。等到所有蘋果都處理好以後，把剩餘的檸檬汁擠在蘋果上，並把檸檬放入烤盤中。

把酒倒在蘋果周圍，撒上砂糖，加入肉桂，然後放在爐火上加熱至微滾。蓋上蠟紙，將烤盤放入預熱烤箱中層烘烤約 30 分鐘，調整火力，讓液體維持在接近微滾的程度。烤好時，蘋果應該可以輕易用刀子刺穿，不過還能夠維持形狀，如此一來才能承受最後一次烘烤。將蘋果移

出烤箱，蠟紙不要拿掉，至少降溫 10 分鐘。

(*) 提早準備：可以提早一天烘烤。至少在步驟 4 最後烘烤的半小時前從冰箱取出。

2. 蘋果泥（舒芙蕾醬底）

蘋果皮與從蘋果挖出來的所有可食用部分

1/4 杯清水

一只容量 2 公升的有蓋厚底單柄鍋

1 杯杏桃果醬，過篩備用（此處的用量為 3 大匙，剩餘部分稍後使用）

食物研磨器或篩子

3 大匙以上砂糖

1 小匙香草精

3 大匙蘋果白蘭地、蘭姆酒或干邑白蘭地

1 個蛋黃，放入小攪拌盆內與 3 大匙鮮奶油拌勻

自行選用：幾滴食用紅色色素

烘烤蘋果的同時，將蘋果皮和其他挖下來的部分和清水一起放在有蓋鍋內，以中小火熬煮約 15 分鐘。煮軟以後，加入 3 大匙杏桃果醬，再用食物研磨器或篩子做成泥。在蘋果泥裡加入砂糖、香草精與酒；迅速收乾，烹煮時持續攪拌，煮到混合物濃稠到用湯匙挖起來時可以維持形狀。你應該可以得到 2/3 杯；慢慢將蘋果泥拌入蛋黃鮮奶油混合物裡。將混合物倒回單柄鍋內，在中大火上烹煮到混合物幾乎沸騰並再次變稠。品嘗，若有必要可加入更多砂糖，你也可以加入幾滴食用紅色色素。

(*) 提早準備：可以提早一天完成；將保鮮膜平貼在混合物表面，放入冰箱冷藏。

3. 烘烤麵包片的準備工作

約 1/2 杯澄清奶油（奶油加熱至熔化後撈除浮沫，再將牛奶固形物移除以後的澄清液體）

一只平底鍋

6 片圓形麵包片，直徑 7.6 公分，厚 1 公分（使用自製白麵包）

步驟 2 剩下來的過篩杏桃果醬

可容納所有蘋果的耐熱大餐盤

在平底鍋裡倒入 0.3 公分高的澄清奶油，並以中大火加熱。等到奶油沸騰，放入麵包片鋪成一層，每面煎約 1 分鐘，讓表面稍微上色，若有必要可加入更多奶油以免麵包燒焦。煎好的麵包片就是法文所謂的「canapés」；在麵包片的其中一面刷上杏桃

烤好的蘋果

醬料刷

果醬，然後將麵包片放在大餐盤上，抹果醬的一面朝上。一個一個將蘋果取出瀝乾，並把湯汁搜集起來倒回烤盤中。在蘋果的內側與外側都刷上過篩的杏桃果醬，然後在每一塊麵包片上放上一個蘋果，並把剩餘的奶油淋上去。

醬汁

一只篩子（或食物研磨器）

一只小單柄鍋

1 小匙葛粉，與 3 大匙蘋果白蘭地、蘭姆酒或干邑白蘭地拌勻

剩餘的杏桃果醬（約 1/4 杯，加入 1 大匙左右的奶油，若有必要亦可加糖）

移除檸檬皮與肉桂枝；將蘋果烤盤的內容物過濾到單柄鍋裡。打入葛粉混合物與杏桃果醬，然後加熱至微滾。熬煮 2–3 分鐘，待醬汁從混濁轉透明且稍微變稠。品嘗，若有必要可增加奶油與砂糖的用量。

(*) 提早準備：麵包片與醬汁都可以提早一天製作，不過應該等到烘烤前 1–2 小時再把蘋果放到麵包片上。

4. 烘烤與上菜——以攝氏 191 度烘烤約 10 分鐘

2 個室溫蛋白

一只打蛋盆與手持式攪拌機或球型打蛋器

一撮食鹽與塔塔粉

步驟 2 的蘋果泥

一隻橡膠刮刀

烤好的蘋果

糖粉，放在細目篩內

溫熱的醬汁

溫熱的醬汁盅

上菜前 20 分鐘（至多 1 小時），以中速攪打蛋白 1–2 分鐘，將蛋白打到起泡；打入食鹽與塔塔粉，慢慢加快攪打速度至高速，將蛋白打到硬性發泡。將 1 大匙打發蛋白拌入蘋果泥內，再輕輕地用橡膠刮刀將剩餘蛋白拌入蘋果泥裡。將舒芙蕾混合物舀入蘋果殼裡堆成小丘狀（若不打算馬上烘烤，則將一只大碗倒扣在蘋果上）。

　　放入預熱烤箱中層烘烤 12–15 分鐘，烤到舒芙蕾混合物稍微膨脹——這裡的舒芙蕾不會膨脹太多——且開始上色。迅速將糖粉撒在蘋果上，繼續烘烤 2–3 分鐘。烤好後馬上和醬汁一起端上桌，上菜時可以先替每一個蘋果淋上 1 大匙醬汁。

其他搭配

　　除了把舒芙蕾混合物填入蘋果裡以外，你也可以把步驟 2 的蘋果泥收乾調味，然後拌入 1/3 杯以 3–4 大匙奶油炒過的乾燥麵包屑；將混合物填入蘋果裡，繼續按照食譜步驟操作。你也可以將一把葡萄乾放入使用的蘭姆酒或干邑白蘭地裡浸泡，然後加入餡料裡。此外，你也可以用 1/2 杯弄碎的老馬卡龍代替麵包屑，替甜點帶來一股誘人的杏仁味。最後，在替蘋果填餡以後，你也可以漂漂亮亮地用蛋白霜（加糖的打發蛋白）把蘋果蓋起來，撒上杏仁條，再按照下一則蛋白霜西洋梨食譜第 529 頁步驟 4 的做法，放入高溫烤箱烤到褐化。

蛋白霜西洋梨佐沙巴翁（POIRES MERINGUÉES, AU SABAYON）

〔與蛋白霜一起烘烤的酒煮西洋梨，搭配酒味卡士達醬〕

　　這是一道看來高雅繁複實則簡單的水果甜點。西洋梨先放入加了香料的紅酒糖漿裡熬煮，並在煮好以後把糖漿做成醬汁，等到上菜時，用蛋白霜將西洋梨蓋起來，撒上杏仁片後放入烤箱烘烤。熬煮西洋梨、製作醬汁、甚至西洋梨下面的麵包片，都可以在上菜的前一天準備好。

4 個切成兩半的西洋梨，4–8 人份

1. 熬煮西洋梨

1 杯砂糖

1½ 杯酒齡輕的紅酒，例如隆河丘或山地紅酒

1½ 杯清水

琺瑯平底鍋或醬汁鍋，鍋子深度必須超過 6.4 公分，大小洽能容納所有切成兩半的西洋梨

4 個丁香

1/2 個橙子與 1/2 個檸檬的皮（果皮中有顏色的部分）

1 小匙香草

4 個質地扎實、外觀無損傷的熟西洋梨

一把葡萄柚刀

將糖拌入酒水混合液中，加熱至微滾，待糖完全溶解後加入丁香、柑橘皮與香草。熬煮 20 分鐘後鍋子離火。每次一個，替西洋梨去皮後切成兩半，保留梗，並乾淨地將連在梗下面的纖維和核去掉。處理好以後，將西洋梨放入紅酒糖漿裡。糖漿應該恰好淹過西洋梨；若有必要可加入更多液體和糖（每杯液體應加入 1/3 杯糖）。加熱至幾乎微滾，維持在幾乎微滾的狀態，開蓋熬煮 10–15 分鐘，將西洋梨煮到剛好軟到可以用刀子穿刺（將液體維持在不到微滾的程度，可以避免水果散掉）。讓西洋梨浸在糖漿裡降溫至少 20 分鐘，除了能讓西洋梨的質地變扎實以外，也可以讓西洋梨吸收糖與調味（西洋梨可以在糖漿裡保存數日）。

2. 沙巴翁醬

2 杯熬煮西洋梨的糖漿

一只小單柄鍋

一只容量 4–6 杯的琺瑯或不鏽鋼單柄鍋與一支鋼絲打蛋器

3 個蛋黃

2 小匙玉米澱粉

2 大匙放涼的西洋梨糖漿

一支木匙

2 大匙奶油

3–4 大匙橙酒

將烹煮西洋梨的糖漿放入小單柄鍋內，迅速收乾到剩下 1 杯的量。在第二只單柄鍋內放入蛋黃與玉米澱粉攪打至滑順，然後打入 2 大匙冷卻的糖漿。以細流方式將熱騰騰的收乾糖漿加入蛋黃混合物裡攪打均勻。將混合物放在中火上加熱，持續以木匙慢慢攪拌至混合物稠到可以裹勺——不要讓混合物沸騰，否則蛋黃會凝結；然而，還是要將醬汁

煮到變稠。煮好後鍋子離火，打入奶油，再
加入橙酒拌勻。醬汁靜置備用，或是放涼後
蓋起來放入冰箱冷藏。

3. 烹煮前的準備工作──提早 1 小時進行

8 片麵包片（按照第 525 頁步驟
3 以奶油煎過的長方形白麵包）

一只容量能夠讓所有麵包片平鋪
成一層的烤盤，稍微抹上奶油

煎麵包片（若提早一天做好，可將麵包片密
封冷凍）；將麵包片放入烤盤裡平鋪成一層。

3 個蛋白

一只乾淨的打蛋盆與電動攪拌機

一大撮鹽與塔塔粉

1/2 杯糖（若有可能應使用即溶
細砂糖）

1/4 小匙香草精

將蛋白打到起泡，然後打入食鹽與塔塔粉，
繼續將蛋白打到濕性發泡。每次 2 大匙，將
砂糖加入蛋白內攪打，每加入一次便攪打 30
秒。接下來，打入香草精，並繼續以高速攪
打幾分鐘，將蛋白打到有光澤的硬性發泡。
此為蛋白霜混合物。

一只架子，放在托盤上

將西洋梨放在架子上瀝乾，凹陷處朝下。

4. 烘烤與上菜──約 5-7 分鐘，烤箱預熱到攝氏 218 度

3 大匙砂糖

放在烤盤裡的麵包片

瀝乾的糖漬西洋梨

沙巴翁醬

蛋白霜混合物

1/2 杯杏仁片

1/3 杯糖粉，放在細目網裡

一只溫熱的醬汁盅

（雖然西洋梨可以先用蛋白霜蓋起來或是提
早烘烤，不過在最後一刻組合烘烤的還是最
好吃。）替每一塊麵包片撒上 1 小匙糖，然
後放上半個西洋梨，凹陷處朝上。在凹陷處
放上 1 小匙沙巴翁醬。若有必要，以高速攪
打蛋白霜混合物，再次打到硬性發泡。替每
塊西洋梨舀上 1 大匙蛋白霜，然後撒上杏仁
片，再篩上少許糖粉。將烤盤放到預熱烤箱

的上三分之一烘烤約 5 分鐘，將蛋白霜與杏仁烤到稍微上色。同個時候，慢慢將醬汁加熱至微溫，然後倒入醬汁盅裡。烤好後儘快隨著醬汁一起端上桌。

鳳梨佐橙香慕斯（MOUSSE D'ORANGES À L'ANANAS）

〔用鳳梨和糖漬橙皮裝飾的模製橙香慕斯〕

若想要端上美觀、質地輕盈、滋味美妙又清爽的甜點，這款沒有使用鮮奶油的橙香巴伐利亞卡士達絕對是最好的選擇。

一只容量 6 杯的模子，6–8 人份

1. 準備工作

糖漬鳳梨

一罐（240 公克）鳳梨切片，或是 4 片鳳梨與 1/2 杯湯汁

1/3 杯砂糖

一只小單柄鍋

一只小碗

1/4 杯櫻桃白蘭地

將鳳梨切片平放在砧板上，將鳳梨橫切成兩半，然後再切成楔形，總共切成 16 塊。砂糖加入鳳梨汁裡，加熱至沸騰，待砂糖完全溶解後加入鳳梨，繼續沸煮 5 分鐘，或是煮到鳳梨開始變成金色或淺焦糖色。將鳳梨取出瀝乾，然後放入碗裡，在碗裡倒入櫻桃白蘭地，鳳梨汁則放回鍋中。

糖漬橙皮

6 個以上顏色鮮豔果肉多汁的大橙子

6 大塊長方形方糖

蠟紙

一支木匙

一只容量 2½ 公升的不鏽鋼或琺瑯單柄鍋

將橙子洗淨後擦乾。把方糖剝成兩半。下面墊著蠟紙，每次拿一塊方糖，用力在 2 個橙子的表面摩擦，讓方糖的每一面儘量吸收橙皮精油。用湯匙將方糖壓碎，然後刮入單柄鍋裡。

一把蔬菜削皮器與一把鋒利的廚刀

一只小單柄鍋與 2 杯清水

一只小碗

2/3 杯砂糖

1/2 杯清水

鳳梨汁

另外取 2 個橙子，把橙皮削下來，切成 3.8 公分長 0.15 公分寬的細絲。將橙皮放入清水中熬煮 15 分鐘；取出瀝乾後放入冷水清洗，再用紙巾擠乾，放入小碗內。將砂糖與清水拌入鳳梨汁裡，在爐火上旋轉鍋身，直到砂糖溶解，然後迅速沸煮到細絲階段（攝氏 110 度）。將 2 大匙糖漿拌入橙皮裡，保留剩餘糖漿待製作卡士達時使用。

一只容量 4 杯的量杯

1 個檸檬

2 包（2 大匙）無味吉利丁粉，裝在一只容量 1 杯的量杯裡

榨出橙汁與檸檬汁，過濾到量杯裡，量出 2 杯果汁。將 1/2 杯果汁倒入吉利丁裡混合，然後把 1 大匙果汁拌入鳳梨糖漿裡稀釋之。

2. 慕斯的製作與成形

4 個蛋黃

1 大匙玉米澱粉

容量 2½ 公升的單柄鍋與壓碎的方糖

一支鋼絲打蛋器或電動攪拌機

鳳梨糖漿

檸檬橙汁

一支木匙

將蛋黃、玉米澱粉加入壓碎的方糖，攪打 1–2 分鐘，打到蛋黃變得又稠又黏。慢慢打入鳳梨糖漿，並繼續用力攪打 2 分鐘。打入橙汁。將鍋子放在中火上，慢慢攪拌（每秒兩下），務必讓木匙觸及鍋底每個角落。隨著溫度慢慢上升，卡士達會開始起泡，當你看到少許蒸氣浮現，卡士達就會開始變稠。繼續在爐火上加熱攪拌，直到卡士達稍微可以裹勺；千萬不能把卡士達加熱到微滾，否則蛋黃會凝結，不過還是要加熱到變稠。

吉利丁與橙汁混合物

卡士達離火，馬上將吉利丁混合物刮入卡士達裡，用力攪打，確保吉利丁完全溶解。

4 個蛋白（室溫）

一撮食鹽

1/4 小匙塔塔粉

一只乾淨乾燥的碗與電動攪拌機或球型打蛋器

蛋白打到起泡，然後打入食鹽與塔塔粉，繼續將蛋白打到濕性發泡。接下來，用打蛋器將蛋白打入滾燙的卡士達裡，做成泡狀混合物——也就是慕斯。

鳳梨切片

一只容量 6 杯的金屬模，可按個人喜好選用花形模或其他形狀的模具

一半的橙皮

一只大碗，放入 2 盒冰塊與能夠淹過冰塊的清水

一支橡膠刮刀

保鮮膜

將一把鳳梨切片放在模具底部，作成裝飾。將醃漬鳳梨的烈酒過濾後加入慕斯裡，並放入橙皮一起輕輕拌勻。將慕斯碗放在冰水上，每隔幾分鐘用橡膠刮刀拌幾下，讓慕斯變稠且降溫到幾乎定形的程度（若有必要可用鋼絲打蛋器攪打至滑順）。迅速將三分之一的慕斯倒入模具裡，將一半的鳳梨切片鋪上，再把剩餘慕斯的一半覆上，然後放上剩餘的鳳梨，最後把剩下的慕斯抹上。用保鮮膜包好，放入冰箱冷藏至上菜前再取出。

(*) 可以提早 1–2 天做好；可以冷凍保存，上菜時可當成冰糕端上，亦可解凍後上桌。

3. 上菜

一大碗熱水

一只冰過的大餐盤

剩餘的橙皮

香緹（加入糖粉和調味料稍微打發的鮮奶油，參考第 506 頁）或拌入少許鮮奶油的英式蛋奶醬（卡士達醬，第 603 頁）

上菜前，將模子放入熱水中泡 5 秒，將大餐盤倒扣在模具上，然後把模具和大餐盤一起翻過來，讓甜點脫模。將剩餘橙皮拌入搭配的醬裡，醬和慕斯分開端上桌。

赫斯珀里得斯米布丁（RIZ DES HESPÉRIDES）

〔櫻桃橙香米布丁〕

　　在冷凍草莓和罐裝杏桃問世之前的歐洲，冬天能夠吃到的水果都會經過乾燥或糖漬處理；偶爾，法國人可以從義大利或西班牙取得鮮橙，他們會將這些鮮橙做成特別的點心，就如這道極其特殊的米飯甜點。這道菜會讓你發現，即使是簡單且便宜的食材也可以打造出讓人驚豔的美味——米飯先用牛奶和橙皮泥熬煮，再和糖漬柑橘皮、櫻桃和杏仁一起入模；上菜時搭配卡士達醬或打發鮮奶油。

容量 6 杯的模具，8–10 人份

在上菜當天早上，或是提早一天或數天製作。

1. 橙香米飯

3/4 杯生白米

3 公升沸水，以一只單柄鍋盛裝

2 個顏色鮮豔的大鮮橙

蔬菜削皮器

電動果汁機

2 杯牛奶

一只容量 2 公升且沉重的有蓋耐熱烤盤

2 大匙奶油

1/8 小匙食鹽

一撮肉豆蔻

蠟紙

烤箱預熱到攝氏 149 度。將生白米撒入沸水中，大滾沸煮 5 分鐘整，然後馬上瀝乾。將橙子洗淨，用蔬菜削皮刀把橙皮（橙皮的橘色部分）削下來，和 1/2 杯牛奶一起放入果汁機裡。將橙皮和牛奶打成泥，然後倒入烤盤裡；在烤盤裡加入剩餘的牛奶、水煮過的米、奶油、食鹽和肉豆蔻，放在爐火上加熱至微滾，然後在表面蓋上蠟紙，蓋上烤盤蓋，放入預熱烤箱中層烘烤 30–40 分鐘，烤到米飯變軟且所有液體都被吸收。趁烹煮米飯的同時，準備下一步驟的材料。

2. 水果裝飾

1/3 杯糖漬櫻桃

一鍋沸水與一只篩子

一只小碗

2 大匙干邑白蘭地

2/3 杯切碎的綜合糖漬柑橘皮

一只小單柄鍋

1 包（1 大匙）無味吉利丁

2 大匙過濾的檸檬汁

3 大匙過濾的橙汁

3 大匙橙酒

一鍋熱水，用來容納裝有糖漬水果和吉利丁的鍋子

櫻桃縱切成兩半（從帶梗的一端），放入沸水中將防腐劑洗淨。櫻桃取出瀝乾，將一半和干邑白蘭地一起放入小碗內，另一半則放入沸水中幾分鐘——讓水果軟化也順便清洗。取出瀝乾，並和剩餘櫻桃一起放入小單柄鍋內。撒上吉利丁，拌入檸檬汁、橙汁與橙酒，讓吉利丁軟化幾分鐘，再把鍋子放入熱水中，偶爾攪拌，讓吉利丁能在你要使用時完全溶解（若有必要可重新將水加熱）。

3. 材料入模

一只容量 6 杯的夏洛特模或深度 7.6-8.9 公分的圓筒狀烤盤，底部鋪上蠟紙

1 杯砂糖

1 杯清水

一只厚重的有蓋小單柄鍋

1 杯冰水或一支糖果溫度計

1 小匙香草

1/2 杯杏仁片，帶皮或去皮皆可

一旦米飯出爐，便製作糖漿：將砂糖和清水放入單柄鍋內，以中大火加熱至沸騰，手握鍋柄搖晃鍋身至砂糖完全溶解且液體完全清澈。蓋上鍋蓋沸煮 1-2 分鐘，將糖漿煮到能形成厚稠的大泡泡。打開鍋蓋，在幾秒鐘以後進行測試：糖漿應該能在冰水中形成軟球，或是達到攝氏 114 度。以每次幾匙的量，以快速輕盈的動作分次將糖漿拌入米飯中，然後拌入切碎的水果與吉利丁混合物，再加入香草精；將泡櫻桃的干邑白蘭地和杏仁片一起拌進去。混合物在入模前必須稍微降溫；將鍋子放在一鍋冷水或冰水中，偶爾輕輕攪拌，直到液體和米飯形成質地均勻的混合物。

　　將保留的櫻桃放在模具底部，切面朝上。將米飯舀入模具中，混合物應該幾乎將模具填滿。蓋上蠟紙或保鮮膜，冷藏數小時或至定形。

4. 上菜

冰過的大餐盤

3 杯以橙酒調味的英式蛋奶醬（卡士達醬，第 603 頁），或是以橙酒調味且以糖粉為甜味劑的香緹（稍微打發的鮮奶油，第 506 頁）

用刀子沿著甜點周圍刮一圈，將大餐盤倒扣在模具上，再把模具和餐盤一起倒過來，讓甜點脫模。在甜點周圍放上少許卡士達醬或香緹，並把剩餘的卡士達醬或者香緹分開端上桌。

朝聖者奶凍（LE PÉLERIN EN TIMBALE）

〔模製杏仁奶凍〕

　　這是融合馬拉科夫與傳統巴伐利亞蛋奶凍的甜點：以吉利丁和奶油粘合的卡士達醬，使用烤過的杏仁、櫻桃白蘭地和杏桃調味，並放入鋪了蛋糕的烤盤成形。這款甜點的法文名稱來自現代加工尚未出現時的朝聖者，他們會在口袋裡塞滿各種不容易腐壞的乾果與堅果等。我們認為，這位朝聖者以杏仁向主人支付自己的住宿費用，而女主人則以下面的方法來運用收到的杏仁。（請注意，若能提早 1–2 天製作，這款甜點的風味將能大幅提升。）

容量 6 杯的模具，8–10 人份

1. 準備工作

冰過的大餐盤

3 杯以橙酒調味的英式蛋奶醬（卡士達醬，第 603 頁），或是以橙酒調味且以糖粉為甜味劑的香緹（稍微打發的鮮奶油，第 506 頁）

用刀子沿甜點周圍刮一圈，將大餐盤倒扣在模具上，再把模具和餐盤一起倒過來，讓甜點脫模。在甜點周圍放上少許卡士達醬或香緹，並把剩餘的卡士達醬或香緹分開端上桌。

198 公克（約 1½ 杯）水煮過的
整顆杏仁

深烤盤或披薩烤盤

廚房計時器

電動果汁機

烤箱預熱到攝氏 177 度。將杏仁平鋪在烤盤上，放在烤箱中層烘烤 5 分鐘；攪拌一下，繼續烘烤 5-6 分鐘，期間每 2-3 分鐘攪拌一下，避免杏仁燒焦。烤好的杏仁應該是深金棕色。放涼以後，以每次 1/2 杯的量，放入電動果汁機裡打成粉，然後靜置備用。

一只容量 6 杯的圓筒狀夏洛特
模或深度 8.9 公分的烤盤

一張圓形蠟紙

一把細長的刀子

一塊奶油海綿蛋糕、熱納亞蛋
糕、磅蛋糕或其他類似的蛋糕
（可以使用現成的蛋糕），直
徑至少 20.3 公分，高度至少
3.8 公分

兩只抹上大量奶油的現成酥皮

3 大匙熔化的奶油

2-3 大匙砂糖

1 大匙櫻桃白蘭地

同時在模具底部鋪上蠟紙，再將蛋糕水平切成厚度不超過 0.8 公分的切片。從最上層的蛋糕切出一塊與模具底部同樣大小的圓形，倒過來放在一只烤盤上。將剩餘的蛋糕切成寬度 3.2 公分的長條，再放到烤盤上。替蛋糕刷上熔化的奶油並撒上砂糖。等到杏仁烤好後，將烤箱溫度調高到攝氏 204 度。把烤盤放到烤箱中層與上三分之一處，烘烤約 10 分鐘，將蛋糕烤成淺金棕色。取出烤盤，替蛋糕淋上櫻桃白蘭地，便可靜置備用。

2. 卡士達醬——英式蛋奶醬——與杏仁霜

1½ 大匙（1½ 包）無味吉利丁粉

1/3 杯櫻桃白蘭地，用量杯盛裝

3/4 杯砂糖

6 個蛋黃，放在一只容量 2 公
升的厚底不鏽鋼單柄鍋或琺瑯
鍋裡

手持式電動攪拌機或鋼絲打蛋器

2½ 杯熱牛奶，裝在小單柄鍋內

一支木匙

將吉利丁撒在櫻桃白蘭地上，靜置備用。慢慢將砂糖打入蛋黃裡，繼續攪打幾分鐘至混合物質地濃稠、呈淺黃色且能夠用來劃線的程度。以細流方式慢慢將熱牛奶打進去。以中火加熱混合物，同時用木匙慢慢攪拌 4-5 分鐘，煮到蛋奶醬可以在木匙表面裹上厚厚一層，攪拌時木匙應觸及鍋底每個角落。

227 公克（2 條）奶油，切成
0.6 公分厚的切片

烤過的杏仁

1 小匙香草精

若有必要：一撮食鹽；幾滴杏
仁精

（小心不要讓醬汁達到微滾，造成蛋黃凝結，不過還是要加熱到醬汁變稠。）煮好後鍋子馬上離火，用力攪拌 1 分鐘，讓醬汁稍微變涼，然後將吉利丁櫻桃白蘭地混合物刮進熱醬汁裡，徹底攪打 2 分鐘，確保吉利丁完全溶解（手持式電動攪拌機，自此以後是很有用的工具）。以每次 4 塊的量分批打入奶油，再打入杏仁與香草精。仔細品嘗：若有必要可加入少許食鹽與幾滴香草精。混合物靜置備用：你應可做出約 5 杯醬汁，在進行下一步驟時，醬汁應該還是稍熱或微溫。

3. 入模

在模具裡鋪上烤過的蛋糕，撒糖面按下列方式靠著模具。將圓形蛋糕放在底部；條狀蛋糕沿著側面垂直密排，若有必要填補空隙，可以將一兩塊蛋糕切成楔形。

一支勺子

微溫的杏仁霜

剩下來的蛋糕條

約 1/3 杯杏桃果醬

保鮮膜

將三分之一的杏仁霜放入模具裡。替幾條蛋糕刷上杏桃果醬，然後放在杏仁霜上平鋪成一層。舀入更多杏仁霜，將模具填滿三分之二，再蓋上刷了杏桃果醬的蛋糕。最後用剩餘杏仁霜將模具填滿，若有必要可在蛋糕條之間與模具側面倒入一些杏仁霜。最後，若有剩餘蛋糕，可放在杏仁霜上，然後用保鮮膜蓋起，放入冰箱冷藏幾小時至定形。

(*) 提早準備：做好的甜點可以在冰箱裡保存
4–5 天，或是冷凍保存。

4. 上菜

冰過的大餐盤

3 杯杏桃果醬（第 610 頁）

自行選用：3 杯香緹（稍微打發的鮮奶油，第 506 頁），加糖並以櫻桃白蘭地調味

小心用一把刀子沿著模具周圍刮幾次，將甜點側面和模具分開。接下來，將餐盤倒扣在模具上，將餐盤和模具一起倒過來，用力在模具上敲一下，讓甜點脫模。將少許杏桃果醬舀在甜點上，然後把剩餘的果醬沿著餐盤邊緣放好。若不打算馬上端上桌，可以冷藏保存。自行選用的香緹應分開端上桌。

馬爾利蛋糕（LE MARLY—LA RIPOSTE）

〔用泡過蘭姆酒的布里歐許麵包製作的法式草莓蛋糕〕

　　馬爾利蛋糕是法國版的美式水果蛋糕。這款蛋糕使用的不是餅乾麵團或薩瓦蘭麵團（這款甜點除了形狀以外，與薩瓦蘭蛋糕非常類似），而是使用蛋糕模烘烤的布里歐許麵團，待烤好後切成兩半，挖空並浸泡以蘭姆酒或櫻桃白蘭地調味的糖漿。草莓與打發鮮奶油餡的上面是切成派形的布里歐許麵包，排列時中央隆起，看起來像是中國的斗笠。這款刷上杏桃果醬並以草莓裝飾的甜點，看起來很漂亮，而且容易組合，你也許可以考慮利用整份麵團而非食譜所需的半份麵團製作。使用整份麵團，你可以做出兩個布里歐許蛋糕；將第二塊冷凍保存備用，在你需要迅速做出特別的甜點時，就可以拿出來應急。你也可以使用草莓以外的水果，其餘水果種類可參考食譜末的建議。

直徑 20.3 公分高 6.4 公分的圓形布里歐許，6–8 人份

1. 布里歐許麵包的製作與烘烤——約 5 小時（可以提早烘焙並冷凍保存）

　　備註：由於布里歐許麵包必須浸泡在蘭姆酒或櫻桃白蘭地裡，所以麵包本身的味道並不是那麼重要，也就沒必要採用奶油用量較大的食

譜；這裡只要使用一般的布里歐許麵包，而且只需要進行第一次膨脹——如果廚房溫度較高，則需要進行兩次膨脹以讓麵團膨脹成原本的兩倍。

1/2 份布里歐許麵團，參考第 100 頁

圓形蛋糕模，直徑 20.3 公分、高 3.8 公分，在內側抹上 1 小匙軟化的奶油

一個蛋糕架

按照布里歐許麵包的食譜操作，不過你可以按照第 101 頁說明利用電動攪拌機製作麵團。

一旦完成第一次發酵，讓麵團排氣，將麵團整成球形（參考第 82 頁將麵團整成球形的方法），然後將麵團放在模具裡，接縫處朝下；將麵團拍扁，讓麵團覆滿模具底部。模具應該差不多三分之二滿。將模具放到攝氏 24–27 度的環境中，表面不要覆蓋任何東西，讓麵團膨脹至填滿整個模具——約需要 1 小時（在麵團完成膨脹之前，將烤箱預熱到攝氏 204 度）。

將模具放入預熱至攝氏 204 度的烤箱中層烘烤 20 分鐘，或是烤到麵團膨脹到超過模具邊緣約 2.5 公分，而且表面開始上色，便可將烤箱溫度調降到攝氏 177 度，繼續烘烤 10–15 分鐘。烤到麵包可以輕鬆脫模、漂亮上色且輕輕捶打會發出中空聲響，便算完成。將麵包放在架子上放涼。

(*) 提早準備：若想要在使用前將麵包保存幾天或幾週，可以在麵包放涼以後密封包好，放入冰箱冷藏或冷凍。替冷凍的布里歐許麵包解凍時，可以將麵包放在室溫環境中幾小時，或是放在稍微抹了奶油的烤盤上，放入攝氏 149 度烤箱中烘烤約 45 分鐘。

2. 組合甜點之前的準備工作

水果餡：

1 公升新鮮草莓

一只碗

若有必要可加入砂糖

若有必要可先將草莓洗淨，然後替草莓去蒂。保留 4–6 個最漂亮的草莓，用來裝飾甜點的正面；將剩餘草莓按大小切成兩半或四瓣。將切好的草莓放入碗中，按個人喜好稍微加點砂糖拌勻。

糖漿：

1 杯清水，裝在一只小單柄鍋內

3/4 杯砂糖

1/2 杯櫻桃白蘭地或深色蘭姆酒

將清水與砂糖放入鍋中，放在爐火上加熱至砂糖完全溶解，鍋子便可離火。待糖漿溫度降至微溫，拌入櫻桃白蘭地或蘭姆酒。（糖漿淋到布里歐許上的時候應該為微溫，若有必要可重新加熱。）

刷亮液的杏桃果醬：

約 2/3 杯杏桃果醬，過篩後放入一只小單柄鍋內

2 大匙砂糖

一支木匙

將過篩的杏桃果醬與砂糖攪拌均勻，一邊攪拌一邊加熱幾分鐘，將果醬加熱至黏稠。靜置備用；使用前重新加熱。

2 杯香緹：

1 杯鮮奶油，放入攪拌盆內

一只大碗與一盤冰塊和能夠淹過冰塊的清水

一支大型鋼絲打蛋器或手持式電動攪拌機

一支橡膠刮刀

將裝了鮮奶油的攪拌盆放在冰水上，將打蛋器繞著攪拌盆畫圈，儘量把空氣打進去，打到鮮奶油體積變成原本的兩倍，攪拌機稍微能夠在鮮奶油表面劃線。（若稍後打算把打

1 小匙香草精

1/3-1/2 杯糖粉，放入篩子裡備用

發鮮奶油裝飾擠出來，可以保留 1/2 杯在碗裡，放入冰箱冷藏。）拌入香草並按個人喜好加入砂糖。若有必要可繼續放在冰水上。

3. 組合與上菜

一把切割布里歐許麵包用的長刀、一把小刀與用來把麵包挖空的葡萄柚刀

一只托盤，用來接住滴下來的糖漿

一只大餐盤

自行選用：帆布擠花袋，裝上圓形星狀花嘴，用來在蛋糕表面用打發鮮奶油擠上裝飾線條

將布里歐許麵包的上四分之一切掉，做成厚度約 1.9 公分的蓋子；將這個蓋子切成 6-8 塊派形，倒過來放在架在托盤上的蛋糕架上。把剩餘的布里歐許麵包挖空，首先在表面距離邊緣約 1.9 公分處劃下圓形，往下挖到距離底部 1.9 公分處，接下來，慢慢用葡萄柚刀把內部一點一點挖空，做成一個底部與側面的厚度皆為 1.9 公分的盒子。

　　將布里歐許麵包盒放在大餐盤上，挖空處朝上。草莓瀝乾，將果汁加入糖漿裡。把微溫的糖漿慢慢淋在布里歐許麵包上，讓麵包儘量吸收液體。同個時候，將糖漿淋在倒過來放的派形蓋子上。將草莓拌入香緹。將溫熱的杏桃果醬刷在布里歐許麵包盒的外側，然後把香提草莓放入麵包盒中，將餡堆成小丘。

　　小心將派形蓋子放在餡料上方，尖端朝著中心，順著餡的形狀做成高峰。替派形蓋表面刷上杏桃果醬。如果你決定用打發鮮奶油裝飾，則將保留的香緹放在冰水上打到更發，如此一來鮮奶油在擠出來以後才能維持形狀；將 2 大匙過篩的糖粉和幾滴香草精拌入打發鮮奶油。用擠花鮮奶油填滿派形蓋的隙縫。上菜前，用保留的草莓裝飾馬爾利蛋糕的表面。上菜時，可從派形蓋的隙縫往下切到底。

　　(*) 提早準備：可在上菜前 1-2 小時組合；用碗蓋上並放入冰箱冷藏。

其他水果

　　除了新鮮草莓以外，也可以使用覆盆子、新鮮桃子切片、藍莓、冷凍草莓（解凍）、混用鳳梨與香蕉，或是第 610 頁杏桃餡等，杏桃餡可以混入切丁的香蕉與烘烤過的杏仁條。你也可以用砂糖、蘭姆酒或櫻桃白蘭地來醃漬水果，然後將醃漬液拌入糖漿裡。

牙買加焰燒夏洛特（CHARLOTTE JAMAÏQUE EN FLAMMES）

（焰燒處理的蘭姆酒蛋糕焦糖卡士達）

　　這是法國版的李子布丁，製作時使用浸泡蘭姆酒的布里歐許麵包或海綿蛋糕、葡萄乾、水果和卡士達，將材料放入抹了焦糖的模具烘烤，並在上桌時點火焰燒。這是一道精緻的假日甜點，材料可以提早幾小時入模等待烘烤，烘烤時間約 1 小時。

容量 6 杯的模具，6–8 人份

1. 準備水果

113 公克（壓緊 3/4 杯）黑色小葡萄乾

113 公克（3/4 杯）糖漬櫻桃與等量杏桃，或是 227 公克（1½ 杯）綜合糖漬水果

1 杯深色牙買加蘭姆酒，放入有蓋碗裡

將葡萄乾放入沸水中靜置，趁準備其他水果時讓葡萄乾泡開軟化。若使用櫻桃與杏桃，則先將櫻桃切成兩半，放入沸水中洗掉防腐劑，取出瀝乾後放在一只盤子上。杏桃切丁，放入沸水中，取出瀝乾後放入另一只盤子裡。（若使用綜合水果，則將水果放入沸水中，然後取出瀝乾。）接下來，將葡萄乾瀝乾，把吸收的水分擠乾，然後將葡萄乾浸在蘭姆酒裡備用。

2. 替模具上焦糖

1/2 杯砂糖與 3 大匙清水，放入一只厚底小單柄鍋裡

一只鍋蓋

一只容量 6 杯的圓筒狀模具，例如夏洛特模或深度至少 8.9 公分的陶瓷烤盤

可以讓烘烤模具倒扣在上面的大盤子

將砂糖和水放在中大火上加熱，手握鍋柄慢慢搖晃旋轉鍋身（不要用湯匙攪拌砂糖），讓液體慢慢達到沸騰。待液體沸騰，繼續搖晃一會兒，讓液體從混濁轉透明。蓋上鍋蓋，將爐火轉成大火，沸煮幾分鐘，煮到泡泡厚稠沉重。打開鍋蓋繼續沸煮，輕輕搖晃鍋身，煮到糖漿變成漂亮的棕色焦糖。

　　馬上將焦糖倒入模具裡（保留焦糖鍋，不要清洗），將模具往各個方向傾斜，讓底部與側面都覆上焦糖，然後繼續慢慢旋轉約 1 分鐘，直到焦糖停止流動。將模具倒扣在盤子上。

3. 卡士達醬

1 杯牛奶

3 個雞蛋

2/3 杯砂糖

一只容量 3 公升的攪拌盆與電動攪拌機或大型鋼絲打蛋器

2 小匙香草精

一只容量 2½–3 公升的琺瑯或不鏽鋼單柄鍋

一支木匙

一只細目篩

將牛奶倒入煮焦糖的鍋子裡，放在爐火上加熱攪拌，讓焦糖溶解。接下來，將雞蛋和砂糖放入攪拌盆內攪打幾分鐘，打到蛋液顏色變淺且起泡，然後打入香草。最後，以細流方式慢慢將熱牛奶打入蛋液裡。將混合物倒入一只乾淨的單柄鍋內，放在中火上加熱；以木匙慢慢攪拌 4–5 分鐘，或是煮到卡士達可以在木匙背面裹上滑膩的一層，攪拌時木匙應觸及鍋底每個角落。（小心不要將卡士達加熱至沸騰，造成雞蛋凝結，不過你還是要加熱到卡士達能夠變稠的程度。）

　　鍋子離火，用力攪拌一會兒，讓卡士達醬降溫並終止烹煮。將攪拌

盆洗淨，再把卡士達醬過濾到攪拌盆裡。

4. 入模

一鍋沸水，鍋子必須能容納甜點模具

約 454 公克布里歐許麵包、海綿蛋糕或現成的海綿蛋糕

（烤箱預熱到攝氏 177 度，為下一步驟做準備。）將甜點模具放入鍋中以檢查水位，再把鍋子（沒有模具）放入烤箱中下層。將布里歐許麵包或海綿蛋糕切成 3 層，每層厚度約 0.3 公分，並將麵包或蛋糕修成和模具一樣的大小（每一層都可用好幾塊拼接起來）。

　　將一層蛋糕放在覆上焦糖的模具底部。將葡萄乾瀝乾，把 3 大匙醃漬用的蘭姆酒淋在蛋糕上。將一排櫻桃（或綜合水果丁）沿著蛋糕邊緣放好，再把三分之一的葡萄乾與杏桃（或更多的綜合水果丁）放在蛋糕上剩餘的空間。倒入三分之一的卡士達醬。放上第二層蛋糕，灑上 3 大匙蘭姆酒，繼續以層疊方式將材料填入模具裡。留下距離模具邊緣約 0.6 公分的空間，不要填滿，因為甜點在烘烤時會稍微膨脹。將剩餘的蘭姆酒蓋好，保留至稍後焰燒時使用。

　　(*) 提早準備：材料可以在烘烤前一天入模；將填好的模具密封包好，放入冰箱冷藏。冷藏過的卡士達醬至少得比步驟 5 提到的 45–60 分鐘多烤 20 分鐘。

5. 烘烤甜點──攝氏 177 度烘烤 45–60 分鐘，然後靜置 10 分鐘（若卡士達醬曾經冷藏則應延長烘烤時間）

　　將填好的模具放入烤箱裡的熱水鍋內（水位應達模具高度的四分之三）。烘烤 45–60 分鐘，調整烤箱溫度，讓熱水維持在幾乎達到微滾的程度──以確保卡士達質地柔滑。若是水位低於模具高度的一半，可按需求加入更多沸水。烘烤到甜點稍微從模具邊緣往內縮，便算完成。

若打算在 10-15 分鐘以內端上桌，則將模具從熱水中取出，靜置 10 分鐘，讓卡士達定形後再按步驟 6 脫模；否則，將甜點留在水中，靜置於關掉的烤箱內。若要成功焰燒，甜點本身的溫度要夠高。

6. 脫模、焰燒與上菜

一把刀身薄且有彈性的刀子，幫助脫模使用

一只滾燙的大餐盤，稍微抹上奶油

3 或 4 塊弄碎的方糖與 1 大匙砂糖

剩餘的蘭姆酒（至少 1/2 杯），放在小單柄鍋裡

火柴

一雙長柄的上菜工具

上菜前，用刀子沿著模具邊緣刮一圈，將加熱至燙手的餐盤倒扣在模具上，然後把餐盤和模具一起翻過來，讓甜點脫模。將弄碎的方糖插到甜點的不同位置，然後撒上砂糖。加熱蘭姆酒，再把蘭姆酒淋在甜點上。把你的臉別開，用點燃的火柴點燃蘭姆酒，並將燃燒的夏洛特端上桌。開始盛盤時，將著火的蘭姆酒淋在甜點上。

使用法式酥皮的甜點

法式酥皮這種極其柔軟且奶油香四溢的麵團，由許多層比紙還薄的麵皮構成，非常適合用來製作甜點。由於酥皮本身已經非常美味，其餘材料通常相當簡單且容易組合。我們只提供幾個使用酥皮的食譜範本仔細說明，希望你們在遇到其他酥皮食譜的時候，會覺得自己能夠應付、甚至有熟悉感。

你唯一的問題——其實根本也不是問題——是在操作時讓麵團維持低溫。只要覺得麵團開始變軟，馬上停止操作，將所有材料放入冰箱冷藏 15-20 分鐘，再拿出來繼續進行。若你還沒熟悉製作酥皮的方法，千萬不要嘗試在炙熱的廚房裡進行複雜的操作，應該等到天氣變涼，或是在有空調的環境裡進行。冷藏過的麵團，在涼爽的空間裡比較容易擺弄；在溫暖的環境中操弄柔軟的麵團，是不可能的任務。

水果塔的酥皮（ABAISSES EN FEUILLETAGE POUR TARTES AUX FRUITS）

〔替水果塔製作酥盒〕

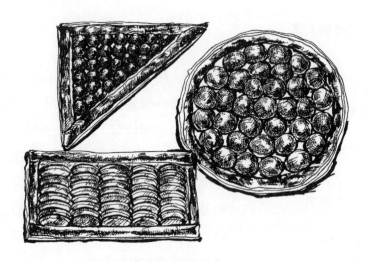

　　你可以利用法式酥皮製作任何大小與形狀的自立式酥盒：酥皮的側邊在烤箱裡會自動膨脹，底部因為放了水果的緣故而不會膨脹，若預烤派皮，底部則是因為有鍋子壓著而維持不動。你可以使用第 113 頁半酥皮麵團，或是按照第 162 頁的做法重新將剩餘的酥皮麵團組合起來。我們在此不提供比例，只會以食譜的四分之一份，或是一塊長 13.3 公分、寬 5.1 公分、厚 4.4 公分的麵團來表示，這樣的大小可以做出一塊寬 15.2 公分、長 33 公分、底層厚度 0.3 公分的長方形酥盒；因此，半份的食譜可以做成邊長 30.5–33 公分的正方形酥盒。

正方形或長方形酥盒

足量冷藏過的酥皮麵團

一把尺或可以當成切割引導的輕烤盤

一把滾輪刀或鋒利的刀子

一只烤盤，用冷水洗淨但不要擦乾

1 杯冷水與一支醬料刷

將冷藏過的麵團擀成比預計製作的水果塔尺寸還多出約 3.8 公分的大小。再利用切割引導工具和滾輪刀或刀子，將邊緣不平整處修掉。

再次利用切割引導工具和滾輪刀或刀子，從酥皮的兩個長邊切下兩條寬度約 1.9 公分的長條，然後也從短邊切下兩條；這些切下來的部分，會用來做成酥盒高出來的邊緣；將切下來的長條酥皮靜置備用。用擀麵棍將長方形或方形酥皮捲起來，倒過來放到微濕的烤盤上。

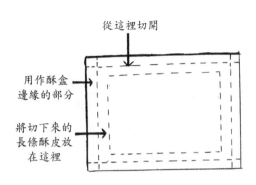

在酥皮邊緣約 1.9 公分寬的地方刷上冷水。按圖示，在上下兩邊分別放上一條長條狀酥皮，然後在酥皮的四角刷上冷水，再把最後兩條酥皮放到另外兩邊。把多餘的部分修掉。用餐叉叉齒背面沿著邊緣壓出紋路，並且一邊壓出紋路，一邊用另一隻手的大拇指輕輕將上層

長條狀酥皮往下壓，藉此讓兩層酥皮密合。用叉子按 0.3 公分間隔在內側酥皮上戳洞，力道應往下戳到烤盤。用保鮮膜蓋好，放入冰箱冷藏 1 小時再繼續操作；麵團必須經過鬆弛，否則無法均勻烘烤。

(*) 冷藏並變扎實以後，可以將麵團密封包好，冷凍保存數月；無論接下來使用什麼食譜，麵團都不要解凍，直接從冷凍狀態繼續操作。

製作圓形酥盒

使用酥盒專用的切割器、鍋蓋或任何便於使用的圓形物來協助切割，選擇一個與最後的甜塔成品大小相同的圓形物，以及另一個邊緣大1.9 公分的圓形物以製作圓形酥盒的隆起邊緣。將麵團擀成 0.3 公分厚，

邊緣應比較大的圓形切割引導工具寬 0.4 公分；將酥皮抬起，讓酥皮自然收縮，若有必要可再次將酥皮擀開。將切割引導工具放在酥皮正中央，把多餘的酥皮切掉。

將較小的切割引導工具放在酥皮正中央，沿著邊緣乾淨俐落地將圓形切下來，讓中央的這塊圓形酥皮可以輕鬆地和外緣圓圈分開。將外緣圓圈分成四塊或六塊，移到一旁備用；這些切下來的酥皮稍後會用來做成酥盒

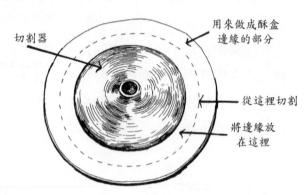

切割器

用來做成酥盒邊緣的部分

從這裡切割

將邊緣放在這裡

的隆起邊緣。用擀麵棍將圓形酥皮捲起來，倒過來放在微濕的烤盤上攤開，若有必要可用手指稍微壓一下。

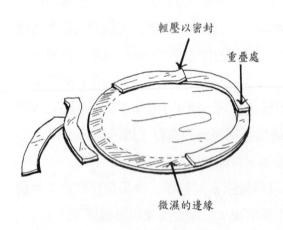

輕壓以密封

重疊處

微濕的邊緣

在圓周邊緣寬 1.9 公分處刷上冷水。將一條切好的酥皮放在微濕的邊緣，然後在長條的一端刷上冷水。將第二條約 1 公分的寬度與第一條重疊，放在第一條刷濕的一端，用手指輕壓，讓酥皮密合；繼續以同樣方式使用剩餘酥皮，並修整最後一條，以符合圓周大小。用叉子背面沿著圓周壓出紋路，讓邊緣密合，然後在內側戳洞，按照前面的說明放入冰箱冷藏。

新鮮水果塔的酥盒，例如草莓塔

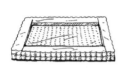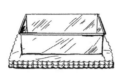

　　烘烤至全熟再填入新鮮水果的酥盒，在烘烤時必須在中央放上重物，避免中間的酥皮膨脹。傳統做法是利用油紙和乾豆，不過我們認為底部抹油的鍋子其實更容易運用。你應該找到三件圓形指引工具，一件為圓周外圍大小，一件用來切割環狀酥皮，一件則與鍋底大小相同。在切下邊緣並把邊緣貼合到微濕的圓形酥皮周圍後，用叉子將酥皮內部戳洞，然後在鍋子外側抹油，並讓鍋子就定位。烘烤前至少冷藏 1 小時。

　　烘烤時，先將烤箱預熱到攝氏 218 度。接下來，替酥皮盒邊緣刷上蛋液（1 個雞蛋和 1 小匙清水放入小碗中打散），並用小刀在刷蛋液處劃下交叉紋路。將中間放了鍋子的酥皮放入烤箱中層，烘烤 10–15 分鐘，烤到邊緣隆起且開始上色。將鍋子取出，在酥皮盒內部戳洞，繼續烘烤 5 分鐘；仔細觀察，若中央開始膨脹，則再次用叉子戳洞並往下壓。若中心上色速度太快，可以稍微蓋上鋁箔紙。總烘烤時間應在 20–25 分鐘。將烤好的酥皮盒放到架子上。

　　(*) 酥皮盒在烘烤後幾小時內享用最美味；你可以將酥皮盒放涼後密封包好，或是放在保溫箱，或是冷凍。

蘋果塔——西洋梨塔（TARTE AUX POMMES—TARTE AUX POIRES）
〔以法式酥皮烘烤的蘋果塔或西洋梨塔〕

　　這是個最基本做法就是最佳做法的例子：生塔皮刷上杏桃果醬，在表面密集排好生的蘋果切片或西洋梨切片，撒上砂糖，然後放入烤箱。

烘烤完成以後，在表面刷上亮光液，便算大功告成。奶油香四溢的酥脆餅皮、水果、砂糖與杏桃果醬的結合，讓人彷彿置身天堂。

有關水分含量較高的水果

　　將生水果放在生酥皮盒裡烘烤時，你必須確保所使用的水果不會在酥皮邊緣膨脹形成外殼以把水果框住之前爆裂成果汁。因此，如果使用柔軟或多汁的水果，應先將水果切片，撒上砂糖，放在碗裡靜置 20 分鐘，讓水果將多餘的果汁釋出。接下來，將水果瀝乾，放到酥皮裡面擺好，再把果汁加入杏桃亮光液裡煮稠。

長 40.6 公分寬 20.3 公分的長方形水果塔，4–6 人份

1. 將餡料填入塔皮裡

3–4 個清脆的大蘋果（金冠、羅馬美人、約克皇家）或 5–6 個質地扎實的熟西洋梨（安茹、波士克或巴特利）

一塊冰過的生塔皮，用法式酥皮（第 546–549 頁）製作，長 40.6 公分、寬 20.3 公分

約 1 杯過篩的杏桃果醬，放入一只小單柄鍋內

一支醬料刷

1/4 杯砂糖

蛋液（1 個雞蛋放入小碗中與 1 小匙清水打散）

一把小刀或餐叉

烤箱預熱到攝氏 232 度，將架子放在中下層。替水果削皮、切成四瓣並去核，然後縱切成 0.6 公分厚的切片。在冰過的生派皮內側刷上過篩的杏桃果醬，把水果切片放在上面密排至幾乎垂直，排列時可橫排或直排，只要你覺得漂亮就好。替水果撒上砂糖，替派皮的正面（非側面）刷上蛋液，並用刀尖或叉齒在表面壓出交叉紋路。

2. 烘烤——以攝氏 232 度與 204 度烘烤 40–45 分鐘

　　馬上將水果塔放入預熱至攝氏 232 度的烤箱中下層，烘烤 20 分鐘或烤到酥皮邊緣膨脹且開始上色。將烤箱溫度調降到攝氏 204 度，繼續烘

烤 20 分鐘或烤到水果塔的側面變酥脆且相當扎實。這裡需要高溫烘烤，才能將一層層的麵團烤透；若邊緣上色太快，可以用鋁箔紙或牛皮紙稍微將水果塔蓋上。

3. 刷亮光液與上菜

一個架子

剩餘的過篩杏桃果醬

1 大匙砂糖（或醃漬水果的果汁）

一支木匙

一支攪拌匙或醬料刷

一只托盤或砧板

自行選用：法式酸奶油、香緹（加糖稍微打發的鮮奶油，第 506 頁）或英式蛋奶醬（卡士達醬，第 603 頁）

讓水果塔滑到架子上。將杏桃果醬與砂糖煮沸，攪拌幾分鐘，煮到用木匙舀起來時，最後幾滴從木匙滴下的果醬變得很黏稠。將果醬舀或刷在水果上，替水果上亮光液。水果塔可以趁溫熱享用，也可以放到微溫或放涼，端上桌時先將水果塔放到托盤或砧板上。將水果塔橫切後盛盤，並另外端上自行選用的鮮奶油或醬汁。

(*) 水果塔最好在烘烤後數小時內享用；剩下的水果塔也很好吃，不過總是比不上新鮮烘焙的水果塔。

以圓形酥盒製作水果塔

使用同樣的方法，不過將水果切片排成螺旋形，或是由外圍往中央遞減寬度，就如車輪的輪輻。

其他用酥盒烘烤的水果

新鮮的去籽櫻桃、新鮮杏桃或李子切成兩半後帶皮面朝下放置、新鮮桃子切片，或是完全瀝乾的罐裝杏桃或桃子切片，都可以用這種方式烘烤。

放在預烤酥盒裡的新鮮水果

按照上冊第 750–752 頁的方式運用第 546 頁預烤酥盒，就如你用派

皮麵團製作預烤派殼的方式，用來製作草莓塔與其變化版。這種水果塔有糕點蛋奶醬作為餡料，不過你也可以單純運用紅醋栗亮光液的防水效果，將草莓或其他新鮮水果放上去，再刷上更多亮光液；上桌時可以另外端上打發鮮奶油或卡士達醬來搭配。

水果百葉酥盒（JALOUSIE）
〔以法式酥皮做成的躲貓貓果醬塔或水果塔〕

酥皮能夠把任何食材都化成美味，這款吸引力十足的水果塔以果醬或水果為餡，不但能迅速組合，也非常好吃。若直接按字面翻譯，它會被稱為威尼斯百葉塔，因為「jalousie」這個字就是指百葉窗；翻成躲貓貓似乎更有趣。

長 40.6 公分寬 15.2 公分的水果塔，6 人份

1. 替水果塔整形

1/2 份半酥皮麵團，做法參考第 137 頁，或是第 162 頁重組麵團

沾濕的烤盤

一支餐叉

1 杯左右品質絕佳的覆盆子、草莓或黑莓果醬，或是參考食譜末的清單

將一半的麵團擀成長 45.7 公分、寬 20.3 公分、厚 0.3 公分的長方形，用擀麵棍捲起來，正放在沾濕的烤盤上攤開。用叉齒按 0.3 公分間隔在整張派皮上戳洞，力道應深及烤盤。

將 0.6 公分厚的果醬塗在派皮上，四周預留 1.9 公分空白。

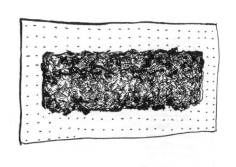

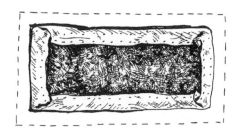

將每側派皮邊緣往上摺到餡料上；把角落沾濕，將角落摺疊處蓋好，用手指把角落壓緊。

將第二塊派皮擀成長 43.2 公分、寬 17.8 公分、厚 0.3 公分的長方形（稍微比那塊已經填餡整形的尺寸大一點）。在表面稍微撒上麵粉，然後沿著縱軸對摺。測量填餡派皮的開口，在對摺的派皮上做記號為指引。從摺疊側切出裂縫，如圖所示，兩兩相隔 1 公分，寬度為填餡派皮開口寬度的一半。

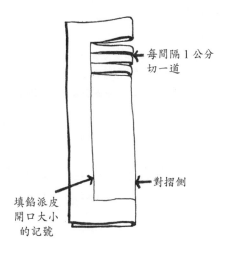

每間隔 1 公分切一道

對摺側

填餡派皮開口大小的記號

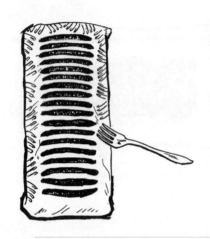

用冷水將填餡下層派皮的邊緣沾濕。將上層派皮打開蓋上去；把多餘的麵粉刷掉，並用手指將派皮壓緊。接下來，用叉子背面的叉齒，沿著邊緣壓出垂直的裝飾花紋。將酥盒蓋好，放入冰箱冷藏至少30分鐘，或是放到烘烤前取出。

(*) 提早準備：冰過以後會變扎實，就可以密封包好，冷凍保存數月。烘烤前從冷凍庫取出，刷上蛋液，按步驟 2 操作。

2. 烘烤與上菜——以攝氏 232 度與 204 度烘烤約 1 小時

刷蛋液（1 個雞蛋放入小碗中加入 1 小匙清水打散）

一支醬料刷

一支饕叉或小刀

一只架子

一只托盤或砧板

自行選用：法式酸奶油、香緹或英式蛋奶醬，如前則食譜步驟 3 的建議

待烤箱預熱到攝氏 232 度，將架子放在中下層。替冰過的水果酥盒表面刷上蛋液；等一會兒，再刷上第二層。用刀子在酥盒的正面邊緣與末端都做出交叉紋路裝飾，然後放入烤箱裡。經過約 20 分鐘，酥皮已經膨脹上色，便可將烤箱溫度調降到攝氏 204 度。繼續烘烤 30-40 分鐘，若表面上色太快，可以蓋上鋁箔紙或牛皮紙。

百葉酥盒可能在還沒烤熟的時候，外觀看起來就已經烤好了；烤好的酥盒側面應該扎實酥脆，長時間烘烤的目的在於讓酥盒脫水，並將酥皮的所有內層都烤到酥脆。出爐後讓酥盒滑到架子上放涼。酥盒可以溫熱享用，或是放到微溫或放涼，並搭配自行選用的鮮奶油或醬汁。切割時應橫切成片。

(*) 就如所有酥皮糕點，這款甜點趁新鮮享用最美味。

其他餡料

除了果醬以外，煮熟的水果也可以是水果百葉酥盒的理想餡料。在諸多選擇之間，我們建議使用第 610 頁的杏桃餡。另一個想法，是將烘烤過的蘋果片當成餡料，例如第 521 頁步驟 2 的烤蘋果片；將一些杏桃果醬抹在酥皮上，然後再疊上烤蘋果片，並且在你用酥皮把蘋果片蓋起來之前，在蘋果片上面刷上更多杏桃果醬。以酒、奶油和砂糖燉煮過的去核李子混合烘烤過的杏仁或切碎的核桃，也是很美味的餡料。刷亮光液的罐裝鳳梨與香蕉丁，也是另一種選擇；按照第 530 頁橙香慕斯的做法替鳳梨刷亮光液。上面這些只是諸多選擇中的少數幾種，你自己也可以想想可以使用哪些餡料。

法式千層酥（MILLE-FEUILLES）

〔拿破崙派──在許多層酥皮中間抹上糕點蛋奶餡或打發鮮奶油；然後上翻糖與巧克力或是撒上糖粉〕

根據某些權威，法式千層派一直到十九世紀後期才出現在法國。在任何法式料理食譜中，拿破崙派的名稱根本就和法式千層派沒關係；再者，這裡所謂的法式翻糖，其實只是一層糖粉而已。因此，法國以外地區的人一直都很納悶，這道甜點到底經過什麼樣的演變，才會在法國以外的地方出現拿破崙派這樣的名稱，而且到底是誰把糖粉改成白色翻糖與巧克力醬劃線的裝飾。根據丹麥人世代流傳的說法，一名丹麥御用甜點師傅在十九世紀初拿破崙皇帝到哥本哈根會晤丹麥國王、進行國事訪問時發明了這道甜點。義大利人深信這個名稱是「Napolitain」的訛誤，

「Napolitain」是拿坡里一帶的一種層疊式糕點。有些人則認為，用巧克力醬劃線的目的是要寫出字母 N，代表拿破崙派——而對外國人來說，拿破崙派（Napoleon）這個字遠比法文名稱「mille-feuiiles」來得容易發音。最後要說的是，這款甜點著實是法國人的發明，不過它還有一個帶有玩笑意味的傳聞，據說它真的是拿破崙最喜歡的甜點；拿破崙在滑鐵盧戰役的前一晚吃了很多拿破崙派，最後讓他輸了這場戰爭。之後，這款甜點消失了半世紀之久，等到解禁後重新問世，表面就從糖粉變成翻糖，也有了新名字。

製作時的注意事項

法式千層酥與拿破崙派的製作，是將三層非常薄脆的長方形酥皮與打發鮮奶油或糕點蛋奶餡交疊而成，最後撒上糖粉的是法式千層酥，鋪上白色糖霜與巧克力醬劃線的是拿破崙派。

傳統的堆疊與切割方式我們會在接下來的食譜裡說明，簡單來說，是烘烤大塊的酥皮，並將每一塊酥皮切成三條 10.2 公分寬的長條狀酥皮，如第 559 頁步驟 4 所示。替這三塊酥皮刷上杏桃果醬以後，在第一塊上面抹上餡料，然後把第二塊疊上去，刷上另一層餡料，再疊上第三塊，最後撒上糖粉或鋪上翻糖。做出來的大型千層酥，最後會被橫切成長 10.2 公分、寬 5.1 公分的長方形，就如最後一張插圖所示。

這是最簡單也最實際的做法，尤其適用於利用法國家用麵粉或是相對應的美國配方，也就是 1/3 未漂白中筋麵粉加上 2/3 未漂白低筋麵粉做出來的酥皮。然而，你可能會發現，將未漂白中筋麵粉與未漂白低筋麵粉混用做出來的酥皮可能會太酥脆，最後會很難切。有關這一點，當你將酥皮麵團切成三條的時候，應該就可以判斷出來；如果看來酥脆，可以刷上杏桃果醬，然後將每一片切成最後盛盤時的單人份大小，再一個個把千層酥組起來。這種做法比較花時間，不過你就能避免切割的困擾。就如其他類似食譜，由於我們很難預測烤好的酥皮確切會是什麼狀況，你必須要能夠視情況加以變通。

16 塊

1. 替酥皮整形

四塊大小相同的烤盤，大約長 45.7 公分、寬 30.5 公分（或是準備兩只烤盤，每次只烘烤 1 塊酥皮）

約 1 大匙軟化的奶油

冰過的新鮮酥皮可以是第 137 頁的半酥皮麵團，不過總共擀揉六輪而非四輪，或是使用第 143 頁細緻法式酥皮

一把大刀或滾輪刀

旋轉式糕餅輪，如第 657 頁所示，或是兩支叉子

（請先閱讀前面的注意事項。）稍微在兩塊烤盤的正面與另外兩塊烤盤的外側底部抹點奶油。將冰過的麵團擀成 35.6 公分的長方形，橫切成兩半，然後把一半冰起來。將剩餘的一半快速擀成長 48.3 公分、寬 33 公分、厚 0.3 公分的長方形；用擀麵棍將酥皮捲起來，移到抹了奶油的烤盤上攤開。替酥皮四邊都切掉約 0.8 公分，如此一來酥皮在膨脹以後，邊緣也是均勻的。

用滾輪或叉子在酥皮上按 0.3 公分間隔戳洞。放入冰箱冷藏至少 30 分鐘，在烘烤前讓麵團鬆弛。以同樣的方式處理第二塊麵團。

2. 烘烤酥皮——攝氏 232 度烘烤約 20 分鐘

烤箱預熱到攝氏 232 度，將架子放在中上層與中下層。用抹了奶油的烤盤將每一塊冷藏過的酥皮蓋起來，分別放入烤箱裡的兩個架子上。在烘烤期間，應儘量減低酥皮的膨脹程度，你必須按照下面的做法，再次替酥皮戳洞，並將蓋上去的烤盤往下壓好幾次。經過 5 分鐘以後，將蓋在上面的烤盤拿開，在酥皮上快速戳洞，替酥皮放氣；將烤盤壓在酥皮上，放回烤箱繼續烘烤 5 分鐘。再次快速在酥皮上戳洞，然後把兩塊酥皮的位置對調，讓兩塊酥皮都能均勻烘烤。經過 5 分鐘以後，再次替酥皮戳洞並壓緊；此時酥皮應該開始上色了。若酥皮已經定形，便可以將壓在上面的烤盤移開，繼續烘烤 2-3 分鐘，讓酥皮上色並變脆，然而，如果酥皮又開始膨脹，則再次蓋上烤盤——在最後幾分鐘必須仔細

觀察，避免酥皮過度上色。烤到最後，酥皮應該有鬆脆質地且呈金黃色，厚度在 0.6–1 公分之間。將烤盤取出，冷卻 5 分鐘，暫時不要移開蓋上去的烤盤，避免酥皮捲起來。接著，就可以進行下一步驟，切割酥皮。

(*) 提早準備：剛出爐的新鮮酥皮最好吃。你應該在出爐後幾小時內使用，不過你可以將它放在保溫箱裡（攝氏 37.8–65.6 度）保鮮一日左右，否則就應該將酥皮密封包好，冷凍保存。

3. 組合法式千層酥或拿破崙派的準備工作

杏桃亮光液：

1 杯杏桃果醬，過篩後放入一只小單柄鍋內

2 大匙砂糖

一支木匙

一支醬料刷

將過篩的杏桃果醬和砂糖加熱至沸騰，攪拌幾分鐘，烹煮到用湯匙舀起來時，從湯匙滴下去的最後幾滴果醬非常黏稠。使用前重新加熱，讓果醬液化。

餡料——需要 3–4 杯

上冊第 697–699 頁的卡士達餡擇一使用，包括糕點蛋奶醬、聖奧諾雷蛋奶醬或杏仁蛋奶醬；或是香緹蛋白霜，亦即加入第 515 頁義大利蛋白霜混合物的打發鮮奶油

若有必要：1½ 包（1½ 大匙）無味吉利丁粉，以 1/4 杯液體軟化（液體可使用稀釋的櫻桃白蘭地或清水）

擇一準備建議的餡料，放入冰箱冷藏。抹到派皮上的餡料必須要能夠維持形狀，如此一來你才能製作出厚度幾乎達到 1.2 公分的餡料層；若餡料太軟，可利用下列方式，在使用前以吉利丁強化之：液體放入小單柄鍋內，撒上吉利丁；待吉利丁軟化以後，加熱至完全溶解。讓混合液降溫（或放在冰上攪拌）至糖漿質地，再拌入餡料中。

法式千層派的糖粉

約 1 杯糖粉，放在細目篩裡

法式千層派只需要糖粉即可。

拿破崙派的糖霜

1 杯白色翻糖，參考第 607
頁，放入一只小單柄鍋內並加
入 2 大匙櫻桃白蘭地

一只稍大的單柄鍋，內有微滾
清水

一支木匙

一支橡膠刮刀或彈性金屬刮刀

在你打算動手替組合好的拿破崙派上糖霜，也就是步驟 4 之前，將翻糖與櫻桃白蘭地放在微滾清水上，攪拌至完全滑順且足夠液化到能夠替湯匙裹上厚厚一層。馬上使用。

1 大匙即溶咖啡

1/4 杯清水，放入一只有蓋小單
柄鍋內

227 公克半苦甜烘焙用巧克力

一只比巧克力鍋稍大的單柄
鍋，內有微滾清水

一支木匙

一只裝飾用紙製圓錐

將咖啡放入清水中，放在爐火上加熱並攪拌溶解；鍋子離火，將巧克力弄碎後放進去攪拌。裝有微滾清水的鍋子離火，將巧克力鍋放上去，將鍋內材料拌勻後蓋上鍋蓋。放在一旁幾分鐘，讓巧克力融化，然後用力攪拌至完全滑順。將巧克力放在溫水中（不要用熱水或微滾清水）保溫備用。按照說明準備紙製圓錐，剪出直徑約 0.3 公分開口。

4. 組合

　　備註：若派皮看來太酥脆，用鋸齒刀代替滾輪刀來切割，把刀子當成鋸子來使用。亦可參考第 556 頁有關製作單人份而非長條狀千層酥的注意事項。

　　用滾輪刀或鋸齒刀將酥皮邊緣修整齊。使用切割引導工具，例如烤盤或尺，用刀尖在酥皮上做記號，將酥皮分成三條等寬的長條狀；用滾輪刀或鋸齒刀將酥皮切開。以同樣的方式切割第二塊酥皮。

替六條酥皮刷上溫熱的杏桃亮光液。將餡料分成四等分；將一份塗抹在其中一條刷上杏桃亮光液的酥皮上。把第二塊刷過亮光液的長條酥皮放在抹了餡料的長條酥皮上，然後再抹上一份餡料；將第三塊疊上去，然後靜置一旁。以同樣的方式處理第二組酥皮。現在，你應該有兩組由三層酥皮組成的甜點可以上糖霜。若是製做法式千層派，只要將一層厚厚的糖粉撒上去即可。

製作拿破崙派時，迅速將一層盡量均勻的白色翻糖刷在每塊組合好的拿破崙派上。

將融化的巧克力攪拌一下，確保巧克力醬質地滑順，然後將巧克力醬倒入紙製圓錐裡。用圓錐裡的巧克力醬按 2.5 公分間隔劃線，在每一條拿破崙派的翻糖上畫滿。趁巧克力還軟的時候，馬上進行下一步驟。

取一把刀，用刀背從巧克力線的中點垂直往下劃，然後在這條中線分出來的兩側，分別劃上方向與中線相反的兩條線，藉此讓巧克力形成裝飾花紋。

經過 4–5 分鐘，巧克力應已凝固，但翻糖還沒有硬化，此時，用非常銳利的刀子（或鋸齒刀）將長條狀的拿破崙派橫切成寬度約 5.2 公分的塊狀，切割時應小心以上下鋸開的動作進行。以同樣的方式切割法式千層酥。

5. 上菜

將法式千層酥或拿破崙派放在大餐盤裡，放入冰箱冷藏 1 小時。在上菜前 20 分鐘，將拿破崙派從冰箱取出，如此一來巧克力和翻糖才會再次散發出光澤。

(*) 這些甜點趁新鮮享用最美味，不過你還是可以將它們冷藏保存 2–3 天，也可以冷凍保存。

酥皮牛角（CORNETS ET ROULEAUX）

〔奶餡牛角——奶油卷〕

第 164-168 頁的酥皮牛角與酥皮卷也適合用來製作甜點。烘烤前，不要上亮光液，而是將砂糖或粗顆粒的結晶糖壓在正面與側面（不要壓在酥皮接縫處的底部）。

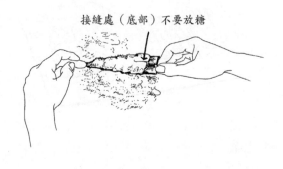

接縫處（底部）不要放糖

烤箱預熱到攝氏 218 度。將酥皮牛角放入烤箱中層烘烤 15-20 分鐘，烤到表面焦糖化——不過烘烤時要小心，因為很容易就會燒焦。填入香緹，也就是加糖稍微打發並以香草或香甜酒來調味的鮮奶油，或是第 430 頁香緹蛋白霜，或是上冊第 698 頁的聖奧諾雷蛋奶醬。少許杏仁糖、第 505 頁焦糖杏仁或第 507 頁的焦糖核桃，都可以拌入這些餡料裡。

皇冠杏仁派（PITHIVIERS）

〔與法式酥皮一起烘烤的杏仁霜〕

　　皮蒂維耶這個小鎮位於巴黎南部，在巴黎前往布爾日的半路上。這個地方有許多特出之處，不過聞名全球的原因，無非在於當地甜點師傅引以為傲的著名杏仁甜點。這則食譜的插圖尤其精采，是按照我們的照片〈真正的皮蒂維耶皇冠杏仁派〉來繪製，那時我們正在皮蒂維耶城外溫暖且百花齊放的草原上，待拍攝完才大快朵頤一番。這種奶油味十足、酥脆中帶柔軟的美味甜點，可能是所有酥皮糕點中最漂亮的一種；這也是讓你學習如何自行製做法式酥皮的一個極具說服力的理由，因為除了酥皮的製作以外，皇冠杏仁派很容易組合，耗時也短。簡單來說，它就是用兩塊圓形麵團包住一坨用杏仁、砂糖與奶油製作並以蘭姆酒調味的杏仁霜；上層派皮在烘烤前會刷上蛋液，並以刀尖刻畫出典型的花紋。皇冠杏仁派可以當成甜點、用於茶會，或是任何需要一些特別甜食的場合。搭配的葡萄酒可以是法國的貴腐甜白酒、帶甜味的香檳，或是武弗雷氣泡酒。

1 個 20.3 公分皇冠杏仁派，6–8 人份

　　有關製作時間：酥皮麵團應在上菜的前一天製作，杏仁霜也一樣，因為杏仁霜必須要又冷又硬。組合好的皇冠杏仁派可以冷藏或冷凍，不過一旦烘烤完成，最好在 2–3 小時內端上桌（除非你手邊有保溫箱，讓成品可以在攝氏 38 度左右保溫數小時）。

1. 杏仁霜——放入冷凍庫 30-40 分鐘

1/3 杯砂糖

4 大匙軟化的奶油

一台電動攪拌機，或是一只攪拌盆與一支木匙

1 個大雞蛋

71 公克（1/2 杯未壓緊）磨成粉的去皮杏仁——可用電動果汁機打碎

1/4 小匙杏仁精

1/4 小匙香草精

1½ 大匙深色蘭姆酒

將砂糖和奶油放在一起攪打至蓬鬆輕盈，然後打入雞蛋、杏仁、杏仁精、香草精與蘭姆酒。蓋上攪拌盆，放入冷凍庫 30-40 分鐘，或是冷藏 1-2 小時；在你開始組合皇冠杏仁派之前，務必讓杏仁霜冷透變硬。

2. 組合皇冠杏仁派——約 1 小時，包括兩次 30 分鐘的鬆弛時間

冷藏過的傳統細緻法式酥皮

直徑 20.3 公分的圓形派環或將蛋糕模倒扣使用

一把尖銳的小刀，切割麵團用

一張稍微撒上麵粉的蠟紙，放在托盤上

更多麵粉與蠟紙

沾濕的烤盤（披薩烤盤很適合用來烘烤這款甜點）

及時將烤箱預熱到攝氏 218 度，供步驟 3 使用。將冷藏過的酥皮放在稍微撒上麵粉的大理石板或擀麵板上，快速將麵團擀成約 1 公分厚 30.5 公分、寬 50.8 公分長的長方形（為了平衡麵團裡的應力和應變，以均勻烘烤，擀麵時應顧及水平與垂直方向）。將派環或蛋糕模的位置對準，切割時模具邊緣與麵皮邊緣以及麵皮之間至少距離 1.2 公分，切下兩塊直徑 20.3 公分的圓形麵皮。將切好的麵皮拿起來，在托盤上平鋪成一層；剩餘麵團的運用可參考第 162 頁。

剩餘麵團的運用可參考第 162 頁。

　　用蠟紙將剩餘麵團蓋好，在蠟紙上稍微撒點麵粉；用擀麵棍將其中一塊麵皮捲起來，放到蠟紙上打開，再蓋上另一張蠟紙，然後放入冰箱冷藏。將第二塊麵皮倒過來放到烤盤上，蓋起來，放入冰箱冷藏 20-30 分鐘，或是冷藏到變冷變硬（製作酥皮時應頻繁使用冰箱，你就不會遇

上麻煩）。

　　將放在烤盤裡的麵皮從冰箱取出。輕輕用手指將麵皮往外推，讓麵皮直徑稍大於 20.3 公分。若有必要，將杏仁霜揉一揉，使之軟化；將杏仁霜做成直徑 10.2 公分的餅狀，然後放到麵皮的正中央。此處的重點，是杏仁霜必須又冷又硬，而且在杏仁霜周圍必須要有寬 3.8–5.1 公分的空白麵皮；這可以避免烘烤時餡料從酥皮裡流出。

　　　在麵皮空白處刷上冷水。

　　　　　　　　將另一塊麵皮從冰箱取出，快速擀開，一邊擀麵一邊旋轉麵皮，將麵皮擀成直徑約 21.6 公分。將麵皮移到杏仁霜上面攤開。

　　手指與手掌側面稍微沾上麵粉，將杏仁霜周圍的上層麵皮往下壓緊；若因為形成氣泡無法完全密封，則在麵皮上方正中央戳洞，稍後會在這個位置插上小煙囪，讓空氣能夠溢出。再次將麵皮放入冰箱冷藏 30 分鐘。

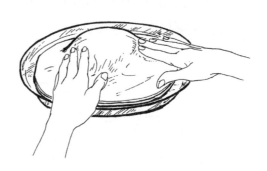

將蛋糕模或碗倒扣在皇冠杏仁派上面；麵皮應比模具邊緣或碗緣多出約 1–1.2 公分。用小刀刀背或尖端，沿著麵皮周圍切出扇貝形邊緣花紋，凹陷處之間相距約 3.2 公分並均勻分布。將模具或碗往下壓緊密封，然後把模具或碗拿起來。若麵皮變軟，在進行接下來步驟前應先冷藏。

(*) 提早準備：在進行到這個步驟結束以後，可以將皇冠杏仁派冷藏或冷凍；冷藏至麵皮變硬，然後密封蓋好（若冷凍保存，使用時可以直接從冷凍庫取出，一旦表面麵皮軟化到刀子可以刺穿的程度，就可以刷上蛋液並加以裝飾）。

待烤箱溫度達到攝氏 218 度，在進烤箱前最後一刻替整個皇冠杏仁派的正面刷上蛋液（1 個雞蛋放入小碗中，加入 1 小匙清水打散）。經過 2 分鐘，按照下一張插圖將抹了奶油的鋁箔紙或牛皮紙製小煙囪做好插進去，再刷上第二層蛋液。

按插圖所示，用小刀刀尖在酥皮上切出裝飾花紋，下刀應深及 0.3 公分（切割時透過蛋液往下切到酥皮裡，會讓花紋在烘烤時往上膨脹）。馬上進行下一步驟，放入烤箱烘烤。

3. 烘烤──以攝氏 232 度與 204 度，共約 50 分鐘

一旦替皇冠杏仁派刷上蛋液並劃出裝飾花紋，應馬上放入預熱至攝氏 232 度的烤箱中層。經過 20 分鐘或是酥皮膨脹上色以後，將烤箱溫度調降到攝氏 204 度，繼續烘烤 25–30 分鐘，直到酥皮側面上色變酥脆。若皇冠杏仁派在烘烤期間上色太快，可以在表面大略覆上一張牛皮紙或鋁箔紙。

4. 上糖釉

約 1/3 杯糖粉，放在細目篩裡
蛋糕架

將皇冠杏仁派從烤箱中取出，將烤箱溫度設定在攝氏 260 度，並把烤箱架移到烤箱的上三分之一。

移除小煙囪。將 0.15 公分厚的糖粉撒在皇冠杏仁派的表面。待烤箱達到攝氏 260 度，將杏仁派放入烤箱上三分之一烘烤 4–5 分鐘，每 30 秒觀察一次，烤到糖粉熔化變成帶有光澤的糖釉。將皇冠杏仁派從烤箱中取出，並移到蛋糕架上。

5. 上菜與存放

皇冠杏仁派可以微溫或放涼享用，不過在出爐後 2–3 小時內最美味。你可以將烤好的杏仁派放在攝氏 37.8 度的保溫箱裡保存一天，或是放涼以後密封包好冷凍。若是冷凍保存，要端上桌前應從冷凍庫取出解凍，放在稍微抹奶油的烤盤上，放入烤箱以攝氏 177 度烘烤約 30 分鐘。

上菜時，像派一樣切成楔形。

花式小點（PETIT FOURS）

松露巧克力（LES TRUFFES AUX CHOCOLAT）
〔做成松露形狀的巧克力糖〕

　　用熔化的巧克力、奶油和橙酒做成表面粗糙的巧克力球，再放到可可粉裡滾一滾，看起來就像是剛挖出來的松露。這些自製巧克力糖很容易製作，而且對那些注意體重讓自己不要變得跟大象一樣的人來說，是相當讓人難以抗拒的。

18 顆

1/4 杯濃咖啡（1 大匙即溶咖啡粉加上 1/4 杯沸水）

熔化巧克力用的有蓋單柄鍋

198 公克半苦甜烘焙用巧克力

57 公克無糖巧克力

一只比巧克力鍋更大的鍋子，內有微滾清水，鍋子離火

手持式電動攪拌機

142 公克（1¼ 條）冰過的無鹽奶油

1/4 杯橙酒

將咖啡放入單柄鍋內，加入熱水攪拌至溶解；把巧克力弄碎，拌入咖啡液裡。蓋上鍋蓋，將鍋子放在高溫但未達微滾的熱水裡。待巧克力軟化，便用電動攪拌機打到完全滑順。將鍋子從熱水中移出，繼續攪打一會兒，讓混合液冷卻。將冰過的奶油切成 0.8公分厚的切片，慢慢加入巧克力裡，用攪拌器拌勻，加奶油時，應在上一次加入的量完全被吸收後，再加入新的奶油。待混合物完全滑順後，每次幾滴慢慢打入橙酒。將混合物放入冰箱冷藏 1–2 小時，讓混合物變硬。

堅固的小湯匙

約 1/2 杯不甜的可可粉，放在餐盤上

巧克力底杯

待巧克力混合物冷卻定形，便可用小湯匙挖出來，大略滾成圓形，然後放到可可粉上滾一滾，讓巧克力球完全沾上可可粉，再放入巧克力底杯裡。

(*) 以密封容器包裝，松露巧克力可以放在冰箱冷藏數週，或是冷凍保存數月。

丹尼森泡芙（LES CROQUETS DENISON）

〔核桃杏仁泡芙〕

　　這款做法簡單的美味點心，可以代替餐後的薄荷巧克力，或是搭配茶、咖啡、香甜酒與甜酒享用。如果你能找到適當的不沾烘焙紙杯，最好直接用這些紙杯烘烤，不然就是將它們放在抹了奶油的模具中烘烤，模具最好不要有花紋，否則麵糊可能會黏在上面。若無法取得適當烘焙用容器，你可以將混合物放在烤盤上，就如餅乾的做法；這樣子做出來的泡芙看起來可能比較不高雅，不過一樣美味。

　　備註：裝設槳狀葉片的重負荷攪拌機很適合用在這裡；如果你手上沒有這類機器，可以將所有材料放入攪拌盆裡，用木匙攪打。

42-48 個 3.2 公分的泡芙

1. 麵糊

57 公克（1/2 杯）核桃

57 公克（1/2 杯）去皮杏仁

113 公克（1½ 杯）糖粉（將糖粉直接篩入乾燥的量杯中，然後用刀子將多餘的糖粉刮掉）

1½ 小匙櫻桃白蘭地

1/2 個檸檬的磨碎檸檬皮

2-3 大匙蛋白

將堅果放入電動果汁機內打成粉，再倒入攪拌盆裡。加入糖粉、櫻桃白蘭地、磨碎的檸檬皮與 2 大匙蛋白，然後將所有材料打到硬挺成團、取少量可以滾成圓球狀的程度：攪打 2-3 分鐘，若混合物仍然為不成團的粉狀，則再加入 1/2 大匙蛋白；繼續攪打，若混合物仍然分離，則再打入少許蛋白（反之，若太軟，則打入 1 大匙左右堅果粉或糖粉，或是放入冰箱冷藏 30 分鐘左右，讓混合物變硬一點）。

2. 塑形

鋪上蠟紙的托盤

一支餐叉

2 個蛋白，放入一只小碗內

1/2 杯糖粉，放在一只盤子裡；
若有必要可增加用量

不沾的防油小紙杯（或是抹了
奶油的模具，容量為 1 大匙）

一只烤盤，若使用紙杯則應確
保烤盤乾淨乾燥

烤箱預熱到攝氏 149 度。泡芙經烘烤會膨脹成原本的兩倍，所以紙杯或模具只能填半滿。取少許混合物，放入手中用雙手手掌滾成球狀；將做好的小球放到蠟紙上。用餐叉將蛋白完全打散。讓每個小球一一沾上蛋白，然後放到糖粉裡滾一滾，再放入紙杯或模具裡，最後放到烤盤上。（或是將小球壓成圓盤狀，放入蛋白裡浸一下，再沾上糖粉，放到抹了奶油的烤盤上。）

3. 烘烤與上菜

自行選用：甜點用紙杯

放入預熱至攝氏 149 度的烤箱中層烘烤 15–20 分鐘，烤到泡芙體積膨脹成兩倍，而且表面呈淺金色。出爐後靜置 10–15 分鐘，讓泡芙降溫並變酥脆。若使用模具烘烤，可按個人喜好用刀尖輕輕將泡芙和模具分開，將泡芙放到甜點用紙杯裡。

(*) 提早製作：密封保存可以存放數日；若要長時間保存，則加以冷凍。

杏仁瓦片（TUILES AUX AMANDES）
〔彎曲的花邊杏仁薄酥餅〕

這種質地細緻的餅乾，非常適合搭配新鮮水果甜點、冰淇淋與下午茶。迅速將材料混合並烘烤以後，就可以把這種薄酥餅從烤盤移到擀麵棍或瓶子上降溫，此時，它們會變成從前屋瓦的形狀，而且馬上變脆。

這款甜點的唯一訣竅，是要找到自己的系統，盡快將薄酥餅從烤盤移到擀麵棍上；一旦降溫，薄酥餅就會變酥脆，無法形塑。儘管你可以一次把好幾個烤盤的量準備好，每次仍應只烘烤一盤，或是在烘烤一盤的時候準備另一盤。

約 45 塊直徑 7.6 公分的薄酥餅

1. 餅乾麵糊

三或四只長 40.6 公分寬 30.5 公分的烤盤

1-2 大匙軟化的奶油，塗抹烤盤用

3½ 大匙軟化的奶油，放入一只容量 3-4 公升的攪拌盆裡

1/2 杯砂糖

電動攪拌機

1/4 杯蛋白（約 2 個蛋白）

烤箱預熱到攝氏 218 度，並將架子放在中層。準備烤盤，替每只烤盤抹上約 1 小匙軟化的奶油。將剩餘奶油和砂糖打到蓬鬆，然後加入蛋白，繼續打幾秒鐘，只要將材料混合均勻即可。

5 大匙低筋麵粉，放入篩子裡（測量時用量匙將麵粉舀起並以刀子刮平）

一支橡膠刮刀

1/3 杯去皮杏仁粉（用電動果汁機打成粉）

1/4 小匙杏仁精

1/2 小匙香草精

將麵粉篩在蛋白奶油糊上，以橡膠刮刀輕輕拌勻。拌入杏仁粉、杏仁精與香草精。

1/2 杯杏仁片或杏仁條（去皮或帶皮皆可）

用橡膠刮刀取約 1/2 小匙麵糊，放到抹了奶油的烤盤上，兩兩之間間隔約 7.6 公分。用湯匙背面將麵糊抹成直徑約 6.4 公分的圓形；麵糊會變得非常薄，你幾乎可以看到下面的烤盤。在每塊圓形麵糊上撒上一撮杏仁片或杏仁條。

2. 烘烤與塑形——烤箱預熱到攝氏 218 度

一把彈性刮刀（刀長至少 20.3 公分）

兩只瓶子或兩支擀麵棍，平放固定

一個蛋糕架

廚房計時器

烤盤放入預熱烤箱中層，將計時器設定為 4 分鐘（同時，務必將擀麵棍準備好；再開始準備另一盤麵糊）。烘烤到薄酥餅邊緣 0.3 公分寬處稍微上色便算完成。將烤箱門打開，維持薄酥餅高溫，保持其易於彎曲的特性。

　　迅速操作，將刮刀長側從一塊餅乾下面滑過，把餅乾刮下來並從烤盤上抬起來，以正面朝上的方式放到擀麵棍或瓶子上。動作快速地處理其餘餅乾；薄酥餅定形變脆的速度很快，頭幾塊可能已經可以移到架子上，以騰出空間給剩餘的餅乾（若最後幾塊的溫度已經下降太多，無法塑形，則將烤盤放回烤箱幾秒鐘，讓餅乾軟化）。

　　將烤箱門關上，等待幾分鐘，讓烤箱溫度回到攝氏 218 度；以同樣的方式繼續烘烤並形塑剩餘的餅乾。

　　(*) 在乾燥的環境中密封保存，薄酥餅的酥脆度可以維持好幾天；否則應該冷凍保存。

兩則針對剩餘酥皮麵團的食譜

　　千層酥餅乾與蝴蝶酥是你應該掌握法式酥皮製作方式的另外兩個好理由——這些是質地酥脆、滿是奶油香且表面稍微焦糖化的餅乾，你可以利用剩餘的酥皮麵團來製作。若以其他菜餚為例，這兩款甜點就如你運用剩下的燜燉牛肉做出像是裸香腸和鑲甘藍等美味菜餚，值得你專門為了它們製作麵團，而不只是使用剩餘的麵團。

麵團——酥皮麵團與派皮麵團

　　大多數餅乾以及許多開胃點心與鹹點，都是利用製作各種酥盒、千

層酥或其他會用到新鮮法式酥皮的食譜所剩下來的生酥皮製作。這些生酥皮並不需要按照第 162 頁的做法重新做成酥皮:用來製作千層酥餅乾的酥皮,只要夠平滑,能夠擀開並均勻切割即可,而用來製作蝴蝶酥的,會在擀入砂糖與摺疊的過程中,以及最後整形前的擀開摺疊動作之下,重新組成平滑的酥皮。你可以將奶油派皮麵團,與配方一或配方二的塔皮麵團(甚至現成的預拌麵團),透過擀開與將軟化的奶油摺疊進去的過程,做成酥皮的替代品,做法可參考重組酥皮。

千層酥餅乾(COUQUES)

〔利用酥皮麵團製作的舌狀焦糖餅乾〕

　　這種餅乾在 1920 年代因為巴黎歌劇院大道上的巴黎咖啡廳而打響了名氣。當時,只要客人點了冰淇淋,旁邊一定會附上墊著繡花餐巾的長條狀千層酥餅乾,過沒多久,這種千層酥餅乾就成了巴黎最流行的餅乾。「couque」這個法文字來自法蘭德斯文的「koek」,而這個法蘭德斯文字的小稱「koekje」則衍生出英文的「cookie」(餅乾)。因為非必要,我們在這裡不會提供比例,不過一個直徑 7.6 公分、厚 1.2 公分的圓形麵團,可以做出 6-8 塊長 15.2-17.8 公分的千層酥餅乾。

1. 形塑餅乾

冰過的剩餘法式酥皮(第 162-163 頁)

長 7.6-8.9 公分的橢圓形印花餅乾模(或直徑 5.1 公分的圓形餅乾模,最好有凹槽)

及時將烤箱預熱到攝氏 232 度,並將架子放在中上層,為步驟 2 做準備。將酥皮擀成約 0.3 公分厚度,再用餅乾模切成橢圓形(或圓形)。將剩餘酥皮重新組合擀開,繼續切割。

砂糖

一把彈性刮刀

一只乾淨乾燥的烤盤

一個或多個架子

用砂糖在擀麵板上鋪出一層厚 0.3 公分的橢圓形。將一塊切好的酥皮放在砂糖上，將酥皮擀成長 15.2-17.8 公分、厚 0.16 公分的舌狀；在把酥皮擀開的時候，砂糖就會覆在酥皮底部。將擀好的酥皮翻過來，撒上更多砂糖，再將酥皮放到烤盤上。以同樣方式處理剩餘酥皮（雖然你現在就可以烘烤餅乾，若是將酥皮用保鮮膜包好，至少放入冰箱冷藏 30 分鐘，通常也能烤得更均勻；冷藏的這段時間可以鬆弛麵筋，避免酥皮在烘烤時縮小或變形）。

2. 烘烤——烤箱預熱到攝氏 232 度

放到預熱烤箱的中上層烘烤 7-8 分鐘，烤到表面砂糖稍微焦糖化；因為這種餅乾很容易燒焦，若有幾塊烤得比較快，則將烤好的餅乾移到架子上。餅乾會在降溫的過程中變脆。

(*) 將千層酥餅乾密封保存，可以在乾燥氣候下維持好幾天的酥脆度；否則，你可以將它們放在保溫箱或冷凍保存。

蝴蝶酥（PALMIERS）

〔利用酥皮麵團製作的棕櫚葉形焦糖餅乾〕

　　蝴蝶酥是所有酥皮餅乾中最受歡迎的一種，讓人遺憾的是，即使是在法國，從商店購買的現成餅乾常常讓人很失望，不過如果你自己動手用奶油香氣十足的自製酥皮來製作，向來都能烤出一番好滋味。因此，如果你還沒有吃過讓自己驚豔的蝴蝶酥，可以試著自己動手，你會發現，這種餅乾不但看起來漂亮、酥脆美妙，你還可以自行調整，做出不同的大小。蝴蝶酥的大小與酥皮厚度和擀成長方形的酥皮寬度有關。若開始為蝴蝶酥著迷，你將會研究出自己的系統，做出自己的棕櫚葉形狀與訣竅；我們在這裡只提出最基本的機巧。我們在這裡不會提供比例，不過一塊長 14 公分、寬 5.1 公分、厚 3.8 公分的麵團，可以做出 24 塊 7.6 公分寬的蝴蝶酥。

1. 替餅乾塑形

冰過的剩餘法式酥皮（第 162–163 頁）

砂糖

一把有彈性的刮刀

一只乾淨乾燥的烤盤（你可能至少得準備兩只烤盤）

一個或多個架子

在擀麵板上鋪上一層厚 0.3 公分的砂糖。一邊將麵團擀開，一邊撒上更多砂糖，將麵團擀成厚度約 0.5 公分的長方形。將長方形的底部往中間摺，然後把上三分之一往下摺，把原本在底部的麵團蓋起來，動作就如摺信紙。（摺疊方式參考第 140 頁。）

　　將摺好的酥皮轉個方向，讓原本在上方的部分轉到你的右側，再次把砂糖擀進去，並將麵團擀成 1 公分厚的長方形，然後再次摺成三分之

一。（若麵團因為變軟或變硬而難以操作，可以將麵團放入冰箱冷藏 30 分鐘至 1 小時，再繼續操作。）將麵團擀成 20.3 公分長（為了製作寬 7.6 公分的蝴蝶酥），然後將麵團轉四分之一，讓 20.3 公分的長邊正對著你。用擀麵棍將麵團往前擀開，維持 20.3 公分的寬度，將麵團擀成厚度 0.6 公分的正方形或長方形。將參差不齊的邊緣修掉。

如圖所示，將兩側往中間摺，讓兩邊幾乎相接。在麵團表面撒上砂糖，並用擀麵棍將砂糖壓進麵團裡，同時將上下兩層麵團壓緊。

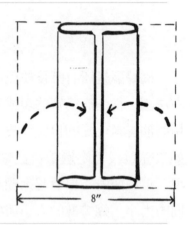

將麵團對摺，就如把書闔上的動作。用擀麵棍壓過，讓四層酥皮更加貼合。

取一把鋒利的刀子，將麵團橫切成約 1 公分厚度。

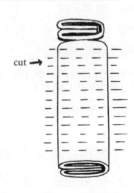

按你希望達成的效果，將兩端摺成適當的角度，或是向外捲到一半，或是往內捲已形成兩個相連的漩渦狀。將整好形的麵團放在烤盤上，每塊麵團相互之間距離7.6 公分——因為蝴蝶酥在烘烤時會膨脹成原本的兩倍以上。

將烤盤蓋上，冷藏至少 30 分鐘；麵團必須經過適度鬆弛，否則蝴蝶酥會在烘烤時變形。適時將烤箱預熱到攝氏 232 度，並將架子放在烤箱中上層，為下一步驟做準備。

2. 烘烤——烤箱已預熱到攝氏 232 度

（每次烘烤一個烤盤。）將烤盤放入預熱烤箱的中上層，烘烤約 6 分鐘，烤到你用刮刀將蝴蝶酥抬起來的時候，可以清楚看到底部已經開始焦糖化。取出烤盤，關上烤箱門，迅速將蝴蝶酥翻面。在每塊蝴蝶酥表面撒上砂糖，將烤盤放回烤箱繼續烘烤 3-4 分鐘，或是烤到表面砂糖焦糖化——烘烤時應隨時注意，因為蝴蝶酥很容易烤焦。將烤好的蝴蝶酥一塊塊移到架子上，蝴蝶酥會在降溫時同時變脆。

備註：你必須要稍微實驗一下烘烤步驟，烘烤時間按蝴蝶酥的厚薄度而改變。你的目標是讓麵團烤熟，做出酥脆、外觀漂亮且表面覆有焦糖的餅乾。

(*) 在乾燥的環境中，密封保存的蝴蝶酥可以維持幾天的酥脆度；否則，應將蝴蝶酥放在保溫箱裡，或是冷凍保存。

八種法式蛋糕

香料麵包（PAIN D'ÉPICES）
〔香料蛋糕——香料麵包——蜂蜜麵包〕

香料麵包是法國版的薑麵包，不過材料是用蜂蜜、黑麥粉與綜合香料，而不是糖蜜、白麵粉與薑。舊世界的每個國家似乎都有一種蜂蜜麵包，法國的每個地區也有自己的特殊配方。舉例來說，第戎地區會將麵粉與蜂蜜混合物放在木桶內保存好幾個月，然後才進行最後混合與烘烤。蒙巴爾地區的做法，是將烤好的麵包放上一個月才享用，而漢斯地區的做法則是將生麵團拌入蜂蜜與黑麥裡。有些食譜會用到糖漬水果，有些使用黑糖、雞蛋、白麵粉或堅果粉。碳酸鉀是原本的膨鬆劑，麵包師傅通常會加入碳酸銨以做出更輕盈的麵包，家庭烘焙則會使用小蘇打。下面提供一則容易用手製作且成果美味的家用食譜，若使用重負型攪拌機搭配槳狀配件，甚至更容易製作。香料麵包可以搭配奶油，當成早餐或茶點。

有關黑麥粉

這裡使用的黑麥粉是用於麵包製作的黑麥粉，在一般超市就可以買到。如果你手上的是所謂的黑麥粗粉，也就是較沉重且顆粒較粗的黑麥粉，則可以將一半的黑麥粗粉與一半的中筋白麵粉混合使用，否則你的香料麵包將無法適度發酵膨脹。

約 5 杯麵團，可用一只容量 8 杯的麵包模或兩只容量 4 杯的模具烘烤

1. 麵糊

1¼ 杯（454 公克）蜂蜜
1 杯糖
3/4 杯沸水
一只容量 3–4 公升的攪拌盆，或是重負型攪拌機的攪拌盆
1/4 小匙食鹽
1 大匙小蘇打
3½–4 杯（約 454 公克）黑麥粉，用乾燥的量杯舀起後刮平（參考前文有關黑麥粉的說明）

烤箱預熱到攝氏 163 度。用大木匙或裝有槳狀配件的重負型攪拌機混合蜂蜜、糖與沸水，攪拌至糖完全溶解。加入食鹽、小蘇打與 3 杯麵粉，加入第 4 杯麵粉時，只要打入麵團可吸收的量，做成沉重黏手但還能用手按揉的麵團。徹底且用力地攪打麵團（若使用攪拌機，攪打 4–5 分鐘可改善麵團質地）。

85 公克（約 2/3 杯）磨成粉狀
的去皮杏仁（用電動果汁機打
成粉）

1 小匙杏仁精

1/4 杯深色蘭姆酒

4 小匙磨成粉狀的茴香籽（用電
動果汁機打成粉）

1/2 小匙肉桂粉

1/2 小匙丁香粉

1/2 小匙肉豆蔻粉

1 杯（227 公克）糖漬水果，用
沸水清洗後瀝乾並切成 0.3 公
分小丁（橙皮、檸檬皮與枸櫞，
或用水果蛋糕的預拌果乾）

接下來，加入這裡列出的所有材料。（若使
用攪拌機，則將攪拌機調到低速運轉並慢慢
將材料加進去。）

2. 烘烤與存放——烘烤時間 1 小時至 1 小時 15 分鐘

一只容量 8 杯的麵包模或兩只
容量 4-5 杯的模具，內側抹上
大量奶油並在底部鋪上抹了奶
油的蠟紙

將混合物倒入模具裡。手指沾冷水，將麵糊
表面抹平。模具應該填到半滿至三分之二
滿。放入預熱至攝氏 163 度的烤箱中層烘
烤，麵糊會膨脹並將模具填滿，而且表面可
能會稍微龜裂；烘烤期間的前 45 分鐘最好別
打開烤箱或是觸碰模具，否則因為小蘇打而
產生的氣體而膨脹的麵糊可能會漏氣。4-5
杯容量的模具約需要烘烤 50-60 分鐘；8 杯
容量的模具約需要烘烤 1 小時 15 分鐘。烘烤
到扦子插到模具底部拔出來不沾黏，而且麵
包開始顯示出稍微從模具邊緣往內縮的情
形，便算烘烤完成。

出爐後讓麵包在模具裡降溫 10-15 分鐘，再倒扣在架子上脫模。馬
上把底部的蠟紙撕掉，再把麵包倒過來正放，讓膨脹面朝上。經過 2 小
時，麵包應已完全降溫，便可用保鮮膜密封包好。經過陳放的香料麵包

味道會變好，因此至少擺上一天再享用；若能等上幾天會更好。香料麵包可以冷藏保存數週，或是冷凍保存數月。

四合蛋糕（LE QUATRE QUARTS）
〔磅蛋糕——黃奶油蛋糕〕

這款蛋糕的法文名稱「Le Quatre Quarts」來自它原本的材料比例，指所使用的每種材料（雞蛋、糖、麵粉與奶油）都是 1/4 磅。英國人非常喜歡這個配方，而把材料份量增加到 1 磅——也就成了我們熟知的磅蛋糕。磅蛋糕的製作方式有很多種，截至目前為止，我們認為最好的方法是將雞蛋和糖用電動攪拌機打到體積變成原本的兩倍，有足夠的量體，才能在快速拌入麵粉與稍微打發的奶油以後維持體積；在你把麵糊倒入模具裡的時候，麵糊看起來應該像是濃郁的蛋黃醬。除了打蛋這個用電動攪拌機能輕鬆完成的步驟以外，你的另一個重要目標，是要把奶油打發，讓奶油軟到能夠輕易且快速地拌入麵糊，不至於讓麵糊消泡，並且在攪打以後獲得充分的量體，才能在攪拌過程中維持懸浮，不至於像熔化的奶油一樣沉到模具底部。

一只容量 4 杯的模具，例如直徑 20.3 公分深度 3.8 公分的標準圓形蛋糕模

1. 準備工作

一只容量 4 杯的蛋糕模，內側抹上奶油並撒上麵粉

170 公克（1½ 條）奶油

一只小單柄鍋或小碗

一支鋼絲打蛋器

烤箱預熱到攝氏 177 度，並將架子放在烤箱中層。將蛋糕模準備好。將室溫奶油打成滑膩的乳霜狀，或是將冰過的奶油切成 1.2 公分片狀，放在小火上打到奶油開始變軟，並持續打到奶油變成蛋黃醬般的乳霜狀。若奶油過度軟化，可以將碗放在冰水盆上攪打。奶油必須要打到像是厚重的蛋黃醬，便可靜置備用。

2. 蛋糕麵糊

3 個大雞蛋（2/3 杯）

1 杯糖

1 個檸檬或橙子的磨碎果皮

一台電動攪拌機與大攪拌盆（3 公升容量）

將雞蛋與糖和檸檬皮或橙皮放入攪拌盆內，以低速攪拌混合 1 分鐘，然後將速度調成高速，繼續攪打 4-5 分鐘以上，打到混合物泛白蓬鬆、體積變成原本的兩倍且看起來像打發鮮奶油。若使用抬頭式攪拌機，可以在打蛋時把麵粉量好。

1¼ 杯（170 公克）低筋麵粉（用乾燥量杯舀出後以刀子刮平）

一只篩子，放在蠟紙上

將麵粉量好並過篩到蠟紙上。若糖蛋液體積變小，可以再次攪打一會兒。將攪拌機速度調成低速，一邊攪拌一邊分次撒上麵粉。這個動作要快速進行，而且不要試圖讓麵糊打到完全均勻，整個加麵粉的操作不應超過 15-20 秒（這裡的時間是就抬頭式攪拌機而言——若使用手持式攪拌機則需要更久）。

打成蛋黃醬狀的奶油

兩支橡膠刮刀

攪拌機維持低速，用一支刮刀取用奶油，另一支刮刀將奶油從第一支刮刀上刮下來，迅速將奶油拌入雞蛋混合物，整個操作時間不應超過 15-20 秒（就抬頭式攪拌機而言），這裡同樣也不要試圖讓麵糊打到完全均勻。

若使用抬頭式攪拌機，此時可以將攪拌盆取下，迅速用刮刀以切拌的方式，一邊旋轉攪拌盆，一邊迅速重複切拌動作 2-3 次，完成混合的動作。將麵糊倒入準備好的蛋糕模裡，用刮刀將表面抹平，並將模具在桌上稍微敲一敲，讓麵糊裡的氣泡消泡。

3. 烘烤——以攝氏 177 度烘烤約 40 分鐘

　　馬上將蛋糕模放到預熱烤箱中層，烘烤約 40 分鐘，烤到扦子或牙籤從蛋糕正中央插進去拔出來不沾黏為止。蛋糕膨脹的程度會稍微超過蛋糕模邊緣，表面會漂亮地上色，而且用手觸碰蛋糕時應該可以感覺到些許彈性。讓蛋糕在模具裡降溫 10 分鐘，然後倒扣在架子上脫模；若沒有打算加上任何潤飾，則馬上將蛋糕倒過來放在另一個架子上，讓膨脹面朝上。

4. 上菜

　　四合蛋糕可以在撒上糖粉以後直接享用，或是按個人喜好填餡並上糖霜。下面介紹一種可以迅速製作的簡單餡料。

檸檬霜或橙霜（Crème au Citron or Crème à l'Orange）
（檸檬餡或橙子餡）

約 1 杯，足以用在直徑 20.3–22.9 公分的蛋糕上

1 杯糖粉
1 大匙檸檬汁或濃縮冷凍橙汁
1 個檸檬或橙子的磨碎果皮
1 大匙熱水
1 個雞蛋
2 大匙奶油
1 大匙玉米澱粉
一只小單柄鍋與一支鋼絲打蛋器

將所有材料放入單柄鍋裡，用攪拌機設定中高速，放在小火上打到混合物變稠並沸騰。繼續在小火上攪打 2 分鐘，至澱粉煮熟且混合物有透明感。

3-6 大匙無鹽奶油

一撮食鹽

鍋子離火，按個人喜好打入奶油，至多 6 大匙。按個人喜好稍微以食鹽調味。餡料會隨著溫度降低而變稠。做好以後可以冷藏保存數日，或冷凍保存數月。

　　將蛋糕橫切成兩半，在每層蛋糕的內側撒上幾滴蘭姆酒或橙酒。替下層蛋糕抹上餡料，然後把上層蓋上去。你可以在蛋糕表面刷上溫熱的杏桃亮光液，並在側面刷上切碎的堅果，或是只在蛋糕表面撒上糖粉。

蘭姆果乾蛋糕（LE CAKE）
〔加入蘭姆酒、葡萄乾與櫻桃的長條狀黃色蛋糕〕

　　法式蛋糕通常用長方形模具烘烤，而且材料裡總是有水果。儘管如此，它和美國所謂的水果蛋糕完全不同，並不是用麵糊將扎實的水果攏在一起，而是稍微改變磅蛋糕配方，用蘭姆酒與葡萄乾調味，而且在烘烤時中間會有一層糖漬櫻桃。這款蛋糕可以配茶或和水果甜點一起上桌；它可以冷藏保存數日，或是冷凍保存。

有關水果在烘烤期間沉到蛋糕模底部的問題

　　我們努力了好幾年，試著研究出一些能夠避免水果在烘烤期間沉到模具底部的方法。最後我們發現，我們用低筋麵粉做出來的麵糊太輕盈；法國版的食譜要求使用所謂的「farine」，也就是一般的法國家用麵粉。一旦我們將麵粉改成四份中筋麵粉加上一份低筋麵粉的比例，這個問題就解決了。保險起見，我們也建議將麵粉與泡打粉混合以後撒在水果上。

6 杯容量的長方形蛋糕模，約 25.4 公分長、8.9 公分深

1. 準備工作

一只容量 6 杯的長方形模具，在底部鋪上蠟紙，內側側面抹上奶油並撒上麵粉

170 公克（1½ 條）奶油，放入小單柄鍋或小碗內

一支鋼絲打蛋器

2/3 杯（113 公克，約 30 粒）糖漬櫻桃，放在盤子上

1 杯中筋麵粉與 1/4 杯低筋麵粉，放在碗裡混合（量麵粉時以乾燥量杯舀出後再用刀子刮平）

一支橡膠刮刀

1 小匙雙重反應泡打粉

2/3 杯（113 公克）無籽小黑葡萄，放在盤子上

一張正方形蠟紙

一只細目篩

烤箱預熱到攝氏 177 度，並將架子放在烤箱中層。將蛋糕模準備好。奶油打發成滑順的蛋黃醬質地（若有必要可在熱源上攪打，然後再放到冷水上）。用高溫熱水清洗櫻桃，將防腐劑洗掉，然後用紙巾拍乾，再把每顆櫻桃切成兩半。量好 2 種麵粉，放入碗中用刮刀混合均勻。將泡打粉與 1 大匙混合麵粉放在蠟紙上混合均勻，然後將粉撒在葡萄乾上，拋翻攪拌讓葡萄乾表面覆上混合麵粉。由於葡萄乾與櫻桃必須分開，接下來可以將篩子架在櫻桃上方，把葡萄乾倒入篩子裡，搖晃篩子讓混合麵粉落在櫻桃上。將葡萄乾倒回盤子裡，讓櫻桃表面覆上混合麵粉，然後讓櫻桃過篩，把餘粉篩在裝麵粉的碗裡，櫻桃則倒回盤子裡。

2. 蛋糕麵糊

2 個大雞蛋

2 個蛋黃

1 杯糖

1/4 杯深色牙買加蘭姆酒

一台電動攪拌機，以及大攪拌盆或容量 3–4 公升的攪拌盆

以中速攪打雞蛋、蛋黃、糖與蘭姆酒，混合均勻後將速度調到高速，繼續攪打 5–6 分鐘以上，打到混合物變稠、呈淺黃色、形成滑膩且類似稍微打發的鮮奶油的質地。攪打時間必須夠長，才能將蛋液打成這個程度，否則麵糊就會太輕盈，無法支撐水果。

混合麵粉 蠟紙	將麵粉倒在蠟紙上。攪拌機開低速，慢慢將麵粉撒到雞蛋混合物裡，整個過程耗時約 15–20 秒，此時不用試圖讓混合物完全拌勻；注意不要讓雞蛋因為過度攪拌而消泡。
質地滑膩狀似蛋黃醬的奶油 兩支橡膠刮刀	攪拌機繼續維持低速，用一支橡膠刮刀將奶油從碗中取出，然後用第二支刮刀把第一支刮刀上的奶油刮入攪拌盆內，迅速將奶油拌入雞蛋混合物裡，操作時間不應超過 15–20 秒，這裡同樣也不需要將混合物攪拌至完全均勻。
撒麵粉的葡萄乾	若使用抬頭式攪拌機，則將攪拌盆取下。迅速用橡膠刮刀將葡萄乾輕輕拌入麵糊裡，完成攪拌動作。
準備好的蛋糕模 撒麵粉的櫻桃	馬上將半量的麵糊倒入蛋糕模裡。迅速將櫻桃鋪在麵糊表面，然後再覆上另一層麵糊，並用刮刀將麵糊表面抹平。蛋糕模應該填滿三分之二至四分之三。馬上開始烘烤。

3. 烘烤——以攝氏 177 度烘烤約 1 小時

　　放入預熱烤箱的中層烘烤約 1 小時。烤到蛋糕膨脹填滿蛋糕模、稍微上色且扦子插進去拔出來不沾黏的程度，便算烘烤完成。蛋糕表面會龜裂，這是正常現象，而且可以明顯看到幾處從模具邊緣往內縮的痕跡。讓蛋糕在模具裡降溫 10 分鐘，然後用一把鋒利的刀子沿著蛋糕外圍刮一圈，然後將蛋糕倒扣在架子上。馬上將底部的蠟紙撕掉，再把蛋糕翻正放好。

4. 上菜與存放

　　這款蛋糕可以配茶或搭配新鮮水果甜點，切割時就如切麵包的方式橫切成片。存放時，將蛋糕密封包好，冷藏或冷凍保存，不過在端上桌前應置於室溫環境回溫，才能以最佳風味和質地呈現。

熱那亞蛋糕（LE GÉNOISE ÉLECTRIQUE）
〔質地輕盈的淺黃色全蛋蛋糕，用來製作層狀蛋糕與花式小蛋糕〕

　　熱那亞蛋糕是基本的法式蛋糕，通常用來製作花式小蛋糕與花俏的填餡蛋糕。傳統的做法是把全蛋和糖放在熱水上打到混合物厚稠溫暖，然後置於室溫攪打至混合物變涼且變得更濃稠。電動攪拌機能夠將麵糊打到同樣的濃稠度，而且在只加入少量奶油的時候也能有完美的表現，就如接下來的這則食譜。這款蛋糕就如典型的法式蛋糕，沒有使用泡打粉，也就是說，你在把麵粉和奶油拌入麵糊裡的時候，動作必須快速且輕巧，不要讓麵糊消泡，蛋糕才能夠確實地在烤箱裡膨脹。這款蛋糕通常不厚，約 3.8 公分，一般會橫切成兩半後填餡並上糖霜。如果你喜歡高一點的層狀蛋糕，可以做兩個蛋糕疊成四層。你可以使用任何形狀的模具；正方形或長方形模具做出來的蛋糕最適合用來製作花式小蛋糕。

容量 4 杯的模具，例如直徑 20.3 公分深度 3.8 公分的圓形蛋糕模

1. 蛋糕麵糊

4 大匙（1/2 條）奶油，放入小單柄鍋內

一只直徑 20.3 公分深度 3.8 公分的圓形蛋糕模，底部鋪上蠟紙，側面內側抹上奶油並撒上麵粉

2/3 杯低筋麵粉（量麵粉時以乾燥量杯舀出後用刀子刮平）

一只篩子

一張邊長 30.5 公分的正方形蠟紙

烤箱預熱到攝氏 177 度，並將架子放在烤箱中層。奶油加熱至熔化後靜置備用。將蛋糕模準備好；麵粉量好並篩在蠟紙上。

3 個大雞蛋（2/3 杯）

1/2 杯糖

1½ 小匙香草精

1 個檸檬的磨碎果皮

一撮食鹽

一台電動攪拌機，裝上大攪拌盆（容量 3-3½ 公升）

一支橡膠刮刀

將雞蛋、糖、香草精、檸檬皮與食鹽放入攪拌盆內，攪打 5-10 分鐘以上，打到非常厚稠、顏色淺黃，提起打蛋器時蛋液成緞帶狀落下且不會馬上消失的程度，打發時間按攪拌機效率而定。

若使用抬頭式攪拌機，此時可以將攪拌盆取下，用一隻手將 1/4 的麵粉篩上去，快速以橡膠刮刀切拌，同時旋轉攪拌盆並快速重複這個動作 6-8 次，直到麵粉幾乎完全混合均勻。將剩餘麵粉的一半撒上去並繼續切拌，等到幾乎混合時，輕輕拌入 1/3 的室溫熔化奶油；繼續交替加入奶油與麵粉，直到所有材料（除了奶油鍋底部的牛奶固形物）全部混進去為止。不要過度混合：麵糊必須維持原本的體積。

馬上將麵糊倒入準備好的蛋糕模裡，並用刮刀抹平。蛋糕模放在桌子上輕敲，然後馬上放入預熱烤箱裡。

2. 烘烤與降溫——以攝氏 177 度烘烤 25-30 分鐘

烘烤 25-30 分鐘。烤到表面呈海綿狀、按壓時有彈性且邊緣有一兩處有往內縮的情形，便算完成烘烤。

烤好以後從烤箱取出，讓蛋糕在模具裡降溫 10 分鐘。接下來，將蛋糕倒扣在架子上，過幾分鐘後，蛋糕會自行脫落。將底部的蠟紙撕掉。

經過 1 小時 30 分至 2 小時，蛋糕應該完全冷卻，此時就可以按個人喜好填餡並上糖霜；以下會另外提出建議。若不打算填餡或上糖霜，則將蛋糕密封包好（這款蛋糕容易變乾），可以冷藏保存數日或冷凍保存數月。

3. 填餡與上糖霜的建議

你可以按個人喜好替熱那亞蛋糕填餡並上糖霜；除了這裡建議的摩卡奶油餡與巧克力翻糖以外，還可以參考的 611-613 頁的建議。

義式蛋白霜奶油餡（Crème au Beurre à la Meringue Italienne）
〔蛋白霜奶油餡與糖霜〕

約 2½ 杯

1/2 份義大利蛋白霜（將糖漿打入打發蛋白裡製成），參考第 511 頁步驟 1

一台電動攪拌機

227–283 公克（2–2½ 條）無鹽奶油，放入一只碗內

2 大匙蘭姆酒或櫻桃白蘭地

1 大匙即溶咖啡，加入 2 大匙沸水攪拌至溶解後放涼

用電動攪拌機將蛋白霜混合物打到變涼時，即可開始加入奶油。可以的話，先將奶油切塊，放在熱源上攪打至奶油開始熔化；繼續用電動攪拌機或木匙打到奶油變軟、變蓬鬆（若不小心將奶油加熱過頭，可將奶油放在冷水上攪打，讓奶油恢復到必要質地）。

　　分次將相當於 2 條的奶油打入蛋白霜裡，然後打入蘭姆酒或櫻桃白蘭地，最後慢慢打入咖啡，直到奶油餡變成淺咖啡色。若加入液體以後奶油餡出現結塊現象，可以一匙一匙慢慢打入更多奶油，讓奶油餡恢復滑順。打好後蓋起來，冷藏到奶油餡變成容易塗抹的質地。

　　(*) 奶油餡可以冷凍保存；解凍以後，應打入更多軟化奶油，讓質地恢復滑順，若有必要也可以打入少許液體。

替蛋糕上糖霜

放涼的熱那亞蛋糕

一把刀片薄且鋒利的長刀，用來切割蛋糕

一只蛋糕架，放在披薩盤或烤盤上

2 大匙蘭姆酒或櫻桃白蘭地

冰過的奶油餡（重新攪打至滑順）

一把彈性刮刀

1 公升熱水

（橫切蛋糕、填餡與上糖霜的詳細做法可參考上冊第 798–801 頁。）蛋糕應該倒過來上糖霜，也就是說，原本在模具底部的部分會在上方；這麼做的原因，是要讓蛋糕的側面稍微向外傾斜，稍後翻糖才容易覆蓋上去。在蛋糕上方切下一小塊楔形，作為稍後重新組合的指引。將蛋糕橫切成兩層，將切面翻過來並灑上蘭姆酒或櫻桃白蘭地。

將約三分之一的奶油餡抹在蛋糕下層，然後放上蛋糕上層，以楔形位置為基準對齊。塗抹時應確保奶油餡質地滑順，保留 1/2 杯奶油餡，將剩餘奶油餡抹在蛋糕正面與側面。將刮刀放入熱水中，然後用刮刀抹平糖霜，儘量將側面抹平；抹糖霜時可以維持或誇大蛋糕側面的傾斜度。將蛋糕放到冷凍庫，或是冷藏約半小時，讓糖霜定形（若有必要，可以用浸過熱水的刮刀，再次抹平糖霜）。

3 杯巧克力翻糖，參考第 612 頁

一把彈性刮刀

預留的 1/2 杯奶油餡，從冰箱取出

紙製裝飾用圓錐，參考第 613 頁

待糖霜定形，將蛋糕放在蛋糕架上，下面放置托盤好接住滴下來的翻糖，便可將翻糖加熱到恰好液化且容易澆淋的質地。一次把所有翻糖淋在蛋糕正面，若有必要可迅速用刮刀將翻糖抹開，讓翻糖均勻地從側面往下流。翻糖很快就會定形，只有在液化時才能操弄。

經過幾分鐘以後，翻糖定形，便可將重新打到滑順且有延展性的冷奶油霜放到紙製圓錐裡，用擠出來的奶油霜發揮創意，畫出裝飾圖案。

蛋糕應冷藏保存，不過在端上桌前應置於室溫環境回溫 20–30 分鐘，讓翻糖恢復應有的質地。

法式核桃蛋糕——聖安德烈蛋糕（GÂTEAU AUX NOIX— LE SAINT–ANDRÉ）

〔核桃蛋糕〕

聖安德烈蛋糕是一款美味的核桃餡蛋糕，它可以是一款甜點，也可以是一款蛋糕。如果你不打算自己動手替高品質核桃去殼，可以使用真空包裝的罐裝核桃，以確保新鮮度。

一塊直徑 22.9 公分、高 3.8 公分的蛋糕

1. 準備工作——烤箱預熱到攝氏 177 度

一只容量 6 杯的蛋糕模（若使用圓形模則為直徑 22.9 公分、高 3.8 公分），底部鋪上蠟紙，模具內側側面抹上奶油並撒上麵粉

113 公克（1 杯）核桃仁，完整或切碎皆可

3 大匙糖

一台電動攪拌機

一張蠟紙

1/3 杯中筋麵粉（量麵粉時以乾燥量杯舀出後用刀子刮平）

一只篩子

一支橡膠刮刀

4 大匙軟化的奶油，放入容量 1 公升的碗裡

一支木匙

準備好蛋糕模。將一半的核桃和一半的糖放入果汁機裡打成粉狀，然後倒在蠟紙上；將剩餘的核桃和糖打碎，加入第一批核桃糖粉裡。將麵粉篩在核桃上，用刮刀混合均勻，將結塊打散。奶油放入碗裡軟化並打成蛋黃醬的質地，靜置備用。

2. 蛋糕麵糊

1/2 杯糖

3 個大雞蛋

一台電動攪拌機與容量 3-4 公升的攪拌盆

2 大匙櫻桃白蘭地

一撮食鹽

軟化的奶油

一支橡膠刮刀

磨碎的核桃

準備好的蛋糕模

將糖、雞蛋與櫻桃白蘭地和食鹽放入攪拌盆內，以低速攪打至混合均勻，然後將轉速調至高速，繼續打幾分鐘（若使用手持式攪拌機則需要打 7-8 分鐘），打到混合物泛白蓬鬆、體積變成原本的兩倍且大致呈濕性發泡的程度。將攪拌盆取下。把 2 大匙雞蛋混合液舀起來加入軟化奶油裡，用刮刀拌勻後靜置備用。將三分之一的核桃粉撒在雞蛋混合物上，用刮刀輕拌，儘量不要讓雞蛋消泡。等到幾乎拌勻，再次加入等量的核桃粉，拌勻，然後再把剩餘的核桃粉撒上去。等到核

桃粉幾乎完全拌進去以後，加入軟化的奶油並迅速拌入。把麵糊倒入蛋糕模裡，模具應該約莫三分之二滿。稍微傾斜模具，讓麵糊均勻分布，然後將模具放在桌子上輕敲，馬上放入預熱至攝氏 177 度的烤箱中層。

3. 烘烤——攝氏 177 度約 30 分鐘

　　經過約 20 分鐘，蛋糕應該已經膨脹到與模具邊緣齊平；再經過 10 分鐘，蛋糕會稍微下陷，同時在模具邊緣也會開始看到往內縮的現象，表示蛋糕已經烤好了。將蛋糕模取出，放涼 10 分鐘。用刀子沿著蛋糕周圍刮一圈，然後將蛋糕倒扣在架子上；經過 5 分鐘左右，蛋糕會自己脫模。等待幾分鐘，便可將蛋糕底部的蠟紙撕掉。

　　(*) 冷卻以後密封包好，可冷藏或冷凍保存。

當成甜點上桌

2 杯香緹（稍微打發的鮮奶油，以香草或烈酒調味，以糖粉為甜味劑，參考第 538 頁）

切碎的核桃或第 507 頁焦糖核桃，或是磨碎或刨片的巧克力與第 517 頁巧克力醬

將蛋糕移到大餐盤上，抹上香緹，並保留部分香緹單獨端上桌。用核桃或巧克力裝飾蛋糕正面，並單獨端上巧克力醬。

當成蛋糕上桌

聖安德烈杏桃蛋糕（Le Saint–André aux Abricots）
〔填杏桃餡並附上糖霜的核桃蛋糕〕

　　這款蛋糕非常誘人。蛋糕切開後在中間抹上杏桃餡，並於重組後刷上杏桃亮光液；接下來，在側面刷上焦糖核桃屑，最後把白色糖霜抹在正面，再刷上一層焦糖核桃。

用於直徑 22.9 公分、高 3.8 公
分的核桃蛋糕，參考第 589 頁

1/2 包（1/2 大匙）原味吉利丁
粉，放在小單柄鍋內加入 2 大
匙櫻桃白蘭地拌勻使軟化

1½ 杯杏桃餡，參考第 610 頁

將軟化的吉利丁混合物加熱至吉利丁完全溶
解，然後拌到杏桃餡裡。在蛋糕側面切下一
小塊楔形，然後將蛋糕橫切成兩層。等到杏
桃餡冷卻，變成可以塗抹的質地，便可將杏
桃餡舀到下層蛋糕上面抹平；放上上層蛋
糕，按楔形位置對齊。

2/3 杯杏桃果醬，過篩到一只小
單柄鍋內

2 大匙砂糖

一支木匙

約 1 杯焦糖核桃，參考第 507
頁，或是使用切碎的核桃仁

將過篩的杏桃果醬與糖拌勻，一邊攪拌一邊
加熱至沸騰，繼續烹煮幾分鐘，將果醬煮到
黏稠。將杏桃亮光液刷在蛋糕正面與側面，
等到亮光液稍微定形，便可沿著側面將焦糖
核桃刷上去。

約 1/2 杯以櫻桃白蘭地調味的
白色翻糖

約 12 個焦糖核桃仁（可按個人
喜好增加用量），參考第 507 頁

將翻糖放在熱水上加熱至滑順且可以塗抹的
質地；迅速將翻糖放在蛋糕正面抹勻。趁翻
糖尚未降溫，將核桃壓進去，擺放位置可按
個人喜好（若正面的翻糖已經變硬，可以再
加熱少許翻糖，將翻糖刷在核桃仁底部，把
核桃仁黏在蛋糕上）。

(*) 蛋糕可以在冰箱裡密封保存數日，或是至
少可以冷凍保存數週。

非洲夏洛特（LA CHARLOTTE AFRICAINE）
〔巧克力甜點或用剩餘的蛋糕做成的層狀蛋糕〕

　　在手上有剩下的婚禮蛋糕、磅蛋糕、海綿蛋糕，甚至店裡購得品質

合理的現成蛋糕，都可以用它們做出另一款蛋糕。磅蛋糕尤其適合此用途；如果你有海綿蛋糕，可能得用少許奶油替混合物添味。只要按照這裡列出來的順序，這款甜點很容易就能用電動攪拌機製作。蛋糕應以深度 10.2–12.7 公分的烤盤來烘烤，就如法式夏洛特模；你可以將它當成甜點，搭配打發鮮奶油與巧克力醬，或是當成蛋糕填餡並上糖霜。

1 個直徑 15.2 公分高度 7.6–10.2 公分的蛋糕，8–10 人份

1. 蛋糕麵糊

蛋糕模：一只容量 2 公升的夏洛特模或深度 10.2–12.7 公分的圓筒狀烤盤

1/2 大匙軟化的奶油

一張圓形蠟紙

2 大匙麵粉

227 公克半苦甜烘焙用巧克力

一只容量 2 公升的單柄鍋

3/4 杯牛奶

一支木匙

227 公克磅蛋糕、婚禮蛋糕、海綿蛋糕、手指餅乾或其他剩下來的白色或黃色蛋糕（稍微壓緊約 2½ 杯）

烤箱預熱到攝氏 177 度，替步驟 2 做準備。準備好蛋糕模，在模具內側抹上奶油，把圓形蠟紙鋪在模具底部並抹上奶油，然後撒上麵粉，讓模具內側均勻覆上麵粉以後將多餘麵粉拍掉。巧克力剁碎放入單柄鍋內，倒入牛奶，放在中火上，以木匙攪拌至巧克力溶解並完全滑順。移除蛋糕表面的糖霜或餡料，並將蛋糕切成屑狀；將蛋糕屑拌入巧克力混合物裡。

一台電動攪拌機與小攪拌盆

4 個室溫蛋白

一撮食鹽

1/4 小匙塔塔粉

3 大匙糖

開始操作前務必確保攪拌機與攪拌盆很乾淨且乾燥，再放入蛋白以中速打到起泡；打入食鹽與塔塔粉。慢慢將攪拌機速度調到高速，將蛋白打到濕性發泡。以每次 1 大匙的量，每次加入間隔 30 秒，將糖分次打入，繼續以高速打到硬性發泡。馬上進行下一階段。

攪拌機與大攪拌盆
4 個蛋黃
1/2 杯糖
2 大匙深色蘭姆酒或橙酒
第一段準備的微溫巧克力混合物
自行選用：3-4 大匙軟化的奶油

攪拌機使用同樣的攪拌器，不過改用另一只攪拌盆，並立刻開始處理蛋黃。慢慢將糖打入蛋黃，繼續打到混合物變稠且呈淺黃色，而且將攪拌器抬起來時，落下的蛋液會形成慢慢沒入的帶狀。打入蘭姆酒或橙酒以及巧克力混合物，繼續打 30 秒左右，確保混合物滑順無結塊。若使用海綿蛋糕或手指餅乾，可打入自行選用的奶油，並馬上進行下一階段。

一支橡膠刮刀
打發的蛋白
準備好的蛋糕模

用刮刀將四分之一的蛋白拌入麵糊裡，讓麵糊變輕盈點；將剩餘蛋白舀到麵糊上輕輕拌入。將麵糊倒入準備好的蛋糕模裡，讓蛋糕模稍微往個方向傾斜，使麵糊完全觸及模具邊緣（蛋糕模應該有三分之二至四分之三滿）。馬上放入預熱烤箱中層。

2. 烘烤——烤箱已經預熱到攝氏 177 度

烘烤約 1 小時。烤到蛋糕膨脹到幾乎與模具等高即算完成；此時蛋糕表面會龜裂，而且從中央的裂縫將扦子插進去，拿出來應該不會沾黏，有少許蛋糕屑但不會有液體附著在扦子上。讓蛋糕降溫 20 分鐘。脫模時，先用刀片薄且有彈性的刀子沿著蛋糕邊緣刮一圈；將一只大餐盤倒扣在蛋糕模上，然後同時將餐盤和蛋糕模翻過來，用力在蛋糕模上敲一下，讓蛋糕脫模到盤子上。

(*) 提早準備：如果你不打算馬上端上桌或上糖霜，可以讓蛋糕冷卻；將蛋糕模擦乾淨以後倒扣在蛋糕上，然後一起放入塑膠袋裡，再冷藏保存。蛋糕可以保存 3-4 天，或是冷凍保存一個月以上。

當成甜點上桌

　　將蛋糕橫切成兩層或三層，將第 538 頁的香緹（稍微打發並加入甜味劑的鮮奶油）或第 516 頁的香緹蛋白霜用來填餡並抹在表面，並單獨將巧克力醬端上桌。

當成蛋糕上桌

　　將蛋糕橫切成兩層或三層，並按照 611–613 頁的建議上糖霜或填餡，例如奶油餡與巧克力糖霜的搭配。

法式橙香巧克力蛋糕（LE GLORIEUX）
〔滋味濃郁質地輕盈的巧克力蛋糕〕

　　這款深色的美味蛋糕是四合蛋糕的好兄弟，製作時以玉米澱粉代替麵粉，不過要做出飽滿輕盈的蛋糕，秘訣仍然在於你如何能輕巧快速地將澱粉拌入蛋液，以及最後將巧克力與奶油拌入雞蛋混合物的動作。我們在這裡建議做成雙層蛋糕：麵糊分成兩份分開烘烤；趁溫熱將一塊蛋糕疊到另一塊上面，中間為巧克力夾心。你可以在蛋糕表面覆上更多巧克力或白色蛋白糖霜，若當成甜點也可以抹上打發鮮奶油。

用於兩只容量 4 杯的蛋糕模或一只容量 8 杯的模具，12–16 人份

1. 準備工作

198 公克半苦甜烘焙用巧克力

57 公克無糖烘焙用巧克力

1/4 杯橙酒

1 個橙子的磨碎果皮

兩只容量 4 杯的模具（例如直徑 20.3 公分、深度 3.8 公分的圓形蛋糕模），底部鋪上蠟紙，模具內側抹上奶油並撒上麵粉

2 條奶油

烤箱預熱到攝氏 177 度，並將架子放在中層。將巧克力弄碎，與橙酒和橙皮一起放入鍋中，以熱水加熱至熔化（做法參考第 597 頁）；巧克力必須要非常滑順。將奶油切成 0.6 公分的切片，一塊一塊打入巧克力中，並再次確保混合物的滑順度（手持式電動攪拌機在這裡是很好用的工具）。若混合物流

動性太高——混合物質地應類似濃稠的蛋黃醬——可以將鍋子放在冰水上攪打。處理好以後靜置備用。

2. 蛋糕麵糊

5 個大雞蛋

1 杯糖

1 小匙香草精

一台電動攪拌機與容量 3–4 公升的大碗（確保攪拌機葉片與攪拌盆是乾淨乾燥的）

以低速攪打雞蛋與糖，混合均勻後便可將速度調到高速，加入香草並繼續攪打幾分鐘（手持式攪拌機應攪打 7–8 分鐘），直到混合物泛白蓬鬆、體積變成原本的兩倍且達到濕性發泡。

1 杯（113 公克）玉米澱粉，測量時以乾燥量杯舀出後用刀子刮平

一只篩子，架在蠟紙上

巧克力奶油混合物

一支橡膠刮刀

在你準備好要將各種麵糊元素混合的時候，將玉米澱粉篩到蠟紙上，檢查巧克力奶油混合物，確定質地滑順濃稠，若加糖打發的雞蛋稍微消下去，則用攪拌機再打一下。

　　攪拌機調到慢速，慢慢將玉米澱粉撒到雞蛋混合物上，以 15–20 秒將粉拌進去，不過不要試圖將材料完全拌勻；請小心不要讓打發的雞蛋消泡。若使用抬頭式攪拌機，此時可以將攪拌盆取下來。將一大坨雞蛋混合物拌入巧克力奶油裡，讓後者質地變輕盈些。接下來，以一次一大坨的量，分次將巧克力奶油混合物拌入雞蛋裡，操作時用橡膠刮刀迅速切拌麵糊、旋轉攪拌盆並重複動作兩或三次。待幾乎完全混合，加入另一坨巧克力奶油，繼續操作至所有巧克力奶油都用完。馬上將麵糊倒入準備好的模具裡。迅速將麵糊抹平，並將模具放在桌上輕敲，讓氣泡跑出來。模具應該有三分之二滿。馬上放入預熱烤箱中層，模具之間與模具和烤箱內側各面與烤箱門都應該保持至少 5.1 公分的距離。

3. 烘烤、填餡與上糖霜

烘烤 25–30 分鐘。按法國人的做法，蛋糕應該保留些濕潤度，烤到扦子或牙籤插進中心拿出來的時候不會油油的，只有少許巧克力附著，便算烘烤完成。蛋糕通常會膨脹到高出模具邊緣 0.6–1.2 公分。讓蛋糕冷卻 10 分鐘。蛋糕表面會稍微龜裂並剝落，這是正常現象。趁蛋糕冷卻期間製作下列餡料。

巧克力餡：

85 公克半苦甜烘焙用巧克力 14 公克無糖烘焙用巧克力 3 大匙橙酒 4–5 大匙無鹽奶油，切成 0.6 公分厚的片狀	巧克力與橙酒混合，放在熱水上加熱至熔化。待巧克力完全滑順以後，一塊一塊打入奶油。若混合物太軟無法塗抹，可以放在冰水上攪打到混合物變成蛋黃醬的質地。
替蛋糕填餡 一只蛋糕架 一只淺烤盤	蛋糕冷卻 10 分鐘以後，用刀子沿著蛋糕周圍刮一圈，讓蛋糕和模具分開，然後脫模放到架子上。把底部的蠟紙撕掉。

在蛋糕表面抹上巧克力餡。馬上替第二塊蛋糕脫模，放在淺烤盤的一端。將烤盤上的蛋糕與架子上的蛋糕對齊，然後讓前者滑到後者上方。把第二塊蛋糕底部的蠟紙撕掉。若邊緣不均勻，可以用刀子修整。

(*) 提早準備：若不打算上糖霜，也不打算馬上端上桌，可以等到蛋糕完全冷卻後密封蓋好，否則蛋糕會乾掉。你可以在此時將蛋糕冷凍；解凍時應置於室溫環境中解凍數小時。

4. 上糖霜與上菜

打發鮮奶油。將蛋糕當成甜點或配茶時，可以在蛋糕正面與周圍抹上加入甜味劑並以香草精或橙酒調味的打發鮮奶油（可使用第 538 頁香緹或第 516 頁香緹蛋白霜）。以刨片或磨碎的巧克力裝飾。

蛋白糖霜。你也可以使用義大利蛋白霜（將熱糖漿打入打到硬性發泡的蛋白裡做成，參考第 511 頁），或是第 588 頁義式蛋白霜奶油餡。

巧克力糖霜。你也可以趁蛋糕尚且溫熱時，將用作夾心的巧克力奶油混合物抹在蛋糕表面，或是在上冊第 807–811 頁的幾種巧克力奶油餡裡擇一使用。

成功蛋糕、高昇蛋糕——達克瓦茲蛋糕（LE SUCCÈS—LE PROGRÈS, LA DACQUOISE）
〔搭配奶油餡糖霜與夾心的蛋白霜堅果蛋糕〕

這款非常美味的法式蛋糕很少出現在美國的食譜書裡，不過它其實比千層蛋糕容易製作，而且更為高雅。它的口感輕盈但味道濃郁，每一口都充滿詩意。你可以在最棒的法式糕餅店裡看到這款蛋糕的蹤影，而且因為你在材料或品質上都不需要吝嗇，更是你可複製甚至改善的蛋糕。

這款蛋糕是由一層層烤好的蛋白霜層疊而成，就像一般的層狀蛋糕，每層之間都有夾心。蛋白霜層是用攪拌機將蛋白和糖打發製成，就如一般蛋白霜的攪打方式，不過待打到硬性發泡以後，會拌入杏仁粉。接下來，將蛋白霜抹成圓盤狀，或是如插圖中的心形，或是任何形狀，再放入低溫烤箱裡烘烤，就如所有蛋白霜的做法。當然，這種混合物的味道與質地遠比一般的蛋白霜來得有趣，而且做法一樣簡單。

有關這款甜點的歷史與哲學

在法文中，烤好的圓盤狀蛋白霜稱為「fonds」，指基礎或層次，「fonds à Succès」則是蛋糕稱為「Le Succès」時的稱呼，不過你還是會在法式料理食譜書裡和其他地方看到「fonds à Progrès」、「fonds parisiens」、「Dacquoise」、「broyage suisse」與「gâteau japonais」等稱呼，都是類似的甜點。有些專家認為「Succès」含有杏仁，「Progrès」有杏仁與榛果，而「Dacquoise」是「Succès」或「Progrès」的配方加上澱粉與奶油；其他食譜則沒有這樣細分。「Broyage」顯然來自「broyer」這個字，有磨碎的意思，指蛋白霜裡的堅果粉；「gâteau japonais」似乎是英國對蛋白霜堅果層狀蛋糕的稱呼。

此外，對於夾心和糖霜到底該用什麼，也有不同的意見。由於眾人意見不合，未有定論，因此你不管怎麼做都沒有關係。除了按照下面的食譜做夾心上糖霜以外，你也可以參考食譜末第 606 頁的建議。

製作時的注意事項

一台電動攪拌機、甚至小型的手持式攪拌機，都能讓製作蛋白霜與奶油餡的工作加快且容易許多。若沒有大型帆布擠花袋，你可以用刮刀來製作圓盤狀蛋白霜，不過擠花袋做出來的形狀通常比較漂亮。我們尤其建議用不沾烤盤或不沾烘焙紙來製作蛋白霜。若烤盤不夠大，無法容納三塊直徑 20.3 公分的圓盤，你可以製作四塊較小的圓盤，用來製作四層蛋糕（有關打發蛋白的討論可參考第 646 頁討論，打發與輕拌蛋白的方法可參考上冊第 182-185 頁）。你會需要烘烤過的杏仁與焦糖杏仁，此外，在開始動手做蛋糕前，務必將食譜仔細讀過，在材料或時間控制上才不會出錯。

有關榛果

　　在下面這則食譜中，你可以使用磨碎的去皮杏仁或是一半的杏仁粉與一半的榛果粉。相較於法國，榛果在美國境內並不容易取得，而已經去殼的包裝榛果很快就會腐敗；去殼或磨成粉的榛果應該要存放在冰箱裡，同理也適用杏仁粉。

　　要使用去殼榛果時，首先得試吃幾顆，確保榛果新鮮無虞，再把榛果平鋪在烤盤上，放入攝氏 177 度烤箱裡烘乾約 15 分鐘，烤到表皮開始剝落且榛果稍微上色。取出榛果，每次一把，將榛果放到紙巾裡摩擦，儘量把能夠移除的表皮除掉。每次半杯，用電動果汁機將榛果打成粉。

　　若使用一半榛果一半去皮杏仁，而不是完全使用杏仁來製作蛋白霜，那麼最好用高昇蛋糕（Le Progrès），而非成功蛋糕（Le Succès）來稱呼。

用於一只直徑 20.3 公分的蛋糕模，8–10 人份

1. 準備工作

1–2 大匙軟化的奶油

2 只大烤盤，長 40.6 公分、寬 35.6 公分（若有可能請使用不沾烤盤）

1/4 杯麵粉

幫助繪製形狀的工具，例如直徑 20.3 公分的鍋蓋、蛋糕模、心形烤模或任何你希望做成的形狀

一支橡膠刮刀

170 公克（1½ 杯未壓緊）磨成粉的去皮杏仁（可以用電動果汁機打成粉）

1 杯糖（建議使用特級細砂或即溶細砂）

烤箱預熱到攝氏 121 度。將軟化的奶油抹在烤盤上，讓奶油完全覆蓋烤盤。將麵粉撒在烤盤上，讓麵粉滾一滾，再把多餘的麵粉拍掉。利用幫助畫圖形的工具和刮刀，在烤盤上畫出三個直徑 20.3 公分的圓環或其他形狀。量好杏仁與糖的量，放在蠟紙上，並以雙手將結塊處弄開。將玉米澱粉篩上去，並以橡膠刮刀混合均勻；混好以後靜置備用。將擠花袋組好（請注意，你會需要用到杏仁糖──焦糖杏仁，參考第 421 頁──來製作步驟 5 的奶油餡，烘烤過的杏仁則在步驟

雙層蠟紙，約長 30.5 公分、寬 25.4 公分

1 大平匙加 1½ 小平匙未過篩的玉米澱粉

一只細目篩

一只帆布擠花袋，長度 30.5–35.6 公分，裝上開口直徑約 1 公分的圓形金屬擠花嘴

6 用來覆在組合蛋糕的側面；兩種杏仁都應該在蛋白霜烤好以後烘烤，其中杏仁糖只需要烘烤幾分鐘即可）。

2. 蛋白霜杏仁混合物

3/4 杯室溫蛋白（6 個蛋白）

一只乾淨乾燥的攪拌盆與乾淨乾燥的電動攪拌機葉片

1/8 小匙食鹽

1/4 小匙塔塔粉

3 大匙糖

1½ 小匙香草精

1/8 小匙杏仁精

步驟 1 的杏仁糖玉米澱粉混合物

組合好的擠花袋

將蛋白放在碗裡，以中低速攪打 1–2 分鐘，打到起泡。打入食鹽與塔塔粉，慢慢在 1 分鐘左右將速度增加到高速，打到濕性發泡。繼續以高速攪打，慢慢打入 3 大匙糖，然後繼續打到硬性發泡。打入香草精與杏仁精。

　　若使用抬頭式攪拌機，此時可將攪拌盆拆下來；接下來的操作都應該迅速用手進行，目標在於儘量不要讓蛋白消泡──蛋白必須維持體積，你才能用來製作蛋白霜。將約 1/4 杯杏仁糖澱粉混合物撒在打發蛋白上；一邊以橡膠刮刀動作輕巧地切拌，一邊旋轉攪拌盆。待幾乎完全拌勻，再撒上更多混合物，迅速切拌，並繼續重複同樣的動作，將所有混合物用完；最後一次加入混合物時，刮刀務必觸及攪拌盆的整個底部與側面。整個混合過程應該在 1 分鐘以內結束；將全部或擠花袋能容納的蛋白霜舀入擠花袋內。

3. 製作三塊圓盤狀蛋白霜

　　按烤盤上畫好的形狀，沿著內緣擠出約大拇指粗、1.2 公分高的蛋白霜。

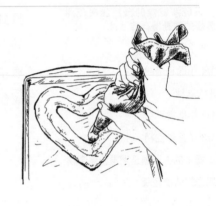

　　沿第一條的內緣繼續擠出一條條的蛋白霜，將整個空間填滿。

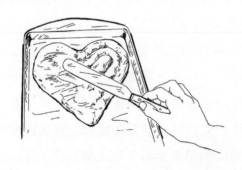

　　用刮刀將蛋白霜表面抹平。馬上以同樣的方式將第二塊做好，然後用另一只烤盤製作第三塊。

4. 烘烤──以攝氏 121 度烘烤約 40 分鐘

　　將烤盤放在預熱烤箱的中上層與中下層。蛋白霜事實上是在烤箱裡烘乾而非烘烤；蛋白霜不會膨脹，而且不會改變形狀，不過會在烘烤時

稍微上色。烘烤到你輕輕推動時，蛋白霜會從烤盤鬆開，約需要 30-40 分鐘。一旦烤好，便可用刮刀將蛋白霜移到蛋糕架上冷卻。高溫時，蛋白霜會稍微彎曲，不過會在冷卻時迅速變脆；蛋白霜很脆弱，容易破裂，不過稍有損傷並無大礙，因為我們會用糖霜與餡料將蛋白霜蓋起。

5. 上糖霜與當成餡料的奶油餡——英式蛋奶醬

1 杯糖

一支鋼絲打蛋器或手持式電動攪拌機

6 個蛋黃

一只厚底琺瑯單柄鍋或不鏽鋼鍋，容量 2-2½ 公升

3/4 杯熱牛奶

一支木匙

340-397 公克（3-3½ 條）冰過的無鹽奶油

1 小匙香草精

3 大匙櫻桃白蘭地、深色蘭姆酒或濃咖啡

以下列方法製作英式蛋奶醬：慢慢將糖打入蛋黃裡，繼續攪打幾分鐘，直到混合物變稠且呈淡黃色。一邊攪打，一邊以細流方式慢慢倒入熱牛奶，並將混合物放在中火上。慢慢以木匙攪拌，木匙應觸及鍋底每個角落，烹煮 4-5 分鐘或煮到醬汁變稠，能夠在湯匙表面覆上滑膩的一層——不要把醬加熱到微滾，不過一定要加熱到變稠。馬上讓蛋奶醬離火，用力攪打 1 分鐘幫助降溫。

若你打算繼續用抬頭式攪拌機操作，則將蛋奶醬刮入攪拌盆裡；否則可以繼續用手持式電動攪拌機（或一支鋼絲打蛋器）操作。將 3 條冰過的奶油切成 0.6 公分切片，每次 1-2 塊分次加入，並在奶油熔化並被蛋奶醬吸收時用力攪打；待所有奶油都加入，蛋奶醬應該已經冷卻，而且質地滑膩帶光澤，狀似濃稠的蛋黃醬。打入香草精與櫻桃白蘭地。

（若混合物出現顆粒狀，可以將剩餘奶油以攪打方式軟化，或是用手指揉軟，再慢慢一匙一匙打進去，直到蛋奶醬變滑順。）

糖霜：

57 公克不甜的烘焙用巧克力，加熱至熔化

將四分之一的蛋奶醬移到小碗內，拌入熔化的巧克力，保留到下步驟末替蛋糕正面上糖霜用。將杏仁糖拌入剩餘的蛋奶醬裡，做成餡料。

餡料：

1/2 杯杏仁糖（磨碎的焦糖杏仁，參考第 505 頁）

杏仁糖奶油餡必須要有足夠的實體感，用作餡料時才能維持形狀；若有必要可放入冰箱冷藏。覆蓋在蛋糕正面的巧克力奶油餡必須要非常滑順且沒有結塊：若有必要，可在使用前攪打至滑順。

6. 組合蛋糕

一只托盤或烤盤，放在蛋糕架下方
一支彈性鋼製刮刀
1 杯片狀、條狀或切碎的去皮杏仁，放入烤箱烘烤過

一個接著一個，把蛋白霜放在砧板上，並將步驟 1 用來繪製形狀的工具放上去，再用一把鋒利的小刀修整蛋白霜。如此一來，等到你沿著蛋糕側面上糖霜時，邊緣才能對齊。將一塊蛋白霜放回架在托盤上的蛋糕架上。

　　將三分之一的杏仁糖奶油餡抹在蛋糕架上的蛋白霜上。

將第二塊蛋白霜放在第一塊的上方對齊，再把剩餘的杏仁糖奶油餡取一半抹上去。接下來蓋上最後一塊蛋白霜。

用刮刀將剩餘的杏仁糖奶油餡均勻抹在蛋糕的側面。

備註：在替正面上糖霜時，你也可以將杏仁覆在蛋糕側面（按照插圖說明）；你可以在這兩種做法中選擇較容易的來做。用刮刀將巧克力奶油餡盡可能均勻地抹在蛋糕正面。

將蛋糕放在手掌上，或是留在蛋糕架上，只要是你舒服的方式即可，將杏仁沿著蛋糕側面刷上去。

除非你想要將巧克力奶油餡放入擠花袋裡，藉此做出玫瑰花、垂花飾等更花俏的裝飾，否則蛋糕應該算是大功告成；法國糕點師通常會用奶油餡或白色糖霜在正面寫上「Le Succès」的字樣。

7. 上菜——至少冷藏 2 小時以後

將蛋糕移到大餐盤上，用大碗或塑膠盆蓋起來；放入冰箱冷藏。蛋糕至少要冷藏兩小時，奶油餡才會變扎實。上菜時，按一般層狀蛋糕的切法即可。

(*) 提早準備：這款蛋糕可以冷藏保存幾日。它也可以冷凍保存，不過奶油餡可能會失去滑膩的質地；若要冷凍保存，最好將蛋白霜和奶油餡分開冷凍，等到上菜前再組合，若有必要可將更多軟化奶油打入解凍的奶油餡裡，讓奶油餡重新恢復質地。

變化版

其他餡料

完整的糖霜與餡料清單可參考第 611–613 頁，其中包括來自上下兩冊的食譜。另一種非常適合這款蛋糕的奶油餡是摩卡奶油餡以及杏仁糖加上咖啡色翻糖，以及巧克力奶油餡搭配巧克力糖霜。其他做法如用於第 510 頁聖西爾冰糕的巧克力慕斯，這種慕斯在冷藏過後還是可以維持不錯的效果，也不需要冷凍，此外還有上冊第 713 頁味道較濃郁的慕斯，你可以將杏仁糖拌進去。馬拉科夫夏洛特的杏仁草莓混合物可以稍事修改後用在這裡，後面的巧克力變化版亦然（上冊第 715–718 頁）。

巴西小蛋糕（Brésiliens）
〔一人份的蛋白霜杏仁蛋糕——花式小蛋糕〕

除了做成一大塊蛋糕以外，你也可以製作單人份的蛋糕；在抹了奶油並撒上麵粉的烤盤上畫出你喜歡的形狀，然後填上蛋白霜混合物，並按照第 602 頁步驟 4 烘烤。

按照第 604 頁基本食譜步驟 6 填餡、上糖霜與裝飾，不過你只要做成上下兩層就好。

糖霜、餡料與裝飾用紙製圓錐

翻糖（FONDANT）
〔用於蛋糕、花式小蛋糕、拿破崙派、糖漬水果與糖果的糖霜〕

白色翻糖以及它的製作與使用方式，值得你花點心思。這種材料一下子就可以準備好，只要放在熱水上短暫加熱，用少許香草、利口酒或巧克力調味，然後淋在蛋糕上即可。翻糖可以形成漂亮平滑的包層，變硬以後硬度恰好可以形成保護層，卻保有適口的質地。商業糕餅師可以購買罐裝或瓶裝的即用型翻糖，這類材料在法國也是常見的家用品。儘管如此，自行製作翻糖並非難事，而且它可以說是大自然的奇蹟之一，因為它其實只是將糖漿煮沸到軟球階段，冷卻至微溫，然後按揉幾分鐘，直到它奇蹟般地從澄清變成雪白色。做好的翻糖可以保存好幾個月，甚至好幾年，而且隨時都可以被化作糖霜來使用。

雖然我們在這本書裡用到翻糖的次數並不多，這種材料非常方便，而且做法簡單有趣，所以我們認為應該將它納入。

約 2 杯

1. 糖漿

大理石檯面，長 61 公分寬 45.7 公分，或是蛋糕卷烤盤或大型金屬托盤

3 大匙白色的玉米糖漿或 1/4 小匙塔塔粉（或 3 大匙法式葡萄糖漿）

1 杯清水

一只容量 2 公升的厚底單柄鍋

3 杯糖（純蔗糖，若你在歐洲亦可使用 500–600 公克壓碎的方糖）

一只鍋蓋

自行選用：糖果溫度計

容量 1 公升的量杯，裡面裝 2 杯冷水與 2 個冰塊

一支金屬湯匙（非攪拌用，只是用來品嘗）

將糖漿倒在大理石上，或是倒在烤盤或托盤上，這些工具都應該在你開始動手前準備好。將少許清水放入單柄鍋內，加入玉米糖漿或塔塔粉攪拌至溶化；將剩餘的清水倒入鍋中，然後加糖。將鍋子放在中大火上加熱，手握鍋把慢慢旋轉鍋身，不過在液體沸騰之前，不要用湯匙攪拌。待液體沸騰以後，繼續旋轉鍋身一會兒，等到液體從混濁變透明。蓋上鍋蓋，將爐火轉成大火，繼續沸煮幾分鐘，直到泡泡稍微變稠。打開鍋蓋，若使用糖果溫度計可在此時放進去，繼續沸煮幾分鐘，將糖漿煮到軟球階段，溫度為攝氏 114.4 度：將幾滴糖漿滴入冷水中，會在冷水中形成小球而且大致能維持形狀。

備註：若不把糖漿煮到軟球階段，做出來的翻糖可能會太軟；若煮到硬球階段，翻糖會硬到很難按揉，使用時也很難熔化。

2. 冷卻糖漿──約 10 分鐘

馬上將糖漿倒在大理石平台上，或是倒入烤盤或托盤裡。讓糖漿冷卻約 10 分鐘，直到溫度接近微溫但摸起來不冷；用手輕壓，你可以看到表面出現皺褶。

3. 將糖漿揉成翻糖——5–10 分鐘

一支刮刀、金屬刮刀或又短又寬的金屬鍋鏟

一旦糖漿準備好，就可以開始用刮刀或鍋鏟用力按揉：將糖漿推成一團，然後抹開，重複同樣動作 5 分鐘以上。按揉幾分鐘以後，糖漿會開始變白（如果你手上剛好有即用型翻糖，可以在此時加進去，糖漿就會迅速變成翻糖）；在你繼續按揉的時候，糖漿會慢慢變成脆弱且雪白狀的一團，最後會硬到你再也無法按揉。至此，糖漿已經被做成翻糖。然而，如果你花上 5–8 分鐘，甚至 10 分鐘還沒讓糖漿變成翻糖，也不要灰心；先停止動作，讓它靜置 5 分鐘，然後重新開始按揉——它最終還是會變的（你可能太早開始按揉糖漿了）。

4. 保存翻糖

一只容量 3 杯的旋蓋式玻璃瓶或有蓋金屬碗
幾塊洗淨的濾布，每塊約 15.2 公分見方

雖然你可以馬上使用翻糖，若是讓翻糖靜置至少 12 小時，翻糖的質地和光澤都會改善。將翻糖裝入瓶子或碗裡，蓋上弄濕的濾布，密封蓋好並放入冰箱冷藏。只要表面維持潮濕，翻糖就能一直保存下去。

5. 如何使用翻糖

2 杯翻糖，裝在一只容量 2 公升的鍋子裡

1–2 大匙櫻桃白蘭地、蘭姆酒、橙酒或濃咖啡；或是 1 小匙香草精與 1 大匙左右清水

一大鍋微滾清水

一支木匙

將翻糖與利口酒、咖啡或是香草與清水放入單柄鍋內混合，然後將單柄鍋放在微滾沸水上。徹底攪拌，木匙應觸及鍋底每個角落，翻糖會慢慢軟化，變成非常滑順且帶光澤的霜狀，能夠在湯匙表面覆上厚厚一層。

　　馬上使用，可以將翻糖直接倒在下頭有托盤和架子的蛋糕上，快速將翻糖抹在你要上糖霜的表面上，或是將花式小蛋糕或糖果放到翻糖裡浸一下。翻糖會很快定形，你必須動作迅速，才能做出平滑的表面。

有色翻糖

　　若要做摩卡翻糖或咖啡色翻糖，可以使用濃咖啡，幾滴幾滴將濃咖啡加進去攪拌，直到你獲得想要的顏色；將 1/2–1 杯熔化的巧克力拌入熔化的翻糖裡，就可以做成褐色翻糖或巧克力翻糖；若要粉彩色系，則加入幾滴食用色素。

存放熔化的翻糖

　　儲存方式與新鮮翻糖相同。若打算做成巧克力翻糖，就不進一步處理，否則在再次使用之前，可以將熔化的翻糖和新鮮翻糖混合，如此一來翻糖就可以有更漂亮的光澤。

杏桃醬（CONFIT D'ABRICOTS EN SIROP）
〔使用罐裝杏桃製作的杏桃餡或杏桃醬〕

　　這種美味樸實的餡料或醬，是將罐裝杏桃切丁以後用罐內糖漿稍微煮到焦糖化，並以櫻桃白蘭地或檸檬調味而成。它可以搭配卡士達甜點，例如第 535 頁朝聖者奶凍，或是當成甜點塔的餡料，例如第 552 頁

水果百葉酥盒，也可以淋在第 498 頁杏桃慕斯雪酪，或是拌入少許吉利丁與核桃或杏仁片，當成蛋糕夾心，例如第 589 頁聖安德烈杏桃蛋糕。

約 1½ 杯

1 罐 454 公克裝以濃糖漿浸泡的去皮杏桃

一只厚重的小單柄鍋

1/3 杯糖

1 大匙檸檬汁與 1/2 個檸檬的磨碎果皮

1 大匙櫻桃白蘭地或干邑白蘭地

將杏桃糖漿過濾到單柄鍋內，加糖一起加熱至微滾。待糖完全溶解，迅速將糖漿收到從湯匙上滴下來非常黏稠的程度（溫度達攝氏 110 度）。替杏桃去籽，將果肉切成 1 公分塊狀，然後拌入糖漿裡，並加入檸檬汁與檸檬皮。慢慢熬煮 5 分鐘後鍋子離火，拌入櫻桃白蘭地或干邑白蘭地。

糖霜與餡料清單

奶油餡──可用作糖霜或餡料

以糖粉製作的簡單奶油餡

法式奶油糖霜，上冊第 808 頁（蛋黃與糖粉、調味料和奶油一起攪打而成──未經烹煮）。

加入卡士達基底的奶油餡

糖漿奶油餡，上冊第 808-810 頁（沸騰糖漿打入蛋黃，再將混合物放在熱水上中溫水煮，之後攪打至冷卻，再把奶油和調味料打進去）。

加入義大利蛋白霜基底的奶油餡

第 588 頁義式蛋白霜奶油餡──用於熱那亞蛋糕（沸騰糖漿打入蛋白後攪打至冷卻，然後打入奶油與調味料）。

橙味或檸檬味的奶油糖霜或奶油餡

橙香奶油糖霜或檸香奶油糖霜，上冊第 800–801 頁（將雞蛋、蛋黃、調味料與奶油加在一起放在熱源上攪拌至變稠，做成簡易餡料；若將奶油打入則成奶油餡）。亦可參考第 582 頁檸檬霜，它也可以利用同樣的方式做成奶油餡。

其他糖霜與餡料

軟質巧克力糖霜

第 597 頁的巧克力糖霜（法式橙香巧克力蛋糕步驟 3），以及上冊第 812 頁的巧克力糖霜（熔化的巧克力與奶油，可直接使用，亦可加入利口酒調味）。

白色蛋白糖霜

第 511 頁義大利蛋白霜——聖西爾冰糕步驟 1（將沸騰糖漿打入打發蛋白做成）。

加入蛋白霜的打發鮮奶油糖霜或餡料

第 516 頁香緹蛋白霜（將前面的蛋白霜加入打發鮮奶油拌勻）。

翻糖

第 607 頁（糖漿煮沸到軟球階段，冷卻後按揉至變成雪白色；以利口酒或巧克力調味）。

杏桃餡或杏桃醬

第 610 頁杏桃醬（將切丁的罐裝杏桃和罐內糖漿一起沸煮，加入利口酒調味；可加入吉利丁做成蛋糕用餡料，例如第 591 頁聖安德烈杏桃蛋糕）。

其他

核桃糖與焦糖核桃

　　第 507 頁核桃糖，步驟 1（核桃拌入焦糖裡，放涼後磨碎；或是將核桃放入焦糖裡浸過，用於裝飾）。

杏仁糖

　　第 505 頁杏仁糖——吉力馬札羅步驟 1（做法同核桃糖，只是將核桃換成杏仁）。

烘烤過的蛋白霜裝飾

　　第 511 頁義大利蛋白霜——聖西爾冰糕步驟 1 與步驟 2（沸騰糖漿打入打發蛋白，做成蛋白霜形狀後烘烤而成）。

製作裝飾用紙製圓錐的方法

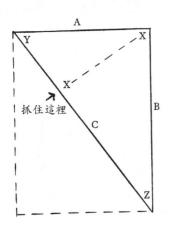

　　將冷凍紙或銅版紙剪成短邊（A）約 30.5 公分、長邊（B）約 38 公分的直角三角形。

　　用左手抓住直角三角形的斜邊（C），
大拇指在上且恰好對著直角（X）。用右手
將斜邊較長的一端銳角（Z）朝左邊捲起
來，將該銳角的反面捲到剛好對著直角
（X）上方的位置。如此一來，你就用右半
邊的紙做出了一個圓錐。

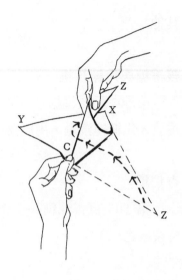

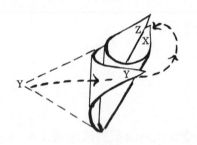

　　將直角三角形斜邊的另一個銳角
（Y）沿著第一個圓錐的外側往右捲，
將銳角（Y）捲到直角（X）的背面。
如此一來，圓錐就算完成；讓銳角在
頂端來回滑動調整位置，讓圓錐尖端
密合。

　　將銳角與直角（X、Y 與 Z）往內
摺以固定圓錐，亦可用大頭針固定。
用剪刀在圓錐尖端剪出你需要的開口
大小。

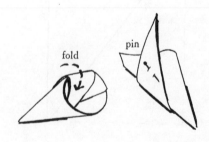

附錄

附錄一
用來替肉和蔬菜鑲餡的餡料

菇餡

加入洋蔥、奶油起司與香芹的蘑菇泥，用於鑲蔬菜，請見上冊第 596
頁鑲茄子。

以蘑菇泥和菠菜做成的維羅夫萊式鑲餡，用於鑲羊肉與小牛肉，請
見本書第 233 頁鑲羊肩。

蘑菇洋蔥火腿餡，用於鑲羊肉、小牛肉或雞肉，亦可用作鑲蔬菜，
請見上冊羊肉章節第 402 頁。

以蘑菇、禽雜碎、麵包屑與奶油起司做成的餡料，用於鑲雞肉、小
牛肉與鑲蔬菜，請見上冊盤烤雞章節第 294 頁。

蘑菇與腎臟、蘑菇與雞肝、蘑菇與羊絞肉、蘑菇與綜合肉餡，參考
後續章節。

肉餡

以香腸、火腿、茭菜與麵包屑做成的餡料，用於鑲肉與鑲蔬菜，參
考本書第 187 頁法式大牛肉卷。

香腸火腿米飯餡，用於鑲肉與鑲蔬菜，參考本書第 456 頁鑲甘藍。

香腸蘋果餡，用於鑲鴨、鵝與豬肉，參考上冊第 325 頁烤鴨食譜。

香腸栗子餡，用於鑲鴨、鵝、火雞與豬肉，參考上冊第 338 頁烤鵝

食譜。

特拉比松式香腸杏桃米飯餡，用於鑲鴨、鵝、豬與火雞，參考本書第 272 頁乳豬食譜。

以豬絞肉、洋蔥、香草與麵包屑做成的豬肉餡，用於鑲肉與蔬菜，參考上冊鑲羊肉章節第 400 頁。

以豬絞肉加上火腿、松露和鵝肝做成的餡料，用於鑲小牛肉與雞肉，或是用作法式肉醬混合物，參考本書小牛肉章節第 268 頁烤鑲千層小牛肉卷。

以絞碎的燜燉牛肉、洋蔥和香草做成的餡料，用於鑲蔬菜或做成肉卷，參考本書第 456 頁鑲甘藍食譜。

以絞碎的燜燉牛肉和荸薺做成的餡料，用於鑲蔬菜、做成肉卷或香腸，參考本書香腸章節第 367 頁裸香腸。

將剩餘的熟小牛肉、火雞肉或豬肉絞碎並加入洋蔥與香草做成的餡料，用於鑲蔬菜或做成肉卷，參考本書茄子章節第 428 頁。

小牛肉、火腿、米飯與荸薺或菠菜做成的餡料，用於鑲小牛肉或羊肉，參考本書第 261 頁鑲小牛胸肉食譜。

以綜合肉餡和蘑菇、白香腸做成的諾曼第式餡料，用於鑲雞、火雞或小牛肉，參考本書中溫水煮雞肉章節第 331 頁。

羊絞肉橄欖洋蔥餡，用於鑲羊肉與鑲蔬菜，參考上冊羊肉章節第 402 頁。

以羊絞肉、茄子、蘑菇、米飯和香草做成的餡料，用於鑲羊肉與鑲蔬菜，亦可做成肉卷，參考上冊第 416 頁慕沙卡食譜。

腰子米飯香草餡，用於羊肉或小牛肉，參考上冊鑲羊肉章節第 401 頁。

腰子蘑菇餡，用於鑲羊肉或小牛肉，參考本書羊肉章節第 229 頁。

鵝肝蜜棗餡，用於鑲鴨、鵝或火雞，參考上冊第 335 頁鑲鵝食譜。

鵝肝松露餡，用於牛菲力、小牛肉或雞肉，參考上冊第 360 頁牛菲力食譜。

以雞肝、米飯、鵝肝和松露做成的阿爾布費哈式餡料，用於雞、火雞與小牛肉，參考本書中溫水煮雞肉章節第 328 頁。

以雞肝、蘑菇、米飯和打成泥的熟大蒜做成的阿爾布費哈式蒜香餡，用於雞、火雞、小牛肉和鑲蔬菜，參考本書中溫水煮雞肉章節第 330 頁。

用來製作餡料、香腸與法式肉醬的雞肝混合物，參考法式肉醬章節第 389 頁。

以雞雜碎、香草、麵包屑和奶油起司做成的餡料，用於小牛肉、雞、火雞與鑲蔬菜，參考上冊第 282 頁烤雞食譜。加入蘑菇的版本則參考上冊第 294 頁。

無肉無菇的餡料

洋蔥起司米飯餡，用於鑲蔬菜，參考本書第 452 頁鑲洋蔥食譜。

甜椒番茄米飯餡，用於鑲蔬菜，參考本書第 451 頁鑲櫛瓜食譜。

蒜香香草米飯餡，用於鑲肉與鑲蔬菜，參考本書第 195 頁普羅旺斯陶鍋燉牛肉食譜。

以切碎的橄欖、紅甘椒和香草做成的餡料，用於法式肉卷，參考本書第 193 頁尼斯風味餡料。

大蒜香草餡，用於法式肉卷，亦可當成去骨紅肉的調味料，參考上冊羊肉章節第 400 頁。

用切碎的甜椒、洋蔥和芥末麵包屑做成的餡料，用於法式肉卷，參考第 192 頁加泰隆尼亞式牛肉卷。

以杏仁、起司和麵包屑做成的餡料，用於鑲洋蔥或櫛瓜，參考本書第 449 頁鑲櫛瓜食譜。

以茄子、甜椒、洋蔥、番茄和香草做成的餡料，用於鑲冷蔬菜，參考本書蔬菜章節第 421 頁。

附錄二
廚房用品

　　接下來的 43 頁以圖文並茂的方式綜述一些我們眼中的實用廚房器具，將散布在上下兩冊的資訊集中起來介紹。

　　這裡所提到的，有些是美國家庭常見的標準器具，有些是專業器具，有些只能在進口用品店或郵購目錄上找到，其他則是你在出國期間以及在中央市場附近的餐飲用品專賣店閒逛時可以尋找的器物。一如既往，我們建議你尋找專門賣給專業廚師、質地堅韌扎實的實用專業器具。如果你不知道去哪找，可以向肉販、餐飲業者或廚師詢問。

平底煎鍋

　　要將肉和蔬菜煎到褐化，以及一般的煎炒，側邊高度 5 公分的長柄斜邊專業煎鍋是最適合的工具。美製鑄鋁平底鍋（A 與 D）有一般型與不沾型，法國製的平底鍋（B，法文為「poêle」）是以非常厚的金屬板製成，底部直徑在 17.8-19 公分者是烹製歐姆蛋的理想鍋具。橢圓鑄鐵平底鍋（E）在法文稱為「poêle à poissons」，直譯為煎魚平底鍋，除了煎魚以外也適合用來煎肉上色。短柄美式鑄鐵平底鍋（C）也可以放入烤箱，是烹製安娜馬鈴薯煎餅的理想器具；同樣形狀的鍋具也有表面為琺瑯材質者，適合以白酒烹煮的菜餚，亦適用於燉煮菜餚與煎炒菜餚的存放與上菜。

　　你至少應該準備三種尺寸的煎炒平底鍋——表面直徑約 28 公分的大平底鍋、直徑 25 公分的中型平底鍋，以及用於單人份菜餚與可麗餅的直徑 17.8-20.3 公分小平底鍋。到頭來，你手上可能會有更多平底鍋，每只鍋的材質各異，而且都有特定用途。

平底深鍋

　　側面筆直的煎炒用平底深鍋，在法文稱為「sautoir」，英文為「chicken fryer」，它是很有用的器具。顧名思義，這種鍋具適合煎炸雞肉，不過也適用於炒雞肉與燉雞、燉牛肉、燉魚與各式各樣的蔬食菜餚。由於這種鍋具通常在爐火上使用，它必須以厚重材料製成。傳統的形狀（A 與 B）常見於法國銅製平底深鍋與美國的專業用鑄鋁鍋，側面高度通常為 5.7-6.4 公分。特深平底鍋（C）為鑄鐵材質，是很棒的烹飪工具，不過在使用這種鍋具時，一旦食物煮熟就必須馬上取出，才能避免變色。

單柄鍋、湯鍋、鍋蓋與濾鍋

　　你會需要用來製作醬汁與用於沸煮和熬煮的單柄鍋。在運用白酒或蛋黃烹飪時，鍋具應為不會造成染色的材質，例如鍍有其他金屬內層的銅鍋、不鏽鋼、耐熱陶瓷或玻璃，或是一般人熟悉的法式木柄琺瑯鑄鐵鍋（A）。

　　要沸煮馬鈴薯、義式麵食與其他類似食材時，可使用鑄鋁材質的鍋具，不過你有時也得徹底刷洗此類鍋具。此類專業鍋具（B-1）設計得很好，有 1½、2½、4½ 與 7 公升等尺寸（B-2），都是便於使用的大小。

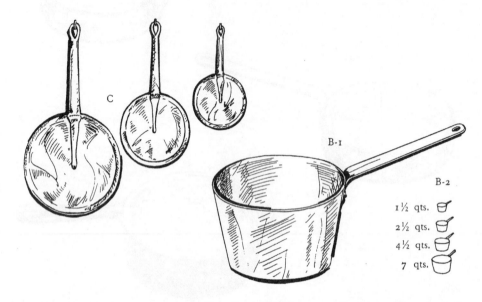

　　與其替每一只鍋子準備特定大小的鍋蓋，有一類長柄鍋蓋可適用於多尺寸鍋具（C）。

　　湯鍋對於火上鍋、湯品、馬賽魚湯、龍蝦、法式四季豆與菠菜的烹煮至關重要。一只容量 8 公升的湯鍋與另一只容量 18-24 公升的湯鍋，將能迎合你大部分需求。

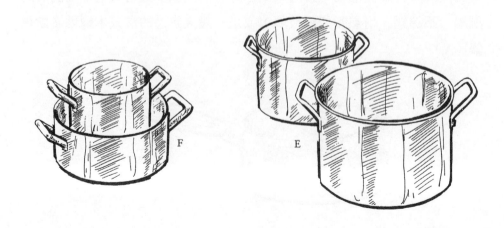

其中一只湯鍋可以是雙耳鍋（E 或 F），另一只可以是提桶手把式的熬煮用鍋（H）。法式陶製燉鍋（G）可用來烹調湯品與燉肉，而且上菜時也可以直接整鍋端上。

結構穩固的大型濾鍋是必要的工具；購買時應選擇表面直徑 25.4–27.9 公分、高度 12.7–15.2 公分的有腳濾鍋。

燉鍋與燜燒鍋

　　燉鍋可以當成單柄鍋來使用，也可以用來烘烤，而且對燉菜和燜燒菜來說是至關重要的工具。琺瑯鐵器向來是好選擇，因為它適用於爐火，也可以進烤箱（A、B、C），而且鍋裡食物也不會變色；若你空間或預算有限，橢圓形鍋具是最好的選擇。美式鑄鋁鍋（H）裡面通常有可移動的架子，而且尺寸多元，最大可以放入火雞。法式燉鍋（G，法文為「daubière」）通常是內層為另一種金屬的銅鍋。陶製燉鍋（D、E、F）是很棒的烹煮與上菜工具，因為導熱均勻而且能保溫。外形美觀的銅製燉鍋（I，這種形狀的鍋具在法文以「cocotte」稱呼）是為了烹煮第 474 頁安娜馬鈴薯煎餅而設計，不過也可當成一般燉鍋或是兩只烤盤來使用。

　　注意事項：所有以陶製的燉鍋、烤盤、盤子、樽、杯子與其他器皿，以及以類似材質製作的器皿，都必須是高溫燒製的陶石器，或者應該具有可用於烹飪及盛裝食物與飲料的清楚標示與驗證。

焗烤盤與烘烤器具

　　深度約 5 公分的耐熱器皿通常用於烘烤、焗烤、焙燒與上菜，你手中應備有數量合理、尺寸各異的器皿幾只。琺瑯鐵製焗烤盤（A 與 E）通常為橢圓形或圓形，從烘蛋用大小到長 33–35.6 公分、寬 22.9 公分皆有。陶製焗烤盤（B）適合用來上菜。鋁製烤盤組（F）收納方便且耐用。長方形琺瑯鐵製烤盤（C）可以是沒有塗層，或是具有不沾塗層，可用來焙燒或焗烤。請務必準備能夠放到大型烤盤裡的烤架（G），烘烤羊腿時才能把羊腿架起來，羊腿不至於浸在肉汁裡。如果烤箱沒有附上炙烤用烤盤的有孔烤架（D），則應採購之，否則烘烤牛排時噴濺出來的油脂，可能會造成火災。

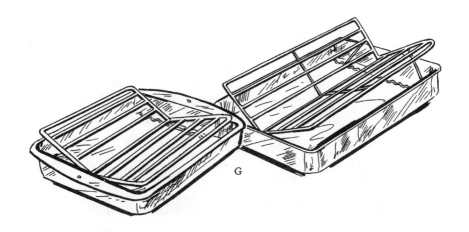

刀具

　　認真的廚師手上一定有鋒利的刀具，運用磨刀石更能讓刀具維持在最佳狀態。大多數廚師偏好碳鋼刀，不過不鏽鋼刀也很容易打磨。

主力

　　直邊楔形的主廚刀（C、D、E、F、G、H）用途多元，可用於切剁、切片、去皮與一般切割；你至少需要三把，包括從刀身 5.1–7.6 公分、用於去皮和切末的小型主廚刀，至刀長 25.4–30.5 公分、用於切剁與快速切片的大刀。刀身彎曲者（A 與 B）適合用來削皮。長度 25.4–30.5 公分的專業磨刀棒（J）是最合適的磨刀工具。要替肉塊塞入脂肪，專用填餡針（I）是不可或缺的工具。

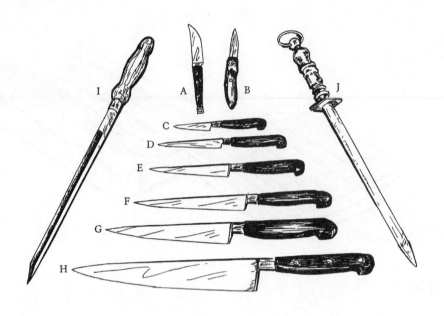

切片、切肉與去骨的刀具

　　用於切片、切肉與去骨的刀具，通常具有彎曲的刀身。下圖可以看到切肉彎刀（K）與其他兩種切割用的刀具（L 與 M）。短剝皮刀（P）與較長的版本（O）都是去骨用刀，刀身又細又短的殺雞刀（Q）也是同樣的用途；刀身較長的版本（N）是來自挪威的鯡魚刀，要切掉豬皮以及從豬脂肪上切下薄片的時候，也是很有用的工具。

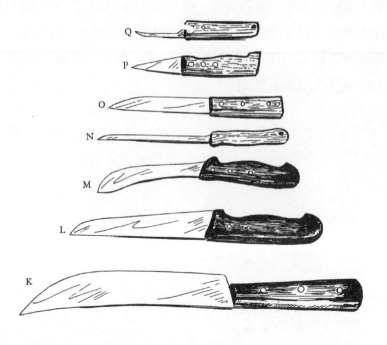

鋸齒刀

　　鋸齒刀包括刀身彎曲的葡萄柚刀（A）、麵包刀（B）、多用途的切割刀（C）、冷凍食物專用刀（D）、用來切火腿肉與燻鮭魚的火腿刀（E），以及看來很危險的法式切肉刀（F），其中法式切肉刀也很適合拿來處理平板培根。

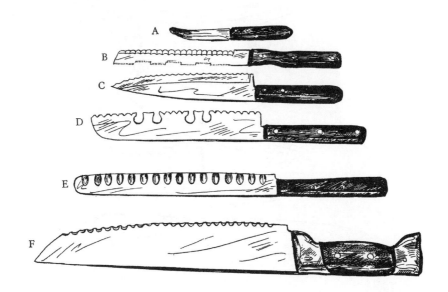

剁刀與香料刀

　　傳統的廚師刀（J 與 K）用於一般的切剁工作，如上冊第 31 頁所示。日式版本（I）的效果也同樣好。要切碎菇類與香芹，圖片中的兩種香料刀（G 與 H）是非常棒的工具，三刀片的專業香料刀尤其好用。

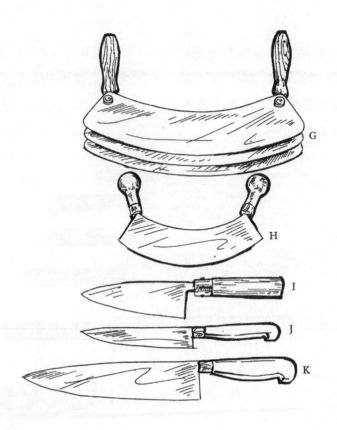

肉鎚與大型切肉刀

要敲打火雞屠體、剁骨與敲平肉排，可以使用下面這些工具。以鑄鋁製成的嫩肉器，側面狀似鬆餅鍋，可用來嫩化肉塊（A），亦可將敲扁的肉排邊緣弄平；你也可以將它當成錘子使用，不過你在五金行買到的橡膠頭錘（F）敲起來比較不吵。法式剁刀（D）或一般的斧頭（E）可以用來敲打屠體或骨頭，鎚子可以是輔助工具。兼具切割與嫩化功能的法式兩用剁刀（B）是很有用的工具，英式木槌（C）專門用來敲平夾在蠟紙中間的肉排。

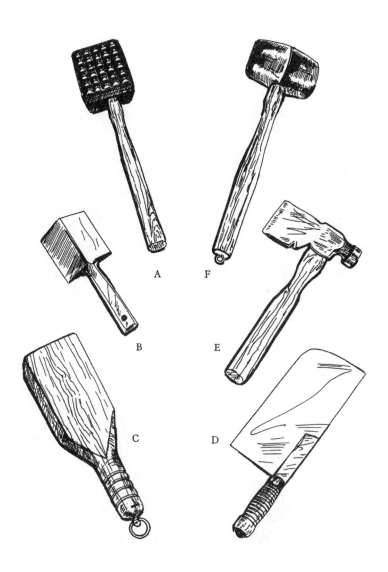

A

F

B

E

C

D

剪刀

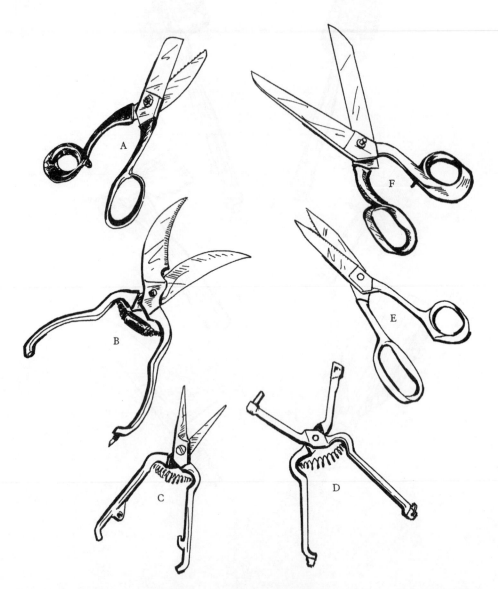

　　帶有鋸齒的法式剪刀（A）和實用型廚房剪刀（F），可以用來剪魚鰭、肌腱與肋骨。禽肉剪（B）有彎曲的刀片，偶爾會用得上，銳利的龍蝦剪（C）也是如此。一般用途的不鏽鋼廚房剪刀（E）可拆開放入洗碗機清洗。握法如同剪刀的下壓式去核器（D）在需要替櫻桃或橄欖去籽時，是很方便的工具。

四組湯匙

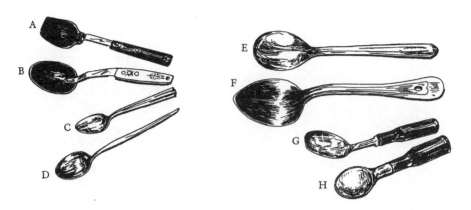

　　湯匙通常都不夠用，而且你會需要各種尺寸的湯匙。非金屬製的大湯匙（A 與 B）專用於不沾鍋具。不鏽鋼大湯匙（E 與 F）用途多端，如同一般用餐用湯匙（C 與 D）。冰淇淋匙（H）和不沾冰淇淋挖勺（G）都可以用來舀冰淇淋。

九支叉子

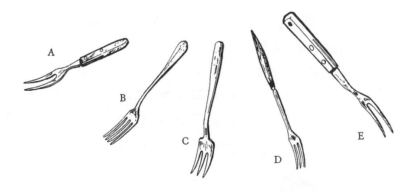

　　為了測試肉與朝鮮薊的熟度，以及抬起、切割和刺穿等工作，你會需要許多種不同的尖叉，例如可用於大塊烤肉和大型禽鳥的大型主廚叉（I）、多用途烹飪用叉（E 與 G），以及細長的三齒醃菜叉（D）。混合用叉（H）的六齒扁平，是美國人的偉大發明，可用於混合和搗碎。木

叉（F）可用來攪拌燜燉的米飯，沙拉叉（C）搭配湯匙使用，可用於翻拌。餐叉（B）經常用來打蛋、替派皮扎洞，與抬起和攪拌等動作，而小型二齒叉（A）則用於戳刺和翻面。

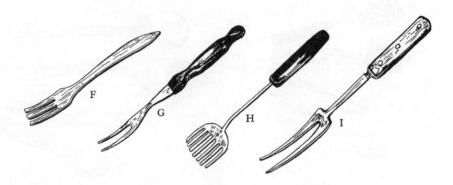

翻摺工具──鏟子與刮刀

彈性刮刀可以將易碎的餅乾從烤盤上刮下來、將糖霜塗抹在蛋糕上，以及將法式鹹派移到盤子裡；長度 30.5 公分（C）和 20.3 公分（B）的彈性刮刀都是便利的尺寸。烹飪用刮鏟（A）適合較細膩的抬起和塗抹動作。非金屬製的煎餅鏟（D）是採用不沾鍋具烹飪時的重要工具，而不鏽鋼多功能鍋鏟（E、F、H）則是標準配備。寬口鏟（G）適用於抬起的動作，例如將蘆筍從熱水中取出。

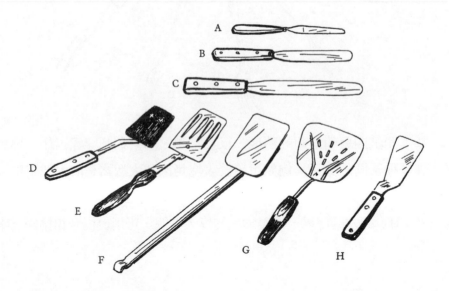

各式打蛋器

打蛋器有從迷你型到特大型等各種尺寸——是攪打和混合的工具。

夾子

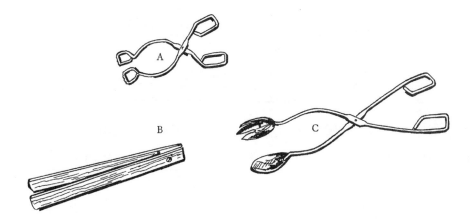

　　金屬夾（A 與 C）可用來抬起或翻動烤肉架或鍋裡的肉塊，也可以將食物從沸騰熱油裡夾出來。日式木夾（B）的用途多元，特別適合拿來替鍋裡的培根翻面。溝槽鍋匙（E）替我們省了不少麻煩，義式大漏勺

（D）則是很容易上手的工具

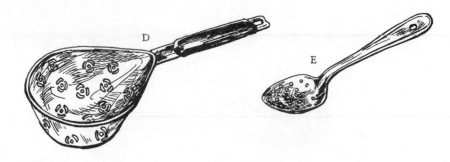

木匙、木鏟與筷子

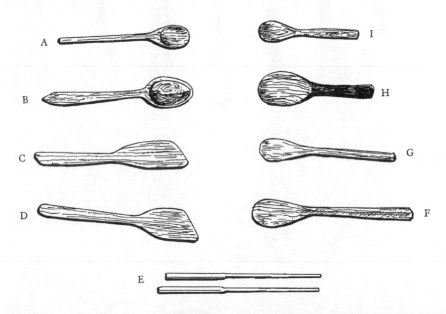

　　為什麼要用木匙攪拌？因為它可以讓你輕鬆地將麵粉和奶油拌成油糊，在替鍋底去焦渣時，也比金屬鍋鏟更有效率，能輕鬆將聚集在鍋底的烤肉汁刮下來。事實上，法式無凹槽木鏟（I、G、F）、日式木鏟（H）或不沾鍋鏟（C 與 D）在進行攪拌、刮、混合和攪打的動作時，都比一般木匙（A 與 B）來得便利。你也別忘了木筷（E），它可以在製作歐姆蛋時用來打蛋、把四季豆從沸水中夾出來品嘗測試熟度，以及替培根翻面。

其他工具

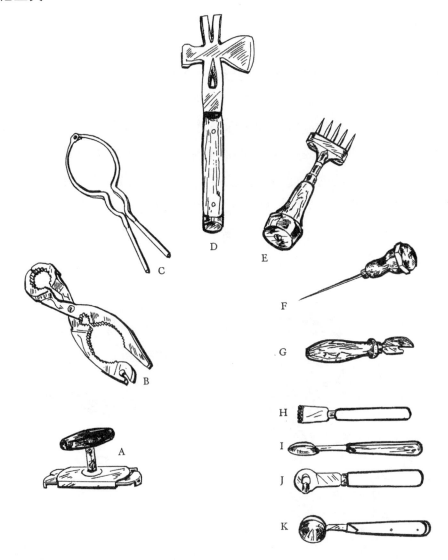

　　開罐、撬開與戳刺等動作，若有像是 A 或 C 的工具來打開旋蓋玻璃罐，或是 B 這種多用途開罐器，不但會更容易操作，也讓人比較不會發脾氣。G 為法式開罐器，用於罐頭和一般的撬開動作，如 D 這種集結開罐器和斧槌於一身的工具，無論在哪裡都很好用。單刃冰鑿 F 或五刃冰鑿 E，都是有著許多功能的必備工具。檸檬刮皮刀 H 和 J 適合吧檯也可用於廚房，馬鈴薯挖球器 I 與 K 也可以用在水果和其他蔬菜上。

　　至於刨絲、磨泥與研磨等動作，有些手動操作的工具會比電動攪拌

機或果汁機好用。當你需要將橙皮刨成絲、把瑞士起司刨成粗絲或幾片胡蘿蔔的時候，可以使用四面用蔬果刨絲器 L；請選用不鏽鋼製的刨絲器。若將起司刨絲是為了要均勻地撒在莫奈爾醬上，可以用手搖式起司刨絲器 M，直接將起司刨到焗烤盤上。若是電動攪拌機沒有刨絲配件，在需要將大量起司刨絲時，可使用桌上型手搖式起司刨絲器 N。

　　儘管電動果汁機極其便利，你仍然需要一台食物研磨器，以製作蘋果醬，以及將湯、蕪菁、朝鮮薊心與罐裝義大利李子形番茄等磨成泥狀。我們認為，法國的食物研磨器 O 有可替換式圓盤與可摺疊的橡膠墊支架，仍然是最棒的工具。表面直徑 22.9 公分者為標準尺寸；若要採購第二台，可以選用直徑 17.8 公分者，用於像是替水煮蛋黃過篩等比較細微的工作。

傳統的馬鈴薯壓碎器 P 是我們不應該忽略的工具，同理也適用於壓蒜器 Q。然而，在選擇壓蒜器的時候，要小心設計不良的情形。壓蒜器應該能容納一瓣未剝皮的完整大蒜瓣，重點在於，你並不需要先替大蒜去皮。壓蒜器前方長方形的部分，應該可以容納相當大的蒜瓣，上面的孔徑也應該是能讓人輕鬆操作壓蒜器的大小；如果你選購的壓蒜器表現不如預期，應拿回店裡要求退款。此外，你也應該準備一台好用的胡椒研磨器；法國的標致胡椒研磨器（R 與 R–1）是值得信賴的工具。

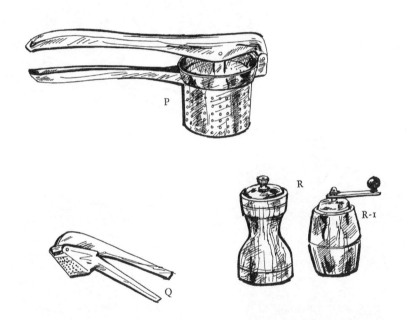

在公開表演烹飪時，若火力低，時間也會拖得很長；保溫鍋可用於烹飪，不過使用時必須提供適當的熱源。除非你想要使用高效率的瓦斯爐 T，否則應該選用能夠容納一整罐固體酒精且開口大到能夠提供大型熱源的酒精爐 S。

法國的沙拉籃 U 有旋轉棘輪，能夠迅速地替裡面的蔬菜脫水。瑞士的沙拉籃 V–1 可以放入專用容器 V–2 裡面，在旋轉時，容器可以將從菜葉裡噴濺出來的水蒐集起來。

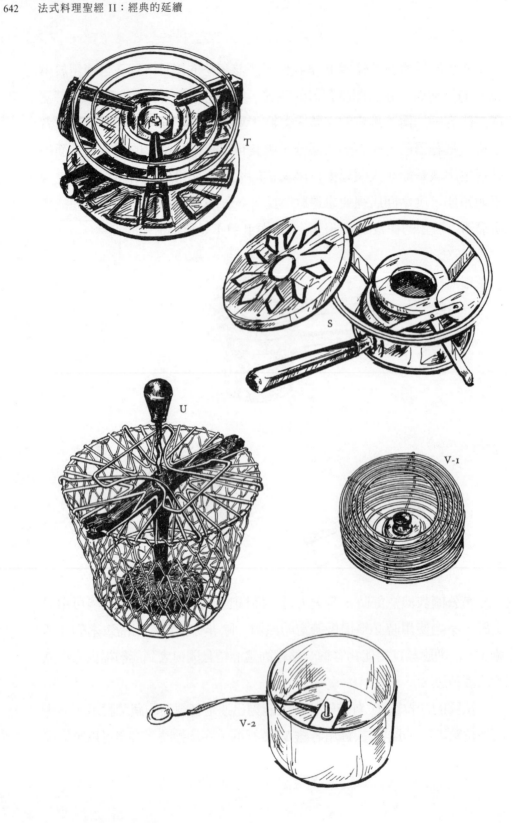

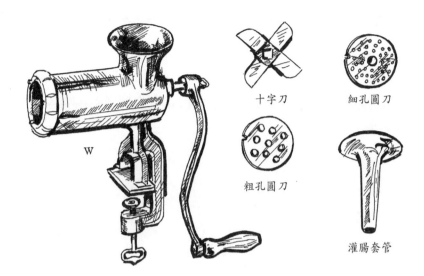

如果你手上沒有電動攪拌機的絞肉配件，則可以採購一台桌上型絞肉機 W，大孔徑的圓刀讓你能夠輕鬆迅速地操作。許多絞肉機都有灌腸套管配件，你在第 340–342 頁的食譜會用得上。

擠花袋

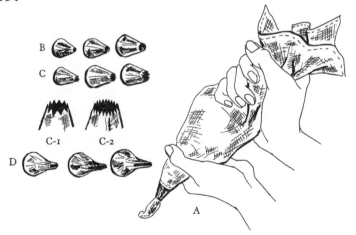

從奶油泡芙到蛋白霜蛋糕與馬鈴薯泥邊緣裝飾的製作，最容易使用且看起來最專業的工具絕對是可以替換金屬擠花嘴的擠花袋（A）。請選購可清洗的帆布製大型專業擠花袋，長度應包括 30.5 公分、35.6 公分與 40.6 公分者；和其他廚房用品相較之下，擠花袋和金屬擠花嘴都不是昂貴的工具。一開始可以先取得兩至三個開口直徑在 0.6–1.9 公分的圓形擠

花嘴（B），以及一組同樣大小的星型擠花嘴（C）。在星型擠花嘴中，齒較少的 C-1 可用於像是女爵馬鈴薯的製作，齒較多的 C-2 則用於糖霜。扁型花嘴有無齒型和有齒型（D），特別用於像是聖西爾冰糕的蛋白霜裝飾，分別準備寬度 1.9 公分的無齒型和有齒型扁型花嘴各一，應該足以應付需求。

打蛋白

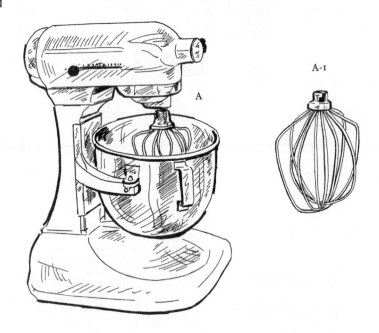

　　手上有適當的打蛋白工具時，你會更歡迎像是舒芙蕾、蛋白霜、蛋糕與熱烤阿拉斯加等菜餚，甚至積極製備。我們建議你考慮圖中這種重負型電動攪拌機（A）。這種攪拌機的大型鋼絲打蛋器（A-1）在運轉時也會沿著攪拌盆內側旋轉，輕輕鬆鬆把蛋白打發，讓你再也不會把打蛋白當成麻煩事。事實上，這種機器是大型工業用機器的複製品，是由專業人士設計給專業人士使用的設備；家用重負型攪拌機的出現，能對我們帶來相當大的幫助。

　　既然都買了，就順便多買一只攪拌盆和一組鋼絲打蛋器，如此一來，在按照如第 510 頁聖西爾冰糕之類的食譜操作，一邊得製作奶油巧克力混合物，又得打發蛋白的時候，就可以省去必須馬上將攪拌盆和打

蛋器洗淨擦乾的動作。此外，直邊攪拌盆也是適合用來發酵酵母麵團的形狀。在製做法國麵包或布里歐許麵團時，麵團勾（A–2）是很有用的工具，而槳狀攪拌器（A–3）則可用來製作派皮麵團，從混合奶油與麵粉，到拌入冷水等全部的操作都適用；當你要製作雙倍或三倍份量的派皮麵團，或混合大量絞肉餡時，容量夠大的重負型攪拌器可以輕鬆快速地完成工作。能夠加在攪拌盆外面、用來裝熱水或冰塊的外鍋（A–4），在你將蛋和糖打到起泡時迅速加熱混合物，或是在製做法式魚糕混合物時可協助降溫，讓你可將最大量的鮮奶油打進去。旋轉式刨絲器、切片器與切碎器（A–5）可讓刨起司、替馬鈴薯或洋蔥切片，或製作蘑菇泥的工作快速許多。第 115 頁食物調理機的出現，讓這些配件變得有些過時，不過它們仍然有其功能，尤其在處理份量較大時。

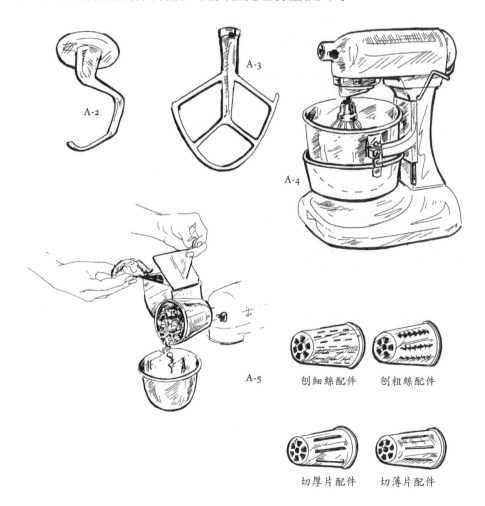

A-2　A-3　A-4

A-5　刨細絲配件　刨粗絲配件

切厚片配件　切薄片配件

　　無論用機器或手打蛋白，理論和實踐方式都是一樣的。操作時應該使用室溫蛋白：冰冷的蛋白比較容易凝結並形成色斑。開始時應低速攪打，待蛋白開始起泡，加入一小撮食鹽，如果不使用無襯銅製攪拌盆，也應加入塔塔粉，加入量為每 4 個蛋白加入約 1/4 小匙。攪打時打蛋器應沿著攪拌盆周圍旋轉，均勻攪打所有材料，同時也要慢慢將攪打速度提升到高速，儘量把空氣打入蛋白裡，至少要讓蛋白的體積變成原本的七倍，並且將蛋白打到能夠形成圖 B 所示的勾狀。

　　無襯銅製攪拌盆（C）時髦又昂貴，掛在廚房牆壁上很好看，不過它同樣是非常好用的工具。以這種攪拌盆打蛋白，能夠維持體積與緞帶般的光澤，不過似乎沒有人知道原因。儘管如此，一手拿著小型不鏽鋼碗（D），另一手拿著電動打蛋機（E），再加上塔塔粉，一樣管用。對每一種工具組合來說，最重要的是打蛋器與攪拌盆的關係。使用銅製攪拌盆，應該搭配攪拌盆能容納的最大型鋼絲打蛋器（F），或是能夠搭配手持式電動打蛋器能運轉的最小不鏽鋼攪拌盆；無論是哪一個情況，這都是能夠持續均勻攪打所有蛋白的方法。

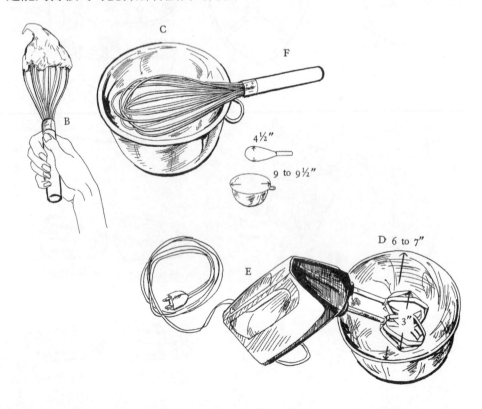

C

F

B

4½″

9 to 9½″

D 6 to 7″

E

3″

溫度變化

　　在我們曾祖母那一代，用來測量烤箱溫度的方法，是計算烤箱讓一張白紙褐化的時間；製作太妃糖時，是以糖漿能在一杯水裡形成硬球來拿捏；如果她把烤肉烤壞了，她會說那是因為自己早上起床下錯邊心情不好的緣故。肉品溫度計讓人在烘烤時再也不用猜測；標準的肉品溫度計為不鏽鋼製（G）與錶盤形式（C）。口袋型溫度計（E）與它的盒子（D）是專業測試師使用的工具，測量溫度範圍介於攝氏–17.8–104.4 度之間（紐澤西州紐沃克韋斯頓儀器公司）。油炸用溫度計（A）同時也可以當成糖果溫度計，不過如果你經常煮糖漿，最好還是弄到一支糖果溫度計。精確的烤箱溫度計是重要的工具。不鏽鋼型（B）在大部分商店裡都可以尋得；專業的折疊式烤箱溫度計（F）由紐約州里奇蒙丘的莫耶勒儀器公司生產。在製備英式卡士達的時候，你必不能將卡士達加熱至微滾，否則會造成蛋黃凝結，不過你確實也必須要將卡士達加熱到能夠變稠的程度，此時，不鏽鋼溫度勺（H）會讓你輕鬆知道何時達到攝氏 71.1 度這個危險點；由於這種溫度計能測量的溫度範圍在攝氏 10–204.4 度之間，你在煮糖和油炸時也可以使用。

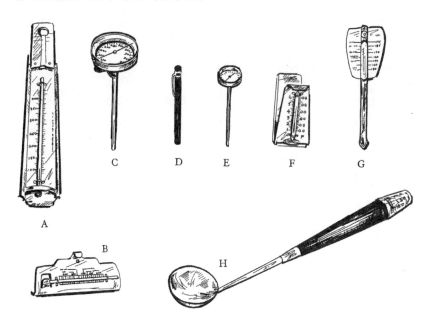

測量工具

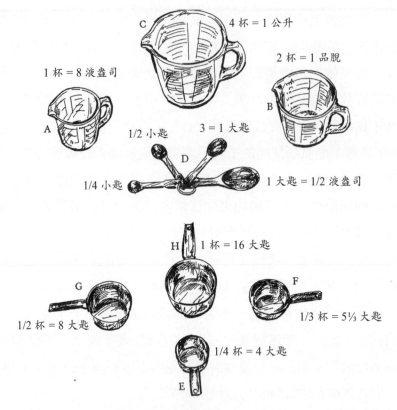

我們曾祖母那一代，都是憑感覺來測量的。她在食譜記載的份量，會是核桃或雞蛋大小的奶油、一把麵粉、一茶杯牛奶等。若有稍微失敗之處，可以是天氣、風或是炭火爐的不穩定所造成。現在的我們並沒有這麼多的藉口，這都得感謝芬妮‧法默（Fanny Farmer）努力讓材料份量標準化，讓我們不用再為了未指定尺寸的圓形湯匙與容量不明的酒杯而傷透腦筋；法默確立了一平匙為 1/2 液盎司的標準，以及經過嚴格校正的 8 盎司容量量杯。

有壺嘴的玻璃量杯是基本的工具；你應該準備 1 杯、2 杯與 4 杯等三個尺寸的量杯（A、B、C）。測量乾材料時，材料應填充到杯緣；在測量糖、麵粉與食鹽的時候，這些是唯一準確測量用量杯。最容易使用的是不鏽鋼製的長柄量杯（E、F、G、H）；這些工具你至少要準備兩套，

如此一來在其中一組正在清洗的時候也能使用另一組。同樣的道理，準備兩組量匙（D）也會比較方便操作。

測量麵粉

適用於本書所提及的所有麵粉測量方法，是將乾燥的量杯直接放入麵粉袋或麵粉容器裡舀取，填滿量杯到溢出的程度（A）——不要搖晃或壓緊麵粉；接著用刀子的直邊（B）沿著杯緣刮平，將多餘麵粉刮除。接下來，就可按照食譜要求將麵粉過篩，不過許多食譜用到的麵粉其實完全不需要過篩，例如糕餅麵團。量杯和量匙的精準度不如磅秤，不過這種舀取刮平的系統確實讓我們滿意，而且比上冊初版採用篩入量杯的方法來得簡單且快速許多。下面提供的是測量不同麵粉的單位換算表，以及將上冊的測量方法改成舀取刮平系統的方法。

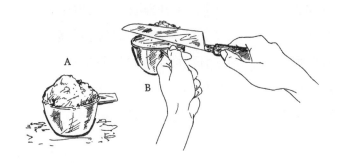

麵粉測量換算表

舀取刮平法	直接篩入量杯法 （上冊舊版）	
（包括速拌麵粉、中筋麵粉、硬質小麥麵粉、低筋麵粉、軟質小麥麵粉與法國麵粉）	中筋麵粉與硬質小麥麵粉	低筋麵粉、軟質小麥麵粉與法國麵粉

（接下頁）

3½ 杯 1 磅（454 公克）		
4½ 杯	1 磅（454 公克）	
5⅔ 杯		1 磅（454 公克）
2/3 杯 3¼ 盎司（100 公克）		
1 杯	3½ 盎司（100 公克）	
1¼ 杯		3½ 盎司（100 公克）
1 杯 5 盎司（140 公克）	3½ 盎司（100 公克）	2¾ 盎司（80 公克）

*請注意，所有重量都是都是近似平均值。

以兩種方法測量的中筋麵粉與硬質小麥麵粉

直接篩入量杯法	**舀取刮平法**	
（上冊的方法）	（下冊的方法）	
1 杯篩過的麵粉	2/3 杯舀取刮平的麵粉	100 公克
3/4 杯篩過的麵粉	1/3 加 1/4 杯舀取刮平的麵粉	80 公克
2/3 杯篩過的麵粉	1/2 杯減 1 大匙舀取刮平的麵粉	66 公克
1/2 杯篩過的麵粉	1/3 杯舀取刮平的麵粉	50 公克
1/3 杯篩過的麵粉	1/4 杯舀取刮平的麵粉	33 公克
1/4 杯篩過的麵粉	3 大匙舀取刮平的麵粉	25 公克

以兩種方法測量的低筋麵粉、軟質小麥麵粉、法國麵粉

直接篩入量杯法	**舀取刮平法**	
（上冊的方法）	（下冊的方法）	
1 杯篩過的麵粉	1/3 加 1/4 杯舀取刮平的麵粉	80 公克
3/4 杯篩過的麵粉	1/3 杯加 1½ 大匙舀取刮平的麵粉	60 公克
2/3 杯篩過的麵粉	1/3 杯舀取刮平的麵粉	52 公克
1/2 杯篩過的麵粉	1/4 杯加 2 小匙舀取刮平的麵粉	40 公克
1/3 杯篩過的麵粉	3 大匙舀取刮平的麵粉	26 公克
1/4 杯篩過的麵粉	2½ 大匙舀取刮平的麵粉	20 公克

模具

圓形蛋糕模（A）

4 杯容量、（表面）直徑 20.3 公分、深度 3.8 公分

6 杯容量、直徑 22.9 公分、深度 3.8 公分

法式圓形烤盤——法文為「moules à biscuits」或「moule à manqué」6 杯容量、（表面）直徑 21.6 公分、深度 3.8 公分

8 杯容量、（表面）直徑 22.9 公分、深度 5.1 公分

方形蛋糕模（B）

6 杯容量、（表面）邊長 20.3 公分、深度 5.1 公分

8 杯容量、邊長 22.9 公分、深度 3.8 公分

10 杯容量、直徑 22.9 公分、深度 5.1 公分

法式方型烤盤—— 法文名稱為「moule à mangué carré」

5 杯容量、（表面）邊長 19.7 公分、深度 3.8 公分

7 杯容量、邊長 22.9 公分、深度 3.8 公分

披薩烤盤——圓形餅乾烤盤（C）

內徑 30.5–35.6 公分，深度 1.9 公分

法式圓形淺烤盤—— 法文名稱為「tourtière」，有多種尺寸，通常為鐵製。

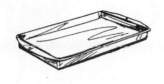

長方形烤盤（D）

長 38.1 公分、寬 3.8 公分、深度 2.5 公分

法式長方形烤盤—— 法文名稱為「caisse à biscuits」或「caisse à génoise」，有許多尺寸，從長 30.5 公分、寬 20.3 公分至烘焙坊用的商用尺寸都有。

餅乾烤盤（E）

家用烤箱尺寸從長 35.6 公分、寬 22.9 公分至長 43.2 公分、寬 35.6 公分。

法式烤盤—— 法文名稱為「plaques à pâtisserie」、「plaques à bords évasés」或「plaques à pinces」，鐵製或鋁製，有許多尺寸，最小為 30.5–35.6 公分。

派盤（F）

4 杯容量、（表面）直徑 20.3 公分、深度 3.2 公分

5 杯容量、直徑 22.9 公分、深度 3.8 公分

6 杯容量、直徑 27.9 公分、深度 3.2 公分

法式派盤——沒有相對應的尺寸

麵包模或長方形深蛋糕模（G）

4、6 或 8 杯容量，按製造商的不同，尺寸也有很大的差異。舉例來說，深度 8.9 公分，表面尺寸長 26.7 公分、寬 10.2 公分，底部尺寸長 22.9 公分、寬 6.4 公分的模具為 6 杯容量。長方形天使蛋糕模的表面長度通常為 33.0 公分，容量 2 公升，以及長度 40.6 公分、容量 4½ 公升的較大尺寸。

法式長方形深蛋糕模——法文名稱為「moules à cake」、「moules à biscottes」或「moules à pan de mie」（有蓋），有許多尺寸。

糕餅製作工具——擀麵、刮切與上亮光液

如果你開始深入法式鹹派與法式酥皮肉醬的製作，尤其是本書第134–175頁法式酥皮糕點這個迷人的領域，就應該替自己準備一塊邊長61.0公分、厚度1.9–2.5公分的大理石板；大理石板的表面溫度較低，可以避免麵團變軟，而且平滑的表面也比較容易刮乾淨。

一兩支實際操作長度在40.6–45.7公分的專業擀麵棍，對任何糕餅製作都是必要的工具——有些生手仍然會買到像是圖A這類毫無用處的玩具擀麵棍，它其實很難操作。法國的黃楊木擀麵棍（rouleau à pâtisserie en buis，圖B）在義大利也有類似者，兩者都沒有手把，可以用來擀麵，也可以用來將冰過的麵團敲成要擀開的形狀。專業的美式承軸擀麵棍（C）重量夠重，讓你可以省下不少力氣，而溝槽擀麵棍（le Tutove，圖D）是專門用來擀可頌麵包麵團，讓一層層奶油可以均勻分布。擀開後，可以用旋轉式的可頌麵團刀（E）完成切割。

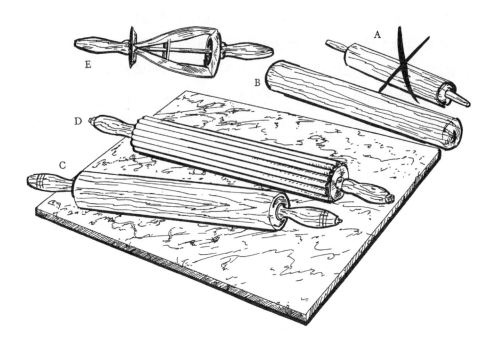

　　要將麵團從工作檯面上刮除，以及切割或切碎麵團，五金行買到的刮漆刀幾乎和法式麵團刮刀（coupe-pâte，圖 G）一樣好用。麵團混合切刀（Y）有許多切割刀片，再用手製作派皮麵團時，可以將奶油和麵粉混合──避免手指溫度影響到麵團製作，最後烤出硬邦邦的派皮。

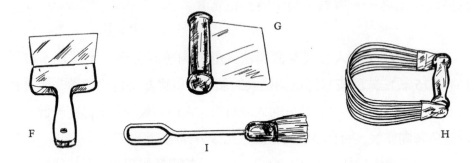

　　你會需要好幾支醬料刷（I），它們可用來替塔派刷上蛋液，也可以用於一般澆淋；務必選購專用於糕餅或澆淋的刷子，因為便宜貨會留下怪味，還會掉毛。

小型模具──用於小塔派、布里歐許和花式小蛋糕

　　這些應該以鍍錫金屬製作，比鋁製模具更不容易有沾黏的問題；如果在烘烤以後必須刷洗，則稍微將模具加熱，然後輕輕用紙巾沾油擦過，避免模具生鏽或沾黏。無論選用哪一種形狀的模具，至少都要購買 12 個以上，每次塑形與烘烤的量才能多一點。小型塔派模（A、C、I、J、E）的深度通常為 1.2 公分，直徑或長度則為 3.8–7.6 公分。小型布里歐許通常會用有溝槽的圓形模具（B 與 D）烘烤，不過這些模具也可以用於塔派和開胃鹹點。小薩瓦蘭蛋糕通常以 F 這種環狀模來塑形與烘烤，牛角與奶油卷通常會利用金屬製圓錐模（H 與 K）和金屬管（G 與 L）來製作。

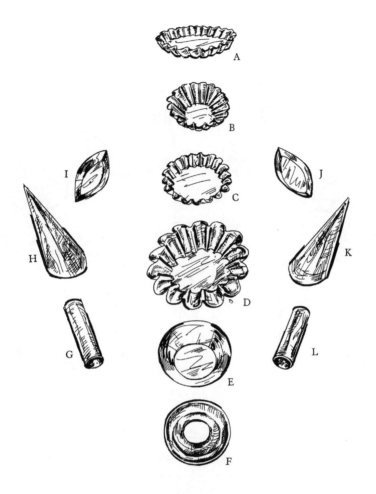

餅乾模

　　如果你打算投入糕點製作，可以考慮購得圓形與橢圓形的餅乾模組，它們可以套在一起放入錫盒裡，便於收藏與取用。橢圓形餅乾模有不帶凹槽（I）或帶凹槽（D–H）者，其中最小的長度為 4.1 公分，最大的長度為 12.1 公分。圓形餅乾模組同樣也分為不帶凹槽（J）與帶凹槽（K–O），直徑介於 1.6–10.2 公分。上圖下方的迷你餅乾模（P–X）可以用來切割松露切片、蛋白與其他用於肉凍和糕餅的小型裝飾元素。義式麵餃輪刀（B）、大型義式輪刀（A）與糕餅用輪刀（C）對於派皮麵團、酥皮糕點與一般的麵團切割而言，都是很實用的工具。

製作第 555 頁拿破崙派的時候，你必須要按 0.6 公分間隔在麵皮上戳洞，使用叉子來操作得花上好幾分鐘，若使用氣孔滾輪針（Y）只要來回幾次就可以完成，而且這種滾輪同樣也可以當成嫩肉器；這種滾輪採鑄鋁製作，直徑為 5.1 公分，堅固的木製把手長 10.2 公分。

派環與酥盒切割器

派環（G、H、J、K、I）有許多尺寸與形狀，是專門用來製作自立式塔殼、派殼和上冊第 164–166 頁鹹派的工具。一組有刻度的酥盒切割器（A–F）有 12 個圓盤，它的中央稍微突起，以利使用者用手指抵持；圓盤有許多尺寸，直徑從 10.2–26.7 公分。這種工具不只能協助第 153 頁酥盒的切割，也能用來在撒上麵粉的糕餅皮上畫圓，如第 502 頁餅乾盃，或是用於各種圓形的切割與標記，例如第 128 頁自立式塔殼。

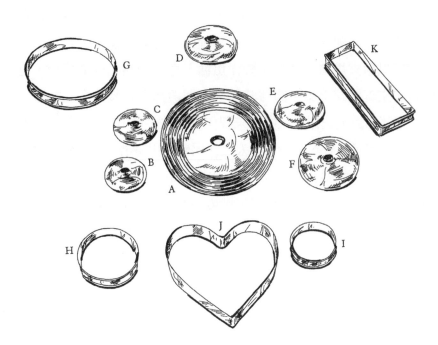

舒芙蕾烤模與烤盤

　　當你按食譜指示，要「以容量 8 杯深度 10.2 公分的圓筒形模具或烤盤例如夏洛特模烘烤甜點」時，圖 A、D 與 E 的模具是正確的選擇。法式夏洛特模（A 與 D）可以說是廚房裡最實用的烤盤，因為它的用途廣泛，你可以用來烘烤、塑形、製作焦糖、直火加熱、放進烤箱，也可用餐巾包起來直接端上桌。購買時務必選擇鍍錫金屬製的多功能型；有些模具以單薄的鋁板製作，只能用來製作冷甜點。實用尺寸如容量 6 杯與 8 杯者，不過容量 3 杯、4 杯與特大尺寸偶爾也用得著。美式耐熱陶瓷烤盤兼舒芙蕾模（E）也是很棒的工具，比夏洛特模稍微深一點。白色的法式耐熱舒芙蕾烤盤（B 與 C）可用來烘烤與上菜；用來製作舒芙蕾時，將一張紙繞著模具固定好，幫助舒芙蕾膨脹定型，如上冊第 186 頁所示。

法式肉醬模

　　雖然你可以用其他方法來替代，傳統的鉸鏈式肉醬模仍舊是賞心悅目的工具，而且能夠讓人做出如第 393–399 頁所示的美麗成品。這些模具為鍍錫金屬模，有許多尺寸、形狀和花樣。如果你只打算買一個法式肉醬模，2 公升（2 公升）容量的模具是最實用的尺寸。如果你不確定特定模具的容量，可以將模具放在一大張鋁箔紙或牛皮紙上，用乾豆或穀米填滿模具，然後將模具移除並測量豆子或穀米。

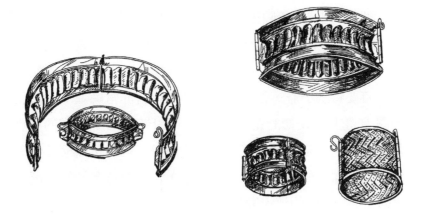

其他小型模具

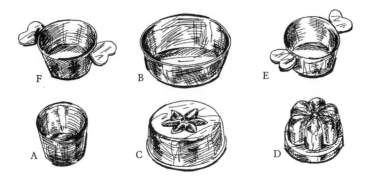

　　將雞蛋用在肉凍的時候，橢圓形模是最適合的模具，如圖 B 與 C，其容量為 1/2 杯，有平底和花底的形式。巴巴蛋糕以迷你夏洛特模烘烤，如圖 E 與 F，或是圖 A 的杯型布丁模；這些模具的容量稍多於 1/3 杯，也可以用來製作一人份的肉凍、小舒芙蕾和卡士達。圖 D 的迷你花形模，通常用來製作外型花俏的肉凍。

烘烤、肉凍與冷凍甜點用的模具

　　雖然咕咕洛夫模和花環狀蛋糕模（A 與 D）主要用於蛋糕烘焙，冰淇淋模（E 與 F）主要用於圓頂冰糕，圖片中的這些模具都可以用來製作肉凍，而且除了魚形模（B）以外，也都可以用於冷凍甜點和巴伐利亞蛋奶糊。製作冷凍甜點時，應採用花樣簡單的模具（C 與 G）；使用花樣複雜的模具時要特別小心，否則在脫模時可能會非常麻煩；冷凍甜點至多能使用圖 H 這種較繁複的花模。雖然市面上有許多更新進的材質，我們在烘焙和製作肉凍時，還是喜歡鍍錫金屬模，因為這種模具似乎不太容易有沾黏的問題。如果你不介意花點錢，也不介意事後的清潔工作，可以考慮購買外型美觀的鍍錫銅製模具。

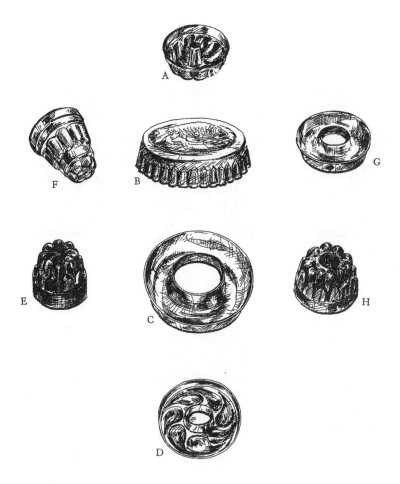

酒杯

　　如果沒有足夠的收藏空間，你只需要替波爾多、勃艮第、萊茵、香檳或奇揚地等準備一款酒杯即可——也就是容量 3/4-1 杯的鬱金香杯（A）；倒酒時應稍微少於半滿，才有空間轉酒杯和聞香。矮杯（B）同樣也很實用。如果你在同一餐裡會搭配紅酒和白酒，那麼紅酒可以用較大的酒杯（A），白酒則用比較小的酒杯（B）；白酒杯通常會放在外側。這些酒杯的價格實惠，應該可以在任何酒坊或百貨公司，或是餐廳與旅館的供應商處尋得。至於珍貴的波爾多紅酒和勃艮第紅酒，紅酒酒杯（F）可以帶來一些樂趣；一般約莫 90 毫升的侍酒量，在紅酒酒杯裡看起來只有一點點，不過卻最能把它的香氣帶出來。如果你喜歡欣賞香檳的氣泡，可使用杯莖中空的水晶香檳杯（E），不過有些鑑賞家偏好使

用寬口杯。切割水晶製作的雪利酒杯（C）能以優雅的方式開啟你的聚會，而白蘭地杯（D）則能讓餐後酒的香氣釋放出來。

開瓶器

　　價格合理的吧檯用兩用開瓶器（A）是專業人士使用的工具。左邊的凸緣可以靠在酒瓶的頸部，作為你施力的支點，右側刀片在這裡是特地打開來展示的，平時不使用時可以折起來藏在開瓶器裡面，它專門用來割開酒瓶頂端的鉛箔。常見的伸縮式紅酒開瓶器（B），在瓶塞很難拉開時，比較容易施力，而簡易瓶蓋開瓶器也是非常好用的工具。

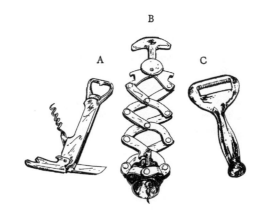

法式料理聖經 II
Mastering the Art of French Cooking, Volume 2

作　　者─茱莉雅‧柴爾德（Julia Child）、西蒙娜‧貝克（Simone Beck）
繪　　者─西多妮‧柯林（Sidonie Coryn）
譯　　者─林潔盈
發 行 人─王春申
總 編 輯─李進文
編輯指導─林明昌
主　　編─邱靖絨
特約校對─吳美滿
封面設計─蔡南昇

業務經理─陳英哲
行銷企劃─葉宜如
出版發行─臺灣商務印書館股份有限公司
　　　　　23141 新北市新店區民權路 108 - 3 號 5 樓（同門市地址）
電話：(02)8667 - 3712　傳真：(02)8667 - 3709
讀者服務專線：0800056196
郵撥：0000165 - 1
E-mail：ecptw@cptw.com.tw
網路書店網址：www.cptw.com.tw
Facebook：facebook.com.tw/ecptw

局版北市業字第 993 號
初版一刷：2018 年 11 月
印刷：禹利電子分色有限公司
定價：新台幣 1200 元
法律顧問─何一芃律師事務所
有著作權‧翻版必究
如有破損或裝訂錯誤，請寄回本公司更換

法式料理聖經 II：經典的延續 / 茱莉雅.柴
爾德(Julia Child), 西蒙娜.貝克(Simone
Beck)著；林潔盈譯. -- 初版. -- 新北市：
臺灣商務, 2018.11
　　面；　公分 . -- (Ciel)
譯自：Mastering the Art of French
　　Cooking, volume 2
ISBN 978-957-05-3176-3(精裝)

1. 食譜 2. 烹飪 3. 法國

427.12　　　　　　　　　　107017819